LEHRBUCH DER THERMOCHEMIE UND THERMODYNAMIK

VON

OTTO SACKUR †

ZWEITE AUFLAGE

VON

CL. v. SIMSON

MIT 58 ABBILDUNGEN

BERLIN

VERLAG VON JULIUS SPRINGER

1928

ISBN-13: 978-3-642-89456-5   e-ISBN-13: 978-3-642-91312-9
DOI: 10.1007/978-3-642-91312-9

Geleitwort.

Einer Einladung der Bearbeiterin und der Verlagsbuchhandlung folgend, gebe ich dem Werke des verstorbenen Freundes einige Worte des Gedächtnisses mit.

OTTO SACKUR war nur ein kurzes Leben und Wirken vergönnt. Geboren am 28. September 1880 in Breslau, ebenda am 31. Juli 1901 promoviert und am 19. Oktober 1905 habilitiert, ist er am 17. Dezember 1914 als Mitglied des Kaiser-Wilhelm-Instituts für physikalische Chemie und Elektrochemie einem tödlichen Unglücksfalle im Laboratorium zum Opfer gefallen.

Er besaß eine überragende Begabung. Er liebte die quantitativen Zusammenhänge und verstand es, ihnen erfolgreich nachzugehen. Er war gleich geschult im chemischen Experiment wie im physikalischen Denken und in der Benutzung mathematischer Hilfsmittel. Mit diesem Können verband er den Fleiß, der aus dem Können die Leistung hervorgehen läßt, und die wissenschaftliche Phantasie, die der Leistung den fruchtbaren schöpferischen Inhalt gibt. Aus der ABEGGschen Schule, aus der er hervorging, nahm er das starke Interesse an der Anwendung der Thermodynamik bei chemischen Vorgängen mit. Seine selbständige Entwicklung führte ihn zur statistischen Behandlung dieser Fragen, mit der er in seinen letzten und wichtigsten Arbeiten die bedeutendsten Erfolge seiner forschenden Tätigkeit erreichte. Er besaß in besonderem Maße die Eigenschaften, die zur Abfassung guter Lehrbücher notwendig sind, die Klarheit in den Grundvorstellungen, die Übersicht des Stoffes, die Sachlichkeit und Schärfe des Urteils und schließlich die Leichtigkeit und Einfachheit der Darstellung. So ist er in der kurzen Zeit seines Wirkens nicht nur mit einer sehr großen Zahl experimenteller Untersuchungen, sondern mit einer Reihe zusammenfassender Berichte und Lehrbücherdarstellungen hervorgetreten, unter denen seine Beiträge zu ABEGGS Handbuch der anorganischen Chemie, seine Schrift über die chemische Affinität und ihre Messung (Braunschweig 1908) und als wichtigste Leistung das Lehrbuch der Thermodynamik genannt sei, welches hier in neuer Bearbeitung erscheint.

Der Geschmack wechselt in der Wissenschaft wie in der Kunst. Die Verehrung für MICHELANGELO und REMBRANDT, die unvergänglich ist, veranlaßt die Gegenwart nicht, im Stile dieser Meister zu malen. SACKURS Wirken fällt in die Periode jenes ausgehenden Klassizismus in der physikalischen Chemie, in welcher die Durchforschung der thermodynamisch bestimmten Zusammenhänge der wesentliche Inhalt des

Faches zu sein schien. Sein eigener Übergang zur statistischen Betrachtung, der ihn zu der nach ihm benannten Formel für die chemische Konstante führte, fällt mit der gleichen Änderung der physikalisch-chemischen Interessen der Zeit zusammen. Jeder, der neu in die Materie eindringen will, tut gut, den gleichen Weg zu machen. Er wird in diesem Buche, dem die sachkundige Bearbeiterin den ursprünglichen Zuschnitt belassen hat, einen guten Führer finden, und das Leben OTTO SACKURS, das unter seinen persönlichen Freunden wegen seiner seltenen menschlichen Vorzüge unvergänglich ist, wird dadurch unter den Fachgenossen fortdauern, denen es gewidmet war.

FRITZ HABER.

Vorwort zur ersten Auflage.

Es wird wohl allgemein anerkannt, daß ein volles Verständnis aller physikalisch-chemischen Disziplinen sowie ihrer wissenschaftlichen und technischen Erfolge nur auf thermodynamischer Grundlage zu gewinnen ist. Daher müssen alle Chemiker und Physiker, die an der Entwicklung der physikalischen Chemie Anteil nehmen wollen, die Prinzipien der Thermodynamik beherrschen und in ihrer Anwendung auf spezielle Probleme geübt sein. Das vorliegende Lehrbuch wendet sich nun an alle die, welche sich die hierzu notwendigen Kenntnisse verschaffen wollen, und soll zugleich einen Überblick über das bisher Erreichte geben. Bei der Auswahl und Anordnung des Stoffes habe ich mich im wesentlichen von didaktischen Gesichtspunkten leiten lassen und absichtlich auf Vollständigkeit verzichtet. Ich habe mich bemüht, den heutigen Stand der Thermodynamik so darzustellen, wie er sich am einfachsten aus einigen allgemeinen Erfahrungssätzen ableiten läßt, und nicht, wie er sich historisch entwickelt hat. Vom Leser setze ich voraus, daß er die Grundlagen der Physik und Chemie beherrscht sowie einige Kenntnisse der Differential- und Integralrechnung besitzt. Aber auch für diejenigen, welche diese letztere Bedingung nicht erfüllen, werden wohl die wichtigsten Kapitel des Buches verständlich sein.

Um das Verständnis und die Anwendung der thermodynamischen Gleichungen zu erleichtern, habe ich jede wichtige Formel durch Zahlenbeispiele erläutert. Die Darstellung der experimentellen Methoden dagegen habe ich möglichst eingeschränkt, um den Umfang des Werkes nicht über das für ein Lehrbuch passende Maß anwachsen zu lassen. Im allgemeinen habe ich daher immer nur das Prinzip der Methode skizziert und auf die ausführliche Beschreibung hingewiesen, die sich in vielen ausgezeichneten Hand- und Hilfsbüchern findet. Zur Ergänzung der thermodynamischen Ableitungen habe ich mehrfach die kinetische Theorie der Materie herangezogen, aber nur so weit, wie es mir für den Zweck des vorliegenden Lehrbuches angebracht erschien. Ihre jüngste Entwicklung, die Theorie des elementaren Wirkungsquantums, die heute noch nicht als abgeschlossen gelten kann, habe ich daher nur ganz kurz gestreift.

Die in den Tabellen enthaltenen Zahlenangaben entstammen größtenteils den Landolt-Börnsteinschen Tabellen, 3. Aufl., sowie dem Handbuche von Winkelmann, 2. Aufl. Einige Zahlen konnte ich auch den Korrekturbogen der im Herbst erscheinenden 4. Aufl. des Landolt-

BÖRNSTEIN entnehmen, die mir in liebenswürdigster Weise mit Erlaubnis der Herausgeber Geh.-Rat BÖRNSTEIN und Prof. W. A. ROTH von der Verlagsbuchhandlung JULIUS SPRINGER zur Verfügung gestellt wurden. Den genannten Herren spreche ich für diese Unterstützung meinen herzlichen Dank aus.

Breslau, im April 1912.

O. SACKUR.

Vorwort zur zweiten Auflage.

Für die Änderungen, die bei der Neuherausgabe nach relativ langer Zeit notwendig waren, wurde als Motto der Satz aus dem Vorwort zur ersten Auflage gewählt: *Bei der Auswahl und Anordnung des Stoffes habe ich mich im wesentlichen von didaktischen Gesichtspunkten leiten lassen und absichtlich auf Vollständigkeit verzichtet.* Der Entwicklung unserer Wissenschaft im Laufe der letzten 16 Jahre entsprechend mußten die Kapitel 2 und 13, die die spezifischen Wärmen und den NERNSTschen Wärmesatz bringen, völlig neu geschrieben werden. Der Anfang von Kapitel 8, in dem das chemische Gleichgewicht behandelt wird, wurde ausführlicher gestaltet, weil mir daran lag, alle Beziehungen, die im letzten Kapitel für die Darstellung des NERNSTschen Wärmesatzes gebraucht werden, schon vorher abgeleitet zu haben; denn ich halte es für richtig, dies Kapitel von allen unnötigen Schwierigkeiten zu befreien. Da es ein wesentlicher Zweck des Buches ist, den Leser auf die Lektüre von Originalarbeiten vorzubereiten, mußten angesichts der modernsten Arbeiten wohl oder übel die ausführlichen Integraldarstellungen (z. B. S. 152, 227) gebracht werden, die zum Verständnis der thermodynamischen Zusammenhänge allein natürlich nicht notwendig sind. Auch in den übrigen Kapiteln ist mancherlei geändert; im Zweifelsfalle jedoch lieber einmal zu wenig als zu viel. Bei partiellen Differentialquotienten ist durchgängig die konstant zu haltende Variable angegeben worden, was m. E. wesentlich zur Erleichterung der Lektüre beiträgt. Die Zahlenangaben sind großenteils an Hand der 5. Auflage der LANDOLT-BÖRNSTEINschen Tabellen überprüft worden.

Meinen hiesigen Kollegen verdanke ich manchen wertvollen Ratschlag; Frau Dr. H. v. DEINES danke ich für die beim Lesen der Korrekturen und bei der Herstellung des Registers bewiesene unermüdliche Hilfsbereitschaft.

Berlin, im März 1928.
Physikalisch-Chemisches Institut der Universität.

CL. v. SIMSON.

Inhaltsverzeichnis.

Seite

Neuntes Kapitel.
Thermodynamik und Elektrochemie.

Zehntes Kapitel.
Thermoelektrische Erscheinungen.

Elftes Kapitel.
Thermodynamik und Kapillarität.

Zwölftes Kapitel.
Wärmestrahlung.

Dreizehntes Kapitel.
Statistische Berechnung der Entropie und NERNSTscher Wärmesatz.

Verzeichnis der häufiger vorkommenden Symbole.

A = die vom System geleistete Arbeit (meist maximale Arbeit).
A, A_v = Affinität einer Reaktion.
c = 1. Lichtgeschwindigkeit.
            2. Konzentration (Mole pro Liter).
c' = Konzentration (Mole pro Kilogramm Lösungsmittel).
c_v = spezifische Wärme bei konstantem Volumen.
c_p = spezifische Wärme bei konstantem Druck.
C = konventionelle chemische Konstante.
C_v = Molwärme bei konstantem Volumen
C_p = Molwärme bei konstantem Druck.
e = elektromotorische Kraft
E, E_v = Energieinhalt.
E_p = GIBBSsche Wärmefunktion.
ε = Elektrizitätsmenge.
F_v = freie Energie (bei konstantem Volumen).
F_p = thermodynamisches Potential (freie Energie bei konstantem Druck).
$\mathfrak{F}$ = elektrochemische Elektrizitätseinheit.
h = PLANCKsches Wirkungsquantum.
i = 1. Integrationskonstante der CLAUSIUS-CLAPEYRONschen Dampf-
            druckgleichung.
            2. chemische Konstante.
I_v, I_p = Integrationskonstanten der VAN'T HOFFschen Gleichung.
J = 1. mechanisches Wärmeäquivalent.
            2. elektrische Stromstärke.
k = 1. BOLTZMANNsche Konstante (universelle Gaskonstante pro
            Molekül).
            2. Verhältnis der spezifischen Wärmen c_p/c_v.
K, K_v, K_p = Konstanten des Massenwirkungsgesetzes.
l = Verdampfungswärme pro Gramm (die beim Verdampfen zuge-
            führt wird).
L = latente Wärme pro Mol (die abgegeben wird).
L' = latente Wärme pro Volumen- bzw. Masseneinheit.
λ = 1. Molekulare Verdampfungswärme (die beim Verdampfen abge-
            geben wird)[1].
            2. Wellenlänge.
m = Masse
M — Molekulargewicht.
r = 1. Molenbruch.
            2. Schwingungszahl.
p = Druck des Systems.
P = äußerer Druck.
p_g = Gleichgewichtsdruck.
p_k = kritischer Druck.
π = osmotischer Druck.

---

[1] Auf den ersten hundert Seiten, wo der Begriff der Wärmetönung noch nicht eingeführt ist, werden λ und ϱ mit umgekehrtem Vorzeichen benutzt.

Q = die dem System zugeführte Wärmemenge.
Q_r = die dem System reversibel zugeführte Wärmemenge.
R = universelle Gaskonstante pro Mol.
ϱ = molekulare Schmelzwärme (die beim Schmelzen entwickelt wird)[1].
ϱ' = Schmelzwärme pro Volumen- bzw. Masseneinheit.
s = spezifisches Gewicht.
S = Entropie.
S_v = Entropie eines idealen Gases bei $T = V = 1$.
S_p = Entropie eines idealen Gases bei $T = p = 1$.
t = Celsiustemperatur.
T = absolute Temperatur.
T_k = kritische Temperatur.
U_v, U_p = Wärmetönung (Abnahme der inneren Energie bzw. der Gibbsschen Wärmefunktion).
v = Volumen.
V = Volumen eines Moles.
V_k = kritisches Volumen.
w = 1. Schmelzwärme pro Gramm (die beim Schmelzen zugeführt wird).
            2. elektrischer Widerstand.
z = Zeit.

---

[1] Auf den ersten hundert Seiten, wo der Begriff der Wärmetönung noch nicht eingeführt ist, werden λ und ϱ mit umgekehrtem Vorzeichen benutzt.

Energiemaße und Naturkonstanten.

1. **Absolutes Maßsystem.** Die Einheit der Arbeit ist ein Erg, d. h. diejenige Arbeit, welche die Kraft eine Dyne längs des Weges ein Zentimeter leistet (vgl. S. 57). 10^7 Erg werden auch als ein JOULE bezeichnet.

2. **Technisches Maßsystem.** Die Einheit der Arbeit ist das Kilogrammmeter, d. h. diejenige Arbeit, welche ein Kilogramm leistet, wenn es einen Meter tief herunterfällt.

Für Mitteldeutschland ist $1 \text{ mkg} = 9{,}81 \cdot 10^7 \text{ erg}$.

Mit einer **Pferdekraftstunde** bezeichnet man die Arbeit, die während einer Stunde geleistet wird, in welcher pro Sekunde 75 mkg geleistet werden, also

$$1 \text{ Pferdekraftstunde} = 75 \cdot 3600 \text{ mkg} = 270\,000 \text{ mkg}.$$

3. **Elektrisches Maßsystem.** Die Einheit der elektrischen Arbeit ist ein **Volt-Coulomb** = eine **Wattsekunde** = ein Joule = 10^7 Erg. Das ist die Arbeit, die ein Strom von einem Ampere während einer Sekunde leistet, wenn er unter dem Spannungsgefälle ein Volt fließt. Als technisches Arbeitsmaß dient die **Kilowattstunde**, und zwar eine Kilowattstunde = $1000 \cdot 3600$ Wattsekunden $= 3{,}6 \cdot 10^{13}$ Erg.

4. **Kalorisches Maßsystem.** Als Einheit dient die Wärmemenge, die ein Gramm Wasser von $14{,}5^0$ auf $15{,}5^0$ erwärmt (15^0 **Kalorie**). Nach S. 60 ist $1 \text{ cal} = 4{,}186 \cdot 10^7 \text{ erg} = 4{,}186$ volt-coul. Als technisches Maß dient eine **große Kalorie**,

$$1 \text{ kcal} = 1000 \text{ cal} = 4{,}19 \cdot 10^{10} \text{ erg} = 427 \text{ mkg}.$$

5. Für Rechnungen mit Gasen braucht man häufig die Arbeit, die bei der Ausdehnung eines Gases geleistet wird. Als Einheit dieser Arbeit dient die **Liter-Atmosphäre**, d. h. diejenige Arbeit, die geleistet wird, wenn ein Gas sein Volumen unter dem konstanten Druck von einer Atmosphäre um ein Liter vermehrt. Nach S. 122 ist

$$1 \text{ l-atm} = 1{,}01 \cdot 10^9 \text{ erg} = 24{,}1 \text{ cal}.$$

Unter Benutzung dieser Zahlen erhält man für die Gaskonstante R pro Mol die folgenden Zahlen:
$$R = 8{,}31 \cdot 10^7 \text{ erg-grad}^{-1} = 0{,}847 \text{ mkg-grad}^{-1} = 8{,}31 \text{ volt-coul-grad}^{-1}$$

$$= 1{,}986 \text{ cal-grad}^{-1} = 0{,}0820 \text{ l-atm-grad}^{-1}.$$

Aus dieser letzten Zahl erhält man mit $T = 273{,}2$ für die Temperatur des schmelzenden Eises für das **Normalvolumen** eines idealen Gases

$$V_0 = 22{,}41 \text{ l}.$$

Die LOSCHMIDTsche Zahl, d. h. die Zahl der Moleküle pro Mol (vgl. S. 305), beträgt
$$N = 6{,}06 \cdot 10^{23},$$

also erhält man für die BOLTZMANNsche Konstante, die Gaskonstante pro Molekül
$$k = R/N = 1{,}37 \cdot 10^{-16} \text{ erg-grad}^{-1}.$$

Das PLANCKsche Wirkungsquantum beträgt

$$h = 6{,}55 \cdot 10^{-17} \text{ erg-sec,}$$

hieraus ergibt sich nach S. 44 (vgl. auch S. 307) für die in den quantentheoretisch abgeleiteten Formeln für Energie und Entropie auftretende Konstante der Wert

$$\beta = h/k = 4{,}78 \cdot 10^{-11} \text{ sec-grad.}$$

6. Um schließlich elektrochemische Daten auf Mole umrechnen zu können, geben wir die elektrochemische Einheit der Elektrizitätsmenge, d. h. die Elektrizitätsmenge an, die von einem Äquivalent transportiert wird:

$$\mathfrak{F} = 96494 \text{ coul.}$$

Erstes Kapitel

Einleitung.

1. Die Begriffe Temperatur, Wärme und spezifische Wärme.

Die Kenntnis der Temperatur verdanken wir der unmittelbaren Sinnesempfindung. Beim Anfassen eines Körpers wissen wir; ob er warm oder kalt ist, und es ist daher nicht möglich und auch nicht nötig, die Begriffe warm oder kalt auf andere Begriffe zurückzuführen oder zu definieren. Als äußere Ursache der Temperaturempfindung setzen wir einen sog. Wärmezustand des betreffenden Körpers; fühlt er sich heiß oder warm an, so sagen wir, er besitzt viel Wärme, fühlt er sich kalt an, so enthält er wenig Wärme, ebenso wie uns z. B. ein Körper hell erscheint, wenn er viel Licht ausstrahlt, und uns dunkel erscheint, wenn er wenig oder gar kein Licht aussendet.

Wenn sich zwei Körper gleich warm oder kalt anfühlen, so haben sie gleiche „Temperatur", die auch bei gegenseitiger Berührung gleich und unverändert bleibt. Berühren sich dagegen zwei oder mehr Körper, die sich verschieden warm anfühlen, also ungleiche Temperatur besitzen, so tritt allmählich eine Temperaturänderung ein. Die anfänglich wärmeren Körper kühlen sich ab und die kälteren erwärmen sich, bis sie schließlich alle gleiche Temperatur besitzen. Man sagt daher, daß die kälteren Körper Wärme aufnehmen und die wärmeren Wärme abgeben, oder daß die Wärme von Orten höherer Temperatur zu Orten tieferer Temperatur fließt. Aus diesem Grunde hat man lange Zeit die Wärme als ein Fluidum angesehen, d. h. als einen mit den Eigenschaften der Flüssigkeiten begabten, allerdings unwägbaren Stoff, der alle Körper durchdringt und dessen Gehalt die Temperatur der Körper bestimmt.

Will man die Gesetze des Wärmeflusses studieren, so muß man exakte Maße für die vorläufig nur psychologisch bestimmten Begriffe Wärme und Temperatur einführen. Die Temperaturempfindung allein ist hierzu nicht imstande, weil man Empfindungen nicht quantitativ miteinander vergleichen kann. Eine Messung von Wärme und Temperatur wird daher nur dann durchführbar sein, wenn jedem Wärmezustand eines Körpers eine andere physikalische Eigenschaft so zugeordnet ist, daß sie sich kontinuierlich und eindeutig mit ihm ändert und nach einer der üblichen wissenschaftlichen Methoden in Zeit und Raum gemessen werden kann.

Die Erfahrung lehrt nun glücklicherweise, daß es eine große Zahl solcher mit dem Wärmezustand eindeutig verknüpfter Eigenschaften gibt, die demnach alle zur Durchführung von Wärme- und Temperaturmessungen benutzt werden können. Fast das gesamte physikalische Verhalten eines Körpers verändert sich, wenn er erwärmt wird. Eine der am einfachsten zu messenden Eigenschaften ist die Raumerfüllung. Ein und derselbe Körper nimmt in heißem Zustande einen größeren Raum ein als in kaltem. Man sagt daher: Wärme dehnt aus und Kälte zieht zusammen. Diese Wärmeausdehnung ist allen Körpern mit sehr wenigen Ausnahmen (z. B. Wasser zwischen 0^0 und 4^0) gemeinsam und wird allgemein als Grundlage der Temperaturmessung benutzt.

Bei Gasen ist die Ausdehnung bei der Erwärmung am auffälligsten und daher am längsten bekannt; schon HERO VON ALEXANDRIEN hat sie zu sinnreichen Versuchen benutzt.

Bei Flüssigkeiten und festen Körpern ist sie wesentlich geringer, bei letzteren sogar schwierig zu bestimmen. Zur Ausführung von Temperaturmessungen und zur Herstellung von Meßapparaten, sog. Thermometern, eignen sich daher nur Gase und Flüssigkeiten.

Als Erfinder der Gasthermometer ist GALILEI zu betrachten[1]; Flüssigkeitsthermometer wurden erst später eingeführt. Abb. 1 zeigt ein GALILEIsches Luftthermometer, Abb. 2 ein heute übliches Flüssigkeitsthermometer.

Da die Temperaturen, die ein Körper nacheinander annehmen kann, eine kontinuierliche Reihe bilden, die durch die Punkte einer Geraden dargestellt werden können, so sind zur Definition einer Temperatur*skala* oder eines Temperaturmaßstabes zwei bestimmte Punkte notwendig, deren Abstand in eine Anzahl gleicher Teile geteilt wird. Dann kann man jede beliebige Temperatur als Entfernung von einem dieser Punkte angeben, geradeso wie die Lage eines Punktes auf einer Geraden. Als solche willkürliche Fixpunkte hat CELSIUS die Temperaturen gewählt, an denen Wasser bei Atmosphärendruck gefriert und siedet und den Zwischenraum zwischen beiden in 100 gleiche Teile geteilt. Der Gefrierpunkt des Wassers gilt als 0^0, kältere Temperaturen werden negativ, wärmere positiv gerechnet. Dann liegt der Siedepunkt des Wassers bei $+100^0$ C. RÉAUMUR teilte das Intervall zwischen den gleichen Fixpunkten in 80 Teile, FAHRENHEIT wählte als Nullpunkt die Temperatur, die man beim Vermischen von Eis, Wasser und festem Salmiak erhält (-18^0 C), und teilte das Intervall zwischen dieser Temperatur und dem Gefrierpunkt des Wassers in 32 Teile.

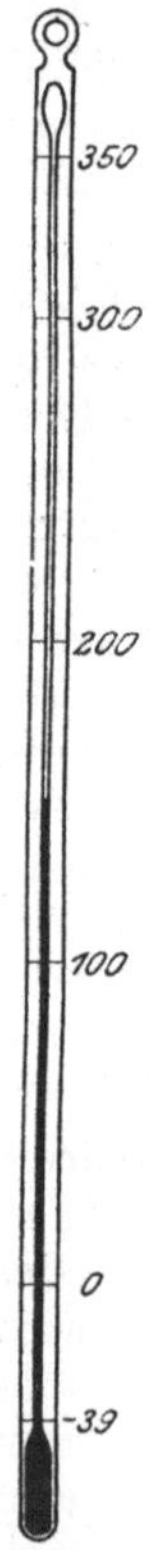

Ein in Abb. 2 abgebildetes Flüssigkeitsthermometer (CELSIUS), das jetzt meist mit Quecksilber gefüllt wird, wird also zu seiner Eichung in gefrierendes und dann in siedendes Wasser getaucht. Nach Ausführung der Teilung kann man dann die Eigentemperatur des Thermometers stets ohne weiteres aus der Stellung der Flüssigkeit in der Kapillare ab-

Abb. 1.
GALILEIsches Luftthermometer.

Abb. 2.
Quecksilberthermometer.

---

[1] MACH: Prinzipien der Wärmelehre, 2. Aufl., S. 6.

lesen. Es muß an dieser Stelle aber besonders darauf aufmerksam gemacht werden, daß zwei auf diese Art geeichte Thermometer, die aus verschiedenem Material bestehen oder verschiedene physikalische Eigenschaften als Maßstab für die Temperatur benutzen, auch wenn sie sich gleich warm anfühlen, nicht gleiche Temperatur zu zeigen brauchen. Sie haben ja nur die Fixpunkte gemeinsam; die Unterteilung in Grade ist dagegen für jede Substanz eine andere, da jede Substanz ihr eigenes Gesetz der Wärmeausdehnung oder allgemein der Eigenschaftsänderung mit der Wärme hat. Es muß daher zu jeder Temperaturangabe hinzugefügt werden, auf was für ein Thermometer sie sich bezieht.

Die Verwendung des Thermometers zur Messung der Temperaturen beliebiger Körper wird nun auf Grund folgender Erfahrungen ermöglicht: Wie oben angegeben, stellt sich bei Berührung ungleich warmer Körper eine Ausgleichstemperatur ein; diese liegt der Temperatur des größeren Körpers um so näher, je beträchtlicher der Größenunterschied der sich berührenden Körper ist. Streng genommen wird sich daher bei Berührung eines Thermometers mit dem zu untersuchenden Körper auch dessen Temperatur ändern, aber nur um unendlich wenig, falls die Masse des Thermometers gegen die des größeren Körpers verschwindet. Dann zeigt also das Thermometer die vorher unbekannte Temperatur dieses Körpers an. Ferner lehrt die Erfahrung, daß zwei Körper gleicher Temperatur auch mit einem dritten in Temperaturgleichgewicht stehen, falls dieser mit einem von ihnen gleich temperiert ist. Daraus folgt, daß alle gleich warmen Körper am Thermometer die gleiche Temperatur zeigen.

Nach Erfindung des Thermometers wurde es möglich, die Gesetze des Wärmeüberganges von wärmeren zu kälteren Körpern zu studieren. Die Ergebnisse dieser Untersuchung sind folgende: Vermischt man z. B. 1 kg Wasser von 100^0 C mit der gleichen Menge Wasser von 0^0, so erhält man Wasser von 50^0. Vermischt man 2 kg Wasser von 100^0 mit 1 kg von 0^0, so erhält man Wasser von $66^2/_3{}^0$, vermischt man 9 kg von 100^0 mit 1 kg von 0^0, so erhält man Wasser von 90^0 und so fort. Da es nahe lag, den Wärmestoff wie jeden anderen Stoff als unzerstörbar zu betrachten und ein Erhaltungsgesetz für ihn anzunehmen, so folgte, daß bei dem Temperaturausgleich der Wärmegehalt des ganzen Systems unverändert bleibt, und daß demnach die zur Erwärmung des kälteren Körpers verbrauchte Wärme gleich der bei der Abkühlung des wärmeren gewonnenen ist. Mithin ist die Wärme Q, die einen Körper von der Masse m von der Temperatur t_1 auf t_2 erwärmt, proportional seiner Masse m und der Temperaturdifferenz $t_2 - t_1$; denn alle obigen Erfahrungen fügen sich der Gleichung

$$Q = c m_1 (t_2 - t_1) = c m_2 (t_3 - t_2), \qquad (1)$$

wenn t_1 und t_3 die Anfangstemperaturen, t_2 die Ausgleichstemperatur und c einen vorläufig noch unbestimmten Proportionalitätsfaktor bedeuten. Die Ausgleichstemperatur berechnet sich daher zu:

$$t_2 = \frac{m_1 t_1 + m_2 t_3}{m_1 + m_2}.$$

Dieselben Erfahrungen wie bei Wasser macht man bei der Vermischung anderer gleicher Stoffe, wie Quecksilber mit Quecksilber, Öl mit Öl und bei Berührung gleicher fester Stoffe. Der Wärmeausgleich der letzteren verläuft allerdings infolge der weniger innigen Berührung viel langsamer als der zwischen Flüssigkeiten und ist daher schwieriger experimentell zu verfolgen. Zu ganz anderen Ergebnissen kommt man jedoch bei der Untersuchung des Temperaturausgleichs ungleichartiger Stoffe, z. B. bei der Vermischung von Wasser mit Öl oder Quecksilber.

Vermischt man z. B. 1 kg Wasser von 100^0 mit 1 kg Terpentinöl von 0^0, so erhält man die Ausgleichstemperatur 71^0; vermischt man 1 kg Wasser von 100^0 mit 1 kg Quecksilber von 0^0, so wird die Ausgleichstemperatur sogar $96{,}8^0$. Da zur Erwärmung des Terpentinöls oder des Quecksilbers von 0^0 bis zur Ausgleichstemperatur die gleiche Wärmemenge nötig ist, die bei der Abkühlung des Wassers von 100^0 auf diese Temperatur gewonnen wird, so ist zur Erwärmung dieser beiden Stoffe um 1^0 offenbar eine viel geringere Wärmemenge notwendig als zur Erwärmung von Wasser um 1^0. Daher besitzt der Proportionalitätsfaktor c der Gleichung (1) für jeden Stoff einen anderen Wert; c wird die *spezifische Wärme* des Stoffes genannt. Aus Analogie zur Definition des spezifischen Gewichts setzt man die spezifische Wärme des Wassers gleich 1. Diese Festsetzung gestattet, ein Maß für die einem Körper zu- oder abgeführte Wärme einzuführen. Aus der Gleichung $Q = cm \, (t_2 - t_1)$ folgt: die Einheit der Wärmemenge ist diejenige, welche die Masseneinheit Wasser (1 g) um 1^0 C erwärmt. Diese Wärmemenge wird eine Kalorie genannt. Die spezifische Wärme eines Stoffes ist daher diejenige Anzahl Kalorien, deren Zuführung die Masseneinheit des Stoffes um 1^0 erwärmt. Diese Zahl ist erfahrungsgemäß bei fast allen Stoffen ein echter Bruch, also kleiner als 1. Unter einer sog. „großen" Kalorie versteht man die Wärmemenge, die 1000 g Wasser um 1^0 C erwärmt. Man kürzt die gewöhnliche oder „kleine" Kalorie durch die Bezeichnung „cal", die große durch „kcal" ab, so daß 1 kcal $=$ 1000 cal wird.

Man kann die obigen Angaben benutzen, um die spezifische Wärme für Quecksilber und Terpentinöl zu berechnen. Aus der Gleichung:

$$Q = c_1 m_1 \, (t_2 - t_1) = c_2 m_2 \, (t_3 - t_2)$$

folgt, da $c_2 = 1$, $m_1 = m_2 = 1$, $t_1 = 0^0$, $t_3 = 100^0$, $t_2 = 71^0$, für Terpentinöl

$$c_1 = \frac{c_2 m_2 \, (t_3 - t_2)}{m_1 \, (t_2 - t_1)} = \frac{29}{71} = 0{,}41$$

und für Quecksilber, da $t_2 = 96{,}8$: $c_1 = \frac{3{,}2}{96{,}8} = 0{,}033$.

Die im vorigen Abschnitt beschriebenen Erfahrungen bilden die Grundlagen der Thermometrie und Kalorimetrie, d. h. der wissenschaftlichen Messung von Temperaturen und Wärmemengen. Die Entwicklung der Forschung hat die Methoden, die diesen Zwecken dienen, mehrfach umgewandelt und vervollkommnet. Im folgenden seien die wichtigsten der heute üblichen Methoden kurz skizziert.

2. Thermometrie.

Die Apparate zur *Temperaturmessung* zerfallen in 6 Klassen, nämlich:

1. Flüssigkeitsthermometer,
2. Gasthermometer,
3. Dampfdruckthermometer,
4. Widerstandsthermometer,
5. Thermoelemente,
6. Optische Thermometer (nur für sehr hohe Temperaturen).

Flüssigkeitsthermometer. Gewöhnlich mißt man die Volumenänderung der Flüssigkeit dadurch bequem, daß man an das Thermometergefäß eine Kapillare ansetzt, in der die Flüssigkeit bei Temperaturerhöhung ansteigt. An dieser Kapillare wird die Gradeinteilung angebracht.

Eine zur Füllung von Flüssigkeitsthermometern geeignete Flüssigkeit muß folgenden Bedingungen genügen: Sie muß in einem großen Temperaturintervall flüssig bleiben, und Schmelzpunkt und Siedepunkt müssen von der Mitteltemperatur, bei der gemessen werden soll, möglichst weit entfernt sein. Sie soll das Glas, das wegen seiner Durchsichtigkeit als Gefäßmaterial ausschließlich in Betracht kommt, nicht benetzen, muß eine geringe spezifische Wärme besitzen und ohne Schwierigkeit chemisch rein darzustellen sein. Diesen Ansprüchen genügt von allen bekannten Stoffen für gewöhnliche Temperaturen am besten das Quecksilber, das daher den früher häufig benutzten Alkohol fast vollständig verdrängt hat. Das neuerdings vorgeschlagene Toluol hat wie Quecksilber die Eigenschaft, daß sein Siedepunkt im Gegensatz zu Alkohol außerhalb der beiden Fixpunkte liegt, steht aber doch dem Quecksilber nach. Bei Temperaturen, bei denen das Quecksilber fest ist (unterhalb —39⁰), bedient man sich der Pentan- oder Alkoholthermometer, bei Temperaturen in der Nähe des Siedepunktes des Quecksilbers und darüber eines Quecksilberthermometers, dessen Kapillare mit Stickstoff unter hohem Druck gefüllt ist. Durch diesen Kunstgriff, der das Sieden des Quecksilbers verhindert, kann man Temperaturen bis etwas über 500⁰, bei Verwendung von Quarz an Stelle des Glases sogar bis 750⁰ mittels des Flüssigkeitsthermometers messen. Neben der Flüssigkeit dehnt sich auch das Gefäß beim Erwärmen aus; man beobachtet daher unmittelbar nicht die wahre Volumenänderung der Thermometersubstanz, sondern eine scheinbare Ausdehnung, die kleiner als die wahre ist.

Gasthermometer. Es hat sich gezeigt, daß die Ausdehnung aller Gase sehr nahe demselben Gesetz folgt, daß also alle Gasthermometer fast die gleiche Temperaturskala liefern. Außerdem stimmt diese Skala recht nahe mit der des Quecksilberthermometers überein, d. h. alle Gase dehnen sich bei Erwärmung um 1⁰ C um eine konstante, von der Höhe der Temperatur und der Natur des Gases unabhängige Größe aus (vgl. Kap. 2). Für Quecksilber folgt diese Gleichmäßigkeit der Ausdehnung aus der Definition der CELSIUSskala, da ja die gesamte Ausdehnung zwischen dem Gefrier- und Siedepunkt des Wassers in

100 gleiche Teile geteilt wurde. Hätte man zur Definition der Temperaturskala nicht Quecksilber, sondern irgendeine andere Flüssigkeit gewählt, so würden die Grade des Gasthermometers nicht genau den Graden dieses Flüssigkeitsthermometers entsprechen. Auch für das Quecksilberthermometer ist diese Übereinstimmung keine mathematische, doch sind die Abweichungen der einzelnen Gasthermometer voneinander und vom Quecksilberthermometer bei gewöhnlicher Temperatur so gering, daß sie für die meisten praktischen Zwecke vernachlässigt werden können. Als internationale wissenschaftliche Temperaturnormale wird nicht das Quecksilber-, sondern das mit Wasserstoff gefüllte Gasthermometer benutzt. Die Abweichungen zwischen dem Quecksilber- und dem Luft- oder Wasserstoffthermometer betragen bei Temperaturen zwischen 0 und 200° nur einige Hundertstel Grad; bei 300° dagegen beträgt die Differenz schon fast 3°[1].

Mit der Wasserstoffskala fast identische Gradeinteilung hat die thermodynamische Skala; sie entspricht einem mit einem idealen Gase gefüllten Thermometer (vgl. S. 121). Durch Gesetz vom 7. August 1924 ist diese thermodynamische Skala die gesetzliche Temperaturskala in Deutschland geworden mit der Maßgabe, daß die normale Schmelztemperatur des Eises mit 0° und die normale Siedetemperatur des Wassers mit 100° bezeichnet wird. Im folgenden wird immer diese Skala benutzt werden. Wird der Eisschmelzpunkt als Nullpunkt der Zählung benutzt, bezeichnen wir die Temperaturen mit t und nennen sie CELSIUStemperatur. Wie sich in dem Abschnitt über die Zustandsgleichung idealer Gase und weiter in den thermodynamischen Ableitungen zeigen wird, ist es für theoretische Zwecke vorteilhaft, den Nullpunkt der Zählung auf —273,2° der CELSIUSskala, den sog. *absoluten Nullpunkt*, zu verlegen. Temperaturen, die in dieser *absoluten* oder *Kelvin-Skala* ausgedrückt sind, bezeichnen wir mit T, so daß gilt

$$T = 273,2 + t.$$

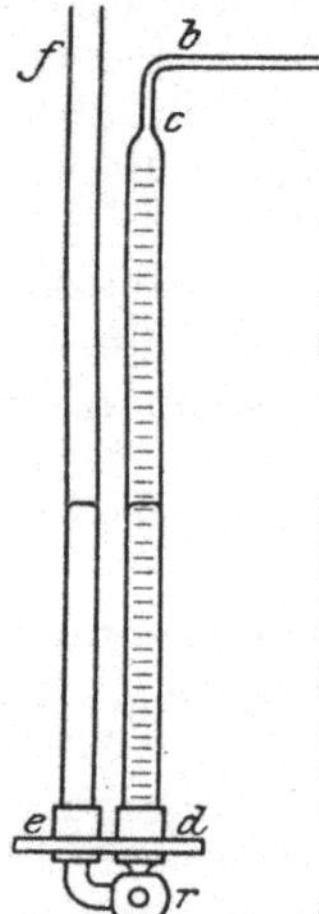

Da das Volumen einer bestimmten Gasmenge nicht nur von der Temperatur, sondern auch vom Druck abhängig ist und andererseits der Druck eines Gases bei konstant gehaltenem Volumen sich mit der Temperatur ändert, so unterscheidet man Gasthermometer bei konstantem Druck und Gasthermometer bei konstantem Volumen.

a) Einen Apparat der ersten Form, der von REGNAULT angegeben ist, zeigt Abb. 3. Die Kugel A bildet das eigentliche thermometrische Gefäß, die Röhre cd ist kalibriert und enthält ebenso wie die mit ihr kommunizierende Röhre ef Quecksilber. Bei Erwärmung oder Abkühlung von A verschiebt sich das Quecksilber und kann durch Nachgießen in die zweite Röhre oder Ablassen bei r auf gleichen Stand in beiden Röhren

Abb. 3. Gasthermometer bei konstantem Druck.

---

[1] Vgl. LANDOLT-BÖRNSTEIN, 5. Aufl., S. 1209.

gebracht werden. Dann herrscht im Innern von A immer der gleiche Druck, nämlich Atmosphärendruck. Da aber dieser nicht absolut konstant ist, so sind die Temperaturangaben dieses Apparates nur so lange richtig, wie sich der Atmosphärendruck nicht ändert.

b) *Gasthermometer bei konstantem Volumen.* Wie im Kapitel 2 gezeigt wird, ändert sich der Druck eines Gases bei konstantem Volumen bei Erwärmung um 1^0 C ebenfalls um eine konstante Größe. Man kann daher die Temperatur aus der Druckzunahme während der Erwärmung bestimmen. Die Arbeitsweise eines derartigen Thermometers wird durch Abb. 4 veranschaulicht. Das Gas im thermometrischen Gefäß A ist durch eine Quecksilbersäule abgeschlossen, die ihrerseits durch einen Gummischlauch mit dem verschiebbaren Rohr n kommuniziert. Durch Vertikalverstellung des Rohres n gelingt es, das Quecksilber bei allen Temperaturen auf ein und dieselbe Stelle, die durch eine kleine Spitze S markiert ist, einzustellen. Der hierzu notwendige Über- und Unterdruck wird durch die Niveaudifferenz des Quecksilbers zwischen S und n gegeben[1].

Das Anwendungsbereich des Gasthermometers nach unten wird durch die Kondensation des Gases begrenzt. Ein Wasserstoff- und besonders ein Heliumthermometer gestattet daher, noch sehr niedrige Temperaturen zu messen. Eine obere

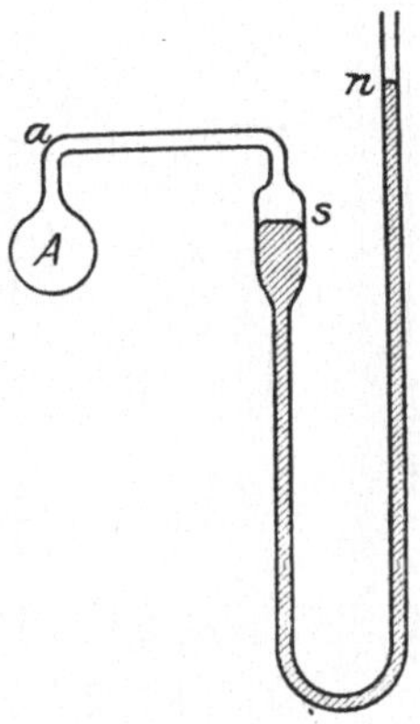

Abb. 4. Gasthermometer bei konstantem Volumen.

Grenze gibt es theoretisch überhaupt nicht, doch bieten sich praktische Schwierigkeiten durch die Beschaffung von Gefäßen, die bei hohen Temperaturen für die Gase undurchlässig sein müssen. Da die meisten Stoffe erfahrungsgemäß dieser Bedingung bei sehr hohen Temperaturen nicht genügen, so ist es kaum möglich, Temperaturen von über 1600^0 mit dem Gasthermometer zu messen[2].

Dampfdruckthermometer. Für Messungen unterhalb Zimmertemperatur empfiehlt sich das von STOCK angegebene Dampfdruckthermometer durch bequeme Handhabung und große Empfindlichkeit. Seine Verwendbarkeit beruht auf der Tatsache, daß die Sättigungsdrucke von Flüssigkeiten stark temperaturabhängig sind. Das die thermometrische Flüssigkeit enthaltende Gefäß A der Abb. 5 wird der zu messenden tiefen Temperatur ausgesetzt; mit diesem Gefäß ist durch eine federnde spiralförmige Glasröhre das Manometer M verbunden, das direkt den Dampfdruck in A und damit die dort herrschende Temperatur angibt. Ein besonderer Vorzug dieser Meßmethode ist die Unabhängig-

---

[1] Eine neue Form des Gasthermometers siehe bei MILLER, Phil. Mag. (6), 3, Bd. 20, S. 296.

[2] HOLBORN und WIEN haben bis 1400^0 ein Luftthermometer benutzt, dessen Gefäßwandungen aus außen glasiertem Porzellan bestanden. Dieses Material hält jedoch bei hoher Temperatur nur dann dicht, wenn der Innendruck den äußeren Druck nicht übersteigt (Wied. Ann. Bd. 47, S. 107, (1892). DAY und SOSMAN konnten ein Stickstoffthermometer aus einer Platin-Rhodium-Legierung sogar bis 1600^0 C benutzen (Am. J. of Science (4), Bd. 29, S. 93, 1910).

keit von dem Temperaturgefälle längs des Thermometers, da sich jeweils der der tiefsten Temperatur entsprechende Dampfdruck einstellt. Zur Benutzung dieser Thermometer sind von HENNING und STOCK Tabellen veröffentlicht worden, die die zu den verschiedenen Temperaturen gehörenden Dampfdrucke verschiedener thermometrischer Substanzen geben[1].

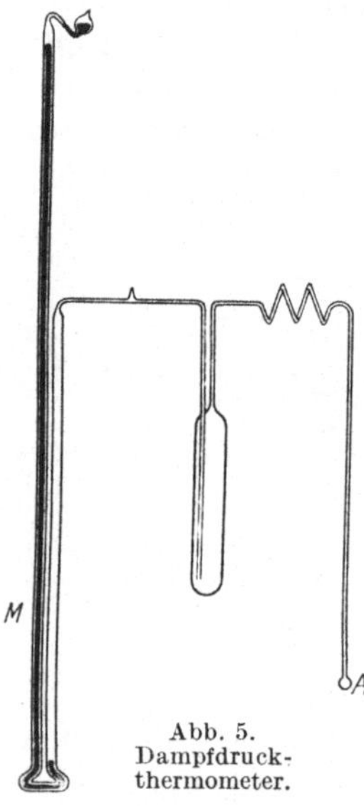
Abb. 5.
Dampfdruck-
thermometer.

Die *elektrischen* Methoden der Temperaturmessung benutzen die Tatsachen, daß erstens der Widerstand eines Leiters sich mit dessen Temperatur ändert, und zweitens, daß an der Berührungsstelle (Lötstelle) zweier verschiedener Metalle oder Legierungen eine elektromotorische Kraft besteht, deren Größe ebenfalls eine Funktion der Temperatur ist. Schließt man daher einen Stromkreis, der aus zwei verschiedenen Metallen zusammengesetzt ist und demnach zwei Lötstellen enthält, so fließt ein Strom, falls sich die beiden Lötstellen auf verschiedenen Temperaturen befinden. Ist die eine dieser Temperaturen bekannt, so kann durch die Messung der elektromotorischen Kraft die Temperatur der anderen ermittelt werden. Beide Methoden besitzen vor dem auf der Wärmeausdehnung beruhenden Verfahren die Vorteile, daß erstens infolge der großen Empfindlichkeit der elektrischen Meßmethoden auch sehr kleine Temperaturdifferenzen genau gemessen werden können, und daß zweitens die bequeme Messung sehr hoher und sehr tiefer Temperaturen ermöglicht wird. Schließlich ist hervorzuheben, daß Thermoelemente nur einen sehr geringen Raum einnehmen und daher bei manchen Versuchen aus apparativen Gründen den Vorzug vor allen anderen Thermometern verdienen.

Widerstandsthermometer. Der Widerstand aller Metalle nimmt mit wachsender Temperatur zu.

Man kann nach dem Vorgang von CALLENDAR analog dem Gasthermometer auch durch das Widerstandsthermometer eine Temperaturskala definieren:

$$\frac{t_w}{100} = \frac{w_{t_w} - w_0}{w_{100} - w_0}.$$

wo w_{t_w} der Widerstand bei der Temperatur t_w der betreffenden Skala ist. Man findet dann, daß in erster Näherung zwischen der so definierten Temperatur und der Temperaturangabe t der idealen Gasskala eine quadratische Beziehung besteht, daß also der Zusammenhang zwischen Widerstand und Temperatur die Form annimmt $w_t = w_0 (1 + at + bt^2)$.

Drei Messungen bei bekannten Temperaturen liefern die Zahlenwerte der Konstanten dieser Gleichung. Bestimmt man dann den Wider-

<hr>

[1] HENNING, F. und STOCK, A., Z. f. Phys. Bd. 4, S. 226, 1921.

stand bei einer beliebigen Temperatur, so kann man diese aus obiger Gleichung berechnen. Zur Messung sehr kleiner Temperaturdifferenzen, wie sie z. B. durch Wärmestrahlung hervorgerufen werden, gibt man nach dem Vorschlag von LANGLEY[1] dem Widerstandsthermometer eine Form, die man als *Bolometer* bezeichnet. Es wird die Widerstands-änderung eines sehr dünnen Platinstreifens bestimmt; mit Hilfe eines empfindlichen Galvanometers gelang es, Temperaturunterschiede von nur $10^{-6}\,^0$ zu erkennen. Nicht so empfindliche, dagegen für praktische Zwecke und große Temperaturbereiche verwendbare Widerstands-thermometer sind z. B. von JAEGER und v. STEINWEHR[2] und von E. HAAGN[3] beschrieben worden. Ein dünner Platindraht wird unter Erwärmung auf eine ca. 2 mm starke Kapillare aus Quarzglas aufge-wickelt (HAAGN) und diese Kapillare in eine gut passende weitere Quarzglasröhre gesteckt. Beim Erweichen des Systems im Knallgas-gebläse legt sich das Quarzglas so dicht an den Widerstandsdraht an, daß dieser jeder Temperaturschwankung der Umgebung sofort folgt. Der Apparat eignet sich für Temperaturen zwischen -100^0 und $+900^0$ C. Bei tieferen Temperaturen, bei denen der Widerstand sehr klein wird, muß sehr dünner Platindraht verwendet werden oder auch Bleidraht, da dessen Widerstand langsamer abnimmt.

Thermoelemente. Man kann sämtliche Metalle und Legierungen derart in eine Reihe ordnen, daß an der wärmeren Lötstelle jedes vorher-gehende Metall sich gegen das fol-gende positiv auflädt. Zur Tempe-raturmessung werden zweckmäßig solche Metallpaare dienen, die in dieser thermoelektrischen Span-nungsreihe weit auseinanderliegen. Die zur Temperaturmessung die-nende Versuchsanordnung wird durch die Abb. 6 veranschaulicht. I ist das Bad von unbekannter Temperatur t_1; II habe die be-kannte Temperatur t_2. In I be-findet sich die Lötstelle der beiden Metalle Me_1 und Me_2, die durch in II angelötete dickere Kupfer-drähte L mit dem Galvanometer G verbunden sind. Dies zeigt einen Strom an, wenn I und II sich auf verschiedener Temperatur befinden.

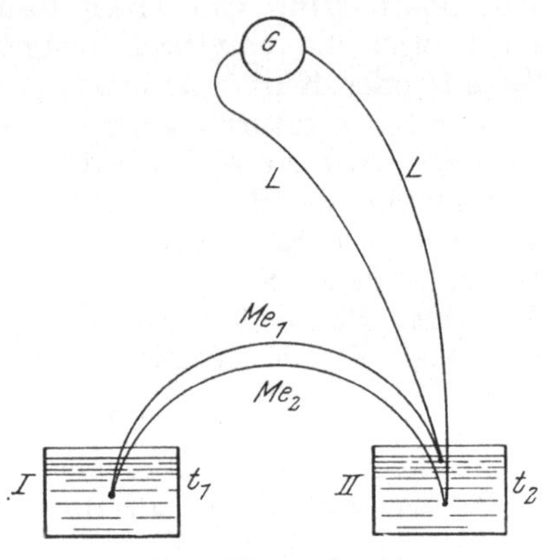

Abb. 6. Thermoelement.

Die Zuleitungsdrähte L müssen aus relativ dickem Kupferdraht bestehen, damit in ihnen kein Spannungsverlust eintritt und die ge-samte, bei II herrschende Potentialdifferenz G zur Messung gelangt; für sehr genaue Messungen empfiehlt es sich, diese Potentialdifferenz nach dem Kompensationsverfahren zu bestimmen. Die in diesem

[1] Vgl. LUMMER und KURLBAUM, Wied. Ann. Bd. 46, S. 204 (1892).
[2] Ber. Dt. physikal. Ges. 1903, S. 353.
[3] Z. angew. Chem. Bd. 20, S. 565 (1907).

Thermoelement erzeugte elektromotorische Kraft ist dieselbe, wie wenn die beiden Metalle in II direkt aneinandergelötet wären. Denn hält man beide Bäder, I und II, auf gleicher Temperatur, so muß, da jetzt kein Strom fließt, die Summe der an den beiden Lötstellen in II vorhandenen elektromotorischen Kräfte die in I gerade kompensieren. Wir können uns daher die beiden Lötstellen in II durch eine einzige zwischen den beiden Metallen Me_1 und Me_2 von gleicher Temperatur t_2 ersetzt denken. Die gesamte elektromotorische Kraft e setzt sich dann additiv aus den entgegengesetzten Kräften e_1 und e_2 zusammen, die an den beiden Lötstellen herrschen. Es ist also $e = e_1 - e_2$.

Je nach dem benutzten Thermopaar und der Größe des benutzten Temperaturgebietes muß man hierfür eine einfachere oder kompliziertere Temperaturabhängigkeit ansetzen. Für kleine Unterschiede zwischen t_1 und t_2 genügt es, zwischen elektromotorischer Kraft und Temperatur eine lineare Beziehung anzusetzen:

$$e_1 = e_0 + a t \tag{1}$$

und daher $\qquad e = e_1 - e_2 = a\,(t_1 - t_2)\,;$

die Thermokraft des Elements ist proportional der Temperaturdifferenz zwischen I und II.

Für große Temperaturdifferenzen wird in gewissen Gebieten der Zusammenhang immer komplizierter, und es kann unter Umständen vorteilhaft sein, von einer formelmäßigen Darstellung ganz abzusehen und die empirisch festgestellte Abhängigkeit in Form einer Tabelle oder Kurve zu bringen.

Zur Temperaturmessung bei tiefen und mittleren Temperaturen verwendet man hauptsächlich das Thermoelement Eisen-Konstantan (Legierung von 60 vH Cu und 40 vH Ni), das für eine Temperaturdifferenz von 1^0 C eine EMK von ca. $^1/_{20}$ Millivolt gibt. Bei höheren Temperaturen, bei denen Konstantan schmilzt, benutzt man nach LE CHATELIERS Vorschlag Platin und eine Legierung von Platin mit 10 vH Rhodium. Für dieses haben HOLBORN und DAY die Thermokraft:

$$e = -310 + 8{,}048\,t + 0{,}00173\,t^2$$

ermittelt, wenn e in Mikrovolt ($= 10^{-6}$ V) angegeben und die eine Lötstelle konstant auf 0^0 gehalten wird. BARUS schlägt den Ersatz des Platin-Rhodiums durch Platin-Iridium (20 vH Iridium) vor, da hierdurch die Thermokraft des Elementes um ca. 23 vH erhöht wird. Für mittlere Temperaturen empfiehlt VON HEVESY das Thermoelement Silber-Nickel. Empfindlichkeit: 1^0 ca. 0,02 Millivolt.

Die *optischen Methoden* zur Bestimmung sehr hoher Temperaturen werden im Kap. 12 behandelt werden.

Um die Angaben verschiedener Thermometer auf einander beziehen zu können, muß jedes Thermometer oder Thermoelement, welcher Art es auch sei, über den ganzen Umfang seines Meßbereiches geeicht werden. Dies kann durch Vergleich mit einem bereits geeichten Thermometer erfolgen oder durch Aufnahme von thermometrischen Fixpunkten. Zu diesem Zwecke taucht man das Thermometer in ein Bad, in dem sich ein bei konstanter Temperatur verlaufender Vorgang abspielt, wofern diese Temperatur genau bekannt ist; also das Schmelzen oder Sieden eines reinen Stoffes oder die Umwandlung von allotropen Modifikationen (vgl. Kap. 2). Folgende Übersicht enthält die Fixpunkte, die zur Festlegung der gesetzlichen Temperaturskala durch die Physikalisch-technische Reichsanstalt dienen.

Siedepunkt des Sauerstoffs:
$$t = -183,00 + 0,0126\,(p - 760) - 6,5 \times 10^{-6}\,(p - 760)^2$$
Sublimationspunkt der Kohlensäure:
$$t = -78,50 + 0,01595\,(p - 760) - 1,1 \times 10^{-5}\,(p - 760)^2$$
Schmelzpunkt des Quecksilbers: $t = -38,87^0$
Schmelzpunkt des Eises: $t = 0,000^0$
Umwandlungspunkt von Natriumsulfat: $t = 32,38^0$
Siedepunkt des Wassers:
$$t = 100,000 + 0,0367\,(p - 760) - 2,3 \times 10^{-5}\,(p - 760)^2$$
Siedepunkt von Naphthalin: $t = 217,9_6 + 0,058\,(p - 760)$
Erstarrungspunkt von Zinn: $t = 231,8_5{}^0$
Siedepunkt von Benzophenon: $t = 305,9^0 + 0,063\,(p - 760)$
Erstarrungspunkt von Cadmium $t = 320,9^0$
Erstarrungspunkt von Zink: $t = 419,4_5{}^0$
Siedepunkt des Schwefels:
$$t = 444,60 + 0,0900\,(p - 760) - 4,8 \times 10^{-5}\,(p - 760)^2$$
Erstarrungspunkt von Antimon: $t = 630,5^0$
Erstarrungspunkt des Silbers: $t = 960,5^0$
Schmelzpunkt des Goldes: $t = 1063^0$
Erstarrungspunkt von Kupfer: $t = 1083^0$
Schmelzpunkt von Palladium: $t = 1557^0$
Schmelzpunkt von Platin: $t = 1770^0$
Schmelzpunkt von Wolfram: $t = 3400^0$

p bedeutet den herrschenden Atmosphärendruck in Millimetern Quecksilber[1].

3. Kalorimetrie.

Die Bestimmung von Wärmemengen erweist sich in zweifacher Hinsicht als bedeutungsvoll, nämlich 1. zur Charakterisierung einer großen Zahl von physikalischen und chemischen Vorgängen und 2. zur Bestimmung der spezifischen Wärmen, die ihrerseits als wichtige Stoffkonstanten anzusehen sind und in enger Beziehung zu der chemischen Natur der Stoffe stehen. Die wichtigsten der unter 1 genannten Vorgänge sind: der Übergang eines Stoffes in einen anderen Aggregatzustand (Schmelzen und Verdampfen und die reziproken Vorgänge Gefrieren und Kondensieren), alle chemischen Umsetzungen, das Entstehen und Verschwinden mechanischer Arbeit, Leitung des elektrischen Stromes, die Absorption von Licht- und anderen Strahlen. Die zur Bestimmung von Wärmemengen konstruierten Apparate werden Kalorimeter genannt.

Das Mischungskalorimeter. Dasselbe beruht auf der Gleichung:

$$Q = c_1 m_1 \,(t_2 - t_1).$$

---

[1] Vgl. zu diesem Abschnitt: F. HENNING: Temperaturmessung, Braunschweig 1915, und an neuerem etwa den entsprechenden Abschnitt im Handbuch der Experimentalphysik, Bd. 1, Leipzig 1926.

Soll die Wärmemenge Q, die bei irgendeinem Vorgang entwickelt oder absorbiert wird, gemessen werden, so läßt man den Vorgang sich innerhalb einer Flüssigkeit von bekannter spezifischer Wärme c_1 und bekannter Masse m_1 abspielen. t_1 ist die Anfangstemperatur, t_2 die Endtemperatur der Kalorimeterflüssigkeit. Als Kalorimeterflüssigkeit wird im allgemeinen Wasser benutzt, bei höheren Temperaturen wohl auch Paraffinöl oder Glycerin, die einen höheren Siedepunkt haben als Wasser, bei tieferen Temperaturen Toluol, Pentan usw., je nach den besonderen Versuchsbedingungen. Bei der Ausführung des Versuches müssen noch eine Reihe Korrektionen berücksichtigt werden, die der Temperaturänderung der Gefäßwandungen, des Thermometers selbst, des Rührers, mit dem die Flüssigkeit zum Zwecke einer gleichmäßigen Durchmischung gerührt wird usw., Rechnung tragen. Auf die Einzelheiten der Versuchsanordnung kann an dieser Stelle nicht eingegangen werden; es muß auf die bekannten Laboratoriumshandbücher verwiesen werden[1].

Die Bestimmung einer spezifischen Wärme mittels des Mischungskalorimeters gestaltet sich folgendermaßen: Der zu untersuchende Körper von der Masse m_2 wird auf eine Temperatur t_3 erwärmt und in das Kalorimeter, das die Anfangstemperatur t_1 besitzt, getaucht. Dann stellt sich die Ausgleichstemperatur t_2 ein. Da die vom Körper abgegebene Wärme gleich der vom Kalorimeter aufgenommenen ist, so ist

$$Q = c_2 m_2 (t_3 - t_2) = c_1 m_1 (t_2 - t_1)$$

und

$$c_2 = \frac{c_1 m_1 (t_2 - t_1)}{m_2 (t_3 - t_2)}.$$

Während im Kalorimeter der Wärmeausgleich erfolgt, tritt jedoch auch ein Wärmeaustausch mit der Umgebung ein. Man wird daher nur dann eine konstante Ausgleichstemperatur beobachten, wenn diese zufällig mit der Temperatur der Umgebung genau übereinstimmt. Im allgemeinen wird dagegen die Temperatur des Kalorimeters sowohl vor wie nach Ablauf des zu untersuchenden Vorganges einen zeitlichen Gang aufweisen, und es ist nicht ohne weiteres möglich, aus den tatsächlich beobachteten Temperaturänderungen im Kalorimeter diejenige Temperaturänderung $t_2 - t_1$ zu berechnen, die bei Ausschluß des Wärmeaustausches mit der Umgebung eintreten würde, und die allein ein Maß für die zu ermittelnde Wärmemenge ist[2]. Im allgemeinen dürfte jedoch diesem

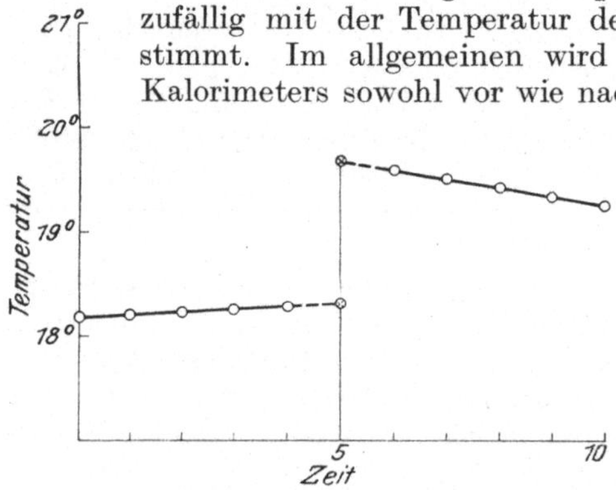

Abb. 7. Korrektion der gemessenen Temperaturänderung bei kalorimetrischen Messungen.

---

[1] OSTWALD-LUTHER, Physikochemische Messungen. — KOHLRAUSCH, Leitf. d. prakt. Physik usw.   [2] Vgl. OSTWALD-LUTHER, 4. Aufl. 1925, S. 362ff. und ARNDT, 2. Aufl. 1923, S. 454 ff.

Zwecke das folgende, durch die Darstellung in Abb. 7 erläuterte Näherungsverfahren genügen. Man beobachtet die Temperatur in bestimmten Zeitabständen vor und nach Eintritt der Reaktion, trägt die erhaltenen Werte graphisch auf und extrapoliert die entstehenden Kurven bis zu einem mittleren Zeitpunkt, an welchem man sich die Reaktion unendlich rasch verlaufend denkt.

Die für diesen Zeitpunkt aus der Abbildung abgelesene Temperaturänderung wird in die kalorimetrische Grundgleichung eingesetzt.

Das Eiskalorimeter. Dieser in seiner heutigen Form von BUNSEN angegebene Apparat beruht auf der Tatsache, daß jeder feste Stoff beim Schmelzen eine ganz bestimmte Schmelzwärme w pro Gewichtseinheit verbraucht. Führt man daher einem festen Stoff an seinem Schmelzpunkte die Wärmemenge Q zu, so bringt diese die Menge m des Stoffes zum Schmelzen, wobei m durch die Gleichung $Q = mw$ bestimmt wird. Ist w bekannt, so kann man durch Bestimmung von m die gesuchte Wärmemenge Q berechnen.

Als Kalorimeterinhalt wird allgemein reines Eis benutzt, das durch Einpacken des Gefäßes in Schnee oder ein Gemenge von zerstoßenem Eis und Wasser auf 0° C gehalten wird. Da sich Eis unter Kontraktion in flüssiges Wasser umwandelt, so tritt während der Wärmeentwicklung eine Volumenverminderung im Innern des Kalorimeters ein, die durch Verschiebung einer den Abschluß gegen die Außenluft bildenden Quecksilbersäule abgelesen werden kann und aus der sich m und damit Q berechnen läßt (vgl. Abb. 8). Der Raum B ist mit Eis und Wasser, die Röhre C mit Quecksilber gefüllt. Der die zu messende Wärme entwickelnde Vorgang spielt sich im Rohr A ab.

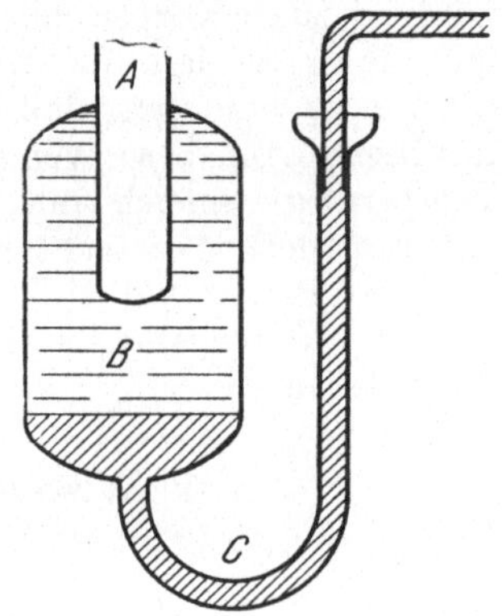

Abb. 8. BUNSENsches Eiskalorimeter.

Das Verdampfungskalorimeter ist von JOLY zur Bestimmung von spezifischen Wärmen empfohlen worden. Ebenso wie zum Schmelzen, so ist zum Verdampfen der Gewichtseinheit eines Stoffes eine ganz bestimmte Wärmemenge l erforderlich. Die Wärmemenge Q, die das Gewicht m_2 des zu untersuchenden Körpers von der Anfangstemperatur t_1 auf die Siedetemperatur t_2 einer Flüssigkeit (z.B. Wasser, 100°) bringt, ist

$$Q = c_2 m_2 (t_2 - t_1).$$

Zu ihrer Bestimmung hängt man den Körper an einen äquilibrierten Wagebalken und verdrängt dann die umgebende Luft durch eine Atmosphäre vom gesättigten Dampf der betreffenden Kalorimeterflüssigkeit von der Temperatur t_2. Hierbei kondensiert sich so lange Flüssigkeit an dem aufgehängten kälteren Körper, bis dessen Temperatur gleich der des gesättigten Dampfes t_2 wird. Durch Wägung des durch die Flüssigkeitströpfchen beschwerten Körpers erhält man die Menge des kondensierten Dampfes m_1 und gewinnt somit die Gleichung:

$$Q = m_1 l = c_2 m_2 (t_2 - t_1)$$

und aus dieser:

$$c_2 = \frac{m_1 \, l}{m_2 \, (t_2 - t_1)}.$$

Die elektrischen Kalorimeter. Mit Hilfe des elektrischen Stromes ist es möglich, Wärme zu erzeugen und ihre Menge mit großer Genauigkeit zu messen. Durchfließt ein Strom von der Stärke J amp einen Leiter, dessen Widerstand w ohm beträgt, so entwickelt er in z Sekunden nach den Versuchen von Joule die Wärmemenge $Q = k \cdot J^2 w z$. Der konstante Faktor k gibt diejenige Anzahl Kalorien an, die ein Strom von 1 amp im Widerstand 1 ohm in einer Sekunde erzeugt, nämlich $k = 0{,}239$ cal[1]. Die Bestimmung der spezifischen Wärme einer Flüssigkeit oder eines Gases gestaltet sich daher sehr einfach. Man bettet den stromdurchflossenen Leiter in die Flüssigkeit ein, schickt auf elektrischem Wege eine bestimmte Wärmemenge hinein und bestimmt die Temperaturerhöhung. Ist der zu untersuchende Körper fest, z. B. ein Metall, so wird er mit dem Heizdraht umwickelt und in eine Badflüssigkeit getaucht; der Heizdraht kann gleichzeitig als Widerstandsthermometer dienen. Für andere kalorimetrische Zwecke empfiehlt es sich, erst die Temperaturerhöhung zu bestimmen, die im Kalorimeter durch den fraglichen Vorgang (z. B. chemische Reaktion, Abkühlung eines Körpers unbekannter spezifischer Wärme usw.) entsteht, und dann in dem im Kalorimeter eingebetteten Stromleiter solche Ströme zu erzeugen, daß wiederum eine gleiche Temperaturerhöhung resultiert. Auf diese Weise vermeidet man einigermaßen die durch den Temperaturausgleich mit der Umgebung bedingten Fehler, die bei anderen Methoden recht störend in Betracht kommen können.

Eine Reihe von Kalorimetern, die zu besonderen Zwecken konstruiert worden sind, werden in späteren entsprechenden Abschnitten beschrieben werden.

4. Wärmeleitung und -strahlung.

Der Wärmeinhalt eines Körpers kann durch zwei Ursachen vermehrt werden: Es kann in ihm selbst durch einen chemischen oder physikalischen Prozeß Wärme erzeugt werden (z. B. durch chemische Umsetzung, durch Absorption von Licht, in einem Leiter durch das Fließen eines elektrischen Stromes), oder sie wird ihm von außen zugeführt dadurch, daß er in die Nähe eines Körpers von höherer Temperatur gebracht wird. Dann geht die Wärme durch Leitung oder Strahlung von der höheren zur tieferen Temperatur über; der Körper höherer Temperatur wirkt als Wärmequelle. Sind die beiden Stellen verschiedener Temperatur nur durch eine Flüssigkeit oder ein Gas getrennt, so wird der Wärmefluß auch durch Konvektion vermittelt, d. h. es treten in dem beweglichen Medium Strömungen auf, welche die am heißen Körper erhitzten Teilchen in die Nähe des kälteren bringen.

---

[1] W. Jäger und H. v. Steinwehr, Ann. Physik, Bd. 64, S. 305—366 (1921).

Sämtliche Stoffe in allen Aggregatzuständen haben in allerdings verschiedenem Maße die Fähigkeit, Wärme von Orten höherer Temperatur zu solchen niederer Temperatur zu *leiten*. Diese Fundamentaleigenschaft der Stoffe muß aus dem Wesen der Wärme selbst erklärt werden. Die Fluidumstheorie nahm an, daß der Wärmestoff ebenso wie ein Gas das Bestreben hat, jeden verfügbaren Raum gleichmäßig zu erfüllen und daher von Stellen höherer Dichtigkeit nach solchen geringerer Dichtigkeit zu diffundieren. Durch die Entdeckung, daß sich Wärme in mechanische Arbeit und umgekehrt umwandeln läßt, wurde man dazu geführt, die stoffliche Natur der Wärme aufzugeben und die Wärme als kinetische Energie der die Körper zusammensetzenden kleinsten Teilchen aufzufassen. Je lebhafter diese Molekularbewegung ist, um so höher ist die Temperatur des Körpers. In seinem Innern treten dauernd Zusammenstöße der einzelnen kleinsten Teilchen auf, die sich nach den Stoßgesetzen ihre kinetische Energie mitteilen müssen. Daher sind Temperaturdifferenzen in benachbarten Körpern nicht beständig, sondern es muß allmählich ein Zustand eintreten, in dem die mittlere kinetische Energie und daher auch die Temperatur aller Teilchen die gleiche geworden ist.

Diese Vorstellung hat dazu geführt, die Wärmeleitfähigkeit in Gasen, in denen man durch die kinetische Gastheorie über die Bewegungsart der kleinsten Teilchen unterrichtet ist, aus anderen physikalischen Größen mit Erfolg zu berechnen. Für den festen und flüssigen Zustand ist die Form der Molekularbewegung viel komplizierter; daher ist es noch nicht gelungen, ein genaues Bild von dem Mechanismus der Wärmeleitung in diesen Aggregatzuständen zu entwerfen. Doch ist die mathematische Theorie der Wärmeleitung, die unabhängig von jeder speziellen Vorstellung die Erscheinungen formal wiedergibt, für alle Körper seit den grundlegenden Arbeiten FOURIERS erschöpfend bekannt. Wie die Erfahrung gezeigt hat, besitzen diejenigen Stoffe, die gute Leiter der Elektrizität sind, also die Metalle, auch ein hohes Wärmeleitvermögen. Nach dem Gesetz von WIEDEMANN und FRANZ ist das Verhältnis von Elektrizitätsleitvermögen zum Wärmeleitvermögen für alle Stoffe nahezu eine Konstante. Die Elektronentheorie glaubte eine Erklärung für diese auffällige Beziehung zu haben, nämlich durch die Hypothese, daß die freien negativen Elektronen sich in den Metallen wie Molekeln eines Gases bewegen und durch ihre Zusammenstöße den Übergang von Wärme und Elektrizität vermitteln, aber es hat sich bisher noch keine Theorie widerspruchsfrei durchführen lassen.

Während der Wärmeübergang durch Leitung ein langsam verlaufender Vorgang ist, dessen Geschwindigkeit in erster Linie von dem die Leitung vermittelnden Körper abhängig ist, pflanzt sich die Wärme durch Strahlung mit außerordentlich großer Geschwindigkeit (Lichtgeschwindigkeit) im leeren Raume nach allen Richtungen gleichmäßig fort und ebenso in vielen Medien, wie den meisten Gasen, die daher als wärmedurchlässig (diatherman) bezeichnet werden. Die Wärmestrahlen verhalten sich ebenso wie die Lichtstrahlen und folgen den gleichen Gesetzen; sie können an den Oberflächen von Körpern, die sie nicht hindurchlassen, eine Absorption oder Reflektion erleiden. Erwärmung und Temperatursteigerung tritt nur bei Absorption von Wärmestrahlen auf. Beim Übergang von Wärme durch Leitung erwärmen sich alle die Wärmequelle umgebenden Schichten nacheinander, und es herrscht vor Einstellung der Temperaturkonstanz ein stetiges Temperaturgefälle; infolge der Strahlung kann sich jedoch auch ein von der Wärmequelle entfernter absorbierender Körper erwärmen, während die dazwischenliegenden Schichten kalt bleiben, falls sie aus durchlässigem Material bestehen. Man kann z. B. mittels einer Sammellinse aus Eis einen im Brennpunkt der Linse befindlichen Körper durch Sonnenstrahlen zur Entzündung bringen.

Die Durchlässigkeit der verschiedenen Stoffe ist oft für Wärme- und Lichtstrahlen die gleiche, doch gibt es auch Ausnahmen. Wasser ist z. B. für Wärmestrahlen undurchlässig, während es Lichtstrahlen bekanntlich nicht merklich absorbiert.

Die Gesetze der Wärmestrahlung werden im Kapitel 12 eingehend behandelt werden.

Zweites Kapitel.

Das Verhalten der Körper beim Erwärmen.

1. Änderung des Aggregatzustandes.

Schmelzen. Wenn man einem festen Stoff Wärme zuführt, so ändert sich seine Temperatur und sein Volumen und damit auch sein spezifisches Gewicht. Gleichzeitig ändern sich auch eine große Reihe anderer physikalischer Eigenschaften, z. B. seine optischen Eigenschaften (Brechungs- und Reflektionsvermögen), seine Leitfähigkeit für Wärme und Elektrizität usw. Sieht man von Umwandlungen in andere Modifikationen ab, so treten alle diese Änderungen kontinuierlich auf, d. h. zwischen zwei nicht benachbarten Temperaturen durchläuft der Stoff eine kontinuierliche Reihe von Zwischenzuständen. Für jeden festen Stoff gibt es jedoch eine obere Temperaturgrenze, über die hinaus eine kontinuierliche Änderung der Temperatur und seiner sonstigen physikalischen Eigenschaften nicht mehr möglich ist. Bei dieser Temperatur geht der Stoff vom festen Aggregatzustand in den flüssigen über. Dieser Vorgang wird als Schmelzen und die entsprechende Temperatur als Schmelzpunkt oder Schmelztemperatur bezeichnet.

Der Schmelzpunkt eines Stoffes ist — abgesehen von einer geringen Abhängigkeit vom äußeren Druck — eine für jeden reinen Stoff eindeutig bestimmte Temperatur. Von dieser Regel machen jedoch einige Stoffe, wie z. B. Glas oder Pech, die innerhalb eines größeren Temperaturintervalls erweichen und kontinuierlich von dem starren in den zähflüssigen und dann in den flüssigen Zustand übergehen, eine Ausnahme. Diese Eigenschaft besitzen jedoch nur die sog. amorphen, nicht kristallinischen Stoffe, von denen im folgenden daher abgesehen werden soll, desgleichen von den sog. flüssigen Kristallen und den kristallinischen

Flüssigkeiten, die die charakteristischen Eigenschaften des festen und des flüssigen Aggregatzustandes, die Orientierung der Molekeln im Raume und ihre leichte Beweglichkeit gleichzeitig zu verbinden scheinen. Der Übergang vom anisotropen Kristalle zur völlig isotropen Flüssigkeit kann nur an einer einzigen Temperatur erfolgen, und auch das in neuerer Zeit nachgewiesene Erweichen von Kristallen in der Nähe des Schmelzpunktes bildet von diesem Satze keine Ausnahme, da ja ein erweichter Kristall sich ebenso wie ein harter anisotrop verhält.

Der Übergang des festen (d. h. anisotropen) Zustandes in den flüssigen (d. h. isotropen) kann nur erfolgen, wenn dem festen Stoffe Wärme zugeführt wird, und zwar wird beim Schmelzen der Masseneinheit des festen Stoffes eine bestimmte Wärmemenge absorbiert, die als seine „Schmelzwärme" bezeichnet wird. Für Wasser beträgt sie z. B. pro Gramm 80 cal. Das besagt, daß beim Schmelzen von 1 g Eis zu 1 g Wasser von 0^0 ebensoviel Wärme verbraucht wird, wie bei Erwärmung des Gramm Wassers von 0^0 bis auf 80^0. Diese Wärmeabsorption des Stoffes beim Schmelzen ist die Ursache dafür, daß die Temperatur des festen Stoffes nicht über seinen Schmelzpunkt gesteigert werden kann. Denn die nach Erreichung des Schmelzpunktes zugeführte Wärme wird nicht mehr zur Temperatursteigerung, sondern zum Schmelzen verbraucht. Erst wenn der gesamte feste Stoff geschmolzen ist und sich völlig in Flüssigkeit verwandelt hat, kann bei weiterer Wärmezuführung die Temperatur der Flüssigkeit steigen. Ein Gemenge von festem Stoff und Flüssigkeit besitzt daher die unveränderliche Temperatur des Schmelzpunktes.

Eben diese Tatsache wird auch meist zur Bestimmung des *Schmelzpunktes* benutzt. Bei Anwendung genügend großer Substanzmengen umgibt man das Thermometer mit dem festen oder geschmolzenen Stoff, sorgt durch geeignete Rührung für innige Berührung der beiden Aggregatzustände, um lokale Temperaturdifferenzen zu verhüten und liest diejenige Stellung des Thermometers ab, bei der weder Zuführung noch Ableitung von Wärme eine Änderung hervorruft. Geringe Substanzmengen werden fein pulverisiert in einseitig geschlossene Kapillarröhrchen gebracht und in möglichster Nähe des Thermometers innerhalb einer durchsichtigen Flüssigkeit (Wasser, Schwefelsäure, Glycerin) langsam erhitzt, bis der Beginn des Schmelzens abgelesen werden kann.

Für Metalle mit hohem Schmelzpunkt empfehlen HOLBORN und DAY das folgende Verfahren[1]: Ein etwa 1 cm langer Draht des zu schmelzenden Metalles wird in die Lötstelle eines Thermoelementes eingefügt und dessen elektromotorische Kraft im Augenblick des Durchschmelzens abgelesen. In gewissen Fällen muß die Einwirkung der Atmosphäre durch geeignete Vorsichtsmaßregeln verhindert werden.

Abb. 9 gibt die gegen die Ordnungszahl der Elemente aufgetragenen Schmelztemperaturen.

In den einzelnen Perioden treten wiederkehrende Regelmäßigkeiten auf; von einem Minimalwert in der Edelgasgruppe steigt die Schmelz-

---

[1] Ann. Physik (4) Bd. 2, S. 505, 1900.

temperatur zu einem Maximum zwischen der vierten und sechsten
Gruppe an, um dann wieder zu sinken. Mit wachsender Periodenlänge
finden sich dann in bestimmten Gegenden Nebenmaxima- bzw. -minima.
Auch innerhalb der einzelnen Gruppen des periodischen Systems lassen
sich deutliche Beziehungen zwischen Schmelzpunkt und Ordnungszahl
erkennen; z. B. ein Sinken des Schmelzpunktes bei den Alkalien und
bei Zn, Cd, Hg; ein Steigen bei den Edelgasen, den Halogenen, auch
bei Ga, In, Ta. In anderen Fällen, z. B. Cu, Ag, Au oder den Erdalkali-
metallen findet sich keine solche Regelmäßigkeit. Eine eindeutige Abhängigkeit des Schmelzpunktes vom Atomgewicht oder der Ordnungszahl besteht also nicht. Ebensowenig scheint ein solcher Zusammenhang zwischen dem Schmelzpunkt einer Verbindung und den Schmelz-
punkten ihrer Komponenten zu existieren.

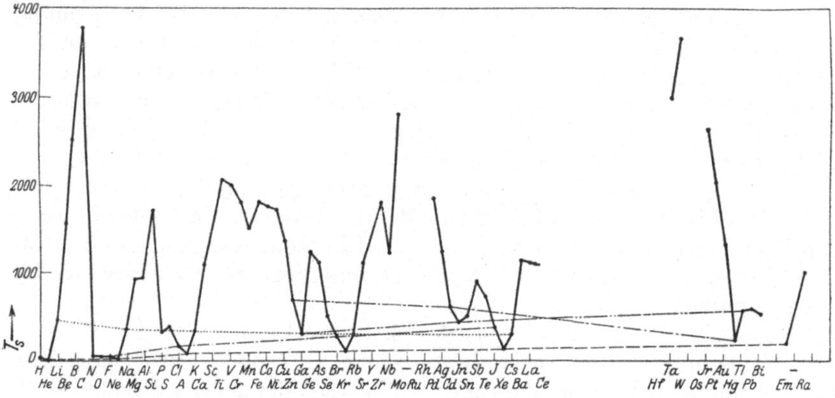

Abb. 9.   Schmelztemperaturen der Elemente.

Die *Schmelzwärme* kann nach irgendeiner der oben beschriebenen
kalorimetrischen Methoden bestimmt werden. Sie besitzt für jeden
Stoff einen bestimmten in geringem Maße von der Temperatur bzw.
dem Druck abhängigen Wert, der ebenso wie die Schmelztemperatur
in keiner einfachen Beziehung zum Atom- oder Molekulargewicht steht.

Bildet man den Quotienten aus der molekularen Schmelzwärme und
der absoluten Schmelztemperatur $\frac{\varrho}{T}$, so findet man für die Metalle Werte
zwischen 1,8 und 4,8. Andererseits hat WALDEN[1] gezeigt, daß er für
hochmolekulare Stoffe zwischen 12,5 und 14,8 liegt. Für andere Verbindungen finden sich Werte zwischen diesen Zahlen.

Während die mit einer Temperatursteigerung verknüpfte Zunahme
des Wärmeinhaltes eines festen Stoffes eine stetige Veränderung der
physikalischen Eigenschaften hervorruft, tritt bei der Aufnahme der
Schmelzwärme am Schmelzpunkt eine sprunghafte Änderung dieser
Größen ein. Die spezifische Wärme wächst während des Schmelzens
bei allen Stoffen, das spezifische Gewicht nimmt bei den meisten Stoffen

---

[1] Z. Elektrochem. Bd. 14, S. 713, 1908.

ab. Bei diesen ist also das Schmelzen der Masseneinheit mit einer Volumenvermehrung verbunden; nur bei wenigen Stoffen, nämlich Wasser, Gußeisen, Wismut, Kaliumnitrat tritt während des Schmelzens eine Kontraktion ein. Trägt man z. B. das spezifische Gewicht eines Stoffes als Ordinate und seine Temperatur als Abszisse auf, so erhält man folgendes Bild (Abb. 10).

Ein sehr einfacher und bequemer Apparat zur Bestimmung dieser meist positiven Volumenänderung ist in nebenstehender Abb. 11 abgebildet. Die schwarzen Teile der Abbildung bedeuten Quecksilber, welches man bei größeren Volumenänderungen aus b austreten lassen und wägen kann; bei geringeren wird die Ausdehnung über c hinaus an der Skala r abgelesen.

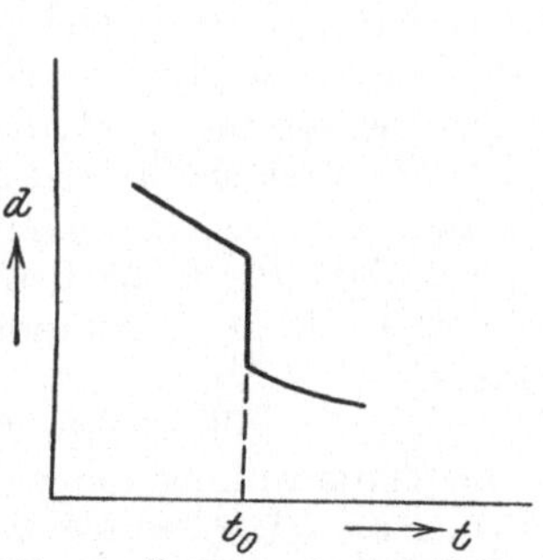

Abb. 10. Änderung des spezifischen Gewichtes am Schmelzpunkt.

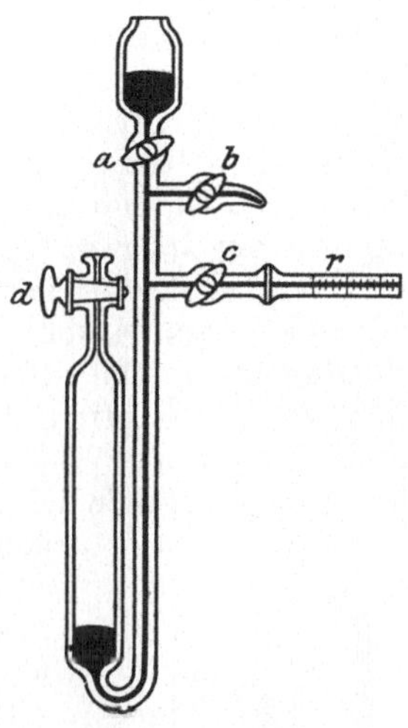

Abb. 11. Apparat zur Bestimmung der Volumänderung am Schmelzpunkt.

Folgende Tabelle gibt die spezifischen Wärmen und das spezifische Gewicht im festen und flüssigen Zustande und ihre Änderung in Hundertteilen der für den festen Zustand charakteristischen Größen für einige Stoffe:

Spezifisches Gewicht und spezifische Wärme am Schmelzpunkt.

Stoff	d_{fest}	$d_{\text{fl.}}$	$\dfrac{\varDelta}{\text{vH}}$	c_{fest}	$c_{\text{fl.}}$	$\dfrac{\varDelta}{\text{vH}}$
Blei	11,005	10,645	—3,39	0,030	0,04	33
Cadmium . . .	8,4665	7,989	—4,72	—	—	—
Zinn	7,1835	6,988	—2,80	0,055	0,0635	15,6
Quecksilber . .	14,193	13,690	—3,67	0,032	0,0335	4,8
Wismut	9,637	10,004	3,31	0,030	0,036	20
Wasser	0,91666	0,99988	9,1	0,50	1,0	100
Kaliumnitrat .	—	—	—	0,124	0,33	166[1]

Auch die Leitfähigkeit für Wärme und Elektrizität sowie die optischen Konstanten erleiden am Schmelzpunkt eine sprunghafte Änderung.

Der Schmelzpunkt ist bei gegebenem Druck die einzige Temperatur, bei welcher ein und derselbe Stoff in festem und flüssigem Aggregatzustand nebeneinander bestehen kann. Kühlt man eine Flüssigkeit bis unterhalb ihres Schmelzpunktes ab, so sollte sie in den festen Aggregatzustand übergehen. Die Erstarrung bleibt jedoch häufig aus; es ist bei vielen Stoffen möglich, eine „Unterkühlung" der Flüssigkeit, und zwar

---

[1] Neuere, sehr genaue Bestimmungen der Volumenänderung beim Schmelzen sind von H. BLOCK ausgeführt worden. Z. physikal. Chem., Bd. 78, S. 385 1912.

bis zu einem Betrage von mehreren Graden zu erzielen, besonders wenn die Flüssigkeit rein ist und vor mechanischer Erschütterung geschützt wird. Bringt man jedoch einen kleinen Keim des festen Aggregatzustandes in die unterkühlte Flüssigkeit, so beginnt sofort die Erstarrung; gleichzeitig bewirkt die während der Erstarrung frei werdende Schmelzwärme eine Erwärmung des fest-flüssigen Gemenges bis zur Schmelztemperatur.

Während diese Unterkühlung von Flüssigkeiten sehr leicht zu erhalten ist, ist eine analoge vorübergehende „Überhitzung" an festen Stoffen nur in ganz vereinzelten Fällen beobachtet worden.

Übergang in den gasförmigen Aggregatzustand (Verdampfen, Sublimieren). Dampfdruck. Jede Flüssigkeit besitzt bei jeder Temperatur ein Bestreben, sich in den gasförmigen Aggregatzustand zu verwandeln, d. h. zu verdampfen. Auch bei den festen Stoffen ist diese Eigenschaft beobachtet worden — Sublimation —, doch kommt sie diesen meist in nur geringem Maße zu. Bei Flüssigkeiten ist sie beträchtlich größer und wächst unter allen Umständen mit steigender Temperatur.

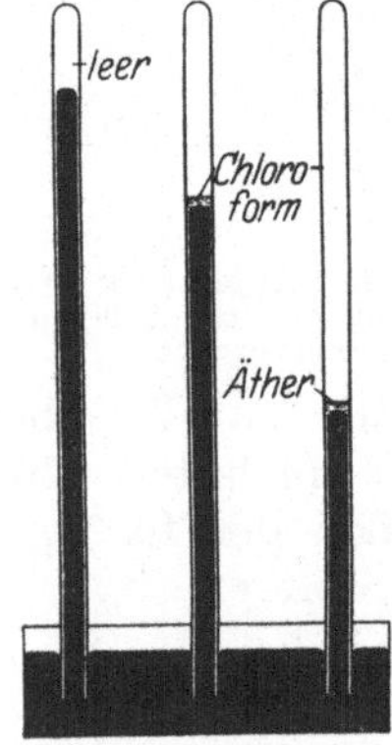

Abb. 12.
Dampfdruckmessung.

Alles Folgende gilt ebenso für die Sublimation wie für die Verdampfung einer Flüssigkeit.

Bringt man eine Flüssigkeit in einen abgeschlossenen Raum, so tritt so lange Dampfbildung ein, bis der Dampf, d. h. das aus den Flüssigkeitsmolekeln entstehende Gas einen für jede Flüssigkeit und jede Temperatur charakteristischen Druck erreicht. Dann hört die Verdampfung auf, d. h. es treten ebenso viele Moleküle aus dem Dampfraum in die Flüssigkeit, wie umgekehrt aus der Flüssigkeit in den Dampfraum; es herrscht Gleichgewicht zwischen Flüssigkeit und Dampf. Dieser Druck, der als Maß für das Verdampfungsbestreben betrachtet werden muß, wird Dampfdruck genannt. Er wächst bei allen Stoffen mit steigender Temperatur.

Zum Nachweise des Dampfdruckes und zu seiner Messung kann folgender einfache Versuch dienen. In den leeren Raum eines Torricellischen Vakuums (Abb. 12) wird mittels einer Pipette eine kleine Menge Flüssigkeit, z. B. Chloroform, gebracht. Sofort sinkt die Quecksilbersäule, und zwar bei 20° um 160 mm. Der leere Raum oberhalb des Quecksilbers hat sich mit Chloroformdampf gefüllt, und dieser übt offenbar den gleichen Druck aus wie eine Quecksilbersäule von 160 mm. Bringt man an Stelle des Chloroforms eine kleine Menge Äther in das Barometerrohr, so sinkt die Quecksilbersäule um 440 mm. Der Äther hat also bei 20° einen Dampfdruck von 440 mm.

Befindet sich die Flüssigkeit in einem freien Raum an der Luft, so wird sich an ihrer Oberfläche ebenfalls eine Dampfschicht bilden, deren Druck gleich dem Dampfdruck der Flüssigkeit ist. Allmählich wird sich dieser Dampf durch Diffusion im ganzen zur Verfügung stehenden Raum ausbreiten, und der fortdiffundierende Dampf wird durch weitere Verdampfung von Flüssigkeit ersetzt werden, so daß der Partialdruck des Dampfes an der Oberfläche konstant bleibt. Dieser Prozeß wird so lange fortschreiten, bis die gesamte Flüssigkeit verdampft ist. Das langsame Verschwinden von Flüssigkeit infolge ihrer Verdampfung nennt man „Verdunsten“.

Wird aber der Dampfdruck einer Flüssigkeit durch Temperaturerhöhung so weit gesteigert, daß er den Druck der auf ihr lastenden Atmosphäre übersteigt und diese daher vor sich herschieben kann, so wird die Verdampfung der gesamten Flüssigkeit sehr rasch vor sich gehen können; die Flüssigkeit „siedet“. Als *Siedepunkt* einer Flüssigkeit bezeichnet man daher diejenige Temperatur, bei der der Dampfdruck den Druck der umgebenden Atmosphäre gerade überwindet, also unter normalen Bedingungen den Wert 760 mm Quecksilber erreicht. Bei niedrigem Barometerstand, z. B. auf hohen Bergen, sieden die Flüssigkeiten schon bei Temperaturen, die unterhalb ihres normalen Siedepunktes liegen.

Verdampfungswärme. Die Verdampfung, d. h. die Verwandlung des flüssigen in den gasförmigen Aggregatzustand, kann nur eintreten, wenn der Flüssigkeit eine bestimmte Wärmemenge zugeführt wird, die, bezogen auf ein Mol, als *Verdampfungswärme* λ bezeichnet wird. Die Verdampfung kann also nur so lange fortschreiten, wie die nötige Wärme zugeführt wird. Ist das nicht mehr der Fall, so wird die Verdampfungswärme dem eigenen Wärmeinhalt entzogen, die Temperatur und mit ihr der Dampfdruck sinken so weit, daß die aus der Umgebung zufließende Wärme die zur langsamen Verdampfung verbrauchte gerade deckt. Führt man also einer Flüssigkeit, die sich in einem offenen Gefäß befindet, Wärme zu, so steigt zunächst ihre Temperatur und ihr Dampfdruck. Solange dieser niedriger als Atmosphärendruck ist, ist die Verdampfung gering, und die zugeführte Wärme kann im wesentlichen zur Temperaturerhöhung dienen. Am Siedepunkt aber wird die gesamte zur Verfügung stehende Wärme zur Verdampfung verbraucht, und die Temperatur der Flüssigkeit bleibt konstant, solange überhaupt noch Flüssigkeit vorhanden ist. Diese Temperaturkonstanz wird zur Bestimmung des Siedepunktes benutzt. Unter der „Überhitzung“ einer Flüssigkeit versteht man ihre Erwärmung bis über die Siedetemperatur. Überhitzung kann ebenso wie Unterkühlung (S. 19) eintreten, wenn die Flüssigkeit rein ist und vor Erschütterung geschützt wird. Die überhitzte Flüssigkeit kann explosionsartig verdampfen, indem sich plötzlich sehr große Dampfblasen in ihrem Innern bilden. Die Überhitzung kann durch Einwerfen kleiner fester Körper, z. B. Tonscherben oder Metallstücke, verhütet oder aufgehoben werden.

Zwischen der Verdampfungswärme und dem normalen Siedepunkt der Flüssigkeiten besteht nach Trouton folgende Beziehung: Es ist, wenn man den Siedepunkt in der absoluten Zählung zählt:

$$\frac{\lambda}{T} = \text{const} \sim 21.$$

Flüssigkeiten, welche mehr oder weniger polymerisiert sind, zeigen höhere Werte der Konstanten, und man kann aus dem Betrage der

Abweichungen von der TROUTONschen Regel geradezu einen Rückschluß auf den Betrag der Polymerisierung ziehen. Wie jedoch NERNST gezeigt hat, fügen sich dieser Regel nur solche Flüssigkeiten, deren Siedepunkte nicht weit voneinander entfernt sind. Für Flüssigkeiten mit sehr niedrigem Siedepunkt, wie z. B. die verflüssigten permanenten Gase, erhält man viel zu kleine Werte. Daher ersetzen NERNST und andere Autoren die TROUTONsche Regel durch halb empirische Beziehungen, die den Abfall des Quotienten mit sinkender Siedetemperatur gut wiedergeben. Um eine Beziehung zu geben, die auch für im flüssigen Zustande assoziierte Stoffe gilt, führt CEDERBERG[1] noch neue Stoffkonstanten, nämlich den kritischen Druck p_k und die kritische Temperatur T_k (vgl. S. 24), ein und erhält so einen Ausdruck, der sich der Erfahrung gut anschließt:

$$\frac{\lambda}{T} = \frac{4{,}571 \lg p_k}{1 - \dfrac{T}{T_k}} \left(1 - \frac{1}{p_k}\right).$$

Wie die folgende Tabelle zeigt, wird er in vielen Fällen bestätigt; solange nämlich keine Assoziation im Dampfe auftritt.

$$\frac{\lambda}{T} \text{ nach CEDERBERG.}$$

Substanz	Siedetemperatur T	Molare Verdampfungswärme λ in cal	Kritische Temperatur T_k	Kritischer Druck p_k in atm	$\dfrac{T}{T_k}$	$\dfrac{\lambda}{T}$ beob.	$\dfrac{\lambda}{T}$ ber.
I	II	III	IV	V	VI	VII	VIII
Helium	4,22	20	5,27	2,26	0,79	5,6	4,7
Wasserstoff. . . .	20,35	216	33,26	12,8	0.61	10,6	12,0
Neon	27,2	ca. 410	44,5	26,9	0,61	15,1	16,1
Stickstoff	77,3	1350	126	33,5	0,61	17,4	17,3
Kohlenoxyd . . .	81,6	1414	144	35	0,58	17,3	16,3
Argon	87,5	1520	151	48,0	0,58	17,4	17,9
Sauerstoff	90,2	1610	154	49,7	0,58	17,8	18,1
Methan	112	1950	191	50	0,59	17,4	18,6
Äthyläther	308	6470	467	36	0,66	21,0	20,3
Schwefelkohlenstoff	319	6380	550	75	0,58	20,0	20,1
Äthylalkohol . . .	351	9500	516	63	0,68	27,0	25,3
Benzol.	353	7360	561	49	0,63	20,9	20,5
Wasser.	373	9700	647	217	0,58	26,0	25,3
Zinnchlorid. . . .	387	8020	592	37	0,65	20,7	19,9
Anilin	457	10000	699	52	0,65	21,9	22,0
Quecksilber . . .	630	13800	ca. 1700	>2100	0,38	21,9	24,5

Man sieht, daß diese Beziehung zur Bestimmung von Molekulargewichten vorzüglich geeignet ist. Die einzigen Fälle, in denen der nach der CEDERBERGschen Formel berechnete Quotient wesentlich von dem beobachteten abweicht, sind Substanzen, deren Dampf noch zum Teil assoziierte Moleküle enthält (Essigsäure). Soll die Formel hier stimmen, so muß man ein scheinbares Molekulargewicht einführen, das größer als das wahre ist.

---

[1] Thermodyn. Berechnung chem. Affinitäten. Berlin 1916.

Kritische Erscheinungen. Die Verdampfung einer Flüssigkeit kann also nur eintreten, wenn der Dampfdruck der Flüssigkeit größer ist als der äußere Druck, der auf ihr lastet. Man könnte daher annehmen, daß man die Bildung des Dampfes bei allen Temperaturen verhindern kann, wenn man nur den äußeren Druck groß genug macht. Da der Dampfdruck stets sehr rasch mit wachsender Temperatur steigt, so müßte man allerdings bei Temperaturen weit oberhalb des Siedepunktes sehr hohe äußere Drucke anwenden. Es wäre jedoch denkbar, daß man jeden Stoff auch bei den höchsten Temperaturen als Flüssigkeit erhalten könnte. Dies ist nun erfahrungsgemäß nicht der Fall; es gibt vielmehr für jeden Stoff eine Temperatur, oberhalb derer er unter keinem noch so hohen Druck als Flüssigkeit existieren kann. Diese Temperatur wird seine *kritische Temperatur* genannt.

Zur Beobachtung der kritischen Temperatur führten die klassischen Versuche von ANDREWS an Kohlendioxyd. Schließt man unter Druck verflüssigtes Kohlendioxyd etwa bei 0^0 in ein starkwandiges, luftleeres Glasröhrchen ein, so beobachtet man eine deutliche Grenze zwischen der schwereren Flüssigkeit und dem Gasraum, der mit Kohlendioxyddampf gefüllt ist. Der Druck in diesem Gasraum entspricht dem Dampfdruck des Kohlendioxyds bei der betreffenden Temperatur. Erwärmt man das Röhrchen, so nimmt die Menge der Flüssigkeit sichtlich ab, da der Dampfdruck mit steigender Temperatur rascher wächst als der Druck im Gasraum infolge seiner Temperaturerhöhung und demnach immer so viel Flüssigkeit verdampft, daß wieder der Druck im Gasraum gleich dem Dampfdruck wird. Hierbei wird die Dichte (das spezifische Gewicht) der Flüssigkeit infolge der Wärmeausdehnung kleiner, die Dichte des Dampfes dagegen größer. Schließlich erreicht man eine Temperatur, bei der die Dichte von Flüssigkeit und Dampf einander gleich werden, und an der daher die scharfe Grenze zwischen Flüssigkeit und Dampf, der Meniscus, verschwindet. An dieser kritischen Temperatur werden der flüssige und der gasförmige Aggregatzustand miteinander identisch; sie beträgt für Kohlendioxyd 31^0 C. Den Dampfdruck, den die Flüssigkeit bei dieser Temperatur erreicht, nennt man den *kritischen Druck.* Als *kritisches Volumen* bezeichnet man das Volumen, das die Mengeneinheit des Stoffes bei seiner kritischen Temperatur und seinem kritischen Druck einnimmt. Das spezifische Gewicht des Stoffes bei der kritischen Temperatur und dem kritischen Druck ist die *kritische Dichte.*

Oberhalb der kritischen Temperatur kann man also keinen Stoff durch Kompression aus dem Gaszustand in den flüssigen verwandeln, d. h. kondensieren. Dagegen gelingt es, ihn durch Abkühlung in eine Flüssigkeit überzuführen, ohne daß man eine plötzliche Zustandsänderung zu beobachten vermag. Kühlt man z. B. Kohlendioxyd, das bei 35^0 unter dem Druck von 100 atm steht, bis unterhalb 31^0, z. B. auf 25^0 ab, während man den Druck gleichzeitig konstant hält, so sieht man in dem oben beschriebenen Glasröhrchen keine Veränderung. Man könnte daher annehmen, daß sich das Kohlendioxyd auch jetzt noch im Gaszustande befindet. Dies ist jedoch nicht richtig, denn wenn man jetzt den Druck erniedrigt, und zwar bis zu einem Drucke, der unterhalb des Dampfdruckes von Kohlendioxyd bei 25⁰ liegt, so beobachtet man plötzlich die Bildung eines Meniscus und einer kleinen Dampfblase oberhalb desselben und kann daraus die nunmehr eintretende Verdampfung folgern. Da Druckerniedrigung bei konstanter Temperatur nicht zur Bildung der flüssigen Phase, sondern nur zur Bildung des Dampfes führen kann, so muß die Flüssigkeit schon vor der Druckerniedrigung vorhanden gewesen sein. Der Übergang von Gas zur Flüssigkeit durch Abkühlung unter die kritische Temperatur bei konstantem Druck ist also ein kontinuierlicher.

Jeder reine Stoff hat seine bestimmte kritische Temperatur, kritischen Druck und kritische Dichte. Auf die Beziehungen, die zwischen diesen Größen bestehen, wird in einem späteren Abschnitt eingegangen werden. Hier sei nur erwähnt, daß nach GULDBERG die normale Siedetemperatur bei allen Stoffen etwa zwei Drittel der kritischen Temperatur ist, wenn beide Temperaturen in absoluter Zählung gemessen werden. Inwieweit diese Regel erfüllt wird, geht aus Spalte VI der Tabelle auf S. 22 hervor.

2. Zustandsgleichung homogener Stoffe.

Zustandsvariable und ihre Funktionen. Wenn man von äußeren Einflüssen, wie etwa einem elektrischen oder magnetischen Felde absieht und die Oberflächenerscheinungen vernachlässigt, so ist der Zustand eines homogenen Körpers eindeutig bestimmt, wenn von den drei Größen Druck, Volumen und Temperatur zwei gegeben sind. Man nennt sie daher die Zustandsvariablen, und jede Gleichung, die diese drei Größen miteinander verknüpft, eine *Zustandsgleichung* des Körpers. Statt dieser Variablen können auch bestimmte von ihnen abhängige Funktionen benutzt werden (Energieeinhalt, Entropie, freie Energie usw., s. Kap. 5); auch eine Gleichung zwischen diesen Funktionen und den Zustandsvariablen können wir als Zustandsgleichung betrachten.

Wir werden später sehen, daß sich die Beziehung zwischen Druck, Volumen und Temperatur ganz besonders einfach für sehr verdünnte Gase gestaltet (S. 26), und daß die Ableitung dieser Beziehung auf Grund der kinetischen Gastheorie mit einfachen Mitteln möglich ist (S. 42). Das beruht auf dem Umstand, daß man für sehr verdünnte Gase die einzelnen Moleküle als Massenpunkte auffassen kann, die völlig unabhängig voneinander im Raum umherfliegen. Im Kristall dagegen wird jeder Baustein von seinen näheren und entfernteren Nachbarn an einer bestimmten Stelle so festgehalten, daß er um diese Ruhelage nur Schwingungen ausführen kann. Es leuchtet ein, daß für diesen Fall auch unter sehr vereinfachenden Annahmen die gegenseitige Beeinflussung und ihre Abhängigkeit von den Zustandsvariablen nicht leicht zu fassen sind. Wir werden später sehen, daß sich ein fester Körper in nächster Nähe des absoluten Nullpunktes wesentlich einfacher verhält als bei höherer Temperatur und werden ein vereinfachtes Modell, den idealen festen Körper kennenlernen, der einige der Eigenschaften, die der reale nur am absoluten Nullpunkt aufweist, bei allen Temperaturen besitzt.

Für die Flüssigkeiten kennen wir keine allgemein gültige Zustandsgleichung und auch keinen Grenzzustand, dem sich ihr Verhalten mehr oder weniger näherte, wie wir etwa als Grenzzustand für feste und gasförmige Substanzen den idealen festen Körper bzw. das ideale Gas gefunden hatten. Für relativ niedrige Drucke und hohe Temperaturen werden wir finden, daß die für reale Gase aufgestellte VAN DER WAALSsche Zustandsgleichung auch für den flüssigen Zustand gilt (S. 31).

Wir können also nur experimentell für jede einzelne Flüssigkeit Beziehungen zwischen Volumen, Druck und Temperatur finden.

Um auf experimentellem Wege den Zusammenhang zwischen den Zustandsvariablen zu ermitteln, bestimmt man die Änderungen jeder Zustandsvariablen oder einer Funktion derselben mit einer zweiten, während man die dritte konstant hält. So stellt z. B. der kubische Ausdehnungskoeffizient die relative Volumänderung mit der Temperatur bei konstantem Druck dar und die Kompressibilität die relative Volumänderung mit dem Druck bei konstanter Temperatur. Aus zwei solcher passend gewählten Größen lassen sich auf Grund thermodynamischer Beziehungen die übrigen berechnen.

Zustandsgleichung idealer Gase. Die Wärmeausdehnung der Gase ist bedeutend größer als die der festen und flüssigen Stoffe und folgt viel einfacheren Gesetzen. Daher ist auch der Zusammenhang zwischen Druck, Volumen und Temperatur zuerst für die verdünnten Gase gefunden worden. Wie GAY-LUSSAC zuerst veröffentlichte, dehnen sich alle Gase bei Erwärmung um 1^0 C um einen bestimmten und gleichen Bruchteil α des Volumens aus, das sie bei 0^0 innehatten, und zwar beträgt dieser Bruchteil $\alpha = {}^1/_{273}$. Ist also das Volumen der Mengeneinheit eines Gases (eines Gramms) bei 0^0 gleich v_0, so beträgt sein Volumen bei t^0:

$$v_t = v_0 \left(1 + \alpha t\right). \tag{1}$$

Diese Gleichung gilt allerdings nur, wenn der Druck, der auf dem Gase lastet, während der Erwärmung konstant bleibt. Ebenso fand GAY LUSSAC, daß der Druck p eines Gases um den gleichen Bruchteil α des Druckes bei 0^0 wächst, falls die Erwärmung bei konstant gehaltenem Volumen vorgenommen wird, also auch:

$$p_t = p_0 \left(1 + \alpha t\right). \tag{2}$$

Um das Gesetz der Ausdehnung bei veränderlichem Druck zu finden, muß man diese Gleichungen mit dem BOYLEschen Gesetz kombinieren. Dieses besagt, daß bei der Kompression oder Dilatation eines Gases bei konstanter Temperatur das Volumen dem Druck umgekehrt proportional ist und demnach das Produkt pv sich nicht ändert, also:

$$pv = \text{const.} \tag{3}$$

Die Mengeneinheit eines Gases (1 g) nehme bei der Temperatur 0^0 und dem Drucke p_0 das Volumen v_0 ein; es soll berechnet werden, welches Volumen v diese Gasmenge bei der beliebigen Temperatur t und dem beliebigen Druck p einnimmt.

Bei der Erwärmung auf die Temperatur t unter dem konstanten Druck p_0 steigt das Volumen auf $v' = v_0\,(1 + \alpha t)$, bei der Kompression (oder Dilatation) auf den Druck p bei der konstanten Temperatur t sinkt (oder steigt) das Volumen auf v, wobei nach Gleichung (3) $pv = p_0 v'$ ist. Mithin besteht zwischen dem Anfangszustand p_0, v_0, 0^0 und dem Endzustand p, v, t^0 die Gleichung

$$p \cdot v = p_0 v_0\,(1 + \alpha t). \tag{4}$$

Druck, Volumen und Temperatur eines Gases sind also durch Gleichung (4) miteinander verknüpft. α ist eine für alle Gase gleiche Größe, nämlich sehr nahe gleich $\frac{1}{273}$[1], das Produkt $p_0 v_0$ hat für jedes Gas einen anderen Wert. Ist dieser bekannt, so kann man, wenn zwei der Größen p, v, t gegeben sind, die dritte aus (4) berechnen.

Die Gleichung (4) erhält noch eine allgemeingültigere Fassung, wenn man nicht die Volumina der Mengeneinheit verschiedener Gase, sondern ihre Molekularvolumina, d. h. diejenigen Volumina, die je ein Grammmolekulargewicht einnimmt, vergleicht. Die Erfahrung lehrt nämlich, daß alle Gase bei gleichen Bedingungen (gleichem Druck, gleicher Temperatur) auch das gleiche Molekularvolumen besitzen oder mit anderen Worten, daß sich in gleichen Räumen gleich viele Molekeln aller Gase befinden (Gesetz von Avogadro). Da also das Molekularvolumen V_0 beim Druck p_0 und der Temperatur 0^0 für alle Gase denselben Wert besitzt, so enthält die Gleichung:

$$p \cdot V = p_0 V_0\,(1 + \alpha t) \tag{4a}$$

keine von der individuellen Natur des Gases abhängende Größe, sondern gilt nunmehr für alle Gase, sofern man mit V das Volumen von einem Gramm-molekulargewicht ($= 1$ Mol) bezeichnet.

Eine weitere Vereinfachung der Gleichung (4a) erhält man durch die Einführung des Begriffes der *absoluten Temperatur* (vgl. S. 6). Wenn man Gleichung (1) auf negative CELSIUStemperaturen extrapoliert, so erhält man eine Temperatur $t = -1/\alpha = -273$, bei welcher das Gas so weit kontrahiert ist, daß es gar keinen Raum mehr einnimmt und das Volumen 0 besitzt. Diese Temperatur nennt man den ,,*absoluten Nullpunkt*" und wählt ihn als Nullpunkt für die absolute Temperaturskala, die sich also von der CELSIUSskala um die Größe $1/\alpha = 273$ unterscheidet. Es ist demnach bei jeder beliebigen Temperatur

$$T = 1/\alpha + t = 273 + t.$$

Setzt man diesen Wert in Gleichung (4a) ein, so erhält man:

$$p \cdot V = p_0 V_0 \alpha \cdot T.$$

$p_0 V_0 \alpha$ ist dann für alle Gase eine universelle Konstante und kann daher durch einen einzigen Buchstaben R bezeichnet werden. Die für alle Gase gültige Gleichung lautet demnach:

$$p \cdot V = R \cdot T. \tag{4b}$$

---

[1] Nach den neuesten Messungen in der Physikalisch-Technischen Reichsanstalt ist α in der Grenze für den Druck null $\dfrac{1}{273{,}20}$. (HENNING, F., und HEUSE, W. Z. Phys., Bd. 5, S. 285, 1921.)

Eine derartige Gleichung, welche Druck, Volumen und Temperatur eines Körpers miteinander verknüpft, nannten wir seine „*Zustandsgleichung*"; denn der Zustand eines Körpers ist eindeutig bestimmt, wenn die Werte von je zwei dieser Größen, z. B. p und v oder p und T oder v und T gegeben sind. Die drei Größen p, v und T bezeichnet man als die „Zustandsvariablen".

Der Zahlenwert der sog. „Gaskonstante" R hängt von dem Maßsystem ab, in dem man den Druck p und das Volumen V mißt. Für Atmosphären und Liter wird, da jedes Mol eines Gases bei 0^0 und 1 atm Druck den Raum von 22,4 l einnimmt:

$$R = p_0 V_0 \alpha = \frac{1 \cdot 22{,}4}{273} = 0{,}082 \; \text{l} \cdot \text{atm} \cdot \text{grad}^{-1}.$$

Im sog. absoluten Maßsystem (Zentimeter-Gramm-Sekunden-System) wird 1 l = 1000 ccm, 1 atm gleich dem Gewicht einer Quecksilbersäule von 76 cm Höhe und 1 cm² Querschnitt, also $V_0 = 1000 \cdot 22{,}4$; $p_0 = 76 \cdot 13{,}6 \cdot 981$[1], mithin $R = 8{,}31 \cdot 10^7 \; \text{erg} \cdot \text{grad}^{-1}$.

Die Einführung des absoluten Nullpunktes gleich -273^0 C hat natürlich keine praktische, sondern nur theoretische Bedeutung. Die Herstellung einer Temperatur, bei der ein Stoff keine Raumerfüllung besitzt, ist unmöglich. Daraus geht hervor, daß das BOYLE-GAY-LUSSACsche Gesetz bei sehr tiefen Temperaturen seine Gültigkeit verliert.

Aber auch bei mittleren und hohen Temperaturen ist dieses Gesetz niemals streng erfüllt, sondern alle Gase zeigen, besonders bei hohen Drucken und tiefen Temperaturen, mehr oder minder starke Abweichungen von dem durch Gleichung (4 b) geforderten Verhalten. Ein Gas, welches dieser Gleichung genau gehorchen würde, nennt man ein „*ideales Gas*"; für die realen Gase hat, wie allerdings erst durch den Fortschritt der Experimentiertechnik gefunden wurde, die Gleichung (4 b) nur den Wert einer allerdings häufig recht gut erfüllten Näherungsformel.

Zustandsgleichung realer Gase. Das Verhalten der realen Gase ist besonders durch AMAGAT und REGNAULT eingehend untersucht worden.

Sie fanden, daß bei höheren Drucken alle Gase sehr erhebliche Abweichungen von dem Verhalten der idealen Gase zeigen. Bei geringeren Drucken sind diese Abweichungen kleiner, jedoch durch genaue Messungen unter allen Umständen festzustellen. Wie REGNAULT gezeigt hat, nähern sich alle Gase mit abnehmendem Druck, d. h. mit wachsender Verdünnung, mehr und mehr dem idealen Zustande, so daß das BOYLE-GAY-LUSSACsche Gesetz, das diesen Zustand definiert, als exakt gültiges Grenzgesetz für die sehr verdünnte Materie ausgesprochen werden kann.

Das Verhalten der realen Gase wird am besten dadurch charakterisiert, daß man die Werte der Produkte $p \cdot v$ bei konstanter Temperatur und verschiedenen Drucken miteinander vergleicht. Trägt man die Drucke p als Abszisse, die zugehörigen Werte $p \cdot v$ als Ordinaten auf,

---

[1] 1 g übt die Kraft 981 dyn aus.

so müßte die $p \cdot v$-Kurve für ein ideales Gas eine zur Abszissenachse parallele Gerade sein. Dies ist, wie gesagt, bei keinem Gase der Fall, vielmehr zeigen diese $p \cdot v$-Kurven, die man gewöhnlich als „Isothermen" bezeichnet, schon bei Drucken unterhalb einer Atmosphäre eine Neigung.

Die Abb. 13 und 14 geben typische Beispiele solcher Kurvenscharen. Die Isothermen der Kohlensäure sind von AMAGAT nach seinen Versuchen gezeichnet worden. Man sieht, daß alle Isothermen bei großem Volumen (kleinem Druck) mit wachsendem Druck fallen, d. h. daß dies Gas stärker zusammendrückbar ist als der idealen Gasgleichung entspricht. Jede Kurve hat einen Punkt, in dem ihre Tangente der p-Achse parallel ist; hier ändert sich bei konstanter Temperatur pv nicht mit dem Druck. Da hier also das BOYLEsche Gesetz $pv =$ const erfüllt ist, werden diese Punkte die BOYLEpunkte genannt.

Verbindet man diese Punkte (gestrichelte Kurve) miteinander, so erhält man eine parabelähnliche Kurve. Die Temperatur, deren pv-Kurve ihren BOYLEpunkt gerade auf der pv-Achse hat, bei der also das BOYLEsche Gesetz bei unendlicher Verdünnung gilt, nennt man die BOYLEtemperatur des Gases. Man sieht, daß sie für Kohlensäure höher als die erreichten Versuchstemperaturen liegt und nur durch Extrapolation der Kurve zu berechnen ist.

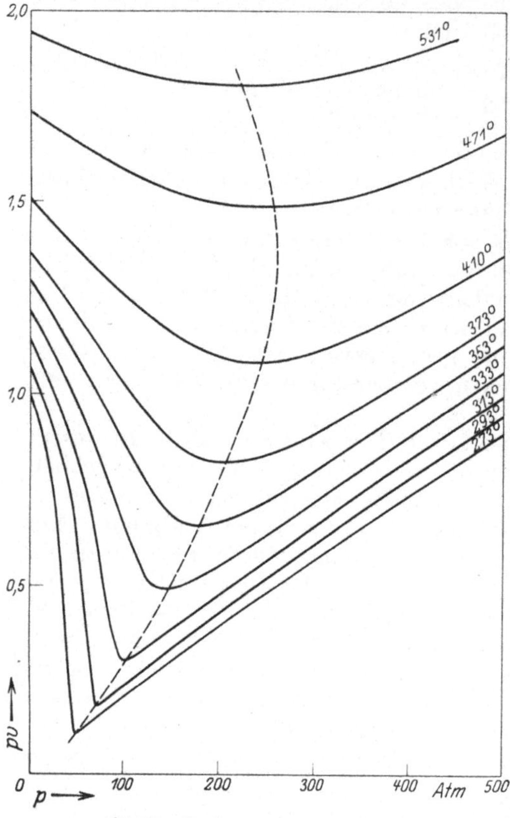

Abb. 13. Isothermen der Kohlensäure.

Ein Teil der Isothermen der zweiten Abbildung — Luft[1] — fällt mit steigendem Druck ebenso wie die der Kohlensäure für große Volumina; dagegen liegt hier der BOYLEpunkt innerhalb des untersuchten Temperaturgebietes (54° C), und die darüber liegenden Isothermen steigen ganz gleichmäßig an. Für alle untersuchten Gase hat man Isothermen gefunden, die zunächst fallen, in neuester Zeit sogar für das Helium[2], das eine extrem tief liegende BOYLEtemperatur hat (—2° C). Die über

---

[1] Konstruiert nach Daten aus Landolt-Börnstein, 5. Aufl.
[2] ONNES, H. K., und BOHS, J. D. A., Leiden Comm. No. 170, 1924.

der BOYLEtemperatur liegenden Isothermen verlassen die pv-Achse mit steigender Temperatur immer steiler; nur beim Helium hat man gefunden, daß zwar zunächst die Isothermen für große Volumina auch immer steiler werden, daß diese Steilheit jedoch ein Maximum hat, so daß bei noch höheren Temperaturen die Kurven wieder flacher werden. Ob bei ganz hohen Temperaturen die Isothermen schließlich horizontal einmünden (Erfüllung des BOYLEschen Gesetzes), ist experimentell nicht entschieden. Ebenso ist es nicht sicher, ob sich die Isothermen aller Gase bei genügend hohen Temperaturen denen des Heliums ähnlich verhalten.

Gelten für den unendlich kleinen Druck ($p = 0$) die einfachen Gasgesetze streng, so müssen sich die Isothermen für alle Gase in ein und demselben Punkte schneiden. D. BERTHELOT hat diese Extrapolation durchgeführt[1] und erhält für die Produkte $p \cdot V$ für je eine Grammolekel des betreffenden Gases, wenn der Druck in Atmosphären und das Volumen in Litern gemessen wird, be 0° C die folgende Tabelle

Wasserstoff 22,4187
Kohlenoxyd 22,4084
Sauerstoff 22,4140
Kohlendioxyd . . . 22,4146
Acetylen 22,4109
Chlorwasserstoff . . 22,3983
Schwefeldioxyd . . 22,4174

Mittel   22,412

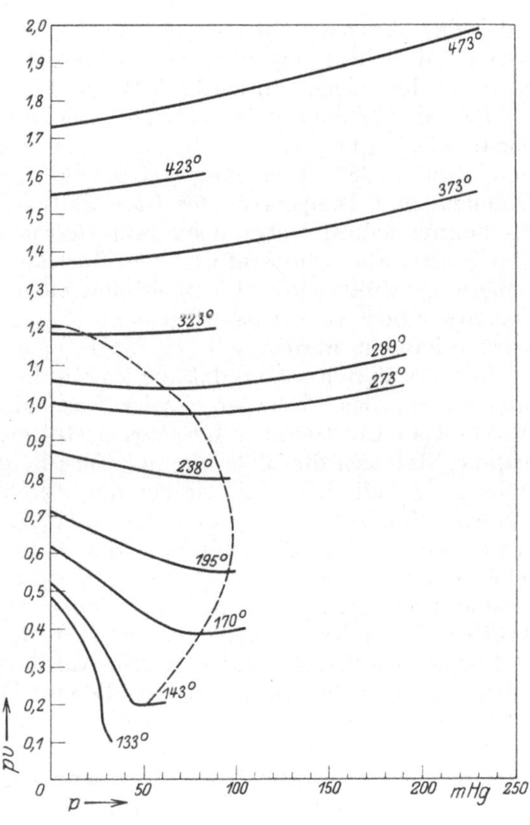

Abb. 14. Isothermen der Luft.

Die Abweichungen von dem Mittelwert 22,412 sind außerordentlich geringfügig und wohl jedenfalls nur auf die unvermeidlichen Versuchsfehler zurückzuführen, vor allem auf die Unsicherheit der Molekulargewichte, deren Kenntnis ja der Berechnung von $p \cdot V$ zugrunde liegt.

Kennt man den Wert von pV für die Einheit des Druckes bei 0° C, das sog. Normalvolumen, so ist auch die Gaskonstante nach der Gleichung $p \cdot V = R \cdot T = 273{,}2 \cdot R$ gegeben. Diese Bestimmungen der Gaskonstante werden immer mit Sauerstoff angestellt, da nur für ihn

---

[1] Z. Elektrochem. Bd. 10, S. 621, 1904.

das Molekulargewicht, das in die Berechnung eingeht, genau festgelegt ist (32,000). Alle Präzisionsmessungen an Sauerstoff der letzten Zeit geben übereinstimmend als Normalvolumen für Atmosphärendruck 22,414 l. Diese Zahl kann ihrerseits zur Molekulargewichtsbestimmung anderer Gase benutzt werden.

Bezeichnet man nämlich mit $p \cdot v$ den Grenzwert, den man für 1 g des betreffenden Gases erhält, und mit M sein Molekulargewicht, so ergibt sich dieses aus der Gleichung $M = \dfrac{22,414}{p \cdot v}$. Auf diese Weise ist z. B. das Atomgewicht des Stickstoffs zu 14,01 berechnet worden, während die früher allgemein benutzte gewichtsanalytische Methode nach STAS zu dem sicher unrichtigen Werte 14,04 geführt hatte.

Da das BOYLE-GAY-LUSSACsche Gesetz das Verhalten der Gase nicht genau wiedergibt, so ist eine große Reihe von Versuchen gemacht worden, eine andere Gleichung aufzustellen, die die zwischen Druck, Volumen und Temperatur der Gase gültigen Beziehungen wiedergibt. Es konnte jedoch bisher noch kein Gesetz gefunden werden, das für alle Stoffe, alle Temperaturen und Drucke auch nur mit einiger Annäherung erfüllt wird. Einen erfolgreichen Ansatz hierzu verdanken wir VAN DER WAALS, dessen berühmte Zustandsgleichung im folgenden kurz behandelt werden soll.

Wir erwähnten schon, daß die kinetische Theorie der Gase eine Erklärung für das Verhalten idealer Gase gibt und die Ableitung des BOYLE-GAY-LUSSACschen Gesetzes gestattet, nämlich durch die Annahme, daß sich die Molekeln der Gase in geradlinig fortschreitender Bewegung befinden, aus der sie nur durch den Zusammenstoß mit anderen Molekeln oder mit einer festen Wand abgelenkt werden können. Voraussetzung für die Gültigkeit der einfachen Gesetze ist, daß die Molekeln sich wie absolut elastische Körper verhalten, deren mittlerer Abstand sehr groß gegen ihre Dimensionen ist und die keine Anziehungskräfte aufeinander ausüben. Man erkennt, daß damit auch die Gültigkeit der einfachen Gesetze für den sehr verdünnten Zustand der Materie plausibel gemacht wird, weil in diesem die obenerwähnten Voraussetzungen am ehesten erfüllt sind. Wird der gegenseitige mittlere Abstand der einzelnen Molekeln durch Kompression verringert, so wird der von den Molekeln selbst eingenommene Raum nicht mehr gegen den gesamten der Molekelbewegung zur Verfügung stehenden Raum vernachlässigt werden können, und die Gase verhalten sich so, als ob sie einen kleineren Raum einnehmen als der, den sie scheinbar gleichmäßig erfüllen. Ferner werden im Sinne einer allgemeinen Massenanziehung Kräfte zwischen den einzelnen Molekeln wirksam werden, die mit abnehmendem Volumen immer größer werden und dem Ausdehnungsbestreben entgegenwirken. Der auf dem Gase lastende Druck p muß also durch ein Zusatzglied vermehrt werden, das dieser Molekularattraktion Rechnung trägt. Die genauere Ausführung dieser Gedanken führte VAN DER WAALS zu der Gleichung:

$$\left(p + \frac{a}{V^2}\right)(V - b) = RT.$$

Die Konstanten a und b, die in erster Annäherung von Druck, Temperatur und Volumen unabhängig und als Maß für die Molekularanziehung und das Eigenvolumen der Molekeln[1] zu betrachten sind, haben für jedes Gas einen anderen Wert. Bei sehr großer Veidünnung wird $\frac{a}{V^2}$ sehr klein und V sehr groß gegen b; dann geht die Gleichung in die einfache Gleichung $pV = RT$ über. Man kann die VAN DER WAALSsche Zustandsgleichung auf die verschiedensten Arten prüfen. Man kann die aus ihr durch Konstantsetzen von T entstehenden Isothermengleichungen mit den experimentell gefundenen Kurvenscharen vergleichen; man kann insbesondere die Neigung dieser Isothermen in der Grenze für unendliche Verdünnung zur Prüfung benutzen. Auch kann man die Lage einzelner Punkte als Kriterium wählen, etwa die Lage der BOYLEpunkte. Immer findet man, daß die Gleichung den experimentellen Befund qualitativ richtig wiedergibt; dagegen lassen sich keine Konstanten a und b finden, mit deren Hilfe sich der Zustand eines Gases quantitativ für große Druck- und Temperaturbereiche darstellen ließe. Dagegen lassen sich für die meisten Gase bei nicht zu hohen Drucken geeignete Zahlenwerte von a und b finden, mit deren Hilfe der Einfluß von Druck und Temperatur auf das Volumen der Gleichung gemäß dargestellt werden kann. Wie zu erwarten, wachsen die Zahlenwerte der Konstanten im allgemeinen mit wachsender Kompliziertheit des Molekülbaues. Daraus folgt, daß die einfachen Gase mit kleinem Molekulargewicht, vor allem die einatomigen Edelgase, die zweiatomigen elementaren Gase Wasserstoff, Sauerstoff, Stickstoff, ferner Kohlenoxyd, Chlorwasserstoff usw. in ihrem Verhalten den idealen Gasen am nächsten kommen. Es hat nicht an Versuchen gefehlt, die VAN DER WAALSsche Gleichung durch eine andere Zustandsgleichung mit zwei oder mehr Konstanten neben der Gaskonstante zu ersetzen. Jede dieser Gleichungen hat ihre besonderen Vorzüge; aber keine von ihnen erfüllt alle Anforderungen, die an eine Zustandsgleichung zu stellen sind.

Eine wesentliche Bedeutung bekommt die VAN DER WAALSsche Gleichung dadurch, daß sie nicht nur für den gasförmigen, sondern auch für den flüssigen Zustand gelten soll. Man erkennt nämlich leicht, daß für kleine Werte von V, d. h. große Werte von $\frac{a}{V^2}$, eine Drucksteigerung nur eine sehr geringe Volumenverminderung zur Folge haben wird, wenn nämlich $\frac{a}{V^2}$ viel größer als p wird. Bei kleinem Volumen und besonders bei großen Werten der Molekularanziehung ist also der Stoff nur sehr wenig kompressibel und erhält damit die Eigenschaften, die wir dem flüssigen Aggregatzustande zuschreiben. Die VAN DER WAALSsche Gleichung trägt also dem bereits früher bei den kritischen Erscheinungen besprochenen kontinuierlichen Übergang von Gas zu Flüssigkeit Rechnung. Es lassen sich sogar die kritischen Konstanten T_k (kritische Temperatur), p_k (kritischer Druck) und V_k (kritisches Volumen) aus den Konstanten a und b der VAN DER WAALSschen Gleichung berechnen.

---

[1] b ist das Vierfache des von den Molekeln wirklich eingenommenen Raumes.

Diesem Zweck dient die Überlegung, daß die VAN DER WAALSsche Gleichung

$$(p + \frac{a}{V^2})\,(V - b) = R\,T$$

für V dritten Grades ist, und daß es daher für jeden Druck und jede Temperatur drei Werte von V geben muß, die die Gleichung erfüllen. Diese drei Wurzeln der Gleichung sind entweder alle drei reell oder es ist nur eine reell und zwei sind komplex. Im letzteren Falle kommt nur dem reellen Wert eine empirische Bedeutung zu, d. h. es gibt für jede Temperatur und jeden Druck nur ein einziges Volumen, das der Gleichung genügt. Diese Bedingung ist erfüllt, wenn die Substanz ein Gas ist und sich oberhalb der kritischen Temperatur befindet. Unterhalb der kritischen Temperatur gibt es für gewisse Drucke je zwei Zustände, die nebeneinander bestehen können und in denen das Volumen der Masseneinheit ganz verschiedene Werte besitzt, nämlich die Flüssigkeit und den mit der Flüssigkeit im Gleichgewicht stehenden gesättigten Dampf. Den dritten, von der kubischen Gleichung geforderten Zustand kennen wir allerdings nicht, doch wird seine Möglichkeit durch oben-

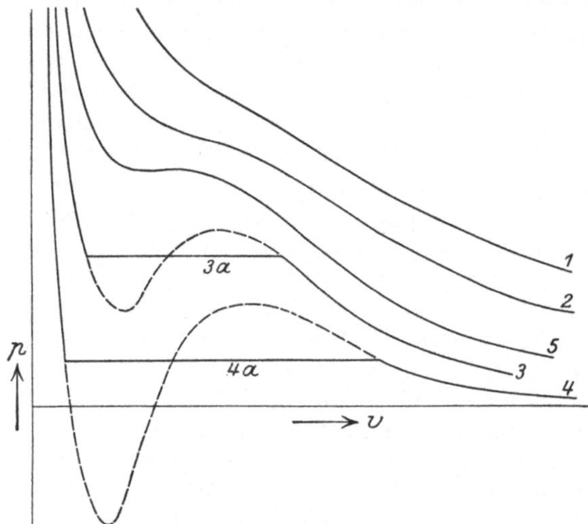

Abb. 15. Isothermen nach VAN DER WAALS.

stehende Abb. 15 anschaulich gemacht. In dieser Abbildung sind die Drucke als Ordinaten und die bei konstanter Temperatur zugehörigen Volumina als Abszissen aufgetragen. Jeder Temperatur entspricht also eine Kurve, die wieder als Isotherme bezeichnet sei. Bei hoher Temperatur ähnelt die Isotherme 1 der vom einfachen Gasgesetz geforderten gleichseitigen Hyperbel, bei tieferer Temperatur zeigen sich schon erhebliche Abweichungen (2). Bei weiterer Erniedrigung der Temperatur liefert die VAN DER WAALSsche Gleichung die Kurven 3 und 4, die allerdings durch die Erfahrung nicht ganz bestätigt werden und daher zum Teil gestrichelt gezeichnet sind. Das tatsächliche Verhalten der Stoffe wird vielmehr durch die ausgezogenen Kurven 3a und 4a gekennzeichnet. Erhöht man nämlich allmählich den Druck, so tritt, sobald das Volumen des gesättigten Dampfes erreicht ist, Kondensation ein. Das Volumen nimmt dann bei konstantem Druck unter fortschreitender Verflüssigung des Dampfes weiter ab, bis der gesamte Dampf verschwunden ist. Bei weiterer Druckerhöhung tritt dann entsprechend der geringen Kompressibilität der Flüssigkeit eine sehr geringe Volumenverminderung ein. Die Realisierung der gestrichelten Kurvenzüge ist von zwei verschiedenen Seiten her in Angriff genommen worden. Erstens bleibt bei manchen Dämpfen bei vorsichtiger isothermer Kompression die Kondensation eine Zeitlang aus, d. h. man erhält „überhitzte" Dämpfe, deren Volumen oberhalb der Horizontalen $3a$ auf der gestrichelten Kurve liegt, und zweitens kann man luftfreie Flüssigkeiten durch Abkühlung in einem geschlossenen · Glasgefäß in einen Zustand der Dehnung (d. h. unter negativen Druck) bringen, ohne daß die Flüssigkeit von der Gefäßwand unter Dampfbildung abreißt. JUL. MEYER hat nachgewiesen, daß solche unter negativem Druck stehende Flüssigkeiten ihr Volumen längs der gestrichelten Kurve $4a$ ändern[1]. Das mittlere Stück dagegen, in dem mit fallendem Druck das Volumen abnehmen würde, ist physikalisch nicht realisierbar.

Die Lage des horizontalen Verbindungsstückes, d. h. der Druck, der für eine gegebene Temperatur den Sättigungsdruck darstellt, ergibt sich aus der Zustandsgleichung nicht. Aber die Thermodynamik legt nahe, daß die beiden Flächenstücke, die von dieser Geraden und der theoretischen Isotherme eingeschlossen werden, gleich groß sind. Kennt man also aus der Zustandsgleichung den theoretischen Verlauf der Isotherme, so läßt sich mittels dieser Bedingung auch der Dampfdruck angeben. Trägt man diese Dampfdrucke als Ordinaten gegen die Temperatur als Abszissen auf (vgl. z. B. Abb. 31, S. 136), so erhält man die Dampfdruckkurve der betreffenden Substanz. Man kann sich ein Bild von dem Ansteigen dieser Kurve machen, wenn man die Tabelle S. 22 betrachtet: Bei einer Temperatur, die schon ungefähr zwei Drittel der kritischen Temperatur beträgt, ist der Dampfdruck erst gleich einer Atmosphäre (normaler Siedepunkt), während zur kritischen Temperatur selbst Drucke von ganz anderer Größenordnung gehören (Spalte V).

Die Anfangs- und Endpunkte der horizontalen Kurventeile entsprechen zwei von den reellen Wurzeln der Gleichung. Die dritte wird durch den Schnittpunkt der punktierten Kurve und der horizontalen dargestellt. Die kritische Temperatur ist diejenige, bei welcher das Gebiet der drei reellen Wurzeln (Flüssigkeit) und das Gebiet einer einzigen reellen Wurzel (Gas) zusammenstoßen. Mithin ist die kritische Temperatur diejenige, bei welcher die drei Wurzeln der Gleichung einander gleich sind. Dieser rein mathematische Schluß ermöglicht die Berechnung der für den kritischen Zustand gültigen Größen V_k, p_k und T_k aus den Konstanten a und b.

Durch Umformung der VAN DER WAALSschen Gleichung und Ordnung nach Potenzen von V erhält man nämlich die Gleichung:

$$V^3 - \frac{bp + RT}{p} V^2 + \frac{a}{p} V - \frac{ab}{p} = 0.$$

---

[1] Z. Elektrochem. Bd. 17, S. 743, 1911; Abhandlungen der Bunsengesellschaft Nr. 6.

Für die kritische Temperatur T_k und den kritischen Druck p_k sollen die drei Wurzeln V_1, V_2 und V_3 alle gleich V_k, dem kritischen Volumen, sein; d. h. die linke Seite muß die Form:

$$(V - V_k)^3 = 0$$

besitzen. Durch Gleichsetzung gleicher Potenzen von V erhält man die drei Gleichungen:

$$b + \frac{R T_k}{p_k} = 3 V_k, \tag{1}$$

$$\frac{a}{p_k} = 3 V_k^2, \tag{2}$$

$$\frac{a b}{p_k} = V_k^3. \tag{3}$$

Durch Division von (3) und (2) folgt:

$$V_k = 3 b, \tag{4}$$

aus (4) und (2) folgt:

$$p_k = \frac{a}{27 b^2} \tag{5}$$

und aus (1), (4) und (5) folgt:

$$T_k = \frac{8 a}{27 b R}. \tag{6}$$

Die Gleichungen (4), (5), (6) kann man andererseits dazu benutzen, um die Konstanten a und b aus den kritischen Daten zu berechnen, und zwar genügen hierzu je zwei dieser Gleichungen, also (4) und (5) oder (4) und (6) oder (5) und (6). Wenn die VAN DER WAALSsche Theorie streng richtig wäre, so müßte man nach allen drei Methoden die gleichen Werte für a und b erhalten. Dies ist jedoch nicht der Fall; man erhält erhebliche Abweichungen und damit den Beweis, daß die Theorie nur angenähert zutrifft.

Reduzierte Zustandsgleichung. Trotzdem steht es wohl außer Zweifel, daß sie wenigstens qualitativ ein Bild von den Erscheinungen gibt. Deshalb soll noch eine wichtige Konsequenz hier Erwähnung finden. Führt man nämlich die aus (4), (5) und (6) berechneten Werte

$$a = 3 p_k V_k^2, \quad b = \frac{V_k}{3}, \quad R = \frac{8}{3} \frac{p_k V_k}{T_k}$$

in die VAN DER WAALSsche Gleichung ein, so erhält man:

$$\left(p + \frac{3 p_k V_k^2}{V^2} \right) \left(V - \frac{V_k}{3} \right) = \frac{8}{3} \frac{p_k V_k T}{T_k}$$

und nach Division durch $\dfrac{p_k V_k}{3}$

$$\left(\frac{p}{p_k} + \frac{3 V_k^2}{V^2} \right) \left(3 \frac{V}{V_k} - 1 \right) = 8 \frac{T}{T_k}.$$

Setzen wir nun

$$\frac{p}{p_k} = \pi\,; \quad \frac{V}{V_k} = \varphi\,; \quad \frac{T}{T_k} = \vartheta\,,$$

d. h. zählen wir Druck, Volumen und Temperaturen in Bruchteilen der entsprechenden kritischen Größen, so erhalten wir eine Zustandsgleichung für alle Stoffe, die keine individuelle Konstanten mehr enthält, nämlich:

$$\left(\pi + \frac{3}{\varphi^2}\right)\left(3\,\varphi - 1\right) = 8\,\vartheta. \tag{7}$$

π, φ und ϑ nennt man die „reduzierten" Zustandsvariablen, die Gleichung (7) die „reduzierte" Zustandsgleichung.

Diese Gleichung verlangt z. B., daß die Molekularvolumina beliebiger Stoffe, die sich auf gleicher reduzierter Temperatur und unter gleichem reduzierten Druck, d. h. in übereinstimmenden Zuständen befinden, gleiche Bruchteile ihrer kritischen Volumina sind.

Wir werden später sehen, daß die molare Verdampfungswärme mit dem Dampfdruck und der Temperatur für nicht zu große Dampfdrucke thermodynamisch durch die Gleichung

$$\lambda = R\,T^2\,\frac{d\ln p}{d T}$$

zusammenhängt. Mathematisch läßt sich diese Gleichung umformen in

$$\frac{\lambda}{T} = R\,\frac{d\ln p}{d\ln T}.$$

Da es bei dem Differentialquotient des Logarithmus auf einen multiplikativen Faktor nicht ankommt, können wir dafür auch setzen

$$\frac{\lambda}{T} = R\,\frac{d\ln \pi}{d\ln \vartheta}.$$

Für übereinstimmende Zustände sollte nach der Theorie der reduzierten Zustandsgleichung die rechte Seite und damit auch die linke für alle Substanzen denselben Wert haben. Nun sahen wir schon, daß die reduzierten Siedetemperaturen mit guter Annäherung den Wert 2/3 haben. Durch Einführen der Bedingung der Flächengleichheit (S. 33), durch die der Dampfdruck bestimmt wird, ergibt sich, daß zu übereinstimmenden reduzierten Siedetemperaturen gehörende Dampfdrucke auch übereinstimmen. Wir erhalten so die einfache TROUTONsche Regel $\frac{\lambda}{T} = \text{const}$ als Folgerung aus der reduzierten Zustandsgleichung. Inwieweit sie zutrifft, haben wir schon früher gesehen.

Da die Gleichung alle flüssigen und gasförmigen Stoffe umfassen soll, so postuliert sie eine ganz außerordentliche Gleichartigkeit im physikalischen Verhalten der Stoffe, wie es wohl von keiner anderen bisher aufgestellten Theorie gefordert wird. Dementsprechend ist es auch nicht zu verwundern, daß sie durch die Erfahrung nur in groben Umrissen bestätigt wird. Trotz mancher recht erheblicher Unstimmigkeiten hat sich aber doch gezeigt, daß die physikalischen Eigenschaften verschiedener Stoffe am besten vergleichbar sind, wenn man diese unter gleichen reduzierten Drucken und Temperaturen, d. h. in „korrespondierenden" Zuständen betrachtet.

Auf diese für die kinetische Theorie der Materie äußerst wichtigen Verhältnisse kann an dieser Stelle nicht näher eingegangen werden[1].

Eine reduzierte Zustandsgleichung, d. h. eine Gleichung, die für alle Stoffe die gleiche ist und keine individuellen Konstanten mehr enthält, wenn man die Zustandsvariabeln in einem vorgegebenen Maße mißt (indem man die kritischen Größen als Einheit wählt), ist nicht eine spezielle Folge der VAN DER WAALSschen Gleichung, sondern läßt sich aus jeder anderen allgemein gültigen Zustandsgleichung ableiten, die außer R nur noch zwei individuelle Konstanten enthält. Da wir sahen, daß dieses sog. „Theorem der übereinstimmenden Zustände" nirgends exakt gilt, insbesondere nicht bei den einatomigen leichten Edelgasen (z. B. war für Helium $\frac{\lambda}{T} = 5{,}6$), müssen wir schließen, daß eine richtige Zustandsgleichung noch mindestens eine weitere individuelle Konstante enthalten muß. Auch auf die Weiterführung dieser Theorie müssen wir hier verzichten[2].

3. Spezifische Wärme.

Mittlere und wahre spezifische Wärme.

Die Erfahrung lehrt, daß die Temperatursteigerung bei gleicher Wärmezufuhr für ein und denselben Stoff nicht bei allen Temperaturen konstant ist, sondern daß sie im allgemeinen um so kleiner wird, je höher die Temperatur ist, bei der die Wärme zugeführt wird. Steigt z. B. die Temperatur eines Gramm Wassers bei der Erwärmung durch 1 cal bei 15^0 um genau 1^0 C, also auf $16{,}000^0$, so steigt sie bei der Zuführung der gleichen Wärmemenge bei 99^0 nur um $0{,}992^0$, also auf $99{,}992^0$. Daraus folgt, daß die spezifische Wärme c von der Temperatur abhängig ist. In dem eben erwähnten Beispiel nimmt c mit wachsender Temperatur zu, da die durch die gleiche Wärmemenge erzeugte Temperatursteigerung abnimmt.

Diese Tatsachen führen zu einer schärferen Definition des Begriffes „spezifische Wärme" und zu einer Einführung der Begriffe „wahre spezifische Wärme" und „mittlere spezifische Wärme"· Nach Gleichung (1) S. 3 ist für die Masseneinheit eines Stoffes die spezifische Wärme c gegeben durch das Verhältnis der zur Temperaturerhöhung $t_2 - t_1$ verbrauchten Wärmemenge Q zu ebendieser Temperaturerhöhung $t_2 - t_1$. Diese Zahl soll im folgenden als „mittlere spezifische Wärme" zwischen den Temperaturen t_1 und t_2 bezeichnet und c_m geschrieben werden. Erhält man für verschiedene Intervalle $t_2 - t_1$ voneinander abweichende Werte von c_m, so muß c_m als Mittelwert aller derjenigen Werte aufgefaßt werden, die die spezifische Wärme in dem Temperatur-

---

[1] Vgl. z. B. KUENEN: Die Eigenschaften der Gase. Leipzig 1919.
[2] Vgl. Handbuch der Physik IX, 5. Kap., Berlin 1926.

intervall t_1 bis t_2 durchläuft. Jeder Temperatur t muß also ein bestimmter Zahlenwert der spezifischen Wärme zukommen, der als „wahre spezifische Wärme" c_w bezeichnet wird.

Zur Bestimmung der wahren spezifischen Wärme bei der Temperatur t muß man den Versuch in einem sehr kleinen Temperaturintervall vornehmen, in dessen Mitte die Temperatur t gelegen ist, und die Messung der mittleren spezifischen Wärme wird um so genauer zum richtigen Werte von c_w führen, je kleiner das Temperaturintervall gewählt ist. Völlige Übereinstimmung würde man nur erhalten, wenn $t_2 - t_1$ unendlich klein, d. h. gleich dt wird. Es wird dann $c_w = \dfrac{dQ}{dt}$, oder in Worten: die wahre spezifische Wärme bei der Temperatur t ist das Verhältnis der zur unendlich kleinen Temperaturerhöhung nötigen Wärmemenge dQ zu der unendlich kleinen Temperaturerhöhung dt selbst. Aus dieser Überlegung folgt, daß theoretisch c_w niemals Gegenstand der unmittelbaren Beobachtung sein kann; praktisch kommt man diesem Wert durch Verkleinerung des benutzten Temperaturintervalls beliebig nahe. Sein Wert kann aber auch aus den Ergebnissen geschlossen werden, zu denen die Untersuchung der mittleren spezifischen Wärme größerer Temperaturintervalle und ihrer Temperaturabhängigkeit führt.

Die Beziehungen zwischen c_m und c_w können folgendermaßen in mathematischer Form dargestellt werden.

Die Wärmemenge Q erhöhe die Temperatur der Masseneinheit eines Stoffes von t_0 auf t; dann ist die mittlere spezifische Wärme zwischen t_0 und t

$$c_m = \frac{Q}{t - t_0}. \tag{1}$$

Die wahre spezifische Wärme für jede Temperatur t ist:

$$c_w = \frac{dQ}{dt}, \tag{2}$$

also die zur Erwärmung von t_0 bis t erforderliche Wärmemenge Q nach Integration von (2):

$$Q = \int_{t_0}^{t} c_w \, dt$$

und mithin nach (1)

$$c_m = \frac{1}{t - t_0} \int_{t_0}^{t} c_w \, dt. \tag{3}$$

Gleichung (3) gestattet die Berechnung von c_m, wenn c_w als Funktion der Temperatur bekannt ist. Meist ist jedoch das Umgekehrte der Fall; das Experiment liefert c_m als Funktion von $t - t_0$, und es soll c_w berechnet werden.

Aus (1) und (2) folgt:

$$c_m (t - t_0) = Q = \int_{t_0}^{t} c_w \, dt \tag{4}$$

und durch Differentiation von (4) nach der variablen Temperatur t:

$$c_w = \frac{d\left[c_m\left(t - t_0\right)\right]}{dt} = \left(t - t_0\right)\frac{dc_m}{dt} + c_m. \tag{5}$$

Wird z. B. die mittlere spezifische Wärme zwischen 0 und t^0 als lineare Funktion von t gefunden:

$$c_m = \alpha + \beta t,$$

so erhält man aus (5):

$$c_w = \alpha + 2\beta t,$$

also ebenfalls eine lineare Funktion. Aus:

$$c_m = \alpha + \beta t + \gamma t^2$$

würde folgen:

$$c_w = \alpha + 2\beta t + 3\gamma t^2 \quad \text{usw.}$$

Die Erkenntnis, daß die spezifische Wärme eines Stoffes auch von der Temperatur abhängig ist, führt zu einer schärferen Definition der Wärmeeinheit, der Kalorie. Diese war im Kap. 1 definiert als diejenige Wärmemenge, die 1 g Wasser um 1^0 C erwärmt. Ist aber die wahre spezifische Wärme des Wassers bei 0^0 nicht die gleiche wie bei 100^0, so ist zur Erwärmung des Wassers von 0^0 auf 1^0 eine andere Wärmemenge nötig wie zur Erwärmung von 99 auf 100^0.

Man ist daher übereingekommen, als Einheit der Wärmemenge diejenige zu bezeichnen, die 1 g Wasser von $14,5^0$ auf $15,5^0$ erwärmt (sog. 15^0-Kalorie). Daneben findet man noch in der Literatur die mittlere Kalorie, das ist der hundertste Teil der Wärmemenge, die notwendig ist, um 1 g Wasser von 0^0 auf 100^0 zu erwärmen, wobei $\frac{\text{Mittlere Kalorie}}{15^0\text{-Kalorie}} = 1,0002$; also sind praktisch beide einander gleich.

Aber nicht nur von der Temperatur ist die spezifische Wärme abhängig, sondern auch von den besonderen Bedingungen, unter denen die Erwärmung vorgenommen wird. Nimmt man sie in einem geschlossenen Gefäß vor, so daß das Volumen konstant gehalten wird, so wird die zugeführte Wärmemenge nur zur Temperaturerhöhung verbraucht. Läßt man aber die Erwärmung unter konstantem Druck vor sich gehen, wobei sich im allgemeinen der Körper ausdehnt, so wird ein Teil der zugeführten Wärme zu dieser Ausdehnung verbraucht, und die Temperaturerhöhung ist kleiner als im vorigen Falle. Unter allen möglichen verschiedenen Versuchsbedingungen sind diese beiden Fälle die wichtigsten. Denn experimentell wird fast ausnahmslos die spezifische Wärme bei konstantem Druck c_p gemessen, während die Theorien Werte für die spezifische Wärme bei konstantem Volumen c_v liefern. Eine Umrechnung dieser beiden Werte ineinander ist nach einer allgemeinen thermodynamischen Beziehung möglich, wenn man den Ausdehnungs- und Kompressibilitätskoeffizient der betreffenden Substanz kennt (vgl. Kap. 5, Gleichung (9), S. 113). Der Unterschied ist bei festen und flüssigen Stoffen gering, weil die Ausdehnung bei der Erwärmung nur gering ist; bei Gasen ist er jedoch beträchtlich und wird bei diesen eingehend erörtert werden.

Spezifische Wärme der Gase.

Experimentelle Ergebnisse: Da die Dichte der Gase im Verhältnis zu der der Flüssigkeiten sehr klein ist, so kann eine genaue Bestimmung ihrer spezifischen Wärmen nur bei Anwendung großer Volumina ausgeführt werden. Deshalb leiten REGNAULT und seine Nachfolger einen konstanten Gasstrom aus einem Reservoir erhöhter Temperatur durch ein Wasserkalorimeter, dessen Temperaturerhöhung bestimmt wird. Ist die Menge des durchgeleiteten Gases bekannt, so kann die Wärmemenge berechnet werden, die die Mengeneinheit bei ihrer Abkühlung unter konstantem Druck abgibt. Diese Versuchsanordnung führt also zur Bestimmung der Größe c_p für Gase. Multipliziert man c_p mit der Dichte, so erhält man die spezifische Wärme der Volumeneinheit. Die folgende Tabelle enthält die wichtigsten Resultate REGNAULTs für die mittlere spezifische Wärme c_{pm} zwischen 0 und 100^0 und zeigt, daß bei einigen einfachen Gasen die spezifische Wärme gleicher Volumina von der Natur des Gases nahezu unabhängig ist.

Gleiche Volumina enthalten nach AVOGADRO gleich viele Molekeln; mithin ist auch die mittlere Molekularwärme $C_p = Mc_p$, d. h. die zur Erwärmung eines Moles um 1^0 C nötige Wärmemenge bei einigen einfachen Gasen die gleiche. REGNAULT fand ferner, daß diese Molekularwärme C_p auch von dem Druck, unter dem das Gas steht, unabhängig ist, wenigstens wenn dieser nicht stärker als von 1—12 atm variiert wird.

Mittlere spezifische Wärme c_p nach REGNAULT, zwischen 0 und 100^0.

Gas	für 1 g	für 1 l (0^0 760 mm)	für 1 Mol
Luft	0,2375	0,305	—
O_2	0,2175	0,31	6,96
N_2	0,2438	0,304	6,83
H_2	3,4090	0,304	6,82
CO	0,2479	0,309	6,94
Cl_2	0,1214	0,38	8,6
CO_2	0,2025	0,398	8,92
N_2O	0,2238	0,44	9,84

Neuere Versuche beweisen jedoch, daß auch dieses Gesetz nur ein Näherungsgesetz ist, und daß bei höheren Drucken ein merkliches Ansteigen von C_p zu beobachten ist. So fanden HOLBORN und JAKOB[1] für die mittlere spezifische Wärme der Luft zwischen Zimmertemperatur und 100^0

$$c_{pm} \cdot 10^4 = 2414 + 2{,}86\,p + 0{,}0005\,p^2 - 0{,}0000106\,p^3 ;$$

in dieser Gleichung ist p in Atmosphären auszudrücken und sie gilt bis zu 300 atm. Die mittlere spezifische Wärme wächst also von 0,2417 bei 1 atm bis zu 0,3031 bei 300 atm.

Auch von der Temperatur ist C_p in verschiedenem Maße abhängig.

Wesentlich schwieriger als die Bestimmung der spezifischen Wärme bei konstantem Druck gestaltet sich die Bestimmung von C_v, das ist derjenigen Wärmemenge, welche ein Mol des Gases verbraucht, wenn seine Temperatur bei konstant gehaltenem Volumen um 1^0 C gesteigert

---

[1] HOLBORN, L., und JAKOB, M., Forschungsarb. a. d. Geb. d. Ingenieurw. 1916, Heft 187/188.

wird. Infolge des geringen spezifischen Gewichts des Gases müßte man entweder sehr kleine Gewichtsmengen oder sehr große Volumina der Temperaturänderung unterziehen und in beiden Fällen mit erheblichen Fehlerquellen kämpfen. JOLY hat diese Aufgabe mit Hilfe seines Dampfkalorimeters (S. 13), das er zweckentsprechend zu einem Differentialapparat ausgestaltet hat[1], zu lösen versucht. Zwei kupferne Hohlkugeln von 158 cm³ Inhalt und ganz gleichem Wasserwert wurden im Innern des Dampfraumes an den Enden eines Waagebalkens aufgehängt. Die eine Kugel wurde leer gepumpt, die andere mit dem zu untersuchenden Gase gefüllt. Die spezifische Wärme dieses Gases konnte dann aus dem Überschuß des kondensierten Wassers berechnet werden. Die Versuche mit Luft und Kohlendioxyd zeigten, daß die mittlere spezifische Wärme zwischen 12 und 100⁰ in geringem Maße vom Drucke abhängig ist und mit ihm wächst. Es ist nämlich nach JOLY

	1 atm	26,6 atm
Luft		
c_{vw}	0,17154	0,17225 .

RUDGE[2] fand neuerdings im Mischungskalorimeter für Kohlendioxyd bei ca. 500 atm Druck den außerordentlich hohen Wert $c_v = 0,45$. Eine andere und wohl wesentlich genauere Methode zur Bestimmung von c_v haben MALLARD und LE CHATELIER[3], LANGEN[4], PIER[5] und neuerdings WOHL[6] benutzt. Die genannten Forscher lassen Gasgemische in einem geschlossenen Raum explodieren und bestimmen den Maximaldruck, der sich während der heftigen chemischen Reaktion einstellt. Dieser Druck liefert nach den Gasgesetzen die Maximaltemperatur; ist nun die Wärmetönung Q des zur Explosion führenden Vorganges bekannt, so kann die mittlere spezifische Wärme des Reaktionsproduktes oder eines diesem beigemengten indifferenten Gases nach der Grundgleichung

$$Q = m\,c_v\,(t_2 - t_1)$$

bestimmt werden.

Die genauesten Bestimmungen nach dieser mit größeren experimentellen Schwierigkeiten verbundenen Methode hat WOHL ausgeführt. Der Explosionsdruck wird mit Hilfe einer Membran und eines auf dieser befestigten Spiegels, dessen Ablenkung photographisch aufgenommen wird, bestimmt.

Da es im allgemeinen einfacher ist, spezifische Wärmen bei konstantem Druck als bei konstantem Volumen zu messen und da, wie wir im folgenden sehen werden, die Theorie direkt nur Werte für C_v für den idealen Gaszustand gibt, ist es wichtig, zu wissen, daß die Thermodynamik Beziehungen liefert, die es ermöglichen, mit Hilfe einer Zustandsgleichung aus C_p das dazugehörige C_v für den idealen Gaszustand zu berechnen. Eine solche rechnerische Bestimmung von C_v

---

[1] Proc. Roy. Soc. Bd. 41, S. 352, 1886.
[2] Proc. Cambridge Phil. Soc. Bd. 14, S. 85, 1907.
[3] Wied. Beibl. Bd. 14, S. 364, 1890.
[4] Vgl. LANGEN, Mitteil. über Forschungsarbeiten, Heft 8, Berlin 1903.
[5] Z. phys. Chem. Bd. 62, S. 385, Bd. 66, S. 6; Z. Elektrochem. Bd. 15, S. 536, 1909; Bd. 16, S. 897, 1910.   [6] Z. Elektrochem. Bd. 30, S. 36 u. 49, 1924.

ist von SCHEEL und HEUSE[1] für verschiedene Gase durchgeführt worden; ihre Ergebnisse sind z. T. für die Tabelle S. 43 benutzt worden.

Die kinetische Theorie der Gase. Nach der kinetischen Theorie der Gase, die zuerst von DANIEL BERNOULLI im Jahre 1738 ausgesprochen und um die Mitte des 19. Jahrhunderts von KRÖNIG, WATERSTON und vor allem CLAUSIUS neu entdeckt und eingehend begründet wurde, befinden sich die Molekeln eines Gases in gradlinig fortschreitender Bewegung. Sie üben daher auf jede feste Wand, die dieser Bewegung einen Widerstand entgegensetzt und die Molekeln nach den Stoßgesetzen zurückwirft, einen Druck aus, der durch die Bewegungsgröße gemessen wird, welche die Molekeln in der Zeiteinheit der Wand erteilen. Da diese der Wand mitgeteilte Bewegungsgröße sowohl der Zahl der Stöße in der Zeiteinheit wie der Bewegungsgröße jeder einzelnen stoßenden Molekel proportional ist, so ist in jedem geschlossenen Gefäß der Druck p des Gases proportional dem Quadrate der Geschwindigkeit u der Molekeln. Hierbei ist vorausgesetzt, daß alle Molekeln die gleiche Geschwindigkeit besitzen. Ist dies nicht der Fall, so ist der Druck einem mittleren Geschwindigkeitsquadrat proportional. Es gilt also in jedem Falle:

$$p = K \cdot u^2 .$$

Der Proportionalitätsfaktor K ist einer weiteren Berechnung zugänglich. Bezeichnen wir die Anzahl der Molekeln, die sich in einem Würfel von der Kante 1 cm befinden, mit n und die Masse jeder einzelnen Molekel mit m, so teilt jede einzelne Molekel, sofern sie senkrecht auf die Wand trifft, dieser bei jedem Stoß die Bewegungsgröße $2mu$ mit, da sich ihre Geschwindigkeit von $+u$ auf $-u$ ändert. Um nun den Druck, d. h. die gesamte in der Zeiteinheit an die Wand abgegebene Bewegungsgröße zu berechnen, muß man die Größe $2mu$ mit der Zahl der Stöße, die insgesamt während einer Sekunde senkrecht auf die Wand 1 cm^2 erfolgen, multiplizieren. Diese Zahl erhält man auf folgende Weise: Die nach beliebigen Richtungen fortschreitenden Molekeln kann man sich zerlegt denken in drei Gruppen von Molekeln, deren Bewegungsrichtungen senkrecht aufeinander stehen. Die Zahl der Molekeln, die senkrecht auf eine Wand treffen, beträgt also $^1/_3 n$. Jede einzelne von ihnen legt zwischen zwei Stößen den Weg 2 cm zurück und braucht hierzu, da ihre Geschwindigkeit gleich u ist, die Zeit $2/u$ Sekunden. Die Zahl der Stöße, die auf die Flächeneinheit der Wand in der Zeiteinheit auftreffen, ist also $= ^1/_3 n \cdot u/2 = nu/6$, mithin ist der Druck:

$$p = nu/6 \cdot 2mu = nm \frac{u^2}{3} .$$

Die strenge Ableitung integriert über alle Stoßrichtungen und alle Geschwindigkeitskomponenten.

---

[1] SCHEEL, KARL, und WILHELM HEUSE, Ann. Physik (4), Bd. 40, S. 489, 1913, und HEUSE, W., ebenda Bd. 59, S. 86, 1919.

Bezeichnen wir die Anzahl der Molekeln, aus denen ein Mol besteht, mit N und das Volumen, das diese N Molekeln einnehmen, mit V, so wird:

$$n = \frac{N}{V} \quad \text{und} \quad p \cdot V = N m \frac{u^2}{3}.$$

Nimmt man nun an, daß die Geschwindigkeit u der Molekeln lediglich von der Temperatur des Gases abhängt, so erhält man unmittelbar das BOYLE-MARIOTTEsche Gesetz:

$$p V = \text{const (für konstante Temperatur)}.$$

Nimmt man ferner an, daß die gesamte Energie E des Gases, abgesehen von einer additiven Konstanten, lediglich in der kinetischen Energie der gradlinigen Molekularbewegung besteht, so wird:

$$E - E_0 = \frac{N m u^2}{2} = \frac{3}{2} p V.$$

Die Energie des Gases ist dann lediglich eine Funktion der Temperatur

$$E = f(T).$$

Welcher Art die Funktion $E = f(T)$ ist, läßt sich aus den bisher gemachten Annahmen nicht eindeutig ableiten. Aus der Bedingung, daß sich Körper keine Wärmeenergie mitteilen, wenn sie gleiche Temperatur besitzen (S. 1), folgt unter Berücksichtigung der Stoßgesetze nur, daß die Temperatur eine eindeutige Funktion des Geschwindigkeits*quadrates* u^2 ist. Die Form dieser Funktion wird naturgemäß von dem Maßstabe der Temperatur abhängen. Unter Benutzung des empirischen Gesetzes von GAY-LUSSAC (für ideale Gase):

$$p V = R T$$

folgt dann weiter $E - E_0 = \frac{3}{2} R T$.

Hiernach hätte ein ideales Gas beim absoluten Nullpunkt gar keine kinetische Energie der Translationsbewegung und ließe sich durch Zufuhr von Wärmemengen von jeweils $\frac{3}{2} R$ cal bei konstantem Volumen (vgl. S. 38) um 1^0 erwärmen. Wir haben also die Beziehung

$$C_v = \frac{3}{2} R.$$

Dies gilt für den Fall, daß die gesamte Energie E des Gases, abgesehen von der belanglosen Konstanten E_0, nur in Energie der gradlinigen Translationsbewegung der einzelnen Moleküle besteht, d. h. für ein einatomiges ideales Gas. Die allgemeinste Bewegung, die ein Gasmolekül ausführen kann, läßt sich in drei verschiedene Bewegungsarten zerlegen:

1. die Translationsbewegung des Molekülschwerpunktes im Raume, die wir schon betrachteten,

2. die Rotation des Moleküls um den festgehaltenen Schwerpunkt und

3. die Schwingungen der einzelnen Atome im Molekül gegeneinander.

Die Translationsbewegung ist bekannt, wenn man die Bewegungskomponenten in den drei Koordinatenrichtungen des Raumes kennt; die Rotation läßt sich im allgemeinen durch drei Winkel beschreiben (für den Fall eines zweiatomigen hantelförmigen Molekülmodells durch zwei Winkel). Dazu können, wenn das Molekül n Atome enthält, noch bis zu $3n - 6$ Schwingungen auftreten. Jede solche Bewegungsmöglichkeit wird in der Kinetik als Freiheitsgrad bezeichnet. Die klassische Theorie fordert, daß auf jeden Freiheitsgrad im Mittel die gleiche Energie entfällt. Dabei müssen die Schwingungen doppelt gezählt werden, da sie außer kinetischer auch ebensoviel potentielle Energie enthalten. Da wir für die drei translatorischen Freiheitsgrade zusammen $\frac{3}{2} R T$ fanden kommt auf jeden einzelnen $\frac{1}{2} R T$. Für ein zweiatomiges Molekül, das um zwei Richtungen rotieren kann, aber keine Schwingungen ausführt, ergibt sich so $U = \frac{3}{2} R T + \frac{2}{2} R T = \frac{5}{2} R T$ und $C_v = \frac{5}{2} R = 4{,}96$ cal. Ein Modell mit drei rotatorischen Freiheitsgraden gäbe $U = \frac{6}{2} R T$, $C_v = \frac{6}{2} R = 5{,}96$ cal. Die klassische kinetische Theorie fordert also, daß die Molwärmen temperatur- und druckunabhängig sind und nur solche Werte annehmen, die sich um $\frac{1}{2} R$ voneinander unterscheiden. Daß dies in vielen Fällen zutrifft, zeigt die nebenstehende Tabelle.

Molwärmen der Gase.

$T =$	$C_{v,w}$		$C_{v,m}$
	90°	290°	273—2000°
He	2,98	2,98	—
Ar	2,98	2,98	2,98
Ne, Kr, X	—	3,0	—
H_2	3,25	4,87	5,41
N_2	4,74	4,98	5,68
O_2	4,92	4,98	5,68
CO	4,77	5,00	—
HCl	—	—	5,84 (291—2000°)
Cl_2	—	5,86	6,83 (291—1335°)
N_2O	7,17	—	—
CO_2	6,84	—	10,1 (273—2000°)
CH_4	6,50	—	—
C_2H_2	8,38	—	—
C_2H_4	8,16	—	—
C_2H_6	10,30	—	—

Wir sehen, daß für einatomige ideale Gase die Voraussagen der Theorie erfüllt sind; da hier die gesamte Energie aus Translationsenergie besteht, nehmen wir an, daß bei allen bisher erreichbaren Temperaturen für alle Gase der Translationsbeitrag zur Molwärme $\frac{3}{2} R$ beträgt. Ebenso können wir für alle mehratomigen Gase mit Ausnahme des Wasserstoffes den Beitrag der Rotationsenergie zur Molwärme konstant $\frac{1}{2} R$ pro Freiheitsgrad annehmen.

Wenn man aber die spezifischen Wärmen mehratomiger Moleküle über große Temperaturbereiche nach tiefen und hohen Temperaturen verfolgt, so findet man, daß sie alle mehr oder weniger mit steigender Temperatur wachsen. Das läßt sich formal so erklären, als ob bei tiefer Temperatur nicht vorhandene Freiheitsgrade, d. h. Bewegungsmöglichkeiten mit steigender Temperatur allmählich auftreten. Während die klassische Theorie dieser Erscheinung gegenüber völlig versagte, gibt die Anwendung der Quantentheorie auf diese materiellen Systeme die gewünschte Erklärung.

Quantentheorie der spezifischen Wärme. Sind in den Molekülen die Atome so aneinandergebunden, daß sie mit der Schwingungszahl ν (Anzahl der Schwingungen pro Sekunde) gegeneinanderschwingen, so verlangt die Quantentheorie, daß diese Schwingungen nicht beliebige Energiemengen aufzunehmen vermögen, sondern nur ganzzahlige Vielfache eines Elementarquants ε der Energie, das sich als Produkt einer für alle Stoffe universellen Konstanten und der Schwingungszahl ν darstellt, $\varepsilon = h\nu = \dfrac{R}{N}\,\beta\nu$.

Mit diesem Ansatz liefert die statistische Mechanik (die für den klassischen Fall das Gleichverteilungsgesetz, $\tfrac{1}{2}R$ als Beitrag jedes Freiheitsgrades zur Molwärme geliefert hatte), als Beitrag einer Molekülschwingung zur Molwärme

$$C_v^{(s)} = R\left(\frac{\beta\nu}{T}\right)^2 \frac{e^{\frac{\beta\nu}{T}}}{\left(e^{\frac{\beta\nu}{T}} - 1\right)^2}. \tag{1}$$

Sind mehrere Schwingungsmöglichkeiten mit gleichen oder verschiedenen ν im Molekül vorhanden, so muß man die einzelnen Beiträge summieren. Für Temperaturen, für die T sehr groß gegen $\beta\nu$ ist, geht dieser Ausdruck in den klassischen Wert R über (je $\tfrac{1}{2}R$ für die kinetische und potentielle Energie der Schwingung), während er mit fallender Temperatur gegen null konvergiert. Wir haben also die Temperaturabhängigkeit der Molwärme mehratomiger Gase dahin zu deuten,

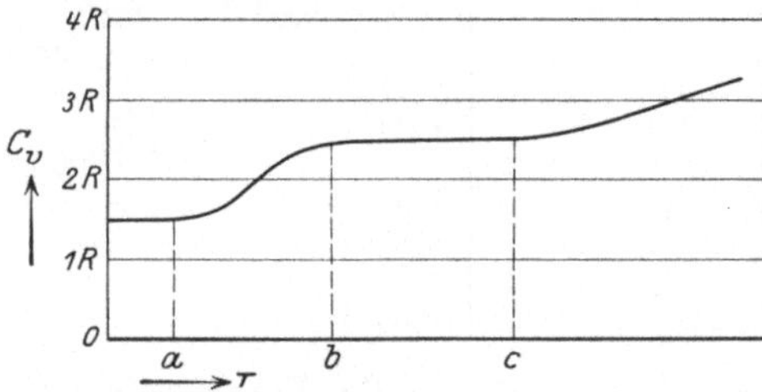

Abb. 16. Schematische Darstellung der Molwärme eines zweiatomigen Gases.

daß die Freiheitsgrade der Molekülschwingung bei allen Temperaturen vorhanden sind, aber bei tiefen Temperaturen gemäß der Gleichung nur sehr geringe Energiemengen aufzunehmen vermögen. Der Verlauf der Molwärme eines zweiatomigen Gases wird also schematisch durch die Abb. 16 dargestellt.

Bei tiefsten Temperaturen (zwischen 0 und a) hat das Gas die Molwärme eines einatomigen Gases, da nur die Translationsfreiheitsgrade Energie aufnehmen können. Dann kommt das Gebiet (zwischen a und b), in dem sich die Rotationsfreiheitsgrade allmählich bemerkbar machen (bisher nur beim Wasserstoff von Eucken experimentell gefunden) und schließlich den klassischen Beitrag $\tfrac{1}{2}R$ pro Freiheitsgrad zur Molwärme liefern (in b). Dies Gebiet liegt bei allen Gasen bei sehr tiefen Temperaturen. Dann wird in einem mehr oder minder großen Temperaturbereich (zwischen b und c) die Molwärme wieder konstant: Translations- und Rotationsfreiheitsgrade sind voll erregt, aber noch keine innere Schwingung, bis schließlich auch diese (von c an) aufzutreten anfangen und einen neuen Anstieg der Molwärme mit der Temperatur bedingen.

Die Schwingungszahl, die in Gleichung (1) auftritt, läßt sich optisch aus den Bandenspektren der Moleküle entnehmen. In der folgenden Tabelle für Kohlensäure[1] ist der experimentell gefundene Schwingungs-

---

[1] Aus Eucken, A., und Fried, F., Z. Physik Bd. 29, S. 39 (1924).

beitrag zur Molwärme $C^{(s)}_{\text{beob.}}$ dem nach der obigen Gleichung aus optisch ermittelten Schwingungszahlen theoretisch berechneten $C^{(s)}_{\text{ber. I}}$ gegenübergestellt.

Die Molwärme bei tiefen Temperaturen wird etwas besser dargestellt, wenn man den optisch gefundenen $\beta\nu$-Wert 960 durch $\beta\nu = 900$ ersetzt (vgl. $C^{(s)}_{\text{ber. II}}$). Daß hier anscheinend eine Schwingung zuviel auftritt, liegt daran, daß das CO_2-Molekül gestreckt ist; es hat dafür einen Rotationsfreiheitsgrad weniger[1].

Spezifische Wärme der festen Körper.

Klassische Theorie: Bei den festen Körpern wird experimentell ausnahmslos nur die spezifische Wärme bei konstantem Druck gemessen. Da die Theorie nur Werte für die spezifische Wärme bei konstantem Volumen liefert, müssen zum Vergleich diese beiden Werte ineinander umgerechnet werden, was mit Hilfe des thermischen Ausdehnungskoeffizienten und der Kompressibilität möglich ist (vgl. S. 113). Meist liegen keine genügenden Messungen dieser Größen vor, und man benutzt daher nach dem Vorgang von NERNST die aus der eben erwähnten abgeleitete Beziehung $C_p - C_v = a C_p^2 T$, wo a als konstant angesehen werden kann.

Wir wissen aus den mit Röntgenstrahlen ausgeführten Untersuchungen der Kristalle — und nur von den Kristallen soll im folgenden die Rede sein —, daß in ihnen die Atome an feste, durch bestimmte Symmetriebedingungen gegebene Ruhelagen gebunden sind und daß die Atome um diese Ruhelagen Schwingungen ausführen können. In diesen Schwingungen steckt der Wärmeinhalt des Kristalles. Da man sie in drei voneinander unabhängige Komponenten nach den Koordinatenrichtungen zerlegen kann, schwingt jedes Atom mit drei Freiheitsgraden. Zu der kinetischen kommt noch ebensoviel potentielle Energie der Schwingung; die klassische Theorie setzt nun nach dem Gleichverteilungssatz die Energie pro Freiheitsgrad und Mol gleich $\frac{1}{2} RT$; daher mußte nach ihr die spezifische Wärme konstant und gleich $\frac{6}{2} n R \sim 6 n$ sein, wo n die Anzahl der Atome im Molekül angibt. Nun ist in der Tat für viele Stoffe bei Zimmertemperatur $C_v = 6 n$.

Die angenäherte Gleichheit der Atomwärmen, d. h. von C/n ist zuerst für C_p von DULONG und PETIT 1818 empirisch für die Elemente

Tabelle.

Schwingungsanteil der Molwärme des Kohlendioxyds.

I $\beta\nu_1 = 960,\qquad \beta\nu_2 = 960,$
  $\beta\nu_3 = 3400,\qquad \beta\nu_4 = 3400$

II $\beta\nu_1 = 900,\qquad \beta\nu_2 = 900,$
  $\beta\nu_3 = 3500,\qquad \beta\nu_4 = 3500$

T	$C^{(s)}$ beob.	$C^{(s)}$ ber. I	$C^{(s)}$ ber. II
197	0,87	0,72	0,88
293	1,87	1,69	1,91
323	2,24	2,02	2,15
374	2,78	2,40	2,54
473—273	2,52	2,35	2,49
903 273	3,64	3,54	3,56
1273—273	4,37	4,28	4,28
1673—273	4,88	4,84	4,84
1884—273	5,02	5,13	5,13
2112—273	5,32	5,37	5,37
2473—243	5,51	5,72	5,72

---

[1] Vgl. z. B. Handbuch d. Physik Bd. 10, S. 282, 285, Berlin 1926.

($n = 1$) festgestellt worden ($C_p \sim 6{,}4$) und später auch für Verbindungen (NEUMANN). Die Übereinstimmung wird besser, wenn man die C_p in C_v umrechnet und die so erhaltenen Werte vergleicht.

Atomwärmen der festen Elemente bei Zimmertemperatur.

Gruppe im periodischen System	Element	C_p	Gruppe im periodischen System	Element	C_p
1	Li	5,8	5	V	5
	Na	6,8		Ta	6,0
	K	7,2			
	Rb	6,9		P	5,5
	Cs	7,0		As	5,8
				Sb	5,8
	Cu	5,8		Bi	6,1
	Ag	6,0			
	Au	6,1	6	Cr	5,4
2	Be	4,0		Mo	6,0
	Mg	5,9		W	6,1
	Ca	6,9		Srhombisch	5,5
				Smonoklin	5,7
	Zn	6,0		Se	6,7
	Cd	6,2		Te	6,2
3	La	6	7	Mn	5,9
	B	1,5		J	6,6
	Al	5,7			
	Ga	5,5	8	Fe	6,1
	In	6,5		Co	6,0
	Tl	6,3		Ni	6,2
4	Ti	5		Ru	6
	Zr	7,6		Rh	6
	Th	6		Pd	6,2
	C Graphit	1,9		Os	6
	C Diamant	1,4		Ir	6,2
	Si	4,8		Pt	6,2
	Ge	5,2			
	Sn grau	5,9			
	Sn weiß	6,4			
	Pb	6,4			

Wie die Tabelle zeigt, stellte es sich aber heraus, daß gewisse Elemente Ausnahmen von dieser Regel bilden. Auch das NEUMANNsche Gesetz ist für Verbindungen der leichten Elemente nur dann näherungsweise erfüllt, wenn man zwar die Molwärme additiv aus den Atomwärmen zusammensetzt, aber bei Zimmertemperatur für die Atomwärmen gewisser Elemente statt des Wertes 6,4 die folgenden einführt:

Element	H	Be	B	C	O	Si	P	S	Ge
Atomwärme	2,3	3,7	2,7	1,8	4,0	3,8	5,4	5,4	5,5

Molwärmen von Verbindungen.

Substanz	C_p beob.	C_p ber.	Substanz	C_p beob.	C_p ber.
CaO	10,4	10,4	$ZnSO_4 + 6\,H_2O$	81	79
CuO	10,4	10,4	$NaClO_3$	24	24,8
MnO_2	14	14,4	$CaSiO_3$	21	22
Mn_2O_3	25	24,8	Oxalsäure $C_2H_2O_4$	25	24
SiO_2	11	11,8	Methyloxalat $C_2O_4(CH_2)$ . .	37	37
TiO_2	14,3	14,4	Kaliumoxalat $C_2O_4K_2 + H_2O$	43	41
NaCl	12,1	12,8	Bariumformiat $Ba(CHO_2)_2$.	32	31
AgCl.	12,7	12,8	Bernsteinsäure $C_4H_6O_4$ . . .	34	37
$PbCl_2$	18,2	19,2	Weinsäure $C_4H_6O_6$	43	45
KBr	12,3	12,8	p-Dibrombenzol $C_6H_4Br_2$.	34	33
AgJ	12,8	12,8	Chloralhydrat $C_2H_3Cl_3O_2$ . .	34	38
PbJ_2	19,2	19,2	Hexachloräthan C_2Cl_6 . . .	42	42
$CaCO_3$	20,0	20,2	Diphenylamin $(C_6H_5)_2NH$.	56	53
CuS	12	11,8	Naphthylamin $C_{10}H_7NH_2$.	48	45
PbS	12	11,8	Hydrochinon $C_6H_6O_2$ . . .	28	33
Sb_2S_3	29	29,4	Resorcin $C_6H_6O_2$	30	33
Hg_2SO_4	31	34	Saccharose $C_{12}H_{22}O_{11}$ . . .	103	116
$CaSO_4 + 2\,H_2O$ . .	44	45	Laktose $C_{12}H_{22}O_{11} + H_2O$.	107	125
$3\,CdSO_4 + 8\,H_2O$.	154	152	Maltose $C_{12}H_{22}O_{11} + H_2O$.	110	125
$ZnSO_4 + H_2O$ . .	35	36,4			

Die letzten Zeilen zeigen, wie die Molwärmen, wenn auch nicht sehr stark, von der Konstitution abhängen. Aber auch die *Konstanz* der Atomwärmen ist vom Experiment nicht bestätigt worden; im Gegenteil hat es sich gezeigt, daß bei sämtlichen Kristallen die spezifischen Wärmen mit sinkender Temperatur abnehmen.

Quantentheorie. Diese Abweichungen von den Forderungen der klassischen Theorie lassen sich nun ebenso quantentheoretisch deuten, wie wir bei den Gasen die veränderlichen Beiträge zur Molwärme, die von den inneren Schwingungen der Moleküle herrühren, gedeutet haben. Denn es steht nichts im Wege, den Kristall als ein besonders großes Molekül mit sehr vielen ($3\,nN$) inneren Schwingungen aufzufassen. Dafür haben wir es nicht mehr mit N Molekülen, sondern nur noch mit einem Molekül ($= 1$ Mol) zu tun. Für jede dieser $3\,nN$ Schwingungen (statt $3\,nN - 6$ Schwingungen $+ 3$ Translations- $+ 3$ Rotationsfreiheitsgrade) haben wir also den Beitrag

$$\frac{R}{N}\left(\frac{\beta\nu}{T}\right)^2 \frac{e^{\frac{\beta\nu}{T}}}{\left(e^{\frac{\beta\nu}{T}} - 1\right)^2}$$

zu erwarten. Zur Bestimmung der Molwärmen fehlt jetzt nur noch die Kenntnis der einzelnen ν-Werte.

EINSTEIN hat als erster die Quantentheorie auf die spezifische Wärme angewendet. Setzt man mit ihm für alle ν denselben Wert, so braucht man den letzten Ausdruck nur mit der Anzahl der Schwingungen, mit $3\,nN$ zu multiplizieren, um C_v zu erhalten:

$$C_v = 3\,Rn\left(\frac{\beta\nu}{T}\right)^2 \frac{e^{\frac{\beta\nu}{T}}}{\left(e^{\frac{\beta\nu}{T}}-1\right)^2} = 3\,nRE\left(\frac{\beta\nu}{T}\right),$$

wobei für den von $\frac{\beta\nu}{T}$ abhängigen Teil abkürzend $E\left(\frac{\beta\nu}{T}\right)$ gesetzt ist.

Es ergibt sich hier derselbe Abfall der spezifischen Wärme, wie wir ihn oben für den Schwingungsbeitrag der Gase gefunden haben. Dieser Ausdruck für C_v geht für $\beta\nu \ll T$ in den klassischen Wert 3n R über und konvergiert nach einem ziemlich steilen Abfall für $T \succ 0$ exponentiell gegen Null. Qualitativ hat sich dieser Verlauf ausgezeichnet bestätigt, wie die vielen und genauen Messungen der wahren spezifischen Wärmen durch NERNST und seine Mitarbeiter gezeigt haben; aber quantitativ war die experimentell gefundene Temperaturabhängigkeit eine andere; insbesondere konvergieren die spezifischen Wärmen nicht exponentiell, sondern nur proportional T^3 gegen Null.

Es war also notwendig, ein detailliertes Spektrum der Eigenfrequenzen einzusetzen. Dies ist zuerst von BORN und KARMAN und DEBYE durchgeführt worden. Dieser findet die hier gesuchten Eigenschwingungen des Kristalles in den elastischen Eigenschwingungen des ein Mol enthaltenden Kristallvolumens wieder. Eine Abschätzung der ν-Werte ermöglicht er dadurch, daß er zu ihrer Berechnung den Kristall als Kontinuum auffaßt, was so lange erlaubt ist, als die Wellenlängen der betrachteten Schwingungen groß gegen die Atomdimensionen und -abstände sind. Auf diesem Wege findet man, daß in dem Volumen V zwischen ν und $\nu + d\nu$: $12\,\pi V \frac{\nu^2}{c^3}\,d\nu$ Eigenschwingungen liegen, wenn c die Fortpflanzungsgeschwindigkeit der Wellen bedeutet. Ersetzt man nun die Summation der einzelnen Schwingungsbeiträge zur Molwärme durch ein Integral, so erhält man

$$12\,\pi\,\frac{\nu}{c^3}\,\frac{R}{N}\int \nu^2\left(\frac{\beta\nu}{T}\right)^2 \frac{e^{\frac{\beta\nu}{T}}}{\left(e^{\frac{\beta\nu}{T}}-1\right)^2}\,d\nu\,.$$

Da die Anzahl der einzelnen Schwingungen im Gebiet $d\nu$ proportional ν^2 ist, kann man als untere Grenze ohne großen Fehler 0 ansetzen, da in dieser Gegend sowieso nur wenige Eigenschwingungen liegen, deren Zahl gegen die übrigen nicht in Betracht kommt. Die obere Grenze wählt DEBYE so, daß im ganzen $3\,nN$-Schwingungen berücksichtigt sind. Also wird das größte $\nu, \nu_{\max}$ durch die Gleichung

$$\frac{12\,\pi V}{c^3}\int_0^{\nu_{\max}} \nu^2 d\nu = \frac{4\,\pi V}{c^3}\,\nu_{\max}^3 = 3\,nN \tag{1}$$

bestimmt. Wir haben also

$$C_v = \frac{12\,\pi V}{c^3}\,\frac{R}{N}\int_0^{\nu_{\max}} \nu^2\left(\frac{\beta\nu}{T}\right)^2 \frac{e^{\frac{\beta\nu}{T}}}{\left(e^{\frac{\beta\nu}{T}}-1\right)^2}\,d\nu\,.$$

Mit $\beta\nu_{\max} = \theta$ läßt sich dieser Ausdruck in den folgenden umformen

$$C_v = 3\,n\,R\left[-3\left(\frac{\theta}{T}\right)^2 \frac{d}{d\frac{\theta}{T}}\left(\frac{1}{\left(\frac{\theta}{T}\right)^4}\int_0^{\frac{\theta}{T}} \frac{x^3\,dx}{e^x-1}\right)\right] = 3\,n\,R\,D\left(\frac{\theta}{T}\right). \quad (2)$$

Für $T \gg \theta$ geht die Klammer gegen eins und C_v geht in den klassischen Wert $3\,n\,R$ über; für $T \ll \theta$ erhält man als Näherung

$$\frac{C_v}{3\,n\,R} = 77{,}938\left(\frac{T}{\theta}\right)^3, \quad (3)$$

was von $T = 0$ bis $T = \frac{\theta}{12}$ um weniger als 1 vH ungenau ist.

Aus (2) ergibt sich, daß C_v/n nur von einer einzigen Variablen $\frac{\theta}{T}$ abhängt und von keiner weiteren speziellen Stoffkonstanten. Man muß daher, wenn man C_v/n als Funktion von $\frac{\theta}{T}$ aufträgt, für alle Stoffe, für die die Gleichung gilt, dieselbe Kurve bekommen.

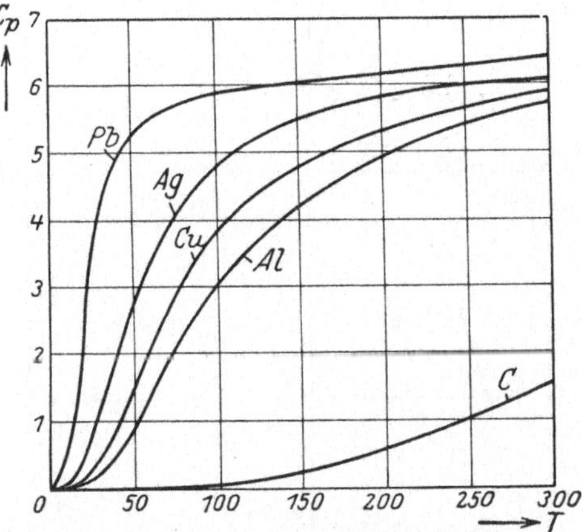

Abb. 17. Atomwärmen einiger Elemente als Funktion der Temperatur.

θ der regulär einatomig kristallisierenden Elemente[1].

Gruppe im periodischen System	Element	θ	Gruppe im periodischen System	Element	θ
0	Ar	85	5	Ta	244
1	Na	159	6	Cr	480
	K	99,5		Mo	379
	Cu	315		W	310
	Ag	215	8	Co	383
	Au	190		Ni	370
2	Be	1035		Ir	283
	Ca	230		Pt	225
3	Al	390			
4	C	1830			
	Pb	88			

Die Tabelle gibt die θ-Werte für die regulär einatomig kristallisierenden Elemente, Abb. 17 den C_p-Verlauf einiger dieser Elemente und die Abb. 18 die theoretische C_v/n-Kurve mit einer Auswahl gemessener Atomwärmen, wobei als Abzisse nicht T, sondern $\frac{T}{\theta}$ gewählt ist.

---

[1] Nach L.-B., 5. Aufl., Erg.-Bd.

Die DEBYEsche Theorie vernachlässigt die Veränderlichkeit der elastischen Eigenschaften mit der Richtung im Kristall und seine atomare Struktur; daher ist es nicht zu verwundern, wenn sich die Molwärmen von Verbindungen und von Elementen, bei denen die Anisotropie besonders ausgeprägt ist, nicht durch eine solche DEBYE-Funktion $D\left(\dfrac{\theta}{T}\right)$ darstellen lassen (z. B. Zinn, Zink, Cadmium, Quecksilber).

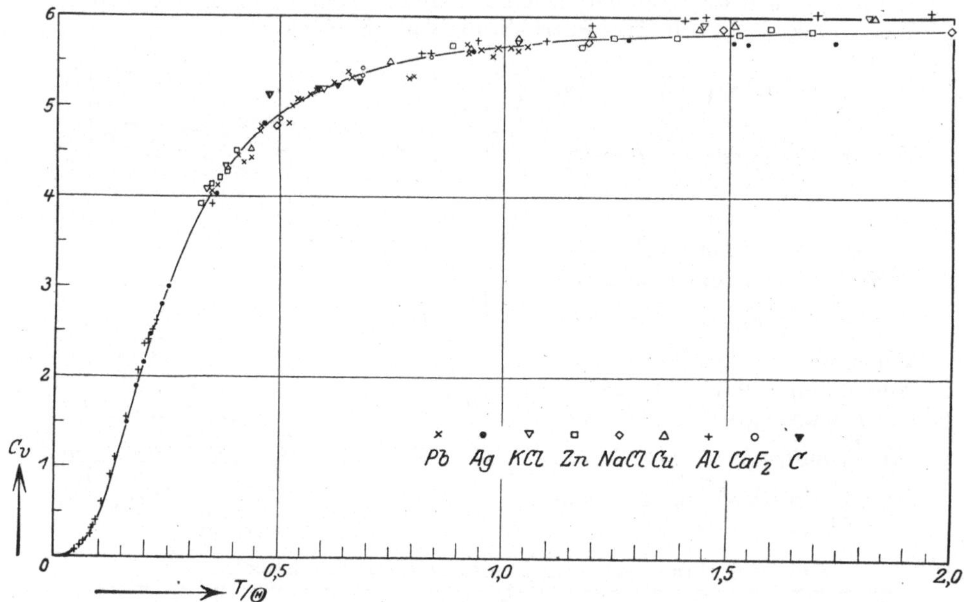

Abb. 18. C_v nach DEBYE als Funktion von T/θ.

Hat man Kristalle vor sich, in denen gewisse Atomgruppen besonders fest aneinandergebunden sind, so ist es zweckmäßig, die ganze Gruppe als Kristallbaustein aufzufassen und für den aus diesen Bausteinen aufgebauten Kristall die DEBYE-Funktion anzusetzen (wobei jetzt nicht mehr $3\,nR$ vor der Klammer steht, sondern wegen der Zusammenlegung n durch kleinere Werte bis zu 1 ersetzt werden muß). Für die Schwingungen der Atome innerhalb der Gruppe, die man praktisch als monochromatisch auffassen kann, setzt man EINSTEINsche Funktionen mit passenden ν-Werten an. Man kann dann erwarten, in anderen Kristallen, die dieselbe Gruppe enthalten, auch annähernd das gleiche ν wiederzufinden.

Da die EINSTEIN-Funktionen logarithmisch mit der Temperatur verschwinden, muß auch für diese komplizierter zusammengesetzten Stoffe bei genügend tiefen Temperaturen das T^3-Gesetz (vgl. Gl. (3) der vorigen Seite) gelten. Als Beispiel für die experimentelle Bestätigung dieser Gleichung bringen wir eine von SIMON[1] veröffent-

---

[1] Ann. d. Phys. Bd. 58, S. 264. 1922.

lichte Tabelle für Salmiak, dessen spezifische Wärme sich nicht durch
eine DEBYE-Funktion darstellen
läßt.

Tragen die schwingenden Teilchen im Kristall elektrische La-
dungen, ist der Kristall also aus
Ionen aufgebaut, so machen sich
die Eigenschwingungen dieser Teilchen auch optisch (als RUBENSsche
Reststrahlen) bemerkbar. Durch
die Gleichung (1) S. 48 ist ν_{max}
oder Θ mit der Fortpflanzungsgeschwindigkeit der Wellen im

$$T^3\text{- Gesetz für } NH_4Cl.$$

T	$C_{pb:ob.}$	$6{,}94 \cdot 10^{-6}T^3$	Diff.
20,1	0,0569	0,0564	+ 0,0005
23,7	0,092	0,092	0,000
25,1	0,110	0,110	0,000
26 3	0,125	0,126	— 0,001
29,0	0,169	0,169	0,000
30,4	0,196	0,195	+ 0,001
32,6	0,239	0,240	— 0,001
37,9	0,346	0,378	— 0,032
41,6	0,425	0,500	— 0,075

Kristall und dadurch mit seinen elastischen Konstanten verknüpft.
Ferner fand GRÜNEISEN, daß der thermische Ausdehnungskoeffizient
einfacher Kristalle proportional der Atomwärme verläuft; kennt man
also den Abfall des Ausdehnungskoeffizienten, so läßt sich aus ihm Θ
ebenso berechnen, wie aus dem Verlauf der Atomwärme. Mit einiger
Annäherung läßt sich Θ auch aus dem Schmelzpunkt der Kristalle
nach der folgenden, von LINDEMANN stammenden Überlegung bestimmen:

Mit wachsender Temperatur werden die Amplituden, mit denen die
Atome im Kristall um ihre Ruhelage schwingen, immer größer, bis sie
schließlich so groß werden, daß die Atome sich gegenseitig aus ihrer
Lage verdrängen und eine feste Anordnung im Raum unmöglich wird,
d. h. der feste Körper wird zur Flüssigkeit. Danach ist der Schmelzpunkt dadurch charakterisiert, daß an ihm die Schwingungsamplituden
dem mittleren Atomabstand kommensurabel werden. Aus dieser Überlegung leitet LINDEMANN die Formel ab

$$\Theta = \text{const}\sqrt{\frac{T_s}{MV^{2/3}}},$$

in welcher T_s den Schmelzpunkt in absoluter Zählung, M das Atomgewicht und V das Atomvolumen am Schmelzpunkt bedeuten. Die Konstante läßt sich aus der Volumänderung des Kristalles zwischen $T = 0$
und $T = T_s$ berechnen, empirisch ergibt sie sich durch Vergleich mit
einigen aus den Atomwärmen ermittelten Θ-Werten zu 133. Wir vergleichen in der Tabelle auf der nächsten Seite die Θ-Werte, die sich
aus den spezifischen Wärmen ergeben, mit den aus elastischen und
optischen Daten und dem Schmelzpunkt errechneten.

Wir sahen, daß für hohe Temperaturen die Formel für die Atomwärme in den klassischen Wert $3R$ übergeht. Nun kennen wir Substanzen bei denen nicht nur C_p, sondern auch das aus ihm berechnete
C_v über diesen Wert ansteigt. Dieser Anstieg wird dadurch bedingt,
daß hier der quadratische Ansatz für die potentielle Energie, der der
Berechnung der Formel zugrunde gelegt war, nicht mehr erfüllt ist.
Die Theorie dieser Abweichungen stammt von BORN und BRODY. Die
Rechnung liefert ein Zusatzglied zu der von uns verwendeten Formel,

Charakteristische Temperaturen.

Substanz	Atom-wärme	Θ, berechnet aus			
		Elastizität	Rest-strahlen	Aus-dehnung	Schmelz-punkt
C (Diamant)	1860	—	—	1860	—
Al	398	413	—	374	370
Cu	315	341	—	325	324
Ag	215	220	—	210	210
Fe	—	484	—	413	400
Pt	225	—	—	230	200
Pb	88	75	—	105	88
NaCl	281	305	274	—	350
KCl	230	227	227	—	270
KBr	177	—	173	—	210
CaF_2	474	510	452	—	560

das proportional T ist und um so größer, je größer die Wärmeausdehnung des Körpers ist; denn bei streng quadratischem Kraftgesetz muß die Wärmeausdehnung überhaupt null sein. Der rasche Anstieg vor dem Schmelzpunkt wird auch durch diese Theorie nicht erfaßt.

Aus der hier entwickelten Theorie der spezifischen Wärme ergibt sich, daß das Gesetz von der Additivität der spezifischen Wärme nur sehr angenähert gültig sein kann; denn die ν-Werte hängen ja nicht nur von den einzelnen Bausteinen des Kristalles ab, sondern auch von der speziellen Anordnung. Daraus erklärt sich neben der Verschiedenheit der spezifischen Wärme isomerer Stoffe auch der Unterschied der spezifischen Wärme der Stoffe in verschiedenen Modifikationen (vgl. die Tabellen S. 46 und 47). Ein hübsches Beispiel für die Dichteabhängigkeit der spezifischen Wärme findet sich in einer kürzlich erschienenen Arbeit von SIMON und ZEIDLER[1]; wir sahen, daß das Gesetz, daß die spezifische Wärme in den absoluten Nullpunkt proportional der dritten Potenz der Temperatur einmündet, von der speziellen DEBYEschen Ableitung unabhängig ist und daher auch für Stoffe gilt, deren Molwärmen sich nicht durch eine DEBYE-Funktion darstellen lassen. In diesem T^3-Gebiet sind nun die spezifischen Wärmen von drei verschiedenen Modifikationen des Aluminiumsilikats Al_2SiO_5 untersucht und der Quotient C_p/T^3 berechnet worden ($C_p - C_v$ ist in diesem Gebiet gleich null). Nach Formel (3) S. 49 ist dieser Quotient umgekehrt proportional der dritten Potenz von Θ.

Die Verfasser geben die folgende Tabelle:

Spezifische Wärme und Dichte im T^3-Gebiet.

Substanz	Temperaturbereich in abs. Graden	$C_{pm}/T^3 \cdot 10^7$	Dichte
Andalusit .	23,8—31,0	41,9	3,1 —3,2
Sillimanit .	17,4—25,3	38,7	3,23—3,25
Disthen .	24,1—48,7	11,3	3,56—3,67

Man sieht, daß der Quotient, d. h. die Steilheit der C-Kurve und damit die C-Werte selbst für die Modifikation mit der geringsten Dichte

---

[1] Z. f. phys. Chemie Bd. 123, S. 389, 1926.

am größten ist; die Eigenschwingungen haben desto größere Frequenzen, die gegenseitige Bindung der Atome ist also desto fester, je dichter die Atome gelagert sind. Das ist nach den Grundlagen der Theorie sehr einleuchtend. Für das Gebiet in der Nähe der Zimmertemperatur ist dies Verhalten empirisch für C_p schon viel früher gefunden worden, wie die folgende von WIGAND[1] stammende Tabelle zeigt:

Spezifische Wärme und Dichte bei Zimmertemperatur.

Substanz	Modifikationen	Spez. Gewicht	Temperatur in Celsiusgraden	Atomwärme C_p
Kohlenstoff...	Diamant	3,518	10,7	1,35
	Graphit	2,25	10,8	1,92
	Gaskohle	1,885	24—68	2,47
Bor......	kristallinisch	2,535	0—100	2,76
	amorph	2,45	0—100	3,37
Silicium....	kristallinisch	2,49	21	4,7
	amorph	2,35	21	6,05
Phosphor....	rot	2,296	0—51	5,66
	gelb	1,828	13—36	6,12
Schwefel....	rhombisch	2,06	0—54	5,54
	monoklin	1,96	0—52	5,80
	amorph unlöslich	1,80	0—53	6,10
	amorph löslich	1,86	0—50	8,0
Arsen......	grau	5,87	0—100	6,16
	schwarz	4,78	0—100	6,46
Selen......	kristallinisch	4,8	22—62	6,65
	amorph	4,3	21—57	8,9
Tellur......	kristallinisch	6,3	15—100	6,16
	amorph	6,0	15—100	6,70
Zinn......	weiß	7,30	0—21	6,45
	grau	5,85	0—18	7,0

Ebenso führt die zwangsweise Verringerung des Atomvolumens durch Kompression zu einer Verminderung der spezifischen Wärme.

Obwohl nun das Gesetz von der Konstanz und Additivität der Atomwärmen in nur sehr grober Annäherung gilt, hat es sich doch in manchen Gebieten der Chemie als sehr fruchtbringend erwiesen, z. B. für Atomgewichtsbestimmungen. Die chemische Analyse liefert nur die Äquivalentgewichte. So wurde z. B. aus der Analyse des Indiumchlorids gefolgert, daß sich je 38,3 Teile Indium mit je 35,5 Teilen Chlor verbinden, und daß daher das Atomgewicht des Indiums 38,3 oder ein ganzzahliges Vielfaches dieser Zahl ist. Nach dem DULONG-PETITschen Gesetz ist das Atomgewicht n 38,3 etwa gleich $6{,}4/c_p$. Dieser Bedingung wird, da c zu 0,061 gefunden wurde, am besten genügt, wenn $n = 3$ und daher das Atomgewicht des Indiums gleich 115 ist. Mithin gehört das Indium in die dritte Gruppe des periodischen Systems, und diese Forderung steht mit dem übrigen Verhalten dieses Elementes im besten Einklang. Anstatt die spezifische Wärme des Metalls selbst zu benutzen, hätte man auch die des Chlorindiums zu dieser Feststellung benutzen können; dann hätte man das NEUMANNsche Gesetz von der Additivität der Atomwärmen benutzt. Man wird bei derartigen Be-

---

[1] Ann. Physik (4) Bd. 22, S. 64, 1906.

stimmungen die spezifische Wärme bei verschiedenen Temperaturen untersuchen und nach dem oben Gesagten sie nur dann zur Atomgewichtsbestimmung benutzen, wenn sie keinen zu großen Gang mit der Temperatur zeigt.

Zur Untersuchung der spezifischen Wärme bei tiefen Temperaturen[1] wird die folgende Methode benutzt: Der zu untersuchende Stoff wird innerhalb eines Vakuumgefäßes mit einem geeigneten Temperaturbade, z. B. flüssigem Wasserstoff oder flüssiger Luft, umgeben und dann durch einen bekannten elektrischen Strom erwärmt. Der Heizdraht kann gleichzeitig als Widerstandsthermometer dienen. Da stets nur kleine Temperaturerhöhungen erzielt werden, ergeben sich unmittelbar die wahren spezifischen Wärmen. Bei dieser Anordnung ist die tiefste erreichbare Temperatur durch die des Außenbades gegeben, die sich durch einen mit Gas gefüllten Raum dem Kalorimeter übertragen muß, was bei den untersten Temperaturen sehr lange dauert. SIMON und LANGE[2] haben nun eine Methode angegeben, wie man verhältnismäßig einfach mit flüssigem Wasserstoff als Außenbad Temperaturen bis zu 9 Grad absolut erzeugen kann. Sie kondensieren zunächst (durch Abpumpen und dadurch hervorgerufene Abkühlung des Bades) Wasserstoff in ihr Kalorimetergefäß zu der zu untersuchenden Substanz und kühlen dies dann durch Abpumpen des Wasserstoffs, der dabei fest wird, bis auf 0,4 mm Druck, was einer Temperatur von 9 Grad entspricht. Die Zuführung der Energie geschieht wiederum auf elektrischem Wege durch einen Konstantanwiderstand. Die Temperatur wird durch den Dampfdruck des im Gefäß befindlichen Wasserstoffes bestimmt. Nach Beendigung des Versuches wird der Wasserstoff verdampft und seine Menge bestimmt, um bei der Berechnung den auf die spezifische Wärme des Wasserstoffs fallenden Anteil berücksichtigen zu können. Wo flüssiges Helium zur Verfügung steht, lassen sich noch wesentlich tiefere Temperaturen erreichen.

Spezifische Wärme der Flüssigkeiten.

Für Flüssigkeiten sind bisher nur wenige Gesetzmäßigkeiten der Molwärme gefunden worden und kein Anhalt für eine theoretische Deutung ihres Verlaufes. Aus der Erfahrung läßt sich nur sagen, daß im allgemeinen die Molwärme mit der Temperatur zunimmt; nur dicht oberhalb des Schmelzpunktes zeigt sich manchmal zunächst eine Abnahme, so daß die spezifische Wärme ein Minimum durchläuft.

Rechnet man die gemessenen C_p-Werte ebenso wie beim festen Körper in C_v um, so findet man, daß sich $C_{v,\,\text{fest}}$ und $C_{v,\,\text{fl}}$ am Schmelzpunkt meist nicht sehr viel von-

Molwärmen
von Flüssigkeiten.

T	Wasser	Quecksilber
273	(18,106)	6,718
283	18,039	6,698
293	17,998	6,678
303	17,978	6,662
313	17,982	6,646
323	18,009	6,630
333	18,03	6,618
343	18,06	6,606
353	18,10	6,596
433		6,612
493		6,624
533		6,660

[1] Vgl. NERNST, Die theoretischen und experimentellen Grundlagen des neuen Wärmesatzes.
[2] Z. f. Phys. Bd. 15, S. 312, 1923.

einander unterscheiden; $C_{p,\,\text{fl}}$ ist dagegen wesentlich größer als $C_{p,\,\text{fest}}$. Sehr erschwert wird die theoretische Erfassung der spezifischen Wärmen dadurch, daß die Flüssigkeit in sonst nicht zu kontrollierendem, mit der Temperatur wechselndem Maße assoziiert sein kann und die auftretende Dissoziationswärme in der spezifischen Wärme mitgemessen wird.

Die spezifische Wärme von Flüssigkeitsgemengen setzt sich häufig additiv aus den Wärmekapazitäten der Komponenten zusammen, weicht aber oft von dem nach der Mischungsregel berechneten Wert nicht unerheblich ab, und zwar ist sie stets größer als man erwarten müßte. Ein normales Verhalten zeigen die Gemenge von sich chemisch nahestehenden Flüssigkeiten, wie Äthyl- und Methylalkohol, Chloroform-Schwefelkohlenstoff; starke Abweichungen dagegen Gemische von Wasser mit Alkoholen, oder Alkoholen mit anderen organischen Flüssigkeiten. Es ist bemerkenswert, daß diese Flüssigkeiten sich unter Wärmeentwicklung vermischen, ein Zeichen dafür, daß gleichzeitig eine chemische Bindung eintritt. Dies ist wohl als Ursache für die Änderung der Wärmekapazität aufzufassen; denn es zeigt sich allgemein bei flüssigen chemischen Verbindungen, daß ihre Wärmekapazitäten sich nicht additiv aus denen der Komponenten zusammensetzen. Die bei festen Stoffen gefundenen Regelmäßigkeiten sind bei Flüssigkeiten auch nicht angenähert erfüllt.

Die spezifische Wärme von wäßrigen Lösungen ist stets beträchtlich kleiner als die Mischungsregel verlangt. Die Abnahme der spezifischen Wärme bei der Auflösung ist häufig so groß, daß die Wärmekapazität der Lösung sogar kleiner ist als die des zur Auflösung benutzten Wassers. Im Gegensatz zu den obenerwähnten Flüssigkeitsgemischen bilden sich die wäßrigen Lösungen unter Wärmeabsorption. Es scheint demnach ein Zusammenhang zwischen der Änderung der Wärmekapazität und der bei der Mischung eintretenden Wärmetönung, wenigstens was das Vorzeichen anbetrifft, zu bestehen. Für nicht zu konzentrierte wäßrige Lösungen kann man die Näherungsregel aussprechen, daß ihre spezifische Wärme gleich der des zur Lösung benutzten Wassers ist. Die spezifische Wärme und auch die Volumausdehnung der wäßrigen Lösungen erinnern in ihrem Verhalten an das von reinem Wasser unter hohem Druck[1].

Drittes Kapitel.

Die Äquivalenz von Wärme und Arbeit. Der erste Hauptsatz der Thermodynamik.

1. Die erste Berechnung des Wärmeäquivalentes durch J. R. Mayer.

Die im vorigen Kapitel verzeichneten Versuche zeigen, daß bei Gasen die spezifische Wärme bei konstantem Druck c_p größer ist als die spezifische Wärme bei konstantem Volumen c_v, oder mit anderen Worten,

---

[1] Tammann: Die Beziehungen zwischen den inneren Kräften und Eigenschaften der Lösungen. Hamburg 1907.

daß zur Erwärmung eines Gases um 1^0 C mehr Wärme erforderlich ist, wenn sich das Gas bei gleichbleibendem äußeren Druck während der Erwärmung ausdehnt, als wenn sein Volumen konstant gehalten wird. Dieser größere Wärmeverbrauch wird, wie zuerst J. R. MAYER 1842 klar erkannt hat, dadurch bedingt, daß bei der Ausdehnung gegen den äußeren Druck Arbeit geleistet wird; die Erzeugung der Arbeit ist an die Aufnahme einer Wärmemenge geknüpft.

Die umgekehrte Erscheinung, die Erzeugung von Wärme durch die Aufwendung von Arbeit, war schon seit Beginn des 19. Jahrhunderts bekannt. Die beim Drehen von Metallspänen beobachtete Erwärmung hatte man sich früher, geleitet von der Anschauung, daß die Menge des Wärmestoffes in der Natur konstant sei, durch eine Verminderung der spezifischen Wärme der abgedrehten Metallteile zu erklären versucht. Graf RUMFORD zeigte jedoch durch seine großzügig angelegten Versuche, daß die beim Bohren von Kanonenrohren erzeugte Temperaturerhöhung keinesfalls durch eine Abnahme der spezifischen Wärme des gebohrten Metalls erklärt werden könne. Er sprach es als erster im Jahre 1798 scharf aus, daß die Bewegung des durch Pferde angetriebenen Bohrers die ausreichende Ursache für die erzeugte Temperaturerhöhung ist.

Die gleiche historische Bedeutung kommt einem Versuch von DAVY zu. Der genannte Forscher rieb in einem abgekühlten Raum zwei Eisstücke aneinander und beobachtete ein Schmelzen des Eises. Die hierzu verbrauchte Schmelzwärme konnte nur durch die bei der Reibung aufgewendete Arbeit erzeugt sein. Zu dem gleichen Resultat führen die seit Jahrhunderten gemachten Beobachtungen über die Temperatursteigerung der Handflächen beim Aneinanderreiben, das Feuerzünden durch Reiben von Holz an Holz oder Stahl an Stein usw.; doch wurde diesen Tatsachen in der Wissenschaft nur wenig Beachtung geschenkt, bis im Jahre 1842 der schwäbische Arzt JULIUS ROBERT MAYER den Satz von der *Äquivalenz von Wärme und Arbeit* aussprach. Dieser Satz besagt: die entstehende Wärmemenge ist der aufgewendeten Arbeit proportional, und umgekehrt ist die aus Wärme erzeugte Arbeit mit der verschwundenen Wärme durch den gleichen Proportionalitätsfaktor verknüpft. Verwendet man also zum Bohren eines Kanonenrohres eine Arbeit A und gewinnt hierbei eine Wärmemenge Q Kalorien, so liefert die Arbeit $n \cdot A$ die Wärme $n \cdot Q$ Kalorien. Das konstante Verhältnis $\frac{A}{Q} = J$ wird das mechanische Äquivalent der Wärme genannt; sein Zahlenwert bleibt unverändert, auf welchem Wege man auch die Wärme aus Arbeit erzeugt, ob man sie beim Bohren von Metallen, durch Reibung fester oder flüssiger Körper usw. gewinnt. Gelingt es umgekehrt, Wärme in Arbeit zu verwandeln, so ist das Verhältnis der erzeugten Arbeit zur verschwundenen Wärme wieder unter allen Umständen gleich J.

Die Anregung zu dieser grundlegenden Entdeckung erhielt MAYER auf einer Reise in die Tropen. Bei Aderlässen, die er auf Java vornehmen mußte, fiel ihm die dem arteriellen Blut ähnliche intensive

Röte des venösen Blutes auf. Der verminderten Wärmeabgabe nach außen entspricht also eine geringere Verbrennung im Organismus. Da aber die mechanische Arbeitsleistung des Menschen in den Tropen wie in dem kälteren Klima etwa die gleiche ist, so scheint diese konstante Arbeitsleistung auch eine konstante Wärmemenge zu verbrauchen. Dieses qualitative Ergebnis erweiterte MAYER intuitiv zu dem oben ausgesprochenen quantitativen Gesetz und lehrte gleichzeitig den zur damaligen Zeit einzig möglichen Weg, den Zahlenwert des mechanischen Wärmeäquivalents J aus bekannten Daten zu berechnen.

Ehe wir zur Durchführung dieser Berechnung übergehen, müssen wir jedoch eine Erläuterung des Begriffes und der Messung der mechanischen Arbeit geben.

Die mechanische Arbeit ist definiert als das Produkt einer Kraft mit dem Wege, auf welchem die Kraft wirkt. Zum Heben eines Gewichtes P um die Höhe h muß also die Arbeit $P \cdot h$ aufgewendet werden, und umgekehrt leistet das Gewicht P beim Herabfallen um h die gleiche Arbeit $P \cdot h$. Zum Heben eines Gewichtes von 1 kg-Gewicht um 10 m ist also dieselbe Arbeit erforderlich wie zum Heben von 10 kg-Gewicht um 1 m. Die Einheit der Kraft ist im sog. technischen Maßsystem das Gewicht von 1 kg, die Einheit der Länge 1 m; demnach wird die Einheit der Arbeit als 1 Kilogrammeter (mkg-Gewicht) bezeichnet. Im sog. absoluten Maßsystem gilt als Einheit der Kraft die Dyne, d. h. diejenige Kraft, die der Einheit der Masse ($=$ Masse von 1 cm³ Wasser von 4° C $=$ 1 g) die Beschleunigung 1 cm sec^{-2} erteilt. Als Einheit des Weges gilt 1 cm; also ist die Einheit der Arbeit, ein „Erg", gleich 1 Dyne mal 1 cm $=$ 1 g cm² sec^{-2} [1]. Die Beziehung zwischen 1 mkg-Gewicht und 1 erg wird durch folgende Überlegung gegeben. Die Kraft, mit der 1 kg von der Erde angezogen wird, gibt der Masse 1000 g die Beschleunigung 981 cm² [2]. Also ist diese Kraft gleich 981 000 dyn. Mithin ist:

$$1 \text{ mkg-Gewicht} = 98\,100\,000 \text{ erg.}$$

Die Berechnung des mechanischen Wärmeäquivalents durch MAYER fußt auf dem Unterschiede der spezifischen Wärme c_p und c_v von Luft. Man denke sich die Masseneinheit Luft (1 g) in ein Gefäß eingeschlossen, das durch einen beweglichen Stempel verschlossen ist (Abb. 19). Erwärmt man den Inhalt des Gefäßes bei festgehaltenem Stempel um 1°, so muß man ihm die Wärme c_v zuführen; erwärmt man ihn dagegen um 1°, während auf dem Stempel nur der Druck p der Atmosphäre lastet, so verbraucht man die größere Wärme c_p und gleichzeitig wird der Stempel durch die Wärmeausdehnung des Gases unter Zurückdrängung der äußeren Atmosphäre sich um die Strecke $\varDelta s$ verschieben. Die Differenz der Wärmemengen $c_p - c_v$ ist nach MAYER der hierbei geleisteten Arbeit A proportional, mithin:

$$A = J\,(c_p - c_v).$$

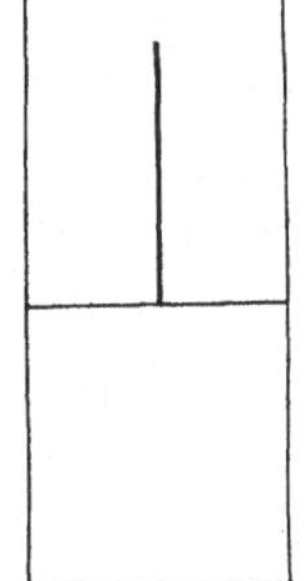

Abb. 19. Zur Berechnung des mechanischen Wärmeäquivalentes.

____

[1] 10⁷ erg sind gleich 1 joule und dies wiederum gleich 1 Volt-Ampere-Sekunde.

[2] Erdbeschleunigung in Mitteldeutschland.

Die bei der Bewegung des Stempels um $\varDelta s$ überwundene Kraft ist gleich dem Produkt der Oberfläche o des Stempels und des auf ihm lastenden Druckes, da der Druck als die auf die Flächeneinheit wirkende Kraft definiert ist. Mithin ist:

$$A = p \cdot o \cdot \varDelta s = p \cdot \varDelta v,$$

wenn man das Volumen, um das sich das Gas bei Erwärmung um 1^0 ausdehnt, mit $\varDelta v$ bezeichnet. Dasselbe ist nach dem Gesetz von GAY LUSSAC der 273. Teil des Volumens, das die Masseneinheit Luft bei 0^0 C einnimmt (770 cm^3)

$$\varDelta v = \frac{770}{273} = 2,8 \text{ cm}^3 \text{ (wenn } p = 1 \text{ atm ist)}.$$

Der Druck p einer Atmosphäre ist gleich dem Gewicht einer Quecksilbersäule von 76 cm Höhe und 1 cm² Querschnitt, also $p = 76 \cdot 13,6$ $= 1033$ g-Gewicht $= 1,033$ kg-Gewicht, mithin:

$$A = \frac{1,033 \cdot 2,8}{100} = 0,029 \text{ mkg-Gewicht}.$$

Nach den Messungen, die zu MAYERS Zeit vorlagen, war für Luft $c_p = 0,267$ und $c_v = 0,1875$ cal, also:

$$J = \frac{0,029}{0,079} = 0,367 \, \frac{\text{mkg-Gewicht}}{\text{cal}}.$$

Die Wärmemenge, die 1 g Wasser um 1^0 erwärmt, vermag also in Arbeit verwandelt ein Gewicht von 0,367 kg um 1 m zu heben.

Nach neueren Messungen ist $c_p - c_v = 0,068$ cal und $A = 0,0290$ mkg-Gewicht, also

$$J = \frac{0,0290}{0,068} = 0,427 \, \frac{\text{mkg-Gewicht}}{\text{cal}}.$$

Die technische Wärmeeinheit ist eine „große" Kalorie (abgekürzt kcal), d. h. diejenige Wärmemenge, die 1 kg Wasser um 1^0 erwärmt; sie vermag daher eine Arbeit von 367 bzw. 427 mkg-Gewicht zu leisten.

Die MAYERsche Berechnung kann nicht als Beweis des Gesetzes von der Äquivalenz von Arbeit und Wärme angesehen werden, sondern nur als Konsequenz desselben. Die Allgemeingültigkeit dieses Satzes kann nur nach zwei Methoden erwiesen werden, nämlich erstens durch die direkte experimentelle Prüfung, ob der Zahlenwert des mechanischen Wärmeäquivalents tatsächlich von dem Wege, auf dem die Arbeit in Wärme oder umgekehrt verwandelt wird, unabhängig ist, oder zweitens durch den Nachweis, daß dieser Satz nur die notwendige Folge einer allgemein anerkannten Erfahrung ist. Beide Wege sind auch gleichzeitig und unabhängig voneinander mit Erfolg beschritten worden, und zwar der erste vornehmlich durch JOULE, der zweite durch HELMHOLTZ.

2. Die experimentelle Bestätigung des Äquivalenzgesetzes.

James Prescott Joule hat etwa gleichzeitig mit Mayer die große Bedeutung und die Allgemeingültigkeit des Äquivalenzgesetzes erkannt und es durch eine Reihe sehr sorgfältiger und sinnreicher Versuche bewiesen. Er erzeugte auf die verschiedenste Weise Wärme aus Arbeit und bestimmte ihren Äquivalenzwert. Die wichtigsten seiner Versuche sind die folgenden:

1. Ein Gefäß, in dem Luft bis auf 22 atm komprimiert werden kann, wird in ein Wasserkalorimeter gebracht. Die zur Kompression aufgewendete Arbeit kann aus dem Anfangs- und Enddruck sowie dem Anfangs- und Endvolumen berechnet werden, wenn das Kalorimeter so groß gewählt ist, daß die Temperaturerhöhung klein ist. Die Arbeit setzt sich vollkommen in Wärme um, die sich dem Kalorimeter mitteilt. Der Versuch ergab im Mittel nach Umrechnung für eine große Kalorie $J = 436{,}1$ mkg-Gew./kcal.

Derselbe Versuch in umgekehrter Richtung demonstriert die Verwandlung von Wärme in Arbeit. Die Ausdehnung des vorher komprimierten Gases entzieht dem Kalorimeter Wärme und erniedrigt seine Temperatur. Drei Versuche ergaben für J die Werte 449,8, 446,5, 416,8 mkg-Gew./kcal.

2. Bei der Bewegung von Schaufelrädern in einer Flüssigkeit wird die zum Treiben der Räder aufgewendete Arbeit durch Reibung in der Flüssigkeit in Wärme verwandelt. Die Arbeit wird durch das Sinken eines Gewichtes gemessen, das mittels eines Schnurlaufes und einer Rolle das Schaufelrad treibt. Bei der Reibung in Wasser fand Joule $J = 424{,}30$, bei der Reibung in Quecksilber in einer ersten Versuchsreihe im Mittel 424,37 und in einer zweiten Reihe 425,77 mkg-Gew./kcal.

3. Ein gußeisernes Rad bewegte sich mit Reibung gegen ein gußeisernes konzentrisches Rad; das ganze System befand sich unter Quecksilber, das daher als Kalorimeterflüssigkeit diente. Joule erhielt hierbei die Werte $426{,}14$ und $425{,}00$ mkg-Gew./kcal.

4. Beim Pressen von Wasser durch enge Öffnungen oder Kapillaren wird Arbeit ebenfalls durch Reibung in Wärme verwandelt. Joule ließ einen mit kleinen Öffnungen versehenen Stempel in einem großen Gefäß mit Wasser arbeiten und bestimmte hierbei $J = 424{,}6$ mkg-Gew./kcal.

5. Ein mit einer Drahtspule bewickelter Eisenkern rotiert innerhalb eines Kalorimeters zwischen den Polen eines Hufeisenmagneten. Hierbei werden in dem Draht elektrische Ströme induziert, die ihrerseits wieder in dem Draht infolge seines elektrischen Widerstandes Wärme erzeugen. Die Umwandlung von Arbeit in Wärme ist eine indirekte, sie erfolgt auf dem Umwege über den elektrischen Strom. Als Mittelwert erhielt Joule für das mechanische Wärmeäquivalent $J = 459{,}62$ mkg-Gew./kcal.

6. Ähnliche Versuche wurden etwas später von Hirn angestellt, der die durch Stoß erzeugte Wärme bestimmte. Zwischen einen eisernen Widder und einen Steinblock wurde ein kleines, mit Wasser gefülltes

Hohlgefäß aus Blei gebracht, das mit einem Thermometer versehen war. Beim Stoß des Widders wurde der Steinblock verrückt, aber um weniger als der Stoßkraft entsprach; gleichzeitig wurde eine Erwärmung des Bleigefäßes mit Inhalt beobachtet. Aus der Differenz zwischen der Stoßkraft und dem Ausweichen des Steinblocks berechnete HIRN das Wärmeäquivalent $J = 425{,}2$ mkg-Gew./kcal.

7. HIRN stellte ferner einen sehr wichtigen Versuch zur Berechnung der aus Wärme erzeugten Arbeit an. Er bestimmte die Arbeit, die eine Dampfmaschine zu leisten vermag, und setzte sie gleich der Differenz der im Kessel zugeführten und im Kondensator abgegebenen Wärmemengen. Als Mittel der Versuche von HIRN hat CLAUSIUS später den Wert $J = 413$ mkg-Gew./kcal berechnet.

Alle diese Versuche zeigen nur, daß bei der Verwandlung von Arbeit in Wärme und umgekehrt *ungefähr* das gleiche Äquivalenzverhältnis gefunden wurde. Die einzelnen Versuche weisen noch Abweichungen voneinander auf, die viel zu groß sind, als daß man das Gesetz von der genauen Äquivalenz schon als bewiesen betrachten könnte. Es wäre vielmehr immerhin noch möglich, daß die die Wärmeeinheit liefernde Arbeit unter verschiedenen Umständen doch in geringem Grade von der die Wärme erzeugenden Methode abhängig ist. Es erwies sich daher als notwendig, die Genauigkeit der oben angegebenen Versuche nach Möglichkeit zu steigern und zu untersuchen, ob die anfänglich gefundenen Differenzen auf Versuchsfehler zurückzuführen sind oder ob ihnen eine tatsächliche Bedeutung zukommt.

Es sind daher in den letzten Jahrzehnten eine Reihe sehr sorgfältiger Präzisionsmessungen des mechanischen Wärmeäquivalents vorgenommen worden. Die benutzten Methoden sind im Prinzip die gleichen, die JOULE angegeben, und unterscheiden sich von diesen nur durch Verfeinerung der experimentellen Hilfsmittel. Die bisher vorliegenden Präzisionsmessungen beruhen alle entweder auf der Erzeugung von Wärme durch Reibung oder durch den elektrischen Strom. Die Resultate sind in folgender Tabelle enthalten, und zwar bedeuten die Zahlen der Spalte 3 die Ergs, die einer kleinen 15^0-Kalorie äquivalent sind:

Bestimmungen des mechanischen Wärmeäquivalents.

Name des Forschers	Methode	J
ROWLAND	Reibung in Wasser	$4{,}187 \cdot 10^7$
MICULESCU	do.	$4{,}183 \cdot 10^7$
RISPAIL	do.	$4{,}173 \cdot 10^7$
GRIFFITHS	Erzeugung von Wärme durch den elektrischen Strom	$4{,}192 \cdot 10^7$
SCHUSTER u. GANNON	do.	$4{,}191 \cdot 10^7$
CALLENDAR-BARNES	do.	$4{,}187 \cdot 10^7$
BOUSFIELD	do.	$4{,}179 \cdot 10^7$
JAEGER u. v. STEINWEHR . .	do.	$4{,}186 \cdot 10^7$

Als wahrscheinlichster Wert von J wird $J = 4{,}186 \cdot 10^7$ erg/cal gegeben. Will man diesen Wert in Kilogrammetern und großen Kalorien angeben, so muß man die geographische Breite kennen, für die man die

Umrechnung ausführen will, weil die Gravitationskonstante g ja von dieser abhängt. Für Berlin gilt $g = 981{,}23$ also

$$J = \frac{4{,}186 \cdot 10^7}{981{,}23 \cdot 100} = 426{,}6 \, \frac{\text{mkg-Gew.}}{\text{kcal}} \, .$$

3. Der Beweis von Helmholtz. Das Gesetz von der Erhaltung der Energie.

Helmholtz hat im Jahre 1847 eine Schrift veröffentlicht unter dem Titel „Über die Erhaltung der Kraft"[1]. Jahrhundertelang hatte man sich vergeblich bemüht, ein Perpetuum mobile zu konstruieren, d. h. eine Maschine zu erfinden, die dauernd nutzbringende Arbeit leistet, ohne irgendwelchen Aufwand von Mühe und Kosten zu ihrem Betrieb zu erfordern. Die Unmöglichkeit dieses Perpetuum mobile war in der wissenschaftlichen Welt so anerkannt, daß die Pariser Akademie der Wissenschaften schon im 18. Jahrhundert beschloß, angebliche Lösungen dieses Problems ebensowenig zu prüfen wie z. B. die Versuche zur Quadratur des Kreises.

Helmholtz erkannte den Zusammenhang dieser Erfahrungen mit der gegenseitigen Umwandlungsfähigkeit von Wärme und Arbeit. Wenn nämlich der mechanische Äquivalenzwert der Wärme nicht immer der gleiche wäre, sondern wenn es z. B. gelingen würde, bei der Umwandlung von Arbeit durch Reibung in Wärme mehr Wärme zu erzeugen als zur Schaffung dieser Arbeit in der Dampfmaschine erforderlich wäre, so würde die Kuppelung dieser beiden Vorgänge eine Maschine ergeben, die dauernd Wärme aus nichts erzeugt, da ja die Summe der aufgewendeten und erzeugten Arbeit Null wäre. Diese aus nichts gewonnene Wärme könnte wieder in Arbeit verwandelt werden, und der Traum der mittelalterlichen Forscher, die Erzeugung von Arbeit aus nichts, wäre erfüllt. Die Unmöglichkeit dieses Perpetuum mobile zwingt also notwendig zu dem Schluß, daß bei der Erzeugung von Wärme durch Arbeit oder umgekehrt die entstehenden und verschwindenden Arbeits- und Wärmemengen einander genau proportional sind oder mit anderen Worten, daß Wärme und Arbeit einander äquivalent sind.

Helmholtz nannte dem Sprachgebrauch folgend das, was mechanische Arbeit zu erzeugen vermag, „Kraft". Mithin ist auch die Wärme als eine Kraft aufzufassen und ebenso alle die Dinge, die sich in Wärme oder direkt in Arbeit umwandeln lassen, also Elektrizität und Licht. Da nun Arbeit nicht aus nichts geschaffen werden kann, so bleibt bei allen Naturvorgängen die Gesamtsumme der vorhandenen Kraft erhalten. Um eine Verwechslung mit dem in der Mechanik gebräuchlichen Begriff der Kraft (Kraft = Masse $\times$ Beschleunigung) zu verhüten, bezeichnete man später diese unveränderliche Arbeitsfähigkeit

---

[1] Ostwalds Klassiker der exakten Wissenschaften, Nr. 1.

mit „Energie"[1] und spricht nunmehr die durch die Unmöglichkeit des Perpetuum mobile gewonnene Erfahrung in dem Satz aus: *Bei allen in einem abgeschlossenen System verlaufenden Vorgängen bleibt die Energie des Systems konstant.* Dieses Gesetz von der Erhaltung der Energie, das auch als *erster Hauptsatz der Thermodynamik* oder kurz als „Energiegesetz" bezeichnet wird, ist eines der allgemeinsten Naturgesetze, die wir kennen.

Da man auch mit Hilfe elektrischer Ströme oder durch Bestrahlung mit Licht oder anderen Strahlen (Röntgenstrahlen usw.), ferner auch durch chemische Reaktionen Wärme oder Arbeit erzeugen kann, so spricht man von thermischer Energie, mechanischer Energie, elektrischer, strahlender und chemischer Energie. Alle diese verschiedenen Energieformen lassen sich nach bestimmten Äquivalenzverhältnissen ineinander umwandeln, doch nimmt die Wärmeenergie unter ihnen eine Sonderstellung ein. Es ist nämlich unter allen Umständen möglich, jede der genannten Energien in beliebiger Menge in die äquivalente Wärme umzuwandeln, während die Erzeugung der anderen Energien aus Wärme an ganz bestimmte Bedingungen geknüpft ist (vgl. z. B. Kap. 5).

Aus dem Bedürfnis nach einer einheitlichen Naturauffassung entspringt der Wunsch, die uns in der Natur entgegentretenden verschiedenen Qualitäten (Bewegung, Wärme, Licht usw.) auf quantitative Unterschiede zurückzuführen, und dieses Bestreben hat durch das Energiegesetz eine mächtige Förderung erhalten. Wenn nämlich diese Qualitäten sich nach bestimmten quantitativen Verhältnissen ineinander umwandeln lassen, so werden sie ihrem Wesen nach nicht verschieden sein, sondern können als nur quantitativ verschiedene Formen einer und derselben Ursache aufgefaßt werden. Zunächst schien kein Zweifel darüber zu herrschen, daß als gemeinsame Ursache der verschiedenen Energieäußerungen nur die mechanische Bewegung aufgefaßt werden kann. Der thermische, elektrische, leuchtende Zustand eines Körpers ist dann je durch einen besonderen Bewegungszustand seiner kleinsten Teilchen bedingt; die Zuführung von Wärme, Elektrizität und Licht vermehrt deren kinetische oder potentielle Energie, die Abgabe vermindert sie. Da die neueren Forschungen gezeigt haben, daß auch ein völlig leerer Raum, wenn er einem elektromagnetischen Felde ausgesetzt bzw. von Licht- oder Wärmestrahlung durchsetzt ist, Energie besitzt, so muß die alte mechanistische Theorie ergänzt

---

[1] Das Wort Energie ist zuerst von Thomas Young (1807) benutzt worden. Von den vielen für diesen Begriff vorgeschlagenen Definitionen scheint die folgende, die von William Thomson (Lord Kelvin) 1851 herrührt und von M. Planck aufgenommen wurde, den Vorzug zu verdienen: „Als Energie (Fähigkeit, Arbeit zu leisten) eines materiellen Systems in einem bestimmten Zustand bezeichnen wir den in mechanischen Arbeitseinheiten gemessenen Betrag aller Wirkungen, welche außerhalb des Systems hervorgerufen werden, wenn dasselbe aus seinem Zustand auf beliebige Weise in einen nach Willkür fixierten Nullzustand übergeht." (Vgl. Planck: Das Prinzip der Erhaltung der Energie, Leipzig 1887, 2. Aufl. 1910. In derselben Schrift gibt Planck eine ausgezeichnete Darstellung des Energiegesetzes und seiner historischen Entwicklung.)

oder vollständig aufgegeben werden. Heutzutage ist man eher geneigt, alles Naturgeschehen auf elektrodynamischer Grundlage zu beschreiben. Aber auch hier stößt man auf scharfe Widersprüche.

Nach dem Energiegesetz ist die Energie eines Körpers oder eines Körpersystems in einem gewissen Zeitpunkt nur von seinem augenblicklichen Zustande abhängig, also von *seiner Temperatur, seinem Volumen, dem Druck, der Elektrisierung* usw. aber unabhängig von dem Wege und der Art und Weise, auf welche der Körper in diesen Zustand gelangt ist. Denn nur dann ist beim Übergange des Systems von einem Zustand I in einen Zustand II seine Energieänderung lediglich durch Anfangs- und Endzustand, nicht aber durch den Weg, auf dem die Zustandsänderung erfolgt, bedingt. Wäre dies nicht der Fall und gäbe es einen Weg von I zu II, auf welchem das System mehr Energie aufnimmt als auf einem anderen, so könnte man das System diesen zweiten Weg rückwärts von II zu I durchlaufen lassen und hätte es damit unter gleichzeitiger Vermehrung seines Energieinhaltes auf den Zustand I zurückgebracht. Die dauernde Wiederholung dieses Verfahrens würde uns in einem abgeschlossenen System beliebige Mengen Energie und damit mechanische Arbeit liefern und das Perpetuum mobile wäre konstruiert.

Die Energie E eines Körpers ist also, abgesehen von einer durch die Thermodynamik nicht bestimmbaren additiven Konstante E_0, die die Energie jenes willkürlich fixierten Nullzustandes mißt, eine eindeutige Funktion seiner Zustandsvariablen (Druck, Temperatur, Volumen usw.) also $E = f(p, T, v, \ldots) + E_0$, ebenso wie z. B. das Volumen eines Gases eine eindeutige Funktion von Druck und Temperatur ist. Ändern sich die Zustandsvariablen um die Größen dp, dT, dv usw., so ändert sich auch die Energie um einen Betrag dE, und zwar nennt man das Differential der eindeutigen Funktion E das vollständige Differential. Wie die Differentialrechnung lehrt, kann man das vollständige Differential dE einer Funktion E der Variablen x, y, z ... darstellen durch die Gleichung:

$$dE = \left(\frac{\partial E}{\partial x}\right)_{y,\,z,\,\ldots} dx + \left(\frac{\partial E}{\partial y}\right)_{x,\,z,\,\ldots} dy + \left(\frac{\partial E}{\partial z}\right)_{x,\,y,\,\ldots} dz + \ldots$$

Die Größen $\left(\dfrac{\partial E}{\partial x}\right)_{y,\,z\ldots}$ bedeuten die partiellen Differentialquotienten der Funktion E[1].

Schließt man mechanische, elektrische und magnetische Vorgänge aus und sieht von Oberflächenerscheinungen ab, so ist der Zustand eines homogenen Körpers durch sein Volumen, seine Temperatur und den Druck, unter dem er steht, definiert. Da diese drei Größen nicht unabhängig voneinander sind, sondern immer erfahrungsgemäß durch eine Zustandsgleichung (bei Gasen z. B. $pV = RT$) derart verknüpft

---

[1] Die partielle Ableitung der Funktion E nach x wird so gebildet, daß man E als Funktion der Variablen x allein betrachtet, während die übrigen Variablen y, z, ... wie Konstante behandelt werden; man differenziert dann E nach x nach den Regeln der gewöhnlichen Differentialrechnung.

sind, daß bei willkürlicher Wahl von zwei dieser Variablen der Wert der dritten bestimmt wird, so ist die Energie eines solchen Körpers, der also nur noch thermische Veränderungen und Ausdehnung oder Kompression erleiden kann, durch zwei Zustandsvariablen eindeutig bestimmt. Ob man als willkürliche Veränderliche p und T, oder p und v, oder v und T wählt, ist theoretisch gleichgültig. Man wird diese Wahl in jedem einzelnen Falle so treffen, daß die experimentelle Bestimmung der Variablen möglichst einfach wird. Bei der folgenden Darstellung, bei der wir uns zunächst auf Temperatur- und Volumenveränderungen beschränken, werden wir die Temperatur T und das Volumen v als unabhängige Variable wählen. Die Energie eines Körpers ist also dann gegeben durch die allgemeine Gleichung:

$$E = f\,(v,\,T) + E_0.$$

Führt man einem Körper die Wärme δQ zu, so kann sich seine Energie um eine Größe δE vermehren, und es kann gleichzeitig infolge der Ausdehnung gegen den äußeren Druck eine Arbeit δA geleistet werden. Nach dem Gesetz von der Erhaltung der Energie ergibt sich dann die Fundamentalgleichung:

$$\delta Q = \delta E + \delta A. \tag{1}$$

Bei einer endlichen Zustandsänderung vom Zustand I in den Zustand II geht (1) über in

$$\int_I^{II} \delta Q = \int_I^{II} \delta E + \int_I^{II} \delta A. \tag{2}$$

Von E wissen wir, daß es nur vom augenblicklichen Zustand abhängig ist, aber nicht von dem Wege, auf dem dieser Zustand erreicht wurde. Da man also δE durch dE ersetzen kann (unvollständiges Differential durch vollständiges), ist $\int_I^{II} \delta E = E_2 - E_1$.

Dasselbe gilt auch für die Differenz $\int_I^{II} \delta Q - \int_I^{II} \delta A$; wie sich jedoch dieser Wert auf die Summanden verteilt, ist von dem Wege, auf dem die Zustandsänderung vorgenommen wurde, abhängig. Wir können also (1) auch die Form geben:

$$dE = \delta Q - \delta A. \tag{1a}$$

Wir werden im folgenden einige wichtige Anwendungen dieser Gleichung betrachten.

Viertes Kapitel.

Anwendungen des ersten Hauptsatzes der Thermodynamik.

1. Anwendungen auf ideale Gase.

Versuch von Gay-Lussac. Benutzen wir T und v als unabhängige Variable, so gilt nach S. 63

$$dE = \left(\frac{\partial E}{\partial T}\right)_v dT + \left(\frac{\partial E}{\partial v}\right)_T dv .$$

In dem Abschnitt über die kinetische Gastheorie fanden wir, daß sich nach dieser Theorie für ein ideales Gas E lediglich als Funktion der Temperatur — nach dem Gay-Lussacschen Gesetz $E = \frac{3}{2} R T$ — ergibt, d. h. $\left(\frac{\partial E}{\partial v}\right)_T = 0$; der Energieinhalt eines idealen Gases ist unabhängig von dem Volumen, das es einnimmt. Die Fundamentalgleichung (1) erhält daher für ideale Gase folgende Form

$$\delta Q = \left(\frac{\partial E}{\partial T}\right)_v dT + \delta A . \tag{1 b}$$

Die physikalische Bedeutung des Temperaturkoeffizienten $\left(\frac{\partial E}{\partial T}\right)_v$ ergibt sich durch folgende Überlegung: $\left(\frac{\partial E}{\partial T}\right)_v$ ist die Wärmemenge, die das Gas aufnimmt, wenn es sich ohne Arbeitsleistung ($\delta A = 0$) um $1°$ erwärmt. Eine Arbeitsleistung tritt nicht ein, wenn die Erwärmung bei konstantem Volumen vor sich geht; also ist:

$$\left(\frac{\partial E}{\partial T}\right)_v = c_v ,$$

d. h. gleich der spezifischen Wärme bei konstantem Volumen; diese müßte daher pro Mol bei idealen Gasen $= \frac{3}{2} R$ und daher von der Temperatur unabhängig sein.

Nach den Erörterungen von S. 58 ist die bei der Ausdehnung eines Gases um das Volumen dv geleistete Arbeit $\delta A = P \cdot dv$; mithin geht Gleichung (1) für ideale Gase in die Gleichung:

$$\delta Q = c_v dT + P dv \tag{3}$$

über. Die Gleichung (3) läßt einige wichtige Schlußfolgerungen zu.

Den ältesten und wichtigsten Beweis für die Richtigkeit von Gleichung (3) bildet der Überströmungsversuch von Gay-Lussac. Läßt man ein Gas sich ausdehnen, ohne daß ihm Wärme zu- oder abgeführt wird, und ohne daß bei der Ausdehnung ein Druck überwunden wird, so wird δQ und $P dv$ gleich Null, es muß also auch $dT = 0$ sein, d. h. es darf keine Temperaturänderung eintreten. Dementsprechend beobachtete Gay-Lussac, daß beim Überströmen eines Gases in einen luftleeren Raum sich seine Temperatur nicht ändert. Dieses Ergebnis ist jedoch nur angenähert richtig, da ja die in der Natur vorkommenden Gase sich nicht ganz wie ideale Gase verhalten. JOULE und W. THOMSON beobachteten später bei sorgfältigen Messungen, daß auch bei der Ausdehnung ohne Arbeitsleistung eine geringe Temperaturänderung eintritt, und zwar bei Zimmertemperatur bei allen Gasen mit Ausnahme von Wasserstoff und Helium eine Temperaturerniedrigung, bei diesen eine kleine Temperaturerhöhung. Auf diesen sog. JOULE-THOMSON-Effekt werden wir später ausführlich zurückkommen[1].

Isotherme Vorgänge. Leitet man die Kompression oder Dilatation eines Gases so, daß seine Temperatur konstant bleibt, so verläuft die Volumenänderung „*isotherm*". Diese Bedingung kann experimentell dadurch realisiert werden, daß man das Gas bei der Volumenänderung mit einem Wärmebehälter von großer Wärmekapazität umgibt und die Volumenänderung so langsam vornimmt, daß das Gas infolge des Wärmezuflusses dauernd die konstante Temperatur der Umgebung behält. Dann wird $dT = 0$ und $\delta Q = P\,dv$. Die dem Gase zugeführte Wärme wird vollständig in Arbeit umgewandelt.

Die Gleichung $\delta Q = P\,dv$ nimmt bei der endlichen Volumenänderung von v_1 bis v_2 die Gestalt an:

$$Q = \int_{v_1}^{v_2} P\,dv\,.$$

Die Integration ist nur ausführbar, wenn P im ganzen Intervall v_1 bis v_2 als Funktion von v bekannt ist, d. h. wenn man für jeden zwischen v_1 und v_2 liegenden Wert von v den Druck kennt, der bei der Ausdehnung überwunden wird.

Wir wollen annehmen, daß dieser Druck in jedem Augenblick gleich dem Drucke p ist, der im Innern des Gases herrscht[2]. Dann ist:

$$p = \frac{RT}{V} = \frac{RT}{Mv}, \text{ also } Q = \int_{v_1}^{v_2} \frac{RT}{Mv}\,dv = \frac{RT}{M} \cdot \ln \frac{v_2}{v_1}\,. \tag{4}$$

---

[1] In den meisten Lehrbüchern wird die Ableitung der Gleichung (3) folgendermaßen gegeben. Aus dem Energiegesetz folgt:

$$\delta Q = dE + \delta A = \left(\frac{\partial E}{\partial T}\right)_v dT + \left(\frac{\partial E}{\partial v}\right)_T dv + p\,dv\,.$$

GAY LUSSAC hat durch seinen Überströmungsversuch bewiesen, daß die Energie eines Gases von seinem Volumen unabhängig ist, daß also $\left(\dfrac{\partial E}{\partial v}\right)_T = 0$ ist. Mithin ist $\delta Q = c_v\,dT + p\,dv$. Diese Ableitung ist auch die historisch ältere. Doch benutzt sie eine empirische Tatsache, die mit unseren übrigen Kenntnissen vom Verhalten der Gase zunächst in keinem begrifflichen Zusammenhang steht. Daher scheint mir der oben auf Grund der kinetischen Gastheorie gegebene Beweis, der durch den GAY-LUSSACschen Versuch seine Bestätigung findet, didaktisch den Vorzug zu verdienen. (SACKUR.)

[2] Praktisch muß man natürlich, um den Stempel verschieben zu können, einen Über- oder Unterdruck anwenden. Da aber für eine sehr langsame Verschiebung eine sehr kleine Druckdifferenz hierzu genügt, kann man, da die Zeit ja keine Rolle spielt, zur Grenze null übergehen, was formal einer unendlich großen Versuchsdauer entspricht.

Hierdurch gewinnen wir einen Ausdruck für die *maximale* Arbeit, die überhaupt bei der Ausdehnung eines Gases vom Volumen v_1 auf v_2 bei der konstanten Temperatur T geleistet werden kann; denn der Druck, der gleich dem Innendruck ist, ist der größte, gegen den eine Ausdehnung stattfinden kann. Ist der äußere Druck kleiner als der Innendruck, so ist auch die geleistete Arbeit kleiner als in diesem Grenzfalle. Wird ein Gas andererseits komprimiert, so ist die zur Kompression aufgewendete Arbeit ein Minimum, wenn Außen- und Innendruck einander gleich sind. In dem durch die Bedingung $p = \dfrac{RT}{Mv}$ charakterisierten Grenzfalle wird also die bei der Dilatation gewonnene Arbeit gleich der zur Kompresssion erforderlichen; die Volumenänderung kann rückgängig gemacht werden, ohne daß der Wärme- oder Arbeitsvorrat der Umgebung, d. h. ihr Energieinhalt, verändert wird. Einen solchen Vorgang, der ohne äußere Energiezufuhr vollständig rückgängig gemacht werden kann, nennt man einen *umkehrbaren* oder *reversiblen* Vorgang.

Für eine umkehrbare isotherme Volumenänderung eines idealen Gases gilt also die Gleichung:

$$Q = \frac{RT}{M} \ln \frac{v_2}{v_1} \,.$$

Da nach dem BOYLEschen Gesetz das Produkt von Druck und Volumen bei unveränderter Temperatur konstant ist, so ist $p_2\, v_2 = p_1\, v_1$ oder $\dfrac{v_2}{v_1} = \dfrac{p_1}{p_2}$, mithin auch:

$$Q = \frac{RT}{M} \ln \frac{p_1}{p_2} \,. \tag{4a}$$

Die zu- oder abgeführte Wärme wie die ihr gleiche gewonnene oder geleistete Arbeit sind also nur von dem Verhältnis von Anfangs- und Endvolumen, nicht aber von ihrem absoluten Werte abhängig. Zur isothermen Kompression einer Gasmenge von 1 auf 2 atm ist daher die gleiche Arbeit notwendig, wie zur Kompression derselben Gasmenge von 100 auf 200 atm.

Die rechnerische Verwertung der Gleichungen (4) und (4a) möge an folgendem Beispiel erläutert werden. Es soll die Wärme berechnet werden, die bei der Kompression von 1 l eines Gases bei 25° C von 1 auf 2 atm entwickelt wird.

Die zur Kompression eines Moles aufgewendete Arbeit ist

$$- A = - RT \ln \frac{p_1}{p_2} \,.$$

Sind in 1 l n Mole enthalten, so beträgt die Arbeit $- n\, RT \ln \dfrac{p_1}{p_2}$ $= n\, RT \ln 2$, wenn $p_1 = 1$ und $p_2 = 2$ atm ist. Ein Mol nimmt nach S. 27 bei 0° C und dem Drucke von 1 atm den Raum von 22,4 l, bei T also den Raum $\dfrac{22{,}4 \cdot T}{273}$, mithin bei 25° C den Raum von 24,4 l ein.

In 1 l sind bei dem Druck von 1 atm und $25\,^0$ C $n = \dfrac{1}{24,4}$ Mole vorhanden. Der Zahlenwert der Gaskonstante R hängt von dem Maßsystem ab, in dem man die Arbeit ausdrücken will. Im absoluten Maßsystem (bezogen auf die Einheit von Gramm, Zentimeter und Sekunde) wird R durch folgende Überlegung gewonnen: Der Druck, den 1 atm ausübt, ist gleich der Kraft, mit der eine Quecksilbersäule von 76 cm auf einen Quadratzentimeter drückt, also $p = 76 \times 13,6 \times 981$ g $\cdot$ cm^{-1} sec^{-2} [1*]. Da 1 Mol bei $0\,^0$ und diesem Druck den Raum von 22,4 l $= 22400$ cm^3 einnimmt, wird:

$$R = \frac{pV}{T} = \frac{76 \cdot 13,6 \cdot 981 \cdot 22400}{273} = 8,3 \cdot 10^7 \text{ erg} \cdot \text{grad}^{-1}\,[2*].$$

Mithin ist die zur Kompression des Liters von 1 auf 2 atm notwendige Arbeit bei $25\,^0$:

$$-A = -n\,RT \ln \frac{p_1}{p_2} = \frac{8,3 \cdot 10^7 \cdot (273 + 25)}{24,4} \ln 2$$

$$= \frac{8,3 \cdot 10^7 \cdot 298 \cdot 2,3\,[3*] \cdot 0,301}{24,4} = 7,0 \cdot 10^8 \text{ erg}.$$

Um die Wärmemenge, die dieser Arbeitsgröße äquivalent ist, in Kalorien zu erhalten, muß man diesen Wert durch den Wert des mechanischen Wärmeäquivalentes $J = 4,19 \cdot 10^7$ dividieren und erhält daher:

$$Q = \frac{7,0 \cdot 10^8}{4,19 \cdot 10^7} = 16,7 \text{ cal}.$$

Erwärmung bei konstantem Druck. Differenziert man die Gasgleichung $pV = RT$ nach T in der Annahme, daß der Druck p während der Temperaturerhöhung um dT konstant bleibt, so erhält man:

$$p\left(\frac{\partial V}{\partial T}\right)_p dT = R\,dT.$$

Aus (3) folgt dann pro Mol:

$$(\delta Q)_p = C_v\,dT + R\,dT$$

oder:

$$\left(\frac{\partial Q}{\partial T}\right)_p = C_v + R.$$

$\left(\dfrac{\partial Q}{\partial T}\right)_p$ ist die Molwärme des Gases bei konstantem Druck, also:

$$\left(\frac{\partial Q}{\partial T}\right)_p = C_p = C_v + R$$

oder:

$$C_p - C_v = R.$$

[1*] 13,6 ist das spezifische Gewicht des Quecksilbers, 981 die Gravitationskonstante, vgl. S. 27.

[2*] Genauer $= 8,313 \cdot 10^7$ erg/grad.

[3*] 2,3 ist der Modul des natürlichen Logarithmus, mit dem der dekadische Logarithmus multipliziert werden muß, um zum Werte des natürlichen zu führen.

Man erhält also den Satz, daß die Differenz der Molekularwärmen aller Gase konstant, und zwar gleich R ist. Nach S. 27 ist:

$$R = 8,3 \cdot 10^7 \text{ erg} \cdot \text{grad}^{-1} = \frac{8,313 \cdot 10^7}{4,186 \cdot 10^7} \text{ cal} \cdot \text{grad}^{-1}$$

$$= 1,986 \text{ cal} \cdot \text{grad}^{-1}.$$

Die Molekularwärme bei konstantem Druck ist daher bei allen Gasen, die sich dem Verhalten der idealen nähern, um rund 2 cal größer als die Molekularwärme bei konstantem Volumen.

$C_p - C_v$ für Gase.

Gas	C_p [1*]	C_v [1*]	$C_p - C_v$
H_2	6,82	4,87	1,95
N_2	6,83	4,98	1,85
O_2	6,96	4,98	1,98
CO_2	8,92	6,84	2,08

Eine ungefähre Bestätigung dieser Folgerung ergibt der Vergleich der Tabellen S. 39 und 43.

Adiabatische Vorgänge. Verhältnis der spezifischen Wärmen. Nimmt man die Volumenänderung des Gases in einer für Wärme undurchlässigen sog. „adiabatischen"[2] Hülle vor, so daß jeder Wärmeausgleich mit der Umgebung verhindert wird, so nimmt die Energie des Gases um die nach außen geleistete Arbeit ab. Wird das Gas dagegen durch Arbeitsleistung von außen komprimiert, so nimmt seine Energie entsprechend zu. Im ersteren Falle tritt eine Abkühlung, im letzteren eine Erwärmung des Gases ein. Der Betrag der Temperaturänderung läßt sich nach Gleichung (3) folgendermaßen berechnen:

Der adiabatische Vorgang ist charakterisiert durch die Bedingung:

$$\delta Q = 0.$$

Mithin wird:

$$- dE = - c_v dT = P dv.$$

Geht die Volumenänderung umkehrbar vor sich, d. h. sind in jedem Augenblick Außen- und Innendruck einander gleich, so ersetzen wir P durch p; dann ist:

$$p = \frac{RT}{V} = \frac{RT}{Mv}$$

mithin:

$$- c_v \, dT = \frac{RT}{Mv} dv$$

und:

$$- \frac{dT}{T} = \frac{R}{M} \frac{1}{c_v} \frac{dv}{v} = \frac{c_p - c_v}{c_v} \frac{dv}{v}.$$

Bezeichnet man das Verhältnis der spezifischen Wärmen $\dfrac{c_p}{c_v}$ mit k, so ergibt die Integration zwischen den Grenzen v_1 und v_2 und T_1 und T_2:

$$- \ln \frac{T_2}{T_1} = (k - 1) \ln \frac{v_2}{v_1}$$

oder:

$$T_1 v_1^{k-1} = T_2 v_2^{k-1}. \tag{5}$$

____

[1*] Bei Zimmertemperatur.　　　[2] Von ἀδιαβαίνω.

Wird also 1 Mol eines Gases durch Kompression oder Dilatation vom Volumen V_1 auf das Volumen V_2 gebracht, so ist die resultierende Temperatur T_2 mit der Anfangstemperatur T_1 und den Volumina V_1 und V_2 durch Gleichung (5) verknüpft.

Der Druck p_2, der sich bei dieser adiabatischen Volumenänderung einstellt, ist

$$p_2 = \frac{R\,T_2}{V_2},$$

ebenso ist

$$p_1 = \frac{R\,T_1}{V_1};$$

mithin ist nach Ersatz der Temperaturen in Gleichung (5) durch die Drucke:
$$p_1 v_1^k = p_2 v_2^k$$

oder
$$p_1 V_1^k = p_2 V_2^k. \tag{5a}$$

Schließlich kann man auch eine Gleichung zwischen den Temperatur- und Druckänderungen bei dem adiabatischen Vorgang ableiten. Es ist nämlich:

$$V_1 = \frac{R\,T_1}{p_1} \quad \text{und} \quad V_2 = \frac{R\,T_2}{p_2},$$

also:

$$p_1^{1-k}\,T_1^k = p_2^{1-k}\,T_2^k. \tag{5b}$$

Für einatomige Gase, die den S. 24 und 42 gemachten Voraussetzungen der kinetischen Gastheorie folgen, läßt sich der Wert von k unmittelbar berechnen. Es ist nämlich für diese Gase: $E - E_0 = \tfrac{3}{2}R\,T$, also:

$$C_v = \left(\frac{\partial E}{\partial T}\right)_v = \tfrac{3}{2}\,R.$$

Mithin ist:

$$\frac{R}{C_v} = \frac{C_p - C_v}{C_v} = k - 1 = \tfrac{2}{3}, \quad \text{also} \quad k = \tfrac{5}{3}.$$

Ehe wir dieses überraschend einfache Resultat der Theorie mit der Erfahrung vergleichen, sollen erst die direkten experimentellen Methoden zur Bestimmung von k kurz besprochen werden.

a) *Die Methode von* CLEMENT *und* DESORMES. Ein Gas im Zustande v_0, p_0, T_0 wird so rasch expandiert oder komprimiert, daß während und unmittelbar nach der Zustandsänderung der Wärmeausgleich mit der Umgebung vernachlässigt werden kann. Dann erfolgt die Zustandsänderung adiabatisch, und die den neuen Zustand charakterisierenden Größen v, p und T sind mit den Anfangsbedingungen v_0, p_0 und T_0 durch die Gleichungen (5) verknüpft. Wird das Gas dilatiert, so ist $v > v_0$, $p < p_0$ und $T < T_0$. Dann wartet man bei konstantem Volumen so lange, bis das Gas wieder die Anfangstemperatur, die gleichzeitig die Temperatur der Umgebung ist, angenommen und seinen

Druck entsprechend bis zum Werte p_1 verändert hat. War $T < T_0$, so ist demnach $p_1 > p$.

Für die erste adiabatische Zustandsänderung gilt:

$$p_0 v_0^k = p v^k .$$

Ferner ist, da am Schluß des Versuches die gleiche Temperatur T_0 herrscht wie am Anfang:

$$p_0 v_0 = p_1 v .$$

Mithin ist:

$$\frac{v^k}{v_0^k} = \frac{p_0}{p} = \left(\frac{p_0}{p_1}\right)^k$$

und

$$k = \frac{\lg \dfrac{p_0}{p}}{\lg \dfrac{p_0}{p_1}} .$$

Ist die Volumenänderung $v - v_0$ und sind demnach auch die Druckänderungen $p_0 - p$ und $p_0 - p_1$ klein, so kann man in erster Annäherung

$$\lg \frac{p_0}{p} = \frac{p_0 - p}{p_0} \quad \text{und} \quad \lg \frac{p_0}{p_1} = \frac{p_0 - p_1}{p_0}$$

setzen. Dann wird:

$$k = \frac{p_0 - p}{p_0 - p_1} .$$

b) Lummer *und* Pringsheim bestimmten direkt die Temperaturänderung $T_0 - T$, die bei der adiabatischen Volumenänderung eintritt. In einem großen Kupferkessel von 90 l Inhalt, der zur Erzielung einer konstanten Anfangstemperatur T_0 in ein großes Wasserbad gestellt war, herrscht ein Anfangsdruck p_0, der etwas größer als 1 atm ist.

Beim Öffnen des Kessels stellt sich sehr rasch auch im Innern Atmosphärendruck p ein, und die Temperatur sinkt auf T entsprechend der Gleichung:

$$p_0^{1-k} \cdot T_0^k = p^{1-k} \cdot T^k .$$

Daraus berechnet sich:

$$k = \frac{\lg \dfrac{p_0}{p}}{\lg \dfrac{p_0}{p} + \lg \dfrac{T}{T_0}}$$

und für $p = 1$

$$k = \frac{\lg p_0}{\lg p_0 + \lg T - \lg T_0} .$$

Die Temperaturen T_0 und T wurden sehr genau mit Hilfe eines im Innern des Kessels angebrachten Bolometers bestimmt.

c) *Die Bestimmung von k aus der Schallgeschwindigkeit.* Da bei der raschen Fortpflanzung von Longitudinalwellen (Schallwellen) in einem Gase abwechselnd Verdichtungen und Verdünnungen des Gases auftreten, die bei großer Fortpflanzungsgeschwindigkeit wegen der geringen Geschwindigkeit des Wärmeausgleichs als adiabatisch betrachtet werden können, so ist die Fortpflanzungsgeschwindigkeit des Schalles von dem Verhältnis der spezifischen Wärmen k abhängig. Nach LAPLACE gilt für die Fortpflanzungsgeschwindigkeit die Formel:

$$u = \sqrt{\frac{p}{d}\, k}\,.$$

p ist der Druck und d die Dichte des Gases. Die Fortpflanzungsgeschwindigkeit u ist mit der Wellenlänge λ und der Schwingungszahl ν durch die Gleichung $u = \nu \lambda$ verknüpft. Man kann also u bestimmen, indem man bei bekannter Wellenlänge die Schwingungszahl bestimmt oder indem man stehende Wellen bei konstanter Schwingungszahl erzeugt und diese mit Hilfe von Staubfiguren mißt. Den ersten Weg hat DULONG beschritten, den zweiten zuerst KUNDT und nach ihm viele andere Forscher, die den Zahlenwert für k für eine größere Reihe von Gasen nach dieser einfachen und genauen Methode bestimmt haben.

Die folgende Tabelle enthält eine Zusammenstellung der bisher bekannten Werte von k für einige Gase und Dämpfe.

Gas	k	Gas	k
Helium	1,67	Chlor	1,35
Argon	1,67	Brom	1,29
Quecksilber	1,67	Stickoxydul	1,28
Luft	1,40	Schwefeldioxyd	1,26
Sauerstoff	1,40	Schwefelwasserstoff	1,33
Stickstoff	1,40	Methan	1,32
Wasserstoff	1,41	Äthylen	1,24
Kohlenoxyd	1,40	Schwefelkohlenstoff	1,20
Stickoxyd	1,36	Chloroform	1,11
Chlorwasserstoff	1,40	Äthylalkohol	1,13
Jodwasserstoff	1,40	Benzol	1,11
Wasser	1,33	Äthyläther	1,06
Kohlendioxyd	1,30		

Wie die Tabelle lehrt, ist nur bei den einatomigen Edelgasen sowie bei dem ebenfalls einatomigen Quecksilberdampf, ferner bei einigen nicht in die Tabelle aufgenommenen Metalldämpfen $k = \frac{5}{3}$. Bei allen anderen Gasen ist $k < \frac{5}{3}$, und zwar ist die Differenz $\frac{5}{3} - k$ um so größer, je zusammengesetzter die Gasmolekel ist und je weniger das betreffende Gas den einfachen Gasgesetzen folgt. Für ein zweiatomiges ideales Gas mit 2 Rotationsfreiheitsgraden fanden wir (S. 43) $C_v = \frac{5}{2} R$, also $k = \dfrac{C_v + R}{C_v} = \frac{7}{5} = 1{,}40$.

In der Tat gibt unsere Tabelle für die Mehrzahl der zweiatomigen Gase diesen Wert. Ein Modell mit 6 Freiheitsgraden liefert $k = \frac{8}{6} = 1{,}33$, und so wird mit steigender Zahl der Freiheitsgrade auch für ideale Gase k immer kleiner. Umgekehrt läßt sich aus den experimentell ermittelten k-Werten berechnen, wie sich die aufgenommene

Energie $E - E_0 = C_v T$ aus einem Anteil der Translationsenergie L und einem Anteil der inneren Energie P zusammensetzt. Die kinetische Gastheorie fordert und der GAY-LUSSACsche Versuch bestätigt, daß der Energieinhalt eines idealen Gases vom Volumen unabhängig ist: $E = E_0 + L + P = E_0 + C_v T$.

Mithin müssen sowohl L wie P der Temperatur und daher auch einander proportional sein. Bei der Temperaturerhöhung eines Gases, das den einfachen Gasgesetzen folgt, wächst daher die kinetische Energie der Molekeln in gleichem Maße wie ihre innere Energie, es ist:

$$P = h \cdot L = h \cdot \tfrac{3}{2} R T.$$

Aus den Gleichungen:

$$E - E_0 = C_v T = L + P = L (1 + h) = \tfrac{3}{2} R (1 + h) T$$

folgt:

$$1 + h = \frac{2 \, C_v}{3 R} = \frac{2 \, C_v}{3 (C_p - C_v)} = \frac{2}{3 (k - 1)}$$

und:

$$h = \frac{2}{3 (k - 1)} - 1 = \frac{5 - 3 k}{3 (k - 1)}.$$

Für die zweiatomigen permanenten Gase ist $k = 1,4$, also:

$$h = \frac{0,8}{1,2} = \frac{2}{3}$$

(entsprechend zwei inneren Freiheitsgraden), für Wasserdampf z. B. ist $k = 1,33$, also:

$$h = \frac{1}{1} = 1$$

(3 inneren Freiheitsgraden entsprechend), für Benzol z. B. ist $k = 1,11$, also:

$$h = \frac{1,67}{0,33} = 5,$$

für Ätherdampf sogar $k = 1,06$, also:

$$h = \frac{1,82}{0,18} = 10.$$

Die innere Energie überwiegt also um so mehr, je zusammengesetzter die einzelne Molekel ist. Wird $\dfrac{P}{L} = h = \infty$, so wird $k - 1$, und die spezifischen Wärmen bei konstantem Druck und konstantem Volumen unterscheiden sich nur um unendlich wenig. Dieser Grenzfall ist bei festen und flüssigen Stoffen nahezu erreicht.

Das Verhältnis der spezifischen Wärmen k ist naturgemäß nur so lange von Druck und Temperatur unabhängig, wie dies die Größen C_p und C_v einzeln sind, also mit Ausnahme der einatomigen Gase nur in beschränkten Temperatur- und Druckintervallen. Für Luft wächst k

nach den Versuchen von P. P. Koch[1] mit wachsendem Druck recht beträchtlich, und zwar um so mehr, je tiefer die Temperatur ist; so ist z. B.:

$$p = 25 \qquad 100 \qquad 200 \text{ atm}$$

bei 0° C	$k = 1{,}473$	1,646	1,828
bei — 79° C	$k = 1{,}405$	2,001	2,413

Dieses Ansteigen von k hängt mit den Abweichungen der Gase von den einfachen Gasgesetzen zusammen. Nach der van der Waalsschen Theorie muß k ein Maximum durchlaufen, wenn das Produkt pv ein Minimum durchläuft. Diese Forderung wird durch die Versuche Kochs qualitativ bestätigt.

Wir hatten erwähnt, daß beim Wasserstoff experimentell ein Absinken des Rotationsbeitrages zur spezifischen Wärme mit fallender Temperatur gefunden worden ist; er nähert sich also in seinem Verhalten mit fallender Temperatur einem einatomigen Gase; für diese ist $k = 1{,}67$. In der Tat findet Bringworth[2] als Extrapolation für unendlich großes Volumen für Wasserstoff:

Temperatur abs. . . .	90°	155°	195°	290°
k	1,605	1,480	1,443	1,407

2. Änderung des Aggregatzustandes.

Das Schmelzen von festen Stoffen. Für den Schmelzvorgang nimmt die Fundamentalgleichung (2) S. 64, da während des Schmelzens die Temperatur konstant bleibt, die Form

$$\int \delta Q = \int \frac{\partial E}{\partial v}\, dv + \int p\, dv$$

an. Zu integrieren ist vom Volumen des festen Stoffes v_{fest} bis zum Flüssigkeitsvolumen v_{fl}. Die zum Schmelzen von 1 Mol notwendige Wärme hatten wir S. 18 mit ϱ bezeichnet, es wird also bei konstantem Druck für 1 g und $w = \dfrac{\varrho}{M}$

$$w = \int\limits_{v_{\text{fest}}}^{v_{\text{fl}}} \frac{\partial E}{\partial v}\, dv + p\,(v_{\text{fl}} - v_{\text{fest}}).$$

Das Integral bedeutet die Änderung der inneren Energie, die beim Schmelzen eines Moles eintritt, oder die „innere" Schmelzwärme des Stoffes. Ihre Differenz gegen die totale Schmelzwärme w ist im allgemeinen geringfügig, da die Volumenänderung beim Schmelzen klein ist. Folgendes Zahlenbeispiel möge dies erläutern. Für Wasser ist z. B. $w = 80$ cal. 1 g Eis zieht sich beim Schmelzen um $0{,}09$ cm^3 zusammen, also ist die Differenz $v_{\text{fl}} - v_{\text{fest}} = -\,0{,}09$ cm^3. Die beim

---

[1] Ann. Physik, Bd. 27, S. 311, 1908.
[2] J. H. Bringworth, Proc. Roy. Soc. London (A), Bd. 107, S. 510, 1925.

Schmelzen geleistete Arbeit ist daher, wenn das Schmelzen bei Atmosphärendruck vor sich geht:

$$p(v_{\mathrm{fl}} - v_{\mathrm{fest}}) = -\frac{0{,}09}{1000}\,\text{Literatmosphären} = -\frac{0{,}09 \cdot 24{,}2}{1000} = -0{,}0022\ \text{cal},$$

also eine Größe, die gegen die gesamte Schmelzwärme vollständig vernachlässigt werden kann.

Die Schmelzwärme w ist von der Temperatur abhängig, bei der das Schmelzen vor sich geht. Wie in einem späteren Abschnitt ausführlich gezeigt wird, ist nämlich die Schmelztemperatur durch den Druck bestimmt, bei dem das Schmelzen eintritt; also kann man durch Variation des Druckes die Zustandsänderung bei verschiedenen Temperaturen vornehmen. Die Beziehung, die zwischen der Schmelzwärme w und der Schmelztemperatur T besteht, kann man mit Hilfe des Energiegesetzes folgendermaßen ableiten: Nehmen wir an, die Schmelzwärme eines Gramms betrage bei der Schmelztemperatur T, w cal und bei der höheren Temperatur $T + dT$, $w + dw$, und setzen wir die spezifische Wärme des festen Stoffes gleich c_1, die des flüssigen gleich c_2, so kann man sich den Übergang des festen Stoffes von der Temperatur T zum flüssigen Stoffe von der Temperatur $T + dT$ auf folgenden zwei Wegen vollzogen denken:

1. Man schmilzt den festen Stoff bei T und erwärmt die Flüssigkeit von T auf $T + dT$. Hierzu braucht man die Wärmemenge $w + c_2 dT$.

2. Man ändert den Druck, unter dem der feste Stoff steht, bis zu demjenigen Werte, der den Schmelzpunkt von T auf $T + dT$ erhöht, erwärmt dann den festen Stoff um dT und schmilzt ihn bei dieser Temperatur. Hierzu braucht man die Wärmemenge $c_1 dT + w + dw$.

Da die bei beiden Vorgängen infolge der Volumenänderung geleistete Arbeit sehr klein ist, so kann sie gegen die durch die Wärmezufuhr bedingte Energieänderung vernachlässigt werden, und da ferner nach dem Energiesatz die Energieänderung von dem Wege unabhängig ist, auf dem sie erfolgt, so erhält man unter Vernachlässigung der Druckverschiedenheit in beiden Fällen durch Gleichsetzung der zugeführten Wärmemengen:

$$w + c_2 dT = c_1 dT + w + dw \quad \text{oder} \quad \left(\frac{\partial w}{\partial T}\right)_g = c_2 - c_1. \text{[1*]} \tag{1}$$

Die Schmelzwärme nimmt also bei allen Stoffen mit wachsender Temperatur zu, da die spezifische Wärme der Flüssigkeit c_2 erfahrungsgemäß unter allen Umständen größer ist als die des festen Stoffes c_1. Für Wasser fand PETTERSEN:

$$t = -2{,}8^0 \qquad -5{,}0^0 \qquad -6{,}5^0\ \text{C}$$
$$w = 77{,}85 \qquad 76{,}75 \qquad 76{,}00$$

Daraus berechnet sich $\left(\frac{\partial w}{\partial T}\right)_g = 0{,}50$. Die direkte Bestimmung liefert $c_2 - c_1 = 0{,}498$, also eine vorzügliche Bestätigung der Theorie.

[1*] Durch den Index g deuten wir an, daß die Differentation unter Innehaltung des jeweiligen Schmelzdruckes vorgenommen wird.

Verdampfen. Für die Verdampfung eines Moles einer Flüssigkeit bei konstantem Druck gilt entsprechend die Gleichung:

$$\lambda = \lambda' + p_g (V_{\text{gas}} - V_{\text{fl}}) . \tag{2}$$

Hier bedeutet λ die gesamte zur Verdampfung eines Moles bei der Temperatur T erforderliche Wärmemenge, p_g den Sättigungsdruck des gesättigten Dampfes, gegen den die Verdampfung vor sich geht, V_{gas} und V_{fl} die Molvolumina des gesättigten Dampfes und der Flüssigkeit und λ' die innere Verdampfungswärme, d. h. die Differenz zwischen der gesamten Verdampfungswärme und der während der Verdampfung geleisteten Arbeit, also den Energiezuwachs während des Verdampfens. Da das spezifische Volumen des Dampfes immer größer ist als das der Flüssigkeit, so ist λ' stets $< \lambda$, und zwar um eine im allgemeinen nicht zu vernachlässigende Größe.

Die Gleichung (2) kann bei geringen Werten von p_g wesentlich vereinfacht werden. Bei geringen Drucken ist nämlich das Molvolumen des Dampfes groß gegen das der Flüssigkeit, also $p_g (V_{\text{gas}} - V_{\text{fl}})$ nahezu $= p_g V_{\text{gas}}$. Ferner ist, falls man für den gesättigten Dampf die Gültigkeit der einfachen Gasgesetze annimmt, $p_g V_{\text{gas}} = RT$. Daraus folgt für die molekulare Verdampfungswärme

$$\lambda = \lambda' + RT .$$

Die Abhängigkeit der Verdampfungswärme von der Temperatur kann man durch die gleiche Überlegung berechnen wie oben die Beziehung zwischen Schmelzwärme und Temperatur.

Es soll die Mengeneinheit der Flüssigkeit von der Temperatur T unter dem Dampfdruck p_g in gesättigten Dampf von der Temperatur $T + dT$ und dem dieser Temperatur entsprechenden Dampfdruck $p_g + dp_g$ verwandelt werden. Diese Zustandsänderung kann auf zwei Wegen vorgenommen werden.

I. Weg. a) Verdampfung von 1 Mol der Flüssigkeit bei konstanter Temperatur T und dem Druck p_g des gesättigten Dampfes. Hierzu muß die Wärme λ zugeführt werden, und es wird die Arbeit $p_g (V_{\text{Gas}} - V_{\text{fl}})$ geleistet; V_{fl} und V_{Gas} sind die Molvolumina von Flüssigkeit und Dampf bei den gewählten Bedingungen.

b) Erwärmung des Dampfes um dT bei konstantem Druck p_g. Wärmezufuhr $= C_p dT$, Arbeitsleistung $= p_g \left(\dfrac{\partial V_{\text{Gas}}}{\partial T}\right)_p dT$. (Die der gleichzeitigen Änderung von T und p entsprechende Volumenänderung des Dampfes dV_{Gas} setzt sich additiv zusammen aus den Größen $\left(\dfrac{\partial V_{\text{Gas}}}{\partial T}\right)_p dT$ und $\left(\dfrac{\partial V_{\text{Gas}}}{\partial p}\right)_T dp$, die den Volumenänderungen bei konstantem Druck und bei konstanter Temperatur einzeln Rechnung tragen.)

c) Isotherme Kompression bei $T + dT$ bis zum Druck $p_g + dp_g$:

$$\text{Arbeitsleistung} = \text{Wärmezufuhr} = p_g \left(\frac{\partial V_{\text{Gas}}}{\partial p}\right)_{T + dT} dp \quad (< 0) .$$

Die gesamte Wärmezufuhr ist also:

$$Q_I = \lambda + C_p\, d\, T + p_g \left(\frac{\partial V_{\text{Gas}}}{\partial p}\right)_{T + dT} dp \,,$$

die Arbeitsleistung entsprechend:

$$A_I = p_g (V_{\text{Gas}} - V_{\text{fl}}) + p_g \left[\left(\frac{\partial V_{\text{Gas}}}{\partial T}\right)_p d\, T + \left(\frac{\partial V_{\text{Gas}}}{\partial p}\right)_{T + dT} dp\right]$$

und mithin die Energieänderung:

$$-U_I = (E_2 - E_1)_I = Q_I - A_I = \lambda + C_p\, d\, T - p_g (V_{\text{Gas}} - V_{\text{fl}})$$
$$- p_g \left(\frac{\partial V_{\text{Gas}}}{\partial T}\right)_p d\, T \,. \tag{3}$$

II. Weg. a) Isotherme Kompression der Flüssigkeit bei T von p_g bis auf $p_g + d\, p_g$

$$\text{Arbeitsleistung} = \text{Wärmezufuhr} = Q_k \,.$$

b) Erwärmung der Flüssigkeit unter erhöhtem Druck $p_g + d\, p_g$ um $d\, T$. Wärmezufuhr $= C_1 d\, T$, Arbeitsleistung $= 0$, wenn die Molwärme der Flüssigkeit bei konstantem Druck mit C_1 bezeichnet und die geringe Wärmeausdehnung der Flüssigkeit vernachlässigt wird.

c) Verdampfung bei $T + d\, T$ und $p_g + d\, p_g$:

$$\text{Wärmezufuhr} = \lambda + d\lambda \,,$$
$$\text{Arbeitsleistung} = (p_g + d\, p_g) (V_{\text{Gas}} + d\, V_{\text{Gas}} - V_{\text{fl}}) \,,$$

da das Volumen des Dampfes bei $T + d\, T$ und $p_g + d\, p_g$ gleich $V_{\text{Gas}} + d\, V_{\text{Gas}}$ ist. Mithin ist

$$Q_{\text{II}} = Q_k + C_1 d\, T + \lambda + d\lambda \,,$$
$$A_{\text{II}} = Q_k + (p_g + d\, p_g) (V_{\text{Gas}} + d\, V_{\text{Gas}} - V_{\text{fl}}) \,,$$

und

$$-U_{\text{II}} = (E_2 - E_1)_{\text{II}} = Q_{\text{II}} - A_{\text{II}} = C_1 d\, T + \lambda + d\lambda$$
$$- (p_g + d\, p_g)(V_{\text{Gas}} + d\, V_{\text{Gas}} - V_{\text{fl}}) \,. \tag{4}$$

Nach dem Energiegesetz ist $U_{\text{I}} = U_{\text{II}}$, da die Energieänderung vom Wege, auf dem das System vom Anfangs- in den Endzustand gelangt, unabhängig sein muß, und wir erhalten demnach aus (3) und (4):

$$d\lambda = C_p d\, T - C_1 d\, T + p_g d\, V_{\text{Gas}} - p_g \left(\frac{\partial V_{\text{Gas}}}{\partial T}\right)_p d\, T + dp\, d\, V_{\text{Gas}}$$
$$+ dp (V_{\text{Gas}} - V_{\text{fl}}) = C_p d\, T - C_1 d\, T + p_g \left(\frac{\partial V_{\text{Gas}}}{\partial p}\right)_T dp_g + dp_g (V_{\text{Gas}} - V_{\text{fl}}) \tag{5}$$

unter Vernachlässigung des Differentialproduktes $dp\, d\, V_{\text{Gas}}$.[1]

Die Größe $C_p d\, T + p_g \left(\dfrac{\partial V_{\text{Gas}}}{\partial p}\right)_T dp_g$ ist diejenige Wärmemenge, die man dem bei T gesättigten Dampf zuführen muß, um ihn in gesättigten Dampf von der Temperatur $T + d\, T$ (und dem Druck $p_g + d\, p_g$)

---

[1] Da $d\, V = \left(\dfrac{\partial V}{\partial p}\right)_T dp + \left(\dfrac{\partial V}{\partial T}\right)_p d\, T$ ist.

überzuführen; man kann sie daher gleich $C_g\, dT$ setzen und bezeichnet
die Größe:

$$C_g = C_p + p_g\left(\frac{\partial V_{\text{Gas}}}{\partial p}\right)_T \cdot \frac{dp_g}{dT}{}^{\,1*} \tag{6}$$

als die *spezifische Wärme des gesättigten Dampfes pro Mol.*

Wir erhalten dann für die Abhängigkeit der Verdampfungswärme
im Sättigungszustand von der Temperatur aus (5) und (6) die Gleichung:

$$\frac{d\lambda}{dT} = C_g^{l} - C_1 + \frac{dp_g}{dT}\,(V_{\text{Gas}} - V_{\text{fl}})^{2*}. \tag{7}$$

Die spezifische Wärme eines gesättigten Dampfes kann, wie man
leicht einsieht, auch *negativ* sein. Der zweite Summand der Gleichung (6)
ist nämlich, da $\left(\dfrac{\partial V_{\text{Gas}}}{\partial p}\right)_T$ negativ ist, stets < 0, und es wird auch $C_g < 0$,
wenn $-p\left(\dfrac{\partial V_{\text{Gas}}}{\partial p}\right)_T \dfrac{dp_g}{dT} > C_p$ ist. Je nachdem, ob $C_g \gtreqless 0$ ist, muß man
drei Fälle für das Verhalten des gesättigten Dampfes unterscheiden.

I. $C_g > 0$. Wenn man gesättigten Dampf komprimiert und ihn
gesättigt halten will, so muß man ihm Wärme zuführen. Unterläßt
man dies und führt man die Kompression adiabatisch aus, so kondensiert er sich zum Teil. Expandiert man ihn andererseits adiabatisch,
so wird er ungesättigt.

II. $C_g < 0$. Bei der Kompression muß, falls der Dampf gesättigt
bleiben soll, Wärme abgeführt werden. Bei der adiabatischen Kompression wird also der Dampf ungesättigt oder „überhitzt“; bei der
adiabatischen Dilatation andererseits tritt teilweise Kondensation ein.

III. $C_g = 0$. Der Dampf bleibt sowohl bei der adiabatischen Kondensation wie bei der Expansion gesättigt.

Man kann die Gleichungen (6) und (7) wesentlich vereinfachen,
wenn man die Verdampfung bei so niedrigen Temperaturen betrachtet,
daß man für den gesättigten Dampf die Gültigkeit der Gasgesetze
wenigstens angenähert annehmen kann. Dann folgt aus $V_{\text{Gas}} = \dfrac{RT}{p}$:

$$\left(\frac{\partial V_{\text{Gas}}}{\partial p}\right)_T = -\frac{RT}{p^2} \tag{8}$$

und wir erhalten aus (6) und (8):

$$C_g = C_p - V_{\text{Gas}}\,\frac{dp_g}{dT}. \tag{9}$$

---

^{1*} Deuten wir durch den Index g an, daß der Sättigungsdruck gemeint ist,
also auch die Differentiation so vorgenommen werden muß, daß der Sättigungszustand erhalten bleibt, so ist p_g allein von T abhängig, und wir können das
Zeichen der totalen Differentiation $\dfrac{dp_g}{dT}$ benutzen.

^{2*} Für die Differentiation von λ gilt das gleiche wie für p; wir können aber
hier, da Verwechslungen nicht zu befürchten sind, den Index fortlassen.

Vernachlässigt man ferner, was bei geringem Dampfdrucke stets erlaubt ist, V_{fl} gegen V_{Gas}, so geht (7) über in:

$$\frac{d\lambda}{dT} = C_p - C_1 , \qquad (10)$$

eine Gleichung, die mit der für die Abhängigkeit der Schmelzwärme von der Temperatur auf S. 75 erhaltenen Gleichung (1) identisch ist.

Für die innere Verdampfungswärme λ' gilt die Beziehung:

$$\lambda' = \lambda - p_g (V_{Gas} - V_{fl}) ,$$

mithin:

$$\frac{d\lambda'}{dT} = \frac{d\lambda}{dT} - p_g \frac{d(V_{Gas} - V_{fl})}{dT} - (V_{Gas} - V_{fl}) \frac{dp_g}{dT} ,$$

und aus (7)

$$\frac{d\lambda'}{dT} = C_g - C_1 - p_g \frac{d(V_{Gas} - V_{fl})}{dT} . \qquad (11)$$

Führen wir wiederum für den gesättigten Dampf die Gasgesetze ein und vernachlässigen V_{fl} gegen V_{Gas}, so wird aus (9) und (11):

$$\frac{d\lambda'}{dT} = C_p - V_{Gas} \frac{dp_g}{dT} - p_g \frac{dV_{Gas}}{dT} - C_1 = C_p - \frac{d(pV_{Gas})_g}{dT} \qquad (12)$$
$$- C_1 = C_p - R - C_1 = C_v - C_1 .$$

Aus (7) und (11) folgt, daß $\frac{d\lambda}{dT}$ und $\frac{d\lambda'}{dT}$ formal sowohl positiv wie negativ sein können. Bei höheren Temperaturen und Sättigungsdrucken müssen jedoch beide Koeffizienten negativ sein, da die Verdampfungswärmen am kritischen Punkt verschwinden. Bei dieser Temperatur werden Flüssigkeit und Dampf identisch und weisen keine Energiedifferenz mehr auf. Ferner wird hier auch $\frac{d\lambda}{dT} = \frac{d\lambda'}{dT} = 0$, da sowohl die spezifischen Volumina wie die spezifischen Wärmen beider Aggregatzustände einander gleich werden. Die Verdampfungswärmen nähern sich also bei Annäherung an die kritische Temperatur allmählich der Null.

Aus der Gleichung (9) kann man leicht berechnen, daß z. B. die spezifische Wärme des gesättigten Wasserdampfes am normalen Siedepunkt negativ ist. Denn es ist z. B. für 1 g Wasserdampf bei 100°

$$c_p = 0,45 \text{ cal,}$$
$$v_{Gas} = 1,650 \text{ l} \quad \text{und}$$

$\frac{dp_g}{dT}$ (Dampfdrucksteigerung bei Temperaturerhöhung von 100 auf 101°C)

$$= 0,042 \text{ atm/grad.}$$

Mithin ist:

$$v_{Gas} \frac{dp_g}{dT} = 0,0694 \text{ Literatmosphären/grad} = 0,0694 \cdot 24,1 = 1,67 \text{ cal/grad}$$

und

$$c_g = 0,45 - 1,67 = - 1,2 \text{ cal/grad} .$$

Bei der Kompression von 1 g bei 100^0 gesättigtem Wasserdampf auf bei 101^0 gesättigten Wasserdampf werden also 1,2 cal entwickelt; werden diese nicht abgeführt, so resultiert nicht gesättigter Wasserdampf von 101^0, sondern überhitzter Dampf von entsprechend höherer Temperatur. Expandiert man umgekehrt den gesättigten Wasserdampf adiabatisch, so tritt Kondensation ein. Es mag daran erinnert werden, daß diese spontane Kondensation des Wasserdampfes, die bei geringer Expansion nur in staubhaltiger oder ionisierter Luft von selbst eintritt, bei der WILSONschen Nebelmethode benutzt wird, um Ionen sichtbar zu machen. Wollte man entsprechende Versuche mit Flüssigkeiten ausführen, deren gesättigte Dämpfe eine positive spezifische Wärme besitzen, so müßte man an die Stelle der adiabatischen Expansion eine entsprechende Kompression setzen.

3. Thermochemie.

Thermochemische Bezeichnungen. In den vorhergehenden Abschnitten haben wir die Zustandsänderungen betrachtet, die ein einheitlicher Körper durch die Einwirkung von Wärme und Druck erfahren kann. Als Kennzeichen für diese sog. „physikalischen" Vorgänge kann man den Satz aussprechen, daß die Energieänderung des Körpers lediglich durch die bei dem Vorgang eintretende Änderung von Druck, Temperatur und Volumen bedingt wird. Anders ist es bei den „chemischen" Vorgängen; bei ihnen hängt die Energieänderung des Systems im wesentlichen von den Veränderungen ab, die man kurz als die stofflichen zu bezeichnen pflegt. Erwärmt man z. B. ein Gemisch von Wasserstoff und Sauerstoff, so nimmt bei niederen Temperaturen die Energie des Gasgemisches nach den für alle Gase geltenden Gesetzen zu. Bei einer gewissen Temperatur jedoch, die als Entflammungstemperatur bezeichnet wird, tritt unter heftiger Wärmeentwicklung die Vereinigung dieser beiden Gase zu Wasser ein; die Energie des Systems nimmt also um die während der Reaktion nach außen abgegebene Wärme ab. Das gleiche gilt z. B. für ein aus den festen Stoffen Eisen und Schwefel bestehendes Gemenge. Bei höherer Temperatur vereinigen sich diese beiden Stoffe unter Wärmeentwicklung zu Schwefeleisen, dessen Energieinhalt demzufolge geringer ist als der des Gemenges von Eisen und Schwefel.

Die Energieänderung, die bei der chemischen Reaktion eintritt, hängt nach dem ersten Hauptsatz auch von den Veränderungen ab, die die Temperatur und das Volumen des Systems erleiden. Die entwickelte Wärme kann zum Teil zur Erhöhung der Temperatur und zur Leistung äußerer Arbeit bei der Volumenveränderung verwendet werden, der Rest wird nach außen abgegeben. Will man die gesamte der chemischen Umsetzung entsprechende Energieänderung messen, so muß man dafür sorgen, daß Temperatur und Volumen während der Reaktion konstant bleiben. Dann wird die entwickelte Wärme ein exaktes Maß für die Abnahme der inneren Energie der reagierenden Stoffe darstellen. Diese bei konstanter Temperatur und konstantem Volumen abgegebene Wärme wird als die *Wärmetönung* oder die *Reaktionswärme* U_v bezeichnet.

U_v wird positiv gezählt, wenn die Wärme nach außen abgegeben wird, die Reaktion heißt exotherm. Reaktionen, die unter Wärme*aufnahme* verlaufen, heißen endotherm; sie sind also durch negative Werte von U_v gekennzeichnet.

Der Betrag der Reaktionswärme ist der Menge der sich umsetzenden Stoffe proportional. Als Reaktionswärme schlechtweg bezeichnet man daher diejenige Wärmemenge, die bei der Umsetzung je einer Grammmolekel der bei der Reaktion verschwindenden Stoffe entwickelt wird. Ist das Molekulargewicht unbekannt, wie bei festen und flüssigen Stoffen, so betrachtet man als Masseneinheit die Anzahl Gramme, die dem Formelgewicht gleich sind. Da bei der Vereinigung von 207 g Blei mit 32 g Schwefel die Wärmemenge 18400 cal entwickelt wird, so nennt man diese Zahl die Reaktionswärme der Vereinigung von Schwefel und Blei oder auch die *Bildungswärme* von Bleisulfid. Die Bestimmung der Reaktionswärmen bildet den Gegenstand der *Thermochemie*.

Die Resultate der thermochemischen Messungen stellt man in der Form von Gleichungen dar. Man schreibt auf die linke Seite die chemischen Symbole der sich umsetzenden Stoffe, die je eine Grammmolekel des betreffenden Stoffes bedeuten, auf die rechte die des Reaktionsproduktes plus oder minus der Reaktionswärme, je nachdem diese ein positives oder negatives Vorzeichen hat. Für die Bildung von Schwefelblei erhält man also die Gleichung:

$$\text{Pb} + \text{S} = \text{PbS} + 18400 \text{ cal}.$$

Als Beispiel für eine endotherme Reaktion mag die Bildung von Jodwasserstoff dienen, nach der Gleichung:

$$J_2 + H_2 = 2 HJ - 6000 \text{ cal}.$$

Die Bildungswärme einer Grammolekel HJ beträgt demnach:

$$-\frac{6000}{2} = -3000 \text{ cal}.$$

Falls die Formel des Reaktionsproduktes keinem Zweifel unterliegen kann, bedient man sich häufig einer abgekürzten Schreibweise, nämlich

$$(\text{Pb, S}) = +18400 \text{ cal}$$

oder

$$(H_2, J_2) = -6000 \text{ cal}.$$

Die obenerwähnte Bedingung, daß die Reaktionswärme bei konstantem Volumen gemessen werden soll, ist experimentell meist nicht leicht zu realisieren. Tritt bei der Reaktion eine Volumenänderung ein, so wird durch die Überwindung des auf den Reaktionsteilnehmern lastenden Druckes eine Arbeit A geleistet. Dieselbe ist positiv, wenn eine Volumenvermehrung eintritt, im anderen Falle negativ. Bezeichnen wir die Wärmetönung, die im offenen Gefäß, also bei konstantem Druck, bestimmt wird, mit U_p, so ist die Energieverminderung gleich der entwickelten Wärme plus der geleisteten Arbeit, also:

$$U_v = U_p + A.$$

Bei Reaktionen, die nur zwischen festen und flüssigen Stoffen vor sich gehen, ist die Volumenänderung und daher die geleistete Arbeit meist sehr klein und gegen U zu vernachlässigen. Daher können wir für diesen Fall mit großer Annäherung $U_v = U_p$ setzen. Bei Reaktionen, an denen Gase oder Dämpfe teilnehmen, kann die Volumenänderung jedoch beträchtlich werden. Bedeutet p den konstanten Druck, unter dem die Reaktion vor sich geht, V das Volumen einer Grammolekel eines Gases bei diesem Druck und der Reaktionstemperatur T und gibt n die Zahl an, um die sich die Anzahl der im Gaszustande befindlichen Molekeln während der Reaktion vermehrt, so ist die bei der Reaktion geleistete Arbeit $A = + n \cdot p \cdot V$, wobei n positiv oder negativ sein kann. Gelten für diese Gase die einfachen Gasgesetze, so wird für jede Grammolekel $pV = RT$ und demnach:

$$U_v = U_p + nRT.$$

Für das eben erwähnte Beispiel der Jodwasserstoffbildung ist z. B. $n = 1$, da die obige Gleichung für die Vereinigung von festem Jod mit Wasserstoff gilt; für die Bildung von Wasserdampf aus Wasserstoff und Sauerstoff $(2\,H_2 + O_2 = 2\,H_2O)$ ist $n = -1$, für die Bildung von flüssigem Wasser $= -3$ usw. In vielen Fällen wird jedoch die Größe nRT viel kleiner als U_v oder U_p sein, so daß für nicht sehr genaue Rechnungen diese beiden Größen einander gleich gesetzt werden können.

Der Energieinhalt eines Stoffes ist von dem Aggregatzustand abhängig, in dem er sich befindet. Da sowohl beim Schmelzen wie beim Verdampfen stets Wärme aufgenommen wird, so ist ein jeder Stoff als Gas oder Dampf energiereicher als im flüssigen Zustand und dieser wieder energiereicher als der feste Stoff. Daher muß auch die Wärmetönung einer Reaktion von dem Aggregatzustand abhängig sein, in welchem sich die entstehenden und verschwindenden Stoffe befinden, und dieser Aggregatzustand muß in der thermochemischen Gleichung angegeben werden, falls er sich nicht von selbst versteht. Dies letztere ist z. B. für die Bildung des Bleisulfids der Fall, da alle drei beteiligten Stoffe bei gewöhnlicher Temperatur innerhalb eines weiten Bereiches fest sind, dagegen nicht für die Bildung des Jodwasserstoffs. Für die Bildung des Jodwasserstoffs aus Wasserstoff und Joddampf ist eine Gleichung:

$$H_2 + J_2\,(\text{Gas}) = 2\,HJ + U_1$$

zu schreiben.

Da J_2 (fest) weniger Energie besitzt als J_2 (Gas), so muß $+ U_1$ größer sein als -6000 cal; tatsächlich ist die Reaktionswärme in diesem Falle sogar positiv, die Vereinigung der gasförmigen Elemente verläuft unter Wärmeentwicklung.

Für die Wasserbildung erhält man z. B. folgende Reaktionsgleichungen:

1. Bildung von Wasserdampf:

$$2\,H_2 + O_2 = 2\,H_2O\,(\text{Gas}) + 118000\,\text{cal}.$$

2. Bildung von flüssigem Wasser:

$$2\,H_2 + O_2 = 2\,H_2O\,(\text{fl.}) + 137000\,\text{cal}.$$

Die Differenz von 19000 cal entspricht der Verdampfungswärme, die bei der Kondensation von 2 Molen Wasserdampf zu 2 Molen flüssigen Wassers entwickelt wird.

Um die lästige Schreibweise H_2O (fl.) oder J_2 (fest) usw. zu vermeiden, hat man mehrfach Abkürzungen zur Bezeichnung des Aggregatzustandes vorgeschlagen. In der 5. Auflage des LANDOLT-BÖRNSTEIN bedeutet eine runde Klammer ( ) um die Formel des Stoffes „gasförmig" und eine eckige [ ] „fest". Der Index $_{fl}$ bedeutet, daß der Stoff flüssig an der Reaktion teilnimmt. Natürlich sind diese Symbole nur erforderlich, wenn ein Zweifel über den Aggregatzustand auftauchen kann. Es wäre sinnlos, H_2 oder O_2 einzuklammern, wenn man nicht gerade Reaktionen bei extrem tiefen Temperaturen betrachtet. In der folgenden Darstellung soll von den angegebenen Symbolen, wenn es notwendig erscheint, Gebrauch gemacht werden.

Auch die Auflösung eines Stoffes in einer Flüssigkeit, also die Bildung einer Lösung, ist meist von einer Wärmetönung begleitet, die als *Lösungswärme* bezeichnet wird. Der Betrag dieser Lösungswärme ist abhängig von der Menge des Lösungsmittels, in dem die Masseneinheit des Stoffes gelöst wird. Erfahrungsgemäß wird sie jedoch von dieser und somit von der Konzentration der entstehenden Lösung unabhängig, falls die Lösung sehr verdünnt ist. Die zur weiteren Verdünnung einer sehr verdünnten Lösung nötige Wärme ist also praktisch zu vernachlässigen, und man bezeichnet unter Lösungswärme schlechtweg die bei der Bildung einer sehr verdünnten Lösung auftretende Wärmetönung. Die Auflösung in Wasser z. B. wird daher durch eine thermochemische Gleichung von der Form

$$NaCl + aq = NaCl\,aq + U \text{ cal}$$

dargestellt. aq bedeutet eine sehr große Zahl von Wassermolekeln, die entstehende Lösung erhält das Symbol $NaCl\,aq$.

Die bei einer chemischen Reaktion entwickelte Reaktionswärme hängt demzufolge davon ab, ob die sich umsetzenden Stoffe in gelöster Form angewendet werden oder nicht. So wird z. B. die Bildung von festem Chlorammonium aus gasförmigem Ammoniak und gasförmigem Chlorwasserstoff von einer anderen Wärmetönung begleitet als die Bildung einer Chlorammoniumlösung aus wässerigem Ammoniak und wässeriger Salzsäure. Es müssen daher in der thermochemischen Gleichung Angaben über den gelösten Zustand gemacht werden. Das eben erwähnte Beispiel muß also geschrieben werden entweder:

$$(NH_3) + (HCl) = [NH_4Cl] + U \text{ cal}$$

oder

$$NH_3\,aq + HCl\,aq = NH_4Cl\,aq + U' \text{ cal}.$$

Das HESSsche Gesetz. *Das Grundgesetz* der *Thermochemie* ist im Jahre 1840 von HESS aufgestellt worden. Es lautet: Die bei der Bildung einer Verbindung auftretende Reaktionswärme ist die gleiche, ob sich die Verbindung direkt aus den Elementen oder indirekt auf irgendeinem anderen Reaktionswege bildet. Die Bildung von Bleisulfat, $PbSO_4$, kann z. B. auf folgenden Wegen erfolgen:

$$
\begin{aligned}
\text{1. } Pb + S &= PbS + U_1 \\
PbS + 2\,O_2 &= PbSO_4 + U_2 \\
\hline
Pb + S + 2\,O_2 &= PbSO_4 + U_1 + U_2.
\end{aligned}
$$

$$2.\ \mathrm{Pb} + \tfrac{1}{2}O_2 = \mathrm{PbO} + U_3$$
$$\mathrm{S} + O_2 = SO_2 + U_4$$
$$SO_2 + \tfrac{1}{2}O_2 = SO_3 + U_5$$
$$\underline{\mathrm{PbO} + SO_3 = \mathrm{PbSO_4} + U_6}$$
$$\mathrm{Pb} + \mathrm{S} + 2\,O_2 = \mathrm{PbSO_4} + U_3 + U_4 + U_5 + U_6\,.$$

Nach dem Gesetz von Hess ist

$$U_1 + U_2 = U_3 + U_4 + U_5 + U_6\,.$$

Hess hielt diesen Satz für selbstverständlich und erachtete es nicht für notwendig, ihn zu beweisen. In Wirklichkeit ist er jedoch eine Folgerung des Gesetzes von der Erhaltung der Energie. Denn nach diesem ist der Energieunterschied eines Anfangszustandes (z. B. Sauerstoff, Blei, Schwefel) und eines Endzustandes (Bleisulfat) von dem Wege unabhängig, auf welchem die Veränderung (die Bildung von Bleisulfat) erfolgt. Es ist interessant, zu beobachten, daß dieses Gesetz schon als selbstverständlich betrachtet wurde, ehe es von Mayer überhaupt ausgesprochen und formuliert worden war.

Zur experimentellen Bestimmung der Reaktionswärme kann im Prinzip jedes der im 1. Kap. beschriebenen Kalorimeter benutzt werden. Naturgemäß wird der jeweilig zu benutzende Apparat dem besonderen Zwecke, dem er dienen soll, angepaßt werden. Um die Entwicklung der Thermochemie haben sich vor allem Jul. Thomsen, Berthelot, Favre und Silbermann, Stohmann, de Forcrand, Luginin und neuerdings Th. W. Richards, Wrede und W. A. Roth Verdienste erworben. Die wichtigsten der von ihnen benutzten Apparate sind in den bekannten Handbüchern ausführlich beschrieben.

Neuerdings sind einige Versuche gemacht worden, die Präzision thermochemischer Arbeiten zu vergrößern. Derjenige Fehler, der sich bei genauen kalorimetrischen Bestimmungen am schwierigsten eliminieren läßt, beruht auf dem Wärmeaustausch mit der Umgebung.

Für *Präzisionsmessungen* ist die einfache, auf S. 12 gegebene graphische Methode nicht ausreichend. Zur Vermeidung dieses Fehlers sind im wesentlichen drei Methoden vorgeschlagen worden: Rumford ermittelt zunächst die ungefähre Temperaturerhöhung $\varDelta t$, die während der Reaktion eintritt, und kühlt das Kalorimeter vor Beginn der Reaktion um $\varDelta t/2$ unter Zimmertemperatur ab. Dann übersteigt die Temperatur des Kalorimeters die der Umgebung nach Ablauf der Reaktion um etwa $\varDelta t/2$, und es ist anzunehmen, daß die vor der Reaktion von außen aufgenommene und nach der Reaktion nach außen abgegebene Wärmemenge sich ungefähr kompensieren. Regnault und Pfaundler dagegen gehen von Zimmertemperatur aus und beobachten den Gang der Temperatur noch längere Zeit nach Ablauf der Reaktion. Nimmt man an, daß für die an die Umgebung abgegebene Wärme das Newtonsche Abkühlungsgesetz gilt, so kann man leicht eine Formel aufstellen, mit deren Hilfe man die notwendige Korrektur berechnen kann[1].

---

[1] Vgl. z. B. Müller-Pouillet, 11. Aufl., Bd. 3, I, S. 83. — Ferner Ostwald-Luther: Hilfs- und Handbuch, 4. Aufl., S. 365.

Beide Methoden sind jedoch, wie RICHARDS ausführlich erörtert hat, unzulänglich. Wirklich genaue Messungen wird man am ehesten erhalten, wenn man den Wärmeaustausch nach Möglichkeit gänzlich verhindert. Zu diesem Zwecke kann man erstens die Reaktion sich in einem für Wärme möglichst undurchlässigen Gefäß abspielen lassen. Dieser Bedingung genügt in vielen Fällen ein sog. DEWARsches Gefäß, d. h. ein doppelwandiges Glasgefäß, dessen Hohlraum völlig luftleer gepumpt ist und das man stets zum Arbeiten mit flüssiger Luft verwendet. Durch diesen Kunstgriff wird der Wärmeaustausch durch Leitung vollständig ausgeschlossen und der Wärmeverlust durch Strahlung kann dadurch sehr verringert werden, daß man die Glaswände mit einem Spiegel belegt (durch Versilberung oder Verkupferung). Zweitens aber kann man nach RICHARDS das Kalorimeter mit einer Flüssigkeit umgeben, in welcher während des Reaktionsablaufes künstlich angenähert die gleiche Temperaturänderung hervorgerufen wird, die im Innern des Kalorimeters vor sich geht. Verwendet man z. B. als Außenflüssigkeit eine verdünnte Säurelösung, so kann man aus einer Bürette Base zutropfen lassen und die Zuflußgeschwindigkeit so regulieren, daß die Neutralisationswärme in jedem Augenblicke im Außengefäß die gleiche Temperaturerhöhung hervorruft wie die Reaktionswärme im eigentlichen Kalorimeter. Auf diese Weise gelang es RICHARDS und seinen Mitarbeitern, bei verschiedenen kalorimetrischen Versuchen eine außerordentliche Genauigkeit zu erzielen[1].

Reaktionswärmen. Die folgenden Tabellen enthalten eine Reihe von Bildungswärmen einfacher anorganischer Stoffe aus ihren Elementen sowie eine Reihe von Lösungswärmen[2] in großen Kalorien.

Tabelle der Bildungswärmen.
A. Metallverbindungen.

	$\frac{1}{2}Cl_2$	Br_{fl}	[J]		$\frac{1}{2}O_2$	S_{rhomb}
Na	98	86	69	2 Na . . .	100	90
K	105	95	80	2 K	92	87
Rb	105	96	84	2 Rb . . .	89	87
Cs	106	98	87	2 Cs	83—100	—
Cu	33	25	16	2 Cu . . .	41	19
Ag	30	23	15	2 Ag . . .	6	3

	Cl_2	$2\,Br_{fl}$	2 [J]	$\frac{1}{2}O_2$	S_{rhomb}
Ca	187	155	141	148	111
Ba	197	174	140	130	103
Zn	97	76	49	85	42
Cd	93	76	48	~60	34
Hg	55	41	25	21	6
Fe	82	78[3]	48[3]	65	23
Co	76	73[3]	43[3]	57	20[4]
Ni	74	72[3]	41[3]	52	17[4]

[1] Z. physikal. Chem. Bd. 52, S. 551; Bd. 59, S. 532, 1907.

[2] Vgl. LANDOLT-BÖRNSTEIN, 5. Aufl.

[3] In verdünnter Lösung; die Reaktionsgleichung lautet also

$$Me + 2\,Hal + aq = Me\,Hal_2\,aq + U\ kcal.$$

[4] Kristallisieren mit Kristallwasser; die Gleichung lautet also

$$Me + [S] + x\,H_2O = MeS\,x\,H_2O + U\ kcal.$$

B. Verbindungen von Nichtmetallen.

$$\tfrac{1}{2}H_2 + \tfrac{1}{2}F_2 = HF + 39\,\text{kcal}$$
$$\tfrac{1}{2}H_2 + \tfrac{1}{2}Cl_2 = HCl + 22\,\text{kcal}$$
$$\tfrac{1}{2}H_2 + Br_{fl} = HBr + 8{,}5\,\text{kcal}$$
$$\tfrac{1}{2}H_2 + [J] = HJ - 6\,\text{kcal}$$

$$H_2 + \tfrac{1}{2}O_2 = H_2O_{fl} + 68{,}38\,\text{kcal}$$
$$H_2 + O_2 + aq = H_2O_2\,aq + 46\,\text{kcal}$$
$$H_2 + S_{rhomb} = H_2S + 5\,\text{kcal}$$

$$\tfrac{3}{2}H_2 + \tfrac{1}{2}N_2 = (NH_3) + 10{,}95\,\text{kcal}$$
$$\tfrac{3}{2}H_2 + P_{weiß} = (PH_3) - 5{,}8\,\text{kcal}$$
$$\tfrac{3}{2}H_2 + As_{krist.} = (AsH_3) - 44\,\text{kcal}$$

$$2H_2 + C_{Diamant} = CH_4 + 19\,\text{kcal}$$
$$2H_2 + Si_{krist.} = SiH_4 - 7\,\text{kcal}$$

$$\tfrac{1}{2}Cl_2 + [J] = [JCl] + 7\,\text{kcal}$$
$$\tfrac{3}{2}Cl_2 + [J] = [JCl_3] + 21\,\text{kcal}$$
$$Br_{fl} + [J] = [JBr] + 2\,\text{kcal}$$

$$\tfrac{3}{2}Cl_2 + [P] = PCl_{3\,fl} + 76\,\text{kcal}$$
$$\tfrac{5}{2}Cl_2 + [P] = [PCl_5] + 107\,\text{kcal}$$
$$3\,Br_{fl} + [P] = PBr_{3\,fl} + 45\,\text{kcal}$$
$$5\,Br_{fl} + [P] = [PBr_5] + 59\,\text{kcal}$$
$$3[J] + [P] = [PJ_3] + 11\,\text{kcal}$$

$$\tfrac{3}{2}Cl_2 + As = AsCl_{3\,fl} + 71\,\text{kcal}$$
$$3\,Br_{fl} + As = [AsBr_3] + 46\,\text{kcal}$$
$$3[J] + As = [AsJ_3] + 14\,\text{kcal}$$

$$\tfrac{3}{2}Cl_2 + Sb = SbCl_3 + 91\,\text{kcal}$$
$$\tfrac{5}{2}Cl_2 + Sb = SbCl_{5\,fl} + 105\,\text{kcal}$$
$$3\,Br_{fl} + Sb = SbBr_3 + 61\,\text{kcal}$$
$$3[J] + Sb = SbJ_3 + 29\,\text{kcal}$$

$$S_{rhomb} + O_2 = (SO_2) + 70\,\text{kcal}$$
$$S_{rhomb} + \tfrac{3}{2}O_2 = (SO_3) + 92\,\text{kcal}$$
$$SO_3 + H_2O_{fl} = H_2SO_{4\,fl} + 21\,\text{kcal}$$
$$S_{rhomb} + 2O_2 + H_2 = H_2SO_{4\,fl} + 193\,\text{kcal}$$

$$N_2 + \tfrac{1}{2}O_2 = N_2O - 20\,\text{kcal}$$
$$\tfrac{1}{2}N_2 + \tfrac{1}{2}O_2 = NO - 22\,\text{kcal}$$
$$N_2 + \tfrac{3}{2}O_2 = N_2O_3 - 21\,\text{kcal}$$
$$N_2 + 2O_2 = N_2O_4 - 2\,\text{kcal}$$
$$N_2 + \tfrac{5}{2}O_2 = N_2O_5 - 1\,\text{kcal}$$

$$2\,Sb + \tfrac{3}{2}O_2 = Sb_2O_3 + 163\,\text{kcal}$$
$$2\,Sb + 2O_2 = Sb_2O_4 + 209\,\text{kcal}$$
$$2\,Sb + \tfrac{5}{2}O_2 = Sb_2O_5 + 230\,\text{kcal}$$

$$C_{amorph} + \tfrac{1}{2}O_2 = CO + 29\,\text{kcal}$$
$$C_{Diamant} + O_2 = CO_2 + 94\,\text{kcal}$$
$$Si_{amorph} + O_2 = SiO_2 + 195\,\text{kcal}$$

C. Lösungswärmen von Metallverbindungen.

Substanz	gelöst in Mol H_2O	U_p	Substanz	gelöst in Mol H_2O	U_p
LiOH	400	5,8	LiJ	∞	14,3
NaOH	200	9,9	NaJ	200	1,2
KOH	250	13,3	KJ	200	— 5,1
KOH $\cdot$ 2H_2O	170	— 0,03	NH_4J	200	— 3,6
LiCl	230	8,4	CaJ_2	400	28,1
NaCl	100	— 1,2	BaJ_2	∞	10,3
KCl	200	— 4,4	$BaJ_2 \cdot H_2O$	500	— 6,9
NH_4Cl	200	— 4,0	ZnJ_2	400	11,3
$CaCl_2$	300	17,4	$LiNO_3$	100	0,3
$CaCl_2 \cdot 6H_2O$	400	— 4,3	$NaNO_3$	200	— 5,0
$BaCl_2$	400	2,1	KNO_3	200	— 8,5
$BaCl_2 \cdot 2H_2O$	400	— 4,9	NH_4NO_3	200	— 6,3
$ZnCl_2$	300	15,6	$Ca(NO_3)_2$	400	4,0
$FeCl_2$	350	17,9	$Ca(NO_3)_2 \cdot 4H_2O$	400	— 7,3
$FeCl_2 \cdot 4H_2O$	400	2,8	$Ba(NO_3)_2$	400	— 9,4
$CuCl_2$	600	11,1	$Zn(NO_3)_2 \cdot 6H_2O$	400	— 5,8
$CuCl_2 \cdot 2H_2O$	400	4,2	$Cu(NO_3)_2 \cdot 6H_2O$	400	—10,7
LiBr	∞	11,3	Li_2SO_4	200	6,1
NaBr	200	— 0,19	Na_2SO_4	400	4
KBr	200	— 5,1	$Na_2SO_4 \cdot 10H_2O$	400	—18,8
NH_4Br	200	— 4,4	K_2SO_4	100	— 6,4
$CaBr_2$	400	24,5	$(NH_4)_2SO_4$	400	— 2,4
$CaBr_2 \cdot 6H_2O$	400	— 1,1	$ZnSO_4$	400	18,4
$BaBr_2$	400	5,0	$ZnSO_4 \cdot 7H_2O$	400	— 4,3
$BaBr_2 \cdot 2H_2O$	400	— 4,1	$FeSO_4 \cdot 7H_2O$	400	— 4,5
$ZnBr_2$	400	15,0	$CuSO_4$	400	15,8
$CuBr_2$	∞	7,9	$CuSO_4 \cdot 5H_2O$	400	— 2,8
$CuBr_2 \cdot 4H_2O$	∞	— 1,5			

D. Lösungs- und Verdünnungswärme der Säuren.

Mol Wasser auf 1 Mol Säure	H_2SO_4	HCl	HNO_3	H_3PO_4	$C_2H_4O_2$
1	6,5	5,4	3,3	1,7	— 0,15
2	9,7	11,4			— 0,16
5	13,4	15,0	6,7		
8					— 0,002
10	15,7	16,2	7,3		
20	16,7	16,8	7,5	5,0	+ 0,17
50	17,0	17,1		5,2	0,28
100	17,2	17,2	7,4	5,3	0,34
200	17,4			5,4	0,38
300		17,3	7,5		
800	18,1				
1600	18,4				

E. Verdünnungswärme der Basen.

Zugefügt Mol H_2O	zu $KOH + 3H_2O$	zu $NaOH + 3H_2O$
2	1,50	2,13
4	2,10	2,89
6	2,36	3,10
17	2,68	3,28
47	2,74	3,11
97	2,75	3,00
197	2,75	2,94

Überblickt man die in den vorstehenden Tabellen niedergelegten Erfahrungen, so gelangt man zu folgenden Resultaten: Elemente, welche an den entgegengesetzten Enden des periodischen Systems stehen, verbinden sich miteinander unter starker Wärmeentwicklung, wie z. B. die Alkali- und Erdalkalimetalle mit den Halogenen und Sauerstoff. Bei der Bildung gleicher Verbindungstypen, wie von Oxyden, Chloriden, Sulfiden usw. stuft sich die Größe der Bildungswärme innerhalb der einzelnen Familien meist nach der Ordnungszahl der sich verbindenden Elemente ab, und zwar in dem gleichen Sinne wie ihre Tendenz, Ionen zu bilden (Elektroaffinität[1]). Sowohl die starken Kationenbildner (Kalium, Natrium) wie auch die starken Anionenbildner (Chlor) zeigen bei der Bildung von Verbindungen mit polar entgegengesetzten Elementen besonders große Wärmetönungen. Elemente, die sich in ihrem chemischen Verhalten ähneln, wie Eisen, Nickel und Kobalt, stehen sich auch thermochemisch recht nahe. Vereinigen sich Elemente einer Vertikalreihe des periodischen Systems miteinander, so ist die Reaktionswärme der niedrigsten Verbindungsstufen in der Regel relativ am größten (Beispiel $PCl_3 \rightarrow PCl_5$, $SO_2 \rightarrow SO_3$, $SbCl_3 \rightarrow SbCl_5$, doch gilt diese Regel nicht ohne Ausnahme (z. B. $CO \rightarrow CO_2$).

Der ausgeprägte Einfluß, den die Elektroaffinität eines Elementes auf die Größe der Wärmeentwicklung bei der Verbindungsbildung ausübt, wird nach VAN'T HOFF durch die folgende graphische Darstellungsmethode veranschaulicht. In der Abb. 20 wird die Reaktionswärme von

---

[1] Vgl. ABEGG und BODLÄNDER, Z. anorgan. Chem. Bd. 20, S. 453, 1899.

Na und Cl bei der Bildung der Verbindungen mit S, O, Cl, J, H und Na als Ordinate aufgetragen. Die Bildungswärme der Na-Verbindungen nimmt etwa in der gleichen Reihenfolge ab, wie die der entsprechenden Cl-Verbindungen zunimmt[1].

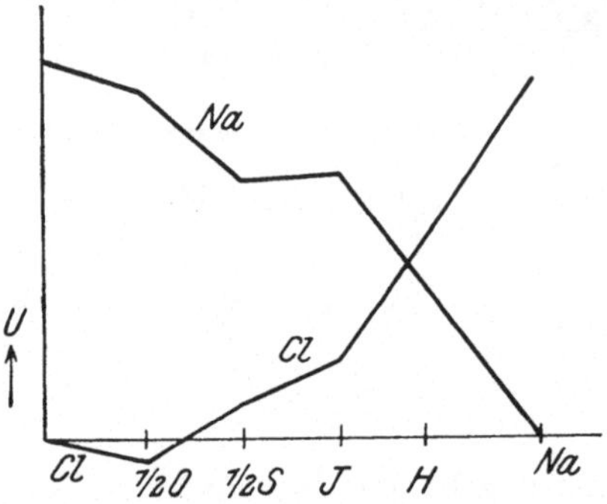

Abb. 20. Reaktionswärmen einiger Verbindungen des Na und Cl nach VAN'T HOFF.

Bei der Betrachtung der Lösungswärmen ergibt sich, daß sich solche Salze, die bei gewöhnlicher Temperatur im Gleichgewicht mit ihren gesättigten Lösungen stehen können, meist unter Wärmeabsorption auflösen, während wasserfreie Salze, die Hydrate zu bilden imstande sind, infolge ihrer meist sehr großen Hydratationswärme sich unter Wärmeentwicklung auflösen. Es ist aber bemerkenswert, daß manche Salze trotz ihrer ganz analogen Zusammensetzung und ihrer sonstigen Ähnlichkeit im chemischen Verhalten völlig abweichende Lösungswärmen besitzen (z. B. $Na_2SO_4 + 0{,}4$ kcal, $K_2SO_4 - 6{,}58$ kcal, LiBr $+ 11{,}35$ kcal, NaBr $- 0{,}19$ kcal usw.).

Eine besondere Erörterung verdienen die Neutralisationswärmen verdünnter Säure- und Baselösungen, wie sie von THOMSEN, BERTHELOT und anderen gefunden wurden.

Die in der folgenden Tabelle mitgeteilten Zahlen sind für jede Säure von der Natur der Base nahezu vollkommen unabhängig. Von der Säure sind sie in der Art abhängig, daß sie für Salz- und Salpetersäure gleich, für Schwefelsäure größer und für Kohlensäure kleiner sind. Eine Erklärung dieser auffallenden Gesetzmäßigkeit ergibt sich ohne weiteres

Neutralisationswärmen.

Base	HCl	HNO$_3$	$^1/_2$H$_2$SO$_4$	$^1/_2$H$_2$CO$_3$
LiOH	13,85	—	15,65	—
NaOH	13,7	13,7	15,69	10,1
KOH	13,7	13,8	15,65	10,1
TlOH	13,76	13,69	15,65	—
$^1/_2$Ca(OH)$_2$ . . .	14,0	13,9	15,57	—
$^1/_2$Ba(OH)$_2$ . . .	13,85	14,0	—	—

aus der Theorie der elektrolytischen Dissoziation. Nach dieser besteht die Neutralisation einer starken Base und einer starken Säure in verdünnter Lösung ausschließlich in der Vereinigung von $H^{\cdot}$ und OH'-Ionen zu ungespaltenem Wasser, gemäß der Gleichung z. B.:

$$Na^{\cdot} + OH' + H^{\cdot} + Cl' = Na^{\cdot} + Cl' + H_2O\,.$$

Ist diese Voraussetzung erfüllt, so muß die Wärmetönung der Reaktion von der Natur der Kationen und Anionen unabhängig sein, da diese

---

[1] Vorlesungen III, S. 85.

ja gar nicht in die Reaktionsgleichung eintreten. Dies ist offenbar bei der Neutralisation von Salz- und Salpetersäure mit jeder der in die Tabelle aufgenommenen Basen der Fall. Bei Schwefelsäure und Kohlensäure ist dagegen anscheinend diese Voraussetzung nicht zutreffend. Im ersteren Falle ruft die Verdünnung der Schwefelsäure bei der Vermischung mit der alkalischen Lösung eine Wärmetönung von etwa 2 kcal hervor, bei dem praktisch unhydratisierten Kohlendioxyd dagegen muß die zur Ionenspaltung der Kohlensäure notwendige Wärmemenge eine Verkleinerung der Neutralisationswärme hervorrufen. Aus den gefundenen Werten ergibt sich, daß bei der Hydratation und darauf folgenden elektrolytischen Dissoziation von $\frac{1}{2}$ Mol H_2CO_3 eine Wärmemenge von $13{,}7 - 10{,}2 = 3{,}5$ kcal verbraucht wird. Die konstante Neutralisationswärme 13,7 kcal stellt die Ionisationswärme des Wassers dar, d. h. es wird diese Wärmemenge bei der Dissoziation verbraucht und bei der Vereinigung der Ionen entwickelt.

Nach den Versuchen von WOERMANN[1] ist diese Wärmetönung in verdünnten Lösungen von KOH etwas größer als bei NaOH. WOERMANN erhielt bei 0^0 im Eiskalorimeter folgende Neutralisationswärmen:

$$HCl \;\; + NaOH = 14{,}62 \text{ kcal}$$
$$HCl \;\; + KOH \;\; = 14{,}755 \;\; ,,$$
$$HNO_3 + NaOH = 14{,}689 \;\; ,,$$
$$HNO_3 + KOH \;\; = 14{,}755 \;\; ,,$$

Bei Zimmertemperatur sind diese Wärmetönungen um etwa 1 kcal kleiner als bei 0^0.

Eine besondere Bedeutung besitzt die Wärmetönung, die bei der Verbrennung, d. h. bei der vollständigen Oxydation brennbarer Stoffe, entwickelt wird. Mit Hilfe dieser sog. Verbrennungswärme ist es möglich, die Bildungswärme von organischen Verbindungen aus den Elementen zu berechnen, eine Größe, die erhebliches theoretisches Interesse besitzt, aber nicht direkt gemessen werden kann, weil die Bildung der organischen Verbindungen aus den Elementen meist überhaupt nicht möglich ist oder nur unter Bedingungen verläuft, die nicht innerhalb eines Kalorimeters reproduziert werden können. Es muß betont werden, daß ja stets nur solche Reaktionen kalorimetrisch verfolgt werden können, die sich mit sehr großer Geschwindigkeit vollziehen lassen, da bei langsamen Reaktionen der Temperaturausgleich des Kalorimeters mit der Umgebung eine auch nur einigermaßen genaue Messung der Reaktionswärme unmöglich macht. Da die meisten organischen Reaktionen langsam verlaufen, so ist man zur Ermittlung der bei diesen Reaktionen auftretenden Wärmeerscheinungen auf einen indirekten Weg angewiesen, der eben auf der Bestimmung der Verbrennungswärme beruht.

Die Berechnung der Bildungswärme aus der Verbrennungswärme gestaltet sich folgendermaßen:

---

[1] Ann. Physik, Bd. 18, S. 755, 1905; vgl. auch neuere Messungen von RICHARDS, TH. W. und ROWE, A. W. Journ. Amer. chem. Soc. Bd. 44, S. 684, 1922.

Es sei U_1 die Verbrennungswärme des Kohlenwasserstoffes C_nH_{2n+2}; es gilt somit die Gleichung:

$$C_nH_{2n+2} + \frac{(3n+1)}{2}\, O_2 = n\,CO_2 + (n+1)\,H_2O_{fl} + U_1 \, . \qquad (1)$$

Der Bildung des Kohlendioxyds entspricht die Gleichung:

$$C + O_2 = CO_2 + U_2 \, , \qquad (2)$$

und der Bildung des Wassers die Gleichung:

$$H_2 + {}^1/_2\,O_2 = H_2O_{fl} + U_3 \, . \qquad (3)$$

Multipliziert man (2) mit n und (3) mit $n+1$ und subtrahiert sie dann von (1), so erhält man:

$$C_nH_{2n+2} - n\,C - (n+1)\,H_2 = U_1 - n\,U_2 - (n+1)\,U_3 \, ,$$

mithin für die Bildung des Kohlenwasserstoffes die thermochemische Gleichung:

$$n\,C_{Diam} + (n+1)\,H_2 = C_nH_{2n+2} + n\,U_2 + (n+1)\,U_3 - U_1 \, .$$

Für Methan CH_4 ist $U_1 = 213$ kcal, ferner ist $U_2 = 94{,}4$ kcal, $U_3 = 68{,}4$ kcal, mithin die Bildungswärme $U = 94{,}4 + 2 \cdot 68{,}4 - 213{,}5 = 18$ kcal.

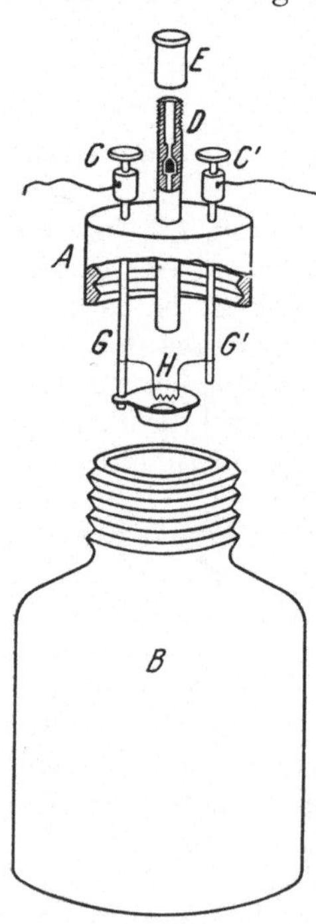

Abb. 21.
BERTHELOTsche Bombe.

Enthält die zu verbrennende Verbindung noch andere Elemente, wie O, S, N, Cl usw., so wird an dem Gang dieser Rechnung nichts Wesentliches geändert. Die Berechnung der Bildungswärme ist stets ausführbar, sobald die bei der Verbrennung entstehende Verbindung des betreffenden Elementes und deren Bildungswärme bekannt ist.

Der bekannteste und bequemste Apparat zur experimentellen Bestimmung der Verbrennungswärme ist von BERTHELOT angegeben worden und von diesem und vielen anderen Forschern zur Bestimmung der Verbrennungswärme zahlreicher Verbindungen benutzt worden. Die nach ihrem Entdecker benannte BERTHELOTsche Bombe wird durch folgende Abb. 21 erläutert.

B ist ein aus starkem Stahl gefertigter, mit einem gut schließenden abschraubbaren stählernen Deckel A versehener Zylinder. Der Deckel trägt innen einen Halter und an diesem ein Schälchen, das den zu verbrennenden Stoff aufnimmt. Durch das Ventil D wird Sauerstoff von ca. 25 atm Druck eingeführt; E ist eine Verschlußklappe für das Ventil. Zwischen G und G' liegt ein feiner Eisendraht, der den zu verbrennenden Stoff berührt und nach Verschluß der Bombe mittels der Klemmen C und C' durch einen elektrischen Strom zum Glühen gebracht werden kann. Hierbei entzündet sich der Stoff und verbrennt in dem komprimierten Sauerstoff sehr rasch vollständig. Die ganze Bombe befindet sich in einem als Kalorimeter dienenden Wasserbehälter, dessen Temperaturerhöhung während der Verbrennung bestimmt wird. Zur Berechnung der Verbrennungswärme ist es notwendig, eine Korrektur anzubringen, die der Verbrennungswärme des mitverbrennenden Eisendrahtes Rechnung trägt. Die Eichung des Kalorimeters erfolgt am besten durch Verbrennung eines Stoffes, dessen Verbrennungswärme bekannt ist oder dadurch, daß man durch Einführung eines bekannten elektrischen Stromes in die Bombe eine gleiche Erwärmung herbeiführt, wie sie während der Verbrennung entwickelt wurde. Dann ist die Verbrennungswärme gleich der in die Bombe geschickten elektrischen Energiemenge. Um sicher zu sein, daß das entstehende Wasser in flüssigem Zustande auftritt, sorgt man durch Einbringen von ein wenig Wasser in die Bombe dafür, daß der Gasraum mit Wasserdampf gesättigt ist.

Die folgende Tabelle enthält eine Reihe von Verbrennungswärmen wichtiger organischer Verbindungen.

Bildungs- und Verbrennungswärmen einiger organischer Verbindungen.

Für die Bildungswärmen gelten die Aggregatzustände, die den betreffenden Elementen und Verbindungen bei Zimmertemperatur zukommen. Für Kohlenstoff ist die kristallisierte Form eingesetzt. Bei der Verbrennung findet sich Stickstoff in der Form N_2; Chlor als mehr oder weniger verdünnte HCl-Lösung in Wasser, Brom als Dampf, Jod in festem Zustande. Die Wärmetönungen gelten für konstanten Druck[1].

	Verbrennungswärme in kcal	Bildungswärme in kcal		Verbrennungswärme in kcal	Bildungswärme in kcal
Methan (CH_4)	213	18	Hexahydrobenzol $C_6H_{12}fl$	939	$+38$
Äthan (C_2H_6)	371	23	Hexahydrotoluol $C_7H_{14}fl$	1093	$+47$
Propan (C_3H_8)	529	28	Dimethylcyclohexan		
Butan (C_4H_{10})	687	33	$C_8H_{16}fl$	1244	$+58$
Pentan (C_5H_{12})	840	42	Trimethylcyclohexan		
Hexan $C_6H_{14}fl$	992	53	$C_9H_{18}fl$	1397	$+70$
Heptan $C_7H_{16}fl$	1139	69			
Octan $C_8H_{18}fl$	1307	84	Methylchlorid (CH_3Cl)	173	$+29$
			Methylenchlorid (CH_2Cl_2)	107	$+31$
Äthylen (C_2H_4)	346	—20	Methylbromid (CH_3Br)	180	$+17$
Propylen (C_3H_6)	493	— 5	Methyljodid $CH_3J fl$	195	$+ 2$
Butylen (C_4H_8)	651	± 0	Methylenjodid CH_2J_2fl	178	—15
Amylen $C_5H_{10}fl$	804	$+10$	Nitromethan $CH_3NO_2 fl$	170	27
Hexylen $C_6H_{12}fl$	954	$+23$	Nitroäthan $C_2H_5NO_2fl$	323	37
Benzol C_6H_6fl	783	—11	Methylalkohol $CH_3OH fl$	171	60
Toluol C_7H_8fl	935	± 0	Äthylalkohol $C_2H_5OH fl$	328	66
o-Xylol $C_8H_{10}fl$	1093	$+ 4$	n-Propylalkohol $C_3H_7OH fl$	483	74
			Butylalkohol $C_4H_9OH fl$	640	80
Naphthalin [$C_{10}H_8$]	1233	—15	Dimethyläther (($CH_3)_2O$)	344	50
Anthracen [$C_{14}H_{10}$]	1700	—36	Diäthyläther. ($C_2H_5)_2O fl$	652	68

[1] Vgl. Landolt-Börnstein, 5. Aufl.

Bildungs- und Verbrennungswärmen einiger organischer
Verbindungen (Fortsetzung).

	Verbrennungswärme in kcal	Bildungswärme in kcal		Verbrennungswärme in kcal	Bildungswärme in kcal
Glykol $C_2H_4(OH)_{2fl}$ . . .	282	112	Acetaldehyd $C_2H_4O_{fl}$ . .	279	47
Glycerin $C_3H_5(OH)_{3fl}$ . .	397	160	Benzaldehyd $C_6H_5CHO_{fl}$.	842	24
Mannit $[C_6H_8(OH)_6]$ . . .	728	317	Aceton $C_3H_6O_{fl}$	429	59
Rohrzucker $C_{12}H_{22}O_{11}$ . .	1352	533	Benzophenon		
Glucose $C_6H_{12}O_6$	674	303	$[C_6H_5COC_6H_5]$	1558	11
Phenol $[C_6H_5OH]$	733	39	Ameisensäure CH_2O_{2fl} . .	63	100
o-Nitrophenol	688	49	Essigsäure $C_2H_4O_{2fl}$ . . .	210	116
$[C_6H_4NO_2OH]$			Propionsäure $C_3H_6O_{2fl}$ . .	367	122
Pikrinsäure	612	57	Benzoesäure $[C_6H_5CO_2H]$.	772	94
$[C_6H_2(NO_2)_3OH]$			Oxalsäure $[C_2H_2O_4]$ . . .	60	197
α-Naphthol $[C_{10}H_7OH]$.	1190	28	Bernsteinsäure $[C_4H_6O_4]$.	356	227
			Weinsäure $[C_4H_6O_6]$ . . .	281	302
			Harnstoff $[CON_2H_4]$ . . .	152	79

Zur sehr genauen Bestimmung der Verbrennungswärme ersetzen
E. FISCHER und WREDE[1] das Quecksilberthermometer durch ein Platin-
widerstandsthermometer und betonen, daß für gute Rührung des als
Kalorimeterflüssigkeit dienenden Wassers gesorgt werden müsse. Auf
diese Weise bestimmen sie mit möglichster Sorgfalt die Verbrennungswärmen von Rohrzucker zu 3954 cal pro Gramm und Benzoesäure entsprechend zu 6328 cal und empfehlen diese Substanzen zur Eichung der
Bombe für andere kalorimetrische Zwecke. Hierbei sind die Wägungen
auf den luftleeren Raum korrigiert und der Wert 0,2390 cal für das
Wärmeäquivalent einer Wattsekunde angenommen.

RICHARDS, HENDERSON und FREVERT finden nach der obenerwähnten
adiabatischen Methode, daß die Verbrennungswärme von 1 g Benzol
um 2,5342 mal größer ist als die von 1 g Rohrzucker. Mittels der Zahlen
von FISCHER und WREDE würde sich also die Verbrennungswärme von
Benzol zu 10020 cal pro Gramm ergeben.

Die Verbrennungs- bzw. Bildungswärme der organischen Verbindungen ist eine in eminentem Maße konstitutive Eigenschaft, d. h. sie
hängt nicht nur von der Zahl und Natur der in der Molekel vorhandenen
Atome, sondern auch von der Art ihrer Bindung ab. Isomere Verbindungen können daher völlig verschiedene Verbrennungswärmen besitzen: so besitzt Aceton $CH_3 \cdot CO \cdot CH_3$ die Verbrennungswärme
429 kcal, der isomere Allylalkohol $CH_2 \cdot CHCH_2(OH)$ dagegen 443 kcal
und der ebenfalls isomere Propionaldehyd CH_3CH_2CHO 435 kcal.
Ebenso ändert sie sich bei polymeren Substanzen (pro Gramm) mit der
Molekulargröße, wie folgende Tabelle zeigt:

Acetylen C_2H_2 . . . . . . 12 kcal/g   Acetaldehyd C_2H_4O . . . 64 kcal/g
Benzol C_6H_6 . . . . 10 „   Paraldehyd $(C_2H_4O)_3$ . . . 62 „

Den zahlreichen Arbeiten von THOMSEN, BERTHELOT, STOHMANN,
ROTH u. a. ist es zu danken, daß eine Reihe wichtiger Gesetzmäßig-

---

[1] Z. phys. Chem. Bd. 69, S. 218, 1909; vgl. auch WREDE, ibid. Bd. 75,
S. 81, 1910.

keiten bekannt wurden, die den Einfluß der Bindung einzelner Atome und Atomgruppen auf die Verbrennungswärme der Molekeln zahlenmäßig darstellen. Jeder der Gruppen CH_3, CH_2, CH, CH_2OH, CHO, CO usw. kommt eine bestimmte Zahl zu, die sog. thermochemische Konstante, durch deren Summierung über alle in der Molekel vorhandenen Gruppen die Verbrennungswärme additiv erhalten wird. Man kann daher aus der experimentell bestimmten Verbrennungswärme wichtige Schlüsse auf die Konstitution der Verbindung ziehen und z. B. das Vorhandensein doppelter oder dreifacher Bindungen usw. auf diesem Wege erkennen.

Diese kalorimetrische Konstitutionsbestimmung wird naturgemäß um so ungenauer sein, je zusammengesetzter die Molekel ist; denn dann wird der prozentische Einfluß, den Umlagerungen in der Molekel hervorrufen, immer kleiner. Dies gilt besonders für die sog. desmotropen Umwandlungen, die meist mit nur relativ geringfügiger Energieänderung verknüpft sind. Gerade die Kenntnis derartiger Umwandlungswärmen ist aber von besonderem theoretischen Interesse, da die kalorimetrische Methode hier eine willkommene Ergänzung der häufig nur schwierig gangbaren Wege zur Erkenntnis der Konstitution wäre. Das bisher vorliegende experimentelle Material ist jedoch zu diesem Zwecke noch nicht ausreichend; es liegen jedoch neuerdings recht erfolgreiche Versuche von ROTH[1], AUWERS und ihren Mitarbeitern vor. Diese Autoren bestimmen die Umwandlungswärmen, wenn angängig, nach zwei Methoden, nämlich durch direkte Herbeiführung der Umwandlung mittels elektrischer Erwärmung der umzusetzenden Substanz im Kalorimeter und zweitens durch Ermittlung der Verbrennungswärmen beider Formen. Da jedoch die Umwandlungswärme stets nur wenige Prozent der gesamten Verbrennungswärmen ausmacht, so müssen diese natürlich mit besonderer Sorgfalt bestimmt werden.

Selbstverständlich ist man bei der Anwendung des HESS schen Gesetzes nicht auf kalorimetrisch bestimmte Wärmetönungen beschränkt, sondern kann zur Berechnung auch optisch oder elektrisch bestimmte Energieänderungen benutzen. So werden neuerdings Dissoziationswärmen zweiatomiger Gase aus ihren Spektren ermittelt und zu weiteren Rechnungen benutzt. Hierbei ist allerdings Vorsicht geboten, da zwar die ermittelten Wärmetönungen zum Teil fast optische Genauigkeit haben, aber die Natur der Zerfallsprodukte von vornherein nicht sicher ist. BORN, FAJANS und HABER berechnen durch Kombination kalorimetrisch gemessener Wärmetönungen mit elektrischen Energiemessungen die *Gitterenergie* heteropolar aufgebauter Kristalle, deren Kenntnis für die Theorie des Aufbaues der festen Körper besonders wichtig ist.

Wärmetönung und Temperatur. In den vorhergehenden Erörterungen wurde die Wärmetönung als eine für jede Reaktion konstante Größe behandelt. Eine genauere Überlegung zeigt jedoch, daß dies nicht

---

[1] ROTH, Z. Elektrochem. Bd. 16, S. 654; Bd. 17, S. 789, 1911. — AUWERS, ROTH und EISENLOHR, Ann. Chemie Bd. 373, 1910 und Bd. 385, 1911. — ROTH und v. AUWERS, Ann. Chemie Bd. 407, 1914.

streng richtig ist, sondern daß die Reaktionswärme auch von der Temperatur abhängig sein muß, bei der sich die Reaktion vollzieht. Da nämlich der Energieinhalt eines Stoffes oder eines Systems von Stoffen eine Funktion ihrer Temperatur ist, so muß auch die Energiedifferenz zweier Systeme, die bei der chemischen Reaktion als Wärmetönung in Erscheinung tritt, in einer eindeutigen Beziehung zur Temperatur stehen.

Die Abhängigkeit der Reaktionswärme von der Temperatur läßt sich nach dem Vorgang von KIRCHHOFF auf die gleiche Weise berechnen, die wir früher bei der Erörterung von Schmelz- und Verdampfungswärme benutzt haben. Bezeichnen wir die Mengeneinheit der auf der linken Seite der Reaktionsgleichung stehenden Stoffe mit I, die Mengeneinheit der auf der rechten Seite stehenden mit II, so kann man von dem System I, das sich auf der Temperatur T befinden möge, zum System II von der Temperatur $T + dT$ auf zwei Wegen übergehen. Man läßt die Umsetzung erstens bei konstanter Temperatur T vor sich gehen und erwärmt dann das System II um dT, oder man erwärmt zweitens das System I vor der Umsetzung um dT und leitet dann die Umsetzung bei konstanter Temperatur ein. Da, wenn man bei konstantem Volumen arbeitet, in beiden Fällen keine Arbeit geleistet wird, so müssen die auf beiden Wegen entwickelten Wärmemengen einander gleich sein. Im ersten Falle erhält man die Wärme $U_v - C_2 dT$, wenn man unter C_2 die Summen der Molwärmen der bei der Reaktion unter Wärmeentwicklung entstehenden Stoffe versteht, und im zweiten Falle die Wärmemenge $- C_1 dT + U_v + \delta U_v$.

Daraus folgt:

$$U_v + \delta U_v - C_1 dT = U_v - C_2 dT ,$$

$$\frac{\delta U_v}{\delta T} = \left(\frac{\partial U}{\partial T}\right)_v^{1*} = C_1 - C_2 = - \sum_i \nu_i C_{vi} .$$

C_{vi} ist die Molwärme des i-Gases, von dem ν Mole an der Reaktion teilnehmen.

Bei der Summierung sind die unter Wärmeentwicklung entstehenden Stoffe positiv zu rechnen.

Der Temperaturkoeffizient der Reaktionswärme ist also gleich der Abnahme der Wärmekapazität, die das System während der Reaktion erleidet. Die Reaktionswärme wächst, wenn die bei der Reaktion entstehenden Stoffe eine kleinere Wärmekapazität besitzen, als die bei der Reaktion verschwindenden Stoffe; im entgegengesetzten Falle nimmt sie ab. Bei endothermen Reaktionen, bei denen U ein negatives Vorzeichen besitzt, bedeutet das Wachsen von U eine Abnahme des zahlenmäßigen Betrages der Reaktionswärme und umgekehrt.

Das THOMSEN-BERTHELOTsche Prinzip. Wie bereits auf S. 87 hervorgehoben wurde, ist die Bildungswärme einer chemischen Verbindung im allgemeinen um so größer, je leichter die Bildung der Verbindung

---

1* Die partielle Ableitung von U nach der Temperatur bei konstantem Volumen.

eintritt. Die Alkalimetalle, die sich schon bei gewöhnlicher Temperatur an der Luft oxydieren, haben eine größere Oxydationswärme als z. B. Kohlenstoff, dessen Verbrennung erst beim Erhitzen eintritt. Dieser wiederum verbindet sich leichter und rascher mit Sauerstoff als die Schwermetalle, die eine noch geringere Oxydationswärme besitzen. Umgekehrt lassen sich Verbindungen mit großer Bildungswärme schwierig in ihre Komponenten zerlegen, während eine solche Spaltung bei Verbindungen geringer Bildungswärme meist relativ leicht erfolgt. So spalten sich die Oxyde von Silber und Quecksilber schon bei mäßigem Erhitzen in Metall und Sauerstoff, während die Darstellung der reinen unedleren Metalle aus den Oxyden nur mit Hilfe starker Reduktionsmittel oder des elektrischen Stromes gelingt. Es besteht daher zweifellos eine Beziehung zwischen der Wärmetönung einer Reaktion und den chemischen Affinitätskräften.

Aus diesem Grunde haben zuerst JUL. THOMSEN (1851) und später BERTHELOT (1868) die Wärmetönung direkt als Maß für die treibende Kraft jeder chemischen Reaktion aufgefaßt. BERTHELOT stellte in seinem „Essai de méchanique chimique" das folgende „Principe du travail maximum" als Grundgesetz der gesamten chemischen Mechanik auf: Von allen möglichen chemischen Vorgängen, die ohne den Zutritt einer fremden Energie verlaufen, tritt stets derjenige ein, der sich unter Entwicklung der größten Wärmemenge abspielt.

Das BERTHELOTsche Prinzip ist durch die spätere Forschung als unrichtig erkannt worden. Denn es vermag das Eintreten endothermer Reaktionen schlechterdings nicht zu erklären. Wenn auch die bei gewöhnlicher Temperatur von selbst verlaufenden Umsetzungen meist unter Wärmeentwicklung vor sich gehen, so überwiegen bei erhöhten Temperaturen solche Reaktionen, die unter Wärmebindung eintreten, wie z. B. die meisten Dissoziationen, ferner die Bildung von Stickoxyd aus Stickstoff und Sauerstoff usw. Daher kann das BERTHELOTsche Prinzip heute nicht mehr als streng gültiges Gesetz, sondern nur als eine bei tiefen Temperaturen meist erfüllte Regel bezeichnet werden.

THOMSEN und BERTHELOT sind bei ihren Versuchen, die chemischen Kräfte durch Wärmegrößen zu messen, zweifellos von dem Gesetz von der Erhaltung der Energie geleitet worden, doch ist das Prinzip des Arbeitsmaximums keine notwendige Folgerung desselben. Das Energiegesetz besagt nur, daß die bei einer chemischen Reaktion auftretende (positive oder negative) Wärmetönung gleich der Energieänderung ist, welche die sich umsetzenden Stoffe erfahren. Unter welchen Umständen aber diese Änderungen eintreten und wann sie ausbleiben, ist eine Frage, deren Beantwortung nicht in das Bereich des Energiegesetzes (des ersten Hauptsatzes der Thermodynamik) fällt. Eine Entscheidung über die *Richtung* eines energetischen Vorganges wird erst durch den sog. zweiten Hauptsatz der Thermodynamik herbeigeführt.

Fünftes Kapitel.

Der zweite Hauptsatz der Thermodynamik.

1. Das Carnot-Clausiussche Prinzip.

Reversible und irreversible Vorgänge. Bei der Erörterung des Berthelotschen Prinzips mußten wir die Frage aufwerfen, ob man aus dem Vorzeichen oder der Größe einer Wärmetönung auf die Richtung des mit der Wärmeentwicklung oder -aufnahme verknüpften Vorganges schließen kann. Mit anderen Worten: Wenn beim Übergange eines Zustandes A in den Zustand B eine bestimmte Wärmemenge $+ U$ frei wird, geht dann unter allen Umständen A in B über oder unter welchen? Oder noch allgemeiner: Unter welchen Bedingungen können wir überhaupt das Eintreten eines bestimmten Vorganges vorhersagen?

Der erste Hauptsatz der Thermodynamik versagt für diesen Zweck. Sein Inhalt kann in die Form eines Bedingungssatzes gekleidet werden: Wenn in einem abgeschlossenen System eine Zustandsänderung eintritt, so bleibt die Gesamtenergie konstant; aber ob und wann die Änderung eintritt, darüber sagt das Energiegesetz nichts aus. Andererseits ist es das Ziel der Wissenschaft, nicht nur die bei möglichen Vorgängen eintretenden Veränderungen zu bestimmen, sondern vorauszusagen, ob und unter welchen Bedingungen derartige Vorgänge eintreten. Nach einem Worte von Ostwald ist die Wissenschaft geradezu die Kunst des Prophezeiens. Folglich muß unser Streben dahin gehen, außer dem Energiegesetz noch andere Grundgesetze aufzufinden, die die Richtung und das Eintreten der Naturerscheinungen bestimmen. Wie im folgenden gezeigt wird, kennen wir einen solchen Satz, der ebenso wie das Energiegesetz alle mit Energieumwandlungen verknüpften Erscheinungen umfaßt und ihre Richtung aus den Anfangsbedingungen des Systems vorherzusagen gestattet. Man bezeichnet denselben als den zweiten Hauptsatz der Thermodynamik.

Um seinen Inhalt zu formulieren, wollen wir die einfachsten Zustandsänderungen ins Auge fassen, deren Eintritt wir erfahrungsgemäß aus den Anfangsbedingungen mit völliger Sicherheit voraussagen können. Wenn zwei Körper ungleicher Temperatur sich berühren, so fließt die Wärme vom wärmeren zum kälteren, bis die Temperatur beider Körper die gleiche geworden ist. Berühren sich die Körper nicht unmittelbar, so erfolgt der Temperaturausgleich auch durch Strahlung. Niemals entmischt sich ein gleichmäßig temperierter Körper von selbst in eine wärmere und eine kältere Hälfte. Der Wärmeübergang durch Strahlung oder Leitung ist also ein *nicht umkehrbarer* oder *irreversibler* Vorgang. Dieser Erfahrungssatz bildet den Kern des zweiten Hauptsatzes. Obwohl er der alltäglichen Beobachtung entspringt, wurde er erst von Sadi Carnot um 1830 in seiner Fruchtbarkeit erkannt und ausgesprochen. Später wurde er namentlich von R. Clausius aufgenommen und weiter entwickelt. Man bezeichnet ihn daher als Carnot-Clausiussches Prinzip, und zwar in der Form: Wärme kann nie ohne Kompensation, d. h. ohne daß dauernde Veränderungen in der Umgebung hervorgerufen werden, von einem kälteren zu einem wärmeren Körper übergehen.

Außer dem Wärmeübergang von höherer zu tieferer Temperatur gibt es noch eine Reihe anderer solcher nicht umkehrbarer einfacher Prozesse. Die wichtigsten sind:

Die Erzeugung von Wärme durch Reibung.

Die Ausdehnung eines Gases in ein Vakuum.

Die Diffusion von Gasen oder Flüssigkeiten.

Die Erzeugung von Wärme durch den elektrischen Strom.

Die spontane Entwicklung der Reaktionswärme bei chemischen Umsetzungen.

Alle diese irreversiblen Vorgänge treten stets von selbst ein, wenn sich die Gelegenheit bietet. Ein Gas strömt unter allen Umständen in das Vakuum, mit dem es in Berührung steht; der elektrische Strom erzeugt stets Wärme usw.

Wenn man eine Maschine konstruieren könnte, nach deren Ablauf der ursprüngliche Zustand aller beteiligten Körper wieder hergestellt würde und deren einzige Tätigkeit darin bestände, Wärme in die äquivalente Menge Arbeit zu verwandeln, so könnte man jeden einzelnen der soeben als irreversibel bezeichneten Vorgänge ohne Kompensation rückgängig machen. Für die Erzeugung von Wärme durch Reibung ergibt sich dies von selbst; der Wärmeübergang von Orten höherer zu Orten tieferer Temperatur würde dadurch rückgängig gemacht werden, daß dem früher kälteren Körper unter Arbeitsleistung Wärme entzogen und die gewonnene Arbeit dazu benutzt wird, um den anfänglich heißeren Körper durch Reibung auf seine Anfangstemperatur zurückzubringen. Die Ausdehnung des Gases könnte man rückgängig machen, indem man das Gas zunächst unter Aufwendung von Arbeit komprimiert und die hierbei erhaltene Wärme wieder zur Erzeugung der geleisteten Arbeit verwendet usf. Auch die übrigen, als typisch nicht umkehrbar erkannten Prozesse ließen sich leicht durch Verwendung dieser hypothetischen Maschine rückgängig machen. Ihre faktische Irreversibilität läßt sich also nur behaupten, wenn erwiesen ist, daß die Konstruktion dieser Maschine der Erfahrung widerspricht. Der zweite Hauptsatz ist also identisch mit dem Satze, daß die *Umwandlung von Wärme in Arbeit niemals die einzige Wirkung eines sich in der Natur abspielenden Vorganges ist*. Tatsächlich beobachten wir, daß bei allen Vorrichtungen, die die Umwandlung von Wärme in Arbeit verwirklichen, noch andere Zustandsänderungen eintreten. So ist z. B. die Arbeitsleistung bei der Ausdehnung eines komprimierten Gases nicht nur von einer Abkühlung, sondern auch von einer Volumenänderung des Gases begleitet. Bei der im Kolben des Explosionsmotors eintretenden Verbrennung tritt eine chemische Umsetzung ein, und außerdem wird ebenso wie bei der Dampfmaschine nur ein Teil der entwickelten Wärme in Arbeit verwandelt, während ein anderer Teil in das Kühlwasser übergeht. Stets ist also die Umwandlung von Wärme in Arbeit von einem irreversiblen Vorgang begleitet.

Um die Tragweite dieses Satzes zu veranschaulichen, wollen wir noch einen Augenblick bei der Erörterung dieser hypothetischen Maschine verweilen. Da nach ihrem Ablauf keine dauernden Veränderungen der beteiligten Körper eintreten sollen, so durchläuft sie einen sog. Kreisprozeß, der zum Anfangszustand zurückläuft und daher beliebig oft wiederholt werden kann. Die Arbeitsweise einer solchen Maschine wollen wir als eine periodische bezeichnen. Ihre Verwirklichung würde es uns ermöglichen, einem großen Wärmereservoir seinen gesamten Wärmeinhalt zu entziehen und in nutzbare Arbeit zu verwandeln. Ein Schiff, das mit dieser Maschine ausgerüstet wäre, könnte z. B. den ungeheuren Wärmevorrat des Ozeans zu dessen Durchquerung verwerten und seine Fahrt ohne Betriebsmaterial sehr lange fortsetzen. Die Existenz einer solchen Maschine wäre zwar mit dem ersten Hauptsatz vereinbar; das Schiff, das sie trüge, wäre kein Perpetuum mobile, da nicht Arbeit aus nichts, sondern aus dem Wärmevorrat des Ozeans geschaffen wird; es würde uns aber doch eine ungeheure Arbeitsmenge kostenlos liefern. Eine derartige Maschine ist daher von OSTWALD als Perpetuum mobile *zweiter* Art bezeichnet worden, und der zweite Hauptsatz als der Satz, daß die Konstruktion eines Perpetuum mobile zweiter Art für uns unmöglich ist.

Ebenso wie der erste Hauptsatz, das Energiegesetz, so besitzt auch der zweite Hauptsatz für uns einen viel höheren Wahrheitswert als die meisten anderen ebenfalls aus der Erfahrung gewonnenen Naturgesetze. Die Überzeugung von seiner Richtigkeit, die heute unser ganzes naturwissenschaftliches Denken beherrscht, beruht nicht nur darauf, daß es bisher nicht gelungen ist, die glückbringende Maschine zu konstruieren, die uns den Wärmevorrat des Ozeans in nutzbare Arbeit verwandelt, sondern vielmehr auf der seit Jahrhunderten täglich gemachten Beobachtung irreversibler Vorgänge. Ein Zweifel an seiner Gültigkeit kann erst auftauchen, wenn man beobachtet, daß ein gleichmäßig temperierter Körper sich von selbst in eine wärmere und eine kältere Hälfte scheidet, oder daß ein Gas sich ohne äußere Ursachen zusammenzieht und ein Vakuum zurückläßt. Außerdem sind alle Folgerungen, die man in den letzten Jahrzehnten aus dem zweiten Hauptsatz für alle Gebiete der Chemie und Physik gezogen hat, durch das Experiment vollständig bestätigt worden.

Während also die Existenz *nicht umkehrbarer* Prozesse in der Natur nunmehr sichergestellt ist, müssen wir die Frage, ob es überhaupt völlig *reversible* Prozesse gibt, zunächst noch als eine offene betrachten. Wir nennen einen Vorgang einen umkehrbaren, der in beiden Richtungen durchlaufen werden kann und bei welchem in beiden Fällen stets die gleichen Zwischenzustände, aber in umgekehrter Reihenfolge, auftreten. Das Resultat zweier entgegengesetzter umkehrbarer Vorgänge muß gleich Null sein, und zwar sowohl was das sich verändernde System wie dessen Umgebung betrifft. Ein zusammengesetzter Vorgang, der auch nur zu einem kleinen Teil irreversibel ist, ist auch im ganzen als nicht umkehrbar zu bezeichnen. Ein Beispiel für einen umkehrbaren Prozeß bietet die Schwingung eines mathematischen Pendels, ferner sämtliche

anderen Vorgänge der reinen Mechanik. Alle tatsächlich vorkommenden
Bewegungen sind dagegen infolge des Auftretens der Reibung und der
Reibungswärme irreversibel; ein physisches Pendel kommt nach einer
Reihe von Schwingungen zur Ruhe, falls es nicht, wie im Falle einer
Uhr, durch Aufziehen der Feder oder Heben eines Gewichtes, also durch
Arbeitsleistung, immer wieder in Gang gebracht wird. Je geringer die
Reibung ist, die der Bewegung hemmend entgegenwirkt, um so mehr
nähert sich diese einem umkehrbaren Vorgang. Letzterer stellt also
einen Grenzbegriff dar, der zwar in der Erfahrung nicht völlig realisiert
werden, aber durch apparative und konstruktive Hilfsmittel angestrebt
werden kann. Wie das Beispiel der Mechanik zeigt, besitzt die Benutzung streng umkehrbarer Prozesse im gedanklichen Experiment
außerordentliche Bedeutung für den Fortschritt der Wissenschaft;
ebenso macht, wie aus den folgenden Darstellungen hervorgeht,
die Thermodynamik von der Fiktion der reversiblen Vorgänge erfolgreich Gebrauch.

Ein weiteres Beispiel für die Beziehung von umkehrbaren und nicht
umkehrbaren Prozessen bietet die Volumenveränderung eines Gases.
Die *adiabatische* Kompression eines Gases (vgl. S. 69) ist umkehrbar,
da der Anfangszustand nach adiabatischer Dilatation wieder vollständig
erreicht wird. Nun ist es aber praktisch unmöglich, für Wärme völlig
undurchlässige Hüllen herzustellen; daher wird bei der experimentellen Durchführung keine Kompression streng adiabatisch verlaufen,
sondern es wird stets ein, wenn auch kleiner Bruchteil der erzeugten
Wärme durch Leitung oder Strahlung der Umgebung mitgeteilt werden.
Je geringer die Durchlässigkeit der Hülle ist, um so geringer ist dieser
Wärmeverlust und um so mehr nähert sich der Verlauf der Volumenänderung einem umkehrbaren.

Ähnliche Betrachtungen sind für die *isothermen* reversiblen Volumenänderungen maßgebend, die ebenfalls nur mit einer gewissen Annäherung
verwirklicht werden können, nämlich nur dann, wenn sich der die Bewegung des Stempels verursachende Druck vom Gasdruck im Innern nur
unendlich wenig unterscheidet. Denn nur dann ist die treibende Kraft
und demnach auch die Geschwindigkeit der Volumenänderung unendlich klein. Wäre dies nicht der Fall, so würde erstens bei der schnellen
Bewegung des Stempels eine Reibungsarbeit verlorengehen, und zweitens
würde die mit der Volumenänderung verknüpfte Wärmeentwicklung
nicht rasch genug an die Umgebung abgegeben werden, und die Konstanz der Temperatur könnte nicht gewahrt bleiben.

Andere Beispiele für umkehrbare Prozesse werden wir in späteren
Kapiteln kennenlernen. In den meisten Fällen wird die Annäherung an
die Reversibilität durch den möglichst langsamen Ablauf des Vorganges
erreicht, dieser ist gewährleistet, wenn die treibende Kraft unendlich
klein ist, wenn also jede einzelne Phase des Vorganges, wie z. B. bei
einer auf einer Ebene rollenden Kugel, einen Gleichgewichtszustand
darstellt. Alle streng umkehrbaren Vorgänge müssen daher eine kontinuierliche Kette von Gleichgewichtszuständen durchlaufen. Schon
aus dieser Forderung geht hervor, daß die in der Natur *von selbst* ein-

tretenden Vorgänge, die von einem Ungleichgewicht zu einem Gleichgewicht führen, irreversibel sind.

Nach dem zweiten Hauptsatz der Thermodynamik soll die Umwandlung von Wärme in Arbeit stets von irreversiblen Vorgängen begleitet sein. Wir gehen nunmehr zur näheren Untersuchung dieser Erscheinungen über und unterwerfen zu diesem Zwecke die in den Wärmekraftmaschinen sich abspielenden Prozesse einer genauen Analyse. Als einfachstes und historisch wichtigstes Beispiel wählen wir die Dampfmaschine.

Durch Zufuhr von Wärme wird Wasser im Kessel verdampft, und der Dampf treibt den Kolben unter Arbeitsleistung vor sich her. Bei dem rückläufigen Vorgang, bei der Kondensation des Dampfes zu flüssigem Wasser, wird ein Teil der zugeführten Wärme bei tieferer Temperatur an die Umgebung (das Kondenswasser) abgegeben; das Kondenswasser wird in den Kessel zurückgebracht und dadurch der Kreisprozeß geschlossen. Die Erzeugung von Arbeit aus Wärme ist also nicht, wie bei einem Perpetuum mobile zweiter Art, die einzige Leistung der Dampfmaschine, sondern es ist gleichzeitig eine gewisse Wärmemenge von der höheren Temperatur des Kessels auf die tiefere des Kondensators transportiert und bei dieser an die Umgebung abgegeben worden. Die Erfahrung lehrt also, daß man mit Hilfe einer periodisch arbeitenden Maschine dann Arbeit aus Wärme erzeugen kann, wenn gleichzeitig eine gewisse Wärmemenge bei höherer Temperatur aufgenommen und bei niederer abgegeben wird.

Der Carnotsche Kreisprozeß. Es entsteht nun die Frage, in welchem Verhältnis steht die in einem solchen Kreisprozeß, der sich zwischen den Temperaturen T_1 und T_2 $(T_1 > T_2)$ abspielen möge, in Arbeit umgewandelte Wärme zu der Gesamtwärme, die der den Kreisprozeß durchlaufenden Maschine bei der höheren Temperatur T_1 zugeführt wird?

Zunächst ist es klar, daß der Nutzeffekt um so größer ist, je weniger irreversible Vorgänge in dem Kreisprozeß vorkommen; denn jeder einzelne von diesen muß ja während des Ablaufes des Kreisprozesses wieder rückgängig gemacht werden, und dies ist, wie wir gesehen haben, nur möglich durch die Aufbietung einer Arbeit oder Wärme (z. B. durch Kohlenfeuerung) außerhalb der Maschine, wodurch der Arbeitsgewinn verringert wird. Es wird also diejenige Maschine den maximalen Nutzeffekt gewähren, die nur umkehrbare Prozesse durchläuft (vgl. z. B. S. 67), also ohne Reibung arbeitet und jeden Wärmeübergang durch Strahlung oder Leitung ausschließt. Wenn auch solche Arbeitsverluste in der Praxis niemals völlig auszuschließen sind, so stellt doch die maximale Arbeitsleistung einer reversibel arbeitenden Maschine einen oberen Grenzwert dar, den man je nach der Geschicklichkeit des Ingenieurs mit einer gewissen Annäherung erreichen, aber niemals überschreiten kann. Der maximale Nutzeffekt ist also für jeden einzelnen Typ von Arbeitsmaschinen eine charakteristische Größe.

Es läßt sich nun mit Hilfe des zweiten Hauptsatzes beweisen, daß alle solche periodischen Maschinen, die zwischen den gleichen Temperaturen T_1 und T_2 umkehrbar arbeiten, den gleichen Bruchteil der bei

T_1 zugeführten Wärme Q_1 in Arbeit umwandeln und den gleichen Rest $-Q_2{}^1$ bei der tieferen Temperatur T_2 an die Umgebung abgeben, daß also bei gegebener Wärmezufuhr Q_1 die Arbeit $Q_1 + Q_2$, die in maximo von der Maschine geleistet werden kann, lediglich von den Temperaturen T_1 und T_2, nicht aber von der speziellen Anordnung der Maschine und den chemischen Eigenschaften der Stoffe, mit denen die Maschine arbeitet (z. B. Wasserdampf, Alkohol oder dergleichen), abhängt.

Wäre dies letztere nämlich nicht der Fall, sondern würde eine umkehrbar zwischen T_1 und T_2 arbeitende Maschine I einen größeren Bruchteil A der Wärme Q_1 in Arbeit umwandeln als die zwischen den gleichen Temperaturen ebenfalls umkehrbar laufende Maschine II, die nur die Arbeit $A' \langle A$ erzeugt, so könnte man beide Maschinen so koppeln, daß II durch I im entgegengesetzten Sinne getrieben wird, so daß sie nicht Wärme in Arbeit, sondern umgekehrt die von außen geleistete Arbeit $-A'$ in Wärme verwandelt. Nach der Voraussetzung soll dann I die Wärmemenge $-Q_2 = Q_1 - A$ bei der tieferen Temperatur nach außen abgeben und II die größere Wärmemenge $-Q'_2 = (Q_1 - A')$ aus der Umgebung aufnehmen, so daß dem Wärmereservoir bei T_2 beim gleichzeitigen Gang beider Maschinen die Wärme $-(Q'_2 - Q_2)$ entzogen wird. Dem Reservoir bei T_1 wird durch I die Wärmemenge Q_1 entzogen und durch II wieder zugeführt, sein Wärmeinhalt bleibt also konstant. Die von den beiden gekoppelten Maschinen nach außen geleistete Arbeit beträgt $A - A' = Q_1 + Q_2 - (Q_1 + Q'_2) = Q_2 - Q'_2$. Der einzige Effekt dieser Maschinen wäre also der, daß einem Wärmereservoir bei der Temperatur T_2 die Wärme $-(Q'_2 - Q_2)$ entzogen und vollständig in Arbeit verwandelt wird. Da dieser Vorgang sich periodisch wiederholen könnte, so würde diese Maschine I und II ein Perpetuum mobile zweiter Art darstellen, ihre Konstruktion widerspricht daher dem zweiten Hauptsatz.

Mithin müssen alle periodisch und umkehrbar zwischen den gleichen Temperaturen arbeitenden Maschinen auch den gleichen Bruchteil der zugeführten Wärme in Arbeit umwandeln, und der maximale Nutzeffekt einer Maschine ist lediglich durch die Temperaturen, zwischen denen sie arbeitet, bedingt. Zur Berechnung dieser Temperaturfunktion genügt es daher, die Arbeit zu bestimmen, die man mit Hilfe eines beliebigen umkehrbaren Kreisprozesses an einer beliebig gewählten Substanz erzielen kann. Aus Zweckmäßigkeitsgründen wählen wir hierzu ein ideales Gas, dessen Zustandsgleichung ja am besten bekannt ist, und führen mit ihm den sog. CARNOTschen Kreisprozeß aus.

1. Man denke sich ein Mol eines idealen Gases vom Volumen V_1, dem Drucke p_1 und der absoluten Temperatur T_1 in einem Kolben mit reibungslos beweglichem Stempel; der Kolben taucht in ein großes Wärmereservoir von der gleichen Temperatur T_1. Verringert man jetzt den Druck über dem Stempel, so dehnt sich das Gas unter Arbeitsleistung aus, indem es den Stempel vor sich herschiebt. Die bei der Ausdehnung um das kleine Volumen dV geleistete Arbeit ist $P\,dV$, wenn

---

¹ Da wir dem System zugeführte Wärmemengen mit $+Q$ bezeichnen, ist $-Q_2$ positiv.

P der Druck ist, der bei der Ausdehnung überwunden wird (vgl. S. 65). Bei der Ausdehnung auf das größere Volumen V_2 wird also die Arbeit

$$A_1 = \int_{V_1}^{V_2} P\,dV$$

geleistet. Diese ist um so größer, je größer der überwundene Druck P ist; sie wird ihren größtmöglichen Wert erreichen, wenn der Außendruck in jedem Augenblick gleich oder wenigstens nur unendlich wenig verschieden von dem jeweiligen Gasdruck im Innern ist. Um die maximale, bei der Ausdehnung von V_1 auf V_2 zu gewinnende Arbeit zu erhalten, ersetzt man also den Gegendruck P durch den Innendruck des Gases unter dem Stempel p und erhält aus der Gasgleichung $pV = RT$

$$A_1 = \int_{V_1}^{V_2} \frac{RT}{V}\,dV.$$

Da das Gas sich innerhalb des großen Wärmereservoirs von der Temperatur T_1 befindet, so bleibt während der Ausdehnung die Temperatur konstant, und die Integration liefert:

$$A_1 = R\,T_1 \ln \frac{V_2}{V_1}.$$

Nach dem ersten Hauptsatz ist bei der Ausdehnung des Gases dem Wärmereservoir eine Wärmemenge Q_1 entzogen worden, welche, da sich der Energieinhalt des Gases nicht ändert, gleich der geleisteten Arbeit ist, also:

$$Q_1 = A_1 = R\,T_1 \ln \frac{V_2}{V_1}.$$

2. Der Kolben werde aus dem Reservoir herausgenommen und mit einer für Wärme undurchlässigen Hülle umgeben. Durch allmähliche Verringerung des auf dem Stempel lastenden Außendruckes werde das Gas weiter ausgedehnt, bis es das Volumen V_3 einnimmt. Die hierbei geleistete Arbeit sei A_2; gleichzeitig wird dem Gas eine ihr gleiche Wärmemenge entzogen und die Temperatur des Gases sinkt auf T_2. Durch die für Wärme undurchlässige Hülle ist das Gas gegen einen Wärmeaustausch mit der Umgebung geschützt; die Temperaturerniedrigung muß also vollständig der in Arbeit verwandelten Wärme entsprechen (*adiabatische* Ausdehnung).

3. Nun wird das Gas in ein Wärmereservoir von der Temperatur T_2 gestellt und wie bei 1. reversibel und isotherm komprimiert, bis es ein Volumen $V_4 \langle V_3$, aber $\rangle V_1$ einnimmt. Hierbei wird von außen die Arbeit $-A_3 = R\,T_2 \ln \frac{V_3}{V_4}$ aufgewendet und die ihr gleiche Wärmemenge $-Q_2 = -A_3$ dem Wärmereservoir bei T_2 zugeführt.

4. Schließlich wird das Gas wieder in eine für Wärme undurchlässige Hülle gebracht und ähnlich wie bei 2. adiabatisch komprimiert, bis es wieder seine Anfangstemperatur T_1 angenommen hat. Das Volumen V_4, bis zu dem es bei 3. isotherm komprimiert wurde, sei

so gewählt, daß die nunmehr folgende adiabatische Kompression auch gleichzeitig zu dem Anfangsvolumen V_1 führt und der Kreisprozeß geschlossen ist. Bei der adiabatischen Kompression 4. ist von außen die Arbeit $- A_4$ geleistet worden.

Abb. 22 stellt den Carnotschen Kreisprozeß graphisch dar; die Isothermen werden durch die Horizontalen, die Adiabaten durch gegen die V-Achse konvexe Kurven wiedergegeben.

Nach dem ersten Hauptsatz muß die während des Kreisprozesses der Umgebung entzogene Wärme gleich der geleisteten Arbeit sein, also:

$$Q_1 + Q_2 = A_1 + A_2 + A_3 + A_4.$$

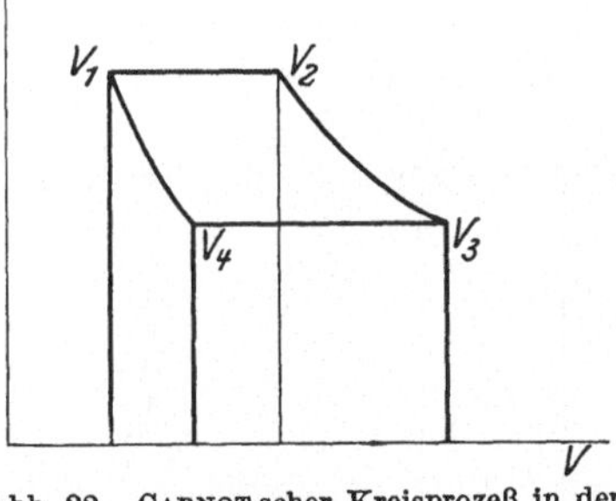

Abb. 22. Carnot scher Kreisprozeß in der T, V-Ebene.

Die bei der adiabatischen Kompression 4. erzeugte Wärme, die das Gas von T_2 auf T_1 erwärmt, ist gleich $- A_4 = - C_v (T_2 - T_1)$, wenn C_v die vom Volumen unabhängige spezifische Wärme des idealen Gases bedeutet (vgl. S. 42). Denselben Wert besitzt die bei der adiabatischen Abkühlung in 2. verbrauchte Wärme, mithin:

$$A_2 + A_4 = 0$$

und

$$Q_1 + Q_2 = A_1 + A_3 = R T_1 \ln \frac{V_2}{V_1} - R T_2 \ln \frac{V_3}{V_4}.$$

Das Volumen V_3 ist durch adiabatische Dilatation aus V_2, V_1 durch ebensolche Kompression aus V_4 entstanden. Mithin gelten für diese Volumina die Gleichungen (vgl. S. 69):

$$\frac{V_3}{V_2} = \left(\frac{T_1}{T_2}\right)^{\frac{1}{k-1}} \quad \text{und} \quad \frac{V_4}{V_1} = \left(\frac{T_1}{T_2}\right)^{\frac{1}{k-1}},$$

wenn $k = \dfrac{C_p}{C_v}$ das Verhältnis der spezifischen Wärmen bedeutet; mithin:

$$\frac{V_3}{V_2} = \frac{V_4}{V_1}; \quad \frac{V_1}{V_2} = \frac{V_4}{V_3}$$

und

$$Q_1 + Q_2 = R(T_1 - T_2) \ln \frac{V_2}{V_1}.$$

Um den Nutzeffekt des Kreisprozesses zu erhalten, dividieren wir die geleistete Arbeit $Q_1 + Q_2$ durch die insgesamt zugeführte Wärme Q_1 und erhalten:

$$\frac{Q_1 + Q_2}{Q_1} = \frac{R(T_1 - T_2) \ln \dfrac{V_2}{V_1}}{R T_1 \ln \dfrac{V_2}{V_1}} = \frac{T_1 - T_2}{T_1}. \tag{1}$$

Man erhält also das überraschend einfache Resultat, daß der maximale Nutzeffekt des CARNOTschen Kreisprozesses und daher nach den obigen Ausführungen auch der jeder anderen periodisch arbeitenden Maschine der Differenz der absoluten Temperaturen direkt und der Temperatur des ersten Wärmebehälters umgekehrt proportional ist.

In vielen Lehrbüchern und Abhandlungen wählt man zur graphischen Darstellung derartiger Zustandsänderungen nicht Volumen und Temperatur als Koordinatenachsen, sondern Volumen und Druck, oder auch Druck und Temperatur. Theoretisch ist jede dieser Zeichnungsarten gleichberechtigt, da der Zustand eines Systems, wie er durch einen Punkt der Zeichenebene dargestellt wird, durch zwei Variable eindeutig bestimmt ist. Die oben benutzte Methode (V und T als Koordinaten) bietet den Vorteil, daß die Isothermen horizontale Gerade werden.

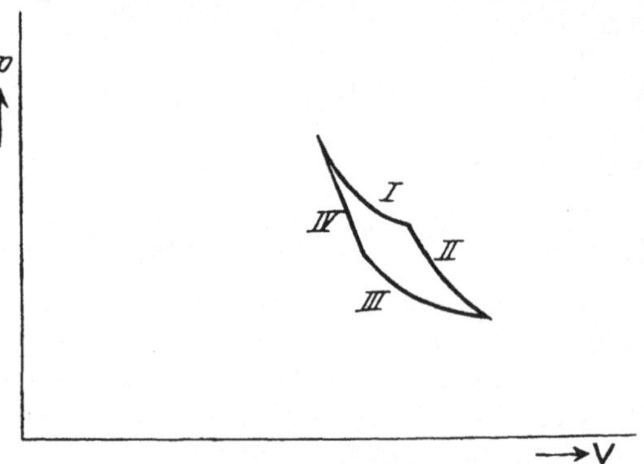

Abb. 23. CARNOTscher Kreisprozeß in der p, V-Ebene.

Wählt man p und V als Koordinaten, so stellt die von der Figur umschlossene Fläche, da ihr Flächeninhalt $= \int p\, dV$, über den geschlossenen Kurvenzug erstreckt, ist, die während des Kreisprozesses gewonnene Arbeit dar. Der CARNOTsche Kreisprozeß wird im p, V-Diagramm z. B. durch Abb. 23 veranschaulicht. Die Isothermen I und III sind in diesem Falle gleichseitige Hyperbeln.

2. Der Entropiebegriff.

Die bei reversiblen Vorgängen aufgenommenen Wärmemengen wollen wir durch den Index r auszeichnen. Dann geht die Gleichung (1) durch eine einfache Umformung über in die Gleichung:

$$\frac{Q_{r1}}{T_1} + \frac{Q_{r2}}{T_2} = 0 \,. \tag{1a}$$

Hier bedeutet $+Q_1$ die bei der Temperatur T_1 *aufgenommene* Wärme, $-Q_2$ die bei T_2 *abgegebene* Wärme. Hierbei muß man immer bedenken, daß stets vom System *aufgenommene* Wärmemengen als positiv bezeichnet werden, *abgegebene* als negativ, so daß hier $+Q_2 \langle 0$ ist.

Die Summe der während des umkehrbaren Kreisprozesses aufgenommenen Wärmemengen, jede einzelne dieser Größen dividiert durch die absolute Temperatur, bei welcher der Wärmeaustausch stattfindet, ist gleich Null.

Enthält der Kreisprozeß irreversible Teile, geht z. B. ein Teil der bei T_1 zugeführten Wärme durch Strahlung oder Leitung auf T_2 über, so ist der Nutzeffekt kleiner als bei umkehrbarem Verlauf. Gleichung (1) geht daher dann in die Ungleichung über:

$$\frac{Q_1 + Q_2}{Q_1} < \frac{T_1 - T_2}{T_1} \tag{2}$$

oder nach Umformung:

$$\frac{Q_1}{T_1} + \frac{Q_2}{T_2} < 0 . \tag{2a}$$

Einen Kreisprozeß, bei welchem die Aufnahme von positiven und negativen Wärmemengen nur bei zwei Temperaturen stattfindet, bezeichnet CLAUSIUS (Mechanische Wärmetheorie Bd. 1, S. 87) als einen *einfachen* Kreisprozeß. Wir wollen nun beweisen, daß man jeden anderen beliebigen Kreisprozeß als eine Summe von einfachen Kreisprozessen auffassen kann.

Jede Zustandsänderung, welche von einem beliebigen Zustand A zu einem anderen Zustand B führt (Abb. 24), die durch die Punkte A und B des nebenstehenden V, T-Diagramms dargestellt werden mögen, kann man durch eine Reihe von Adiabaten und Isothermen ersetzen. Diese Auflösung *muß* eintreten, wenn die Zustandsänderung umkehrbar sein soll; denn die adiabatischen und isothermen Vorgänge sind die einzigen, bei welchen die Änderung von Volumen und Temperatur streng umkehrbar verläuft. Eine Temperatur-

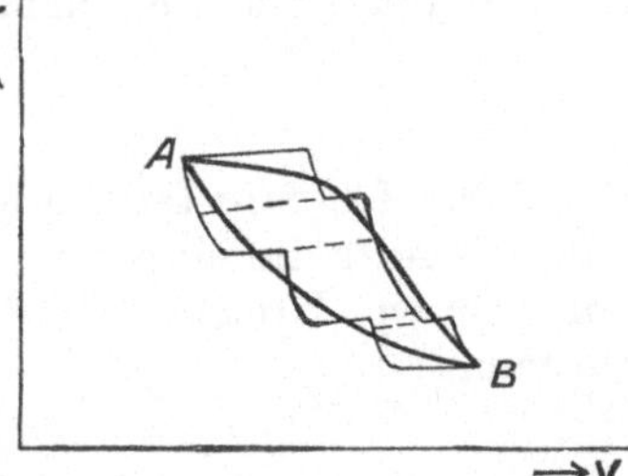

Abb. 24. Zusammengesetzter Kreisprozeß.

änderung kann niemals durch einen Wärmefluß, der zwischen endlichen Temperaturdifferenzen vor sich geht, umkehrbar erfolgen, weil der Übergang von Wärme längs eines endlichen Temperaturgefälles irreversibel ist, und eine Volumenänderung kann nicht umkehrbar bei variabler Temperatur erfolgen, weil sie ebenfalls stets von einem der geleisteten Arbeit äquivalenten Wärmefluß begleitet ist. Jeder beliebige umkehrbare Übergang des Systems A in B, wie er durch eine gekrümmte Kurve von A nach B versinnbildlicht wird, ist also die Summe einer Reihe adiabatischer und isothermer Vorgänge, ebenso wie man die ausgezogene Kurve AB durch den gebrochenen Linienzug AB ersetzen kann, dessen einzelne Äste den Adiabaten und Isothermen entsprechen. Die gebrochene Kurve schließt sich der kontinuierlichen um so genauer an, je kleiner ihre einzelnen Teile sind. Jede beliebige umkehrbare Änderung von A nach B kann also durch eine Reihe unendlich kleiner aufeinanderfolgender adiabatischer und isothermer Vorgänge ersetzt werden.

Schließen wir den Kreisprozeß durch Rückkehr von B nach A auf einer beliebigen anderen Kurve, so muß auch diese durch eine entsprechende gebrochene Kurve ersetzt werden.

Nunmehr verlängern wir alle diese Isothermen und Adiabaten in das Innere des Feldes hinein, bis sie die nächsten Adiabaten und Iso-

thermen oder deren Verlängerungen schneiden. Hierdurch wird das
gesamte Zustandsfeld in eine Anzahl Vierecke geteilt, die von je 2 Isothermen und je 2 Adiabaten begrenzt werden; jedes einzelne dieser
Vierecke stellt einen einfachen umkehrbaren Kreisprozeß dar, für den
eine Gleichung:

$$\frac{Q_{r1}}{T_1} + \frac{Q_{r2}}{T_2} = 0$$

gilt. Für den gesamten durch die gebrochene Linie ABA versinnbild-
lichten Kreisprozeß gilt daher die Gleichung:

$$\sum \frac{Q_r}{T} = 0 \,,$$

wenn die Summierung über alle einfachen Kreisprozesse erstreckt wird.
Hier ist unter $\sum \dfrac{Q_r}{T}$ nur die Summe der längs der Randkurven zu- und
abgeführten Wärmemengen zu verstehen, da jede innerhalb der Fläche
punktiert gezeichnete Strecke in beiden Richtungen durchlaufen wird
und ihr Anteil für die Summierung daher herausfällt. Die Gleichung

$$\sum \frac{Q_r}{T} = 0$$

wird daher für den stetigen gekrümmten Kurvenzug um so eher erfüllt
sein, je kürzer die einzelnen Adiabaten und Isothermen sind. Für den
umkehrbaren Kreisprozeß ABA gilt dann in der Grenze streng die
Gleichung:

$$\int \frac{\delta Q_r}{T} = 0 \,. \tag{3}$$

Diese Beziehnung muß für jeden umkehrbaren Kreisprozeß erfüllt sein,
unabhängig von dem Wege, auf welchem man von B nach A zurück-
gelangt, falls dieser umkehrbar ist. Da man nun das Integral $\int \dfrac{\delta Q_r}{T}$,
erstreckt über den geschlossenen Kurvenzug, zerlegen kann in die beiden
Integrale

$$\int_A^B \frac{\delta Q_r}{T} + \int_B^A \frac{\delta Q_r}{T} \,,$$

die beide einzeln unabhängig von dem Wege sind, auf welchem man
von A nach B bzw. von B nach A gelangt, so muß der Ausdruck $\int_A^B \dfrac{\delta Q_r}{T}$
daher einen Wert besitzen, der lediglich durch den Anfangszustand A
und den Endzustand B bestimmt ist; er ist also gleich der Änderung
einer eindeutigen Funktion S der Zustandsvariablen V und T:

$$S_B - S_A = \int_A^B \frac{\delta Q_r}{T}$$

oder

$$dS = \frac{\delta Q_r}{T} \,.$$

Diese Funktion S, die also ebenso wie die Energie E eines Systems für jeden beliebigen Zustand einen charakteristischen Wert besitzt, bezeichnet man nach CLAUSIUS als die *Entropie* des Systems (von ἐντρέπειν verwandeln). Sie ist durch die obigen Gleichungen definiert. Ihre Änderung ist gleich der Summe aller Wärmemengen, die man bei den umkehrbaren isothermen Zustandsänderungen dem System zuführt, jede einzelne dividiert durch die Temperatur, bei welcher die Wärmezufuhr erfolgt.

Aus der Definition der Entropie $S = \int dS = \int \dfrac{\delta Q_r}{T} + \text{const}$ folgt, daß die Entropie eines beliebigen Systems ebenso wie übrigens auch seine Energie eine thermodynamisch nicht bestimmte Konstante enthält, und ferner folgt, daß die Entropie eines zusammengesetzten Systems sich ebenso wie dessen Energie additiv aus den Entropien der einzelnen Bestandteile zusammensetzt. Denn der Wert des Integrals ist unabhängig von dem Wege, auf welchem das System seinen Zustand erreicht, ob man zu diesem direkt aus einem willkürlichen Nullzustande oder indirekt durch Darstellung der einzelnen Bestandteile und nachfolgender Zusammenschließung gelangt, sofern nur alle Vorgänge umkehrbar erfolgen. Die Entropie eines aus den Teilsystemen 1, 2, 3 bestehenden Systems ist also:

$$S = S_1 + S_2 + S_3 \ldots$$

Aus der Gleichung $dS = \dfrac{\delta Q_r}{T}$ folgt ferner, daß sich die Entropie eines Körpers bei adiabatischen Vorgängen ($\delta Q = 0$) nicht ändert. CLAUSIUS hat daher die adiabatischen Zustandsänderungen auch als „isentropische" bezeichnet.

Ebenso wie die Energie E, so kann man auch die Entropie S eines Stoffsystems als Funktion der Zustandsvariablen ausrechnen, falls die Zustandsgleichung bekannt ist. Für ein ideales Gas z. B. ergibt sich pro Mol [vgl. Gleichung (3), S. 65]:

$$dS = \frac{\delta Q_r}{T} = \frac{C_v\,dT + p\,dV}{T} = C_v \frac{dT}{T} + R \frac{dV}{V}\,,$$

und, falls C_v als unabhängig von der Temperatur angenommen wird:

$$S = C_v \int \frac{dT}{T} + R \int \frac{dV}{V} + \text{const} = C_v \ln T + R \ln V + S_v\,.$$

Die Entropie des Gases ist also bis auf eine unbestimmte Konstante aus T und dem Molekularvolumen V berechenbar. Die Konstante S_v ist die Entropie des Gases bei der Temperatur $T = 1$ und dem Volumen $V = 1$, ihr Zahlenwert hängt also von dem Maßsystem ab, in welchem man die Zustandsvariablen T und V mißt. Ist dieses gegeben, so besitzt S_v für jedes Gas einen bestimmten Wert, der ebenso wie

z. B. das Molekulargewicht als eine Stoffkonstante aus thermodynamischen Angaben nicht berechnet werden kann[1].

Die Entropieänderung eines Gases bei der isothermen Kompression von V_1 auf V_2 $(V_1 > V_2)$ ist dann:

$$S_1 - S_2 = R \ln \frac{V_1}{V_2},$$

die Entropie des Gases nimmt also bei der isothermen Kompression ab, bei einer isothermen Expansion entsprechend zu.

Für einen nicht umkehrbaren Kreisprozeß ist die Gleichung $\int \frac{\delta Q_r}{T} = 0$ durch die Ungleichung:

$$\int \frac{\delta Q}{T} < 0 \tag{3a}$$

(vgl. S. 105) zu ersetzen. Mit ihrer Hilfe können wir einen wichtigen Schluß über die Entropieänderung bei irreversiblen Vorgängen ableiten.

Wir betrachten einen Kreisprozeß, der in seinem ersten Teil $A \to B$ irreversibel, in seinem zweiten Teil $B \to A$ dagegen umkehrbar verläuft. Als Beispiel diene der folgende:

1. Expansion eines idealen Gases vom Volumen V_1 und der Temperatur T gegen ein Vakuum; Arbeitsleistung und Temperaturänderung sind gleich Null (vgl. S. 65).

2. Isotherme umkehrbare Kompression auf das Anfangsvolumen V_1. Hierbei wird Arbeit aufgewendet und Wärme entsprechend erzeugt und an das umgebende Wärmereservoir abgeführt.

Nach (3a) ist für diesen ganzen Prozeß:

$$\int \frac{\delta Q}{T} = \int_A^B \frac{\delta Q}{T} + \int_B^A \frac{\delta Q_r}{T} < 0.$$

Da der Vorgang $B \to A$ umkehrbar verläuft, so gilt für ihn:

$$\int_B^A \frac{\delta Q_r}{T} = S_A - S_B,$$

wenn S_B bzw. S_A die Entropie des Systems im Zustande B und A bedeutet. Mithin wird:

$$\int_A^B \frac{\delta Q}{T} + S_A - S_B < 0$$

oder

$$S_B - S_A > \int_A^B \frac{\delta Q}{T}.$$

---

[1] Daß über den Zahlenwert von S_v bei den einzelnen Gasen nicht willkürlich verfügt werden darf, ersieht man aus der im Kap. 8 gegebenen Ableitung des Massenwirkungsgesetzes. Wäre S_v völlig unbestimmt, so würde auch das chemische Gleichgewicht unbestimmt werden, und dies steht, wie später gezeigt wird, im Widerspruch mit dem 2. Hauptsatz und der Erfahrung.

Das Integral $\int_A^B \frac{\delta Q}{T}$ kann niemals negativ werden, sondern muß stets $\geqq 0$

sein. Denn bei allen nicht umkehrbaren Vorgängen, bei denen überhaupt ein Wärmefluß eintritt, geht die Wärme von höherer zu tieferer Temperatur. Die Summanden mit positiven Vorzeichen, die die Wärmeaufnahme darstellen, haben daher stets den kleineren Nenner, sind also größer als die Summanden mit negativem Vorzeichen. In dem eben

erwähnten Beispiel ist $\int_A^B \frac{\delta Q}{T} = 0$. Wir erhalten also das wichtige

Resultat, daß bei nichtumkehrbaren Vorgängen, die von A zu B führen, im abgeschlossenen System stets $S_B - S_A \rangle 0$ ist und die Entropie daher zunimmt.

Alle in der Natur von selbst verlaufenden Vorgänge sind irreversibel; mithin können wir nunmehr den zweiten Hauptsatz der Thermodynamik in der Form aussprechen: *Bei allen natürlichen von selbst verlaufenden Vorgängen nimmt die Entropie des sich verändernden Systems zu.*

Aus diesem Satze können wir umgekehrt schließen, daß ein System sich dann nicht von selbst verändern kann, sondern sich im Gleichgewicht befindet, wenn bei allen möglichen mit den Bedingungen des Systems verträglichen Veränderungen seine Entropie konstant bleibt oder abnimmt, wenn also seine Entropie ein Maximum ist. Dieser Satz steht mit dem bekannten Satz der Mechanik in Analogie: Ein mechanisches System befindet sich im stabilen Gleichgewicht, wenn seine potentielle Energie ein Minimum ist.

Den Begriff der Entropie kann man nach PLANCK (8 Vorlesungen über theoretische Physik, 1910, S. 16) durch folgende Betrachtung anschaulich machen und dadurch das Verständnis des zweiten Hauptsatzes wesentlich erleichtern: Ein in der Natur von selbst verlaufender Prozeß führt von einem Zustand A zu einem Zustand B. Mithin ist die vollständige Rückkehr nach A, die Umkehrung des Vorganges $A \rightarrow B$, erfahrungsgemäß nicht möglich. Es muß sich also der Zustand B von dem Zustande A durch irgendeine bestimmte Eigenschaft unterscheiden. Man kann gewissermaßen annehmen, daß die Natur zum Zustande B eine größere Vorliebe habe als zum Zustande A. Nach dieser Ausdrucksweise sind nur solche Prozesse in der Natur möglich, für deren Endzustand die Natur eine größere Vorliebe hat als für deren Anfangszustand.

Nun handelt es sich darum, eine physikalische Größe zu finden, die als exaktes Maß für diese „Vorliebe" der Natur dienen kann. Diese muß ebenso, wie z. B. die Energie, lediglich durch den Zustand selbst, nicht aber durch die Vorgeschichte, durch welche der betreffende Zustand erreicht wurde, bedingt sein. Diese Größe würde die Eigentümlichkeit besitzen, bei allen irreversiblen Vorgängen zu wachsen und bei den reversiblen konstant zu bleiben. Wir haben in der *Entropie* eine Größe kennengelernt, die diese Bedingungen erfüllt und daher als Maß für die „Vorliebe" der Natur für einen Zustand bezeichnet werden kann.

Nunmehr können wir die beiden Hauptsätze der Thermodynamik zusammenfassen:

Erster Hauptsatz: Bei allen möglichen Zustandsänderungen eines abgeschlossenen Systems bleibt seine Energie konstant.

Zweiter Hauptsatz: Bei allen von selbst eintretenden Änderungen eines abgeschlossenen Systems nimmt seine Entropie zu.

Im Anfang dieses Kapitels hatten wir die Frage aufgeworfen (S. 96): Unter welchen Bedingungen können wir das Eintreten eines bestimmten Vorganges vorhersagen? Die Antwort lautet nunmehr: „Wenn bei diesem Vorgang die Entropie des Systems wächst." Es muß also Aufgabe der Forschung sein, die Entropie eines beliebigen Systems als Funktion seiner Zustandsvariablen zu bestimmen. Für ein ideales Gas ist dies bereits auf S. 107 geschehen. In anderen Fällen ist es nicht so einfach, jedoch ist die Berechnung immer ausführbar, wenn die Zustandsgleichung bekannt ist, z. B. für reale Gase, die der VAN DER WAALS schen Gleichung folgen. Aber auch wenn es nicht gelingt, die Entropie explizit auszudrücken, vermag uns das Entropiegesetz wichtige Resultate zu liefern, ebenso wie das Energiegesetz in vielen Fällen von Bedeutung ist, bei denen wir die Energie des Systems nicht zahlenmäßig oder analytisch ausdrücken können.

Als einfaches Beispiel für die Bestimmung eines Gleichgewichtszustandes mittels des Entropiegesetzes betrachten wir zwei ideale Gase, die sich in den beiden benachbarten Kammern I und II auf den Volumina V_1 und V_2 bei gleicher Temperatur T befinden mögen. Die Entropie des ersten Gases ist:

$$S_1 = C_{v1} \ln T + R \ln V_1 + S_{v1},$$

die des zweiten Gases:

$$S_2 = C_{v2} \ln T + R \ln V_2 + S_{v2},$$

die Gesamtentropie also $S = S_1 + S_2 = (C_{v1} + C_{v2}) \ln T + R (\ln V_1 + \ln V_2) + S_{v1} + S_{v2}$. Wird die Scheidewand entfernt, so *kann* Diffusion eintreten; diese *muß* erfolgen, falls dadurch die Gesamtentropie zunimmt.

Zur Berechnung der Entropie der diffundierten Gasmischung müssen wir die Gase, die nun das Volumen $V = V_1 + V_2$ einnehmen, auf reversiblem Wege wieder trennen, was sich mit Hilfe zweier semipermeabler Wände durchführen läßt. Das sind Wände, die für eine Molekülart undurchlässig sind, dagegen die zweite ungehindert durchlassen, so daß dies Gas bestrebt ist, auf beiden Seiten der Wand den gleichen Partialdruck zu erreichen. Schließen wir also unser Gasgemisch in zwei ineinandergeschobene Kästen A und B, von denen der Deckel von A für das erste Gas, der Boden von B für das zweite Gas

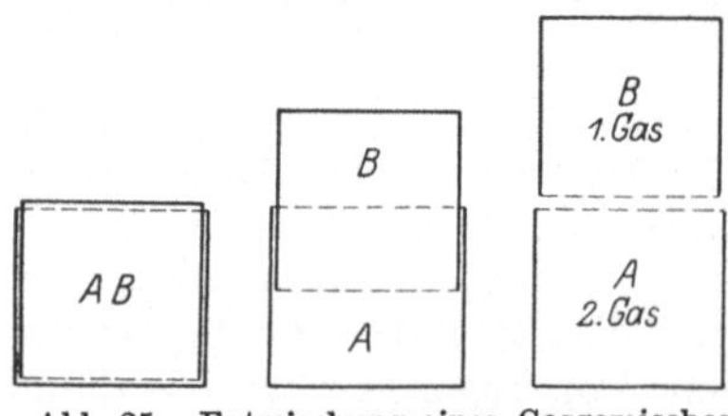

Abb. 25. Entmischung eines Gasgemisches mittels semipermeabler Wände.

durchlässig, alle übrigen Wände dagegen undurchlässig sind und verschieben dann B gegen A sehr langsam, damit keine Reibung entsteht, so können wir die Gase trennen, so daß sich zum Schluß das erste Gas in B, das zweite in A befindet. Setzen wir den ganzen Apparat ins Vakuum, so wird bei diesem Vorgang, bei dem die Gase jedes das Volumen V behalten, weder Wärme noch Arbeit von der Umgebung aufgenommen oder an sie abgegeben. Es ist also die Entropie dabei konstant geblieben. Da für die Entropien im Endzustand die Werte

$$S_1' = C_{v1} \ln T + R \ln V + S_{v1}$$

und

$$S_2' = C_{v2} \ln T + R \ln V + S_{v2}$$

gelten, ist also

$$S = (C_{v1} + C_{v2}) \ln T + 2 R \ln V + S_{v1} + S_{v2}$$

oder

$$S = (C_{v1} + C_{v2}) \ln T + 2 R \ln (V_1 + V_2) + S_{v1} + S_{v2} .$$

Dieses ist der größte Wert, den die Entropie unter den gewählten Versuchsbedingungen annehmen kann, also tritt erst dann Gleichgewicht ein, wenn die beiden Gase gleichmäßig das Volumen $V_1 + V_2$ erfüllen.

3. Zusammenfassung der beiden Hauptsätze, thermodynamische Funktionen.

Thermodynamische Gleichungen. Nach dem ersten Hauptsatz gilt für jede Zustandsänderung, wenn wir nur Volumarbeiten bei gleichem äußeren und inneren Druck in Betracht ziehen:

$$dE = \delta Q - \delta A = \delta Q - p dV . \tag{1}$$

Ferner nach dem zweiten Hauptsatz für umkehrbare Vorgänge

$$\frac{\delta Q_r}{T} = dS \tag{2}$$

also auch $dS = \dfrac{dE + p dV}{T}.$ $\tag{2a}$

Sowohl dE wie dS sind totale Differentiale; wählen wir T und V als unabhängige Veränderliche, so lassen sie sich also durch Gleichungen:

$$dE = \left(\frac{\partial E}{\partial T}\right)_v dT + \left(\frac{\partial E}{\partial V}\right)_T dV \tag{3}$$

und

$$dS = \left(\frac{\partial S}{\partial T}\right)_v dT + \left(\frac{\partial S}{\partial V}\right)_T dV \tag{4}$$

darstellen. Durch Einsetzen von (2), (3) und (4) in (1) erhalten wir:

$$\left(\frac{\partial E}{\partial T}\right)_v dT + \left(\frac{\partial E}{\partial V}\right)_T dV = T \left(\frac{\partial S}{\partial T}\right)_v dT + \left[T \left(\frac{\partial S}{\partial V}\right)_T - p\right] dV .$$

Da diese Gleichungen für alle dT und alle dV gelten, so müssen die Koeffizienten dieser Größen einzeln einander gleich sein. Mithin folgt:

$$\left(\frac{\partial E}{\partial T}\right)_v = T\left(\frac{\partial S}{\partial T}\right)_v , \tag{5}$$

$$\left(\frac{\partial E}{\partial V}\right)_T = T\left(\frac{\partial S}{\partial V}\right)_T - p . \tag{6}$$

Aus (5) und (6) kann man die Differentialquotienten der Entropie eliminieren. Lösen wir (5) nach $\left(\frac{\partial S}{\partial T}\right)_v$ und (6) nach $\left(\frac{\partial S}{\partial V}\right)_T$ auf und differenzieren (5) partiell nach V und (6) nach T, so erhalten wir:

$$\frac{\partial^2 S}{\partial T \partial V} = \frac{1}{T}\frac{\partial^2 E}{\partial T \partial V} = \frac{\frac{\partial^2 E}{\partial V \partial T} + \left(\frac{\partial p}{\partial T}\right)_v}{T} - \frac{\left(\frac{\partial E}{\partial V}\right)_T + p}{T^2}$$

und mithin:

$$\left(\frac{\partial E}{\partial V}\right)_T + p = T\left(\frac{\partial p}{\partial T}\right)_v . \tag{7}$$

Der auf der linken Seite von (7) stehende Ausdruck ist ein Maß für die Differenz der spezifischen Wärmen $C_p - C_v$; denn aus:

$$\delta Q_r = dE + pdV = \left(\frac{\partial E}{\partial T}\right)_v dT + \left(\frac{\partial E}{\partial V}\right)_T dV + pdV$$

folgt, wenn man p konstant setzt:

$$C_p = \left(\frac{\partial E}{\partial T}\right)_v + \left[\left(\frac{\partial E}{\partial V}\right)_T + p\right]\left(\frac{\partial V}{\partial T}\right)_p$$

und für konstantes V:

$$C_v = \left(\frac{\partial E}{\partial T}\right)_v ,$$

mithin unter Berücksichtigung von (7):

$$C_p - C_v = \left[\left(\frac{\partial E}{\partial V}\right)_T + p\right]\left(\frac{\partial V}{\partial T}\right)_p = T\left(\frac{\partial p}{\partial T}\right)_v\left(\frac{\partial V}{\partial T}\right)_p . \tag{8}$$

$\frac{1}{V}\left(\frac{\partial V}{\partial T}\right)_p$ ist der Ausdehnungskoeffizient bei konstantem Druck, $\frac{1}{p}\left(\frac{\partial p}{\partial T}\right)_v$ der Spannungskoeffizient bei konstantem Volumen. Beide sind experimentell bestimmbar, letzterer allerdings bei festen und flüssigen Stoffen nur schwierig. Leichter zu messen ist der Kompressibilitätskoeffizient $-\frac{1}{V}\left(\frac{\partial V}{\partial p}\right)_T$, den wir daher in (8) einführen wollen.

Da V eine Funktion von p und T ist, $V = f(p, T)$, so ist nach einem bekannten mathematischen Satz

$$\left(\frac{\partial p}{\partial T}\right)_v = -\frac{\left(\frac{\partial V}{\partial T}\right)_p}{\left(\frac{\partial V}{\partial p}\right)_T} .$$

Mithin geht Gleichung (8) über in:

$$C_p - C_v = \frac{-T\left(\frac{\partial V}{\partial T}\right)_p^2}{\left(\frac{\partial V}{\partial p}\right)_T}. \tag{9}$$

Da das Volumen eines Körpers durch Kompression stets kleiner wird, so ist $\left(\frac{\partial V}{\partial p}\right)_T$ stets negativ und $C_p - C_v$ positiv. Man kann also aus den Ausdehnungs- und Kompressibilitätskoeffizienten die Differenz der spezifischen Wärmen berechnen. Dieses Resultat ist wichtig, da bei festen und flüssigen Stoffen in der Regel nur C_p direkt bestimmt wird; wir wiesen schon in dem Kapitel über spezifische Wärmen auf diese Beziehung hin.

Aus Gleichung (7) läßt sich noch ein bemerkenswerter Schluß auf die Abhängigkeit von C_v vom Volumen ziehen. Durch partielle Differentiation nach T bei konstantem V erhält man aus (7):

$$\frac{\partial^2 E}{\partial V \partial T} = -\left(\frac{\partial p}{\partial T}\right)_v + T\left(\frac{\partial^2 p}{\partial T^2}\right)_v + \left(\frac{\partial p}{\partial T}\right)_v - T\left(\frac{\partial^2 p}{\partial T^2}\right)_v.$$

Nun ist

$$\frac{\partial^2 E}{\partial V \partial T} = \left(\frac{\partial\left(\frac{\partial E}{\partial T}\right)_v}{\partial V}\right)_T = \left(\frac{\partial C_v}{\partial V}\right)_T.$$

Folglich

$$\left(\frac{\partial C_v}{\partial V}\right)_T = T\left(\frac{\partial^2 p}{\partial T^2}\right)_v. \tag{10}$$

Ist $\left(\frac{\partial^2 p}{\partial T^2}\right)_v = 0$ und somit der Spannungskoeffizient von der Temperatur unabhängig oder der Druck bei konstantem Volumen eine lineare Funktion der Temperatur, so ist die spezifische Wärme C_v vom Volumen unabhängig. Dies gilt z. B. für ideale Gase, da bei diesen $p = \frac{RT}{V}$ ist. Es gilt aber auch für reale Gase, die der VAN DER WAALSschen Gleichung $p = \frac{RT}{V-b} - \frac{a}{V^2}$ folgen. Da jedoch bei einer Reihe von Gasen die spezifische Wärme C_v vom Volumen nicht unabhängig ist (vgl. S. 39), so kann die VAN DER WAALSsche Gleichung, wie bereits mehrfach betont wurde, nicht streng gültig sein.

Zuweilen ist es bequemer, statt T und V, T und p als unabhängige Variable zu benutzen. Führt man in die Gleichung

$$dS = \frac{dE + p\,dV}{T} \tag{2a}$$

T und p als unabhängige Variable ein, so nimmt sie die Form

$$dS = \left[\left(\frac{\partial E}{\partial T}\right)_p + p\left(\frac{\partial V}{\partial T}\right)_p\right]\frac{dT}{T} + \left[\left(\frac{\partial E}{\partial p}\right)_T + p\left(\frac{\partial V}{\partial p}\right)_T\right]\frac{dp}{T} \tag{2a'}$$

an. (4) wird in diesem Falle durch

$$dS = \left(\frac{\partial S}{\partial T}\right)_p dT + \left(\frac{\partial S}{\partial p}\right)_T dp \tag{4'}$$

ersetzt. Durch Kombination der beiden erhält man

$$\left(\frac{\partial S}{\partial T}\right)_p = \frac{1}{T}\left[\left(\frac{\partial E}{\partial T}\right)_p + p\left(\frac{\partial V}{\partial T}\right)_p\right] \tag{5'}$$

und

$$\left(\frac{\partial S}{\partial p}\right)_T = \frac{1}{T}\left[\left(\frac{\partial E}{\partial p}\right)_T + p\left(\frac{\partial V}{\partial p}\right)_T\right]. \tag{6'}$$

Differenziert man (5') partiell nach p und (6') partiell nach T, so erhält man

$$\frac{\partial^2 S}{\partial T \partial p} = \frac{1}{T}\left[\frac{\partial^2 E}{\partial T \partial p} + p\frac{\partial^2 V}{\partial T \partial p} + \left(\frac{\partial V}{\partial T}\right)_p\right]$$

$$= \frac{1}{T}\left[\frac{\partial^2 E}{\partial p \partial T} + p\frac{\partial^2 V}{\partial p \partial T}\right] - \frac{1}{T^2}\left[\left(\frac{\partial E}{\partial p}\right)_T + p\left(\frac{\partial V}{\partial p}\right)_T\right]$$

also

$$\left(\frac{\partial E}{\partial p}\right)_T = - T\left(\frac{\partial V}{\partial T}\right)_p - p\left(\frac{\partial V}{\partial p}\right)_T \tag{7'}$$

und

$$\left(\frac{\partial S}{\partial p}\right)_T = -\left(\frac{\partial V}{\partial T}\right)_p. \tag{7''}$$

Aus $\delta Q = dE + \delta A$ ergibt sich

$$\left(\frac{\partial Q}{\partial T}\right)_p = C_p = \left(\frac{\partial E}{\partial T}\right)_p + p\left(\frac{\partial V}{\partial T}\right)_p; \tag{11}$$

differenziert man diese Gleichung partiell nach p und (7') partiell nach T, so erhält man

$$\frac{\partial^2 E}{\partial p \partial T} = \left(\frac{\partial C_p}{\partial p}\right)_T - \left(\frac{\partial V}{\partial T}\right)_p - p\frac{\partial^2 V}{\partial T \partial p}$$

$$= -\left(\frac{\partial V}{\partial T}\right)_p - T\left(\frac{\partial^2 V}{\partial T^2}\right)_p - p\frac{\partial^2 V}{\partial p \partial T}.$$

Also

$$\left(\frac{\partial C_p}{\partial p}\right)_T = - T\left(\frac{\partial^2 V}{\partial T^2}\right)_p. \tag{10'}$$

Die Gleichungen (10) und (10') bezeichnet man als *kalorische Zustandsgleichung*, da sie den Energieinhalt eines Systems mit seinen Zustandsgrößen verknüpfen.

$\left(\frac{\partial^2 p}{\partial T^2}\right)_v$ und $\left(\frac{\partial^2 V}{\partial T^2}\right)_p$ sind ein Maß für die Stärke der Krümmung, welche die p, T-Kurven und die V, T-Kurven zeigen. Die Abhängigkeit der spezifischen Wärme von Volumen und Druck ist also um so größer, je weiter sich die Stoffe vom Verhalten der idealen Gase ent-

fernen. Bemerkenswerterweise ist für reale Gase, die der VAN DER WAALS-
schen Gleichung folgen, die spezifische Wärme C_p vom Druck abhängig.
Mit Hilfe der Gleichungen (10) und (10$'$) kann man gemessene C_v- und
C_p-Werte mittels einer Zustandsgleichung auf große Verdünnung um-
rechnen, was zum Vergleich mit der Theorie besonders wichtig ist (vgl.
S. 40).

Freie Energie und thermodynamisches Potential. Da E_v und S
eindeutige Funktionen der Zustandsvariablen sind, so wird auch jede
Funktion von E_v und S durch T und v oder zwei andere Zustandsvariable bestimmt. Von den verschiedenen Forschern sind mehrere
derartiger Funktionen eingeführt worden, die in vielen Fällen besonders
einfache Eigenschaften aufweisen. Als die praktisch fruchtbarste hat
sich wohl die von HELMHOLTZ eingeführte „Freie Energie" bewährt,
auch „freie Energie bei konstantem Volumen" genannt.

HELMHOLTZ setzt

$$E_v - TS = F_v \,. \tag{12}$$

Durch Differentiation erhält man

$$dE_v - T\,dS - S\,dT = dF_v \,;$$

und aus (2) und (1) S. 111 für reversible Vorgänge

$$dE_v - T\,dS = -\delta A \,,$$

und daraus

$$-\delta A - S\,dT = dF_v \,.$$

Beschränken wir uns auf isotherme Vorgänge $(dT = 0)$, so folgt
$(\delta A)_T = -dF_v$.

Bei isothermen, umkehrbaren Vorgängen ist die geleistete Arbeit
gleich der *Abnahme* der Größe F_v. HELMHOLTZ bezeichnet daher F_v
als die Arbeitsfähigkeit oder „freie Energie".

Aus $E_v = TS + F_v$ ergibt sich für TS die Bezeichnung „gebundene
Energie".

Bildet man das vollständige Differential von F_v, so ist nach Gleichung (12), wenn T und V als unabhängige Variable gewählt werden,

$$dF_v = \left(\frac{\partial F_v}{\partial T}\right)_v dT + \left(\frac{\partial F_v}{\partial V}\right)_T dV = dE_v - T\,dS - S\,dT \,.$$

Nach Gleichung (2a) S. 111 ist für umkehrbare Vorgänge

$$dE_v - T\,dS = -p\,dV \,,$$

also

$$dF_v = \left(\frac{\partial F_v}{\partial T}\right)_v dT + \left(\frac{\partial F_v}{\partial V}\right)_T dV = -S\,dT - p\,dV \,.$$

Für umkehrbare Veränderungen, die bei konstanter Temperatur und
konstantem Volumen vor sich gehen, ist also

$$dF_v = 0 \,.$$

Da dT und dV willkürlich gewählt werden können, müssen die Fak-
toren einzeln gleich sein, also

$$\left(\frac{\partial F_v}{\partial T}\right)_v = -S \quad \text{und} \quad \left(\frac{\partial F_v}{\partial V}\right)_T = -p \,. \tag{13}$$

Setzt man diesen Wert für S in (12) ein, so erhält man

$$F_v = E_v + T \left(\frac{\partial F_v}{\partial T}\right)_v. \tag{14}$$

Gleichung (14) führt den Namen der HELMHOLTZschen Gleichung. Wir werden später noch wichtige Folgerungen aus ihr ziehen.

Wir hatten früher (S. 109) den Satz abgeleitet, daß ein abgeschlossenes System, d. h. ein System mit unveränderlichem E sich im Gleichgewicht befindet, wenn seine Entropie S ein Maximum ist. Wie Gleichung (12) zeigt, ist diese Bedingung erfüllt, wenn die freie Energie F_v ein Minimum ist. Ein von selbst verlaufender Vorgang führt daher immer zu einer Abnahme der freien Energie. Die freie Energie beliebiger physikalisch-chemischer Systeme entspricht daher der potentiellen Energie der reinen Mechanik.

Andere Kombinationen von E_v und S sind von MASSIEU, DUHEM, GIBBS und PLANCK vorgeschlagen worden. Als „thermodynamisches Potential" bezeichnen DUHEM und GIBBS die Größe

$$F_p = E_v - TS + pV, \tag{15}$$

die von EUCKEN auch „freie Energie bei konstantem Druck" genannt wird.

Durch Differentiation folgt

$$dF_p = dE_v - TdS - SdT + pdV + Vdp.$$

Für umkehrbare Vorgänge ist nach (2a), wenn nur Volumarbeit geleistet wird, wieder

$$dE_v - TdS = -pdV,$$

also

$$dF_p = -SdT + Vdp.$$

Nach Bildung des vollständigen Differentials mit T und p als unabhängigen Variablen ergibt sich dann durch Gleichsetzen der Koeffizienten

$$\left(\frac{\partial F_p}{\partial T}\right)_p = -S \quad \text{und} \quad \left(\frac{\partial F_p}{\partial p}\right)_T = V. \tag{13'}$$

Dieser Wert für S in Gleichung (15) eingesetzt ergibt, wenn man noch

$$E_p = E_v + pV$$

einführt,

$$F_p = E_p + T \left(\frac{\partial F_p}{\partial T}\right)_p, \tag{14'}$$

also wieder die Form der HELMHOLTZschen Gleichung. Da bei festen Körpern aus experimentellen Gründen nur F_p und E_p dem Versuch zugänglich sind, wird für diese immer Gleichung (14') an Stelle von (14) benutzt.

Für umkehrbare Veränderungen, die bei konstanter Temperatur und konstantem äußeren Druck vor sich gehen, wird

$$dF_p = 0.$$

Für irreversible Vorgänge ist

$$dS \rangle \frac{\delta Q}{T},$$

also

$$dE_v - TdS \langle -pdV,$$

mithin bei konstantem Druck und konstanter Temperatur

$$dF_p \langle 0.$$

Bei jedem von selbst eintretenden Vorgang (T und $p = \text{const}$) nimmt also die freie Energie bei konstantem Druck ab. Vergleiche die Analogie zu F_v, das entsprechend für irreversible Vorgänge bei T und $v = \text{const}$ die Beziehung

$$dF_v \langle 0$$

liefert.

PLANCK benutzt an Stelle von F_p

$$-\frac{F_p}{T} = S - \frac{E_v + pV}{T} = \Phi.$$

Bei allen bei T und $p = \text{const}$ von selbst verlaufenden Vorgängen ist daher

$$d\Phi \rangle 0.$$

Diese Erörterungen zeigen, daß man den zweiten Hauptsatz der Thermodynamik in verschiedene Formen gekleidet hat. Die spezielle Beschaffenheit des Problems, welches man mit seiner Hilfe zu lösen sucht, ist im allgemeinen für die Wahl irgendeiner dieser Formen bestimmend[1].

Fassen wir noch einmal zusammen, so gilt für *adiabatische Vorgänge* ($Q = 0$)

$$dS \geqq 0,$$

für isotherm-isochore Vorgänge (T und $v = \text{const}$)

$$dF_v \leqq 0,$$

für isotherm-isobare Vorgänge (T und $p = \text{const}$)

$$dF_p \leqq 0,$$

wobei das Gleichheitszeichen für den reversiblen Grenzfall gilt.

Thermodynamische Temperaturskala. Wir haben den zweiten Hauptsatz ohne jede Hypothese lediglich mit Hilfe der Erfahrungstatsache abgeleitet, daß Wärme niemals von selbst von niederer zu höherer Temperatur übergeht. Die analytische Formulierung des zweiten Hauptsatzes gemäß Gleichung (2) und (3) S. 105 ist allerdings auf Grund der Gasgesetze gewonnen worden, die für kein einziges reales Gas genau gelten. Daraus könnte man schließen, daß auch die Gleichungen (2) und (3)

---

[1] Eine Zusammenstellung der Beziehungen, mittels deren sich die einzelnen thermodynamischen Funktionen ineinander umrechnen lassen, findet sich z. B. im Handbuch der Physik Bd. 9, S. 57 ff., Berlin 1926. Sehr brauchbar ist auch eine von P. W. BRIDGMAN als Einzelband herausgegebene Zusammenstellung: A Condensed Collection of Thermodynamic Formulas, Cambridge 1925.

ebenso wie die Gasgesetze nur angenäherte Gültigkeit besitzen. Dies
wäre jedoch nicht richtig, denn da nach dem eigentlichen Inhalt des
zweiten Hauptsatzes der Arbeitsgewinn eines zwischen zwei bestimmten
Temperaturen ausgeführten Kreisprozesses von der Natur des zur
Arbeitsleistung benutzten Stoffes völlig unabhängig sein muß, so können
wir uns den umkehrbaren Vorgang mit einem hypothetisch angenom-
menen Gase ausgeführt denken, dessen Eigenschaften durch die Glei-
chung $pV = RT$ und $\left(\dfrac{\partial E_v}{\partial V}\right)_T = 0$ definiert wird. Dieses Gedankenexperiment würde die Beweiskraft unserer Ableitungen nicht anders
beeinflussen wie die ebenfalls nur im Grenzfalle mögliche Vornahme
streng umkehrbarer Vorgänge. Um sich aber von dieser Schwierigkeit
frei zu machen, kann man nach dem Vorgange von W. Thomson (Lord
Kelvin) umgekehrt vorgehen und die absolute Temperaturskala mittels
des zweiten Hauptsatzes definieren.

Definieren wir die thermodynamische Temperatur durch die Gleichung:

$$dS = \frac{\delta Q_r}{T}$$

oder durch die aus ihr abgeleitete Gleichung

$$\left(\frac{\partial E_v}{\partial V}\right)_T + p = T\left(\frac{\partial p}{\partial T}\right)_v, \tag{7}$$

so muß der Zusammenhang zwischen dieser Skala (T) und der willkürlichen Skala irgendeines Thermometers, dessen Angaben mit t bezeichnet seien, gefunden werden. Sind Energieinhalt und Druck einer
Substanz in Abhängigkeit von V und t bekannt, so kann man diese
letzteren Größen als unabhängige Variable in (7) einführen und erhält:

$$\left(\frac{\partial E_v}{\partial V}\right)_t + p = T\left(\frac{\partial p}{\partial t}\right)_v \frac{dt}{dT}$$

oder

$$\int_1^2 \frac{dT}{T} = \int_1^2 \frac{\left(\dfrac{\partial p}{\partial t}\right)_v}{\left(\dfrac{\partial E_v}{\partial V}\right)_t + p}\, dt.$$

Setzt man z. B. für den Eispunkt $T = T_0$ und $t = t_0$, so erhält man

$$\ln \frac{T}{T_0} = \int_{t_0}^t \frac{\left(\dfrac{\partial p}{\partial t}\right)_v}{\left(\dfrac{\partial E_v}{\partial V}\right)_t + p}\, dt.$$

Der Zähler rechts ergibt sich aus der Zustandsgleichung der betreffenden Substanz; der Nenner bedeutet die Wärmemenge, die man dem
Körper entziehen muß, wenn man sein Volumen bei konstanter Tem-

peratur durch Kompression um die Einheit vermindert. Denn es ist allgemein

$$\delta Q = dE_v + p\,dV$$

also

$$\left(\frac{\delta Q}{\delta V}\right)_t = \left(\frac{\partial E_v}{\partial V}\right)_t + p\,.$$

Kennt man also Zustandsgleichung und Kompressionswärme der Substanz, so läßt sich mit ihrer Hilfe die t-Skala auf die thermodynamische zurückführen.

Joule-Thomson-Effekt. Anstatt die Kompressionswärme eines Gases zu messen, um die Abweichungen des Gasthermometers von der thermodynamischen Skala zu bestimmen, benutzt man meist den sog. JOULE-THOMSON-Effekt, auf den wir schon auf S. 66 hingewiesen hatten. Es handelt sich dabei um die kleinen Temperaturänderungen, die man bei allen realen Gasen bei adiabatischen Volumenänderungen beobachtet. Die von JOULE und THOMSON benutzte Versuchsanordnung läßt sich durch nebenstehende Abb. 26 erläutern; das Molvolumen V_1 strömt unter dem Druck p_1 durch eine enge Öffnung langsam in einen Raum, in dem es unter dem geringeren Druck p_2 steht und daher das größere Volumen V_2 einnimmt. Ein ideales Gas würde bei diesem Vorgang keine Temperaturänderung erleiden (Überströmungsversuch von GAY-LUSSAC). Tatsächlich beobachteten aber JOULE und THOMSON bei Luft und Kohlendioxyd eine Abkühlung, bei Wasserstoff eine Erwärmung, wenn sie das Gas durch einen porösen, Wärme nicht leitenden Pfropfen hindurchströmen ließen. Da der Wärmeaustausch mit der Umgebung verhütet ist, so ist die Änderung der inneren Energie des Gases gleich der geleisteten Arbeit, also

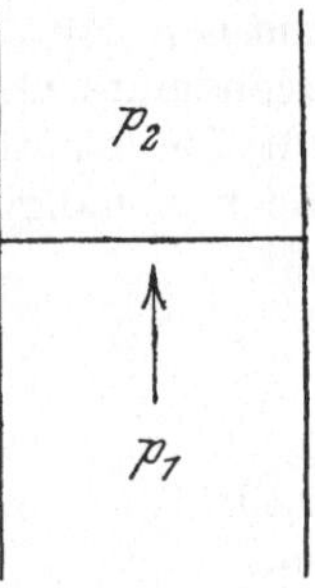

Abb. 26. JOULE-THOMSON sche Versuchsanordnung.

$$- (E_{v2} - E_{v1}) = A\,.$$

Die geleistete Arbeit A setzt sich aus zwei Gliedern zusammen,

    1. der hinter der Öffnung geleisteten Arbeit $p_2 V_2$ und

    2. der vor der Öffnung von außen aufgewendeten Arbeit $p_1 V_1$.

Mithin ist

$$A = - (E_{v2} - E_{v1}) = p_2 V_2 - p_1 V_1\,.$$

(Die Arbeit $p_2 V_2$ wird von dem betrachteten Mol auf die vor ihm her geschobene Gasmenge ausgeübt und andererseits leistet die unter dem Druck eines Stempels stehende nachfolgende Gasmenge die Arbeit $p_1 V_1$ auf das betrachtete Mol.) Sind die Drucke auf beiden Seiten des Pfropfens nur sehr wenig voneinander verschieden, so kann man die letzte Gleichung auch in der Form

$$\Delta E_v + p\,\Delta V + V\,\Delta p = 0$$

schreiben.

Drückt man ΔE_v und ΔV durch die partiellen Ableitungen von E_v und V nach T und p aus, so ergibt sich:

$$\left[\left(\frac{\partial E_v}{\partial T}\right)_p + p\left(\frac{\partial V}{\partial T}\right)_p\right]\Delta T + \left[\left(\frac{\partial E_v}{\partial p}\right)_T + p\left(\frac{\partial V}{\partial p}\right)_T + V\right]\Delta p = 0\,.$$

Setzt man die Gleichungen (11) und (7′) hier ein, so ist

$$C_p\,\Delta T + \left[-T\left(\frac{\partial V}{\partial T}\right)_p + V\right]\Delta p = 0\,;$$

also

$$\Delta T = \frac{T\left(\dfrac{\partial V}{\partial T}\right)_p - V}{C_p}\,\Delta p \tag{16}$$

ist die Temperaturänderung bei der Druckänderung Δp.

Man kann diese Gleichung (16) benutzen, um mit Hilfe des thermischen Ausdehnungskoeffizienten und des JOULE-THOMSON-Effekts irgendeines Gases eine gegebene Temperaturskala (durch t bezeichnet) auf die thermodynamische umzurechnen. Wir müssen nun wieder die unabhängige Variable T durch t ersetzen:

$$\Delta T = \Delta t\,\frac{dT}{dt}\,,$$

$$\left(\frac{\partial V}{\partial T}\right)_p = \left(\frac{\partial V}{\partial t}\right)_p \frac{dt}{dT}$$

und

$$C_p{}^{(T)} = \left(\frac{\delta Q}{\delta T}\right)_p = \left(\frac{\delta Q}{\delta t}\right)_p \frac{dt}{dT} = C_p{}^{(t)} \frac{dt}{dT}\,.$$

Also wird aus (16)

$$\Delta t\,\frac{dT}{dt} = \frac{T\left(\dfrac{\partial V}{\partial t}\right)_p \dfrac{dt}{dT} - V}{C_p^{(t)}\dfrac{dt}{dT}}\,\Delta p\,,$$

$$\Delta t = \frac{T\left(\dfrac{\partial V}{\partial t}\right)_p \dfrac{dt}{dT} - V}{C_p^{(t)}}\,\Delta p\,,$$

$$\frac{dT}{T} = -\frac{\left(\dfrac{\partial V}{\partial t}\right)_p dt}{\dfrac{\Delta t\,C_p^{(t)}}{\Delta p} + V}\,,$$

$$\ln\frac{T}{T_0} = \int\limits_{t_0}^{t} \frac{\left(\dfrac{\partial V}{\partial t}\right)_p}{C_p^{(t)}\dfrac{\Delta t}{\Delta p} + V}\,dt\,. \tag{17}$$

Kennt man also Wärmeausdehnungskoeffizient und JOULE-THOMSON-Effekt einer Substanz in der beliebigen Skala t, so lassen sich hieraus die Abweichungen dieser Skala von der thermodynamischen berechnen. Wir haben also jetzt einen experimentell zugänglichen Weg zur Aufstellung der thermodynamischen Skala und sind daher berechtigt, sie von jetzt an unseren theoretischen Betrachtungen zugrunde zu legen. Aus Formel (17) geht außerdem hervor, daß die Temperaturskalen der Gase, deren JOULE-THOMSON-Effekt verschwindend klein ist, praktisch mit der thermodynamischen zusammenfallen. Denn definiert man in diesem Falle eine Temperaturskala t durch die Gleichung $pV = Rt$, so geht (17) über in

$$\ln \frac{T}{T_0} = \int_{t_0}^{t} \frac{\frac{R}{p}\,dt}{V} = \int_{t_0}^{t} \frac{dt}{t} = \ln \frac{t}{t_0}.$$

Auf diesen nahen Zusammenhang zwischen thermodynamischer und gasthermometrischer Skala verdünnter Gase haben wir schon im 1. Kapitel (S. 6) hingewiesen.

Gleichung (16) kann man auch benutzen, um für ein gegebenes Gas den zu erwartenden JOULE-THOMSON-Effekt zu berechnen. Den folgenden Berechnungen legen wir die VAN DER WAALSsche Zustandsgleichung

$$\left(p + \frac{a}{V^2}\right)(V - b) = RT \tag{18}$$

zugrunde; sie gelten also nur, soweit diese Gleichung anwendbar bleibt. Selbstverständlich kann man auch andere Zustandsgleichungen benutzen. Sie gibt partiell nach T bei konstantem Druck differenziert:

$$\left(p + \frac{a}{V^2}\right)\left(\frac{\partial V}{\partial T}\right)_p - (V - b)\frac{2a}{V^3}\left(\frac{\partial V}{\partial T}\right)_p = R.$$

Drücken wir hierin p durch V und T nach (18) aus, so erhalten wir nach einigem Zusammenziehen:

$$\left(\frac{\partial V}{\partial T}\right)_p = \frac{R(V - b)V^3}{RTV^3 - 2a(V - b)^2}.$$

Dies in Gleichung (16) eingesetzt, gibt

$$\varDelta T = \frac{\varDelta p}{C_p}\,V\,\frac{-RTbV^2 + 2a(V - b)^2}{RTV^3 - 2a(V - b)^2}.$$

Arbeitet man bei so kleinen Drucken, daß a und b klein gegen V sind, so kann man die vereinfachte Beziehung

$$C_p\,\varDelta T = \frac{2a - RTb}{RT}\,\varDelta p = \left(\frac{2a}{RT} - b\right)\varDelta p$$

benutzen.

Die rechte Seite wird gewöhnlich in Litern und Atmosphären ausgedrückt, die linke Seite in Kalorien. Um eine zahlenmäßige Vergleichung zu ermöglichen, muß man die rechte Seite mit dem mechanischen Wärmeäquivalent multiplizieren, d. h. mit der Zahl, welche angibt, wieviel Kalorien 1 l-Atmosphäre entspricht. Es ist:

$$1 \text{ l-atm} = 1000 \cdot 76 \cdot 13,6 \cdot 981 = 1,01 \cdot 10^9 \text{ erg},$$
$$1 \text{ cal} = 4,19 \cdot 10^7 \text{ erg},$$

also:

$$1 \text{ l-atm} = \frac{1,01 \cdot 10^9}{4,19 \cdot 10^7} = 24,1 \text{ cal.}$$

Die Proportionalitätskonstante k zwischen Temperaturerniedrigung und Druckdifferenz ist also:

$$k = \frac{\varDelta T}{\varDelta p} = \frac{\dfrac{2a}{RT} - b}{C_p} \cdot 24,1 \,.$$

1. *Für Sauerstoff*. Für Literatmosphären ist bei $T = 273$ und $p = 1 : a = 1,36$, $b = 0,0316$, $RT = 22,4$, ferner die Molwärme $C_p = 6,97$, mithin:

$$k = \left(\frac{2,72}{22,4} - 0,0316\right)\frac{24,1}{6,97} = 0,31 \,,$$

also für $\varDelta p = -1$ ist $\varDelta T = -0,31^0$.

JOULE und THOMSON fanden in Übereinstimmung hiermit für Luft $-0,28^0$ bei 0^0, $\varDelta p = -1$ und p bis 6 atm.

2. *Für Kohlendioxyd* ist unter denselben Bedingungen $a = 3,61$, $b = 0,0428$, $C_p = 8,7$, also:

$$k = \left(\frac{7,22}{22,4} - 0,0428\right)\frac{24,1}{8,7} = 0,77 \,.$$

In diesem Falle ist die Übereinstimmung mit der Erfahrung weniger gut; denn KESTER[1] fand für $\varDelta T$ bei 1 atm Druckänderung $-1,46^0$ bei 0^0 C.

3. *Für Wasserstoff* ist ebenso $a = 0,245$, $b = 0,027$, $C_p = 6,87$, also:

$$k = \left(\frac{0,49}{22,4} - 0,027\right)\frac{24,1}{6,87} = -0,02 \,.$$

Dementsprechend fanden JOULE und THOMSON bei der Ausdehnung von Wasserstoff eine geringe *Erwärmung*. Die Ursache dieser auffallenden Erscheinung beruht darauf, daß bei der Ausdehnung des Wasserstoffs zwar ähnlich wie bei den anderen Gasen eine Arbeit gegen die inneren Attraktionskräfte geleistet wird, diese aber durch den gleichzeitigen Gewinn von äußerer Arbeit ($p_1 V_1 > p_2 V_2$) überkompensiert wird. Das Produkt pV nimmt bei Wasserstoff im Gegensatz zu den meisten anderen Gasen mit sinkendem Druck bei 0^0 C ab, so daß bei konstanter Temperatur $p_2 V_2 < p_1 V_1$ ist. Ähnlich wie Wasserstoff ver-

---

[1] Phys. Rev. Bd. 21, S. 260, 1905.

hält sich nur noch Helium, das daher bei Zimmertemperatur ebenfalls einen positiven JOULE-THOMSON-Effekt geben muß.

Diese Erwärmung des Wasserstoffs muß bei tiefen Temperaturen in eine Abkühlung umschlagen. Aus der Gleichung:

$$k = \left(\frac{2\,a}{R\,T} - b \right) \frac{24{,}1}{C_p}$$

folgt die Temperatur dieses sog. „Inversionspunktes", bei welchem k von positiven zu negativen Werten übergeht, also Null wird, zu:

$$T_i = \frac{2a}{Rb} \; .$$

Auf S. 34 hatten wir für die Konstanten der VAN DER WAALS-schen Gleichung und die kritische Temperatur T_k die Beziehung

$$T_k = \frac{8}{27} \frac{a}{b\,R}$$

gefunden. Also fordert die Theorie für den Inversionspunkt T_i des JOULE-THOMSON-Effektes die Beziehung

$$T_i = \frac{2a}{bR} = \frac{27}{4} T_k \; .$$

Aus $T_k = 33{,}26$ für Wasserstoff (s. Tabelle S. 22) folgt also $T_i = 225$.

Tatsächlich fand OLZEWSKI, daß Wasserstoff sich unterhalb 193^0 abs. wie die anderen Gase bei der Ausdehnung abkühlt. Die VAN DER WAALSsche Theorie steht also in wenn auch nicht quantitativer, so doch qualitativer Übereinstimmung mit dem JOULE-THOMSON-Effekt. Die übrigen Gase, die sich bei gewöhnlicher Temperatur bei der Ausdehnung abkühlen, müssen sich bei hoher Temperatur wie Wasserstoff bei gewöhnlicher Temperatur verhalten, d. h. sie müssen sich ebenfalls bei der Ausdehnung erwärmen.

Die Beobachtungen des JOULE-THOMSON-Effektes bei höheren Temperaturen zeigen tatsächlich eine Abnahme der Abkühlung; wahrscheinlich wird der Inversionspunkt schon bei tieferen Temperaturen erreicht, als es die VAN DER WAALSsche Gleichung verlangt.

Die folgende Abb. 27[1] zeigt die Abhängigkeit von k von Druck und Temperatur für Luft.

Der Flächeninhalt zwischen der Abszisse, einer dieser Kurven und zwei vorgegebenen Ordinaten in p_1 und p_2 gibt die Temperaturdifferenz, die bei Entspannung von p_1 auf p_2 auftritt.

Auf der technischen Anwendung dieses integralen JOULE-THOMSON-Effektes beruhen die Maschinen, die von LINDE und HAMPSON zur Verflüssigung der permanenten Gase, speziell der Luft, konstruiert wurden. Die auf hohen Druck (200 atm) komprimierte Luft wird durch ein Ventil auf Atmosphärendruck entspannt und kühlt sich hierbei stark ab; die auf diese Weise abgekühlte Luft wird zur Vorkühlung der kom-

---

[1] Nach F. NOELL: Forsch.-Arb. Ing. Nr. 184, 1916. Zitiert nach L.-B., 5. Aufl.

primierten Luft benutzt; bei mehrfacher Wiederholung dieses Prozesses sinkt schließlich die Temperatur der Luft bis unterhalb ihres Siedepunktes. Gegen die äußere Atmosphäre wird nur dann Arbeit geleistet, wenn die entspannte Luft in die Atmosphäre entweicht; diese äußere Arbeitsleistung ist aber im allgemeinen im Vergleich zu der inneren Arbeitsleistung besonders bei tieferen Temperaturen zu vernachlässigen.

Aus dem oben Gesagten ist es erklärlich, daß alle Versuche, *Wasserstoff* in der LINDEschen Maschine zu verflüssigen, fehlschlagen. Der Wasserstoff erwärmt sich im Gegensatz zur Luft bei der Entspannung, wenn man bei Zimmertemperatur arbeitet. Kühlt man dagegen den komprimierten Wasserstoff vor der Entspannung bis unterhalb seiner Inversionstemperatur ($-80°$) ab, so sinkt seine Temperatur bei der Entspannung, und er kann schließlich durch wiederholtes Komprimieren und Entspannen verflüssigt und sogar zum Erstarren gebracht werden. In den Verflüssigungsmaschinen für Wasserstoff muß daher eine Vorkühlung

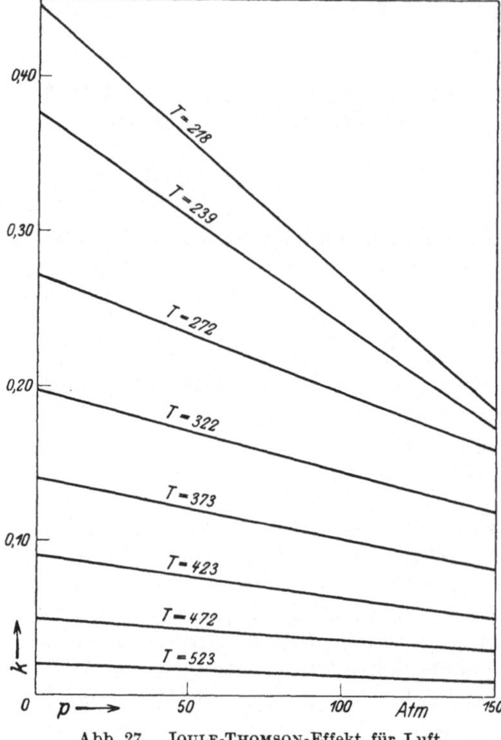

Abb. 27.   JOULE-THOMSON-Effekt für Luft.

durch flüssige Luft verwendet werden. Nach demselben Verfahren läßt sich auch Helium, das sich in dieser Beziehung wie Wasserstoff verhält, verflüssigen.

Sechstes Kapitel.

Allgemeine Folgerungen aus den beiden Hauptsätzen.

1. Phasenregel.

Einstoffsysteme. Ein einheitlicher chemischer Stoff, z. B. ein Element wie Schwefel, oder eine Verbindung wie Wasser, kann in verschiedenen, und zwar mindestens drei Aggregatzuständen vorkommen, als Gas, als Flüssigkeit und als fester Stoff. In vielen Fällen kommt der feste Stoff in zwei oder mehr verschiedenen allotropen Modifikationen vor, die sich durch Kristallform, Schmelzpunkt, Dichte, spezifische Wärme, kurz in allen physikalischen Eigenschaften voneinander unterscheiden. Jeder dieser Zustände, der in sich homogen, d. h. auch in den kleinsten noch wahrnehmbaren Raumteilen vollständig gleichartig ist, und der daher von jedem andern ebenfalls homogenen Zustand räumlich abgegrenzt ist, bezeichnen wir nach dem Vorgang von WILLARD GIBBS als eine „Phase". Wir wollen nun die Bedingungen untersuchen, unter denen verschiedene Phasen desselben Stoffes, z. B. Eis mit flüssigem Wasser und Wasserdampf, miteinander im Gleichgewicht stehen können.

Für jede einzelne Phase existiert eine Zustandsgleichung (vgl. S. 24); d. h. die drei Variablen Druck, Temperatur und Volumen, die den Zustand eines der Einwirkung elektrischer oder magnetischer Kräfte entzogenen Systems vollständig bestimmen, sind nicht unabhängig voneinander, sondern bei der willkürlichen Wahl zweier dieser Größen ist die dritte durch eine Gleichung von der Form:

$$Z(T,\, p,\, v) = 0$$

bestimmt. Mit v bezeichnen wir hier ganz allgemein das Volumen der Masseneinheit des Stoffes. Wird als die Masseneinheit 1 g des Stoffes gewählt, so ist v das spezifische Volumen; ist die Masseneinheit das Mol (Molekulargewicht in Gramm), so ist v das Molekularvolumen. In vielen Fällen erweist es sich als zweckmäßig, die Größe $\frac{1}{v} = c$, die Konzentration (Menge in der Volumeneinheit) als Zustandsvariable zu wählen. Dann erhält die Zustandsgleichung die Form $Z(T, p, c) = 0$.

Daß für jede homogene Phase eine derartige Zustandsgleichung existiert, kann auf doppelte Weise gezeigt werden. Erstens nämlich lehrt die Erfahrung, daß stets eine willkürliche Veränderung einer der drei Größen eine Änderung der anderen beiden zur Folge hat. Zweitens aber läßt sich auch aus der statistischen Naturauffassung herleiten, daß von allen möglichen Anordnungen der Molekeln und ihrer Bewegungen nur eine einzige die größte Wahrscheinlichkeit besitzt und daher die stabile ist. Im letzten Kapitel wird gezeigt, daß man auf diese Weise die Zustandsgleichung eines idealen Gases theoretisch ableiten kann. Ganz dasselbe wäre für jede beliebige Phase möglich, falls man die Bewegungsform der Molekeln und die zwischen diesen wirkenden Kräfte kennen würde[1]. Jedenfalls aber führen Erfahrung und Theorie übereinstimmend zu dem Resultat, daß jede einzelne Phase ihre für sie allein charakteristische Zustandsgleichung besitzen muß[2].

Betrachten wir zunächst eine einzige Phase. Sie wird stets den Zustand eines stabilen Gleichgewichtes annehmen, auch wenn man zwei der Zustandsvariablen willkürlich wählt. Die dritte nimmt dann von selbst denjenigen Wert an, der der Zustandsgleichung genügt. Die Anzahl der Variabeln, deren willkürliche Veränderung mit der Möglichkeit des stabilen Gleichgewichtes vereinbar ist, nennt man die „Frei-

---

[1] Vgl. GIBBS, Statistische Mechanik. — P. HERTZ, Ann. Physik (4) Bd. 33, S. 225, 1910.

[2] Aus den beiden Hauptsätzen der Thermodynamik allein läßt sich die Notwendigkeit einer Zustandsgleichung wohl kaum ableiten; vgl. auch A. BYK, Ann. Physik Bd. 19, S. 441, 1906.

heiten" des Systems. Eine einzige isolierte Phase, die aus einem einheitlichen Stoff besteht, besitzt daher zwei Freiheiten.

Stehen nun zwei Phasen ein und desselben Stoffes mit einander im Gleichgewicht, z. B. Wasser und Dampf, oder Eis und Wasser, so unterscheiden sich die beiden Phasen, da nur bei Temperatur- und Druckgleichheit Gleichgewicht zwischen ihnen bestehen kann, lediglich durch verschiedene Werte von v bzw. von c, die in den beiden Phasen mit c_1 und c_2 bezeichnet werden mögen. Nunmehr gelten die beiden Gleichungen:

$$Z_1(T, p, c_1) = 0$$

für die erste und

$$Z_2(T, p, c_2) = 0$$

für die zweite Phase.

Mit jeder dieser beiden Gleichungen sind beliebige Zustände der beiden Phasen verträglich; die Bedingung, daß diese im Gleichgewicht miteinanderstehen, muß also noch durch eine dritte Gleichung ausgedrückt werden.

Nach den Erörterungen des Kap. 5 erfolgt die Überführung der Mengeneinheit des Stoffes aus einer Phase in die andere, falls beide miteinander im Gleichgewicht bleiben, umkehrbar, die Entropieänderung bei diesem isothermen Vorgang ist also nach dem zweiten Hauptsatz:

$$S_1 - S_2 = \frac{Q_r}{T},$$

wenn Q_r die zur Phasenänderung erforderliche Wärmemenge bedeutet. Da S_1 Funktion von T, p und c_1, S_2 entsprechend von T, p, c_2 ist, und Q_r ebenfalls eine von der chemischen Natur des Stoffes und den Zustandsvariablen der beiden im Gleichgewicht miteinander stehenden Phasen abhängige Größe bedeutet, so existiert also zwischen den vier Variabeln T, p, c_1 und c_2 noch eine dritte Gleichung, der wir die allgemeine Form

$$F(T, p, c_1, c_2) = 0$$

geben können.

Diese Gleichung erhält man auch durch folgende Überlegung: Es herrscht zwischen beiden Phasen Gleichgewicht (bei konstantem Druck und konstanter Temperatur), wenn die freie Energie bei konstantem Druck des Stoffes in beiden Phasen den gleichen Wert besitzt (vgl. S. 116). Bezeichnet man diese mit F_p, und da sie ebenso wie die Entropie eine Funktion der Zustandsvariablen ist, mit $F_p(p, T, c)$, so folgt:

$$F_{p1}(p, T, c_1) = F_{p2}(p, T, c_2).$$

Die vier Variablen T, p, c_1 und c_2 müssen also drei Gleichungen genügen; mithin ist nur eine von ihnen willkürlich. Bei der Koexistenz von zwei Phasen hat das aus einem Stoff bestehende System nur eine Freiheit.

Die Anwendung dieses Schlusses auf das Gleichgewicht zwischen Flüssigkeit und Dampf ergibt den bekannten Satz, daß bei willkürlicher Wahl der Temperatur sowohl der Dampfdruck der Flüssigkeit wie naturgemäß dann auch die spezifischen Volumina von Flüssigkeit und gesättigtem Dampf ganz bestimmte, von der Menge der beiden Phasen unabhängige Werte annehmen. Für das Gleichgewicht flüssig-fest wählt man gewöhnlich als unabhängige Variable den Druck, welcher dann die Schmelztemperatur als die einzige Temperatur, bei welcher feste und flüssige Phase unter dem gegebenen Druck miteinander im Gleichgewicht stehen können, festlegt.

Stehen drei Phasen ein und desselben Stoffes miteinander im Gleichgewicht, so müssen die Zustandsgleichungen aller drei Phasen erfüllt sein, also:

$$Z_1(T, p, c_1) = 0 \,,$$
$$Z_2(T, p, c_2) = 0 \,,$$
$$Z_3(T, p, c_3) = 0 \,.$$

Ferner gelten, da alle drei Phasen untereinander im Gleichgewicht stehen, für die Entropieänderungen bei der Phasenänderung zwei Gleichungen:

$$S_1 - S_2 = \frac{Q_r}{T} \,,$$
$$S_2 - S_3 = \frac{Q_r'}{T}$$

bzw.

$$F_{p1} = F_{p2} = F_{p3} \,.$$

Zur Bestimmung der fünf Zustandsgrößen T, p, c_1, c_2 und c_3 haben wir also fünf Gleichungen und daher keine Freiheit mehr. Drei Phasen eines einheitlichen Stoffes sind nur bei einer einzigen Temperatur und einem einzigen Druck nebeneinander stabil. Bei allen anderen Drucken und Temperaturen verschwindet eine Phase auf Kosten der anderen beiden. Man nennt denjenigen Punkt des Zustandsdiagramms, welcher diese singulären Werte von p und T darstellt, den „Tripelpunkt" des Systems.

Die Koexistenz einer vierten mit den drei anderen Phasen im Gleichgewicht befindlichen Phase, z. B. einer zweiten Modifikation von Eis (Eis II oder III) würde verlangen, daß neben den fünf obigen Gleichungen noch zwei andere, nämlich $Z_4(T, p, c_4) = 0$ und $F_{p4}(T, p, c_4) = F_{p1}(T, p, c_1)$ erfüllt sind. Dies ist, da die Funktionen Z_4 und F_{p4} notwendig andere Formen haben müssen als die den anderen Phasen entsprechenden Gleichungen, niemals möglich. Folglich kann ein einziger Stoff höchstens in drei Phasen koexistieren. Bezeichnen wir die Anzahl der koexistierenden Phasen mit P, die der Freiheiten mit f, so gilt also für einen einheitlichen Stoff die Gleichung:

$$P + f = 3 \,.$$

Die graphische Darstellung dieser Verhältnisse ist in der folgenden Abb. 28 schematisch gegeben (t als Abszisse, p als Ordinate). Das Existenzgebiet einer einzigen Phase (zwei Freiheiten) ist durch je ein Feld gekennzeichnet, die Koexistenz zweier Phasen (Flüssigkeit/Dampf, fester Stoff/Dampf, fester Stoff/Flüssigkeit, je eine Freiheit) durch je eine Linie, die die Existenzgebiete von zwei Phasen trennt. Der Tripelpunkt 0 schließlich, an welchem alle drei Phasen miteinander im Gleichgewicht stehen, stellt sich als Schnittpunkt dieser drei Grenzkurven dar.

Wie man aus der Abbildung ohne weiteres erkennt, besteht Gleichgewicht zwischen der festen und flüssigen Phase bei einer kontinuierlichen Reihe von Temperaturen. Der Schmelzpunkt eines festen Stoffes ist also ebenso wie ja auch der Siedepunkt von dem Drucke abhängig, bei welchem die Umwandlung der Phasen ineinander vor sich geht. Die Abhängigkeit des Schmelzpunktes vom Druck ist aber im Gegensatz zum Siedepunkt meist so gering, daß man sie praktisch vernachlässigen kann. Deswegen unterscheidet sich die Temperatur des Tripelpunktes, die man häufig als die wahre Schmelztemperatur bezeichnet, meist nur sehr wenig von dem bei Atmosphärendruck gemessenen Schmelzpunkt. Bei Wasser beträgt diese Differenz nur 0,0074°.

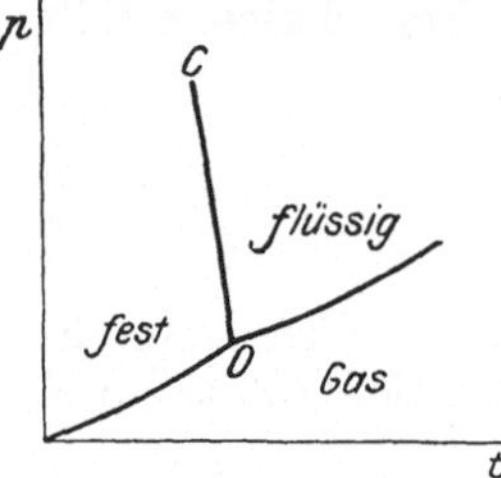

Abb. 28. Phasendiagramm eines Einstoffsystem.

Für einen Stoff, der im festen Zustande zwei oder mehr verschiedene Modifikationen bildet, gibt es naturgemäß mehrere Tripelpunkte, deren maximale Anzahl man nach der Kombinationsrechnung leicht ausrechnen kann. Für Schwefel z. B., der eine rhombische und eine monokline kristallinische Form besitzt, sind die folgenden Tripelpunkte möglich:

1. rhombischer S, Flüssigkeit, Dampf,
2. monokliner S, Flüssigkeit, Dampf,
3. rhombischer S, monokliner S, Flüssigkeit,
4. rhombischer S, monokliner S, Dampf.

Jedem dieser vier Punkte entsprechen bestimmte Werte von p und T. Diese Punkte brauchen jedoch nicht immer experimentell realisierbar zu sein, nämlich dann nicht, wenn sie in das Zustandsfeld der vierten Phase, mit der die drei anderen nicht im Gleichgewicht stehen, fallen.

Die nebenstehende Abb. 29 enthält die schematisch dargestellten Gleichgewichtskurven der verschiedenen Phasen für Schwefel, z. B.: rd rhombischer S-Dampf, md monokliner S-Dampf, fd flüssiger S-Dampf. Diejenige Modifikation, die bei einer gegebenen Temperatur den geringsten Dampfdruck

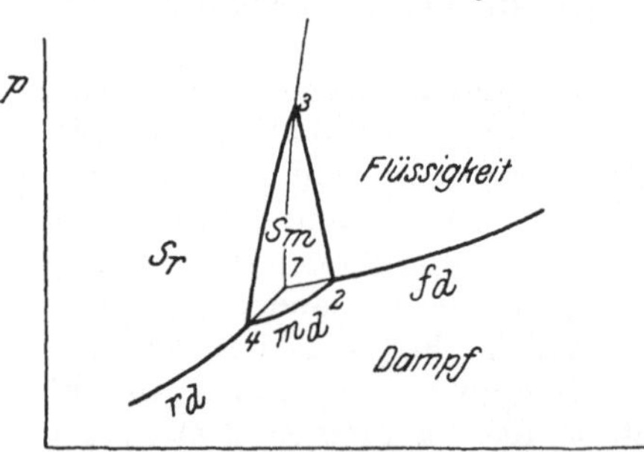

Abb. 29. Schematisches Zustandsdiagramm des Schwefels.

besitzt, ist bei dieser Temperatur die beständigste und bildet sich stets von selbst auf Kosten der Form mit höherem Dampfdruck, weil bei dieser Umwandlung, die der Ausdehnung eines Gases von höherem auf niederen Druck entspricht, die Entropie des Systems zunimmt. Die vier Schnittpunkte von je zwei der Kurven stellen die Tripelpunkte 1, 2, 3 und 4 obiger Aufzählung dar. 1 ist der wahre Schmelzpunkt des rhombischen S, d. h. der Schmelzpunkt unter dem Druck des gesättigten Dampfes, 2 der des monoklinen Schwefels und 4 der Umwandlungspunkt beider Modifikationen ineinander. Oberhalb 96° ist der monokline S beständiger als der rhombische, der wahre Schmelzpunkt des rhombischen S fällt daher in ein Temperaturgebiet, in welchem dieser gar nicht beständig ist. Ob man ihn daher experimentell bestimmen kann, hängt nur von der Geschwindigkeit ab, mit welcher sich der rhombische oberhalb 100° in den monoklinen umwandelt. Erfahrungsgemäß ist diese Umwandlungsgeschwindigkeit bei Schwefel so gering, daß man auch den Schmelzpunkt von rhombischem S ohne Schwierigkeiten bestimmen kann. Die drei steil nach aufwärts verlaufenden Kurven (ihre Lage ist zum Teil nur geschätzt) stellen die Abhängigkeit des Umwandlungspunktes und der beiden Schmelzpunkte vom Druck dar. Sie schneiden sich alle drei in einem Punkte, da rhombischer und monokliner S auch miteinander im Gleichgewicht stehen müssen, wenn sie beide mit der flüssigen Phase im Gleichgewicht stehen. Dieser Schnittpunkt ist der Tripelpunkt 3.

Als Beispiel eines Stoffes, welcher in fünf verschiedenen Phasen auftreten kann, sei das Wasser erwähnt, da dasselbe in drei verschiedenen festen Modifikationen auftritt. Sein Zustandsdiagramm ist von TAMMANN sehr genau untersucht worden.

Zweistoffsysteme. Betrachten wir nunmehr Systeme aus *zwei verschiedenen Stoffen*, die miteinander in Reaktion treten können. Diese Reaktion kann sowohl in der Bildung einer oder mehrerer Verbindungen, wie in der Bildung von Lösungen bestehen. Unter Lösungen verstehen wir Phasen, die beide Bestandteile enthalten und ihren homogenen Charakter auch bei stetiger Veränderung ihrer prozentischen Zusammensetzung innerhalb gewisser Grenzen bewahren. Da jede der Komponenten des Systems, sowie jede ihrer Verbindungen mindestens drei Phasen bilden kann, so besteht von vornherein die Möglichkeit, daß viele derartige Phasen miteinander im Gleichgewicht stehen können. Wir werden jedoch sehen, daß die Zahl der im Gleichgewicht nebeneinander existenzfähigen Phasen wiederum nur beschränkt ist.

Zunächst folgt aus den Erörterungen des vorigen Kapitels (S. 110), daß verschiedene Gase niemals getrennt nebeneinander bestehen können, sondern daß Gleichgewicht zwischen Gasen erst dann eingetreten ist, wenn sämtliche Gase den gesamten zur Verfügung stehenden Raum gleichmäßig erfüllen, wenn also der gesamte Gasraum eine einzige homogene Phase bildet. Flüssige Phasen sind zwar im allgemeinen nebeneinander beständig, doch zeigen viele Flüssigkeiten ebenso wie Gase vollständige Mischbarkeit. Wasser und Äther, Wasser und Benzol bilden ein Beispiel der ersten, Wasser und Alkohol ein Beispiel der zweiten Art. Bei der Reaktion von festen Stoffen mit Flüssigkeiten werden selten mehrere flüssige Phasen nebeneinander bestehen können, weil ja das Temperaturbereich, in welchem es überhaupt eine flüssige Phase gibt (zwischen Schmelzpunkt und kritischem Punkt), für jeden

Stoff beschränkt ist. In einem System aus Salz und Wasser wird häufig der Schmelzpunkt des Salzes oberhalb der kritischen Temperatur des Wassers liegen, wodurch die gleichzeitige Existenz von flüssigem Wasser und geschmolzenem Salz ausgeschlossen wird. Schließlich können auch feste Stoffe miteinander unter Umständen homogene Phasen, sog. feste Lösungen, bilden, wodurch ebenfalls die Zahl der nebeneinander beständigen Phasen vermindert wird.

Außerdem ergibt aber noch die Thermodynamik eine quantitative Beschränkung der Phasenzahl. Nehmen wir zunächst an, daß die beiden Stoffe nur zwei Phasen bilden, dann gelten für diese beiden Phasen zwei Zustandsgleichungen von der Form:

$$Z_1(p,\, T,\, c_1,\, c_1') = 0\,, \tag{1}$$

$$Z_2(p,\, T,\, c_2,\, c_2') = 0\,, \tag{2}$$

wenn die Konzentrationen des ersten Stoffes in den beiden Phasen mit c_1 und c_2, die des zweiten mit c_1' und c_2' bezeichnet werden. Der Zustand einer Phase, die beide Stoffe enthält, ist nunmehr durch vier Größen, die Temperatur, den Druck und die beiden Konzentrationen so festgelegt, daß bei willkürlicher Wahl von drei dieser Größen die vierte eindeutig bestimmt ist. Eine homogene, aus zwei Stoffen bestehende Phase besitzt also drei Freiheiten. Stehen die beiden Phasen miteinander im Gleichgewicht, so muß die freie Energie bei konstantem Druck jedes einzelnen Bestandteiles in der einen Phase gleich seiner freien Energie in der anderen Phase sein. Es müssen also noch die beiden Gleichungen:

$$F_{p1}(p,\, T,\, c_1) = F_{p2}(p,\, T,\, c_2) \tag{3}$$

und

$$F_{p1}'(p,\, T,\, c_1') = F_{p2}'(p,\, T,\, c_2') \tag{4}$$

erfüllt sein.

Wir haben also vier Gleichungen für die sechs Veränderlichen p, T, c_1, c_1', c_2 und c_2', so daß nur zwei von ihnen willkürlich veränderlich sind. Das System besitzt also zwei Freiheiten.

Zu dem gleichen Resultat gelangt man, wenn man in Übereinstimmung mit vielen empirischen Fällen annimmt, daß einer von den beiden Bestandteilen nur in einer Phase vorkommt, wie z. B. bei dem Gleichgewicht Salzlösung/Wasserdampf. Hier ist die Konzentration des Salzes in der Gasphase praktisch Null. Dann fällt die Variable c_2' fort, gleichzeitig aber auch Gleichung (4), da der einzige mit den Bedingungen des Systems verträgliche Vorgang der Übergang des Stoffes 1 (Wasser) aus einer Phase in die andere ist. Wiederum haben wir also $5 - 3 = 2$ Freiheiten.

Der Sinn dieser Aussage ist folgender: In dem Beispiel: Gleichgewicht von Salzlösung und Wasserdampf sind zwei Größen willkürlich bestimmbar, z. B. Temperatur und Konzentration des Salzes in der Lösung; dann ist der Dampfdruck der Lösung festgelegt; er ist unabhängig von der Menge der Lösung. Oder: Mit Wasserdampf von bestimmter Temperatur und bestimmtem Druck ist nur eine Lösung einer einzigen Konzentration im Gleichgewicht.

Falls drei Phasen miteinander im Gleichgewicht stehen, so haben wir die drei Zustandsgleichungen:

$$Z_1(p, T, c_1, c_1') = 0 ,$$
$$Z_2(p, T, c_2, c_2') = 0 ,$$
$$Z_3(p, T, c_3, c_3') = 0 ,$$

ferner die Gleichgewichtsbedingungen für die freien Energien bei konstantem Druck jedes der beiden Stoffe:

$$F_{p1}(p, T, c_1) = F_{p2}(p, T, c_2) = F_{p3}(p, T, c_3) ,$$
$$F'_{p1}(p, T, c_1') = F'_{p2}(p, T, c_2') = F'_{p3}(p, T, c_3') ,$$

also im ganzen sieben Gleichungen für die acht Veränderlichen p, T, c_1, c_2, c_3, c_1', c_2' und c_3'. Mithin ist nur eine einzige Variable willkürlich veränderlich; das System hat nur *eine* Freiheit. Sind nicht alle beiden Stoffe in sämtlichen drei Phasen vorhanden (vgl. oben), so vermindert sich wieder die Anzahl der Veränderlichen und entsprechend die Anzahl der Gleichgewichtsbedingungen, so daß das Ergebnis, das System hat eine Freiheit, nicht geändert wird. Die Anwendung dieser Resultate auf das System Wasser/Salz zeigt, daß beim Gleichgewicht von festem Salz, Lösung und Dampf nur noch die Temperatur variabel ist, und daß bei bestimmter Temperatur die Konzentration der Lösung (Löslichkeit) und der Dampfdruck der gesättigten Lösung festgelegt sind.

Sollen vier Phasen nebeneinander im Gleichgewicht bestehen, so vermehrt sich die Zahl der veränderlichen Größen um zwei, nämlich die Konzentration der beiden Stoffe in der vierten Phase; die Zahl der Gleichungen wächst dagegen um drei, nämlich um die Zustandsgleichung der vierten Phase und die Gleichgewichtsbedingungen beider Stoffe bei ihrem Übergang in irgendeine andere Phase. Wir haben jetzt ebenso viele Gleichungen wie Veränderliche; das System hat *keine* Freiheit mehr, sondern ist nur bei einer einzigen Temperatur und einem einzigen Druck beständig. Festes Salz, Eis, gesättigte Lösung und Dampf sind nur bei der „kryohydratischen" Temperatur und dem dem Dampfdruck des Eises bei dieser Temperatur entsprechenden Druck miteinander im Gleichgewicht. Man bezeichnet diesen Punkt als einen Quadrupelpunkt.

Fassen wir die Beziehungen, die wir zwischen Phasenanzahl und Freiheiten für ein System aus zwei Bestandteilen abgeleitet haben, in eine Formel zusammen, so erhalten wir die Gleichung:

$$P + f = 4 .$$

Auf die gleiche Weise kann man die Anzahl der Freiheiten eines Systems, welches aus n verschiedenen Komponenten aufgebaut ist und P Phasen bildet, berechnen.

Allgemeiner Fall. Für die P Phasen gelten P verschiedene Zustandsgleichungen von der Form $Z(T, p, c, c', c'', \ldots c^{n'}) = 0$. Außerdem muß jeder einzelne der n Stoffe $P - 1$ Gleichgewichtsbedingungen erfüllen, von der Form:

$$F_{p1}(T, p, c_1) = F_{p2}(T, p, c_2) = F_{p3}(T, p, c_3) \ldots = F_{pP}(T, p, c_P) .$$

Es gelten also $n\,(P-1)$ Gleichgewichtsbedingungen, mithin im ganzen $n\,(P-1)+P$ Gleichungen. Die Zahl der Variablen beträgt, da jeder Stoff in P Phasen vorkommen kann und außer den Konzentrationen noch die Temperatur T und der Druck p variabel sind, $nP+2$. Die Anzahl der Freiheiten ergibt sich also:

$$f = nP + 2 - [n\,(P-1)+P] = n + 2 - P^{1*}$$

oder

$$P + f = n + 2\,.$$

Diese Gleichung wurde von WILLARD GIBBS zuerst abgeleitet und wird als die *Gibbssche Phasenregel* bezeichnet.

Die Zahl n, die Anzahl der „unabhängigen Bestandteile", die am Gleichgewicht teilnehmen, bedarf noch einer kurzen Erläuterung. Ihre Anzahl ist nicht gleich der Zahl der chemischen Individuen, sondern ergibt sich durch Addition derjenigen Molekelarten, die untereinander durch keine Reaktionsgleichung eindeutig verknüpft sind; denn jede derartige Gleichung würde die Zahl der Bedingungsgleichungen vermehren und dadurch die Unabhängigkeit der Bestandteile vernichten. In verwickelten Fällen erhält man die Zahl der unabhängigen Bestandteile am leichtesten durch folgendes Verfahren: Man addiert sämtliche am Gleichgewicht teilnehmenden Molekelarten und subtrahiert die Zahl der Reaktionsgleichungen, die bei einer Verschiebung des Gleichgewichts in Kraft treten würden. Gleichbedeutend mit dieser Regel ist die Definition, die NERNST dem Begriff der unabhängigen Bestandteile gibt: n ist die Mindestzahl von Molekülgattungen, die zum Aufbau aller Phasen des Systems erforderlich sind[2].

Besitzen zwei verschiedene feste Phasen bei allen Temperaturen, bei denen sie überhaupt existenzfähig sind, die gleiche Dichte, so kommt ihnen auch die gleiche Zustandsgleichung $Z\,(T,\,p,\,v)=0$ zu. Trotzdem brauchen sie nicht identisch zu sein, sondern können sich durch ihre Kristallform unterscheiden. Dieser Fall liegt bei den enantiomorphen Formen fester, optisch aktiver Stoffe vor, die die Ebene des polarisierten Lichtes nach verschiedenen Richtungen drehen. Nehmen zwei derartige Phasen an einem Gleichgewicht teil, so reduziert sich die Anzahl der Bedingungsgleichungen um eine, sie wird also gleich $(n+1)\,(P-1)$, und demnach erhält die Phasenregel die Form:

$$P + f = n + 3\,.$$

Die Zahl der am Gleichgewicht teilnehmenden Phasen ist also, gleiche Anzahl von Freiheitsgraden vorausgesetzt, um eins größer als im gewöhnlichen Falle, oder mit anderen Worten, zwei enantiomorphe optisch aktive Stoffe verhalten sich im thermodynamischen Gleichgewicht so, als ob sie nur eine feste Phase bildeten. Aus diesem Satze folgt mit Notwendigkeit, daß optische Antipoden den gleichen Dampfdruck, gleichen Schmelzpunkt und gleiche Löslichkeit besitzen müssen.

[1*] Kommen ein oder mehrere Bestandteile nicht in allen Phasen in endlicher Konzentration vor, so vermindert sich die Zahl der Variablen genau so wie die der Gleichgewichtsbedingungen; die Anzahl der Freiheiten bleibt also die gleiche.

[2] Lehrbuch, 11.—15. Aufl., S. 698.

Beispiele. Wir wollen die Bedeutung, die die Phasenregel für das Studium von chemischen Gleichgewichten besitzt, an einigen Beispielen erläutern. Systeme, die aus den verschiedenen Phasen eines einheitlichen Stoffes bestehen, sind bereits im Anfange dieses Kapitels besprochen worden. Wir gehen daher gleich zu Systemen mit *zwei unabhängigen Bestandteilen* über. Als Beispiel wählen wir Calciumchlorid und Wasser. Aus diesen beiden Stoffen kann man erfahrungsgemäß die folgenden Phasen aufbauen:

1. Die Gasphase, bestehend aus Wasserdampf;
2. eine flüssige Phase, bestehend aus einer Lösung von $CaCl_2$ in H_2O bzw. von H_2O in geschmolzenem $CaCl_2$ oder in einem geschmolzenen Hydrat;
3. festes H_2O (Eis);
4. festes $CaCl_2$;
5—9. feste Verbindungen von $CaCl_2$ und H_2O, die sog. kristallwasserhaltigen Salze. Nach den Untersuchungen von ROOZEBOOM sind die folgenden Verbindungen in festem Zustande bekannt: $CaCl_2 \cdot 6\,H_2O$, $CaCl_2 \cdot 4\,H_2O\alpha$, $CaCl_2 \cdot 4\,H_2O\beta$, $CaCl_2 \cdot 2\,H_2O$, $CaCl_2 \cdot H_2O$.

Von diesen neun Phasen sind aber höchstens $2 + 2 = 4$ nebeneinander beständig, und zwar immer nur unter ganz bestimmten Drucken und Temperaturen. Ändert man die Temperatur eines solchen vollständigen Gleichgewichtes, so verschwindet eine der vier Phasen und setzt sich in eine oder mehrere der anderen um.

Die Temperaturen und Drucke derjenigen Quadrupelpunkte, an denen zwei dieser Phasen aus gesättigter Lösung und Dampf bestehen, sind mit den zugehörigen festen Phasen, den sog. Bodenkörpern, in folgender Tabelle enthalten[1].

Quadrupelpunkte im System Calciumchlorid-Wasser.

t^0	p (mm Hg)	Bodenkörper	
— 55	sehr klein	Eis	$CaCl_2 \cdot 6\,H_2O$
+ 29,2	5,67	$CaCl_2 \cdot 6\,H_2O$	$CaCl_2 \cdot 4\,H_2O\beta$
+ 29,8	6,80	$CaCl_2 \cdot 6\,H_2O$	$CaCl_2 \cdot 4\,H_2O\alpha$
+ 38,4	7,88	$CaCl_2 \cdot 4\,H_2O\beta$	$CaCl_2 \cdot 2\,H_2O$
+ 45,3	11,77	$CaCl_2 \cdot 4\,H_2O\alpha$	$CaCl_2 \cdot 2\,H_2O$
175,5	842	$CaCl_2 \cdot 2\,H_2O$	$CaCl_2 \cdot H_2O$
ca. 260	mehr. Atm.	$CaCl_2 \cdot H_2O$	$CaCl_2$

Betrachten wir jetzt die verschiedenen Systeme, die eine Freiheit besitzen (die sog. monovarianten Systeme), die also nach der Phasenregel aus drei Phasen bestehen. Diese können enthalten: Gas, Lösung und einen Bodenkörper, oder Gas und zwei Bodenkörper. Systeme, die nur aus festen Phasen oder nur aus festen Phasen und Lösungen bestehen, heißen kondensierte Systeme. Da sie nur bei Drucken existieren können, die größer sind als der Dampfdruck der Lösung oder der Dissoziationsdruck des festen Stoffes, so ist ihre experimentelle Untersuchung relativ schwierig und bisher nur in selteneren Fällen ausgeführt worden. Wir wollen zunächst von den kondensierten Systemen absehen.

---

[1] Vgl. ABEGG, Handb. anorgan. Chem. Bd. 2, S. 95.

Für jede Temperatur besitzt die Konzentration der Lösung und ihr Dampfdruck einen bestimmten Wert. Trägt man die Konzentrationen dieser gesättigten Lösung und die entsprechenden Temperaturen als Koordinaten auf, so erhält man die sog. Löslichkeitskurve des betreffen-

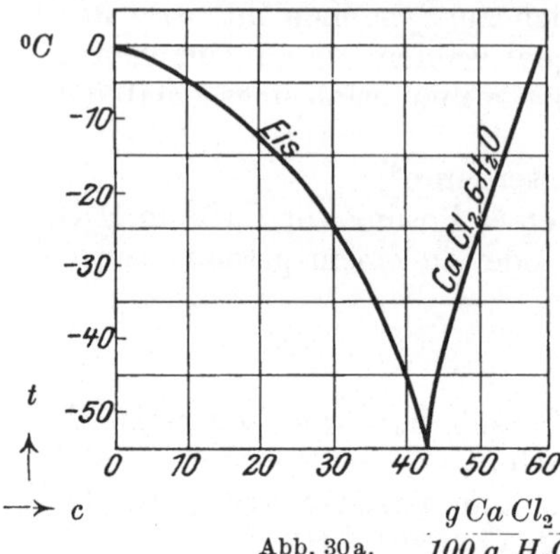

Abb. 30a. $\dfrac{g\,Ca\,Cl_2}{100\,g\,H_2O}$

den Bodenkörpers, d. h. der festen Phase, mit der die gesättigte Lösung im Gleichgewicht steht. Jedem einzelnen Hydrat entspricht also eine bestimmte Löslichkeitskurve. Am Schnittpunkt der Löslichkeitskurven zweier verschiedener Bodenkörper ist die Lösung an diesen beiden gesättigt. Diese Punkte, die sich als Knickpunkte der gesamten Löslichkeitskurve bemerkbar machen, stellen also je einen der obenerwähnten Quadrupelpunkte dar. Jenseits des Schnittpunktes ist die Lösung an einem der Bodenkörper übersättigt, dieser muß sich also in das Hydrat mit der geringeren Löslichkeit umwandeln. Man bezeichnet daher auch den Quadrupelpunkt als den „Umwandlungspunkt" der beiden Hydrate.

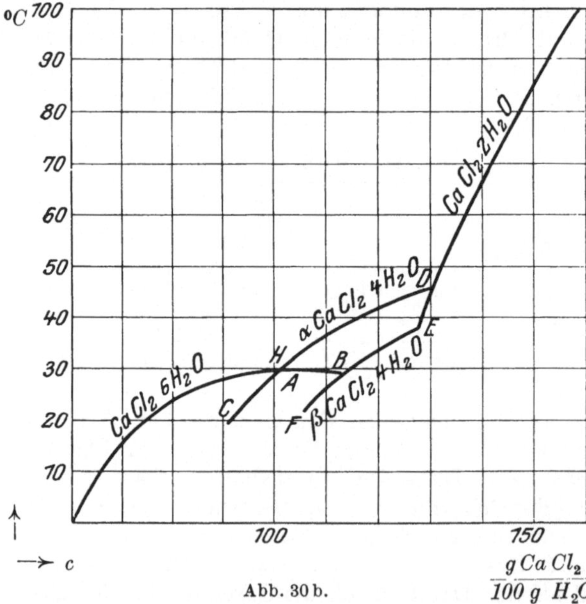

Abb. 30b. $\dfrac{g\,Ca\,Cl_2}{100\,g\,H_2O}$

Die Abb. 30a, b und c geben die Löslichkeitskurven der verschiedenen Hydrate des Calciumchlorids bis zur Temperatur von 260° wieder. Jedem Kurvenast ist die Formel des Bodenkörpers, an dem die Lösung bei den der Kurve entsprechenden Temperaturen gesättigt ist, beigeschrieben. Der erste absteigende Ast in Abb. 30a stellt die Gefrierpunkte von $CaCl_2$-Lösungen (Sättigung an Eis) dar. Aus dem mittleren Teil der Abb. 30b er-

kennt man, daß das Tetrahydrat β in dem ganzen Temperaturbereich, in welchem es überhaupt existenzfähig ist, instabil gegenüber dem Tetrahydrat α ist, das bei allen Temperaturen die kleinere Löslichkeit besitzt. Seine Darstellung und die Bestimmung seiner Löslichkeit werden nur durch die Langsamkeit der Umwandlung in das stabile Hydrat ermöglicht.

Systeme, die aus zwei verschiedenen Hydraten und dem Dampfraum bestehen, haben für jede Temperatur einen bestimmten Dampfdruck. Dieser, d. h. das Bestreben eines Hydrates, Wasserdampf abzuspalten, ist also nur definiert, wenn gleichzeitig angegeben ist, welche wasserärmere Verbindung aus dem dissoziierenden Hydrat entsteht. Die entsprechenden Drucktemperaturkurven, die Dampfdruckkurven, schneiden sich ebenfalls an Quadrupelpunkten, nämlich an solchen, an denen drei feste Phasen mit Wasserdampf im Gleichgewicht stehen, also z. B. Eis, Hexachlorid und Tetrachlorid β, oder Hexachlorid, Tetrachlorid β, Dichlorid. Diese Quadrupelpunkte sind aber nur dann

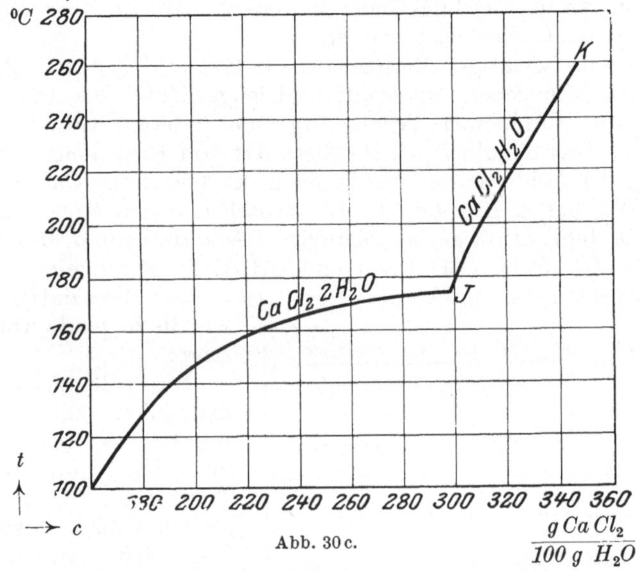

Abb. 30 c.

Abb. 30 a—c. Löslichkeitskurven des Calciumchlorids.

wirkliche stabile Gleichgewichte, wenn der an ihnen herrschende Druck kleiner ist als der Dampfdruck jeder an einem der Hydrate gesättigten Lösung. Andernfalls müssen sich der Dampf und die wasserreichste feste Phase zur Lösung vereinigen. Dies scheint beim Calciumchlorid stets der Fall zu sein, wenigstens ist bisher noch kein Gleichgewicht zwischen drei verschiedenen seiner festen Stoffe nachgewiesen worden.

Enthält das System nur zwei Phasen und entsprechend zwei Freiheiten (divariantes System), so ist sein Zustand erst dann eindeutig bestimmt, wenn man über zwei seiner Variablen willkürlich verfügt hat. Der wichtigste Fall ist die Koexistenz von Wasserdampf mit einer Lösung von Calciumchlorid; Temperatur und Konzentration bestimmen ihren Dampfdruck. Bei konstanter Temperatur ist also der Dampfdruck der Lösung eine Funktion ihrer Konzentration. Daraus folgt, daß der Dampfdruck einer Lösung immer ein anderer sein muß als der Dampfdruck des reinen Lösungsmittels bei gleicher Temperatur.

Über die Art dieser Abhängigkeit läßt sich thermodynamisch nur qualitativ ein Urteil abgeben, nämlich dahin, daß der Dampfdruck der Lösung um so geringer ist, je größer ihre Konzentration wird. Die weitere Auflösung von gelöstem Stoff in der Lösung ist nämlich erfahrungsgemäß ein irreversibler Vorgang, der unter allen Umständen von selbst eintritt, wenn Lösung und Bodenkörper sich berühren. Er muß daher mit einer Vermehrung der Entropie, sowohl der flüssigen wie der mit der Lösung im Gleichgewicht stehenden gasförmigen Phase verbunden sein. Da die Entropie des Gases ganz allgemein mit wachsendem Volumen und abnehmendem Druck zunimmt, so muß die (isotherme) Auflösung mit einer Abnahme des Dampfdruckes der Lösung Schritt halten. Die quantitative Verknüpfung von Konzentration und Dampfdruck kann allerdings ohne weitere Annahmen über die Natur der Lösung nicht abgeleitet werden.

Ein weiteres wichtiges Beispiel für die Zweistoffsysteme bilden die heterogenen chemischen Dissoziationsgleichgewichte, bei welchen die Zersetzungsprodukte einer Verbindung eine andere Phase bilden als diese selbst. Das Schulbeispiel für diese Art von Reaktionen bildet die Zersetzung des kohlensauren Kalks nach der Gleichung $CaCO_3 = CaO + CO_2$. Wir haben hier drei Stoffe, zwischen denen eine Reaktionsgleichung besteht, also zwei unabhängige Bestandteile und drei Phasen, nämlich $CaCO_3$ (fest), CaO (fest) und CO_2-Gas, mithin eine Freiheit. Jeder Temperatur entspricht daher ein bestimmter Dissoziationsdruck, wie die folgende Abbildung zeigt:

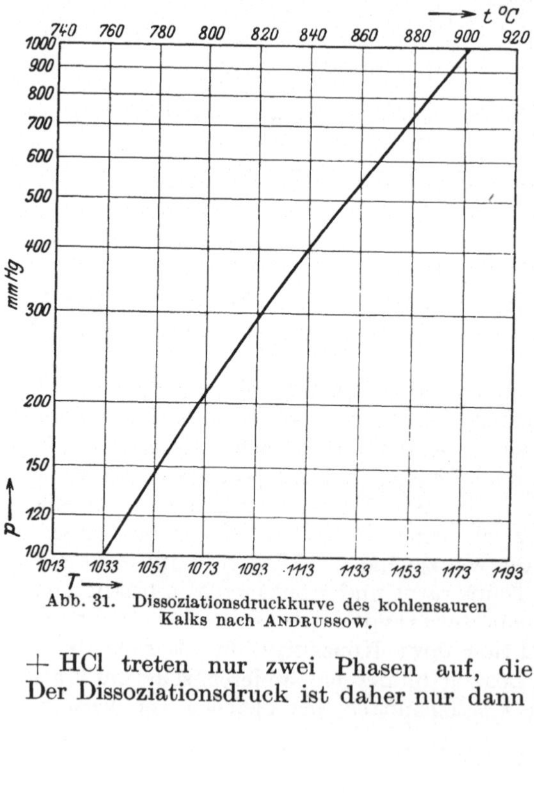

Die vollständige technische Zersetzung des Kalksteins (das Brennen) gelingt daher nur, wenn die Temperatur hoch genug ist, daß das entstehende CO_2 den Atmosphärendruck überwinden und entweichen kann, oder wenn durch mechanische Fortspülung des CO_2 sein Partialdruck stets niedriger gehalten wird als sein Dissoziationsdruck. Daher wird das Brennen des Kalks durch Einblasen von Wasserdampf oder Kohlenoxyd erleichtert.

Abb. 31. Dissoziationsdruckkurve des kohlensauren Kalks nach ANDRUSSOW.

Bei der Zersetzung des Chlorammoniums nach der Gleichung $NH_4Cl = NH_3$ + HCl treten nur zwei Phasen auf, die feste und die gasförmige. Der Dissoziationsdruck ist daher nur dann festgelegt, wenn neben der

Temperatur noch über eine andere Variable verfügt ist, z. B. über die Konzentration irgendeines gasförmigen Zersetzungsproduktes; dann ist allerdings neben dem Gesamtdruck auch die Konzentration und der Partialdruck des anderen an der Reaktion teilnehmenden Gases bestimmt. Wir erkennen also, daß die Konzentrationen von Gasen, die in einem chemischen Gleichgewicht miteinander und mit einem festen Körper stehen, nicht voneinander unabhängig sind, sondern daß zwischen ihnen eine Beziehung bestehen muß. Welcher Art diese ist, kann erst später mit Hilfe bestimmter Annahmen abgeleitet werden. Wir haben hier ein weiteres Beispiel dafür, daß die Ergebnisse der Thermodynamik durch andere von dieser unabhängige Hypothesen ergänzt werden müssen.

Erhitzt man festes Chlorammonium im Vakuum oder in einer Atmosphäre von indifferenten Gasen, so stellt sich jedoch, scheinbar im Gegensatz zu dem soeben Gesagten, für jede Temperatur ein Gleichgewichtsdruck ein. Es sieht also so aus, als ob das System dann nur eine Freiheit hat. Tatsächlich ist bei dieser Versuchsanordnung jedoch eine zweite Variable festgelegt worden, nämlich das Verhältnis der Konzentrationen der Zersetzungsprodukte NH_3 und HCl, die in diesem Falle ja in äquivalenten Mengen entstehen. Salmiak und sein Dampf stellen daher gewissermaßen nur ein Einstoffsystem dar, da man beliebige Zustände desselben aus einer einzigen Molekelart, NH_4Cl, aufbauen kann.

Bei manchen Dissoziationen bilden die festen Reaktionsteilnehmer miteinander feste Lösungen, z. B. bei der Dissoziation des Kupferoxyds nach der Gleichung $2\,CuO = Cu_2O + {}^1/_2\,O_2$. Nach den Untersuchungen von Wöhler und Foss[1] ist der Dissoziationsdruck des Oxyds nicht allein durch die Temperatur bestimmt, sondern er wird um so geringer, je weiter die Dissoziation durch Auspumpen des Sauerstoffes getrieben wird. Die Ursache dieser Variation des Druckes bei konstanter Temperatur ist die Bildung einer festen homogenen Lösung des Oxyduls im Oxyd. Wir haben also nur zwei Phasen (feste Lösung und Gas) und daher zwei Freiheiten (Temperatur und Konzentration der festen Phase[2]).

Als Beispiel eines Systems mit *drei unabhängigen Bestandteilen* betrachten wir ein System aus Wasser und zwei löslichen Salzen, die ein gemeinsames Ion besitzen und ein Doppelsalz bilden, z. B. Magnesiumchlorid und Kaliumchlorid. Diese beiden Salze können zusammentreten nach der Gleichung $MgCl_2 + 2\,KCl = MgCl_2 \cdot 2\,KCl$ (Carnallit). Wir haben daher vier verschiedene Molekeln und eine Reaktionsgleichung zwischen ihnen, also drei unabhängige Bestandteile. Mithin können maximal fünf Phasen nebeneinander existieren, z. B. alle drei festen Salze, eine an ihnen gesättigte Lösung und Dampf. Diese Koexistenz ist allerdings nur bei einer einzigen Temperatur, dem Umwandlungs-

---

[1] Z. Elektrochem. Bd. 12, S. 781, 1906.
[2] Vgl. auch die Dissoziation des Kaliummanganats in Manganit und Sauerstoff nach F. Bahr und O. Sackur, Z. anorgan. Chem. Bd. 72, S. 101, 1911.

punkte des Doppelsalzes, möglich. Der zugehörige Druck ist der Dampfdruck der gesättigten Lösung.

Bei allen anderen Temperaturen kann die Lösung nur an zwei Salzen gesättigt sein, entweder an den beiden Einzelsalzen oder an einem von ihnen und dem Doppelsalz; Konzentration und Dampfdruck der Lösung sind dann durch die Temperatur und die Natur der beiden Bodenkörper bestimmt. Bei Temperaturen, bei denen das erstere der Fall ist, ist das Doppelsalz neben einer Lösung stets instabil und zerfällt. Dieses Temperaturbereich kann sowohl oberhalb wie unterhalb der Umwandlungstemperatur liegen, je nach der Natur des speziellen Falles. Die Verhältnisse können noch dadurch kompliziert werden, daß eines der Einzelsalze oder auch beide verschiedene feste Hydrate bilden können.

Ist nur ein Bodenkörper vorhanden, so ist die Gesamtkonzentration der Lösung nicht mehr eindeutig bestimmt, sondern kann durch Zusatz des anderen Salzes oder des Doppelsalzes verändert werden. Die Löslichkeit eines Salzes wird daher durch den Zusatz eines gleichionigen Salzes verändert. Zur graphischen Darstellung der Gleichgewichtszustände eines derartigen Drei-Komponentensystems bedient man sich zweckmäßig nicht eines ebenen Koordinatensystems, sondern eines Raummodells, dessen drei Achsen die Temperatur und die Konzentrationen der beiden Einzelsalze in der Lösung darstellen. Jeder Punkt des Raumes besitzt dann einen bestimmten Dampfdruck. Die monovarianten Gleichgewichte werden wieder durch Linien, die bivarianten durch Flächen dargestellt, die innerhalb dieses Raummodells verlaufen (vgl. VAN'T HOFF: Bildung und Spaltung von Doppelsalzen. Leipzig 1897; ferner VAN'T HOFF und MEYERHOFFER, Z. physikal. Chem. Bd. 30, S. 64, 1899 und andere Arbeiten. Dort sind auch die experimentellen Methoden zur Bestimmung der Umwandlungstemperatur beschrieben.)

Wasser und zwei Salze, die kein Ion gemein haben, bilden ein Beispiel für ein *System aus vier unabhängigen Bestandteilen*. Denn die beiden Salze können sich zu einem zweiten Salzpaar umsetzen nach der Gleichung:

$$\overset{1}{A}\overset{}{B} + \overset{2}{C}\overset{}{D} = \overset{3}{A}\overset{}{D} + \overset{4}{B}\overset{}{C}\,,$$

z. B.:

$$NaNO_3 + KCl = KNO_3 + NaCl\,.$$

Von dieser Umsetzung wird bei der Darstellung des Kaliumnitrats aus Chilisalpeter technischer Gebrauch gemacht. Man nennt diese vier durch eine Umsetzungsgleichung verknüpften Salze „reziproke Salzpaare". Ein weiteres Beispiel hierfür ist die Bildung des Natriumhydrocarbonats im Solvayprozeß, nämlich:

$$NH_4HCO_3 + NaCl = NaHCO_3 + NH_4Cl\,.$$

Da die vier Salze (bzw. ihre vier Ionen) durch eine Gleichung verbunden sind, so stellen sie nur drei unabhängige Bestandteile dar; das Wasser ist der vierte Bestandteil. Daher kann nach der Phasenregel eine Lösung an allen vier Salzen nur bei einer einzigen Temperatur, die wieder als Umwandlungspunkt bezeichnet wird, gesättigt sein. An allen anderen Temperaturen sind unter der gesättigten Lösung nur drei Bodenkörper, z. B. 1, 2 und 3 stabil. Auflösung des vierten in der Lösung führt zur Auflösung einer äquivalenten Menge des Salzes 3 und Ausscheidung von festem Salz 1 und 2, da die Konzentration der Lösung unverändert bleiben muß.

Ist die Lösung nur an zwei Salzen gesättigt, so ist außer der Temperatur noch eine Freiheit vorhanden, die Konzentration eines der Salze in der Lösung; bei Gegenwart nur eines festen Salzes sind die Konzentrationen zweier Salze willkürlich verfügbar. Ist gar kein Bodenkörper vorhanden, so sind außer der Temperatur noch drei Freiheiten vorhanden. Mithin ergeben sich folgende Schlüsse: In einer verdünnten Lösung sind die Konzentrationen dreier Salze willkürlich wählbar. Die Konzentration des vierten ist dann festgelegt; es muß also, wenn die Lösung durch Auflösung dreier Salze hergestellt wird, eine Umsetzung innerhalb der Lösung eintreten, bis die Konzentration des hierbei entstehenden Salzes den erforderlichen Wert erreicht hat. Die Reaktion in der Lösung führt also zu einem Gleichgewicht. Engt man dann die Lösung durch Abdunsten des Wassers bei konstanter Temperatur ein, so wachsen alle Konzentrationen, bis schließlich die Lösung an einem der vier Salze gesättigt ist. Bei weiterem Eindunsten wird sich das am wenigsten lösliche Salz ausscheiden, und es muß die Umsetzung in dem Sinne fortschreiten, daß das eine Salzpaar auf Kosten des anderen reziproken, welches das schwerlösliche enthält, verschwindet. Hierauf beruht die technische Darstellung des Kalisalpeters aus Natronsalpeter und Kaliumchlorid und der Soda aus Ammoniumcarbonat und Kochsalz.

Gleichgewichte in Systemen mit mehr als vier unabhängigen Bestandteilen sind bisher noch selten untersucht worden. Fünf Bestandteile z. B. treten in dem von SACKUR[1] untersuchten Gleichgewicht auf, das sich beim Schütteln von metallischem Zinn mit salzsauren Lösungen von Bleichlorid einstellt. Hierbei findet eine Ausfällung von metallischem Blei statt nach der Gleichung:

$$Sn + PbCl_2 = Pb + SnCl_2 .$$

Diese vier Atome bzw. Molekeln stellen, da sie durch die Reaktionsgleichung verknüpft sind, drei Komponenten dar. Als vierte und fünfte Komponente treten Salzsäure und Wasser auf. Das System enthält die festen Phasen: Blei, Zinn und Bleichlorid, außerdem Lösung und Dampf; es besitzt also zwei Freiheiten, die Temperatur und die Konzentration der Salzsäure. Der Theorie entsprechend wurde für jede HCl-Konzentration bei Zimmertemperatur eine einzige Zusammensetzung der Lösung an $PbCl_2$ und $SnCl_2$ gefunden, bei welcher die Ausfällung des Bleies durch das metallische Zinn haltmachte. Ist die Lösung nicht an Bleichlorid gesättigt, enthält also das System eine

---

[1] Arbeiten a. d. Kaiserl. Gesundheitsamt Bd. 20, S. 512, 1904. — Z. Elektrochemie Bd. 10, S. 522, 1904.

Phase weniger, so ist die Gleichgewichtskonzentration des Zinnchlorürs erst bestimmt, wenn die des Bleichlorids willkürlich gegeben ist.

2. Das Prinzip von LE CHATELIER-BRAUN.

Wir wollen uns nunmehr mit der Gleichgewichtsverschiebung beschäftigen, die bei willkürlicher Änderung einer der Zustandsvariablen eintritt und stets die Folge einer Energieänderung des Systems durch äußere Eingriffe ist, und zwar wollen wir vornehmlich nur die sog. monovarianten Gleichgewichte ins Auge fassen. ROOZEBOOM, dem wir sehr wichtige Untersuchungen über die Phasenregel und ihre Anwendungen verdanken, nennt diese Gleichgewichte „vollständige Gleichgewichte" und NERNST folgt diesem Vorgang, obwohl er selbst Bedenken gegen diese Nomenklatur äußert, da die monovarianten Gleichgewichte durchaus nicht vollständiger als die nonvarianten oder multivarianten sind. Zweckmäßiger erscheint es, die *non*varianten Gleichgewichte, die eine maximale Anzahl von Phasen umfassen, als vollständige Gleichgewichte zu bezeichnen (vgl. NERNST: Lehrbuch, 6. Aufl., S. 473). Für die folgende Ableitung werden wir uns auf Systeme mit einem unabhängigen Bestandteil beschränken.

Da bei den monovarianten Gleichgewichten die Werte aller Parameter durch den Wert eines einzigen bestimmt sind, so ist auch die spezifische Energie, d. h. die Energie von je 1 g jeder einzelnen Phase eines solchen im monovarianten Gleichgewicht befindlichen Systems lediglich eine Funktion dieses einen Parameters. Die Energie des ganzen Systems setzt sich, wenn man die an den Phasengrenzen herrschenden Kräfte vernachlässigt, linear zusammen aus den spezifischen Energien der einzelnen Phasen, multipliziert mit der Gewichtsmenge dieser Phase:

$$E = m_1 E_1 + m_2 E_2 + \ldots,$$

wenn wir die Energien der Masseneinheit jeder Phase (in Gramm oder Molen) mit E_1, $E_2 \ldots$ und ihre Massen mit m_1, $m_2 \ldots$ bezeichnen. Die Gesamtmasse des ganzen Systems sei gleich m. Dann ist die Änderung der Gesamtenergie, die gleichzeitig eine Änderung des einzigen willkürlich veränderlichen Parameters, z. B. der Temperatur T, und den Übergang der Stoffmengen dm_1, $dm_2 \ldots$ von einer Phase zur anderen hervorruft, gegeben durch die Gleichung:

$$dE = \left(\frac{\partial E}{\partial T}\right)_{m_1, m_2 \ldots} dT + \left(\frac{\partial E}{\partial m_1}\right)_{T, m_2 \ldots} dm_1 + \left(\frac{\partial E}{\partial m_2}\right)_{T, m_1, m_3 \ldots} dm_2 \ldots$$

$$= \left(\frac{\partial E}{\partial T}\right)_{m_1, m_2 \ldots} dT + E_1 dm_1 + E_2 dm_2 \ldots;$$

wobei selbstverständlich die Bedingung $dm_1 + dm_2 + \ldots = 0$ erfüllt sein muß, da die Masse des gesamten Systems sich bei dieser Gleichgewichtsverschiebung nicht ändern soll, und außerdem p sich so ändern muß, daß das System wiederum im Gleichgewicht ist. Die Änderung des Gesamtvolumens ist dann durch die Änderung der spezifischen Volumina und der m ebenfalls gegeben. Beschränken wir uns auf

Gleichgewichtsverschiebungen, die in dem Übergang der Stoffmenge dm_1 aus einer Phase in eine andere bestehen, so wird $dm_1 = -dm_2$ und:

$$dE = \left(\frac{\partial E}{\partial T}\right)_{m_1, m_2 \dots} dT + (E_2 - E_1)\,dm \qquad (1)$$

(dm bezeichnet den Stoffzuwachs der zweiten Phase $= dm_2$).

Der Klammerausdruck $(E_2 - E_1)$ hat eine wichtige Bedeutung. Er stellt die Energieänderung des Systems dar, wenn bei konstanter Temperatur, d. h. ohne Störung des Gleichgewichts, die Mengeneinheit aus der ersten Phase in die zweite Phase übergeht. Unterscheiden sich die spezifischen Volumina beider Phasen, was beim Übergang fest-gasförmig und flüssig-gasförmig in hohem Maße der Fall ist, so wird gleichzeitig Arbeit geleistet. Die Summe von Energieänderungen und Arbeitsleistung, nämlich $E_2 - E_1 + p(v_2 - v_1)$ ist die vom System bei der isothermen Phasenänderung der Masseneinheit aufgenommene Wärmemenge. Diese bezeichnet man je nach der Art des Phasenüberganges als:

Verdampfungswärme beim Übergang . .	flüssig	gasförmig
Sublimationswärme beim Übergang . . .	fest	gasförmig
Schmelzwärme beim Übergang	fest	flüssig
Lösungswärme beim Übergang	fest	Lösung
Umwandlungswärme beim Übergang . . .	fest	fest
Dissoziationswärme beim Übergang . . .	fest	gasförmig

bei gleichzeitiger Zersetzung.

Als Sammelname für diese verschiedenen Arten von Wärmemengen wollen wir die Bezeichnung latente Wärme L benutzen.

Werden bei der Energieänderung des Systems die Zustandsvariablen nicht konstant gehalten, so müssen sie, falls das System im Gleichgewicht bleiben soll, sich sämtlich ändern, und dies ist nur möglich, wenn gleichzeitig ein Stoffübergang von einer Phase in die andere stattfindet (da für die verschiedenen Phasen verschiedene Zustandsgleichungen gelten). Wir fragen nun, ob wir aus der Änderung des willkürlichen Parameters, z. B. der Größe dT, das Vorzeichen von dm, d. h. die Richtung des Phasenüberganges, bestimmen können.

Die Antwort auf diese Frage wird ganz allgemein durch das von Le Chatelier und ziemlich gleichzeitig von F. Braun ausgesprochene Prinzip gegeben: „Übt man auf ein im Gleichgewicht befindliches System einen Zwang aus, der eine Änderung des einen Parameters herbeiführt, so ändern sich die anderen Parameter von selbst in dem Sinne, der die Änderung des ersten Parameters zu vermindern geeignet ist." Erhöht man also z. B. durch Wärmezufuhr die Temperatur T um dT, so tritt eine Phasenverschiebung dm in der Richtung ein, daß nach der (adiabatischen) Gleichgewichtseinstellung die Temperatur des Systems auf einen zwischen T und $T + dT$ liegenden Wert $T + dT'$ sinkt. Die Gleichgewichtsverschiebung bremst also die Wirkung des äußeren Zwanges (der Wärmezufuhr). Das Le-Chatelier-Braunsche Prinzip bestimmt daher qualitativ die Richtung, in der sich ein Gleichgewicht unter dem Einfluß eines äußeren Zwanges verschiebt. Schon hieraus geht hervor, daß es in engstem Zusammenhang mit dem zweiten Hauptsatz der Thermodynamik stehen muß.

Ehe wir dazu übergehen, es deduktiv aus diesem abzuleiten, wollen wir seine Anwendung an einigen Beispielen erläutern (vgl. CHWOLSON: Lehrbuch III, S. 474).

1. Die Temperatur wird variiert.

a) Erhöhen wir die Temperatur einer Flüssigkeit, so steigt ihr Dampfdruck; hierbei verwandelt sich Flüssigkeit in Dampf. Da hierbei stets Wärme aufgenommen wird, so wird nur ein Teil der zugeführten Wärme zur Temperaturerhöhung verwertet.

b) In einer an Salz gesättigten Lösung ruft eine Temperaturerhöhung eine Vergrößerung der Löslichkeit, d. h. die Auflösung von festem Salz hervor, wenn dieser letztere Vorgang ebenso wie die Verdampfung der Flüssigkeit mit Wärmeaufnahme verknüpft ist. Wird dagegen bei der Auflösung Wärme entwickelt, so sinkt die Löslichkeit mit steigender Temperatur.

c) Die Dissoziation einer im Gleichgewicht mit ihren Komponenten stehenden chemischen Verbindung (z. B. $CaCO_3 = CaO + CO_2$) wird durch Temperatursteigerung erhöht, wenn bei der Dissoziation Wärme aufgenommen wird, im anderen Falle wird sie zurückgedrängt.

2. Der Druck wird variiert.

Am Schmelzpunkt sind feste und flüssige Phasen miteinander im Gleichgewicht. Erhöht man den Druck, unter dem beide Phasen stehen, so verschwindet die spezifisch leichtere und wandelt sich in die spezifisch schwerere um. Im allgemeinen besitzt die feste Phase die größere Dichte: dann führt die Druckerhöhung zur Erstarrung der flüssigen. Geht der Prozeß adiabatisch vor sich, so resultiert durch die freiwerdende Schmelzwärme eine Temperaturerhöhung, der Schmelzpunkt steigt mit wachsendem Druck. Bei den wenigen Stoffen, bei denen wie bei Wasser die feste Phase die spezifisch leichtere ist, sinkt umgekehrt der Schmelzpunkt mit wachsendem Druck.

Diese Beispiele lassen sich beliebig vermehren und zeigen die Mannigfaltigkeit der Erscheinungen, deren Eintritt durch das LE CHATELIER-BRAUNsche Prinzip vorausgesagt werden.

Nunmehr gehen wir dazu über, das Prinzip analytisch zu formulieren und zu beweisen. Wenn die spontane Gleichgewichtsverschiebung nach Änderung des ersten Parameters diese Änderung zum Teil wieder aufhebt, so ist zur vollständigen Änderung des Systems von einem Gleichgewichtszustand bis zum anderen ein größerer Energieaufwand nötig als zu der dem zweiten Gleichgewichtszustand entsprechenden Änderung des ersten Parameters allein, d. h. es ist:

$$dE = \left(\frac{\partial E}{\partial T}\right)_{m_1, m_2} dT + \left(\frac{\partial E}{\partial m_1}\right)_{T, m_2} dm_1 + \left(\frac{\partial E}{\partial m_2}\right)_{T, m_1} dm_2$$

$$> \left(\frac{\partial E}{\partial T}\right)_{m_1, m_2} dT,$$

oder es ist stets

$$\left(\frac{\partial E}{\partial m_1}\right)_{T, m_2} dm_1 + \left(\frac{\partial E}{\partial m_2}\right)_{T, m_1} dm_2 = (E_2 - E_1)\, dm > 0.$$

Ist $E_2 - E_1$ positiv, so ist auch dm positiv, ist $E_2 - E_1$ negativ, so ist auch dm negativ. dm ist der Mengenzuwachs der Phase, deren Mengeneinheit die Energie E_2 besitzt; bei Vermehrung des Energieinhaltes des ganzen Systems $(dE > 0)$ vermehrt sich also stets die Menge der energiereicheren Phase.

Le Chatelier hat das Prinzip ohne Beweis ausgesprochen und seine Richtigkeit an einigen Beispielen empirisch demonstriert[1].

Braun hat zum Beweis die „Hilfsvorstellung" herangezogen[2], daß man von jedem Gleichgewichtszustand stetig zu jedem benachbarten übergehen kann. Im folgenden soll gezeigt werden, daß das Prinzip mit Notwendigkeit aus dem zweiten Hauptsatz der Thermodynamik folgt.

Wir nehmen zunächst an, daß es möglich wäre, die Temperatur T des Systems um dT zu erhöhen, ohne daß eine Umwandlung der ersten Phase in die zweite eintritt. Dies wird immer dann der Fall sein, wenn die Phasenumwandlung langsam gegen den Wärmeübergang erfolgt, z. B. bei der Auflösung von festen Stoffen oder bei chemischen Umsetzungen. Aber auch wenn dies experimentell nicht durchführbar ist, so kann man die Möglichkeit dieses Vorganges im Gedankenexperiment stets annehmen. Bei diesem ersten Prozeß, Temperaturerhöhung um dT, nimmt das System die Wärme $\delta Q_1 = \left(\dfrac{\partial E}{\partial T}\right)_m dT$ auf.

Das System ist jetzt nicht mehr im Gleichgewicht, sondern hat die Tendenz, in einen Zustand überzugehen, der sich von dem eben erreichten durch den Phasenübergang der Menge dm unterscheidet. Es wird sich also die Menge der einen Phase auf Kosten der anderen von selbst um dm ändern. Solche von selbst verlaufenden Vorgänge kann man stets zur Leistung von äußerer Arbeit verwenden (z. B. die Ausdehnung eines Gases gegen einen verminderten Druck, andere Methoden zur Arbeitsleistung werden später besprochen werden). Wir lassen nunmehr diesen Phasenübergang bei konstanter Temperatur unter gleichzeitiger Leistung der Arbeit δA eintreten und erhalten damit den der Temperatur $T + dT$ entsprechenden Gleichgewichtszustand. Hierzu muß die Wärmemenge:

$$\delta Q_2 = \delta A + \left(\frac{\partial E}{\partial m_1}\right)_{T,\, m_2} dm_1 + \left(\frac{\partial E}{\partial m_2}\right)_{T,\, m_1} dm_2$$

zugeführt werden. Schließlich stellen wir auf beliebige Weise den Anfangszustand ohne Arbeitsleistung wieder her und gewinnen dabei die Wärme:

$$- \delta Q_3 = dE = \left(\frac{\partial E}{\partial T}\right)_m dT + \left(\frac{\partial E}{\partial m_1}\right)_{T,\, m_2} dm_1 + \left(\frac{\partial E}{\partial m_2}\right)_{T,\, m_1} dm_2 \, .$$

Nach dem Energiegesetz, d. h. nach der identischen Gleichung:

$$\delta Q_1 + \delta Q_2 + \delta Q_3 = \delta A$$

---

[1] Compt. rend. de l'Acad. des Sc. Bd. 100, S. 441, 1885.
[2] Ann. Physik Bd. 32, S. 1102, 1910.

ist sowohl ein positives wie ein negatives $\left(\frac{\partial E}{\partial m_1}\right)_{T,\,m_2} dm_1 + \left(\frac{\partial E}{\partial m_2}\right)_{T,\,m_1} dm_2$ möglich. Aus dem zweiten Hauptsatz folgt dagegen, daß diese Größe größer als null sein muß. Denn der eben skizzierte Kreisprozeß hat uns Arbeit geleistet; er ist also nur realisierbar, wenn die bei der höchsten Temperatur zugeführte Wärmemenge größer ist als die bei tieferer Temperatur abgegebene, wenn also die Arbeitsleistung mit dem Übergang der Wärme von höherer zu tieferer Temperatur verknüpft ist, d. h. wenn

$$\delta Q_2 > \delta A \quad \text{und} \quad \left(\frac{\delta E}{\partial m_1}\right)_{T,\,m_2} dm_1 + \left(\frac{\partial E}{\partial m_2}\right)_{T,\,m_1} dm_2 > 0$$

ist.

Wäre $\delta A \gtreqless \delta Q_2$ und $\left(\frac{\partial E}{\partial m_1}\right)_{T,\,m_2} dm_1 + \left(\frac{\partial E}{\partial m_2}\right)_{T,\,m_1} dm_2 \lesseqgtr 0$, so würde unser Kreisprozeß eine Maschine liefern, deren einzige Wirkung die Umwandlung von Wärme in die äquivalente Arbeit wäre und das Perpetuum mobile zweiter Art wäre konstruiert.

Die Größe $\left(\frac{\partial E}{\partial m_1}\right)_{T,\,m_2} dm_1 + \left(\frac{\partial E}{\partial m_2}\right)_{T,\,m_1} dm_2 + p(v_2 - v_1) = E_2 - E_1 + p(v_2 - v_1)$ hatten wir oben ganz allgemein als die latente Wärme des Phasenüberganges bezeichnet (S. 141), und zwar bezeichnet man gewöhnlich ebenso wie bei chemischen Reaktionen die latente Wärme als positiv, wenn bei dem Phasenübergang Wärme entwickelt wird, im anderen Falle als negativ. Dementsprechend müssen wir setzen, da wir $E_2 > E_1$ und $dm_2 > 0$ angenommen hatten,

$$E_2 - E_1 + p(v_2 - v_1) = - L$$

und

$$\left(\frac{\partial E}{\partial m_1}\right)_{T,\,m_2} dm_1 + \left(\frac{\partial E}{\partial m_2}\right)_{T,\,m_1} dm_2 = E_2 - E_1 = - L - p(v_2 - v_1).$$

Da erfahrungsgemäß der Zahlenwert von $p(v_2 - v_1)$ meist viel kleiner als der von L ist, so bestimmt letzterer das Vorzeichen von $E_2 - E_1$, und wir erhalten das Resultat: bei Temperaturerhöhung tritt stets eine Gleichgewichtsverschiebung im Sinne einer *negativen* latenten Wärme ein.

Besteht die willkürliche Veränderung des Systems nicht in einer Änderung seiner Temperatur, sondern in einer solchen des Druckes, so muß ebenso $\left(\frac{\partial E}{\partial m_1}\right)_{p,\,m_2} dm_1 + \left(\frac{\partial E}{\partial m_2}\right)_{p,\,m_1} dm_2$ dasselbe Vorzeichen haben wie $\left(\frac{\partial E}{\partial p}\right)_m dp$.

Diese letztere Größe stellt die äußere Arbeitsleistung dar, die zur adiabatischen Kompression um dp ohne Phasenumwandlung ($dm = 0$) aufgewendet werden muß. Diese muß daher stets kleiner sein als die zur Gleichgewichtsverschiebung durch Kompression erforderliche Energie dE. Die Phasenumwandlung erfordert also eine weitere Kompressionsarbeit, die nur dann geleistet wird, wenn das Gesamtvolumen des Systems abnimmt und die Phase mit dem größeren spezifischen Volumen sich in eine solche mit größerer Dichte umwandelt. *Druckerhöhung verschiebt also das Gleichgewicht zugunsten der spezifisch schwereren Phase.*

Wir können nunmehr ferner ganz allgemein entscheiden, in welchem Sinne sich der Druck p, unter dem das monovariante Gleichgewicht steht, bei Änderung der Temperatur verschiebt, ob also

$$\frac{dp_g}{dT} > \quad \text{oder} \quad < 0$$

ist. Wir wollen den Druck, der infolge der Gleichgewichtsbedingung allein von T abhängt, ebenso allgemein mit p_g bezeichnen, wie wir es schon früher für den Dampfdruck getan haben. Da $\frac{dp_g}{dT}$ vom spezifischen Gesamtvolumen v (das außer von T noch von der Verteilung der Masse auf die beiden Phasen abhängt) unabhängig ist, genügt es, $\frac{dp_g}{dT}$ z. B. bei konstantem v zu betrachten.

Führt man also dem System bei konstant gehaltenem Gesamtvolumen die Wärme δQ zu, so ist die Energieänderung:

$$d_v E = \delta_v Q = \left(\frac{\partial E}{\partial T}\right)_{m,\,v} dT + \left(\frac{\partial E}{\partial m_1}\right)_{T,\,v,\,m_2} dm_1 + \left(\frac{\partial E}{\partial m_2}\right)_{T,\,v,\,m_1} dm_2 \,.$$

Da $\left(\frac{\partial E}{\partial T}\right)_m$ und die Summe der beiden letzten Glieder stets positiv sind, so muß auch dT hier stets > 0 sein. Wärmezufuhr erhöht bei konstantem Volumen unter allen Umständen die Temperatur eines sich im Gleichgewicht befindlichen Systems. Eine Druckerhöhung $(dp_g > 0)$ tritt bei konstantem Volumen ein, wenn bei der Phasenänderung der Menge dm eine Phase mit größerem spezifischen Volumen entsteht, wie z. B. bei der Verdampfung. Es ist also $\frac{dp_g}{dT}$ stets positiv, wenn die Phase mit der größeren spezifischen Energie $(E_2 > E_1)$, oder mit anderen Worten, wenn die unter Wärmeaufnahme entstehende Phase auch das größere spezifische Volumen besitzt. Daß dies durchaus nicht immer der Fall ist, zeigt das obenerwähnte Beispiel des schmelzenden Eises.

3. Die Clausiussche Gleichung.

Das Le Chatelier-Braunsche Prinzip gibt uns einen Aufschluß, nach welcher Richtung sich die Zustandsvariablen eines monovarianten Gleichgewichtes bei Einwirkung eines äußeren Zwanges verschieben. Der zweite Hauptsatz liefert uns jedoch mehr als nur dieses qualitative Resultat, er gibt uns die Möglichkeit, den Betrag der Gleichgewichtsverschiebung aus dem jeweiligen Zustande des Systems zu berechnen. Zu diesem Zwecke gehen wir von dem S. 141 eingeführten Begriff der latenten Wärme der Phasenumwandlung aus. Es ist:

$$- L = E_2 - E_1 + p_g (v_2 - v_1) \,. \tag{1}$$

Wenn die Menge dm bei konstanter Temperatur aus der ersten in die zweite Phase übergeht, so ändert sich das Volumen des ganzen

Systems um die Größe $dv = (v_2 - v_1)\, dm$, seine Energie wächst also um den Betrag

$$\left(\frac{\partial E}{\partial v}\right)_T dv = \left[\left(\frac{\partial E}{\partial m_2}\right)_{T,\, m_1} - \left(\frac{\partial E}{\partial m_1}\right)_{T,\, m_2}\right] dm = (E_2 - E_1)\frac{dv}{v_2 - v_1}\,,$$

und es folgt aus (1):

$$-L = \left[\left(\frac{\partial E}{\partial v}\right)_T + p_g\right](v_2 - v_1)\,. \tag{2}$$

Nach Gleichung (7) S. 112 gilt allgemein:

$$\left(\frac{\partial E}{\partial v}\right)_T + p = T\left(\frac{\partial p}{\partial T}\right)_v.$$

Für den vorliegenden Fall verknüpfen wir p und T durch die Gleichgewichtsbedingung und können also $\left(\frac{\partial p}{\partial T}\right)_{v,\ \text{Gleichgewicht}}$ ebenso wie auf der vorigen Seite durch $\dfrac{dp_g}{dT}$ ersetzen und erhalten

$$\frac{dp_g}{dT} = -\frac{L}{T(v_2 - v_1)}\,. \tag{3}$$

Diese Gleichung wurde zuerst von CLAPEYRON, einem französischen Ingenieur, der die Arbeiten von CARNOT fortsetzte, für die Verdampfung abgeleitet und später eingehend von CLAUSIUS begründet und angewendet. Sie führt daher den Namen der CLAUSIUS-CLAPEYRONschen oder kurz der CLAUSIUS-Gleichung und gestattet die Druckänderung dp_g für eine beliebige Temperaturänderung dT aus den experimentell bestimmbaren Größen L, v_2, v_1 und T zu berechnen.

Die CLAUSIUSsche Gleichung kann auch noch auf anderen Wegen abgeleitet werden. Zunächst betrachten wir einen Weg, der sich nur formal von dem soeben benutzten unterscheidet. Nach HELMHOLTZ steht die freie Energie bei konstantem Volumen eines beliebigen Systems zu seiner Gesamtenergie in der Beziehung (vgl. S. 116):

$$F_v = E_v + T\left(\frac{\partial F_v}{\partial T}\right)_v.$$

Die freie Energie eines beliebigen im Gleichgewicht befindlichen Systems sei gleich F_{v1}. Bringen wir das System in einen leeren Raum (also unter den Druck 0), so wird sich das Volumen des Systems durch den Übergang mindestens eines Stoffes von einer Phase in die andere (in der Regel durch Verdampfung) so lange ändern, bis der Druck wieder gleich dem Gleichgewichtsdruck p_g wird. Dieser von selbst eintretende Vorgang ist mit einer Abnahme der freien Energie verbunden, die gleich $F_{v1} - F_{v2}$ ist, falls wir die freie Energie des Systems nach Einstellung des Gleichgewichtes mit F_{v2} bezeichnen. Die Größe des leeren Raumes sei so bemessen, daß der Übergang der Masseneinheit von einer Phase in die andere (also z. B. die Verdampfung der Masseneinheit) den Gleichgewichtsdruck wiederherstellt. Dann gelten die Gleichungen:

$$F_{v1} = E_1 + T\left(\frac{\partial F_{v1}}{\partial T}\right)_v \quad \text{und} \quad F_{v2} = E_2 + T\left(\frac{\partial F_{v2}}{\partial T}\right)_v$$

und durch Subtraktion:

$$F_{v1} - F_{v2} = E_1 - E_2 + T\left(\frac{\partial (F_{v1} - F_{v2})}{\partial T}\right)_v. \tag{4}$$

Die Abnahme der freien Energie ist nach Helmholtz gleich der Arbeit, die in maximo geleistet werden kann, wenn die Zustandsänderung isotherm und umkehrbar vor sich geht, d. h. wenn die Volumenausdehnung um $v_2 - v_1$ bei konstanter Temperatur gegen einen Druck erfolgt, der gleich dem Gleichgewichtsdruck des Systems ist. Mithin ist:

$$F_{v1} - F_{v2} = p_g (v_2 - v_1).$$

Die Abnahme der Gesamtenergie ist nach Gleichung (1):

$$E_1 - E_2 = L + p_g (v_2 - v_1)$$

(vgl. S. 145). Mithin geht Gleichung (4) über in:

$$p_g (v_2 - v_1) = L + p_g (v_2 - v_1) + T\frac{dp_g}{dT}(v_2 - v_1),$$

oder:

$$\frac{dp_g}{dT} = \frac{-L}{T(v_2 - v_1)}. \tag{3}$$

Schließlich kann man diese Gleichung (3) ohne die Benutzung bestimmter thermodynamischer Funktionen (E oder F_v) mit Hilfe eines reversiblen Kreisprozesses ableiten, lediglich mit Hilfe der auf S. 104 bewiesenen Erkenntnis, daß der Nutzeffekt eines solchen Prozesses gleich dem Temperatursturz ist, welchen die bei der höheren Temperatur zugeführte Wärme erfährt, dividiert durch die absolute Temperatur der Wärmequelle T. Zu diesem Zwecke betrachten wir folgenden Kreisprozeß (der Einfachheit halber wählen wir die Verdampfung einer Flüssigkeit als Beispiel):

1. Verdampfung der Masseneinheit (1 Mol) der Flüssigkeit bei der Temperatur T und dem Sättigungsdruck p_g. Hierbei wird die Arbeit $A_1 = p_g (v_2 - v_1)$ geleistet und die Wärme $- L$ zugeführt.

2. Adiabatische Dilatation des Volumens v_2 des gesättigten Dampfes bis zum Volumen $v_2 + dv_2$ und dem entsprechenden Drucke $p_g - dp_g$, welcher dem Sättigungsdrucke der Flüssigkeit bei der Temperatur $T - dT$ entspricht. Hierbei sinkt die Temperatur bis auf einen Wert $T - dT'$, welcher sich aus der Gleichung der adiabatischen Volumenänderung (S. 69) berechnen ließe, falls der Dampf den Gasgesetzen gehorchen würde. Hierbei wird die Arbeit:

$$A_2 = \int_{v_2}^{v_2 + dv_2} p_g \, dv = p_g \, dv_2$$

gewonnen.

10*

3. **Erwärmung** (oder Abkühlung) des Dampfes auf $T - dT$ bei konstantem Druck $p_g - dp_g$. Hierbei wird eine positive oder negative Wärmemenge zugeführt, je nachdem $dT' \gtrless dT$ ist, und außerdem wird eine Arbeit $A_3 = (p_g - dp_g) dv_2'$ geleistet, wenn das Gas bei der Temperaturänderung eine Volumenänderung dv_2' erfährt.

4. **Isotherme Kondensation** des Dampfes beim Druck $p_g - dp_g$ und der Temperatur $T - dT$. Hierzu wird die Arbeit $- A_4 = (p_g - dp_g)(v_2 + dv_2 + dv_2' - v_1)$ aufgewendet und Wärme abgeführt.

5. **Erwärmung** der Flüssigkeit um dT.

Bei 4. und 5. wird die Arbeit infolge der Wärmeausdehnung der Flüssigkeit vernachlässigt.

Bei dem gesamten Kreisprozeß ist die Arbeit $A_1 + A_2 + A_3 + A_4$ gewonnen worden, also:

$$A_1 + A_2 + A_3 + A_4$$
$$= p_g(v_2 - v_1) + p_g dv_2 + (p_g - dp_g) dv_2' - (p_g - dp_g)(v_2 + dv_2 + dv_2' - v_1)$$
$$= dp_g(v_2 - v_1),$$

wenn man das Glied $dp_g \cdot dv_2$, welches von höherer Ordnung unendlich klein ist, vernachlässigt. Mithin ist:

$$\frac{A_1 + A_2 + A_3 + A_4}{-L} = \frac{dp_g(v_2 - v_1)}{-L} = \frac{dT}{T}.$$

oder:

$$\frac{dp_g}{dT} = \frac{-L}{T(v_2 - v_1)}. \tag{3}$$

Alle diese drei Ableitungen der CLAUSIUSschen Gleichung (3) sind natürlich inhaltlich identisch, da sie alle den zweiten Hauptsatz der Thermodynamik benutzen. Durch ihre ausführliche Erörterung sollte nur illustriert werden, auf wie verschiedenen Wegen man vom zweiten Hauptsatz ausgehend zu experimentell greifbaren Resultaten gelangen kann. Je nach der Natur des speziellen Problems und auch nach der Geschmacksrichtung des Forschers wurden zur Ableitung einzelner spezieller Resultate die verschiedensten Methoden benutzt. VAN'T HOFF z. B. bediente sich bei seinen klassischen Untersuchungen meist der reversiblen Kreisprozesse, andere physikalische Chemiker mit Vorliebe der HELMHOLTZschen Gleichung oder der freien Energie bei konstantem Druck, während in der physikalischen Literatur meist die thermodynamischen Differentialbeziehungen, wie in der ersten Form des hier gegebenen Beweises, bevorzugt werden.

Im folgenden soll die CLAUSIUSsche Gleichung für einige besonders wichtige Fälle diskutiert und ihre Folgerungen mit der Erfahrung verglichen werden.

Verdampfung einer Flüssigkeit. Die Gleichung:

$$\frac{dp_g}{dT} = \frac{-L}{T(v_2 - v_1)}$$

gibt die Neigung der Dampfdruckkurve. Der auf der linken Seite stehende Differentialquotient ist erfahrungsgemäß stets positiv, der

Dampfdruck steigt mit wachsender Temperatur. Das Vorzeichen der rechten Seite muß also auch stets das positive sein, d. h. es muß, da v_2, das spezifische Volumen des gesättigten Dampfes, stets größer als das der Flüssigkeit ist, die Verdampfungswärme L stets negativ sein. Beim Übergang von Flüssigkeit in Dampf bei konstanter Temperatur wird stets Wärme aufgenommen. Nach S. 145 war:

$$- L = E_2 - E_1 + p_g (v_2 - v_1) \,.$$

Da $p_g (v_2 - v_1)$ meist gegen $E_2 - E_1$ zu vernachlässigen ist, so folgt aus dem Steigen des Dampfdruckes mit wachsender Temperatur, daß stets $E_2 \rangle E_1$ ist.

Dieses Resultat läßt sich rein thermodynamisch nicht begründen, dagegen führt die kinetische Theorie der Gase und Flüssigkeiten zu dem Schluß, daß $E_2 \rangle E_1$ ist, da beim Übergange vom kleineren Volumen v_1 zum größeren Volumen v_2 Arbeit gegen die Molekularkräfte geleistet werden muß (vgl. den Abschnitt über den Joule-Thomson-Effekt).

Die Berechnung der Dampfdruckkurve selbst, d. h. der zur Skala der T-Werte gehörenden Werte von p_g ist nur durch Integration möglich. Dann wird nämlich:

$$p_g = - \int \frac{L}{T (v_2 - v_1)} \, d T + \text{const} \,.$$

Die Integration ist jedoch nur ausführbar, wenn sowohl L wie $v_2 - v_1$ als Funktionen der Temperatur bekannt sind, was im allgemeinen nicht der Fall ist; sie gelingt jedoch, wenn man den Dampfdruck von Flüssigkeiten weit unterhalb ihrer kritischen Temperatur betrachtet und die für diesen Fall berechtigte Annahme macht, daß das spezifische Volumen des Dampfes sehr groß gegen das der Flüssigkeit ist und daß der Dampf selbst den Gasgesetzen gehorcht.

Dann wird näherungsweise $v_2 - v_1 = v_2$ und $v_2 = \dfrac{RT}{p_g}$. Mithin:

$$\frac{d p_g}{d T} = \frac{- L p_g}{R T^2} \tag{5}$$

oder:

$$\frac{d \ln p_g}{d T} = \frac{- L}{R T^2} \,. \tag{5a}$$

Durch Integration folgt dann für den Dampfdruck der Flüssigkeit bei tiefen Temperaturen:

$$\ln p_g = - \frac{1}{R} \int \frac{L}{T^2} \, d T + i \,. \tag{6}$$

i ist eine unbestimmte Integrationskonstante, die für jede Flüssigkeit einen bestimmten, von der Temperatur unabhängigen Wert besitzt. Zur vollständigen Integration ist es erforderlich, L als Funktion der Temperatur zu kennen. Dies ist nicht notwendig, wenn man nur die Änderung des Dampfdruckes in einem kleinen Temperaturbereich $T_2 - T_1$

betrachtet, in welchem sich die Verdampfungswärme praktisch nicht
ändert. Dann wird:

$$\ln \frac{p_{g2}}{p_{g1}} = -\frac{L}{R} \int_{T_1}^{T_2} \frac{1}{T^2}\, dT = +\frac{L}{R}\left(\frac{1}{T_2} - \frac{1}{T_1}\right) = -\frac{L(T_2 - T_1)}{R\,T_2\,T_1}. \quad (6\,\text{a})$$

Der Dampfdruck p_{g2} bei T_2 ist also aus dem Dampfdruck p_{g1} bei T_1
zu berechnen, falls die Verdampfungswärme bekannt ist, jedoch wohl-
gemerkt nur dann, wenn die oben begründeten Vernachlässigungen berechtigt sind. Die folgende Tabelle zeigt am Beispiel des Wassers, wie
weit die Gleichungen (5) und (6a) durch die Erfahrung bestätigt werden.
Bei der numerischen Berechnung ist zu berücksichtigen, daß die Verdampfungswärme L hier die molekulare Verdampfungswärme bedeutet,
da $v_2 = \dfrac{RT}{p}$ das Volumen einer Grammolekel des Dampfes darstellt,
und daß dieselbe in demselben Maßsystem gegeben sein muß, wie die
Gaskonstante R. Mißt man sie in Kalorien, so ist $R = 1,986$ cal.

Dampfdruck des Wassers in mm Hg.
A. Für kleine Temperaturdifferenzen nach Formel (5).

T	$\dfrac{d\,p_g}{d\,T}$	$-L\cdot 10^{-3}$	p_g ber.	p_g beob.	Diff. vH
323	4,58	10,243	92,6	92,51	$+0,1$
333	6,91	10,140	150	149,4	$+0,4$
343	10,1	10,034	235	233,7	$+0,6$
353	14,1	9,928	351	355,1	$-1,0$
363	19,9	9,816	531	525,8	$+0,9$
373	27,16	9,703	773	760,0	$+1,8$

In dieser Form wird die Gleichung benutzt, um aus der beobachteten
Dampfdruckkurve die Verdampfungswärme zu berechnen. Wir haben
hier, da es sich nur um die Prüfung der Gleichung (5) handelt, p_g mittels
dieser Gleichung ausgerechnet, um für die folgenden Tabellen, denen
die integrierte Gleichung zugrunde liegt, ein Maß für die erreichbare
Genauigkeit zu geben.

B. Für größere Temperatur-
differenzen nach Formel (6a)
$p_{g1} = 760$ mm $L = -9,70 \times 10^3$
$T_1 = 373$ abs.

T	$T-T_1$	p_g ber.	p_g beob.	Diff. vH
323	50	100	92,5	8,2
333	40	158	149	5,5
343	30	242	234	3,5
353	20	362	355	1,9
363	10	530	526	0,8

Da die Clausiussche Differentialgleichung, abgesehen von der Vernachlässigung der Volumenänderung
der Flüssigkeit mit der Temperatur
streng richtig ist (sofern die beiden
Hauptsätze der Thermodynamik
richtig sind), so können die gefundenen Abweichungen zwischen Theorie
und Erfahrung nur durch die Un-
zulässigkeit der bei der Integration
gemachten Vereinfachungen erklärt werden, wenigstens wenn die experimentellen Daten fehlerfrei sind. Da in der Nähe des Siedepunktes,
und nur dieser Temperaturbereich ist in der Tabelle aufgenommen,
v_2 stets sehr groß gegen v_1 ist, so sind die Abweichungen darauf zurückzuführen, daß entweder der gesättigte Dampf sich auch nicht annähernd

wie ein ideales Gas verhält oder daß die Verdampfungswärme auch in dem relativ kleinen, der Berechnung zugrunde gelegten Temperaturbereich eine merkliche Abhängigkeit von der Temperatur besitzt. Betrachtet man größere Temperaturbereiche bei tieferen Temperaturen und daher geringen Sättigungsdrucken, so braucht man nur die letztere Fehlerquelle zu berücksichtigen und ist daher lediglich auf das Problem gestellt, die Verdampfungswärme als Funktion der Temperatur zu bestimmen.

Wir wissen, daß wir jede Funktion beliebig genau durch eine Potenzreihe darstellen können, also hier etwa:

$$L = L_0 + \alpha T + \beta T^2 + \gamma T^3 + \cdots$$

Die Bedeutung der Koeffizienten α, β usw. ergibt sich durch Differentiation:

$$\frac{dL}{dT} = \alpha + 2\beta T + 3\gamma T^2 + \cdots$$

Nach S. 79 Gleichung (10) ist für Dämpfe, die den Gasgesetzen gehorchen:

$$-\frac{dL}{dT} = C_p - C_1 = -(\alpha + 2\beta T + 3\gamma T^2 \ldots);$$

die konstanten Koeffizienten lassen sich also berechnen, falls die spezifischen Wärmen von Dampf und Flüssigkeit bei allen Temperaturen bekannt sind. Die Integration der Clausiusschen Gleichung ist also auf diese experimentell bestimmbare Aufgabe zurückgeführt.

Da für unser Beispiel, das Wasser, zwar sehr genaue Messungen der spezifischen Wärme im flüssigen Zustande, aber keine Daten für die spezifische Wärme des Wasserdampfes unter 100^0 vorliegen, könnten wir umgekehrt aus den beobachteten L-Werten und den bekannten $C_{\text{fl.}}$-Werten $C_{p,\,\text{Gas}}$ berechnen.

Ersetzen wir in erster Näherung den wahren Verlauf von L zwischen 50 und 100^0 C durch eine Gerade, setzen also $\beta = \gamma = \ldots = 0$ und $\alpha = \dfrac{L_{100} - L_{50}}{50} = 10{,}8$ cal/grad, so haben wir für L die zwischen 50 und 100^0 gültige Beziehung:

$$L = L_{50} + 10{,}8\,(T - 323) = -13730 + 10{,}8\,T\,.$$

Benutzen wir diese Formel zur Berechnung des Dampfdruckes, so kommt nach (5a) $\dfrac{d \ln p_g}{dT} = \dfrac{13730 - 10{,}8\,T}{R\,T^2} = \dfrac{6913}{T^2} - \dfrac{5{,}4}{T}$ und integriert:

$$\ln \frac{p_{g2}}{p_{g1}} = 6913 \left(\frac{1}{T_1} - \frac{1}{T_2} \right) - 5{,}4 \ln \frac{T_2}{T_1},$$

oder:

$$\lg p_{g2} = \lg p_{g1} + \frac{6913}{2{,}303} \left(\frac{1}{T_1} - \frac{1}{T_2} \right) - 5{,}4 \lg T_2 + 5{,}4 \lg T_1$$

und mit $p_{g1} = 760$ mm Hg, $T_1 = 373$, und unter Fortlassung des Index 2:

$$\lg p_g = 2{,}881 + 8{,}084 - \frac{3002}{T} - 5{,}4 \lg T + 13{,}89 \,,$$

$$\lg p_g = 24{,}8 - \frac{3 \cdot 10^3}{T} - 5{,}4 \lg T \,.$$

Die folgende Tabelle enthält die nach dieser Formel berechneten Werte des Sättigungsdruckes von Wasser zwischen 50 und 100° C.

C. Mit linearem Ansatz für die Temperaturabhängigkeit der Verdampfungswärme.

| t | $T_{abs.}$ | p_g | | Diff. |
^{0}C		ber.	beob.	vH
50	323	95,0	92,5	2,8
60	333	153	149	2,8
70	343	240	234	2,6
80	353	362	355	2,1
90	363	535	526	1,6

Die Abweichungen zwischen Rechnung und Erfahrung sind also bereits viel kleiner als bei der ersten Annäherung, aber immer noch deutlich vorhanden. Sie könnten erst vollständig verschwinden, wenn die Veränderung der spezifischen Wärmen mit der Temperatur vollständig bekannt wäre.

Benutzen wir zur allgemeinen Integration die Beziehung

$$-\frac{dL}{dT} = C_p - C_1 \,,$$

so wird

$$L = -\int_0^T (C_p - C_1)\, dT + L_0 \,.$$

Setzen wir diesen exakten Ausdruck für L in (6) ein, so erhalten wir

$$\ln p_g = -\frac{1}{R} \int \frac{L_0 - \int_0^T (C_p - C_1)\, dT}{T^2}\, dT + i \,,$$

$$\ln p_g = \frac{L_0}{RT} + \frac{1}{R} \int \frac{\int_0^T (C_p - C_1)}{T^2}\, dT + i \,.$$

Machen wir hier noch für C_p den Ansatz

$$C_p = C_{p0} + C_s \,,$$

wo C_{p0} den konstanten von der klassischen Theorie vorgeschriebenen Wert und C_s den mit der Temperatur wachsenden Schwingungsbeitrag (vgl. S. 44) darstellen, so wird

$$\ln p_g = \frac{1}{R} \left[\frac{L_0}{T} + C_{p0} \ln T + \int \frac{\int_0^T C_s\, dT}{T^2}\, dT - \int \frac{\int_0^T C_1\, dT}{T^2}\, dT \right] + i \,.$$

Diese Gleichung stellt den allgemeinen Verlauf der Dampfdruckkurve jedes flüssigen Körpers bei allen Temperaturen dar, bei denen der gesättigte Dampf den Gasgesetzen gehorcht; die Konstanten L_0

und i und die Differenz der Molwärmen sind für jeden Stoff verschieden. Die Gleichung gilt auch für den Dampf der festen Stoffe, wenn L_0 die Sublimationswärme (Schmelzwärme $+$ Verdampfungswärme) bezeichnet. Die Thermodynamik allein erlaubt keine Schlüsse über die Werte dieser Konstanten und ihre gegenseitigen Beziehungen bei verschiedenen Stoffen.

Um die empirisch gefundene Abhängigkeit des Sättigungsdruckes von der Temperatur darzustellen, haben eine Reihe von Forschern die verschiedenartigsten Interpolationsformeln aufgestellt (vgl. z. B. die Zusammenstellung Müller-Pouillets Lehrbuch der Physik, 11. Aufl., Bd. 3, 1. Teil, S. 479).

Erfolgreich wurde eine von Kirchhoff theoretisch abgeleitete Formel benutzt, die auch als die Rankinesche oder Duprésche Formel bezeichnet wird, nämlich:

$$\ln p_g = A - \frac{B}{T} - C \ln T .$$

Man ersieht sofort, daß diese Gleichung in der obigen allgemein gültigen Formel enthalten ist, wenn man:

$$A = i , \quad -B = \frac{L_0}{R} \quad \text{und} \quad C \ln T = - \int \frac{\int_0^T (C_p' - C_1) d T}{T^2} \, d T$$

setzt, wenn man also die Differenz der spezifischen Wärmen $C_p - C_1$ konstant setzt.

Nernst hat teils auf Grund von theoretischen Überlegungen, teils im Anschluß an empirische Tatsachen unsere allgemeine Gleichung in die Form[1]

$$\ln p_g = \frac{L_0}{R T} + \frac{3,5}{R} \ln T - \frac{\beta T}{R} + i$$

gekleidet.

Bei höheren Temperaturen, in der Nähe des kritischen Punktes, werden alle diese bisher gemachten Vereinfachungen unstatthaft, da dann das Flüssigkeitsvolumen nicht mehr gegen das Dampfvolumen zu vernachlässigen ist und das Gas weit vom idealen Zustand entfernt ist. Über den Verlauf der Dampfdruckkurve in der Nähe des kritischen Punktes läßt sich daher nicht viel aussagen, da in diesem Gebiete die experimentelle Bestimmung sowohl von L wie von v_2 und v_1 schwierig wird. Am kritischen Punkte selbst werden sowohl L wie $v_2 - v_1$ gleichzeitig null, der Druckkoeffizient $\frac{d p_g}{d T}$ unbestimmt. Die Dampfdruckkurve schließt mit der kritischen Temperatur ab.

Die vorstehend entwickelten Gesetzmäßigkeiten gelten nur für den Fall, daß die mit dem gesättigten Dampf im Gleichgewicht stehende Flüssigkeit eine *ebene* Oberfläche besitzt. An gekrümmten Oberflächen

---

[1] Vgl. Grundlagen des neuen Wärmesatzes. Halle 1918, S. 106.

ist der Dampfdruck ein anderer wie an ebenen Oberflächen. Dies wird in einem späteren Abschnitt (Kapillarität) begründet werden.

Abhängigkeit des Dampfdruckes vom äußeren Druck. Der Dampfdruck einer Flüssigkeit ist ebenso wie jede andere physikalische Eigenschaft abhängig von dem äußeren Druck, unter dem die Flüssigkeit steht. Steht diese unter dem Druck eines indifferenten Gases, so ist der Partialdruck des Dampfes über der Flüssigkeit ein anderer als wenn sich die Flüssigkeit und ihr Dampf im Vakuum befinden. Diese Abhängigkeit des Dampfdruckes p_g vom äußeren Druck P bei konstanter Temperatur kann man folgendermaßen berechnen[1]:

Wir denken uns die der Einfachheit halber als inkompressibel angenommene Flüssigkeit vom Molvolumen V eingeschlossen in einen Zylinder, begrenzt von einem beweglichen Stempel S und einer siebartigen Wand W, die nur für Dampf, nicht aber für die Flüssigkeit durchlässig sei. Jenseits dieser Wand befinde sich ebenfalls ein beweglicher Stempel B, der zu Beginn des Kreisprozesses dicht an W anliegen möge (Abb. 32). Auf dem Stempel S laste der Druck P_1, auf B der Druck p_{g1}, der gleich dem Dampfdruck der Flüssigkeit bei diesem Druck P_1 sei. Nun führen wir bei konstanter Temperatur folgenden Kreisprozeß aus:

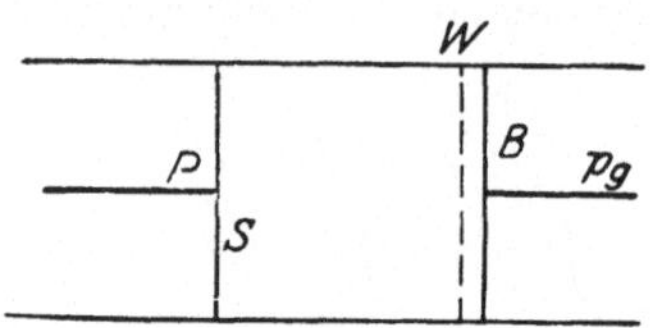

Abb. 32. Abhängigkeit des Dampfdrucks vom äußeren Druck.

1. Wir halten den Druck P_1 konstant und verdampfen die Mengeneinheit (ein Mol). Dann werden beide Stempel nach rechts verschoben, und zwar B entsprechend dem Molvolumen V_1 des Dampfes beim Drucke p_{g1} und S entsprechend dem verschwindenden Flüssigkeitsvolumen V. Hierbei wird die Arbeit geleistet:

$$A_1 = d_{g1} V_1 - P_1 V \,.$$

2. Wir erhöhen den Druck bei S auf P_2 und gleichzeitig p_{g1} auf p_{g2}, so daß p_{g2} der Dampfdruck der unter dem Druck P_2 stehenden Flüssigkeit ist. Dann tritt weder Kondensation noch Verdampfung ein, und wir brauchen die Arbeit:

$$- A_2 = - \int_1^2 p_g \, dV \,,$$

da sich nur der Stempel B verschiebt, während wegen der Inkompressibilität der Flüssigkeit S nicht verschoben wird.

3. Wir halten die Drucke konstant auf P_2 und p_{g2} und kondensieren ein Mol. Dann wird die Arbeit geleistet:

$$A_3 = P_2 V - p_{g2} V_2 \,.$$

4. Wir vermindern den äußeren Druck wieder auf P_1 und gleichzeitig p_{g2} auf p_{g1}. Hierbei wird keinerlei Arbeit geleistet, da die Flüssigkeit inkompressibel ist und kein Gas mehr vorhanden:

$$A_4 = 0 \,.$$

---

[1] Vgl. z. B. SCHILLER, Wied. Ann. Bd. 53, S. 396, 1894; CALLENDAR, Z. physikal. Chem. Bd. 63, S. 645, 1908.

Der ganze Kreisprozeß ist bei konstanter Temperatur ausgeführt worden; er kann daher keine Arbeit leisten, d. h. es muß

$$A_1 + A_2 + A_3 + A_4 = 0$$

sein. Würde der Kreisprozeß unter gleichzeitigem Wärmeaustausch mit der Umgebung Arbeit leisten oder verbrauchen, so könnte er zur Konstruktion eines Perpetuum mobile zweiter Art verwendet werden. Daher erhalten wir:

$$V(P_2 - P_1) + p_{g1}V_1 - p_{g2}V_2 + \int_1^2 p_g \, dV = 0.$$

Folgt der Dampf den idealen Gasgesetzen, d. h. ist $p_g V = RT$, so ist

$$p_{g1}V_1 = p_{g2}V_2$$

und

$$\int_1^2 p_g \, dV = -\int_1^2 \frac{RT}{p_g} \, dp = -RT \ln \frac{p_{g2}}{p_{g1}},$$

also

$$\ln \frac{p_{g2}}{p_{g1}} = \frac{V(P_2 - P_1)}{RT}$$

oder:

$$\lg \frac{p_{g2}}{p_{g1}} = \frac{V(P_2 - P_1)}{4{,}571\,T}. \tag{1}$$

Mittels dieser Formel berechnet sich z. B. der Dampfdruck des Wassers p_{g1} bei 0^0 C und dem Gesamtdruck einer Atmosphäre aus p_{g2} (im Vakuum) $= 4{,}579$ mm zu:

$$\log \frac{p_{g1}}{p_{g2}} = \frac{0{,}0180}{2{,}30 \cdot 22{,}4} = 0{,}00035[1],$$

$$p_{g1} = 1{,}0008 \, p_{g2} = 4{,}583.$$

Der Unterschied beträgt also nur 1 vT und liegt wohl innerhalb der experimentellen Fehler. Bei der Bestimmung des Dampfdruckes ist zu beachten, daß die statische Methode den Dampfdruck im Vakuum, die dynamische dagegen den Dampfdruck bei Atmosphärendruck ergibt, doch führen beide Methoden in den allermeisten Fällen praktisch zu dem gleichen Resultat[2]. Nur bei sehr tiefen Temperaturen, also den Dampfdruckkurven der permanenten Gase, sind Abweichungen zu erwarten. So müßte nach einer Überschlagsrechnung für verflüssigten Stickstoff bei -208^0 C die dynamische Methode einen um 4 vH höheren Dampfdruck geben als die statische.

Pollitzer und Strebel haben die Veränderung der Sättigungskonzentration des Wasserdampfes bei Zusatz von Luft, Wasserstoff und

---

[1] Das Molekularvolumen von flüssigem Wasser beträgt 18 cm³ $= 0{,}018$ l.

[2] Über die verschiedenen Methoden zur Bestimmung des Dampfdruckes vgl. Müller-Pouillet, Lehrbuch der Physik, 11. Aufl., Bd. 3, 1. Hälfte, S. 460ff.

Kohlensäure bis zu Drucken von 200 atm untersucht. Abb. 33 gibt die von ihnen gefundenen Sättigungskonzentrationen des Wasserdampfes in Milligramm/Liter als Funktion des Druckes der zugesetzten Gase. Die Sättigungskonzentration ist umgekehrt proportional V; ersetzt man in Gleichung (1) (S. 155) p_g durch V nach dem idealen Gasgesetz, $p_g V = RT$, so erhält man die gestrichelte Kurve. Es zeigt sich, daß nur beim Wasserstoff dieser Verlauf einigermaßen bestätigt wird; in den anderen Fällen üben die Moleküle des zugesetzten Gases VAN DER WAALSsche Kräfte auf die Wasserdampfmoleküle aus, so daß

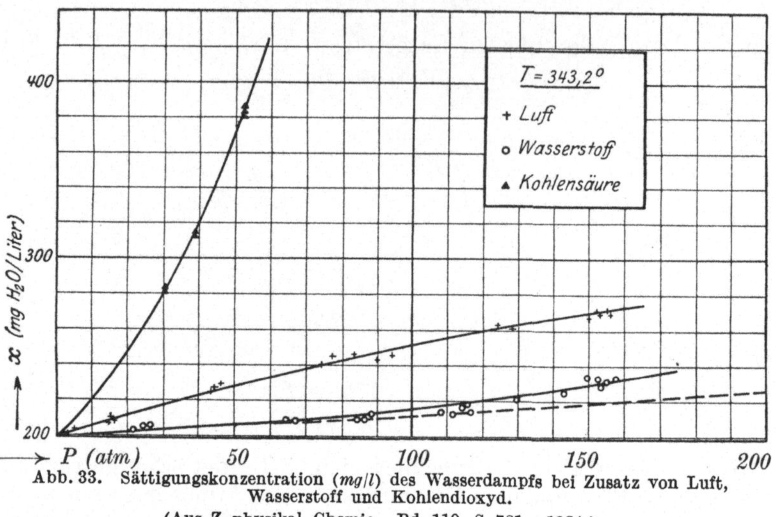

Abb. 33. Sättigungskonzentration (mg/l) des Wasserdampfs bei Zusatz von Luft,
Wasserstoff und Kohlendioxyd.
(Aus Z. physikal. Chemie. Bd. 110, S. 781. 1924.)

die einfache Proportionalität zwischen Konzentration und Druck nicht mehr gilt (vgl. S. 30).

Anwendung auf Schmelzvorgänge. Abhängigkeit des Schmelzpunktes vom Druck. Als zweites Beispiel für die Anwendung der CLAUSIUSschen Gleichung betrachten wir den Übergang vom festen zum flüssigen Aggregatzustand bei einem einheitlichen Stoffe. Nach der Phasenregel haben wir zwei Phasen (fest, flüssig), einen Stoff, also eine Freiheit. Jedem Druck entspricht eine bestimmte Schmelztemperatur, bei welcher feste und flüssige Phase im Gleichgewicht sind. Der Schmelzpunkt ist also eine Funktion des Druckes, unter welchem das System steht, und zwar gemäß der Gleichung (3) S. 146:

$$\frac{dp_g}{dT} = \frac{-L}{T(v_2 - v_1)}.$$

Da man bei Bestimmung des Schmelzpunktes meist den Druck als den unabhängigen Parameter variiert, so schreiben wir diese Gleichung in der Form:

$$\frac{dT_g}{dp} = -\frac{T(v_2 - v_1)}{L}.$$

Hier bedeutet L die Schmelzwärme, die beim Übergang der Phase 1 in die Phase 2 frei wird, v_1 und v_2 sind die spezifischen Volumina beider Aggregatzustände. Je nachdem, ob L und $v_2 - v_1$ das gleiche oder das entgegengesetzte Vorzeichen haben, sinkt oder steigt die Schmelztemperatur mit wachsendem Druck. Beim Schmelzen ist L stets negativ, bei den meisten Stoffen ist $v_2 > v_1$, da das Schmelzen mit einer Volumenvergrößerung verbunden ist, mithin wächst die Schmelztemperatur mit steigendem Druck. Beim Wasser, das sich beim Gefrieren ausdehnt, tritt das Umgekehrte ein. Folglich kann man Wasser durch Druck bei konstanter Temperatur zum Schmelzen, die meisten anderen Stoffe dagegen zum Erstarren bringen.

Vereinfachungen und Vernachlässigungen, wie sie bei der Verdampfung eine Integration der Clausius-Clapeyronschen Gleichung erlauben, sind hier nicht möglich; insbesondere sind v_1 und v_2 von der gleichen Größenordnung und folgen keiner einfachen Zustandsgleichung. Daher kann die Clausiussche Gleichung hier nur in der angegebenen Form als Differentialgleichung benutzt und geprüft werden. Dabei sind Druckdifferenzen noch als „klein" aufzufassen, die nicht viel über 100 atm betragen; das liegt daran, daß die Schmelztemperatur sich nur sehr wenig mit dem Druck ändert.

Die quantitative Bestätigung der Gleichung ist zuerst von James und William Thomson 1849 für Wasser erbracht worden. Es ist dies eines der ersten Beispiele einer quantitativen Anwendung des zweiten Hauptsatzes auf physikalisch-chemische Gleichgewichtszustände. James Thomson berechnete aus den bekannten Werten von L und $v_2 - v_1$ eine Erniedrigung des Schmelzpunktes von Eis von $0{,}0075^0$ C pro Atmosphäre. Sein Bruder William fand

für 8,1 atm $0{,}059^0$ anstatt $0{,}061^0$
„ 16,8 „ $0{,}129^0$ „ $0{,}126^0$.

Bei den meisten anderen Stoffen, die eine kleinere Schmelzwärme besitzen als Wasser, ist die Änderung des Schmelzpunktes mit dem Druck bedeutend höher, z. B. für Essigsäure pro Atmosphäre nach de Visser, gef. $0{,}02435^0$, ber. $0{,}0242^0$.

Die experimentelle Bestimmung des Schmelzpunktes bei hohen Drucken ist meist nicht einfach. In manchen Fällen ist es leichter, den Druck zu bestimmen, bei welchem ein bei konstanter Temperatur im geschlossenen Gefäß verlaufender Schmelz- oder Erstarrungsvorgang haltmacht. Dies gelingt z. B. in dem eleganten, von de Visser benutzten Manokryometer, das durch nebenstehende Abb. 34 veranschaulicht wird. Die in A befindliche Substanz ist durch Quecksilber gegen die Luftsäule B abgeschlossen. Der mit der festen Phase gefüllte Apparat wird in ein Bad konstanter Temperatur gebracht, in welchem

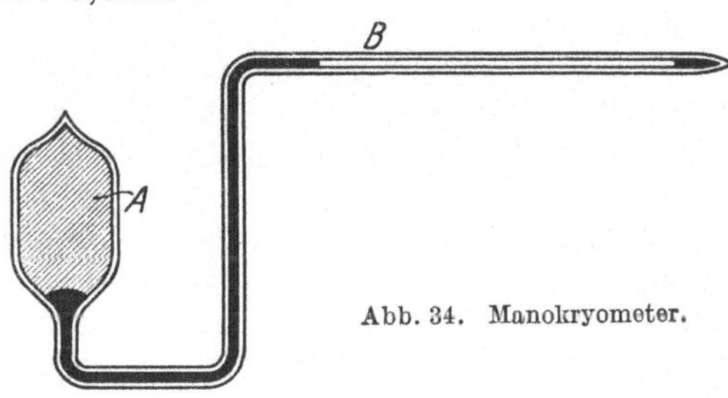

Abb. 34. Manokryometer.

die Schmelzung bei gewöhnlichem Druck beginnt. Hierbei tritt Volumenvermehrung und daher Drucksteigerung ein, bis der der Temperatur des Bades entsprechende Schmelzpunkt und daher Gleichgewicht erreicht ist. Dieser Druck wird an der Kompression der als Manometer dienenden Luftsäule B abgelesen.

Eine Reihe anderer Methoden, die auch für höhere Drucke Anwendung finden können, sind besonders von TAMMANN und seinen Mitarbeitern[1] und von BRIDGMAN ausgearbeitet und benutzt worden.

Eine recht genaue Bestätigung der obigen Gleichung wurde von JOHNSTON und ADAMS[2] erbracht. Die genannten Autoren bestimmten die Schmelzpunkte einiger Metalle bei Drucken bis zu 2000° atm und erhielten die folgende Tabelle:

Druckabhängigkeit der Schmelztemperatur.

Metall	T	$-L$ cal/g	v_2-v_1 (pro Gramm)	$\varDelta T$ für 1000 atm	
				ber.	gef.
Sn	$273 + 231$	14,25	0,003894	$+ 3,34$	$+ 3,28$
Cd	$273 + 320$	13,7	0,00564	$+ 5,91$	$+ 6,29$
Pb	$273 + 271$	5,37	0,003076	$+ 8,32$	$+ 8,03$
Bi	$273 + 327$	12,6	0,00342	$- 3,56$	$- 3,55$

TAMMANN suchte durch eingehende Untersuchungen die Frage zu beantworten, ob der Schmelzpunkt bei wachsendem Druck dauernd ansteigt, ob er ein Maximum durchläuft und ob die Druck-Temperatur-Kurve in einem bestimmten Punkte aufhört, wie die Dampfdruckkurve einer Flüssigkeit am kritischen Punkte. Das letztere würde bedeuten, daß der feste und der flüssige Aggregatzustand oberhalb einer gewissen Temperatur und eines gewissen Druckes identisch sind und kontinuierlich ineinander übergeführt werden können, geradeso wie der flüssige und der gasförmige. Tatsächlich haben OSTWALD und POYNTING die Existenz eines derartigen kritischen Punktes fest-flüssig angenommen, während TAMMANN durch seine Untersuchungen zu der entgegengesetzten Anschauung geführt wurde[3].

Unsere Gleichung gestattet das Problem folgendermaßen zu formulieren: Der Temperaturdruckkoeffizient behält stets das gleiche Vorzeichen, solange L und $v_2 - v_1$ das gleiche Vorzeichen behalten. Er wird Null, d. h. die Schmelzpunktkurve (als Funktion des Druckes) durchläuft ein Maximum oder Minimum, wenn die spezifischen Volumina von fester und flüssiger Phase einander gleich werden, und er wird unbestimmt, d. h. die Kurve endet in einem kritischen Punkte, wenn Schmelzwärme und Volumenänderung bei ein und derselben Temperatur verschwinden. Die allgemeine Integration unserer Gleichung ist erst möglich, wenn Schmelzwärme und Volumenänderung als Funktionen des Druckes oder der Temperatur bekannt sind, was im allgemeinen nicht der Fall ist (die Abhängigkeit der Schmelzwärme von der Temperatur ist durch die Differenz der spezifischen Wärmen beider Phasen und ihrer Temperaturabhängigkeit gegeben; vgl. (1) S. 75.

<hr>

[1] Kristallisieren und Schmelzen. 1903.
[2] Z. anorgan. Chem. Bd. 72, S. 11, 1911.
[3] Vgl. bes. Ann. Physik Bd. 36, S. 1027, 1911.

Bisher ist in Einstoffsystemen, mit denen wir es hier allein zu tun haben, niemals ein Maximum der Schmelztemperatur beobachtet worden, obleich Bridgman mit Drucken bis zu 20000 atm gearbeitet hat. Ob die Schmelzkurve in einem bestimmten Punkte endigt, also einen kritischen Punkt hat, konnte experimentell noch nicht festgestellt werden. Aussichtsreich scheint eine Prüfung an Substanzen, die unter dem Druck einer Atmosphäre möglichst niedrig schmelzen. Daß das gleichzeitige Nullwerden der Schmelzwärme und der Volumdifferenz möglich scheint, zeigt Abb. 35, die die Messungen von Bridgman an Kalium wiedergibt; hier lassen sich die Kurven für L und $v_2 - v_1$ zwanglos zum gleichen Schnittpunkt mit der Temperaturachse extrapolieren.

Es scheint auf den ersten Blick unwahrscheinlich, daß es zwischen einer Flüssigkeit, in der die Moleküle in völliger Unordnung sind, und einem Kristall, in dem sie ganz bestimmte, durch Symmetriebedingungen festgelegte Ruhelagen haben, einen stetigen Übergang geben soll. Daher hat Tammann auch die Existenz eines kritischen Punktes der Schmelzkurve in Abrede gestellt. Man kann sich aber doch bei steigendem Druck ein allmähliches Richten der Moleküle vorstellen, und Planck nimmt z. B. aus theoretischen Gründen das Vorhandensein eines kritischen Punktes an.

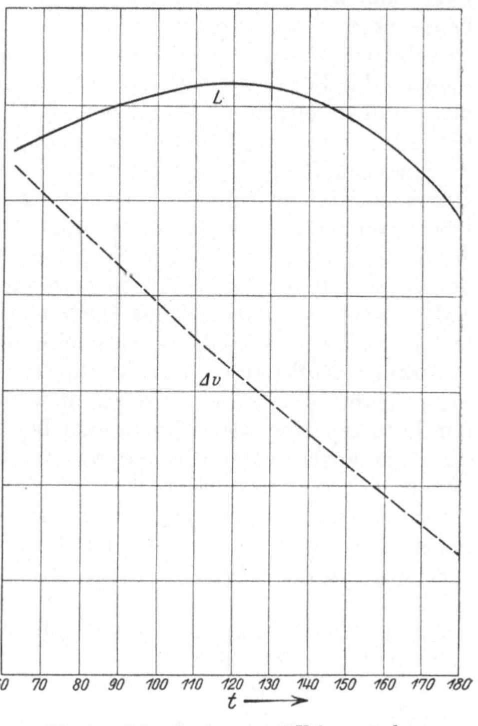

Abb. 35. Schmelzwärme und Volumenänderung für Kalium.

(Die Ordinate hat für beide Kurven in der Temperaturachse den Wert null.)

Da es einfacher ist, bei hohen Drucken den Verlauf der Schmelzkurve und die Volumendifferenz als die Schmelzwärme kalorimetrisch zu bestimmen, benutzt man in diesem Falle die Clausiussche Gleichung zur Berechnung der Schmelzwärme[1].

Ebenso wie der Schmelzpunkt, so ist auch der Umwandlungspunkt zweier allotroper Modifikationen eines und desselben Stoffes vom Druck abhängig. In der Gleichung:

$$\frac{dT_g}{dp} = \frac{-T(v_2 - v_1)}{L}$$

---

[1] Vgl. z. B. die vielen von Tammann in „Kristallisieren und Schmelzen" gegebenen Beobachtungen und Rechnungen.

bedeutet nunmehr L die Umwandlungswärme, v_2 und v_1 die spezifischen Volumina der beiden festen Formen.

Siebentes Kapitel.

Theorie der Lösungen.

1. Thermodynamische Beziehungen.

Wir betrachten nunmehr Systeme aus zwei Komponenten, und zwar zunächst mit der Beschränkung, daß die beiden Stoffe miteinander keine chemischen Verbindungen bilden sollen, die als selbständige Phasen am Gleichgewicht teilnehmen, sondern nur physikalische Gemenge oder Lösungen (vgl. NERNST: Lehrbuch, 11. Aufl., S. 105). Eine allgemeine Definition des Begriffes der Lösungen ist bereits früher (S. 129) gegeben worden. Solche Lösungen können in allen drei Aggregatzuständen auftreten. Der Gasraum eines Mehrkomponentensystems ist streng genommen immer eine Lösung, da er nur eine einzige Phase bildet und alle Komponenten, wenn auch teilweise nur in minimaler Konzentration, enthält, da jedem Stoff bei allen Temperaturen aus Gründen der Stetigkeit ein Dampfdruck zugeschrieben werden muß. In vielen Fällen ist dieser Partialdruck jedoch unmeßbar klein (bei den meisten festen Stoffen), so daß er vernachlässigt werden kann. Da bei der spontanen Auflösung eines Stoffes in einem anderen eine Entropievermehrung aller Phasen eintreten muß, so ist der Dampfdruck über der Lösung unter allen Umständen bei gleicher Temperatur kleiner als die Summe der Dampfdrucke der die Lösung bildenden reinen Komponenten. Die von selbst eintretende Auflösung führt also stets zu einer Verminderung des Dampfdruckes (vgl. S. 136). Besitzen die gelösten Stoffe keinen merklichen Dampfdruck, so ist der Dampfdruck über der Lösung stets kleiner als der Dampfdruck des reinen Lösungsmittels.

In der Geschichte der physikalischen Chemie kommt den verdünnten Lösungen eine besondere Rolle zu, weil ihr Verhalten in jeder Hinsicht durch einfache Gesetze beherrscht wird. Unter einer verdünnten Lösung versteht man eine Lösung, in der die Konzentration der einen Komponente, des sog. Lösungsmittels, die Konzentration aller übrigen bedeutend überwiegt. Die physikalischen Eigenschaften der verdünnten Lösung unterscheiden sich daher nur wenig von denen des reinen Lösungsmittels. Soweit sie thermischer Natur sind, sind sie mit der Dampfdruckerniedrigung der Lösung durch thermodynamische Beziehungen verknüpft, welche im folgenden abgeleitet werden sollen.

Der Dampfdruck von Lösungen. Auf die Verdampfung einer Lösung ist die CLAUSIUSsche Gleichung ohne weiteres anwendbar, falls man die Beschränkung einführt, daß die Konzentration der Lösung sich während der Verdampfung von 1 Mol Lösungsmittel nicht merklich ändert, falls man also ein sehr großes Volumen der Lösung betrachtet. Dann ist das System Lösung/Dampf monovariant, jeder Temperatur entspricht ein Dampfdruck p_g. Besitzt der gelöste Stoff keinen merklichen Dampfdruck, so ist dieser Druck p_g gleich dem Partialdruck des Lösungsmittels über der Lösung; andernfalls ist er gleich dem Totaldruck der Lösung, d. h. gleich der Summe der Partialdrucke aller in der Lösung vorhandenen Stoffe. Zunächst wollen wir uns auf den ersten Fall beschränken.

Die Abhängigkeit des Dampfdruckes von der Temperatur ist dann gegeben durch

$$\frac{d p_g}{dT} = \frac{-L}{T(v_2 - v_1)}$$

oder bei Vernachlässigung des Flüssigkeitsvolumens v_1 und unter Einführung der Gasgesetze für den gesättigten Dampf

$$\frac{d \ln p_g}{dT} = \frac{-L}{RT^2}, \tag{1}$$

$-L$ bedeutet die Wärmemenge, die man der Lösung zuführen muß, damit aus ihr 1 Mol des Lösungsmittels bei konstantem Druck und konstanter Temperatur in den Dampfzustand übergeht.

Für das reine Lösungsmittel gilt entsprechend

$$\frac{d \ln p_{g0}}{dT} = \frac{-L_0}{RT^2}. \tag{2}$$

Im allgemeinen ist L nicht gleich L_0. Die Differenz $L_0 - L = L_v$ bedeutet die Wärmemenge, die entwickelt wird, wenn man eine sehr große Menge der Lösung durch den Zusatz von 1 Mol Lösungsmittel verdünnt. Man bezeichnet diese Wärmemenge als die *Verdünnungswärme* der Lösung. Durch Subtraktion von (2) und (1) folgt

$$\frac{d \ln \dfrac{p_g}{p_{g0}}}{dT} = - \frac{L - L_0}{RT^2} = \frac{+ L_v}{RT^2}. \tag{3}$$

Der Quotient $\dfrac{p_g}{p_{g0}}$ nimmt also mit steigender Temperatur zu, wenn die Verdünnungswärme positiv ist, er nimmt ab, falls diese negativ ist. Als relative Dampfspannungserniedrigung der Lösung bezeichnet man den Ausdruck $\dfrac{p_{g0} - p_g}{p_{g0}}$. Die relative Dampfspannungserniedrigung wächst also bei Lösungen, die sich beim Verdünnen abkühlen, und nimmt bei Lösungen mit positiver Mischungswärme mit wachsender Temperatur ab.

Dieses Resultat ist zuerst von KIRCHHOFF abgeleitet und bisher qualitativ stets bestätigt worden. Die quantitative Prüfung ist schwierig, weil die relative Dampfspannungserniedrigung sehr klein ist und geringe Fehler ihrer Bestimmung einen großen Einfluß auf die Berechnung ausüben[1].

---

[1] Vgl. KIRCHHOFF, Pogg. Ann. Bd. 104, 1856; R. v. HELMHOLTZ, Wied. Ann. Bd. 27, S. 542, 1886; NERNST, Lehrb., 11. Aufl., S. 122.

Bei sehr verdünnten Lösungen ist die Verdünnungswärme erfahrungsgemäß sehr klein, also praktisch zu vernachlässigen (ähnlich wie bei idealen Gasen die Verdünnung ohne Arbeitsleistung auch ohne Energieänderung vor sich geht). Dann ist die relative Dampfspannungserniedrigung einer und derselben Lösung bei allen Temperaturen die gleiche. Dieses Gesetz ist von v. BABO an einer großen Reihe von Beispielen angenähert bestätigt worden.

Siedepunktserhöhung. Als den Siedepunkt einer Flüssigkeit bezeichnet man bekanntlich diejenige Temperatur, bei welcher der Dampfdruck der Flüssigkeit den Atmosphärendruck erreicht. Am Siedepunkt des Lösungsmittels T_0 ist der Dampfdruck der Lösung p_g kleiner als eine Atmosphäre, also besitzt die Lösung einen höheren Siedepunkt als das Lösungsmittel, wie auch durch die Abb. 36, in welcher AB die Dampfdruckkurve der Lösung, A_0B_0 die des Lösungsmittels bedeutet, veranschaulicht wird.

Eine allgemeine Gleichung für konzentrierte Lösungen erhalten wir auf folgende Weise. Durch Integration von (1) zwischen dem Siedepunkt T_0 des Lösungsmittels und dem Siedepunkt T der Lösung folgt bei konstantem L

$$\ln \frac{p_0}{p_g} = \frac{L}{R} \left(\frac{1}{T} - \frac{1}{T_0} \right) \tag{4}$$

oder die Siedepunktserhöhung

$$T - T_0 = \frac{R T_0^2 \ln \dfrac{p_g}{p_0}}{L - R T_0 \ln \dfrac{p_g}{p_0}} . \tag{4a}$$

Die Siedepunktsänderung ist also aus dem Dampfdruck der Lösung p_g beim Siedepunkt T_0 des Lösungsmittels berechenbar, falls die Verdampfungswärme im Temperaturbereich $T - T_0$ konstant bleibt. Andernfalls ist ein Mittelwert von L in die Gleichung (4a) einzusetzen. Für sehr verdünnte Lösungen kann man die Lösungswärme vernachlässigen, d. h. $L = L_0$ setzen; auch liegt dann $\dfrac{p_g}{p_0}$ so nahe bei eins, daß man nach einem bekannten Satz[1]

$$\ln \frac{p_g}{p_0} = \frac{p_g - p_0}{p_0}$$

setzen kann. Vernachlässigt man nun noch das sehr kleine Glied $R T_0 \ln \dfrac{p_g}{p_0}$ gegen L, so geht (4a) über in

$$T - T_0 = \frac{- R T_0^2}{L_0} \frac{p_0 - p_g}{p_0} . \tag{5}$$

---

[1] Daß nämlich für sehr kleine ε gilt: $\ln (1 + \varepsilon) = \varepsilon$; hier ist $\varepsilon = \dfrac{p_g - p_0}{p_0}$.

Diese Gleichung läßt sich auch aus Abb. 36 leicht geometrisch anschaulich machen: Man kann die Kurven als annähernd parallel verlaufend betrachten, d. h. $\frac{dp_g}{dT} = \frac{dp}{dT}$ [1]. Wählt man nun $T - T_0$ so klein, daß man in diesem Temperaturgebiet die Kurven auch als gradlinig betrachten kann, so folgt

$$\frac{ON}{MO} = \frac{p_0 - p_g}{T - T_0} = \frac{\dot{dp_g}}{dT} = \left(\frac{dp}{dT}\right)_{T=T_0} \text{ und mit } \left(\frac{dp}{dT}\right)_{T=T_0} = \frac{-L_0 p_0}{RT_0^2}$$

folgt Gleichung (5).

Gefrierpunkt von Lösungen. Der Gefrierpunkt einer Lösung liegt stets bei einer tieferen Temperatur als der Gefrierpunkt des reinen Lösungsmittels. Diese Tatsache wird durch die Abb. 37 bewiesen, welche sich von Abb. 36 durch die Einzeichnung der Linie CNP, der Dampfdruckkurve des *festen* Lösungsmittels, unterscheidet.

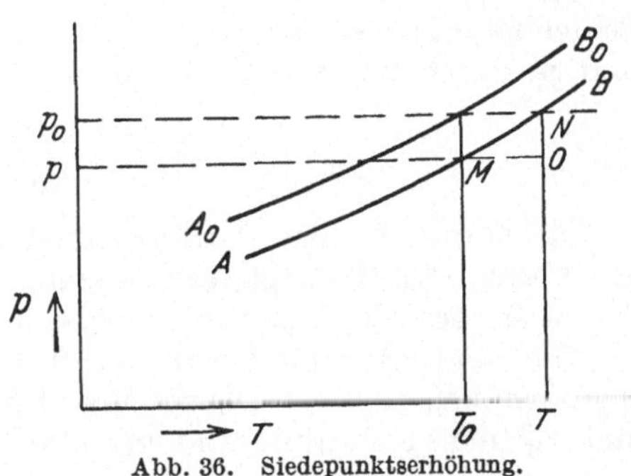

Abb. 36. Siedepunktserhöhung.

Diese Sublimationskurve muß immer steiler verlaufen als die Verdampfungskurven, weil die Schmelzwärme immer negativ ist. Punkt P, der Schnittpunkt von CP und $A_0 B_0$, hat als Abszisse die Temperatur T_0, den Gefrierpunkt des reinen Lösungsmittels; Punkt N entsprechend den Gefrierpunkt T der Lösung, da an den diesen Punkten entsprechenden Temperaturen das feste Lösungsmittel mit flüssigem Lösungsmittel bzw. mit flüssiger Lösung im Gleichgewicht steht. Die Gefrierpunktserniedrigung $T_0 - T$ (NR) läßt sich für verdünnte Lösungen unter denselben Vereinfachungen wie oben folgendermaßen aus Abb. 37 ablesen:

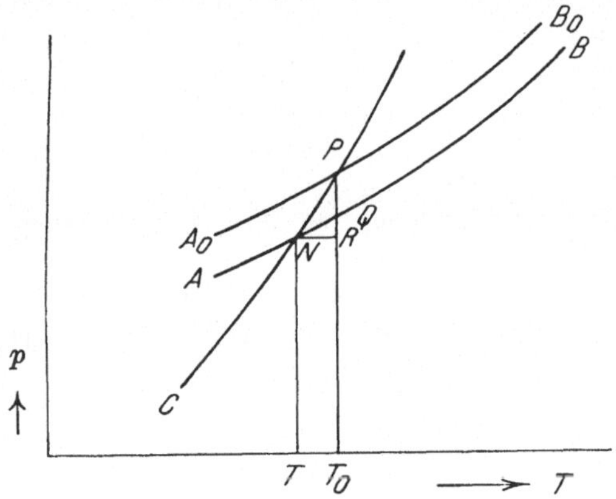

$$\frac{PR}{NR} = \frac{PQ + QR}{NR} = \left(\frac{dp}{dT}\right)_{\text{fest}} = \frac{-L_S p_0}{RT_0^2},$$

wenn L_S die Sublimationswärme des festen Lösungsmittels bedeutet.

Abb 37 Gefrierpunktserniedrigung.

---

[1] Im folgenden wird der Dampfdruck des reinen Lösungsmittels ohne Index gelassen.

11*

Es ist:

$$PQ = p_0 - p_g \text{ (für } T_0\text{)}, \quad \frac{QR}{NR} = \frac{dp_g}{dT} = \frac{-L \cdot p_g}{RT^2},$$

wenn L die Verdampfungswärme der Lösung bedeutet.

Mithin ist:

$$\frac{p_0 - p_g}{T_0 - T} = \frac{-L_S \cdot p_0}{RT_0^2} + \frac{L' p_g}{RT^2}.$$

Für $L = L_0$ wird $L_S - L = L_S - L_0 = \varrho$, der molekularen Schmelzwärme des reinen Lösungsmittels; ersetzen wir die Größen T und p_g durch die naheliegenden T_0 und p_0, so wird

$$T_0 - T = \frac{-RT_0^2}{\varrho} \frac{p_0 - p_g}{p_0}. \tag{6}$$

Die Formel für die Gefrierpunktserniedrigung entspricht also völlig der Formel der Siedepunktserhöhung, mit dem Unterschiede, daß an die Stelle der Verdampfungswärme die Schmelzwärme tritt.

Für konzentrierte Lösungen, für welche die Verdünnungswärme einen endlichen Wert besitzt und für welche die Kurvenstücke NP und NQ nicht geradlinig sind, gestaltet sich die Ableitung einer richtigen Gleichung, allerdings unter Vernachlässigung der Temperaturabhängigkeit von L folgendermaßen.

Für die Lösung gilt

$$\frac{d \ln p_g}{dT} = \frac{-L}{RT^2}$$

und integriert zwischen einer beliebigen Temperatur T und dem Gefrierpunkt T_0 des reinen Lösungsmittels

$$\ln p_g = \frac{L}{R}\left(\frac{1}{T} - \frac{1}{T_0}\right) + \ln p_{gT_0}$$

und entsprechend für den Sublimationsdruck p_0 des festen Lösungsmittels

$$\ln p_0 = \frac{L_S}{R}\left(\frac{1}{T} - \frac{1}{T_0}\right) + \ln p_{0T_0}.$$

Am Gefrierpunkt der Lösung T schneiden sich beide Kurven, also

$$\frac{L}{R}\left(\frac{1}{T} - \frac{1}{T_0}\right) + \ln p_{gT_0} = \frac{L_S}{R}\left(\frac{1}{T} - \frac{1}{T_0}\right) + \ln p_{0T_0}$$

$$\frac{1}{T} - \frac{1}{T_0} = \frac{R}{L - L_S} \ln\left(\frac{p_0}{p_g}\right)_{T_0} = \frac{-R}{\varrho + L_v} \ln\left(\frac{p_0}{p_g}\right)_{T_0}. \tag{7}$$

Diese Formel (7) ist ebenso wie (4) streng gültig, sofern der gesättigte Dampf den Gasgesetzen folgt, was an der Temperatur des Gefrierpunktes wohl ohne weiteres anzunehmen ist, und wenn die Größen L im Intervall $T - T_0$ konstant bleiben. Anderenfalls sind in (4) und (7) Mittelwerte zwischen T und T_0 einzusetzen.

2. Flüssigkeitsgemische.

Total- und Partialdruck. Wir betrachten nunmehr Lösungen von zwei Stoffen, die beide einen meßbaren Dampfdruck besitzen, also z. B. Mischungen von Wasser und Alkohol oder von zwei anderen miteinander mischbaren Flüssigkeiten. Der Dampfdruck des reinen Stoffes A bei der Temperatur T sei P_a, der von B sei P_b und der Dampfdruck über der Lösung sei P. Dann ist P stets außer von der Temperatur auch von dem Mischungsverhältnis abhängig. Welcher Art diese Abhängigkeit ist, läßt sich thermodynamisch auf keine Weise angeben, nur die Bedingung $P < P_a + P_b$ muß stets erfüllt sein.

P setzt sich additiv zusammen aus den Partialdrucken der beiden Komponenten innerhalb der Mischung, p_a und p_b, so daß $P = p_a + p_b$ und $p_a < P_a$ sowie $p_b < P_b$ ist. Im einfachen Fall, wenn die beiden Flüssigkeiten keine Einwirkung aufeinander bei der Vermischung ausüben, lassen sich sämtliche physikalischen Eigenschaften der Mischung (Lösung) nach der Mischungsregel aus den Eigenschaften der reinen Stoffe berechnen (z. B. spezifisches Gewicht, Lichtbrechungsvermögen, Dielektrizitätskonstante). Gilt dies auch für den Dampfdruck, dann ist, wenn wir die Anzahl der Mole B, die in 1 Mol A gelöst wird, mit x bezeichnen:

$$p_a = \frac{1}{1+x} P_a$$

und:

$$p_b = \frac{x}{1+x} P_b.$$

Das Molekelverhältnis $\frac{1}{1+x}$ bezeichnet man als den Molenbruch von A gleich ν_a, $\frac{x}{1+x} = \nu_b$ als den Molenbruch von B in der Lösung. Dann ist $\nu_a = 1 - \nu_b$, und

$$P = p_a + p_b = \frac{P_a + xP_b}{1+x} = \nu_a P_a + (1 - \nu_a) P_b,$$

d. h. eine lineare Funktion von ν_a.

Für $x = 0$ (reines A) wird $\nu_a = 1$ und $p_a = P = P_a$.

Für $x = \infty$ (reines B) wird $\nu_a = 0$ und $p_b = P = P_b$.

Für alle übrigen Werte von x andern sich p_a, p_b und P linear mit dem Molenbruch, wie die Abb. 38 zeigt. Dieser einfachste Fall der geradlinigen Dampfdruckkurve ist nur in den seltensten Fällen erfüllt, meist beeinflussen sich die Komponenten bei der Vermischung so, daß

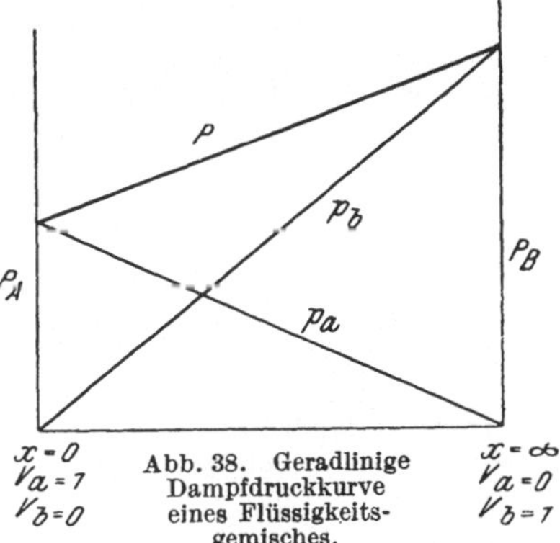

Abb. 38. Geradlinige Dampfdruckkurve eines Flüssigkeitsgemisches.

die physikalischen Eigenschaften der Lösung sich nicht mehr additiv aus denen der reinen Stoffe berechnen lassen; dann kann die Dampfdruckkurve (bei konstanter Temperatur) sowohl konvex wie konkav gegen die Abszissenachse verlaufen, sie kann sogar Maxima oder Minima aufweisen. Alle diese Fälle sind bei verschiedenen Flüssigkeitspaaren in der Natur aufgefunden worden[1].

Die Änderung der Partialdrucke p_a und p_b einer Lösung mit der Zusammensetzung x bei steigender Temperatur können wir mit Hilfe der CLAUSIUSschen Formel aus der Mischungswärme der Lösung berechnen. Für jede einzelne Komponente innerhalb der Lösung gilt eine Gleichung

$$\frac{d \ln p_a}{d T} = \frac{-L_a}{R T^2} \tag{a}$$

und entsprechend

$$\frac{d \ln p_b}{d T} = \frac{-L_b}{R T^2}. \tag{b}$$

Die Wärmetönung $-L_a$ (und entsprechend $-L_b$) gibt die Wärmemenge an, die man der Lösung zuführen muß, um 1 Mol des Stoffes A (bzw. B) aus der Lösung zu verdampfen. Sie ist daher gleich der Verdampfungswärme vom reinen A ($-L_{0,a}$), vermehrt um die Wärme $L_{v,a}$, die bei der Verdünnung der Lösung x durch 1 Mol A entwickelt wird (vgl. S. 161), also

$$+ L_a = + L_{0,a} - L_{v,a},$$

und entsprechend:

$$+ L_b = + L_{0,b} - L_{v,b}.$$

Die Summe $L_m = L_{v,a} + x L_{v,b}$ stellt die Wärmemenge dar, die man bei Verdünnung der Lösung x durch 1 Mol A und x Mole B erhält. Da bei diesem Vorgange die Konzentration der Lösung nicht geändert wird, so ist L_m diejenige Wärmemenge, die beim Vermischen von 1 Mol A mit x Molen B zur Lösung gewonnen wird, d. h. die Vermischungswärme. Dann erhalten wir durch Multiplikation von (b) mit x und Addition zu (a)

$$\frac{d \ln p_a}{dT} + x \frac{d \ln p_b}{dT} = \frac{- L_{0,a} - x L_{0,b} + L_m}{R T^2}$$

oder unter Berücksichtigung von

$$\frac{d \ln P_a}{dT} = \frac{- L_{0,a}}{R T^2} \quad \text{usw.}$$

$$\frac{d \ln \dfrac{p_a}{P_a}}{d T} + x \frac{d \ln \dfrac{p_b}{P_b}}{dT} = \frac{+ L_m}{R T^2}. \tag{8}$$

Diese Gleichung ist von NERNST auf etwas anderem Wege zum ersten Male abgeleitet worden[2]. Ihre experimentelle Bestätigung er-

---

[1] Vgl. z. B. v. ZAWIDZKI, Z. physikal. Chem. Bd. 35, S. 129, 1900.
[2] Theoretische Chemie, 11. Aufl., S. 121.

brachte Bose für den speziellen Fall der geradlinigen Dampfdruckkurven[1]. Dann erhält die linke Seite die Form

$$\frac{d \ln \dfrac{1}{1+x}}{dT} + x\,\frac{d \ln \dfrac{x}{1+x}}{dT}.$$

Die unter den Logarithmen stehenden Ausdrücke sind sämtlich
von T unabhängig, mithin verschwindet ihr Differentialquotient und
die Mischungswärme wird Null. Dies hat Bose für beliebige Mischungen
von Methyl- und Äthylalkohol tatsächlich bestätigt.

Man erkennt also, daß nur Flüssigkeiten, die sich ohne Wärmetönung
vermischen, geradlinige Dampfdruckkurven der Lösung ergeben. Diese
Bedingung ist jedoch noch nicht hinreichend, um die lineare Abhängigkeit der Partialdrucke vom Molenbruch zu gewährleisten, da, wie man
leicht sieht, auch andere Funktionen von x die Bedingung $\frac{p_a}{P_a}$ und $\frac{p_b}{P_b}$
unabhängig von T herbeiführen können.

Ist die Mischungswärme positiv, so werden diese Quotienten mit
steigender Temperatur zunehmen und die relative Dampfdruckerniedrigung bei der Vermischung wird kleiner; bei negativer Mischungswärme
tritt das Entgegengesetzte ein.

In welcher Weise diese Dampfspannungserniedrigung von dem
Mischungsverhältnis x abhängt, läßt sich, wie bereits erwähnt, aus den
thermodynamischen Hauptsätzen ebensowenig ableiten wie für Lösungen, deren Dampf nur eine Komponente, das Lösungsmittel, enthält. Dagegen läßt sich rein thermodynamisch zeigen, daß die Änderungen der beiden Partialdampfdrucke bei wachsendem x in einer Beziehung zueinanderstehen. Daß dies der Fall ist, folgt schon aus der
Phasenregel. Denn eine Lösung von zwei Stoffen besitzt im Gleichgewicht mit ihrem gesättigten Dampf nur zwei Freiheiten. Ist die
Temperatur und das Mischungsverhältnis gewählt, so ist das System
eindeutig bestimmt. Da nun die Gleichung $P = p_a + p_b$ durch unendlich viele Werte von p_a und p_b erfüllt werden kann, so muß noch
eine zweite Beziehung zwischen p_a und p_b bestehen. Es ist das Verdienst von Duhem, eine diesbezügliche Gleichung zuerst abgeleitet zu
haben. Später wurde dieselbe von Margules und anderen eingehend
diskutiert und auf verschiedenem Wege abgeleitet[2].

Zu ihrer Herleitung müssen wir einen anderen Weg einschlagen,
als wir ihn bisher in diesem Kapitel benutzt haben; denn die Clausiussche Gleichung bezieht sich nur auf Änderungen des Druckes mit der
Temperatur und versagt für isotherme Vorgänge. Wir verwerten daher
hierzu den ebenfalls aus dem zweiten Hauptsatz folgenden Satz, daß
bei einem isothermen Kreisprozeß keine Arbeit geleistet werden kann.

Gehen wir von einem Mol A und x Molen B im reinen flüssigen
Zustand aus. Wir wollen diese beiden Substanzen gleichzeitig durch
isotherme Destillation zu der Lösung $A + xB$ zusammentreten lassen.

---

[1] E. Bose, Z. physikal. Chem. Bd. 58, S. 62, 1907. Vgl. auch Zawidzki, l. c.
[2] Literatur bei Zawidzki, l. c.

Den Anfangszustand stellen wir dann wieder her, indem wir den Stoff B aus der Lösung destillieren und so zu den reinen Ausgangsstoffen zurückkommen.

1. Wir verdampfen 1 Mol A und x Mole B unter den Dampfdrucken der reinen Substanzen P_a und P_b. Dabei werde die Arbeit A_1 geleistet.

2. Um diese Gase reversibel in die Lösung $A + xB$ kondensieren zu können, müssen wir sie auf Drucke bringen, die gleich den Partialdrucken p_a und p_b über der Lösung sind. Dabei werden die Arbeiten

$$A_2 = \int_1^2 p\, dV = -RT \int_{P_a}^{p_a} \frac{1}{p}\, dp = RT \ln \frac{P_a}{p_a}$$

und entsprechend

$$A_3 = x RT \ln \frac{P_b}{p_b}$$

gewonnen.

3. Dann läßt man beide Gase mit einem dritten Gefäß so kommunizieren, daß das Gas A von dem Gefäß durch eine semipermeable Wand getrennt ist, die A, aber nicht B hindurchläßt, und entsprechend für B. Dann läßt man durch Kompression beide Gase in dem Gefäß gleichzeitig so kondensieren, daß die Lösung immer die Zusammensetzung $A + xB$ hat. Hierzu muß man die Arbeit $-A_4$ aufwenden, die gleich A_1 ist.

4. Zur Zerlegung dieser Lösung in die reinen Komponenten verschließen wir die für A durchlässige semipermeable Wand und lassen B allein durch die andere semipermeable Wand verdampfen. Dabei sinkt der Dampfdruck von B über der Lösung von p_b auf 0.

Beim Verdampfen von x Mol der Substanz B unter dem jeweiligen Partialdruck p_b der Lösung gewinnen wir die Arbeit $x R T$, die wir beim Kondensieren der reinen Substanz unter dem Dampfdruck P_b verbrauchen. Wir müssen also nur noch die Arbeit berechnen, die die Überführung von x Molen B von dem jeweiligen Partialdruck der Lösung p_b auf den Dampfdruck der reinen Substanz P_b beansprucht. Die Arbeit, die zur Überführung eines Moles vom Druck p_b auf P_b notwendig ist, hatten wir zu

$$RT \ln \frac{P_b}{p_b}$$

gefunden.

Zur Überführung von dx Molen ist also die Arbeit

$$RT \ln \frac{P_b}{p_b}\, dx$$

notwendig.

Man muß jetzt p_b als Funktion des Mischungsverhältnisses x ansehen und erhält dann die gesamte aufgewendete Arbeit durch Integration über das ganze durchlaufene Konzentrationsbereich von 0 bis x:

$$-A_5 = RT \int_0^x \ln \frac{P_b}{p_b}\, dx\,.$$

Dies Integral läßt sich nur auswerten, wenn man p_b als Funktion von x kennt.

Wir haben hier einen isothermen Kreisprozeß durchgeführt, bei dem also keine Arbeit geleistet sein kann, d. h.

$$A_1 + A_2 + A_3 + A_4 + A_5 = 0\,.$$

$$RT\left[\ln\frac{P_a}{p_a} + x\ln\frac{P_b}{p_b}\right] - RT\int_0^x \ln\frac{P_b}{p_b}\,dx = 0\,.$$

Da wir das Integral im allgemeinen nicht auswerten können, differenzieren wir die ganze Gleichung partiell nach x bei konstanter Temperatur und erhalten so:

$$-\left(\frac{\partial\ln p_a}{\partial x}\right)_T + \ln\frac{P_b}{p_b} - x\left(\frac{\partial\ln p_b}{\partial x}\right)_T - \ln\frac{P_b}{p_b} = 0\,,$$

also
$$\left(\frac{\partial\ln p_a}{\partial x}\right)_T + x\left(\frac{\partial\ln p_b}{\partial x}\right)_T = 0\,. \tag{9a}$$

Führen wir für das Mischungsverhältnis x den Molenbruch $v_a = \dfrac{1}{1+x}$ ein und demnach $x = \dfrac{1-v_a}{v_a} = \dfrac{v_b}{v_a}$, so geht die Gleichung (9a) über in

$$v_a\left(\frac{\partial\ln p_a}{\partial v_a}\right)_T + (1-v_a)\left(\frac{\partial\ln p_b}{\partial v_a}\right)_T = 0 \tag{9b}$$

oder
$$v_a\left(\frac{\partial\ln p_a}{\partial v_a}\right)_T = v_b\left(\frac{\partial\ln p_b}{\partial v_b}\right)_T\,. \tag{9c}$$

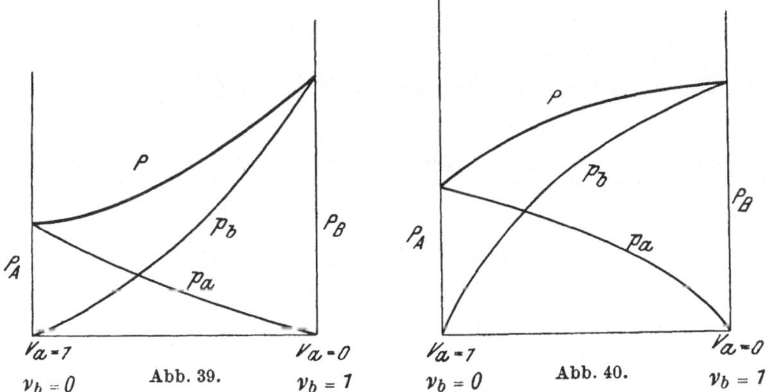

Abb. 39 u. 40. Dampfdruckkurven von Gemischen.

Aus dieser Gleichung kann man bei vorgegebener Form der p_a-Kurve auf den Verlauf der p_b-Kurve schließen (vgl. Abb. 38—40; p_a und p_b Ordinaten; Molenbruch v_a bzw. v_b Abszisse).

Wenn sich in erster Näherung p_a durch eine Gleichung der Form $p_a = P_a v_a^n$ darstellen läßt, so folgt aus (9c), daß p_b dann die Form $p_b = P_b v_b^n$ haben muß.

Denn

$$v_b \frac{\partial \ln p_b}{\partial v_b} = \frac{v_a}{p_a} \frac{\partial p_a}{\partial v_a} = \frac{v_a}{P_a v_a^n} n P_a v_a^{n-1} = n .$$

Also $\ln p_b = n \ln v_b + \text{const}$ oder $p_b = \text{const} \, v_b^n$ mit der Grenzbedingung, daß für $v_b = 1$, $p_b = P_b$ sein soll. Also

$$p_b = P_b v_b^n .$$

1. $n = 1$. p_a verläuft gradlinig, also auch p_b (Abb. 38).
2. $n > 1$. p_a verläuft konvex gegen die Abszisse (Abb. 39), ebenso p_b.
3. $n < 1$. p_a verläuft konkav gegen die Abszisse (Abb. 40), ebenso p_b.

Theorie der fraktionierten Destillation. Wir wollen zunächst einige Folgerungen dieser Gleichung betrachten, die für die fraktionierte Destillation von Flüssigkeitsgemischen von Bedeutung sind. Wie bereits erwähnt, durchläuft der Totaldampfdruck P der Mischung bei wachsendem x eine stetige Reihe von Werten zwischen P_a und P_b. Die P, v-Kurve kann sowohl linear wie gekrümmt verlaufen, sie kann ein Maximum oder Minimum erreichen. Steigt P mit wachsendem x, ist also $\left(\frac{\partial P}{\partial x}\right)_T > 0$, so ist auch

$$\left(\frac{\partial p_a}{\partial x}\right)_T + \left(\frac{\partial p_b}{\partial x}\right)_T > 0 \quad \text{oder} \quad \left(\frac{\partial p_a}{\partial x}\right)_T \Big/ \left(\frac{\partial p_b}{\partial x}\right)_T > -1 .$$

Führt man in (9a) die Differentiation aus, so folgt

$$\frac{1}{p_a}\left(\frac{\partial p_a}{\partial x}\right)_T + \frac{x}{p_b}\left(\frac{\partial p_b}{\partial x}\right)_T = 0 \quad \text{oder} \quad \left(\frac{\partial p_a}{\partial x}\right)_T \Big/ \left(\frac{\partial p_b}{\partial x}\right)_T = - x \frac{p_a}{p_b} , \quad \text{also}$$

$$- x \frac{p_a}{p_b} > -1 , \quad \frac{x p_a}{p_b} < 1 \quad \text{oder} \quad \frac{p_b}{p_a} > x .$$

x ist das Mischungsverhältnis in der Flüssigkeit, $\frac{p_b}{p_a}$ das Mischungsverhältnis im Dampfraum. Im gesättigten Dampf ist also die Konzentration derjenigen Komponente relativ größer, deren Zusatz den Totaldampfdruck erhöht.

Unterwerfen wir das Flüssigkeitsgemisch der Destillation, so werden gleichzeitig mit einem Mole A nicht x, sondern $\frac{p_b}{p_a} > x$ Mole B fortgeschafft, die Flüssigkeit verarmt also während der Destillation an B, ihr Dampfdruck sinkt bei konstanter Temperatur und ihr Siedepunkt steigt, falls die Destillation unter konstantem Druck P fortgeführt wird. Ist $\left(\frac{\partial P}{\partial x}\right)_T$ bis zum Werte $x = 0$ hinab positiv, so bleibt schließlich die reine Komponente A im Destillierkolben zurück.

Ist andererseits $\left(\frac{\partial P}{\partial x}\right)_T$ negativ, so erhält man analog wie oben $\frac{p_b}{p_a} < x$.

Dann wird der Destillierrückstand an B angereichert, der Siedepunkt der Flüssigkeit steigt wieder bis zum Siedepunkt der reinen Komponente B. Bei jeder Destillation unter konstantem Druck steigt der Siedepunkt des Destillationsrückstandes bis zu einem konstanten maximalen Wert (KONOWALOW).

Ist schließlich für irgendeinen x-Wert $\left(\dfrac{\partial P}{\partial x}\right)_T = 0$, d. h. durchläuft die Totaldampfdruckkurve ein Maximum oder Minimum, so ergibt sich für diesen Wert von x:

$$\frac{p_b}{p_a} = x\,,$$

d. h. die Zusammensetzung des gesättigten Dampfes ist gleich der des Flüssigkeitsgemisches. Dann siedet das Gemisch mit unveränderter Zusammensetzung bei konstanter Temperatur. Beispiele hierfür bilden bei Atmosphärendruck ein Gemisch von 96 vH Alkohol und 4 vH Wasser, ferner eine 20,2 prozentige wäßrige Lösung von Salzsäure und eine 68 prozentige Lösung von Salpetersäure. Diese Stoffe verhalten sich also anscheinend wie einheitliche chemische Verbindungen (Einkomponentensysteme), indem sie ohne Änderung ihrer Zusammensetzung in einen anderen Aggregatzustand übergehen (OSTWALD bezeichnet diese Eigenschaft als Hylotropie). Das Mischungsverhältnis $x = \dfrac{p_b}{p_a}$, das hylotrop siedet, ist jedoch, da p_b und p_a verschiedene Funktionen der Temperatur sind, ebenfalls eine Funktion der Temperatur und damit des Totaldruckes, unter welchem das Gemisch siedet. Diese Abhängigkeit der Zusammensetzung vom Druck unterscheidet die hylotrop siedenden Mischungen von den einheitlichen chemischen Verbindungen.

Je nachdem, ob P ein Minimum oder ein Maximum am Werte x_m durchläuft, sind zwei verschiedene Fälle zu unterscheiden. Durchläuft P ein Maximum, so sinkt der Totaldruck eines beliebigen Gemisches während der Destillation bei konstanter Temperatur, bis er den Dampfdruck der einen reinen Komponente erreicht (bei der Destillation unter konstantem Druck steigt der Siedepunkt bis zu dem der reinen Komponente). Man erhält also im Destillationsrückstande stets einen reinen Stoff A oder B. Ist andererseits $P_{x,m}$ ein Minimum, so erhält man beim Sieden unter konstantem Druck im Rückstande stets die Mischung von konstantem maximalen Siedepunkt.

Kondensiert man das zuerst übergehende Destillat eines beliebigen Flüssigkeitsgemisches, so ist dieses stets reicher an derjenigen Komponente, deren Zusatz den Totaldruck erhöht, besitzt also einen höheren Totaldruck oder niedrigeren Siedepunkt als das zurückbleibende Gemisch. Durch wiederholtes partielles Destillieren und Kondensieren unter konstantem Druck (fraktionierte Destillation) erhält man schließlich ein Destillat mit minimalem Siedepunkt und maximalem Dampfdruck. Für Flüssigkeitsgemische, deren Totaldruckkurve ein Maximum durchläuft, führt also die fraktionierte Destillation zur Abscheidung der unverändert siedenden Mischung im Destillat, bei Flüssigkeitsgemischen mit einem Dampfdruckminimum dagegen zu den reinen

Komponenten, und zwar zur Abscheidung von A, wenn der Dampfdruck der Mischung zwischen dem Minimum und P_a liegt; im anderen Falle erhält man im Destillat die reine Komponente B. Als Resultat einer fraktionierten Destillation eines Gemisches ergibt sich also im Destillat die Komponente bzw. die Mischung mit maximalem Dampfdruck und niedrigstem Siedepunkt und im Rückstand entsprechend die Flüssigkeit mit minimalem Dampfdruck und mit höchstem Siedepunkt. Eine vollständige Trennung eines Flüssigkeitsgemisches in die beiden reinen Komponenten durch fraktionierte Destillation gelingt also nur dann, wenn das Maximum und das Minimum der Totaldruckkurve mit den Anfangs- und Endpunkten zusammenfallen ($x = 0$ und $x = \infty$).

Ein Maximum der Totaldampfdruckkurve existiert z. B. bei Gemischen von Wasser und Alkohol. Das Produkt der fraktionierten Destillation, wie sie in der Technik in großem Maßstabe ausgeführt wird, ist also nicht reiner Alkohol, sondern eine Mischung mit 4 vH Wasser, die erst auf chemischem Wege durch wasserbindende Trockenmittel völlig von Wasser befreit werden kann. Ein Minimum existiert dagegen bei den obenerwähnten Säuren. Andere Beispiele für ein Maximum sind die Flüssigkeitspaare: Wasser-Propylalkohol, Wasser-Buttersäure, Äthylalkohol-Chloroform, Äthylalkohol-Benzol, Aceton-Schwefelkohlenstoff usw. für ein Minimum dagegen: Wasser-Ameisensäure, Aceton-Chloroform, Methylalkohol-Äthyljodid usw.

Weder ein Maximum noch ein Minimum durchläuft die Dampfdruckkurve bei den Flüssigkeitspaaren: Wasser-Aceton, Äthylalkohol-Aceton, Äthylalkohol-Schwefelkohlenstoff, Äther-Benzol, Sauerstoff-Stickstoff usw., und ferner verläuft sie geradlinig bei Benzol-Chlorbenzol, Benzol-Brombenzol, Toluol-Chlorbenzol, Äthylenbromid-Propylenbromid, also bei einander sehr ähnlichen Flüssigkeitspaaren.

Die quantitative Bestätigung der DUHEM-MARGULESSCHEN Gleichungen (9ff.) ist zuerst von v. ZAWIDZKI[1] erbracht worden. Schon MARGULES hatte gezeigt, daß man aus

$$P = F(x) = p_a + p_b = f_1(x) + f_2(x)$$

allgemeine Formeln für Funktionspaare f_1 und f_2 ableiten kann (vgl. S. 170), die der Differentialgleichung (9) genügen. Ist nun die Totaldampfdruckkurve F empirisch bestimmt, so kann man f_1 und f_2 und damit p_a und p_b für jeden Wert von x berechnen und mit den experimentell bestimmten Werten vergleichen. Diese rechnerisch nicht ganz leichte Arbeit hat v. ZAWIDZKI ausgeführt und auch befriedigende Resultate erhalten. Die Übereinstimmung kann jedoch niemals vollständig werden, da die Berechnung des analytischen Ausdruckes Funktion $P = F(x)$ aus den einzelnen empirischen Daten stets mit gewissen Fehlern verbunden sein wird. BOSE hat daher ein graphisches Näherungsverfahren angegeben[2], welches bei sorgfältiger Ausführung der zeichnerischen Operationen recht gute Übereinstimmung der aus den Totaldrucken berechneten Werte von p_a und p_b mit den direkt von v. ZAWIDZKI bestimmten ergibt.

---

[1] Z. physikal. Chem. Bd. 35, S. 129, 1900.   [2] Phys. Z. Bd. 8, S. 353, 1907.

Experimentelle Bestimmung von Partialdampfdrucken. Die experimentelle Bestimmung der Partialdrucke über einem Flüssigkeitsgemisch erfolgt meist durch Abdestillieren eines kleinen Teiles von einer großen Menge des Gemisches und darauffolgende Analyse des Verhältnisses $\frac{p_a}{p_b}$ im Destillat. Hierbei wird entweder der Gesamtdruck gemessen, bei welchem das Sieden bei bestimmter Temperatur beginnt, oder es wird die Temperatur des Siedens unter konstantem Druck bestimmt. Die Genauigkeit der Methode hängt im wesentlichen davon ab, ob es gelingt, während des Siedens vollständiges Gleichgewicht zwischen Flüssigkeit und Dampf zu erreichen und die wirkliche Zusammensetzung des Destillates zu analysieren. Bei Gemischen organischer Flüssigkeiten ist man zur Analyse wohl stets auf die Bestimmung einer physikalischen Konstante der Gemische, z. B. seines Brechungsvermögens, angewiesen. Die besten Resultate nach dieser Methode sind wohl in der bereits mehrfach zitierten Arbeit von v. ZAWIDZKI enthalten, in welcher sich auch eine ziemlich vollständige Wiedergabe der älteren Literatur über diesen Gegenstand findet. Neuerdings haben ROSANOFF und seine Mitarbeiter eine andere Methode mit Erfolg erprobt[1]: Durch ein beliebiges Flüssigkeitsgemisch wird ein Dampfgemisch, das beide Komponenten in einem bestimmten unveränderlichen Verhältnis enthält, getrieben. Entspricht dieses Dampfgemisch nicht dem gesättigten Dampfe der Flüssigkeit, so tritt in der Flüssigkeit Kondensation der im Überschuß vorhandenen Komponente ein. Dies erkennt man an dem Steigen der Temperatur in der Flüssigkeit. Die Konzentrationsänderung ist erst beendet, wenn Dampf und Flüssigkeit im Gleichgewicht miteinander stehen und die Temperatur konstant bleibt. Man bestimmt also die Temperatur, die einem beliebig gewählten Partialdruckgemisch bei gegebenem Gesamtdruck entspricht und außerdem die Zusammensetzung der mit dem Dampfgemisch im Gleichgewicht stehenden Flüssigkeit durch nachträgliche Analyse.

Siedepunktsänderung bei Flüssigkeitsgemischen. Der normale Siedepunkt eines Flüssigkeitsgemisches liegt bei derjenigen Temperatur, bei welcher der Totaldampfdruck den Atmosphärendruck erreicht. Die Berechnung der Siedepunktsänderung gegenüber den Siedepunkten der reinen Komponenten kann analog, wie es für Siedepunktserhöhungen von Lösungen nichtflüchtiger Stoffe auf S. 162 gezeigt wurde, durch Integration der NERNSTschen Gleichung (8) (S. 166) zwischen der Siedetemperatur der Komponente und des Gemisches erfolgen. Wir wollen uns hier zunächst auf den einfachen Fall beschränken, daß das Mischungsverhältnis der schwerer verdampfenden Komponente B sehr klein ist, daß also das Gemisch als eine sehr verdünnte Lösung von B in dem leichter siedenden A aufzufassen ist. Die Berechnung der Siedepunktserhöhung geschieht durch Betrachtung der Abb. 41 (vgl. Abb. 36, S. 163).

Es bedeutet P_a die Dampfdruckkurve der reinen Flüssigkeit A, p_a die Partialdampfdruckkurve und P die Totaldampfdruckkurve des

---

[1] Z. physikal. Chem. Bd. 66, S. 349; Bd. 68, S. 641, 1910.

Gemisches. Dann ist T_0 der Siedepunkt von A und T der Siedepunkt des Gemisches (der Lösung). T' ist die Temperatur, bei welcher der Partialdruck von A in der Lösung Atmosphärendruck erreicht.

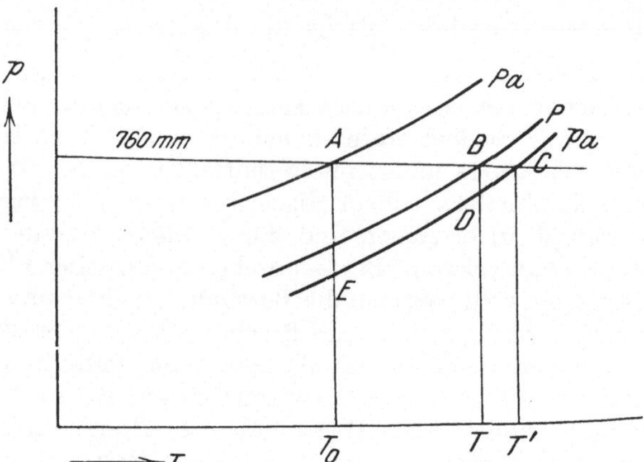

Abb. 41. Siedepunktsänderung eines Flüssigkeitsgemisches.

Dann ist
$$T - T_0 = AC - BC = (T' - T_0) - (T' - T).$$

Ferner ist:
$$\frac{AE}{AC} = \frac{BD}{BC} = \left(\frac{\partial p_a}{\partial T}\right)_x,$$

ferner:
$$AE = (P_a - p_a), \quad BD = (P - p_a) = p_b,$$

mithin:
$$T - T_0 = \frac{(P_a - p_a) - p_b}{\left(\dfrac{\partial p_a}{\partial T}\right)_x} = -\frac{P_a - p_a - p_b}{p_a \cdot L_a} \cdot R T_0^2 \qquad (10)$$

(wenn die Verdampfungswärme L_a des Lösungsmittels durch die Auflösung der geringen Menge B nicht vermindert wird und zwischen T_0 und T konstant bleibt).

Die Berechnung der Siedepunktsänderung setzt also die Kenntnis der Verdampfungswärme des Lösungsmittels, der relativen Dampfspannungserniedrigung der Lösung und außerdem die der Zusammensetzung des gesättigten Dampfes voraus. Je nachdem, ob $(P_a - p_a) \gtrless p_b$ ist, liegt der Siedepunkt der Lösung bei höherer oder tieferer Temperatur als der des reinen Lösungsmittels. Diese Gleichung gilt unter den gleichen einschränkenden Bedingungen, wie wir sie für Gleichung (5), S. 162 und (6), S. 164 machen mußten[1].

Wegen $p_a + p_b = P$ gilt auch
$$T - T_0 = -\frac{P_a - P}{p_a} \frac{R T_0^2}{L_a}.$$

____

[1] Über eine allgemeine Beziehung, aus der diese Gleichung unter einschränkenden Bedingungen gewonnen wird, vgl. BECKMANN und LIESCHE, Z. physikal. Chem. Bd. 98, S. 438, 1921.

Eine Siedepunktserniedrigung liegt z. B. vor bei Lösungen von wenig Wasser in Pyridin[1], eine Siedepunktserhöhung bei Lösungen von Jod in Benzol oder Alkohol. Jedenfalls ist es bei der rechnerischen Verwertung derartiger Siedepunktsveränderungen von Lösungen flüchtiger Stoffe erforderlich, die Zusammensetzung des bei der Destillation übergehenden gesättigten Dampfes analytisch zu bestimmen. Geeignete Vorrichtungen sind z. B. von BECKMANN und mehreren Mitarbeitern angegeben worden.

Durch ähnliche Betrachtungen läßt sich die Gefrierpunktserniedrigung solcher Lösungen, die unter Ausscheidung einer festen Lösung erstarren, berechnen. Hier müssen die Dampfdrucke des festen Lösungsmittels sowie die Partialdrucke über der festen Lösung bekannt sein, wenn man die Gefrierpunktsänderung quantitativ berechnen will. Es läßt sich zeigen, daß der Gefrierpunkt derartiger Lösungen sogar höher liegen kann als der des reinen Lösungsmittels, ebenso wie nach (10) der Siedepunkt der Lösung tiefer liegen kann als der des Lösungsmittels. Beispiele für solche Schmelzpunkterhöhungen sind von v. HEVESY[2] und SACKUR[3] gefunden worden.

3. Gesättigte Lösungen.

Die gesättigten Lösungen bilden in Gegenwart ihres Dampfes ein monovariantes System (drei Phasen, zwei unabhängige Bestandteile). Einer Veränderung der Temperatur entspricht daher nicht nur eine Änderung des Druckes, sondern auch eine Konzentrationsänderung aller Phasen variabler Konzentration (aller am Gleichgewicht teilnehmenden Lösungen), deren Zusammenhang mit der Änderung von Druck und Temperatur wiederum durch die CLAUSIUSsche Gleichung gegeben wird.

Wir beschränken uns auf die Betrachtung von Lösungen fester Stoffe, bei welchen der Partialdruck des gelösten Stoffes verschwindend klein ist.

Geht bei konstanter Temperatur T 1 Mol des Dampfes in den flüssigen Aggregatzustand über, so wird gleichzeitig die Menge x des festen Stoffes sich auflösen, wenn die gesättigte Lösung x Mole des gelösten Stoffes auf 1 Mol des Lösungsmittels enthält.

Hierbei ändert sich das Gesamtvolumen um $-(V_3 - V_2 + x V_1)$, wenn V_3 und V_1 die Molekularvolumina von Dampf und festem Stoff und V_2 das Volumen der gesättigten Lösung ist, die 1 Mol Lösungsmittel und x Mole des gelösten Stoffes enthält. Gleichzeitig wird eine Wärme $-(L - x L_l)$ entwickelt, wenn $L \, (< 0)$ die Verdampfungswärme des Lösungsmittels und $+ L_l$ die Wärmemenge bedeutet, die beim Auflösen von 1 Mol des festen Stoffes in der zur Herstellung der gesättigten Lösung notwendigen Menge des Lösungsmittels entwickelt wird. Diese Wärmemenge L_l wird als die totale oder „integrale Lösungswärme" bezeichnet.

---

[1] WILCOX, J., Phys. Chem. Bd. 14, S. 576, 1910.
[2] Z. physikal. Chem. Bd. 73, S. 677, 1910.
[3] Z. physikal. Chem. Bd. 78, S. 550, 1912.

Demnach erhalten wir nach der CLAUSIUSschen Gleichung:

$$\frac{d\,p_g}{d\,T} = \frac{-\,(L - x\,L_l)}{T\,(V_3 - V_2 + x\,V_1)}.$$

Vernachlässigen wir wieder die Molvolumina von Lösung und festem Stoff gegen das des gesättigten Dampfes und nehmen die Gültigkeit der Gasgesetze für diesen an, so wird

$$\frac{d\,p_g}{d\,T} = \frac{-\,(L - x\,L_l)\cdot p_g}{R\,T^2}$$

oder:

$$\frac{d\ln p_g}{d\,T} = \frac{-L}{R\,T^2} + x\,\frac{L_l}{R\,T^2}. \tag{11}$$

p_g bedeutet den Dampfdruck der gesättigten Lösung; für den Dampfdruck p_0 des reinen Lösungsmittels gilt

$$\frac{d\ln p_0}{d\,T} = \frac{-L}{R\,T^2},$$

also:

$$\frac{d\ln\dfrac{p_g}{p_0}}{d\,T} = +\,x\,\frac{L_l}{R\,T^2}. \tag{11a}$$

Die relative Dampfdruckerniedrigung $\dfrac{p_0 - p_g}{p_0} = 1 - \dfrac{p_g}{p_0}$ nimmt also mit steigender Temperatur zu, wenn $L_l < 0$ ist, d. h. wenn bei der Auflösung des festen Stoffes Wärme verbraucht wird. Ist dagegen die totale Lösungswärme $+ L_l$ positiv, so sinkt die relative Dampfspannungserniedrigung der gesättigten Lösung mit steigender Temperatur.

Bei den meisten Lösungen fester Stoffe, besonders in Wasser, ist L_l negativ, bei ihnen wird also eine Zunahme der relativen Dampfdruckerniedrigung mit steigender Temperatur eintreten; diese kann sogar bei großer Löslichkeit und großer Lösungswärme so groß werden, daß der Dampfdruck der gesättigten Lösung mit steigender Temperatur abnimmt, wenn nämlich in Gleichung (11) der Ausdruck $x\,\dfrac{L_l}{R\,T^2}$ stärker negativ als $\dfrac{-L}{R\,T^2}$ positiv ist. Diese eigenartige Abnahme des Dampfdruckes mit steigender Temperatur ist für die gesättigten wäßrigen Lösungen des Natriumthiosulfates von SPERANSKI beobachtet worden[1].

Von dieser totalen oder integralen Lösungswärme muß man die differentiale Lösungswärme unterscheiden. Unter differentialer Lösungswärme versteht man die Wärme, die beim Auflösen eines Moles des löslichen Stoffes in einer großen Menge einer Lösung von vorgegebener Konzentration entwickelt wird. Ist die Anfangskonzentration Null, d. h. löst man ein Mol in einer sehr großen Menge des reinen Lösungsmittels auf, so daß eine sehr verdünnte Lösung entsteht, so spricht man

---

[1] Z. physikal. Chem. Bd. 78, S. 86, 1911.

von erster Lösungswärme oder Lösungswärme schlechthin. Sie ist dem Experiment am leichtesten zugänglich, weil die Auflösung nur bei Gegenwart eines großen Überschusses von Lösungsmittel so rasch verläuft, daß man sie in einem Kalorimeter verfolgen kann. Die in der Literatur vorliegenden Messungen, z. B. die zahlreichen Bestimmungen von J. THOMSEN, beziehen sich daher meist auf diese Lösungswärme. Sie unterscheidet sich von der integralen Lösungswärme durch die Wärme, die bei der unendlichen Verdünnung der gesättigten Lösung auftritt. Als letzte Lösungswärme ist dann die Wärme zu verstehen, die beim Auflösen eines Moles in einer sehr großen Menge einer nahezu gesättigten Lösung entwickelt wird. Bei schwer löslichen Stoffen, deren gesättigte Lösungen als unendlich verdünnte Lösungen zu betrachten sind, werden alle differentiellen Lösungswärmen untereinander und mit der integralen identisch.

Die letzte Lösungswärme besitzt theoretische Bedeutung für die Abhängigkeit der Löslichkeit vom Druck. Steht nämlich eine gesättigte Lösung und ihr Bodenkörper unter einem Druck, der größer ist als der Dampfdruck der Lösung, so verschwindet die Gasphase und das System wird divariant (zwei Phasen, zwei Bestandteile). Die Konzentration der gesättigten Lösung, die Löslichkeit, ist also dann nicht nur von der Temperatur, sondern auch vom Druck abhängig. Unterwirft man also ein derartiges „kondensiertes" System einer Druckänderung, so bleibt Gleichgewicht zwischen Lösung und Bodenkörper nur dann bestehen, d. h. die Sättigungskonzentration bleibt konstant, wenn gleichzeitig die Temperatur entsprechend geändert wird. Wie bei der Abhängigkeit des Schmelzpunktes eines reinen Stoffes vom Druck (S. 156), nimmt analog die CLAUSIUSsche Gleichung für diesen Fall die Form an:

$$\left(\frac{\partial p}{\partial T}\right)_x = \frac{-L_l'}{T(v_2 - v_1)} \, .$$

Hier bedeutet L_l' die Wärmemenge, die beim Auflösen eines Moles in der gesättigten Lösung entwickelt wird (letzte Lösungswärme). $v_2 - v_1$ ist die Volumenänderung, die der feste Stoff beim Auflösen in der gesättigten Lösung erleidet, also die Differenz der Molekularvolumina in festem und gelöstem Zustande. Je nach dem Vorzeichen von $\dfrac{L_l'}{v_2 - v_1}$ muß also eine Kompression um dp unter der Bedingung der konstanten Löslichkeit durch eine Temperaturerhöhung oder -erniedrigung kompensiert werden.

Die obige Gleichung ist für konstant bleibende Löslichkeit abgeleitet, es gilt also:

$$d x = \left(\frac{\partial x}{\partial p}\right)_T d p + \left(\frac{\partial x}{\partial T}\right)_p d T = 0 \, .$$

Mithin erhalten wir

$$\left(\frac{\partial x}{\partial p}\right)_T = -\left(\frac{\partial x}{\partial T}\right)_p \left(\frac{\partial T}{\partial p}\right)_x$$

und für die Abhängigkeit der Löslichkeit vom Druck bei konstanter Temperatur die Gleichung

$$\left(\frac{\partial x}{\partial p}\right)_T = \left(\frac{\partial x}{\partial T}\right)_p \frac{T(v_2 - v_1)}{L'_l},$$

die in etwas veränderter Form bereits von BRAUN[1] abgeleitet und qualitativ experimentell bestätigt wurde. Sie besitzt historisches Interesse, weil sie BRAUN als Ausgangspunkt der Überlegungen diente, die ihn zur Aufstellung des nach ihm und LE CHATELIER benannten Prinzips führten (S. 140).

Wird nämlich bei der Auflösung Wärme verbraucht ($L'_l \langle 0$), so steigt die Löslichkeit bei konstantem Druck mit wachsender Temperatur $\left(\left(\frac{\partial x}{\partial T}\right)_p \rangle 0\right)$. Tritt bei der Auflösung eine Kontraktion ein ($v_2 - v_1 \langle 0$), so steigt die Löslichkeit bei konstanter Temperatur mit wachsendem Druck $\left(\left(\frac{\partial x}{\partial p}\right)_T \rangle 0\right)$. Man erkennt, daß diese sowie die entgegengesetzten Möglichkeiten der obigen Gleichung genügen. Quantitative Versuche zur Prüfung der Gleichung sind bisher noch nicht von Erfolg begleitet gewesen, weil alle hierzu notwendigen Messungen, falls sie genau ausgeführt werden sollen, mit außerordentlichen Schwierigkeiten verbunden sind[2].

4. Einführung einer Zustandsgleichung für verdünnte Lösungen.

Bei der Ableitung der Gleichungen (1) bis (11) des vorigen Abschnittes, welche Beziehungen zwischen den Zustandsvariablen der Lösungen (Druck, Temperatur, Zusammensetzung) und ihren thermischen Eigenschaften (Verdünnungswärme, Lösungswärme usw.) postulieren, haben wir stets die Gültigkeit der Gasgesetze für die Gasphase vorausgesetzt. Damit haben wir den Rahmen der streng thermodynamischen Betrachtungsweise überschritten und den Ergebnissen die absolute Exaktheit und Gültigkeit genommen, die den beiden Hauptsätzen der Thermodynamik zukommt. Dafür haben wir die Möglichkeit gewonnen, die thermodynamisch abgeleiteten Differentialgleichungen wenigstens innerhalb gewisser Temperaturbereiche zu integrieren und an der Erfahrung zu prüfen, indem wir die in den streng gültigen Gleichungen auftretenden Volumengrößen für feste und flüssige Stoffe gegenüber dem Volumen[3] der Gasphase vernachlässigten und das letztere mit Hilfe der Zustandsgleichung für Gase als Funktion von Druck und Temperatur entwickelten. Dadurch wurde die Zahl der unbekannten Funktionen, deren Beziehung durch die Differentialgleichung ausgedrückt wird, um eine vermindert. Wir wollen dieses Verfahren, das im allgemeinen, wenigstens bei Temperaturen, die weit unterhalb

---

[1] Wiedemanns Annalen Bd. 30, S. 250, 1887; Z. physikal. Chem. Bd. 1, S. 259.
[2] Vgl. auch die Versuche von SORBY, Proc. Roy. Soc. Bd. 12, S. 538, 1863.
[3] Molekularvolumen.

der kritischen Temperatur der benutzten Flüssigkeiten liegen, durch die Erfahrung als berechtigt nachgewiesen wird, als eine Annäherung *erster Ordnung* bezeichnen.

Eine weitere Vereinfachung, also eine Annäherung zweiter Ordnung, erhalten wir durch Einführung einer Zustandsgleichung für Lösungen, d. h. einer Gleichung, welche die Abhängigkeit der Zustandsvariablen der Lösungen als Funktion ihrer Zusammensetzung (der spezifischen Volumina oder der Konzentrationen der Komponenten) zu berechnen erlaubt. Als unabhängige Variable wählt man zweckmäßig immer diejenige, deren experimentelle Bestimmung am einfachsten ist. Dies ist erfahrungsgemäß bei Lösungen ihr Mischungsverhältnis oder ihre Konzentration, d. h. die Anzahl Mole Lösungsmittel und gelöster Stoff, die in der Volumen- oder Gewichtseinheit der Lösung vorhanden und durch Analyse ohne weiteres zu bestimmen sind. Bezeichnet man die in der Volumeneinheit (1 l) enthaltenen Mole des gelösten Stoffes mit c und die entsprechende Konzentration des Lösungsmittels mit c_0, so sind diese beiden Größen durch die Gleichung $Mc + M_0 c_0 = 1000\,s$ miteinanderverknüpft, wenn M und M_0 die Molekulargewichte von gelöstem Stoff und Lösungsmittel und s die Dichte der Lösung bedeuten; es ist also nur eine der beiden Größen c und c_0 unabhängig variabel.

Die Zustandsgleichung einer Lösung, deren Dampfdruck p_g beträgt, hat also dann die Form $p_g = F(T, c)$.

Der analytische Ausdruck der Funktion F ist aus rein thermodynamischen Betrachtungen ebensowenig abzuleiten wie dies für die Zustandsgleichung der Gase möglich war. Die Zustandsgleichung muß daher entweder unmittelbar aus der Erfahrung entnommen werden, indem man z. B. die für bestimmte Werte von T und c gültigen Werte von p_g bestimmt und die Ergebnisse in Form einer Gleichung darstellt, oder indem man sie mittels einer Hypothese ableitet und deren Konsequenzen an der Erfahrung prüft. Beide Wege sind tatsächlich mit Erfolg beschritten worden; sie werden in der folgenden Darstellung eingehender erläutert und miteinander verglichen werden.

Das Raoultsche Gesetz: Die Aufstellung der Zustandsgleichung ist vorläufig nur bei verdünnten Lösungen vollständig gelungen. Die erste allgemeine, für alle verdünnten Lösungen beliebiger Lösungsmittel und beliebiger gelöster Stoffe gültige Gleichung von der Form $p_g = F(T, c)$ verdanken wir Raoult[1]. Sie lautet: Die relative Dampfdruckerniedrigung (S. 161) der Lösung eines nicht merklich flüchtigen Stoffes ist unabhängig von der chemischen Natur des gelösten Stoffes sowie des Lösungsmittels und bei allen Temperaturen gleich dem Verhältnis der gelösten Molekeln zu den insgesamt vorhandenen Molekeln (Lösungsmittel + gelöster Stoff). Sind also in N Molekeln des Lösungsmittels n Molekeln des gelösten Stoffes gelöst, so ist

$$\frac{p_0 - p_g}{p_0} = \frac{n}{N + n}.$$

---

[1] Z. physikal. Chem. Bd. 2, S. 253; Compt. rend. de l'Acad. des Sc. Bd. 104, S. 1430, 1888.

In der Volumeneinheit ist $n = c$ und $N = c_0$, also

$$\frac{p_0 - p_g}{p_0} = \frac{c}{c_0 + c} \, . \tag{1}$$

Für sehr verdünnte Lösungen ist c klein gegen c_0, also $\frac{p_0 - p_g}{p_0} = \frac{c}{c_0}$, wenn c_0 die Anzahl Mole bedeutet, die die Volumeneinheit des Lösungsmittels enthält. Durch einfache Umformung von (1) erhält man ferner die Gleichungen

$$\frac{p_g}{p_0} = \frac{c_0}{c_0 + c} \tag{1a}$$

und

$$\frac{p_0 - p_g}{p_g} = \frac{c}{c_0} \, . \tag{1b}$$

Das RAOULTsche Gesetz enthält vier verschiedene Aussagen, nämlich:

1. Für die Lösungen irgendeines Stoffes in irgendeinem Lösungsmittel ist die relative Dampfdruckerniedrigung proportional der Konzentration des gelösten Stoffes.

2. Lösungen verschiedener Stoffe im gleichen Lösungsmittel haben bei gleicher molekularer Konzentration und gleicher Temperatur den gleichen Dampfdruck.

3. Die relative Dampfdruckerniedrigung gleichkonzentrierter Lösungen in verschiedenen Lösungsmitteln ist dem Molekulargewicht des Lösungsmittels direkt proportional, d. h. der in der Lösung enthaltenen Anzahl Lösungsmittelmolekeln umgekehrt proportional.

4. Die relative Dampfdruckerniedrigung ist numerisch gleich dem Verhältnis der in der Lösung vorhandenen Molekeln.

Teil 1 und 2 sind schon vor RAOULT von anderen Autoren in einzelnen Fällen bewiesen worden (z. B. WÜLLNER vgl. OSTWALD: Lehrbuch d. allgem. Chemie Bd. 1, S. 705ff.). Die numerische Beziehung zum Lösungsmittel ist dagegen von RAOULT zuerst erkannt worden.

Die Bestätigung seines Gesetzes entnahm RAOULT einer sehr großen Zahl von Versuchen, bei denen das Lösungsmittel sowohl wie die Natur des gelösten Stoffes weitgehend variiert wurde. Die charakteristischsten seiner Resultate an verdünnten Lösungen sind in den folgenden Tabellen wiedergegeben. Das Gesetz bestätigte sich in sehr vielen Fällen und wir werden später sehen, daß die Abweichungen durch die Theorie der elektrolytischen Dissoziation hinreichend erklärt werden:

Relative Dampfdruckerniedrigung in Äther.

Gelöster Stoff	Lösungsmittel Äther	
	$\dfrac{n}{N + n}$	$\dfrac{p_0 - p_g}{p_0}$
Terpentinöl . . . . $\{$	0,059	0,060
	0,121	0,119
Nitrobenzol	0,060	0,055
Anilin . . . . $\{$	0,0385	0,040
	0,077	0,077
Methylsalicylat . . . . . $\{$	0,048	0,040
	0,092	0,084
Äthylbenzoat . . . . . . $\{$	0,049	0,051
	0,096	0,091

Diese Tabelle gibt die Bestätigung der beiden ersten Teile des Gesetzes sowie des vierten für Äther. Die Abweichungen zwischen der zweiten und dritten Spalte der Tabelle sind nicht größer als sie bei der von RAOULT benutzten relativ primitiven Versuchsanordnung erwartet werden müssen. Die Unabhängigkeit der relativen Dampfdruckerniedrigung von der chemischen Natur der Lösungsmittel wird durch die folgende Tabelle erwiesen.

Eine große Zahl $\frac{p_0 - p_g}{p_0}$ -Werte, die bei beliebigen kleinen Konzentrationen vieler verschiedener gelöster Stoffe beobachtet wurden, sind mittels des schon bestätigten ersten Gesetzes auf die gleiche Konzentration: 1 Mol gelöster Stoff pro 100 Mole Lösungsmittel umgerechnet worden; die in der Tabelle angeführten Zahlen sind Mittelwerte dieser einzelnen Daten.

Bei strenger Gültigkeit des Gesetzes müßte man für $\frac{p_0 - p_g}{p_0}$ stets den Wert $\frac{1}{100 + 1} = 0{,}0099$ erwarten. Die Versuche, die an Lösungen mit 4 bis 5 Mol gelöster Stoffe auf 100 Mol Lösungsmittel angestellt wurden, ergaben also meist eine etwas zu große Dampfdruckerniedrigung, doch darf man mit Recht erwarten, daß in ganz verdünnten Lösungen das RAOULTsche Gesetz streng erfüllt ist[1].

Relative Dampfdruckerniedrigung durch 1 Mol gelösten Stoffes pro 100 Mole Lösungsmittel.

Lösungsmittel	Mol.-Gew.	$\dfrac{p_0 - p_g}{p_0}$
Wasser	18	0,0102
Phosphortrichlorid	137,5	0,0108
Schwefelkohlenstoff	76	0,0105
Tetrachlorkohlenstoff	154	0,0105
Chloroform	119,5	0,0109
Amylen	70	0,0106
Benzol	78	0,0106
Methyljodid	142	0,0105
Äthylbromid	109	0,0109
Äther	74	0,0096
Aceton	58	0,0101
Methylalkohol	32	0,0103

RAOULTS Versuche wurden folgendermaßen angestellt. In zwei nebeneinander auf gleicher Temperatur befindlichen Barometerröhren wurde Lösungsmittel und Lösung gebracht und die Differenz der Quecksilberhöhen gemessen (vgl. Abb. 12 S. 20). Die Temperatur war stets so gewählt, daß das reine Lösungsmittel einen Dampfdruck von etwa 400 mm besaß. Der Dampfdruck der gelösten Stoffe war unter allen Umständen zu vernachlässigen.

Mit Hilfe des RAOULTschen Gesetzes können die in den vorigen Abschnitten abgeleiteten Gesetze bedeutend vereinfacht werden, wie im folgenden gezeigt wird.

a) *Dampfdruckerniedrigung* und *Temperatur*. Nach Gleichung (3) S. 161 ist

$$\frac{d \ln \frac{p_g}{p_0}}{d\,T} = -\frac{L - L_0}{R\,T^2}.$$

---

[1] Eine ausgezeichnete Bestätigung des RAOULTschen Gesetzes für wäßrige Rohrzuckerlösungen bei 0° bis zu Konzentrationen von $1\,n$ hinauf ist von R. MAIER erbracht worden (Ann. Physik Bd. 31, S. 423, 1910).

Nach (1 a) S. 180 ist

$$\frac{p_g}{p_0} = \frac{c_0}{c_0 + c},$$

also unabhängig von der Temperatur[1], mithin ist $L - L_0 = L_v$ die Verdünnungswärme, $= 0$. Das RAOULTsche Gesetz kann also nur für Lösungen gelten, bei deren weiterer Verdünnung keine Wärmetönung auftritt. Diese Bedingung ist notwendig, aber noch nicht hinreichend für seine Gültigkeit.

b) *Siedepunktserhöhung*, Gleichung (5), S. 162 lautet:

$$T - T_0 = - \frac{R T_0^2}{L_0} \cdot \frac{p_0 - p_g}{p_0} = - \frac{R T_0^2 \cdot c}{L_0 c_0} = - \frac{R T_0^2 \cdot c}{L'}.$$

$L_0\, c_0 = L'$ ist in verdünnten Lösungen die Verdampfungswärme, bezogen auf die Volumeneinheit (1 l) Lösungsmittel.

Die Siedepunktserhöhung ist also proportional der molekularen Konzentration des gelösten Stoffes. Die Größe $\frac{T - T_0}{c}$, die molekulare Siedepunktserhöhung, ist für jedes Lösungsmittel aus seiner Verdampfungswärme und der Siedetemperatur zu berechnen. Diese Gleichung wurde zuerst von VAN'T HOFF für die Gefrierpunktserniedrigung abgeleitet, von ARRHENIUS auf die Siedepunktserhöhung angewendet und von BECKMANN u. a. experimentell weitgehend bestätigt. Wählt man als Einheit der Konzentration nicht die Anzahl Mol im Liter (ARRHENIUSsche Zählung), sondern in 1 kg (RAOULTsche Zählung), so bedeutet naturgemäß L' die Verdampfungswärme von 1 kg Lösungsmittel. Folgende Tabelle A gibt einen Auszug des gesamten zur Bestätigung beigebrachten Materials[2].

Tabelle A.

I. Proportionalität von Siedepunktserhöhung und Konzentration.

Lösungsmittel	t_0 °C	Gelöster Stoff	c Mol in 1 kg	$T - T_0$	$\dfrac{T - T_0}{c}$	$\dfrac{R T^2}{L'}$
Wasser. . . .	100	Mannit	0,131	0,065	0,50	
			0,236	0,121	0,51	
			0,696	0,360	0,52	$\dfrac{2 \cdot 373^2}{539 \cdot 10^3} = 0{,}51$
Wasser. . . .	100	Rohrzucker	0,126	0,064	0,51	
			0,322	0,164	0,51	
			0,634	0,317	0,50	

---

[1] Hierbei ist allerdings angenommen, daß bei der Erwärmung der Lösung das Verhältnis $\frac{c}{c_0}$ nicht geändert wird, d. h. daß sich der molekulare Zustand der Stoffe in der Lösung nicht mit der Temperatur ändert.

[2] LANDOLT-BÖRNSTEIN, 5. Aufl.

Lösungsmittel	t_0 °C	Gelöster Stoff	c Mol in 1 kg	$T-T_0$	$\dfrac{T-T_0}{c}$	$\dfrac{RT^2}{L'}$
Äthylalkohol[1*]	78,8	Quecksilber-chlorid	0,108	0,126	1,17	
			0,219	0,259	1,18	
			0,85	1,010	1,18	
			1,14	1,345	1,15	
Äthylalkohol[2*]	78,8	Triphenyl-methan	0,0716	0,086	1,20	$\dfrac{2 \cdot 352^2}{207 \cdot 10^3} = 1,19$
			0,0762	0,094	1,23	
			0,128	0,150	1,17	
			0,195	0,220	1,13	
Benzol	80,3	Kampfer	0,0463	0,121	2,61	
			0,1014	0,270	2,66	
			0,158	0,419	2,65	
			0,218	0,575	2,63	$\dfrac{2 \cdot 353^2}{94 \cdot 10^3} = 2,66$
		Benzil	0,0701	0,180	2,57	
			0,138	0,354	2,57	
			0,225	0,568	2,52	

II. **Molekulare Siedepunktserhöhung verdünnter Lösungen und Verdampfungswärme[3].**

Lösungsmittel	t_0 °C	Verdampfungs-wärme L' cal/g	$\dfrac{T-T_0}{c}$ gef.	$\dfrac{T-T_0}{c}$ ber.
Brom	63	43,7	5,2	5,2
Quecksilber	358	70	11,4	11,4
Ammoniak	— 33,5	327	0,34	0,35
Schwefeldioxyd	— 10,0	96	1,45	1,44
Essigsäure	118	97	3,07	3,14
Schwefelkohlenstoff . . .	46,2	87	2,29	2,34
Chloroform	61,2	59	3,88	3,80
Nitroäthan	114	92	2,60	3,23
Äthyläther	34,60	85	2,16	2,23
Aceton	56,1	125	1,725	1,73
Pyridin	115	104	2,69	2,89
Anilin	184	112	3,69	3,73
Trimethylcarbinol	83	130	1,77	1,93

c) *Gefrierpunktserniedrigung.* Gleichung (6), S. 164.

$$T_0 - T = -\frac{RT_0^2}{\varrho} \cdot \frac{p_0 - p_g}{p_g}$$

geht über in

$$T_0 - T = \frac{-RT_0^2}{\varrho c_0} \cdot c = \frac{-RT_0^2 c}{\varrho'},$$

die der entsprechenden Formel für die Siedepunkterhöhung analog ist und sich nur durch den Ersatz der Verdampfungswärme und Siede-

[1*] BECKMANN, Z. physikal. Chem. Bd. 6, S. 437, 1890.
[2*] BECKMANN und LIESCHE, Z. physikal. Chem. Bd. 88, S. 23, 1914.
[3] Nach LANDOLT-BÖRNSTEIN, 5. Aufl.

temperatur durch Schmelzwärme und Schmelztemperatur unterscheidet (VAN'T HOFF). Die Richtigkeit dieser Gleichung wird durch die folgende Tabelle B gegeben (Auszug aus dem sehr umfangreichen vorliegenden Material).

Tabelle B.

I. Proportionalität von Gefrierpunktserniedrigung und Konzentration.

Lösungsmittel	t_0 °C	Gelöster Stoff	c (Mol in 1 kg)	$T_0 - T'$	$\dfrac{T_0 - T}{c}$	$\dfrac{RT_0^2}{\varrho'}$
Wasser [1]	0	Glycerin	0,0200	0,0372	1,86	
			0,1008	0,1869	1,86	
			0,2031	0,3758	1,85	
Wasser		Chloral-hydrat	0,0201	0,0373	1,86	
			0,1009	0,1875	1,86	
			0,4143	0,7685	1,855	
			1,135	2,117	1,864	$\dfrac{2 \cdot 273^2}{80 \cdot 10^3} = 1,86$
Wasser		Harnstoff	0,00107	0,001983	1,85	
			0,00414	0,007668	1,85	
			0,01869	0,03463	1,85	
Wasser		Rohrzucker	0,001410	0,00264	1,87	
			0,009978	0,01856	1,86	
			0,0201	0,0378	1,88	
Phenol [2]	38,5	Naphthalin	0,080	0,64	8,0	
			0,160	1,285	8,0	$\dfrac{2 \cdot 311,5^2}{25,5 \cdot 10^3} = 7,6$
			0,320	2,525	7,9	
			0,64	4,825	7,6	
Naphthyl-amin [2]	47,12	Kampfer	0,053	0,415	7,85	
			0,106	0,845	7,95	$\dfrac{2 \cdot 320^2}{25,6 \cdot 10^3} = 8,0$
			0,212	1,73	8,2	
			0,424	3,49	8,2	
			0,689	5,72	8,3	

d) Lösungen von Flüssigkeiten und Gasen. Die Gültigkeit des RAOULT-schen Gesetzes für die eine Komponente A verlangt den gradlinigen Verlauf der Partialdruckkurve von A mit dem Molenbruch. Auf S. 165 hatten wir das Verhältnis $\dfrac{c}{c_0}$ mit x, und

$$\frac{1}{1 + x} = \nu_a = \frac{c_0}{c_0 + c}$$

bezeichnet.

Ist also

$$\frac{P_a - p_a}{P_a} = \frac{c}{c_0 + c} \, ,$$

[1] Nach LANDOLT-BÖRNSTEIN, 5. Aufl.
[2] EYKMANN, Z. physikal. Chem. Bd. 3, S. 203, 1888.

II. Molekulare Gefrierpunktserniedrigung verdünnter Lösungen und Schmelzwärme.

Lösungsmittel	t_o °C	Schmelz-wärme cal/g	$\dfrac{T_o - T}{c}$ gef.	$\dfrac{T_o - T}{c}$ ber.
Brom	— 7,3	16,18	9,71	8,67
Aluminiumbromid	93	10,47	26,8	25,4
Calciumchlorid	767	54,6	38,0	39,2
Kaliumchlorid	772	86,0	25	25,2
Natriumchlorid	800	123,5	18,0	18,5
Zinnbromid	29,5	28,0	28,0	29,1
Ameisensäure	8	57,38	2,77	2,73
Äthylenbromid	10,0	13,0	12,5	12,2
Chloressigsäure	61,2	41,2	5,24	5,38
Essigsäure	17	43,7	3,9	3,8
Azobenzol	69	27,9	8,35	8,33
Benzol	5,5	30,4	5,12	5,07
p-Bromtoluol	27	21,3	8,21	8,45
m-Chlornitrobenzol	44	32,4	6,07	6,24
p-Dibrombenzol	87	20,6	12,4	12,5
Naphthalin	80,1	35,7	6,93	6,94
o-Nitrophenol	44,3	26,8	7,44	7,47
p-Xylol	16	39,3	4,3	4,2

so ist $p_a = v_a P_a$. Dann folgt aus (9) S. 169, daß $p_b = (1 - v_a) P_b = v_b P_b$, d. h. daß auch der Dampfdruck der zweiten Komponente eine lineare Funktion des Molenbruches ist und ebenfalls dem RAOULTschen Gesetz gehorcht (vgl. S. 170).

Unter Berücksichtigung von (8) S. 166 folgt wiederum die notwendige, aber nicht hinreichende Bedingung, daß die Flüssigkeiten keine Mischungswärme besitzen.

Diesen Satz wollen wir benutzen, um ein wichtiges Resultat über die Löslichkeit von Gasen in Flüssigkeiten abzuleiten. Eine solche Lösung können wir auffassen als ein Flüssigkeitsgemisch von zwei Stoffen A und B, dessen Partialdruck p_b den Druck des gelösten Gases über der Flüssigkeit darstellt. Ist also nach dem RAOULTschen Gesetz

$$\frac{p_a}{P_a} = \frac{c_0}{c_0 + c} = v_a$$

und

$$\left(\frac{\partial \ln p_a}{\partial v_a}\right)_T = \frac{1}{v_a},$$

so ist auch nach (9b) S. 169

$$\left(\frac{\partial \ln p_b}{\partial v_a}\right)_T = - (1 - v_a)$$

und für eine gegebene Temperatur: $\ln p_b = \ln (1 - v_a) + \text{const.}$,

$$p_b = k \cdot (1 - v_a) = \frac{k \cdot c}{c_0 + c},$$

und in sehr verdünnten Lösungen, wo man $c_0 + c$ durch c_0 ersetzen kann,

$$c = \frac{c_0}{k} \cdot p_b = \alpha\, p_b \,.$$

Diese Gleichung ist als das HENRYsche Gesetz bekannt. Sie besagt, daß die Löslichkeit eines Gases in einer Flüssigkeit dem Partialdruck des Gases über der Flüssigkeit proportional ist; α wird als Absorptionskoeffizient bezeichnet. Ihre Gültigkeit ist, wie man aus ihrer Ableitung ersieht, auf den Bereich verdünnter Lösungen beschränkt[1].

e) Siedepunkt von Flüssigkeitsgemischen. Gleichung (10) S. 174 lautet

$$T - T_0 = -\frac{P_a - p_a - p_b}{p_a L_a}\, R T_0^2 = -\left(\frac{P_a - p_a}{p_a} - \frac{p_b}{p_a}\right)\frac{R T_0^2}{L_a}\,.$$

Nach dem RAOULTschen Gesetz ist

$$\frac{P_a - p_a}{p_a} = \frac{c}{c_0}\,,\quad \frac{p_b}{p_a} = \frac{(1-\nu_a)P_b}{\nu_a P_a} = \frac{c}{c_0}\cdot\frac{P_b}{P_a}\,,$$

mithin

$$T - T_0{}^{2*} = -\frac{R T_0^2}{L_a'}\cdot c\left(\frac{P_a - P_b}{P_a}\right). \qquad (10')$$

Wiederum ist also die Siedepunktsänderung der Konzentration des gelösten Stoffes proportional und aus der molekularen Siedepunktserhöhung des Lösungsmittels $\left(\dfrac{R T_0^2}{L_a'}\right)$, sowie aus dem Dampfdruck P_b des gelösten Stoffes bei der Siedetemperatur des Lösungsmittels berechenbar. Ist $P_b \rangle P_a$, so tritt, da L_a' stets negativ ist, eine Siedepunktserniedrigung ein.

Für die direkte Prüfung der Gleichung liegen nicht viele Beobachtungen vor, da die Siedepunktserhöhungen von verdünnten Flüssigkeitsgemischen meist relativ klein sind; doch kann man eine Bestätigung aus einigen Versuchen von ROSANOFF und EASLEY[3] über die Siedepunkte der Gemische Benzol-Äthylenchlorid ableiten[4]. Die betreffenden Resultate sind in unserer Bezeichnungsweise: $C_6H_6 = A$, $C_2H_4Cl_2 = B$, die molekulare Siedepunktserhöhung des Benzols $-\dfrac{R T_0^2}{L_a'}$ ist $= 2{,}67^0$ gesetzt.

---

[1] Es ist nicht statthaft, wie es z. B. DOLEZALEK tut (Z. physikal. Chem. Bd. 71, S. 206, 1910), die Integrationskonstante k durch den Druck P_b auszudrücken, welchen das Gas ausüben würde, falls es bei der Versuchstemperatur als Flüssigkeit vorliegen würde. Ganz abgesehen davon, daß dieser Druck für alle Lösungen, deren Temperatur oberhalb der kritischen Temperatur des gelösten Gases liegt, auf recht unsicherem Wege durch Extrapolation berechnet werden muß, ist es direkt als ein Fehler zu bezeichnen, die MARGULESsche Gleichung bei hohen Drucken anzuwenden, bei denen die Gase und Dämpfe keinesfalls den Gasgesetzen gehorchen.

[2*] Wie alle diese Gleichungen nur für kleine Werte von $T - T_0$ gültig.

[3] Z. physikal. Chem. Bd. 68, S. 675, 1909.

[4] Für dieses Flüssigkeitspaar gilt nach v. ZAWIDZKI das RAOULTsche Gesetz.

Siedepunkt °C	ν_a	Mole $C_2H_4Cl_2$ in 1 kg C_6H_6	$\dfrac{T-T_0}{2.67 \cdot c} = \dfrac{P_a - P_b}{P_a}$
80,24	1	0	—
80,55	0,880	1,625	0,0715
80,90	0,776	3,44	0,0719
81,41	0,634	6,77	0,0647

Bei den beiden ersten verdünntesten Lösungen ist der Ausdruck $\dfrac{P_a - P_b}{P_a}$ konstant, hier ist also das bei der Ableitung benutzte Näherungsverfahren berechtigt. Aus $\dfrac{P_a - P_b}{P_a} = 0,072$ berechnet sich für den Siedepunkt des Benzols ($P_a = 760$ mm) der Dampfdruck des reinen Äthylenchlorids zu $760 \cdot 0,928 = 706$ mm.

Nach STAEDEL[1] beträgt er bei $80,25^0$ ca. 680 mm. Die Übereinstimmung ist in Anbetracht der Tatsache, daß die von verschiedenen Beobachtern erhaltenen Dampfdrucke ein und desselben Stoffes häufig ebenfalls um einige Prozent differieren, recht befriedigend.

f) Löslichkeit. Gleichung (11a) S. 176

$$\frac{d \ln \dfrac{p_g}{p_0}}{d T} = + \, x \, \frac{L_l}{RT^2}$$

geht für

$$x = \frac{c}{c_0} \quad \text{und} \quad \frac{p_g}{p_0} = \frac{c_0}{c_0 + c}$$

über in

$$\frac{d \ln \dfrac{c_0}{c_0 + c}}{d T} = + \, \frac{c}{c_0} \, \frac{L_l}{R T^2}.$$

Diese Einführung ist nur berechtigt, falls die Lösung sehr verdünnt, falls also c sehr klein gegen c_0 ist. Dann ist ebenso wie früher

$$\ln \frac{c_0}{c_0 + c} = - \, \frac{c}{c_0}.$$

Ferner machen wir auch keine größere Vernachlässigung als bisher, wenn wir $\dfrac{dc_0}{dT} = 0$ setzen (d. h. wir vernachlässigen neben dem Einfluß von c auch die Wärmeausdehnung des Lösungsmittels).

Somit ist

$$\frac{d \ln c}{d T} = - \, \frac{L_l}{RT^2}. \tag{11'}$$

Die Löslichkeit nimmt mit steigender Temperatur zu, wenn $L_l < 0$, wenn also zur Auflösung Wärme verbraucht wird und umgekehrt. Es muß hervorgehoben werden, daß diese von LE CHATELIER und

---

[1] Winkelmanns Handb. d. Physik III, S. 1060.

VAN'T HOFF ziemlich gleichzeitig abgeleitete Gleichung nur unter der Voraussetzung des RAOULTschen Gesetzes, d. h. bei schwer löslichen Stoffen, deren Lösungen den elektrischen Strom nicht leiten, quantitative Gültigkeit besitzen kann. Tritt während der Auflösung des festen Stoffes eine Spaltung in Ionen ein, so muß Gleichung (11') entsprechend verändert werden. Die experimentellen Bestätigungen, die von verschiedenen Autoren erbracht worden sind, beziehen sich fast durchweg auf Lösungen von Elektrolyten.

5. Der osmotische Druck.

Da jede Lösung eines nichtflüchtigen Stoffes einen geringeren Dampfdruck (p_g) besitzt als das reine Lösungsmittel bei gleicher Temperatur (p_0), so ist die isotherme Vermischung einer Lösung mit einer beliebigen Menge des reinen Lösungsmittels mit einer Vermehrung der Entropie oder Abnahme der freien Energie verknüpft. Diese Abnahme der freien Energie kann man durch die Bestimmung der Arbeit berechnen, die bei der isothermen Verdünnung in maximo geleistet werden kann. Zu diesem Zweck genügt es, die Arbeitsleistung zu bestimmen, die man gewinnt, wenn man die Verdünnung auf irgendeinem umkehrbaren Wege isotherm vor sich gehen läßt.

HELMHOLTZ wandte zur Berechnung dieser Arbeit die isotherme Destillation des Lösungsmittels zur Lösung an[1]. Die reversible isotherme Verdünnung einer beliebigen Lösung, die im Volumen v 1 Mol des gelösten Stoffes und x Mole des Lösungsmittels enthält, um das Volumen dv kann man folgendermaßen vornehmen. Man verdampft diejenige Menge des reinen Lösungsmittels (dx Mole), die bei ihrer Vermischung mit der Lösung deren Volumen um dv vermehrt, isotherm und reversibel bei der Temperatur T und ihrem Dampfdrucke p_0, dilatiert den Dampf ebenso bis zu dem geringeren Drucke p_g, der dem Dampfdruck über der Lösung entspricht und kondensiert ihn darauf zur Lösung[2]. Da bei der Kondensation und Verdampfung die gleiche Arbeitsgröße gewonnen und aufgewendet wird, wenigstens falls der gesättigte Dampf den Gasgesetzen folgt und das Volumen der flüssigen Phase gegen das des Dampfes vernachlässigt werden kann, so ist die insgesamt gewonnene Arbeit δA gleich derjenigen, die bei der Dilatation des Dampfes von p_0 auf p_g gewonnen wurde, also

$$\delta A = dx\, RT \ln \frac{p_0}{p_g}, \tag{1}$$

falls Dampf und Flüssigkeit den gleichen Molekularzustand besitzen. Ist dies nicht der Fall, ist also z. B. die Flüssigkeit assoziiert, so bedeuten dx die Anzahl Mole des Dampfes, die bei ihrer Kondensation das Volumen der Lösung um dv vermehren.

Die gleiche Arbeit kann man noch auf einem anderen, ebenfalls umkehrbaren Wege erhalten (VAN'T HOFF). Überschichtet man eine Lösung

---

[1] Vgl. auch DIETERICI, Ann. Physik (3) Bd. 50, S. 47, 1893.
[2] Vgl. auch S. 168.

mit dem reinen Lösungsmittel, so beobachtet man, daß der gelöste Stoff in das Lösungsmittel hineinwandert. Diese Bewegung, die der Schwerkraft entgegengesetzt verlaufen kann, hört nicht eher auf, als bis der gelöste Stoff den gesamten Raum, der ihm in der Form des Lösungsmittels zur Verfügung steht, gleichmäßig erfüllt, bis also die Flüssigkeit überall die gleiche Konzentration besitzt. Man bezeichnet diesen Vorgang, der mit der Ausdehnung eines Gases in ein Vakuum Ähnlichkeit besitzt, als *Diffusion* des gelösten Stoffes.

Man kann die Kraft, die die Diffusion verursacht und die man auch als „Verdünnungsbestreben" des gelösten Stoffes bezeichnen kann, zur Arbeitsleistung verwerten. Trennt man Lösung und Lösungsmittel, wie die Abb. 42 zeigt, durch einen beweglichen Stempel, der aus einem nur für das Lösungsmittel, nicht aber für den gelösten Stoff durchlässigen Material besteht, so wird dieser halbdurchlässige Stempel nach oben gedrückt werden. Die hierbei geleistete Arbeit ist um so größer, je größer der Druck ist, der bei der Bewegung des Stempels überwunden wird, und er erreicht seinen maximalen Grenzwert, wenn der auf dem Stempel außen lastende Druck gerade so groß ist, daß er den die Verdünnung verursachenden Kräften nahe das Gleichgewicht hält. Dann tritt allerdings nur eine unendlich langsame Bewegung des Stempels ein und die mit der Bewegung fortschreitende Ver-

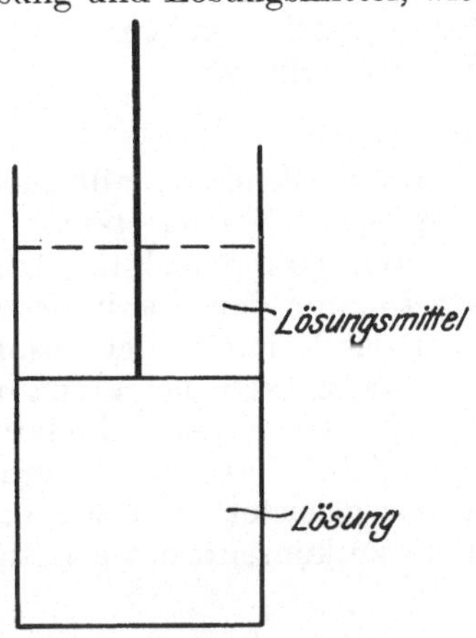

Abb. 42.
Messung des osmotischen Druckes.

dünnung der Lösung erfolgt umkehrbar unter Leistung der maximalen Arbeit. Diesen Grenzdruck bezeichnet man als den „osmotischen Druck" (π) der Lösung.

Nach dieser Definition ist der osmotische Druck von dem Gesamtdruck P abhängig, unter dem das Lösungsmittel, mit welchem die Lösung verdünnt wird, steht, wie man aus Abb. 43 ersieht[1]. Links von der semipermeablen Membran A, die nur für das Lösungsmittel durchlässig ist, befindet sich die Lösung, rechts das Lösungsmittel; beide sind durch bewegliche Stempel abgeschlossen. An der Membran herrscht

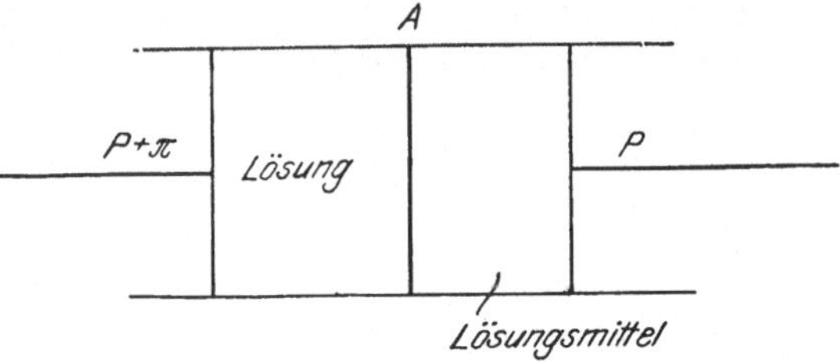

Abb. 43.
Abhängigkeit des osmotischen Druckes vom äußeren Druck.

Gleichgewicht, wenn der auf dem linken Stempel lastende Druck um π größer ist als der auf dem rechten Stempel lastende; be-

---

[1] Vgl. PLANCK, Z. physikal. Chem. Bd. 42, S. 585. — DUHEM, Mécanique Chimique Bd. 3, S. 64.

zeichnen wir diesen mit P, so beträgt jener $P + \pi$. Vermehren wir das Volumen der Lösung umkehrbar um dv, indem wir durch Verschiebung des rechten Stempels das Volumen dv_0 des reinen Lösungsmittels, dessen Vermischung mit der Lösung ihr Volumen um dv vermehrt, durch die Membran von rechts nach links pressen, so leisten wir rechts der Membran die Arbeit $P dv_0$ und gewinnen links die Arbeit $(P + \pi) dv$, gewinnen also im ganzen die Arbeit $\delta A' = \pi dv - P(dv_0 - dv) = \pi dv - P d\varphi$, wenn wir die bei der Verdünnung eintretende Volumenänderung mit $d\varphi$ bezeichnen. Bei nicht zu hohen Werten von P, also z. B. wenn sich das Lösungsmittel im Vakuum befindet und nur unter seinem eigenen Dampfdruck steht oder auch unter Atmosphärendruck, und wenn die Konzentration nicht zu groß ist, ist $P d\varphi$ gegen πdv zu vernachlässigen, und wir erhalten

$$\delta A' = \pi dv . \tag{2}$$

Diese Gleichung gilt für die Verdünnung einer Lösung, die unter dem Druck $\pi + p_g$ steht.

Will man jedoch die Arbeit δA berechnen, die bei der Verdünnung um dv unter dem Dampfdruck p_g (im Vakuum) gewonnen wird, so muß man das Volumen der Lösung zuerst von p_g auf $\pi + p_g$ komprimieren und dann nach der Verdünnung wieder bis zum Druck p_g dilatieren. Nimmt man in erster Näherung an, daß die Lösung inkompressibel ist, so wird bei dieser Druckvermehrung bzw. -verminderung keine weitere Arbeit geleistet, und wir haben also auch für die Verdünnung einer nicht zu konzentrierten Lösung, die unter ihrem Dampfdruck p_g steht,

$$\delta A = \pi dv . \tag{3}$$

Der Vergleich von (1) und (3) liefert daher für verdünnte und mäßig konzentrierte Lösungen

$$\pi = \left(\frac{\partial x}{\partial v}\right)_T R T \ln \frac{p_0}{p_g} . \tag{4}$$

Über die für konzentrierte Lösungen gültigen Formeln vgl. PORTER, Proc. Roy. Soc. Bd. 79, S. 519; Bd. 80, S. 457, 1908; Lord BERKELEY und HARTLEY, Phil. Trans. Roy. Soc. Bd. 209, S. 177, 1909; CALLENDAR, Z. physikal. Chem. Bd. 63, S. 641, 1908.

Der osmotische Druck der Lösung ist also aus dem Dampfdruck von Lösungsmittel und Lösung berechenbar. Diese Gleichung (4) ist nahezu streng richtig, falls die Gasgesetze für den gesättigten Dampf gelten, und gilt unabhängig von jeder Annahme über die Beziehungen, die zwischen dem osmotischen Druck der Lösung und ihrer Konzentration bestehen. Will man den osmotischen Druck π in Atmosphären ausdrücken, so hat man $R = 0{,}082$ Literatmosphären zu setzen.

Die Größe $\left(\frac{\partial x}{\partial v}\right)_T$ bedarf einer näheren Erläuterung und Umformung, damit sie dem Experiment zugänglich wird. Bezeichnen wir das spezifische Gewicht der Lösung, die im Volumen v (in Litern) 1 Mol des gelösten Stoffes und x Mole Lösungsmittel enthält, mit s, ferner mit

M und M_0 das Molekulargewicht von gelöstem Stoff und Lösungsmittel, so wird

$$\frac{M + x M_0}{v} = 1000 \cdot s$$

und mithin

$$dx = \frac{1000}{M_0}\,(s \cdot dv + v \cdot ds)$$

oder

$$\left(\frac{\partial x}{\partial v}\right)_T = \frac{1000}{M_0}\left[s + v\left(\frac{\partial s}{\partial v}\right)_T\right].$$

Bedeutet c die molekulare Volumenkonzentration des gelösten Stoffes (Mol im Liter), so wird $c = \frac{1}{v}$ und mithin

$$\left(\frac{\partial x}{\partial v}\right)_T = \frac{1000}{M_0}\left[s - c\left(\frac{\partial s}{\partial c}\right)_T\right].$$

Wir erhalten also für den osmotischen Druck π die Gleichung

$$\pi = \frac{1000}{M_0}\left[s - c\left(\frac{\partial s}{\partial c}\right)_T\right] \cdot R\,T\,\ln \frac{p_0}{p_g}. \tag{4b}$$

Für sehr verdünnte Lösungen geht c gegen 0 und s gegen s_0, das spezifische Gewicht des Lösungsmittels, und wir erhalten dann (VAN'T HOFF)

$$\pi = \frac{1000}{M_0}\,s_0 \cdot R\,T \cdot \ln \frac{p_0}{p_g}. \tag{4c}$$

Für konzentriertere Lösungen ist jedoch die Größe $s - c\left(\frac{ds}{\partial c}\right)_T$ nicht gleich s_0 zu setzen; vielmehr kann für diese der osmotische Druck aus dem Dampfdruck nur dann berechnet werden, wenn sowohl die Dichte wie ihre Veränderung mit der Konzentration experimentell bestimmt sind.

Eine ausgezeichnete Bestätigung der Gleichung (4b) geben die Versuche von Lord BERKELEY und HARTLEY an Lösungen von Calciumferrocyanid. Diese Autoren sind meines Wissens die einzigen, die an Lösungen verschiedener Konzentration gleichzeitig den osmotischen Druck, die Dampfdruckerniedrigung und die Dichte bestimmt und somit das gesamte zur Prüfung der Gleichung (4b) erforderliche Versuchsmaterial erbracht haben. Die Resultate sind in nachstehender Tabelle enthalten. Die Werte $\pi_{ber.}$ sind von SACKUR nach Gleichung (4b) erhalten worden, sie stimmen mit den beobachteten nahezu ebensogut überein wie diejenigen, die BERKELEY und HARTLEY nach einer komplizierten Gleichung unter Berücksichtigung der Kompressibilität erhalten haben.

Dampfdruck und osmotischer Druck von wäßrigen Calciumferrocyanidlösungen bei 0⁰ C.

g $Ca_2Fe(CN)_6$ in 1000 g H_2O	s	Mol/Liter c	$\left(\dfrac{\partial s}{\partial c}\right)_T$	$\dfrac{p_0}{p_g}$ gef.	π in atm	
					ber.	gef.
499,7	1,322	1,51		1,107	131	130,66
472,2	1,309	1,44	0,181	1,092	114	112,84
428,9	1,287	1,32	0,183	1,070	86,2	87,09
395,0	1,270	1,23	0,190	1,057	70,8	70,84
313,9	1,224	1,00	0,195	1,033	40,7	41,22

Die Gleichung (4 b) geht auch in konzentrierteren Lösungen stets in die Gleichung (4 c) über, wenn sich das spezifische Gewicht der Lösung als lineare Funktion ihrer Konzentration c darstellen läßt. Dann ist nämlich

$$s = s_0 + k \cdot c \quad \text{und} \quad \left(\frac{\partial s}{\partial c}\right)_T = k \, ,$$

somit auch

$$s - c\left(\frac{\partial s}{\partial c}\right)_T = s_0 \, .$$

Da in mäßig konzentrierten Lösungen diese lineare Beziehung wenigstens angenähert erfüllt ist, so können wir die Gleichung (4 c) als eine meist berechtigte Näherung betrachten.

Die Gleichung (4 c) gestattet zunächst einen wichtigen Schluß über die Abhängigkeit des osmotischen Druckes von der Temperatur. Wie auf S. 162 abgeleitet wurde, ist $\ln \dfrac{p_0}{p_g}$ von der Temperatur unabhängig, falls die Verdünnungswärme der Lösung Null ist. Dann ist der osmotische Druck, allerdings unter Vernachlässigung von $\dfrac{d s_0}{d T}$, ebenso wie der Druck eines idealen Gases der absoluten Temperatur proportional

$$\pi = C \cdot T \, . \tag{5}$$

C ist dann eine Funktion der Konzentration sowie der chemischen Natur von Lösungsmittel und gelöstem Stoff. Welcher Art diese Funktion ist, läßt sich durch rein thermodynamische Betrachtungen nicht ableiten.

Das Verschwinden der Verdünnungswärme und demnach die Gültigkeit der Gleichung (5) ist, wie die Erfahrung lehrt, im allgemeinen nur in sehr verdünnten Lösungen erfüllt. Aus Gleichung (3) S. 161 folgt, daß der osmotische Druck rascher als die Temperatur wächst, falls die Verdünnungswärme negativ ist; wird bei der Verdünnung Wärme entwickelt, so steigt der osmotische Druck langsamer als die absolute Temperatur.

Für sehr verdünnte Lösungen kann man die Beziehung zwischen dem osmotischen Druck und dem Dampfdruck nach einer von ARRHENIUS vorgeschlagenen etwas abweichenden Methode berechnen. Nach dem Vorschlage von PFEFFER mißt man nämlich den osmotischen Druck einer Lösung auf folgende Weise:

Eine Tonzelle wird innen mit einer Lösung von wäßrigem Ferrocyankalium gefüllt und in eine Lösung von Kupfersulfat getaucht. Dann treffen sich beide Lösungen in den Poren der Zelle und scheiden dort einen in Wasser unlöslichen Niederschlag von Ferrocyankupfer ab. Eine auf diese Weise mit Ferrocyankupfer imprägnierte Tonzelle stellt erfahrungsgemäß eine semipermeable Membran dar, die nur für Wasser, nicht aber für in Wasser gelöste Stoffe durchlässig ist. Wird diese Tonzelle dann mit irgendeiner wäßrigen Lösung gefüllt, mit gutschließendem Stopfen und Steigrohr verschlossen und in ein Becherglas mit reinem Wasser gestellt, wie es die nebenstehende Abb. 44 zeigt, so dringt von außen Wasser in die Zelle und die Lösung steigt in dem Steigrohr an, bis der hydrostatische Druck im Innern dem Verdünnungsbestreben des gelösten Stoffes das Gleichgewicht hält und das weitere Eindringen von Lösungsmittel verhindert. Dann ist der im Steigrohr direkt abgelesene Druck gleich dem osmotischen Druck der Lösung. Auf diese Weise hat PFEFFER die ersten quantitativen Messungen des osmotischen Druckes von Rohrzuckerlösungen ausgeführt.

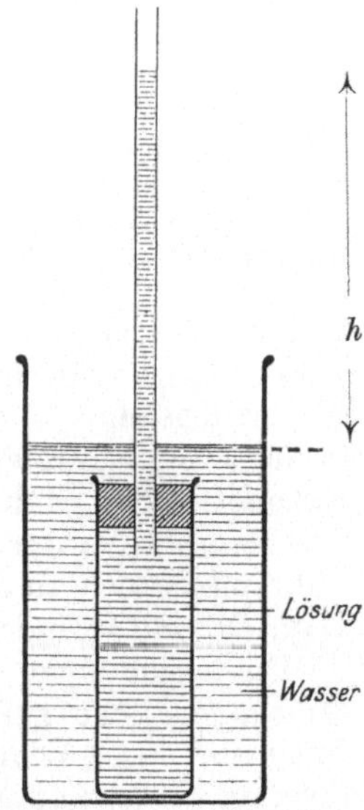

Abb. 44. PFEFFERsche Zelle.

Bezeichnet man die Steighöhe mit h, das spezifische Gewicht der Lösung mit s, so ist der osmotische Druck gleich dem Gewicht der Flüssigkeitssäule, deren Querschnitt 1 cm² beträgt, mithin

$$\pi = h \cdot g \cdot s, \qquad (6)$$

wenn g die Fallbeschleunigung bedeutet.

Der Dampfdruck der Lösung p_g, der an der Oberfläche der Lösung im Steigrohr herrscht, läßt sich dann folgendermaßen berechnen[1]: er ist gleich dem Dampfdruck des reinen Lösungsmittels, vermindert um den Druck, welchen die Dampfsäule von der Höhe h ausübt. Wäre dies nämlich nicht der Fall, so müßte eine Strömung des Dampfes entweder von der Oberfläche im Steigrohr zu dem unten befindlichen Lösungsmittel oder umgekehrt nach oben zur Lösung hin auftreten. Ist aber osmotisches Gleichgewicht eingetreten, so ist eine derartige Destillation ausgeschlossen, es ist demnach

$$p_g = p_0 - h \cdot g \cdot d \qquad (7)$$

Die Dichte d des Dampfes (Gewicht eines Kubikzentimeters) ergibt sich aus den Gasgesetzen, wenn das Molekulargewicht des Dampfes gleich M_0 ist:

$$d = \frac{p_0 M_0}{1000 \cdot RT},$$

---

[1] ARRHENIUS, Z. physikal. Chem. Bd. 3, S. 115, 1889. — GOUY und CHAPERON, Ann. de Chim. et de Phys. (6) Bd. 13, S. 124, 1888.

194 Theorie der Lösungen.

mithin unter Berücksichtigung von $h \cdot g = \dfrac{\pi}{s}$ (vgl. 6 und 7)

$$h \cdot g \cdot d = \frac{\pi}{s} \cdot \frac{p_0 \cdot M_0}{1000 \cdot R T} = p_0 - p_g,$$

$$\pi = \frac{1000\, s}{M_0} \cdot R T \cdot \frac{p_0 - p_g}{p_0}. \tag{8}$$

Für sehr verdünnte Lösungen werden die Gleichungen (4c) und (8) identisch, da dann

$$\frac{p_0 - p_g}{p_0} = \ln \frac{p_0}{p_g}$$

und $s = s_0$ ist.

Für konzentriertere Lösungen und beträchtliche Steighöhen wird die soeben gegebene Ableitung unzulässig, weil dann die Dichte des Dampfes in der Dampfsäule von der Höhe h nicht konstant ist, sondern nach der barometrischen Höhenformel abnimmt und weil ferner die Lösung an der Membran unter einem erheblichen hydrostatischen Drucke steht, während sie sich an der Oberfläche der Steigsäule nur unter dem eigenen Dampfdruck befindet[1].

Die Gleichungen (4) und (8) gelten übrigens auch für den osmotischen Druck von Lösungen flüchtiger Stoffe. Dann bedeutet p_g den Partialdruck der als Lösungsmittel betrachteten Komponente, bei deren Zuführung die osmotische Arbeit geleistet wird.

Die im Abschnitt 1 S. 160ff. abgeleiteten Beziehungen zwischen dem Dampfdruck der Lösung und ihrer Siedepunktserhöhung und Gefrierpunktserniedrigung setzen uns nunmehr in den Stand, den osmotischen Druck von Lösungen aus diesen Größen zu berechnen.

1. *Osmotischer Druck und Siedepunkserhöhung.*

a) für *verdünnte* Lösungen.

Nach Gleichung (5) S. 162 ist

$$T - T_0 = \frac{- R T_0^2}{L_0} \cdot \frac{p_0 - p_g}{p_0},$$

nach Gleichung (8) ist bei T_0 und mit $s = s_0$

$$\pi_{T_0} = \frac{1000\, s_0}{M_0} \cdot R T_0 \cdot \frac{p_0 - p_g}{p_0},$$

mithin

$$\pi_{T_0} = \frac{- 1000\, s_0 \cdot L_0 \cdot (T - T_0)}{M_0 \cdot T_0}. \tag{9}$$

Da L_0 die molekulare Verdampfungswärme bedeutet, so ist

$$\frac{1000\, s_0}{M_0} \cdot L_0 = L'$$

die Verdampfungswärme der Volumeneinheit des Lösungsmittels (1 l). Um aus dem kalorischen Maß, in dem man die Verdampfungswärme

---

[1] Vgl. EARL OF BERKELEY und HARTLEY, Proc. Roy Soc. Bd. 77, S. 156, 1906 und besonders SPENS, ibid. S. 234.

gewöhnlich angibt, zu dem üblichen Druckmaß, der Atmosphäre, zu kommen, muß man die erhaltenen Kalorien durch 24,1, das kalorische Äquivalent der Literatmosphäre (vgl. S. 122), dividieren.

b) Für mäßig *konzentrierte* Lösungen.

Nach Gleichung (4) S. 162 ist

$$\frac{1}{T_0} - \frac{1}{T} = \frac{R}{L} \ln \frac{p_g}{p_0} ,$$

nach Gleichung (4c) S. 191 am Siedepunkte des Lösungsmittels

$$\pi_{T_0} = \frac{-1000\, s_0}{M_0} \cdot R T_0 \ln \frac{p_g}{p_0} ,$$

mithin

$$\pi_{T_0} = \frac{-1000\, s_0}{M_0} L \cdot T_0 \left(\frac{1}{T_0} - \frac{1}{T}\right) = \frac{-1000\, s_0}{M_0} \cdot \frac{L(T - T_0)}{T} . \tag{10}$$

Zum Unterschiede von (9) bedeutet in (10) $L = L_0 - L_v$ die Verdampfungswärme der *Lösung* (Mittelwert zwischen T und T_0).

2. *Osmotischer Druck und Gefrierpunktserniedrigung.*

a) Für *verdünnte* Lösungen.

(Es bedeuten T und T_0 die Gefrierpunkte von Lösung und Lösungsmittel, ϱ die molekulare Schmelzwärme und L_v die Verdünnungswärme der Lösung.)

Nach (6) S. 164 und (8) S. 194 ist wieder für verdünnte Lösungen[1]

$$\pi_{T_0} = \frac{-1000\, s_0}{M_0} \cdot \frac{\varrho}{T_0} \cdot (T_0 - T), \tag{11}$$

b) für *konzentrierte* Lösungen nach Gleichung (7) S. 164 und (4c) S. 191

$$\pi_{T_0} = \frac{-1000\, s_0(\varrho + L_v)}{M_0} \frac{(T_0 - T)}{T} . \tag{12}$$

Die rechnerische Verwertung dieser Gleichungen (9) bis (12) soll durch folgendes Beispiel erläutert werden: Es soll nach Gleichung (9) und (11) der osmotische Druck wässeriger Lösungen bei 100° und 0° berechnet werden, deren Siedepunkte bei

100,1°	100,5°	101,0°	102,0°

und deren Gefrierpunkte bei

— 0,1°	— 0,5°	— 1,0°	— 2,0°

liegen.

Für Wasser ist die Verdampfungswärme von 1 cm³ bei 100°

$$\frac{s_0}{M} \cdot L_0 = 539 \text{ cal}$$

und die Schmelzwärme $= -80$ cal; mithin ist für

T	= 373,1 abs	373,5 abs	374,0 abs	375,0 abs
$\pi = \dfrac{539 \cdot 0,1}{373} \cdot \dfrac{1000}{24,1} =$	6,0 atm	30 atm	60 atm	119 atm

---

[1] Wenn man bedenkt, daß die Druckquotienten nur Näherungsausdrücke für $\ln \frac{p_g}{p_0}$ bzw. $\ln \frac{p_0}{p_g}$ sind.

und entsprechend für die Gefrierpunkte

$$T = 273 - 0{,}1 \quad 273 - 0{,}5 \quad 273 - 1{,}0 \quad 273 - 2{,}0$$

$$\pi = \frac{80 \cdot 0{,}1}{273} \cdot \frac{1000}{24{,}1} = \quad 1{,}2 \text{ atm} \qquad 2{,}4 \text{ atm} \qquad 12 \text{ atm} \qquad 24 \text{ atm}$$

6. Die VAN'T HOFFSCHEN Gesetze des osmotischen Druckes.

Verdünnte Lösungen. Die Abhängigkeit des osmotischen Druckes einer Lösung von ihrer Konzentration sowie von der chemischen Natur des gelösten Stoffes und des Lösungsmittels läßt sich, wie bereits S. 192 erwähnt, aus rein thermodynamischen Betrachtungen nicht ableiten. Zu diesem Ziele führen mehrere Wege. Erstens nämlich kann man experimentell die Abhängigkeit des osmotischen Druckes von der Konzentration für verschiedene Lösungen feststellen und dadurch eine empirische Gleichung $\pi = f(c)$ gewinnen, zweitens kann man diese Abhängigkeit auf Grund kinetischer Vorstellungen über die Natur der Lösungen in ähnlicher Weise ableiten, wie man die Gasgesetze gewonnen hat, und drittens schließlich kann man die Dampfdrucke der Lösungen zum Gegenstand empirischer und theoretischer Forschungen machen und aus diesen Resultaten die Gesetze des osmotischen Druckes mit Hilfe der im letzten Abschnitt thermodynamisch gewonnenen Gleichungen ableiten. Alle diese Methoden haben für verdünnte Lösungen zu dem übereinstimmenden Resultate geführt, daß der osmotische Druck verdünnter Lösungen den gleichen Gesetzen folgt wie der Druck der idealen Gase, daß also der *osmotische Druck einer Lösung genau so groß ist wie der Druck, den die gelöste Substanz ausüben würde, falls sie als ideales Gas das Volumen der Lösung bei gleicher Temperatur erfüllen würde.*

Der osmotische Druck einer verdünnten Lösung folgt also der Gleichung

$$\pi = \frac{RT}{V} = RTc \, . \tag{13}$$

Hier bedeutet V das Volumen der Lösung, die 1 Mol des gelösten Stoffes enthält und c bedeutet die Anzahl Mole, die in der Volumeneinheit (11) der Lösung enthalten sind. Wird R in Literatmosphären pro Grad ($R = 0{,}082$) ausgedrückt, so gibt die Gleichung den osmotischen Druck π in Atmosphären.

Dieses einfache Gesetz des osmotischen Druckes wurde zuerst von VAN'T HOFF 1886 aus der Analogie des gelösten Zustandes mit dem Gaszustande erschlossen[1] und durch die Versuche von PFEFFER über den osmotischen Druck von Rohrzuckerlösungen, sowie die Versuche von DE VRIES über die Plasmolyse von Pflanzenzellen in verschiedenen Lösungen experimentell gestützt. Die weitere experimentelle Forschung, die im wesentlichen an die größtenteils von VAN'T HOFF selbst gezogenen thermodynamischen Folgerungen anknüpfte, führte zu einer vollständigen Bestätigung dieser einfachen Theorie, wenigstens für verdünnte Lösungen.

---

[1] Ostw. Klassiker der exakten Wissenschaften, Nr. 110.

Aus Gleichung (13) erhält man nämlich die folgenden einfachen Gleichungen für die Dampfdruckerniedrigung, Siedepunktserhöhung und Gefrierpunktserniedrigung einer verdünnten Lösung.

Aus (8) und (13) folgt

$$\pi = R \cdot T \cdot c = \frac{1000\, s_0}{M_0} \cdot R T \cdot \frac{p_0 - p_g}{p_0}$$

oder

$$\frac{p_0 - p_g}{p_0} = \frac{c \cdot M_0}{1000\, s_0},$$

$\frac{1000\, s_0}{M_0}$ sind die Anzahl Mole, die in der Volumeneinheit des Lösungsmittels enthalten sind; in verdünnten Lösungen ist $\frac{1000\, s_0}{M_0}$ nahezu gleich der Anzahl Mole, die im Liter Lösung enthalten sind, also $= c_0$ (vgl. S. 179); mithin wird

$$\frac{p_0 - p_g}{p_0} = \frac{c}{c_0}. \tag{14}$$

Das VAN'T HOFFsche Gesetz führt also zu dem RAOULTschen Gesetz, daß die relative Dampfdruckerniedrigung der Lösung unabhängig von allen stofflichen Sonderheiten nur durch das Molenverhältnis von gelöstem Stoff und Lösungsmittel gegeben ist (S. 180).

Aus (13) und (9) folgt für den Siedepunkt T_0 des Lösungsmittels

$$\pi_{T_0} = R T_0 c = \frac{-1000\, s_0}{M_0} \cdot \frac{L_0}{T_0} \, (T - T_0) \, ,$$

$$T - T_0 = \frac{-M_0}{1000\, s_0 L_0} \cdot R T_0^2 \cdot c = \frac{-R T_0^2\, c}{L'}, \tag{15}$$

wenn L' die Verdampfungswärme der Volumeneinheit (1 l) des Lösungsmittels bedeutet und entsprechend für die Gefrierpunktserniedrigung $T_0 - T$ mutatis mutandis aus (11) und (13)

$$T_0 - T = \frac{-R T_0^2}{\varrho'} \cdot c \, . \tag{16}$$

Siedepunktserhöhung und Gefrierpunktserniedrigung sind also der molekularen Konzentration proportional; der Proportionalitätsfaktor ist berechenbar aus der Verdampfungs- bzw. Schmelzwärme und dem Siede- bzw. Gefrierpunkte der Lösungsmittel.

Die Gleichungen (15) und (16) sind bereits früher (S. 182 und 183) aus dem RAOULTschen Gesetz abgeleitet und bestätigt worden. Ihre Gültigkeit beweist also die Richtigkeit des VAN'T HOFFschen Gesetzes für verdünnte Lösungen und seine Unabhängigkeit von den stofflichen Besonderheiten von Lösungsmittel und gelöstem Stoff.

Der osmotische Druck von Lösungsgemischen. Da der osmotische Druck einer Lösung nach der Theorie von VAN'T HOFF nur von der Anzahl der gelösten Molekeln, nicht aber von ihrer Beschaffenheit abhängt, so ist der osmotische Druck einer Lösung, die mehrere gelöste Stoffe enthält, gleich der Summe der osmotischen Drucke, die die Lösungsgenossen einzeln ausüben. Es gilt also für Lösungen das DALTONsche

Partialdruckgesetz. Ebenso ist die relative Dampfdruckerniedrigung, Siedepunktserhöhung und Gefrierpunktserniedrigung der gesamten molekularen Konzentration der Lösung proportional. Derartige Größen, die nicht durch die chemische Natur, sondern nur durch die Zahl der vorhandenen Molekeln bedingt sind, bezeichnet man nach OSTWALD als „*colligativ*".

Aus den VAN'T HOFFSchen Gesetzen des osmotischen Druckes lassen sich noch einige andere wichtige Schlüsse ableiten.

Der Verteilungssatz. Schüttelt man die Lösung irgendeines Stoffes in einem Lösungsmittel A mit einem zweiten Lösungsmittel B, welches mit dem ersten nicht völlig mischbar ist, aber trotzdem eine merkliche Löslichkeit für den gelösten Stoff besitzt, z. B. eine Lösung von Jod in Wasser mit Chloroform, so wird ein Teil des im ersten Lösungsmittel gelösten Stoffes in das zweite übergehen, der gelöste Stoff *verteilt* sich zwischen beiden Lösungsmitteln. Die Konzentrationen, bis zu welchen diese Verteilung fortschreitet, müssen in einer gewissen Beziehung zueinander stehen, d. h. es muß die Konzentration des gelösten Stoffes im Lösungsmittel A, c_a, eine Funktion der Konzentration im zweiten Lösungsmittel c_b, $c_a = f(c_b)$ sein.

Dies folgt aus der Phasenregel; denn wir haben ein System aus drei Bestandteilen (zwei Lösungsmittel, gelöster Stoff) und drei Phasen (zwei Lösungsmittel, Dampfphase) vor uns und erhalten demnach zwei Freiheiten. Ist die Temperatur und die eine Konzentration c_a willkürlich gegeben, so ist die Konzentration im zweiten Lösungsmittel c_b eindeutig bestimmt. Die Funktion f ist berechenbar, wenn die Gesetze des osmotischen Druckes in beiden Lösungsmitteln bekannt sind.

Zum Beweise betrachten wir je zwei im Verteilungsgleichgewicht miteinander stehende Lösungen, deren Konzentrationen mit c_{a_1} und c_{a_2} bzw. c_{b_1} und c_{b_2} bezeichnet sein mögen. Man kann die Lösung c_{a_2} aus der Lösung c_{a_1} darstellen, indem man diese durch ein Volumen v_a des Lösungsmittels A verdünnt; in ähnlicher Weise kann man die Lösung c_{b_2} aus c_{b_1} darstellen, indem man sie mit einem Volumen v_b des Lösungsmittels B verdünnt. Da die Lösungen c_{a_1} und c_{b_1} miteinander im Gleichgewicht stehen und ebenso die Lösungen c_{a_2} und c_{b_2} und ferner auch die reinen Lösungsmittel A und B dies tun, so muß bei der Verdünnung von c_{a_1} auf c_{a_2} die gleiche Arbeit gewonnen werden können wie bei der Verdünnung von c_{b_1} auf c_{b_2}, falls die Verdünnung umkehrbar vorgenommen wird. Wäre dies nicht der Fall, so könnte man lediglich durch Vermischen von Stoffen, die untereinander im Gleichgewicht stehen und daher keine freie Energie besitzen, Arbeit gewinnen, und dies widerspricht dem zweiten Hauptsatz.

Wird die Verdünnung mittels eines halbdurchlässigen Stempels vorgenommen, so werden die Arbeiten

$$\int_{V_{a_1}}^{V_{a_2}} \pi \, dv = \int_{V_{b_1}}^{V_{b_2}} \pi \, dv$$

gewonnen. Hier bedeuten $V_{a_1} = 1/c_{a_1}$ und $V_{a_2} = 1/c_{a_2}$ die Volumina, die die Lösungen c_{a_1} und c_{a_2} einnehmen und entsprechend $V_{b_1} = 1/c_{b_1}$

und $V_{b_2} = 1/c_{b_2}$ die Volumina der Lösungen c_{b_1} und c_{b_2}. Gilt das
van't Hoffsche Gesetz

$$\pi = \frac{RT}{V}$$

in beiden Lösungsmitteln, so folgt

$$RT \int_{V_{a_1}}^{V_{a_2}} \frac{dV}{V} = RT \int_{V_{b_1}}^{V_{b_2}} \frac{dV}{V}$$

$$\ln \frac{V_{a_2}}{V_{a_1}} = \ln \frac{V_{b_2}}{V_b}$$

$$\frac{V_{a_2}}{V_{b_2}} = \frac{V_{a_1}}{V_{b_1}}$$

oder

$$\frac{c_{a_1}}{c_{b_1}} = \frac{c_{a_2}}{c_{b_2}} = k \,.$$

Das Verhältnis der miteinander in Gleichgewicht stehenden Konzentrationen ist konstant (unabhängig von den Einzelkonzentrationen in den beiden Lösungsmitteln). Dieser Satz wurde zuerst von Nernst ausgesprochen und begründet (*Verteilungssatz*).

Scheinbare Abweichungen vom Verteilungssatz treten auf, wenn der gelöste Stoff nicht in beiden Lösungsmitteln die gleiche Molekulargröße besitzt. Ist er z. B. im Lösungsmittel B assoziiert, besitzt die gelöste Molekel in B also das n-fache Molekulargewicht wie in A, so besitzt auch der osmotische Druck der Lösung in B nur den $n$ten Teil von dem Werte, den er für den Fall der einfachen Molekulargröße besitzen würde, da er durch die Zahl der Molekeln, nicht aber durch ihre Größe bedingt wird. Dann ist also

$$RT \int_{V_{a_1}}^{V_{a_2}} \frac{dV}{V} = \frac{RT}{n} \int_{V_{b_1}}^{V_{b_2}} \frac{dV}{V}$$

$$\ln \frac{V_{a_2}}{V_{a_1}} = \frac{1}{n} \ln \frac{V_{b_2}}{V_{b_1}}$$

$$\frac{V_{a_1}}{\sqrt[n]{V_{b_1}}} = \frac{V_{a_2}}{\sqrt[n]{V_{b_2}}}$$

oder

$$\frac{c_{a_1}^n}{c_{b_1}} = \frac{c_{a_2}^n}{c_{b_2}} = k \,.$$

So fand z. B. Nernst durch Verteilungsversuche der Benzoesäure zwischen Wasser und Benzol, daß diese Säure in Benzol Doppelmolekeln bildet[1], wie die folgende Tabelle zeigt:

---

[1] Z. physikal. Chem. Bd. 8, S. 110, 1891.

c_a (g Benzoesäure in 10 cm² H_2O)	c_b (g Benzoesäure in 10 cm³ C_6H_6)	$\dfrac{c_a}{c_b}$	$\dfrac{c_a^2}{c_b}$
0,0150	0,242	0,062	0,00093
0,0195	0,412	0,048	0,00092
0,0289	0,970	0,030	0,00086

Die Löslichkeit von Gasen. Betrachtet man als zweites Lösungsmittel (B) das Vakuum, so gibt der Verteilungssatz uns Aufschluß über die Verteilung eines löslichen Gases zwischen der Lösung in dem Lösungsmittel A und dem Gasraum. Da die Konzentration im Gasraum dem Druck p, unter dem das Gas steht, proportional ist, so erhält man die Gleichung

$$c = \alpha \cdot p\,,$$

d. h. die Löslichkeit eines Gases ist dem Partialdruck, unter welchem das Gas steht, proportional. Dieses Gesetz ist bereits im Anfang des 19. Jahrhunderts von HENRY aufgestellt und experimentell bestätigt worden. Seine Gültigkeit ist an die des VAN'T HOFFschen Gesetzes für den osmotischen Druck thermodynamisch geknüpft. Es gilt streng daher nur für verdünnte Lösungen, d. h. für schwer lösliche Gase (vgl. S. 186).

Diffusion. Wie bereits auf S. 189 erwähnt wurde, ist der osmotische Druck das Maß für das Verdünnungsbestreben des gelösten Stoffes, also

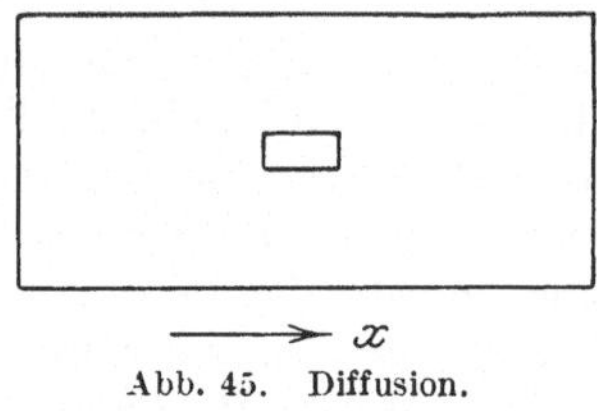

Abb. 45.   Diffusion.

für diejenige Kraft, die bei Berührung verschieden konzentrierter Lösungen den Konzentrationsausgleich herbeiführt. Die Wanderung des gelösten Stoffes in das reine Lösungsmittel oder auch von der konzentrierten zur verdünnteren Lösung bezeichnet man als *Diffusion*. Sind die Gesetze des osmotischen Druckes bekannt, so kann man auch die Gesetze der Diffusion aus ihnen ableiten[1]. Zu diesem Zweck betrachten wir eine Flüssigkeitssäule, deren Konzentration längs der x-Achse abnimmt (Abb. 45). Ein kleines Flüssigkeitssäulchen von der Länge dx und dem Querschnitt q besitze an der linken Begrenzungsfläche die Konzentration c und den osmotischen Druck π, an der rechten entsprechend die Konzentration $c - \dfrac{\partial c}{\partial x}\, dx$ und den osmotischen Druck $\pi - \dfrac{\partial \pi}{\partial x}\, dx$. Dann wirkt auf die linke Begrenzungsfläche in der Richtung des Pfeiles die osmotische Kraft $\pi \cdot q$, auf die rechte Begrenzungsfläche in umgekehrter Richtung die osmotische Kraft $\left(\pi - \dfrac{\partial \pi}{\partial x}\, dx\right) q$. Das Volumelement $q\,dx$ wird sich also unter dem Einfluß der Kraft $q\,\dfrac{\partial \pi}{\partial x}\, dx$ von links nach rechts bewegen. In diesem Volumelement sind $cq\,dx$ Mole des gelösten Stoffes vorhanden; auf ein Mol wirkt also die Kraft $\dfrac{1}{c}\,\dfrac{\partial \pi}{\partial x}$. Da sich der Bewegung innerhalb der Flüssigkeit ein großer

---

[1] NERNST, Z. physikal. Chem. Bd. 2, S. 613, 1888; Lehrbuch 11. Aufl. S. 162.

Reibungswiderstand entgegensetzt, so wird die Geschwindigkeit der Bewegung wie bei allen Bewegungen mit großer Reibung schließlich der treibenden Kraft proportional werden. Legt also der gelöste Stoff in der Zeit dz den Weg dx zurück, so ist also

$$\frac{dx}{dz} = w = \frac{k}{c}\frac{\partial \pi}{\partial x}.$$

Die Anzahl Mole des gelösten Stoffes dS, die in der Zeit dz den Querschnitt q bei der Diffusion passieren, ist gleich der Konzentration mal dem Volumen, das in der Zeit dz den Querschnitt q passiert, also

$$dS = c \cdot q \cdot w \cdot dz = k\frac{\partial \pi}{\partial x}\,qdz.$$

Führen wir das VAN'T HOFFsche Gesetz $\pi = RT \cdot c$ ein, so erhalten wir

$$dS = kRT\frac{\partial c}{\partial x}\,qdz.$$

$k \cdot RT$ ist nur von der Temperatur und der chemischen Natur des gelösten Stoffes und des Lösungsmittels abhängig, von der Konzentration unabhängig. Bezeichnen wir diese Größe mit D, so erhalten wir

$$dS = D\frac{\partial c}{\partial x} \cdot q \cdot dz.$$

Diese Gleichung wurde bereits 1855, d. h. lange vor der Erkenntnis der Gesetze des osmotischen Druckes, von FICK aufgestellt und experimentell wie theoretisch begründet. D wird als Diffusionskoeffizient bezeichnet.

7. Die Begründung der VAN'T HOFFschen Gesetze.

Die Erörterungen des vorigen Abschnittes zeigen, daß man aus den Gesetzen des osmotischen Druckes eine Reihe wichtiger Eigenschaften der Lösungen ableiten kann, die zum Teil seit langer Zeit bekannt waren und durchweg, wenigstens in verdünnten Lösungen, experimentelle Bestätigung gefunden haben. Es erschien daher von vornherein als eine lohnende und notwendige Aufgabe, diese Gesetze aus der Natur des Lösungsvorganges herzuleiten. VAN'T HOFF versuchte dies anfänglich auf folgende Weise[1]:

Das Verdünnungsbestreben des gelösten Stoffes, welches durch den osmotischen Druck gemessen wird, ist die Folge einer anziehenden Kraft, die der gelöste Stoff auf das Lösungsmittel ausübt. In verdünnten Lösungen wird jedes der gelösten Teilchen unabhängig von den anderen die gleiche Anziehung auf das Lösungsmittel ausüben, und die gesamte Anziehung ist proportional der Anzahl der gelösten Teilchen, d. h. der Konzentration der Lösung.

Da diese Überlegung jedoch nur einen Teil des VAN'T HOFFschen Gesetzes erklärt, die Identität des osmotischen Druckes und des Gas-

---

[1] In seiner ersten, der schwedischen Akademie im Jahre 1885 vorgelegten Abhandlung. Ostw. Klassiker Nr. 110, S. 12.

druckes, sowie seine Temperaturabhängigkeit jedoch vollständig unerklärt läßt, so ist die Begründung des osmotischen Druckes durch Anziehungskräfte unzureichend. Aus diesem Grunde stellte VAN'T HOFF selbst später die Analogie des gelösten Zustandes mit dem Gaszustande in den Vordergrund und erklärte den osmotischen Druck ebenso wie den Gasdruck durch den Anprall der gelösten Molekeln auf die für sie undurchlässige Wand[1]. Diese kinetische Anschauung ist besonders von BOLTZMANN, LORENTZ und RIECKE[2] eingehend begründet worden, wenigstens für verdünnte Lösungen. Wie VAN'T HOFF hervorhebt, folgt sie notwendig aus der Tatsache, daß der osmotische Druck der Lösungen mit abnehmender Temperatur (und Wärmebewegung) gegen Null konvergiert, während für das Abnehmen der Anziehungskräfte auch nicht der mindeste Grund vorliegt[3].

Aber die Gültigkeit der VAN'T HOFFschen Gesetze für verdünnte Lösungen wird durch die Art ihrer Herleitung nicht berührt, da sie empirisch sichergestellt ist, und zwar weniger durch die experimentell nur schwierig auszuführenden direkten Messungen des osmotischen Druckes mit Hilfe halbdurchlässiger Membranen, sondern durch die Bestätigung der Folgerungen, die auf thermodynamischem Wege aus ihnen abgeleitet wurden. Daher kann man auch jede der im vorigen Abschnitt abgeleiteten Folgerungen umgekehrt zum Beweis und zur Ableitung der VAN'T HOFFschen Gesetze benutzen. VAN'T HOFF selbst benutzte zu diesem Zweck das am längsten und besten bekannte HENRYsche Absorptionsgesetz für Gase durch Flüssigkeiten und zeigte, daß aus ihm die Gleichheit von osmotischem und Gasdruck für gelöste Gase unmittelbar folgt. Die Übertragung auf Lösungen anderer Stoffe ist zwar naheliegend, aber doch hypothetisch. Zweckmäßiger ist es vielleicht, wie es von mehreren Autoren geschieht, das RAOULTsche Dampfdruckgesetz als Grundgesetz der verdünnten Lösungen zu betrachten und aus ihm die VAN'T HOFFschen Gesetze abzuleiten. Man darf jedoch hierbei nicht vergessen, daß dann die Grundlage der Lösungstheorie ein Gesetz ist, das zwar einen mathematisch bestechend einfachen Ausdruck besitzt, aber empirisch naturgemäß nur bei einer beschränkten Zahl von Lösungen und nur innerhalb gewisser Fehlergrenzen bestätigt ist, und das bisher noch keine unmittelbare theoretische Erklärung erhalten hat.

Die Theorie der elektrolytischen Dissoziation. Während der osmotische Druck und die übrigen kolligativen Eigenschaften von Lösungen von Rohrzucker in Wasser z. B. dem VAN'T HOFFschen Gesetz folgten, zeigten sich in den wäßrigen Lösungen der Säuren, Basen und Salze auch bei großer Verdünnung starke Abweichungen. Osmotischer Druck und Gefrierpunktserniedrigung usw. erwiesen sich zwar wiederum der molekularen Konzentration annähernd proportional, sie waren jedoch erheblich größer als die Theorie es erwarten ließ. VAN'T HOFF trug

---

[1] Z. physikal. Chem. Bd. 1, S. 481, 1887; vgl. auch Vorlesungen über theoret. Chemie Bd. 2, S. 27.

[2] Z. physikal. Chem. Bd. 6, S. 474, 564; Bd. 7, S. 36, 88, 1891.

[3] Vgl. hierzu STERN, O., Z. physikal. Chem. Bd. 81, S. 441, 1913.

diesem Umstande Rechnung, indem er für solche Lösungen die Gleichung des osmotischen Druckes in der Form schrieb:

$$\pi \cdot V = i \cdot RT.$$

Bei den einbasischen Säuren (HCl), den einsäurigen Basen (NaOH) und ihren Salzen ist i durchweg etwa gleich 2, bei den zweibasischen Säuren und ihren Alkalisalzen nahe gleich 3.

Da der Faktor i nur bei solchen Lösungen auftrat, die den elektrischen Strom gut leiten, so konnte Arrhenius 1887 diese scheinbaren Abweichungen von den einfachen Gesetzen durch seine *Theorie der elektrolytischen Dissoziation* aufklären. Die Elektrolytmolekeln sind, auch ohne daß ein elektrischer Strom durch die Lösung fließt, zu einem mehr oder minder großen Betrage in ihre freien Ionen gespalten, z. B. nach der Gleichung

$$\mathrm{HCl} = \mathrm{H}^{\cdot} + \mathrm{Cl}' \, ,$$

wenn man die positive Ladung der Kationen durch $^{\cdot}$, die negative Ladung der Anionen durch $'$ bezeichnet. Diese freien Ionen besitzen selbständige osmotische Wirksamkeit, d. h. ebenso wie die elektrisch neutralen gelösten Molekeln ein Verdünnungsbestreben. Der osmotische Druck der Lösung setzt sich also additiv zusammen aus dem Druck der noch vorhandenen ungespaltenen Molekeln und den Drucken der beiden entgegengesetzt geladenen Ionengattungen. Bezeichnet man den Dissoziationsgrad, d. h. das Verhältnis der in die freien Ionen gespaltenen Molekeln zu den insgesamt vorhandenen Molekeln mit α, so entstehen, falls bei der Dissoziation eine Molekel in n Ionen zerfällt, aus $\alpha \cdot c$ zerfallenden Molekeln $\alpha \cdot nc$ Ionen. Die Gesamtzahl der osmotisch wirksamen Molekeln ist dann gleich der Summe der ungespaltenen Molekeln, vermehrt um die Zahl der entstandenen Ionen, mithin

$$= (1 - \alpha)\, c + nc\alpha = c \left[1 + (n - 1)\, \alpha \right] .$$

Für die einsäurigen Basen und die einbasischen Säuren und ihre Salze ist $n = 2$ und daher

$$\pi = R \cdot T \cdot c \cdot (1 + \alpha)$$

und somit

$$i = 1 + \alpha$$

(man bezeichnet solche Stoffe als binäre Elektrolyte). Für die zweibasischen Säuren und einen Teil ihrer Salze ist $n = 3$ und daher

$$\pi = R \cdot T \cdot c \cdot (1 + 2\alpha)$$

und somit

$$i = 1 + 2\alpha$$

(ternäre Elektrolyte) usw.

Den Dissoziationsgrad α, der sich in sehr verdünnten Lösungen nahe gleich 1 ergab, berechnete Arrhenius aus dem von Kohlrausch bestimmten Leitvermögen der Lösung; auf diese Weise konnte er aus den damals vorliegenden Tatsachen das Verhalten der Elektrolytlösungen vollständig erklären, wie die folgende Tabelle zeigt, die seiner ersten Arbeit entnommen ist[1].

---

[1] Z. physikal. Chem. Bd. 1, S. 631, 1887.

VAN'T HOFFscher Faktor i für Elektrolyte
nach ARRHENIUS.

Stoff	i	
	aus Gefrierpunkten	aus Leitfähigkeiten
1. Basen.		
Ba(OH)$_2$ . .	2,69	2,67
Sr(OH)$_2$ . .	2,61	2,72
NaOH . . .	1,96	1,88
KOH	1,91	1,93
NH$_3$	1,03	1,01
2. Säuren.		
HCl	1,98	1,90
HNO$_3$ . . .	1,94	1,92
H$_2$SO$_4$ . . .	2,06	2,19
CH$_3$COOH .	1,03	1,01
Äpfelsäure . .	1,08	1,07
H$_2$S	1,04	1,00
3. Salze.		
KCl	1,82	1,86
NaCl	1,90	1,82
NaNO$_3$ . . .	1,82	1,82
K-Acetat . .	1,86	1,83
Na$_2$CO$_3$ . . .	2,18	2,22
BaCl$_2$	2,63	2,54
Ba(NO$_3$)$_2$ . .	2,19	2,13

Die Zahlen beziehen sich auf Lösungen, die 1 g des betreffenden Stoffes in 1 l Wasser enthalten.

Die weitere Forschung hat die Gültigkeit der ARRHENIUSschen Theorie für die schwachen Elektrolyte vollständig bestätigt. Das gesamte chemische und elektrochemische Verhalten der Lösungen wird durch die Ionenspaltung der gelösten Molekeln bestimmt und wäre ohne diese Theorie völlig unerklärt geblieben. Wohl selten hat eine Idee so fruchtbar und anregend auf die Entwicklung einer Wissenschaft gewirkt und eine solche Fülle bisher unbekannter Zusammenhänge aufgedeckt. Auf die Durchführung der ARRHENIUSschen Theorie kann an dieser Stelle nicht eingegangen werden, es möge nur nachdrücklich darauf hingewiesen werden, daß die Theorie sich auch im Gebiete der nichtwäßrigen Lösungen, wie vor allem die neueren Untersuchungen von WALDEN zeigen, ausgezeichnet bewährt hat. Über die Unstimmigkeiten, die eine Modifikation dieser einfachen Annahmen bei den starken Elektrolyten notwendig machten, vgl. die Ausführungen im nächsten Kapitel.

8. Die Theorie der konzentrierten Lösungen.

Abweichung von den einfachen Gesetzen. Die strenge Proportionalität von Konzentration und osmotischem Druck kann nur in sehr verdünnten Lösungen erfüllt sein. Wie man auch die Gesetze des osmotischen Druckes ableiten mag, ob durch eine Anziehungskraft zwischen Lösungsmittel und gelöstem Stoff oder durch den Anprall der gelösten

Molekeln oder durch die Erniedrigung des Dampfdruckes der Lösungen, stets wird man dazu geführt, die Gültigkeit der einfachen VAN'T HOFF-schen Gesetze auf sehr verdünnte Lösungen zu beschränken, ebenso wie man die Zustandsgleichung der idealen Gase auch nur als Grenzgesetz, welches für sehr große Verdünnungen der gasförmigen Materie gilt, anerkennen kann. In konzentrierten Lösungen müssen sich daher erhebliche Abweichungen von den einfachen Lösungsgesetzen zeigen, geradeso wie die komprimierten Gase ein anderes Verhalten zeigen als die idealen. Es ist daher eine wichtige Aufgabe der Forschung, das Geltungsbereich der VAN'T HOFFschen Gesetze festzustellen, die Abweichungen aufzudecken und theoretisch zu erklären.

Die Prüfung einer Zustandsgleichung für den osmotischen Druck konzentrierter Lösungen mittels der zahlreichen in der Literatur vorliegenden Beobachtungen über die kolligativen Eigenschaften (S. 198) ist dadurch erschwert, daß die verschiedenen Beobachter die Konzentration der Lösungen in verschiedenem Maße angeben. Die Analogie der verdünnten Lösungen mit den Gasen läßt es als rationell erscheinen, unter der Konzentration einer Lösung diejenige Anzahl Mole zu verstehen, die in der Volumeneinheit der Lösung (1 l) gelöst sind (Konzentrationszählung nach ARRHENIUS). Andererseits ist es experimentell häufig einfacher, eine Lösung durch Abwägen von Lösungsmittel und gelöstem Stoff herzustellen und demgemäß die Konzentration zu definieren als diejenige Anzahl Mole des gelösten Stoffes, die in der Gewichtseinheit (1 kg) des reinen Lösungsmittels gelöst sind (Konzentration nach RAOULT). Bezeichnet man die erstere Konzentration mit c, die zweite mit c', das spezifische Gewicht der Lösung mit s, das des Lösungsmittels mit s_0 und das Molekulargewicht des gelösten Stoffes mit M, so besteht zwischen c und c' die Gleichung

$$\frac{c'}{1000} = \frac{c}{1000\,s - M\,c}. \tag{a}$$

In sehr verdünnten Lösungen wird $s = s_0$ und $M \cdot c$ klein gegen $1000\,s$, mithin $c = c' \cdot s_0$.

In verdünnten wäßrigen Lösungen ($s_0 = 1$) werden also beide Konzentrationszählungen identisch; in konzentrierten Lösungen, besonders bei hohem Molekulargewicht des gelösten Stoffes, weichen sie erheblich voneinander ab; so ist z. B. eine Lösung, die 1 Mol Rohrzucker in 1000 g Wasser enthält, nach RAOULT 1 normal, nach ARRHENIUS dagegen nur 0,826 normal.

Direkte Messungen des osmotischen Druckes konzentrierter Lösungen sind an halbdurchlässigen Membranen mit einiger Genauigkeit nur von MORSE, FRAZER und ihren Mitarbeitern sowie von Lord BERKELEY und HARTLEY[1] bei Lösungen von Zucker und ähnlichen Stoffen und Calciumferrocyanid ausgeführt worden. Die gemessenen osmotischen Drucke weichen, wie die folgenden Tabellen in Auswahl zeigen, erheb-

---

[1] LANDOLT-BÖRNSTEIN, 5. Aufl.

lich von den VAN'T HOFFschen Gesetzen ab, wenn man die Volumenkonzentration c einführt. Dagegen ist die Proportionalität zwischen
Druck und Konzentration recht gut gewahrt, wenn man die Gewichtskonzentrationen c' benutzt. Allerdings sind bei 0^0 und 10^0 die osmotischen Drucke wesentlich größer als sie es nach den Gasgesetzen sein
dürften. Wir werden später die Ursachen dieser Abweichungen aufzudecken versuchen.

Osmotischer Druck von Rohrzuckerlösungen.

c'	c^{1*}	π (atm)			$\dfrac{\pi}{c} 0^0$
		0^0	10^0	15^0	
0,10	0,098	2,44	2,44	2,48	24,9
0,20	0,192	4,80	4,82	4,91	25,0
0,30	0,282	7,16	7,19	7,33	25,4
0,40	0,369	9,40	9,57	9,78	25,45
0,50	0,452	11,85	12,00	12,19	26,2
0,60	0,532	14,25	14,54	14,86	26,8
0,70	0,610	16,8	17,09	17,39	27,5
0,80	0,686	19,3	19,73	20,09	28,1
0,90	0,757	22,1	22,22	22,94	29,2
1,00	0,826	24,8	24,97	25,42	30,0

Molekularer osmotischer Druck

$$\frac{\pi}{c'}$$

c'		0^0	10^0	15^0	
0,1	—	24,4	24,4	24,8	—
0,2	—	24,0	24,1	24,55	—
0,3	—	23,9	24,0	24,4	—
0,4	—	23,5	23,9	24,45	—
0,5	—	23,7	24,0	24,6	—
0,6	—	23,6	24,2	24,8	—
0,7	—	24,0	24,4	24,8	—
0,8	—	24,1	24,8	25,0	—
0,9	—	—	24,7	25,6	—
1,0	—	—	25,0	25,4	—
Mittel		23,9	24,35	24,9	
berechnet $\dfrac{\pi}{c} = RT =$		22,4	23,2	23,6	

In nichtwäßrigen Lösungen liegen direkte zuverlässige Messungen
des osmotischen Druckes bisher noch nicht vor[2].

[1*] Die Volumenkonzentrationen c gelten für 0^0; bei höherer Temperatur entspricht dem gleichen c' ein etwas kleineres c als bei 0^0, weil die Lösungen sich
ausdehnen; die Differenzen sind jedoch bis 15^0 sehr gering.

[2] Die Messungen von KAHLENBERG, WILCOX u. a. (J. Phys. Chem. Bd. 10,
S. 141, 1906, ibid.; Bd. 14, S. 576, 1910), sind offenbar an Membranen gemacht,
die nicht vollkommen „semipermeabel" sind. Da ebullioskopische und kryo-
skopische Versuche an den von diesen Autoren benutzten Lösungen zeigen, daß
diese zum mindestens annähernd den VAN'T HOFFschen Gesetzen folgen, so müssen
die Druckmessungen durch einen systematischen Fehler völlig entstellt sein. Es
liegt nahe, diesen in der Eigenschaft der Membran zu sehen. Vgl. auch v. AN-
TROPOFF, Z. physikal. Chem. Bd. 76, S. 721, 1911.

Dagegen zeigen die zahlreichen und sorgfältigen Untersuchungen über die Siede- und Gefrierpunkte nichtwässeriger Lösungen, die wir besonders BECKMANN und seinen Mitarbeitern sowie einer großen Zahl anderer Forscher verdanken, daß im allgemeinen bei Lösungen von Nichtelektrolyten in fast allen Lösungsmitteln bis zu Konzentrationen bis $1/2\,n$ hinauf die Siedepunktserhöhungen und Gefrierpunktserniedrigungen den Gewichtskonzentrationen c' proportional sind. Die folgende Tabelle enthält eine willkürliche Auswahl, die den Arbeiten von BECKMANN und AUWERS entnommen ist.

Siedepunktserhöhung
nach BECKMANN Z. physikal. Chem. Bd. 18, S. 473, 1895.

c'	$T - T_0$	$\dfrac{T - T_0}{c'}$

Lösungsmittel: Äthylbromid, $T_0 = 273 + 37 = 310^0$.
Gelöster Stoff: Kampfer, $C_{10}H_{16}O$, Mol-Gew. 152.

c'	$T - T_0$	$\dfrac{T - T_0}{c'}$
0,143	0,455	3,18
0,338	1,130	3,34
0,552	1,840	3,34
0,717	2,390	3,33
0,893	2,990	3,35

Lösungsmittel: Methyljodid, $T_0 = 273 + 41 = 314^0$.
Gelöster Stoff: Diphenylamin $(C_6H_5)_2NH$, Mol-Gew. 169.

c'	$T - T_0$	$\dfrac{T - T_0}{c'}$
0,0875	0,360	4,12
0,189	0,780	4,13
0,270	1,110	4,12
0,337	1,370	4,07
0,418	1,690	4,04
0,526	2,110	4,01

Lösungsmittel: Äthylenbromid, $T_0 = 273 + 129,5 = 402,5^0$.
Gelöster Stoff: Benzil $(C_6H_5CO)_2$, Mol-Gew. 210.

c'	$T - T_0$	$\dfrac{T - T_0}{c'}$
0,158	1,050	6,65
0,249	1,640	6,58
0,364	2,360	6,48
0,468	3,000	6,41
0,567	3,600	6,35
0,667	4,215	6,32

Lösungsmittel: Äthylacetat, $T_0 = 273 + 75 = 348^0$.
Gelöster Stoff: Naphthalin $C_{10}H_8$, Mol-Gew. 128.

c'	$T - T_0$	$\dfrac{T - T_0}{c'}$
0,126	0,355	2,82
0,223	0,600	2,69
0,328	0,873	2,66
0,472	1,270	2,70
0,536	1,420	2,65
0,648	1,700	2,62
0,775	2,000	2,58
0,939	2,380	2,54

Gefrierpunktserniedrigung
nach AUWERS, Z. physikal. Chem. Bd. 42, S. 513, 1903.

c'	$T_o - T$	$\dfrac{T_o - T}{c'}$

Lösungsmittel: p-Chlortoluol, $T_0 = 273 + 163^0 = 436^0$.
Gelöster Stoff: Naphthalin $C_{10}H_8$, Mol-Gew. 128.

0,075	0,417	5,57
0,146	0,817	5,59
0,274	1,517	5,54
0,361	2,000	5,54

Lösungsmittel: p-Toluidin $T_0 = 273 + 198^0 = 471^0$.
Gelöster Stoff: Naphthol $C_8H_{10}O$, Mol-Gew. 122.

0,1155	0,640	5,54
0,255	1,370	5,36
0,402	2,117	5,25

Durch diese Ergebnisse könnte man zu dem Schluß geführt werden, daß der osmotische Druck und die ihm proportionalen kolligativen Eigenschaften der mäßig konzentrierten Lösungen nicht der Volumenkonzentration, sondern der Gewichtskonzentration proportional sind und hieraus einen Einwand gegen die kinetische Theorie des osmotischen Druckes ableiten, da diese ja naturgemäß zunächst zu einer Beziehung zwischen den Druck- und Volumengrößen führen muß. Diese Betrachtungsweise ist jedoch nicht ohne weiteres zulässig. Denn die Gleichungen (4c), S. 191 und (10), S. 195 gelten ja streng nur für unendlich verdünnte Lösungen, sowie für solche konzentriertere, in denen die Dichte linear mit der Volumenkonzentration wächst. Diese Voraussetzung ist aber erfahrungsgemäß bei den allermeisten Lösungen nicht erfüllt, in den meisten Fällen wächst die Dichte der Lösung schneller als mit der ersten Potenz der Konzentration, also zum mindesten nach einer Gleichung

$$s = s_0 + \alpha c + \beta c^2 ;$$

dann ist

$$s - c \left(\frac{\partial s}{\partial c} \right)_T \langle s_0$$

und daher

$$\pi = RTc \left\langle \frac{1000\, s_0}{M} \quad RT \ln \frac{p_0}{p_g} \left\langle \frac{1000\, s_0}{M} \; \middle| \; L \; \frac{T - T_0}{T_0} \; \middle| \right.\right.$$

oder

$$T - T_0 \middle| \, \rangle \; \middle| \; \frac{RT \cdot T_0}{L'} \; \middle| \; c$$

(vgl. Gleichung (15), S. 197), und zwar wird die Differenz der linken und der rechten Seite um so größer werden, je konzentrierter die Lösung ist. Da nun im allgemeinen $c' \rangle c$ ist, so ist damit die Wahrscheinlichkeit oder zum mindesten die Möglichkeit gegeben, daß in vielen Lösungen die Siedepunktserhöhung und Gefrierpunktserniedrigung nicht der Volumen-, sondern der Gewichtskonzentration proportional ist, während der osmotische Druck selbst der ersteren proportional verläuft. Der Ersatz von T durch T_0 auf der rechten Seite dürfte bei den meisten gebräuchlichen Lösungsmitteln bei Konzentrationen bis 1n nur einen Fehler von höchstens 1 vH hervorrufen.

Größere Abweichungen von den einfachen Gesetzmäßigkeiten treten erst bei Konzentrationen auf, die größer als $0,5\,n$ sind, sowie bei Lösungen hochmolekularer Stoffe (Rohrzucker usw.), bei denen in der Regel auch die Verdünnungswärme nicht mehr vernachlässigt werden darf.

Die Versuche, die kolligativen Eigenschaften der konzentrierten Lösungen durch allgemeingültige Gleichungen mit der Konzentration zu verknüpfen, haben bisher zu keinem vollständig befriedigenden Erfolge geführt. Dies beruht im wesentlichen auf dem Fehlen systematischer Experimentaluntersuchungen, die in dem Konzentrationsbereich von 0,5—2 normalen Lösungen von Nichtelektrolyten gleichzeitig die verschiedenen in den Gleichungen auftretenden Größen (Volumen- und Gewichtskonzentration, Verdünnungswärme usw.) behandeln. Die theoretische Verwertung der an Elektrolytlösungen angestellten Versuche muß · verschoben werden, bis die Gesetzmäßigkeiten der Nichtelektrolyte aufgeklärt sind, weil das Auftreten der elektrolytischen Dissoziation eine neue Verwicklung bedingt, deren Lösung erst gelingen kann, wenn die Gesetze des osmotischen Druckes in konzentrierten Lösungen bekannt sind.

Zur Aufstellung der Zustandsgleichung für konzentrierte Lösungen ist man von zwei verschiedenen Gesichtspunkten ausgegangen. Einige Forscher haben durch Übertragung der VAN DER WAALSschen Überlegungen auf Lösungen den Abweichungen der konzentrierten Lösungen von den VAN'T HOFFschen Gesetzen des osmotischen Druckes Rechnung zu tragen versucht. Da diese einfachen Gesetze ihrer Ableitung zufolge (vgl. S. 202) nur unter Vernachlässigung der zwischen den Molekeln des gelösten Stoffes wirksamen Anziehungskräfte sowie des Eigenvolumens der gelösten Molekeln Gültigkeit besitzen, müssen für konzentrierte Lösungen korrigierende Zusatzglieder in Ansatz gebracht werden, die durch die individuellen Eigenschaften von Lösungsmittel und gelöstem Stoff bedingt sind. Die molekularkinetische Auffassung der Lösungen verlangt geradezu die Einführung derartiger Korrektionen, so daß die Abweichungen der konzentrierten Lösungen von den einfachen Gesetzen nicht als ein Widerspruch mit der VAN'T HOFFschen Lösungstheorie, sondern im Gegenteil als eine Bestätigung derselben betrachtet werden muß. Andere Autoren vertreten dagegen die Anschauung, daß für alle Lösungen, mögen sie verdünnt oder konzentriert sein, die *gleichen* Beziehungen zwischen den kolligativen Eigenschaften und der molekularen Konzentration bestehen, und daß die empirisch gefundenen Abweichungen nur scheinbare sind, die durch eine Änderung der molekularen Konzentration, d. h. durch Assoziation, Dissoziation oder Verbindungsbildung von gelöstem Stoff und Lösungsmittel hervorgerufen werden. Als Grundgesetz der Lösungen wird dann gewöhnlich das RAOULTsche Gesetz der Dampfspannungserniedrigung einer Lösung (S. 179)

$$\frac{p_0 - p_g}{p_0} = \frac{c}{c_0 + c} \qquad \text{oder} \qquad \frac{p_g}{p_0} = \frac{c_0}{c_0 + c}$$

angenommen. Die Brüche $\frac{c}{c_0 + c}$ und $\frac{c_0}{c_0 + c}$ werden auch als die „Molenbrüche" von gelöstem Stoff und Lösungsmittel bezeichnet (vgl. S. 165).

Wird die Dampfdruckerniedrigung und die mit ihr thermodynamisch verknüpfte Gefrierpunktserniedrigung und Siedepunktserhöhung sowie der osmotische Druck zu groß gefunden, so kann dies durch eine Verkleinerung des Nenners erklärt werden, die ihrerseits auf die Bildung einer Verbindung zwischen Lösungsmittel und gelöstem Stoff (Solvate, Hydrate) und eine Verminderung der insgesamt in der Lösung vorhandenen Molekeln geschoben wird. Ist andererseits die Dampfdruckerniedrigung zu klein, so rührt dies von einer Vergrößerung der Molekelzahl im Nenner, d. h. von einer Dissoziation der ursprünglich assoziierten Lösungsmittelmolekeln her. Diese Anschauung hat sich bekanntlich zur Erklärung des abnormen Verhaltens der Elektrolytlösungen durchaus bewährt; sie scheint daher zunächst auch für konzentrierte Lösungen berechtigt zu sein.

Im folgenden sollen einige Formeln entwickelt werden, die sich als Konsequenzen dieser beiden grundsätzlich voneinander abweichenden Lösungstheorien für den osmotischen Druck, Dampfdruck-, Siedepunkts- und Gefrierpunktsänderungen usw. der Lösungen ableiten lassen.

Die kinetische Theorie der konzentrierten Lösungen. Überträgt man die VAN DER WAALSsche Gleichung

$$\left(p + \frac{a}{V^2} \right)(V - b) = R T$$

auf Lösungen, so ist zunächst zu beachten, daß die Zusatzglieder für die Anziehungskräfte und das Volumen sowohl den gelösten Molekeln sowie den Lösungsmittelmolekeln Rechnung tragen müssen. BREDIG[1] hat jedoch zuerst darauf hingewiesen, daß die Anziehungskraft, die die gelösten Molekeln aufeinander ausüben und die der Verdünnung (und damit dem osmotischen Druck) entgegenwirken, kompensiert oder vielleicht sogar übertroffen werden von der Anziehung zwischen Lösungsmittel und gelöstem Stoff, welche die Verdünnung herbeiführt und den osmotischen Druck vergrößert. Daher ist wahrscheinlich die durch die Molekularanziehung bedingte Korrektur in nicht zu konzentrierten Lösungen relativ klein und zu vernachlässigen. Für die Volumenkorrektur ist nach NERNST[2] nur das Eigenvolumen der gelösten Molekeln, nicht aber das Volumen der Lösungsmittelmolekeln in Betracht zu

---

[1] Z. physikal. Chem. Bd. 4, S. 447, 1889.
[2] Lehrbuch, 1. Aufl., S. 193.

ziehen, so daß in mäßig konzentrierten Lösungen der osmotische Druck durch die Gleichung

$$\pi(V - b) = RT$$

dargestellt wird, in der b das Vierfache des Eigenvolumens der gelösten Molekeln (vgl. S. 31) und $V = 1/c$ das Volumen der Lösung bedeutet, in welcher ein Mol des gelösten Stoffes gelöst ist. Diese Gleichung hat SACKUR[1] tatsächlich an den Messungen an Rohrzuckerlösungen von MORSE und seinen Mitarbeitern[2] recht genau bestätigt.

Die folgende Tabelle enthält die von MORSE bei 0^0, 10^0 und 22^0 gefundenen Werte von πV sowie die nach der Gleichung

$$\pi V = RT + b\pi$$

berechneten Werte (die geringe Volumenausdehnung der Lösung ist vernachlässigt).

$c = 1/V$	0^0		10^0		22^0	
	πV_{gef}	πV_{ber}	πV_{gef}	πV_{ber}	πV_{gef}	πV_{ber}
0,098	23,1	22,9	24,9	—	24,3	24,7
0,192	23,4	23,6	25,0	—	24,65	25,15
0,282	24,65	24,55	25,5	25,2	25,6	25,65
0,360	25,45	25,3	25,8	25,8	26,0	26,1
0,452	26,0	25,55	26,5	26,5	26,7	26,6
0,532	27,0	26,9	27,2	27,2	27,1	27,1
0,610	27,8	27,7	28,0	27,9	27,8	27,6
0,686	28,6	28,5	—	—	28,4	28,1
0,787	29,4	29,35	29,3	29,3	28,85	28,6
0,826	30,75	30,3	30,2	30,1	29,6	29,1
	$\pi V = 22,4 + 0,31\pi$		$23,2 + 0,275\pi$		$24,2 + 0,20\pi$	

Die Konstante b nimmt, wie man sieht, mit steigender Temperatur ab, was durch eine Verminderung der Hydratation erklärt werden kann.

Bei Annahme der Zustandsgleichung

$$\pi = \frac{RT}{V - b} = \frac{RTc}{1 - bc}$$

erhält man für die Dampfspannung p_g, den Siedepunkt und den Gefrierpunkt T folgende Gleichungen:

1. Aus

$$\pi = 1000 s_0 \cdot \frac{RT}{M_0} \cdot \ln \frac{p_0}{p_g} \quad \text{(vgl. S. 191)}$$

folgt

$$\ln \frac{p_0}{p_g} = \frac{M_0}{1000 s_0} \cdot \frac{c}{1 - bc}.$$

2. Aus

$$\pi = \pm\, 1000 s_0 \cdot \frac{L}{M_0 \cdot T} (T - T_0)$$

folgt

$$\frac{T - T_0}{T} = \pm \frac{M_0 R T_0}{L \cdot 1000 s_0} \cdot \frac{c}{1 - bc}.$$

---

[1] Z. physikal. Chem. Bd. 70, S. 477, 1910.
[2] Vgl. S. 206.

(Das positive Zeichen gilt für den Gefrierpunkt, das negative für den Siedepunkt, M_0 ist das Molekulargewicht des Lösungsmittels.)

Die Gleichungen enthalten also im Vergleich mit den in verdünnten Lösungen gültigen Gleichungen im Nenner das Korrektionsglied $(1-bc)$. Die Änderung des Dampfdruckes sowie der Gefrier- und Siedepunkte ist also in den konzentrierten Lösungen relativ größer als in den verdünnten. Dieses Resultat wird qualitativ durch die Erfahrung fast durchweg bestätigt, wie eine Durchsicht der einschlägigen Literatur zeigt (vgl. besonders die Versuche von ABEGG, AUWERS u. a.). Selbstverständlich können diese Gleichungen, da sie unter gewissen einfachen Annahmen abgeleitet sind, nur für einen beschränkten Konzentrationsbereich Gültigkeit besitzen. Ihre exakte Prüfung ist zur Zeit noch nicht möglich, weil die Verdünnungswärme von Lösungen von Nichtelektrolyten noch nicht bekannt und die in der Literatur vorliegenden Dampfspannungsmessungen mäßig konzentrierter Lösungen zu ungenau sind.

Für den *Verteilungssatz* in konzentrierten Lösungen folgt aus

$$\int_{V_{a_1}}^{V_{a_2}} \pi\, dV = \int_{V_{b_1}}^{V_{b_2}} \pi\, dV$$

$$RT \int_{V_{a_1}}^{V_{a_2}} \frac{1}{V-b_a}\, dV = RT \int_{V_{b_1}}^{V_{b_2}} \frac{1}{V-b_b}\, dV \quad \text{(S. 199)}$$

$$\ln \frac{V_{a_2}-b_a}{V_{a_1}-b_a} = \ln \frac{V_{b_2}-b_b}{V_{b_1}-b_b}$$

oder

$$\frac{V_a-b_a}{V_b-b_b} = k,$$

$$V_a = kV_b + b_a - kb_b = kV_b + K,$$

oder wenn man $V_a = \dfrac{1}{c_a}$ und $V_b = \dfrac{1}{c_b}$ setzt

$$c_b = \frac{kc_a}{1-Kc_a}.$$

Diese Gleichung gibt die Versuche von JAKOWKIN über die Verteilung von Jod und Brom zwischen verschiedenen Lösungsmitteln bis zu recht hohen Konzentrationen ausgezeichnet wieder[1].

Ebenso wie den Verteilungssatz kann man das HENRYsche Absorptionsgesetz bzw. die Abweichungen von diesem Gesetze zur Prüfung der Zustandsgleichung konzentrierter Lösungen benutzen. Man kann, wie im folgenden gezeigt wird, aus der Löslichkeit eines Gases und ihrer Abhängigkeit vom Druck geradezu den osmotischen Druck einer beliebig gesättigten Gaslösung berechnen.

---

[1] SACKUR, Z. physikal. Chem. Bd. 70 S. 477, 1910.

In einem Gefäß I befindet sich eine sehr große Menge einer Lösung eines Gases, die unter dem Druck p_g gesättigt ist und den osmotischen Druck π besitzt; in II eine Lösung, die unter dem Drucke $p_g + \delta p_g$ gesättigt ist und den osmotischen Druck $\pi + \delta\pi$ besitzt. Die Molvolumina seien V bzw. $V - \delta V$ für den Dampf und φ bzw. $\varphi - \delta\varphi$ für die Lösungen. Die Mengen seien so groß, daß das Verdampfen eines Moles gelösten Gases keine merkliche Konzentrationsänderung bedingt.

1. Wir vergasen aus I ein Mol des Gases unter dem Sättigungsdruck p_g; dabei wird die Arbeit $A_1 = p_g V - \pi\varphi$ vom System geleistet.

2. Dann komprimieren wir das Gas von V auf $V - \delta V$, wobei die Arbeit $-A_2 = p_g \delta V$ aufgewendet werden muß.

3. Nun wird dies Gas in die Lösung II gedrückt (bei $p_g + \delta p_g$), wobei die Arbeit $-A_3 = + (p_g + \delta p_g)(V - \delta V) - (\pi + \delta\pi)(\varphi - \delta\varphi)$ aufgewendet werden muß.

4. Zum Schluß läßt man das Mol wieder nach I übergehen, wobei maximal die Arbeit $A_4 = \pi\delta\varphi$ analog 2 gewonnen werden kann.

Da sich insgesamt bei diesen Vorgängen die Konzentrationen und Drucke der Lösungen und Gasräume nicht geändert haben, so kann auch Arbeit weder geleistet noch aufgewendet sein, d. h. es muß $A_1 + A_2 + A_3 + A_4 = 0$ sein:

$$p_g V - \pi\varphi - p_g\delta V - (p_g + \delta p_g)(V - \delta V) + (\pi + \delta\pi)(\varphi - \delta\varphi) + \pi\delta\varphi = 0.$$

Vernachlässigt man die in zweiter Ordnung kleinen Glieder, so erhält man

$$- V\delta p_g + \varphi\delta\pi = 0$$

oder integriert

$$\pi = \int\limits_0^{p_g} \frac{V}{\varphi}\, dp_g.$$

$\dfrac{V}{\varphi}$ ist das Verhältnis der Molekularvolumina in gasförmigem und gelöstem Zustande. (Diese Größe bezeichnet OSTWALD als den Absorptionskoeffizienten, während man früher nach BUNSEN dasjenige Volumen des Gases als Absorptionskoeffizienten bezeichnete, welches von 1 cm³ des Lösungsmittels aufgenommen wird.) Ist $\dfrac{V}{\varphi}$ als Funktion des Druckes bekannt, so ist π für jeden Druck zu berechnen.

Gelten im Gasraum die einfachen Gasgesetze, und gilt für die Löslichkeit das HENRYsche Gesetz $c = \alpha p_g$ oder $\varphi = \dfrac{1}{c} = \dfrac{1}{\alpha p_g}$, so wird

$$\pi = \int\limits_0^{p_g} \frac{RT}{p_g} \cdot \alpha\, p_g \cdot dp_g = \alpha R T p_g = R T c,$$

d. h. der osmotische Druck folgt dem VAN'T HOFFschen Gesetz. Nimmt dagegen z. B. die Löslichkeit des Gases stärker zu als nach dem HENRYschen Gesetz, also in erster Annäherung nach einer Gleichung

$$c = \alpha p_g + \beta p_g^2,$$

so wird, falls für den Gasraum noch die Gasgesetze gelten

$$\frac{V}{\varphi} = RT\,(\alpha + \beta p_g)$$

und

$$\pi = \int_0^{p_g} RT\,(\alpha + \beta p_g)\,dp_g = RT\,(\alpha p_g + \tfrac{1}{2}\,\beta p_g^2)$$

und so fort.

Sind also α und β durch Löslichkeitsbestimmungen bekannt, so ist der osmotische Druck für alle Konzentrationen aus der Gaslöslichkeit berechenbar. Die Anwendung dieser Formeln zur Berechnung des osmotischen Druckes konzentrierter Lösungen von Kohlendioxyd in verschiedenen Lösungsmitteln bei tiefen Temperaturen ist von O. STERN[1] erläutert worden. Hierbei ergab sich in Übereinstimmung mit der kinetischen Theorie, daß die Abweichungen des osmotischen Druckes von den VAN'T HOFFschen Gesetzen auch in mehrfach normalen Lösungen von CO_2 in organischen Flüssigkeiten überaus gering sind.

Die chemische Theorie der konzentrierten Lösungen. Unter diesem Namen möge die bereits S. 209 erwähnte Theorie verstanden werden, die das RAOULTsche Gesetz für streng richtig hält und alle scheinbaren Abweichungen durch Änderung der Molekülzahl in der Lösung erklärt.

Aus

$$\frac{p_0 - p_g}{p_0} = \frac{c}{c_0 + c}, \quad \frac{p_0}{p_g} = \frac{c_0 + c}{c_0}$$

folgt, da $c_0 = \dfrac{1000\,s - Mc}{M_0}$ ist, mittels Gleichung (a), S. 205

$$\frac{c}{c_0} = \frac{M_0 c'}{1000} \quad \text{und} \quad \frac{c_0 + c}{c_0} = 1 + \frac{M_0 c'}{1000}$$

(M_0 ist das Molekulargewicht des Lösungsmittels),

$$\pi = 1000\,s_0 \cdot \frac{RT}{M_0}\,\ln \frac{p_0}{p_g} = 1000\,s_0 \cdot \frac{RT}{M_0}\,\ln\left(1 + \frac{M_0 c'}{1000}\right).$$

Für kleinere Werte von c' geht diese Gleichung in

$$\pi = RTc$$

über, für größere Werte von c' weicht dagegen der osmotische Druck von den VAN'T HOFFschen Gesetzen merklich ab.

Der Siedepunkt und Gefrierpunkt der Lösung ist gegeben durch

$$\frac{T - T_0}{T} = \pm\,\pi \cdot \frac{M_0}{1000\,s_0} \cdot \frac{T_0}{L} = \pm\,\frac{RT_0}{L} \cdot \ln\left(1 + \frac{M_0 c'}{1000}\right),$$

wenn wieder das positive Zeichen für den Gefrierpunkt, das negative für den Siedepunkt gilt.

Diese Gleichungen gelten nur, wenn bei der Auflösung keine Änderung der Molekelzahl eintritt, weil andernfalls Gleichung (a), S. 205 nicht mehr richtig ist.

---

[1] Z. physikal. Chem. Bd. 81, S. 441, 1913.

In verdünnten Lösungen ist

$$\ln\left(1 + \frac{M_0 c'}{1000}\right) = \frac{M_0 c'}{1000},$$

in konzentrierten Lösungen ist

$$\ln\left(1 + \frac{M_0 c'}{1000}\right) < \frac{M_0 c'}{1000},$$

es müßte daher stets die Gefrier- und Siedepunktsänderung kleiner sein, als sie nach den einfachen VAN'T HOFFschen Gesetzen zu erwarten ist.

Die Erfahrung lehrt, daß in den allermeisten Fällen das Gegenteil zutrifft, und dies kann im Rahmen dieser Theorie nur durch eine Verminderung der Molekelzahl durch Bildung von Verbindungen zwischen Lösungsmittel und gelöstem Stoff erklärt werden (Hydrat- oder Solvattheorie).

Vereinigt sich nämlich von den c' gelösten Molekeln der Bruchteil x, also $c'x$, mit je n Molekeln des Lösungsmittels zu einer Molekel des „Solvates", so ist die Gesamtzahl der in der Lösung vorhandenen Molekeln

$$g = c'(1 - x) + c'x + \frac{1000}{M_0} - n x c',$$

$$\frac{p_0 - p_g}{p_0} = \frac{c'}{\dfrac{1000}{M_0} + c'(1 - n x)}$$

und

$$\frac{p_0}{p_g} = \frac{1 + \dfrac{M_0 c'(1 - n x)}{1000}}{1 - \dfrac{M_0 c' n x}{1000}}$$

und demzufolge für die Gefrier- und Siedepunktsänderung

$$\frac{T - T_0}{T} = \pm \frac{R T_0}{L} \cdot \ln\left[\frac{1 + \dfrac{M_0 c'(1 - n x)}{1000}}{1 - \dfrac{M_0 c' n x}{1000}}\right].$$

Dieser Ausdruck in der eckigen Klammer kann natürlich je nach den Werten von n und x beliebig größer als $1 + \dfrac{M_0 c'}{1000}$ werden; er enthält aber außer den experimentell bestimmbaren Größen noch die beiden Unbekannten n und x, die daher ohne die Einführung weiterer Annahmen nicht berechnet werden können.

Man hat z. B. versucht (JONES[1], W. BILTZ[2] u. a.), die Anzahl der an den gelösten Stoff gebundenen Wassermolekeln in wäßrigen Lösungen

---

[1] Zusammenfassung: Z. physikal. Chem. Bd. 74, 325, 1910.
[2] Z. physikal. Chem. Bd. 40, S. 185, 1903.

unter der Annahme $x = 1$, d. h. die Annahme vollständiger Hydratation des gelösten Stoffes, zu berechnen; doch führen diese Rechnungen zu ziemlich unwahrscheinlichen Werten für n, die Anzahl der gebundenen Wassermolekeln. Andererseits ist es DOLEZALEK geglückt, für Lösungen organischer Flüssigkeiten miteinander unter der Annahme, daß $n = 1$ ist, aus den Dampfdruckmessungen von V. ZAWIDZKI x zu berechnen und zu zeigen, daß für die Verbindungsbildung ebenso wie für andere Reaktionen das Massenwirkungsgesetz gilt[1].

Überträgt man das Verfahren der genannten Autoren auf die Erklärung der Abweichungen, die die realen Gase von den Gasgesetzen zeigen, so muß man diese Abweichungen ebenfalls ausschließlich auf Rechnung von Dissoziationen oder Assoziationen setzen. Diese Konsequenz hat DRUCKER gezogen[2], und es ist nicht unwahrscheinlich, daß man auf diesem Wege zu rechnerisch befriedigenden Resultaten gelangen kann. Man würde aber damit den ungeheuren Fortschritt, den unsere Wissenschaft der VAN DER WAALSschen Theorie verdankt, vollständig aufgeben.

Deshalb erscheint es auch unwahrscheinlich, daß das Problem der konzentrierten Lösungen auf diesem Wege gelöst werden kann.

Achtes Kapitel.

Die Gesetze des chemischen Gleichgewichts.

1. Das Massenwirkungsgesetz für Gase.

In den Kapiteln 6 und 7 wurden die gegenseitigen Umwandlungen der verschiedenen Aggregatzustände eines und desselben Stoffes vom Standpunkte der Thermodynamik behandelt. Im folgenden wollen wir uns mit den spezifisch chemischen Umwandlungen befassen. Wiederum vermögen die beiden Hauptsätze der Thermodynamik uns lediglich die Gesetze des Gleichgewichts zu liefern; sie gestatten keine Aussage über die Zeit, in welcher sich die Umwandlung vollzieht (Reaktionsgeschwindigkeit).

Als einfachsten Fall, auf den, wie wir später sehen werden, alle übrigen zurückgeführt werden können, wählen wir eine chemische Reaktion, bei welcher keine Phasenänderung eintritt, bei der also sowohl die Ausgangsstoffe wie die Endprodukte eine einzige gemeinsame Phase bilden. Dies ist der Fall, wenn alle Reaktionsteilnehmer Gase sind oder eine homogene flüssige Lösung bilden. Als Lösungsmittel kann auch ein indifferenter, an der Reaktion nicht beteiligter Stoff dienen[3].

An die Spitze der folgenden Erörterungen ist der Satz zu stellen, daß alle derartigen, in einem homogenen System verlaufenden Reaktionen nicht vollständig bis zum Verschwinden der Ausgangsstoffe ver-

---

[1] Z. physikal. Chem. Bd. 64, S. 727, 1908; Bd. 71, S. 191, 1910.
[2] Z. physikal. Chem. Bd. 68, S. 616, 1909.
[3] Daß sich die Reaktion innerhalb einer festen Lösung abspielt, ist zwar theoretisch möglich, aber praktisch kaum in Betracht zu ziehen.

laufen, sondern haltmachen, wenn ein gewisses „chemisches" Gleichgewicht zwischen den einzelnen Reaktionsteilnehmern erreicht ist. Nach Stillstand der Reaktion müssen alle in die Reaktionsgleichung eintretenden Elemente oder Verbindungen in endlichen, wenn auch häufig sehr kleinen Konzentrationen vorhanden sein. Ein vollständiger thermodynamischer Beweis für dieses Gesetz ist bisher noch nicht erbracht worden; ebensowenig ist es möglich, einen Satz von derartiger Allgemeinheit, der alle im homogenen System verlaufenden Reaktionen umfaßt, in seinem ganzen Umfange empirisch zu beweisen. Trotzdem ist seine Gültigkeit aus später zu erörternden thermodynamischen Gründen anzunehmen.

Den ersten exakten experimentellen Nachweis eines homogenen chemischen Gleichgewichts verdanken wir Berthelot und Péan de St. Giles. Diese Forscher wiesen nach, daß die Bildung der Ester aus Alkohol und Säure niemals vollständig verläuft, sondern zum Stillstand kommt, ehe die gesamte angewendete Menge der Ausgangsstoffe sich umgesetzt hat. Ebenso verläuft die Spaltung der Ester in Alkohol und Säure nur bis zu einem Gleichgewicht. Später erkannten vor allem Deville u. a., daß viele gasförmige Verbindungen, z. B. Kohlendioxyd und Chlorwasserstoff, die sich anscheinend vollständig aus ihren Komponenten bilden, bei hohen Temperaturen in diese Komponenten spalten, z. B. nach der Gleichung $2\,CO_2 = 2\,CO + O_2$ und $2\,HCl = H_2 + Cl_2$. Derartige Reaktionen, die unter gewissen Bedingungen in der einen, unter anderen in der entgegengesetzten Richtung verlaufen, bezeichnete man als „umkehrbare" Reaktionen und deutete ihre Umkehrbarkeit nach dem Vorgange von van't Hoff dadurch an, daß man in der Reaktionsgleichung das Gleichheitszeichen $=$ durch das Symbol $\rightleftharpoons$ ersetzte, z. B. die Bildung und den Zerfall des Chlorwasserstoffes durch die Gleichung

$$H_2 + Cl_2 \rightleftharpoons 2\,HCl$$

darstellte. In den letzten Jahrzehnten ist nun der Nachweis erbracht worden, daß sämtliche Gasreaktionen sowie viele Reaktionen in Lösungen unter gewissen Bedingungen in diesem Sinne umkehrbar sind, z. B. Gasreaktionen bei hohen Temperaturen. Dann ist aber nach dem Prinzip der Stetigkeit zu schließen, daß sie es auch unter allen Bedingungen sind, und daß der Nachweis der Umkehrbarkeit mitunter nur dadurch erschwert oder unmöglich gemacht wird, daß die am Gleichgewicht teilnehmenden Konzentrationen der Ausgangsstoffe häufig so klein sind, daß sie sich dem analytischen Nachweis entziehen. Demnach könnten alle im homogenen System verlaufenden Umsetzungen als „umkehrbar" bezeichnet werden, so daß sich die Einführung dieses neuen Begriffes der umkehrbaren Reaktionen erübrigt. Da außerdem eine Verwechslung mit dem thermodynamisch definierten Begriffe der umkehrbar (reversibel) verlaufenden Vorgänge naheliegt, so erscheint es zweckmäßig, die Scheidung zwischen den „umkehrbaren" und „nichtumkehrbaren" chemischen Reaktionen aufzugeben und die Worte umkehrbar und nichtumkehrbar (reversibel und irreversibel) nur in ihrer thermodynamischen Bedeutung zu verwenden.

Nunmehr läßt sich auf rein thermodynamischem Wege der folgende Satz ableiten: In jedem homogenen chemischen Gleichgewicht besitzt eine bestimmte Funktion der am Gleichgewicht teilnehmenden Konzentrationen bei konstanten äußeren Bedingungen, also bei konstanter Temperatur und konstantem Druck, oder bei konstanter Temperatur und konstantem Volumen, einen bestimmten unveränderlichen Wert, welcher Art auch die einzelnen Konzentrationen sein mögen, also

$$f(c_1, c_2, \ldots c_s) = K \,, \tag{1}$$

wenn $c_1, c_2, \ldots c_s$ diejenigen Konzentrationen der s verschiedenen, bei der Umsetzung verschwindenden und entstehenden Stoffe bedeutet, bei deren gleichzeitigem Vorhandensein die Stoffe miteinander nicht reagieren, sondern im Gleichgewicht stehen. K ist nur abhängig von den Zustandsvariablen (Temperatur und Druck oder Volumen) und der chemischen Natur aller beteiligten Stoffe, bei Lösungen auch von der Natur des Lösungsmittels, nicht aber von den Konzentrationen.

Der Sinn dieser Gleichung ist folgender: Verändert man in einem Gleichgewicht willkürlich die Konzentration irgendeines Stoffes und hält gleichzeitig Temperatur und Druck oder Temperatur und Volumen konstant, so tritt notwendigerweise eine Umsetzung ein, bis die Konzentrationen aller Stoffe derartige Werte angenommen haben, daß wiederum Gleichung (1) erfüllt ist.

Zum Beweise benutzen wir den Satz (vgl. Kap. 5, S. 99), daß in einem im Gleichgewicht befindlichen System jeder Vorgang, der das Gleichgewicht nicht stört, reversibel erfolgt (z. B. das Rollen einer Kugel auf einer Ebene), und daß daher nach dem zweiten Hauptsatz die bei dem Vorgang eintretende Entropieänderung, falls dieser isotherm verläuft, durch den Quotienten $\delta Q/T$ gegeben ist, also $\delta S = \delta Q/T$ (s. S. 106). Hierbei bedeutet δS jede mit den gegebenen Bedingungen verträgliche Änderung der gesamten Entropie des Systems und δQ die dabei aufgenommene Wärmemenge.

Nach S. 110 ist die Entropie einer Gasmischung gleich der Summe der Entropien der einzelnen Gase für den ganzen zur Verfügung stehenden Raum gerechnet, also

$$S = \sum_i n_i S_i \,,$$

wenn S_i die molare Entropie des $i$ten Gases und n_i die von ihm vorhandene Anzahl Mole ist[1]. Da alle Größen S_i sowie δQ bestimmte Funktionen der Konzentrationen c_i sowie der Zustandsvariablen und der chemischen Natur der einzelnen Reaktionsteilnehmer sind, so kann man die Gleichung

$$\delta S = \delta \sum_i n_i S_i = \delta Q/T \,, \tag{2}$$

die den Inhalt des zweiten Hauptsatzes der Thermodynamik in seiner Anwendung auf reversible chemische Reaktionen enthält, auch in der allgemeinen Form der Gleichung (1) schreiben.

---

[1] Nehmen s Gase am Gleichgewicht teil, so durchläuft i bei der Summation die Zahlen von 1 bis s.

Die analytische Form der Funktion f kann man aus rein thermodynamischen Betrachtungen nicht ableiten, dazu benötigt man die Zustandsgleichungen aller an der Reaktion teilnehmenden Stoffe. Sind diese bekannt, so kann man die Entropien S_i als Funktionen der Konzentration und der Zustandsvariablen darstellen. Am einfachsten gestaltet sich diese Ableitung für die idealen Gase, für die Gleichung (1) in das bekannte „Massenwirkungsgesetz" übergeht.

Für ein ideales Gas, dessen Zustandsgleichung $p_i V_i = RT$, und dessen Molekularwärme C_{vi} unabhängig von der Temperatur ist, ist die Entropie eines Moles gegeben durch die Gleichung (vgl. S. 107)

$$S_i = C_{vi} \ln T + R \ln V_i + S_{vi} = C_{vi} \ln T - R \ln c_i + S_{vi}, \qquad (3)$$

also

$$S = \sum_i n_i (C_{vi} \ln T - R \ln c_i + S_{vi}).$$

Ableitung für konstantes Volumen. Werden nun z. B. Temperatur und Gesamtvolumen konstant gehalten, so bleibt das Gleichgewicht bei allen Änderungen erhalten, d. h. es tritt bei allen Änderungen kein Umsatz ein, für die

$$\delta_{T,v} S = \delta_{T,v} \sum_i n_i (C_{vi} \ln T - R \ln c_i + S_{vi}) = \delta Q/T$$

ist. Für konstante Temperatur und konstantes Volumen ist

$$\delta \sum_i n_i (C_{vi} \ln T - R \ln c_i + S_{vi})$$
$$= \sum_i n_i (- R \delta \ln c_i) + \sum_i \delta n_i (C_{vi} \ln T - R \ln c_i + S_{vi}).$$

Nun ist

$$\delta \ln c_i = \frac{1}{c_i} \delta c_i = \frac{1}{n_i} \delta n_i,$$

also

$$\delta_{T,v} S = \sum_i \delta n_i (- R + C_{vi} \ln T - R \ln c_i + S_{vi}) = \delta Q/T.$$

Wir multiplizieren beide Seiten der Gleichung mit einer Größe α derart, daß $\alpha \delta n_1$, $\alpha \delta n_2$, ... kleine ganze Zahlen ν_1, ν_2, ... ν_i ... werden, die positiv oder negativ sind, je nachdem der $i$te Stoff bei dem Umsatz entsteht oder verschwindet. $\alpha \delta Q = - U_v$ ist dann die negative molare Wärmetönung der Reaktion bei konstantem Volumen, und wir haben

$$\sum \nu_i (- R + C_{vi} \ln T - R \ln c_i + S_{vi}) = - \frac{U_v}{T}$$

oder

$$\ln c_1^{\nu_1} c_2^{\nu_2} \ldots c_i^{\nu_i} \ldots = \frac{U_v}{RT} + \frac{1}{R} \sum_i \nu_i C_{vi} \ln T + \frac{\sum \nu_i (S_{vi} - R)}{R}.$$

Die rechte Seite enthält bei idealen Gasen, deren Energie vom Volumen und Druck unabhängig ist, lediglich Größen, die von der chemischen Natur der sich umsetzenden Stoffe und der Temperatur abhängig, von den Volumina bzw. den Konzentrationen jedoch unabhängig sind.

Daher kann man für eine isotherme Reaktion mit dem allgemeinen Reaktionsschema

$$- \nu_a A - \nu_b B - \ldots = \nu_i J + \nu_k K + \ldots$$

auch schreiben:

$$\ln c_a^{\nu_a} c_b^{\nu_b} \ldots c_i^{\nu_i} c_k^{\nu_k} \ldots = \frac{U_v}{RT} + \frac{1}{R} \sum_i \nu_i C_{vi} \ln T + \frac{\sum_i \nu_i (S_{vi} - R)}{R} = \ln K_v \quad (4)$$

oder

$$\frac{c_i^{\nu_i} c_k^{\nu_k} \ldots}{c_a^{-\nu_a} c_b^{-\nu_b} \ldots} = K_v \, .$$

Dies ist der allgemeine Ausdruck des Massenwirkungsgesetzes, wie es zuerst von GULDBERG und WAAGE empirisch ausgesprochen und von VAN'T HOFF thermodynamisch mit Hilfe eines umkehrbaren Kreisprozesses begründet wurde. Der Einfluß einer isothermen Volumen- oder Druckänderung auf ein im chemischen Gleichgewicht befindliches Gasgemenge macht sich also in der Weise geltend, daß der auf der linken Seite der Gleichung (4) stehende Ausdruck konstant bleibt. Da bei der Volumenänderung alle Konzentrationen gleichmäßig verändert werden, so bleibt das Gleichgewicht nur dann erhalten, wenn im Zähler und Nenner gleiche Potenzen der Konzentrationen stehen, d. h. nur bei Reaktionen, bei denen sich die vorhandene Anzahl Mole nicht ändert, bei denen also $\sum_i \nu_i = 0$ ist. Bei allen anderen Umsetzungen verschiebt sich das Gleichgewicht durch Kompression zugunsten derjenigen Reaktionsseite, welche die kleinere Molekelzahl enthält und umgekehrt (Prinzip von LE CHATELIER-BRAUN).

Als Beispiel betrachten wir die Bildung von Schwefeltrioxyd aus Schwefeldioxyd und Sauerstoff nach der Gleichung

$$2\,SO_2 + O_2 = 2\,SO_3 \, .$$

Hier sind

$$\nu_{SO_2} = -2; \quad \nu_{O_2} = -1; \quad \nu_{SO_3} = 2 \, ,$$

und U_v ist die Wärmetönung, die bei der Bildung von zwei Molen SO_3 frei wird, also

$$\ln \frac{c^2_{SO_3}}{c^2_{SO_2} c_{O_2}} = \frac{U_v}{RT} + \frac{\ln T}{R} (2\,C_{v\,SO_3} - 2\,C_{v\,SO_2} - C_{v\,O_2})$$

$$+ \frac{1}{R} (2\,S_{v\,SO_3} - 2\,S_{v\,SO_2} - S_{v\,O_2} + R) \, .$$

Ableitung für konstanten Druck. Das Massenwirkungsgesetz behält auch seine Gültigkeit, wenn man an Stelle der Konzentrationen die Partialdrucke einführt. Nach der Gasgleichung ist $p_i = RT c_i$ usw., also

$$\ln c_i = \ln p_i - \ln RT,$$

also

$$\ln \frac{c_i^{\nu_i} c_k^{\nu_k} \ldots}{c_a^{-\nu_a} c_b^{-\nu_b} \ldots} = \ln \frac{p_i^{\nu_i} p_k^{\nu_k} \ldots}{p_a^{-\nu_a} p_b^{-\nu_b} \ldots} - \sum_i \nu_i \ln RT$$

und

$$\ln \frac{p_i^{\nu_i} p_k^{\nu_k} \cdots}{p_a^{-\nu_a} p_b^{-\nu_b} \cdots} = \ln K_v + \sum_i \nu_i \ln R T = \ln K_p \, . \qquad (4\,\mathrm{a})$$

Die Gleichgewichtskonstanten K_v und K_p sind einander gleich, wenn die Reaktion ohne Vermehrung der Molekelzahl vor sich geht. Sonst unterscheiden sie sich durch den Faktor $(R\,T)^{\sum_i \nu_i}$.

Um den Zusammenhang zwischen K_p, U_p und C_p zu verstehen, wollen wir nicht in die fertige Formel für K_v diese Werte einsetzen, sondern das Massenwirkungsgesetz für konstanten Druck direkt aus dem Ausdruck für die Entropie ableiten. Setzen wir in Gleichung (3), S. 219

$$C_{vi} = C_{pi} - R \, ,$$
$$V_i = \frac{R\,T}{p_i} \, ,$$

wo p_i der Partialdruck des $i$ten Gases ist, mit der Bedingung $p_1 + p_2 + \ldots + p_i + \ldots = p$, dem Gesamtdruck gleich, so ergibt sich

$$S_i = C_{pi} \ln T - R \ln T + R \ln R + R \ln T - R \ln p_i + S_{vi} \, ,$$
$$S_i = C_{pi} \ln T - R \ln p_i + S_{pi} \quad \text{mit}$$
$$S_{pi} = S_{vi} + R \ln R \, .$$

Also ist die Entropie einer Gasmischung, in der n_i Mole des $i$ten Gases usw. enthalten sind,

$$S = \sum_i n_i \left(C_{pi} \ln T - R \ln p_i + S_{pi} \right) \, .$$

Gleichgewicht ist vorhanden, wenn nur reversible Vorgänge möglich sind, also

$$\delta S = \delta \sum_i n_i \left(C_{pi} \ln T - R \ln p_i + S_{pi} \right) = \delta Q/T \, .$$

Für konstante Temperatur und konstanten Druck ist

$$\delta_{T,p} \sum_i n_i \left(C_{pi} \ln T - R \ln p_i + S_{pi} \right)$$
$$= \sum_i n_i \left(- R \, \delta \ln p_i \right) + \sum_i \delta n_i \left(C_{pi} \ln T - R \ln p_i + S_{pi} \right) \, .$$

Nun ist $\delta \ln p_i = \dfrac{1}{p_i} \, \delta p_i$ und

$$p_i = \frac{n_i R\,T}{V} = \frac{n_i p}{\sum_i n_i} \, ;$$

also

$$\sum_i n_i \, \delta \ln p_i = \sum_i \frac{n_i}{p_i} \, \delta p_i = \frac{\sum_i n_i}{p} \sum_i \delta p_i = 0 \, ,$$

weil $\sum_i p_i = p$ konstant gehalten werden soll.

Also

$$\delta_{T,p} S = \sum_i \delta n_i \left(C_{pi} \ln T - R \ln p_i + S_{pi} \right) = \delta Q/T \, .$$

Wir führen hier ganz analog dem Fall mit konstantem Volumen eine Größe α ein, so daß $\alpha \delta n_1$, $\alpha \delta n_2$, $\ldots$ kleine ganze Zahlen ν_1, ν_2, $\ldots$

werden. $\alpha\,\delta\,Q = -\,U_p$ ist die negative Reaktionswärme bei konstantem Druck, die sich von U_v um die Ausdehnungsarbeit $\sum\limits_i \nu_i\,R\,T$ unterscheidet. Wir haben also

$$\sum\limits_i \nu_i\,(C_{pi}\ln T - R\ln p_i + S_{pi}) = -\,\frac{U_p}{T} \qquad (4\,\text{b})$$

oder
$$\ln p_1^{\nu_1}\,p_2^{\nu_2}\,\ldots\,p_i^{\nu_i}\,\ldots =$$
$$\frac{U_p}{R\,T} + \frac{1}{R}\sum\limits_i \nu_i\,C_{pi}\ln T + \frac{\sum \nu_i S_{pi}}{R} = \ln K_p\,. \qquad (4\,\text{c})$$

Unter Berücksichtigung von
$$U_p = U_v - \sum\limits_i \nu_i\,R\,T$$
$$C_{pi} = C_{vi} + R$$
$$S_{pi} = S_{vi} + R\ln R$$

liefert eine Subtraktion der Gleichung (4) von (4c) die Beziehung
$$\ln K_p - \ln K_v = \sum\limits_i \nu_i\cdot\ln R\,T\,,$$

wie Gleichung (4a) sie verlangt.

Eine schöne experimentelle Bestätigung des Massenwirkungsgesetzes für das Gleichgewicht bei der Schwefeltrioxydbildung verdanken wir BODENSTEIN und POHL[1]. Ihre Versuchsresultate für 1000^0 abs. $= 727^0$ C sind in folgender Tabelle enthalten (in Atmosphären).

$$K_p = \frac{p^2 \text{SO}_3}{p^2 \text{SO}_2\,\,p_{\text{O}_2}}\,.$$

p_{SO_3}	p_{SO_2}	p_{O_2}	K_p
0,325	0,273	0,402	3,56
0,338	0,309	0,353	3,38
0,364	0,456	0,180	3,54
0,365	0,470	0,167	3,51
0,355	0,481	0,164	3,32
0,334	0,564	0,102	3,48
0,333	0,566	0,101	3,47
		Mittel	3,48

Beim ersten Versuch wurde das Gleichgewicht durch Zersetzung des SO_3, bei allen übrigen durch Vereinigung von SO_2 und O_2 erreicht.

Bei der Ableitung des Massenwirkungsgesetzes war die Voraussetzung gemacht worden, daß die reagierenden Gase der Gasgleichung $p\,V = R\,T$ folgen, und daß ihre Molekularwärme von der Temperatur unabhängig sei.

Wie weiter unten gezeigt werden wird, genügt jedoch bereits die erstere Voraussetzung, so daß das Massenwirkungsgesetz auch für Gase, deren spezifische Wärme sich mit der Temperatur beträchtlich ändert, seine Gültigkeit behält. Vorläufig wollen wir jedoch in erster Annäherung beide Voraussetzungen als zutreffend annehmen.

2. Temperaturabhängigkeit des Gleichgewichts.

Gleichung der Reaktionsisochore für konstante spezifische Wärmen. Die Abhängigkeit der Gleichgewichtskonstante K_v von der Temperatur ist durch Gleichung (4) gegeben, nämlich

$$\ln K_v = \frac{U_r}{R\,T} + \frac{\sum\limits_i \nu_i C_{vi}}{R}\ln T + \frac{\sum\limits_i \nu_i\,(S_{vi} - R)}{R}$$

[1] Z. Elektrochem. Bd. 11, S. 373, 1905.

Den Sinn dieser Abhängigkeit, d. h. das Vorzeichen der Änderung von K_v mit wachsender Temperatur erkennt man am besten durch Differentiation, nämlich

$$\left(\frac{\partial \ln K_v}{\partial T}\right)_v = -\frac{U_v}{R T^2} + \frac{1}{R T}\left(\frac{\partial U_v}{\partial T}\right)_v + \frac{\sum_i \nu_i C_{vi}}{R T}$$

oder, da nach S. 94 die Abhängigkeit der Reaktionswärme U_v von der Temperatur durch die Änderung der spezifischen Wärmen bei konstantem Volumen gegeben ist, da also

$$\left(\frac{\partial U_v}{\partial T}\right)_v = -\sum_i \nu_i C_{vi},$$

ist

$$\left(\frac{\partial \ln K_v}{\partial T}\right)_v = -\frac{U_v}{R T^2}. \tag{5}$$

Dies ist die bekannte Gleichung der Reaktionsisochore (VAN'T HOFF). Sie besagt qualitativ, daß die Gleichgewichtskonstante bei exothermen Reaktionen ($U_v > 0$) mit steigender Temperatur abnimmt und bei endothermen Reaktionen ($U_v < 0$) zunimmt, daß also, da die bei der Reaktion entstehenden Stoffe im Zähler der Konstanten stehen, stets die Bildung der unter Wärme*bindung* entstehenden Stoffe durch Temperatursteigerung begünstigt wird. Ihre quantitative Prüfung erfolgt gewöhnlich dadurch, daß man sie über ein kleines Temperaturbereich integriert und in diesem die Reaktionswärme konstant setzt. Dies ist berechtigt, da erfahrungsgemäß

$$\left(\frac{\partial U_v}{\partial T}\right)_v = -\sum_i \nu_i C_{vi}$$

immer klein ist. Dann erhält man

$$\int_{T_1}^{T_2} d \ln K_v = -\int_{T_1}^{T_2} \frac{U_v}{R T^2}\, d T$$

und

$$\ln \frac{K_{v2}}{K_{v1}} = \frac{U_v}{R}\left(\frac{1}{T_2} - \frac{1}{T_1}\right) = \frac{U_v\,(T_1 - T_2)}{R T_1 T_2}. \tag{6}$$

Die Gleichgewichtskonstante K_{v2} bei der Temperatur T_2 ist also aus der Wärmetönung U_v und der Gleichgewichtskonstante K_{v1} bei T_1 berechenbar.

Zur experimentellen Prüfung von (6) bestimmt man zweckmäßig K_{v1} und K_{v2} bei naheliegenden Temperaturen T_1 und T_2 und berechnet die Wärmetönung U_v, die man dann mit der kalorimetrisch gefundenen vergleicht. Ist die Gleichgewichtskonstante aus Partialdrucken berechnet (K_p), so ergeben sich aus Gleichung (4b) und

$$\left(\frac{\partial U_p}{\partial T}\right)_p = -\sum_i \nu_i C_{pi}$$

dieselben Gleichungen (5) und (6), in denen nur überall der Index v durch p ersetzt werden muß.

Die experimentelle Bestätigung von (6) entnehmen wir wieder der Arbeit von BODENSTEIN und POHL[1] über die Bildung des Schwefeltrioxyds.

$$U_{v,\ \text{ber.}} = \frac{2\,T_1 T_2}{T_1 - T_2}\, 2{,}3\ \lg \frac{K_{v_2}}{K_{v_1}} \quad \text{mit } K_v = \frac{c^2{}_{SO_3}}{c^2{}_{SO_2}\, c_{O_2}}\,.$$

Prüfung der integrierten Reaktionsisochore
an der Schwefeltrioxydbildung.

T	$\lg K_v$ gef.	$\lg \dfrac{K_{v_2}}{K_{v_1}}$	$T_1 - T_2$	U_v ber.	U_v gef. bei Zimmertemperatur
801	4,810				
852	4,116	0,694	51	42400	
900	3,500	0,616	48	45000	41000 nach
953	2,951	0,549	53	40700	THOMSEN
1000	2,451	0,500	47	46300	und
1062	1,900	0,551	62	43100	45200 nach
1105	1,553	0,347	43	43100	BERTHELOT
1170	1,088	0,465	65	42300	
			Mittel	43270	

Ein Gang der U-Werte mit der Temperatur läßt sich mit der erreichten Genauigkeit nicht feststellen. Jedenfalls ist die Übereinstimmung mit dem bei Zimmertemperatur experimentell gefundenen Wert angesichts dessen Unsicherheit befriedigend.

Ableitung für temperaturabhängige spezifische Wärmen. Ehe wir zur Prüfung der Gleichung (4) übergehen, müssen wir die Frage erörtern, welche Form das Massenwirkungsgesetz annimmt, wenn die reagierenden Gase zwar der Gasgleichung $pV = RT$ hinreichend genau folgen, aber eine mit der Temperatur *veränderliche* spezifische Wärme besitzen. Dann trifft Gleichung (3) nicht mehr zu, sondern ist nach Kap. 5 S. 107 zu ersetzen durch

$$S_i = \int \frac{C_{vi}}{T}\,dT + R \ln V_i + S_{vi} = \int \frac{C_{vi}}{T}\,dT - R \ln c_i + S_{vi}, \quad (7)$$

worin C_{vi} eine Funktion von T ist. Die Integration ist nur ausführbar, wenn diese Funktion bekannt ist.

Aus (7) und (2) erhält man dann

$$\ln \frac{c_i^{\,\nu_i}\, c_k^{\,\nu_k} \cdots}{c_a^{-\nu_a}\, c_b^{-\nu_b} \cdots} = \frac{U_r}{RT} + \frac{1}{R} \int \frac{\sum\limits_i \nu_i C_{vi}}{T}\,dT + \frac{\sum\limits_i \nu_i (S_{vi} - R)}{R}\,.$$

Da, solange C_v unabhängig vom Volumen ist, die rechte Seite wiederum eine Funktion von T allein ist, so ist sie bei isothermen Vorgängen konstant, d. h. von den Konzentrationen unabhängig und kann

---

[1] Die dort angegebene Tabelle ist nach einer mir freundlicherweise gemachten mündlichen Mitteilung Herrn Professor BODENSTEINS durch die oben wiedergegebene zu ersetzen.

in der Form $\ln K_v$ geschrieben werden. Das Massenwirkungsgesetz behält also seine Gültigkeit (vgl. S. 222). Dasselbe gilt von der Gleichung der Reaktionsisochore, denn durch Differentiation erhält man

$$\left(\frac{\partial \ln K_v}{\partial T}\right)_v = -\frac{U_v}{RT^2} + \frac{1}{RT}\left(\frac{\partial U_v}{\partial T}\right)_v + \frac{\sum_i \nu_i C_{vi}}{RT} = \frac{-U_v}{RT^2},$$

da wiederum

$$\left(\frac{\partial U_v}{\partial T}\right)_v = -\sum_i \nu_i C_{vi}$$

ist. Die Gleichgewichtskonstante K_v ist in ihrer Temperaturabhängigkeit aber jetzt durch

$$\ln K_v = \frac{U_r}{RT} + \frac{1}{R}\int \frac{\sum_i \nu_i C_{vi}}{T}\, dT + \frac{\sum_i \nu_i (S_{vi} - R)}{R} \tag{8}$$

gegeben.

Entsprechend hat man

$$S_i = \int \frac{C_{pi}}{T}\, dT - R \ln p_i + S_{pi} \tag{7a}$$

und mit Gleichung (2)

$$\ln K_p = \frac{U_p}{RT} + \frac{1}{R}\int \frac{\sum_i \nu_i C_{pi}}{T}\, dT + \frac{\sum_i \nu_i S_{pi}}{R}. \tag{8a}$$

Integration der VAN'T HOFFschen Gleichung bei konstanter spezifischer Wärme. Die Prüfung der Gleichungen (4) und (8) ist erst in neuester Zeit, vor allem durch HABER und NERNST, in Angriff genommen worden. Aus historischen Gründen gingen beide von der VAN'T HOFFschen Gleichung (5) aus und integrierten diese.

Für konstante spezifische Wärmen wird aus

$$\left(\frac{\partial U_v}{\partial T}\right)_v = -\sum_i \nu_i C_{vi}: \qquad U_v = U_0 - \sum_i \nu_i C_{vi} T$$

und

$$\ln K_v = -\int \frac{U_v}{RT^2}\, dT + I_v = \frac{U_0}{RT} + \frac{\sum_i \nu_i C_{vi}}{R}\ln T + I_v \tag{9}$$

und entsprechend aus

$$\left(\frac{\partial U_p}{\partial T}\right)_p = -\sum_i \nu_i C_{pi}, \qquad U_p = U_0 - \sum_i \nu_i C_{pi} T$$

und

$$\ln K_p = -\int \frac{U_p}{R\,T^2}\,dT + I_p = \frac{U_0}{R\,T} + \frac{\sum\limits_i \nu_i C_{pi}}{R}\ln T + I_p\,, \quad (9\mathrm{a})$$

wo I_v und I_p unbekannte Integrationskonstante sind.

Führt man andererseits die benutzten Ausdrücke für U_v und U_p in (4) bzw. (4c) ein, so ergibt sich

$$\ln K_v = \frac{U_0}{R\,T} - \frac{1}{R}\sum_i \nu_i C_{vi} + \frac{1}{R}\sum_i \nu_i C_{vi}\ln T + \frac{\sum\limits_i \nu_i (S_{vi} - R)}{R}$$

und

$$\ln K_p = \frac{U_0}{R\,T} - \frac{1}{R}\sum_i \nu_i C_{pi} + \frac{1}{R}\sum_i \nu_i C_{pi}\ln T + \frac{\sum\limits_i \nu_i S_{pi}}{R}\,.$$

Der Vergleich mit der integrierten van't Hoffschen Gleichung liefert

$$I_v = \frac{\sum\limits_i \nu_i\,(S_{vi} - R - C_{vi})}{R} = \frac{\sum\limits_i \nu_i\,(S_{vi} - C_{pi})}{R} \qquad (10)$$

und

$$I_p = \frac{\sum\limits_i \nu_i\,(S_{pi} - C_{pi})}{R} = \frac{\sum\limits_i \nu_i\,(S_{vi} + R\ln R - C_{pi})}{R}\,. \qquad (10\mathrm{a})$$

Integration für temperaturabhängige spezifische Wärmen. Setzt man die spezifischen Wärmen nicht temperaturunabhängig an, sondern fügt man zu dem klassischen Wert noch ein Glied C_s hinzu, das dem Schwingungsanstieg nach Einstein (vgl. S. 44) entspricht, so kommt man nach demselben Verfahren wie oben zu den Gleichungen (10) und (10a), in denen nun C_{vi} bzw. C_{pi} den temperaturunabhängigen Anteil der spezifischen Wärme bedeuten. Denn wegen

$$U_v = U_0 - \sum_i \nu_i C_{voi}\,T - \int \sum_i \nu_i C_{si}\,dT$$

wird

$$\begin{aligned}
\ln K_v &= -\int \frac{U_v}{R\,T^2}\,dT + I_v \\
&= \frac{U_0}{R\,T} + \frac{\sum\limits_i \nu_i C_{voi}}{R}\ln T + \int \frac{\int \sum\limits_i \nu_i C_{si}\,dT}{R\,T^2}\,dT + I_v
\end{aligned} \qquad (9\mathrm{b})$$

und mit einem entsprechenden Ausdruck für U_p

$$\begin{aligned}
\ln K_p &= -\int \frac{U_p}{R\,T^2}\,dT + I_p \\
&= \frac{U_0}{R\,T} + \frac{\sum\limits_i \nu_i C_{poi}}{R}\ln T + \int \frac{\int \sum\limits_i \nu_i C_{si}\,dT}{R\,T^2}\,dT + I_p\,.
\end{aligned} \qquad (9\mathrm{c})$$

Andererseits wird mit unserm Ansatz für U_v aus (8)

$$\ln K_v = \frac{U_0}{RT} - \frac{1}{R} \sum_i \nu_i C_{voi} - \frac{1}{RT} \int \sum_i \nu_i C_{si}\, dT + \frac{1}{R} \sum_i \nu_i C_{voi} \ln T$$

$$+ \frac{1}{R} \int \frac{\sum_i \nu_i C_{si}}{T}\, dT + \frac{\sum_i \nu_i (S_{vi} - R)}{R}$$

und entsprechend aus (8a)

$$\ln K_p = \frac{U_0}{RT} - \frac{1}{R} \sum_i \nu_i C_{poi} - \frac{1}{RT} \int \sum_i \nu_i C_{si}\, dT + \frac{1}{R} \sum_i \nu_i C_{poi} \ln T$$

$$+ \frac{1}{R} \int \frac{\sum_i \nu_i C_{si}}{T}\, dT + \frac{\sum_i \nu_i S_{pi}}{R}\,.$$

Durch partielle Integration nach dem Schema

$$xy = \int x \frac{dy}{dT}\, dT + \int y \frac{dx}{dT}\, dT$$

ergibt sich mit

$$y = \frac{1}{T} \quad \text{und} \quad x = \int \sum_i \nu_i C_{si}\, dT\,,$$

$$\frac{1}{T} \int \sum_i \nu_i C_{si}\, dT = - \int \frac{\int \sum_i \nu_i C_{si}\, dT}{T^2}\, dT + \int \frac{\sum_i \nu_i C_{si}}{T}\, dT\,.$$

Also

$$\ln K_v = \frac{U_0}{RT} + \frac{1}{R} \int \frac{\int \sum_i \nu_i C_{si}\, dT}{T^2}\, dT + \frac{\sum_i \nu_i C_{voi}}{R} \ln T$$

$$+ \frac{\sum_i \nu_i (S_{vi} - R - C_{voi})}{R}$$

und

$$\ln K_p = \frac{U_0}{RT} + \frac{1}{R} \int \frac{\int \sum_i \nu_i C_{si}\, dT}{T^2}\, dT + \frac{\sum_i \nu_i C_{poi}}{R} \ln T$$

$$+ \frac{\sum_i \nu_i (S_{pi} - C_{poi})}{R}\,.$$

Der Vergleich mit der integrierten VAN'T HOFFschen Gleichung
liefert die Beziehungen (10) und (10a). Also läßt sich die allgemeine,
thermodynamisch unbestimmte Integrationskonstante der VAN'T HOFF-
schen Gleichung als eine Summe von Konstanten darstellen, die für
jeden einzelnen am Gleichgewicht teilnehmenden Stoff charakteristisch
sind.

Wären die Entropiekonstanten S_{vi} sowie die spezifischen Wärmen
und ihre Temperaturkoeffizienten für alle Gase bekannt, so könnte man

die Gleichgewichtskonstanten K für alle Gasreaktionen und alle Temperaturen aus der Wärmetönung der betreffenden Reaktion im voraus berechnen. Während aber C_v oder C_p und C_s für jedes Gas durch Messung der spezifischen Wärmen bei verschiedenen Temperaturen bestimmt werden können, läßt sich aus den beiden Hauptsätzen der Thermodynamik kein Weg aufweisen, die Stoffkonstante S_{vi} aus irgendwelchen experimentellen Daten zu berechnen; dies ist erst NERNST durch Aufstellung seines Wärmetheorems gelungen (vgl. Kap. 13)[1].

Solange uns also die Kenntnis der Entropiekonstanten S_{vi} fehlt, sind wir zur Berechnung von K aus thermischen Daten darauf angewiesen, die Gleichgewichtskonstante K bei einer beliebigen Temperatur T experimentell zu bestimmen, dann die Integrationskonstante I nach (9) bzw. (9b) zu berechnen. Ist dies geschehen, so ist es allerdings möglich, die Lage des Gleichgewichts und damit die Reaktionsfähigkeit der Gase bei allen Temperaturen vorauszusagen, wenn die spezifischen Wärmen der Reaktionsteilnehmer bei allen Temperaturen bekannt sind.

Diese Aufgabe ist allerdings in den meisten Fällen nur mit einer gewissen Annäherung lösbar; denn, um den richtigen ν-Wert der EINSTEINschen Formel für die spezifische Wärme zu bestimmen, genügen meist die experimentell bekannten C-Werte nicht. Andererseits muß man, besonders bei mehratomigen Molekeln (H_2O, CO_2 usw.) beachten, daß sie unter den gegebenen Bedingungen Abweichungen von der Gasgleichung $pV = RT$, die unserer Ableitung zugrunde liegt, zeigen.

Trotzdem ist es besonders HABER und NERNST in ihren bereits mehrfach erwähnten Werken gelungen, Formeln von der Form (9ff.) aufzustellen, die mit den experimentellen Bestimmungen von K recht befriedigend übereinstimmen. Auf die experimentellen Methoden zur Bestimmung von Gasgleichgewichten soll an dieser Stelle nicht eingegangen werden. Sie sind z. B. in NERNSTS Lehrbuch eingehend erörtert.

Angenäherte Berechnung von Gasgleichgewichten. Im folgenden soll die Anwendung der Gleichungen (4) und (9) durch einige Beispiele erläutert werden. Da die Schwingungsenergie erfahrungsgemäß meist erst bei sehr hohen Temperaturen merkbar wird und daher die entsprechenden Glieder besonders bei Reaktionen mit großer Wärmetönung U gegen das erste Glied nicht sehr in Betracht kommen, so soll in erster Annäherung für die folgende Rechnung die spezifische Wärme konstant gleich dem betreffenden klassischen Wert gesetzt werden.

Wir setzen also die Molekularwärme C_v für alle einatomigen Gase $= 3$, für alle zweiatomigen Gase (O_2, N_2, CO, H_2 usw.) $= 5$ und für die dreiatomigen Gase (H_2O) $= 6$. Obwohl diese Annahme sicher nicht ganz richtig ist, so sind die hierdurch bedingten Fehler anscheinend so gering, daß sie die experimentelle Bestätigung der theoretisch ab-

---

[1] Es ist sehr lehrreich, zum Verständnis der Lage vor der Einführung des NERNSTschen Wärmetheorems in die Thermodynamik etwa die HABERsche Darstellung in seiner „Thermodynamik technischer Gasreaktionen", München 1905, nachzulesen.

geleiteten Formeln nicht beträchtlich stören. Nach den eben genannten Annahmen ist demnach (4)

$$\ln K_v = \frac{U_v}{RT} + \frac{\sum_i \nu_i C_{vi}}{R} \ln T + \frac{\sum_i \nu_i (S_{vi} - R)}{R}.$$

U_v ist die Reaktionswärme bei der Temperatur T; da die spezifischen Wärmen konstant angenommen sind, ist sie aus der bei T_1 (meist Zimmertemperatur) bestimmten Reaktionswärme U_{v1} berechenbar nach der linearen Formel $U_v = U_{v1} - \sum_i \nu_i C_{vi} (T - T_1)$. Mithin ist

$$\begin{aligned}
\ln K_v &= \frac{U_{v1}}{RT} - \frac{\sum_i \nu_i C_{vi}}{R} \frac{(T - T_1)}{T} + \frac{\sum_i \nu_i C_{vi}}{R} \ln T + \frac{\sum_i \nu_i (S_{vi} - R)}{R} \\
&= \frac{U_{v1}}{RT} + \frac{\sum_i \nu_i C_{vi}}{R} \frac{T_1}{T} + \frac{\sum_i \nu_i C_{vi}}{R} \ln T + I_v.
\end{aligned} \tag{11}$$

Da $\sum_i \nu_i C_{vi}$ für alle einfachen Gase nach obiger Annahme bekannt ist, so ist es möglich, durch zwei experimentelle Bestimmungen, nämlich durch Bestimmung von U_{v1} für T_1, und der Gleichgewichtskonstante K_v für eine beliebige Temperatur, K_v für alle Temperaturen zu berechnen. Führt man an Stelle der Konzentrationen die Partialdrucke ein, so wird

$$\ln K_p = \frac{U_{p1}}{RT} + \frac{\sum_i \nu_i C_{pi}}{R} \frac{T_1}{T} + \frac{\sum \nu_i C_{pi}}{R} \ln T + I_p. \tag{11a}$$

Zur Prüfung der Näherungsformel (11a) betrachten wir die Dissoziation des Wasserdampfes, die wohl neben der Ammoniaksynthese von allen Gasreaktionen durch die nach verschiedenen Methoden aufgestellten Versuche von NERNST, seinen Schülern und anderen Autoren am besten bekannt ist[1]. (Die Bestimmungen des Dissoziationsgrades erstrecken sich auf die Temperaturen von 290—3092° abs.)

Beträgt der Dissoziationsgrad des Wasserdampfes x vH bei einem Gesamtdruck von P atm, so ist, da die Dissoziation des Wassers nach der Gleichung $2 H_2O = 2 H_2 + O_2$ vor sich geht, der Partialdruck des Wasserstoffes

$$p_{H_2} = \frac{2xP}{200 + x}, \quad p_{O_2} = \frac{xP}{200 + x} \quad \text{und} \quad p_{H_2O} = \frac{2(100 - x)P}{200 + x}.$$

Mithin ist

$$\begin{aligned}
K_p &= \frac{p_{H_2O}^2}{p_{H_2}^2 \, p_{O_2}} = \frac{4(100 - x)^2}{(200 + x)^2} \frac{(200 + x)^2}{4 x^2} \frac{(200 + x)}{x} \frac{1}{P} \\
&= \frac{\left(1 - \dfrac{x}{100}\right)^2 \left(2 + \dfrac{x}{100}\right) \cdot 10^6}{x^3} \frac{1}{P}.
\end{aligned}$$

---

[1] Vgl. NERNST: Lehrbuch, 11.—15. Aufl., S. 775 oder NERNST: Grundlagen des neuen Wärmesatzes, 2. Aufl., S. 17.

Für kleinere x-Werte kann man die Klammern im Zähler vernachlässigen und hat dann

$$K_p = \frac{2 \cdot 10^6}{x^3 P} \quad \text{und für 1 atm} \quad K_p = \frac{2 \cdot 10^6}{x^3}.$$

Die Konstanten der Gleichung (11a) nehmen folgende Werte an:

$$U_{p1} = 115\,700 \text{ cal bei } T_1 = 298^0.$$

$$\sum_i \nu_i C_{pi} = 2 C_{pH_2O} - 2 C_{pH_2} - C_{pO_2} = 2 \cdot 8 - 2 \cdot 7 - 7 = -5,$$

$R = 2$, also nach dem Ersatz des natürlichen Logarithmus durch den dekadischen

$$\lg K_p = \frac{115\,700}{2,30 \cdot 1,98 \cdot T} - \frac{2,5 \cdot 298}{2,30\,T} - 2,5 \lg T + \frac{I_p}{2,3}$$

$$= \frac{25\,000}{T} - 2,5 \lg T + \frac{I_p}{2,3}.$$

Zur Berechnung der unbestimmten Konstante I_p wählen wir die Bestimmung von NERNST und v. WARTENBERG bei 1500^0 abs., die wohl als durchaus zuverlässig betrachtet werden kann. Für diese Temperatur ist $x = 2 \cdot 10^{-2}$, also $\lg K_p = 11,41$, mithin

$$\frac{I_p}{2,3} = 11,41 - \frac{25\,000}{1500} + 2,5 \lg 1500 = 2,68.$$

Nunmehr berechnet sich $\lg K_p$ für eine beliebige Temperatur T zu

$$\lg K_p = \frac{25\,000}{T} - 2,5 \lg T + 2,68. \tag{12}$$

Die folgende Tabelle enthält die gefundenen Werte von x, die hieraus abgeleiteten Werte der Gleichgewichtskonstante $\lg K_p$ gef., die nach Formel (12) berechneten Werte für $\lg K_p$ ber. und schließlich die aus diesen abgeleiteten Werte für den Dissoziationsgrad x ber.

Wasserdampfdissoziation.

T	x gef.	$\lg K_p$ gef.	$\lg K_p$ ber.	x ber.	x s.
290	$4,7 \cdot 10^{-26}$	82,28	82,73	$4,2 \cdot 10^{-26}$	$4,67 \cdot 10^{-26}$
700	$7,6 \cdot 10^{-9}$	30,66	31,28	$5,0 \cdot 10^{-9}$	$5,4 \cdot 10^{-9}$
1300	$2,7 \cdot 10^{-3}$	14,01	14,13	$2,5 \cdot 10^{-3}$	$2,9 \cdot 10^{-3}$
1397	$7,8 \cdot 10^{-3}$	12,62	12,72	$7,3 \cdot 10^{-3}$	$8,5 \cdot 10^{-3}$
1480	$1,89 \cdot 10^{-2}$	11,47	11,64	$1,7 \cdot 10^{-2}$	$1,86 \cdot 10^{-2}$
1500	$1,97 \cdot 10^{-2}$	11,41	11,41	$2,0 \cdot 10^{-2}$	$2,21 \cdot 10^{-2}$
1561	$3,4 \cdot 10^{-2}$	10,71	10,72	$3,6 \cdot 10^{-2}$	$3,69 \cdot 10^{-2}$
1705	$1,02 \cdot 10^{-1}$	9,28	9,26	$1,0 \cdot 10^{-1}$	$1,07 \cdot 10^{-1}$
2155	1,18	6,08	5,95	1,3	1,18
2257	1,77	5,54	5,38	2,0	1,76
2337	3,8	4,53	4,96	2,8	2,7
2507	4,5	4,31	4,15	4,9	4,1
2684	6,2	3,87	3,42	8,2	6,6
2731	8,2	3,50	3,24	9,5	7,4
3092	13,0	2,87	1,79	27	15,4

Auf die Bedeutung der letzten Spalte wird später eingegangen werden. Die Übereinstimmung der gef. und ber. Werte ist bis etwa 2500^0 recht befriedigend und beweist, daß die benutzten Annahmen über die spezifischen Wärmen es erlauben, dieses Gasgleichgewicht von einer einzigen Bestimmung aus innerhalb recht weiter Temperaturgrenzen im voraus zu berechnen.

Daß diese Übereinstimmung keine zufällige ist, sondern auch für andere Gasreaktionen gilt, wird z. B. durch das Gleichgewicht der Kohlendioxyddissoziation veranschaulicht ($2CO_2 = 2CO + O_2$). (Vgl. die folgende Tabelle.) Wiederum bedeutet x den Dissoziationsgrad des CO_2 in Prozenten bei einem Gesamtdruck von 1 atm[1], $\lg K_{p\,\text{gef.}}$ die daraus berechnete Gleichgewichtskonstante. Die Wärmetönung beträgt bei gewöhnlicher Temperatur (300^0 abs.) 136000 cal, $\sum_i \nu_i C_{p\,i}$ $= 2 \cdot 8 - 2 \cdot 7 - 7 = -5$. Zur Berechnung der Konstante I_p diente der Wert $x = 2{,}5 \cdot 10^{-2}$ bei 1443^0, also

$$I_p = 11{,}11 - \frac{136000 - 5 \cdot 300}{2{,}30 \cdot 2 \cdot 1443} + 2{,}5 \cdot \lg 1443 = -1{,}24 .$$

Die Berechnung von $\lg K_{p\,\text{ber.}}$ erfolgte dann nach der Gleichung

$$\lg K_p = \frac{29250}{T} - 2{,}5 \lg T - 1{,}24 \tag{13}$$

und $x_{\text{ber.}}$ folgt aus

$$K_p = \frac{2 \cdot 10^6}{x^3}$$

für kleine Dissoziationsgrade, und

$$K_{p\,\text{ber.}} = \frac{\left(1 - \dfrac{x}{100}\right)^2 \left(2 + \dfrac{x}{100}\right) \cdot 10^6}{x^3}$$

für größere.

Kohlendioxyddissoziation.

T	x gef.	$\lg K_p$ gef.	$\lg K_p$ ber.	x ber.
1300	$4{,}1 \cdot 10^{-3}$	13,45	13,48	$4{,}08 \cdot 10^{-3}$
1395	$1{,}42 \cdot 10^{-2}$	11,86	11,87	$1{,}38 \cdot 10^{-2}$
1400	$1-2 \cdot 10^{-2}$	11,4—12,3	11,75	$1{,}51 \cdot 10^{-2}$
1443	$2{,}5 \cdot 10^{-2}$	11,11	11,11	$2{,}5 \cdot 10^{-2}$
1478	$2{,}9-3{,}5 \cdot 10^{-2}$	10,91—10,67	10,64	$3{,}55 \cdot 10^{-2}$
1498	$4{,}7 \cdot 10^{-2}$	10,28	10,32	$4{,}58 \cdot 10^{-2}$
1500	$4 \cdot 10^{-2}$	10,49	10,31	$4{,}58 \cdot 10^{-2}$
1565	$6{,}4 \cdot 10^{-2}$	9,88	9,44	$9{,}3 \cdot 10^{-2}$
2640	21,0	2,17	1,29	38
2879	51,7	0,63	0,27	60
2900	49,2	0,73	0,19	62
2945	64,7	0,08	0,02	66
3116	76,1	—0,44	—0,58	79

[1] BJERRUM, Z. physikal. Chem. Bd. 79, S. 537, 1914.

Auch hier sind innerhalb weiter Grenzen die Differenzen zwischen $x_{\text{gef.}}$ und $x_{\text{ber.}}$ kleiner als die experimentellen Fehler.

Als drittes Beispiel für die Brauchbarkeit der Näherungsformel (11a) diene die Dissoziation des Joddampfes ($J_2 = 2 J^1$). Hier ist allerdings die Reaktionswärme U_p unbekannt, doch genügt, wie die folgende Tabelle zeigt, eine Gleichung von der Form (11a) ebenfalls den Beobachtungen. In diesem Falle ist

$$\sum_i \nu_i C_{pi} = C_{p\,J_2} - 2 C_{p\,J} = 7 - 2 \cdot 5 = -3 \, ,$$

also

$$\lg K_p = \frac{U_{p_1} - 3 T_1}{2,3 \cdot 2 \cdot T} - 1{,}5 \lg T + \frac{I_p}{2,3} \, .$$

Zur Berechnung von U_p und I_p dient die Umformung

$$4{,}6 \cdot T \cdot \lg K_p + 6{,}9 \cdot T \lg T = U_{p_1} - 3 T_1 + 4{,}6\, T\, \frac{I_p}{2,3} \, ;$$

die linke Seite muß also, falls die Gleichung richtig ist, eine lineare Funktion von T sein.

Dissoziation des Joddampfes.

T	$\lg K_p$	$U_{p_1} - 3 T_1 + 4{,}6\, T \cdot \dfrac{I_p}{2,3} = 4{,}6 \cdot T \lg K_p + 6{,}9\, T \lg T$	$\lg K_p$ ber.
1073	1,94	32000	1,93
1173	1,32	31950	1,31
1273	0,78	31830	0,77
1373	0,32	31700	0,30
1473	—0,09	31600	—0,10

Die dritte Spalte ist nahezu konstant; sie nimmt bei einer Temperatursteigerung von 400° nur um 400 cal. ab. Daraus würde sich $\frac{I_p}{2,3} = -0{,}22$ und $U_{p_1} - 3 T_1 = 33000$ cal. berechnen. Demnach müßte die Bildungswärme der Jodmolekeln bei Zimmertemperatur (300°) 33900 cal. betragen. Für die Dissoziationskonstante der Jodmolekeln bei beliebiger Temperatur folgt dann

$$\lg K_p = \frac{33000}{4,6\, T} - 1{,}5 \lg T - 0{,}22$$

$$\lg K_p = \frac{7180}{T} - 1{,}5 \lg T - 0{,}22 \, . \tag{14}$$

Die letzte Spalte der obigen Tabelle enthält die nach dieser Gleichung berechneten Werte von $\lg K_p$ und beweist daher ihre Brauchbarkeit.

Die Berechnung der Gleichgewichtskonstanten nach Formel (9b) oder (9c) ist im allgemeinen recht umständlich und setzt außerdem die genaue Kenntnis der wahren spezifischen Wärmen bzw. ihrer Temperaturveränderlichkeit voraus. SIEGEL berechnet z. B. aus den spezifischen

---

[1] BODENSTEIN und STARCK, Z. Elektrochem. Bd. 16, S. 961, 1910.

Wärmen von H_2, O_2 und H_2O für die Wasserdampfdissoziation eine Gleichung, die nach der Umformung von K_v auf K_p die Form annimmt

$$lg K_p = \frac{24\,900}{T} - 2{,}335 \, lg \, T + 0{,}965 \cdot 10^{-4} T - 0{,}137 \cdot 10^{-6} T^2$$

$$+ 0{,}665 \cdot 10^{-10} T^3 - 0{,}1907 \cdot 10^{-17} T^5 + 2{,}17 \, .$$

Die nach dieser Formel berechneten x-Werte finden sich unter x_s in der letzten Spalte der Tabelle auf S. 230.

Man sieht, daß die sehr mühselige Berücksichtigung der spezifischen Wärmen nur für extreme Temperaturen notwendig ist. Für nicht zu große Temperaturgebiete genügt für die Wasserdissoziation unsere einfache Formel. Das gleiche gilt übrigens auch für die beiden anderen vorstehend betrachteten Reaktionen.

Noch wesentlich einfacher gestalten sich unsere Näherungsformeln bei Gasreaktionen, die ohne Vermehrung der Molekelzahl verlaufen, z. B. für die Bildung des Stickoxyds

$$N_2 + O_2 = 2NO \, .$$

Hier ist $\sum_i \nu_i C_{pi} = 0$ und daher die Reaktionswärme U von der Temperatur unabhängig. Dann wird aus (4ff.)

$$\ln K_p = \ln K_v = \frac{U}{RT} + I \, , \tag{15}$$

der Logarithmus der Gleichgewichtskonstante ändert sich linear mit $1/T$. Tatsächlich gilt diese Gleichung für das Stickoxydgleichgewicht recht gut; der Zahlenwert der Konstante I beträgt nach NERNST $+1{,}09$, wenn wir für die Bildungswärme von 2 Mol NO den Wert $-43\,200$ cal bei Zimmertemperatur setzen und den dekadischen Logarithmus benutzen[1].

Auch für das Gleichgewicht der sog. Wassergasreaktion

$$CO_2 + H_2 = CO + H_2O$$

finden wir die einfache Näherungsgleichung (15) gut bestätigt. Hier sind wir sogar in der Lage, die Integrationskonstante aus schon erwähnten Daten zu berechnen. Bezeichnen wir nämlich die Gleichgewichtskonstante dieser Reaktion mit K_3, so können wir sie aus den Gleichgewichtskonstanten der Wasserdampfbildung K_{p_1} und der Kohlendioxydbildung K_{p2} berechnen; denn es ist

$$K_3 = \frac{p_{CO} \cdot p_{H_2O}}{p_{CO_2} \cdot p_{H_2}} = \sqrt{\frac{p_{H_2O}^2}{p_{H_2}^2 \cdot p_{O_2}} \cdot \frac{p_{CO}^2 \cdot p_{O_2}}{p_{CO_2}^2}} = \sqrt{\frac{K_{p_1}}{K_{p_2}}} \, ,$$

also

$$lg K_3 = \tfrac{1}{2} \, lg \, K_{p_1} - \tfrac{1}{2} \, lg \, K_{p_2} \, .$$

Mithin erhalten wir durch Benutzung von (12) und (13)

$$lg K_3 = - \frac{2200}{T} + 2{,}0 \, .$$

---

[1] NERNST, Z. anorg. Chem. Bd. 49, S. 213, 1906.

Wassergasreaktion.

$T_{abs.}$	$\lg K_3$	
	gef.	ber.
959	— 0,272	— 0,29
1059	— 0,075	— 0,08
1159	+ 0,08	+ 0,10
1209	+ 0,20	+ 0,18

Die nebenstehende Tabelle enthält die berechneten und die von O. HAHN experimentell bestimmten Werte für K_3 bei verschiedenen Temperaturen[1].

Die Übereinstimmung beweist, daß auch die Näherungsformeln (12) und (13) noch einige 100° unterhalb derjenigen Temperaturen, bei denen sie einzeln geprüft werden konnten, ihre Gültigkeit behalten.

3. Die chemische Affinität.

Die Kenntnis der Gleichgewichtskonstanten und ihrer Temperaturabhängigkeit ist von großer Bedeutung für die theoretische Chemie; denn sie gewährt uns ein quantitatives, experimentell relativ leicht zugängliches Maß für die Größe der chemischen Verwandtschaftskräfte, für die sog. chemische Affinität. Daß ein qualitativer Zusammenhang zwischen der Gleichgewichtskonstante und den chemischen Kräften besteht, geht aus folgender Überlegung hervor: Je stärker die Kräfte sind, die zwei Stoffe zur Vereinigung treiben, um so vollständiger wird die Vereinigung stattfinden und um so schwerer wird die entstehende Verbindung zu spalten sein. Die Affinität ist also um so größer, je weiter das Gleichgewicht zugunsten der Verbindung liegt, d. h. je größer die Gleichgewichtskonstante ist. Dieser Gedanke wurde tatsächlich auch seit langer Zeit zum Vergleich der Verwandtschaftskräfte ähnlicher Stoffe benutzt (BERTHOLLET u. a.)[2]. Aber erst VAN'T HOFF gelang es 1883, eine äußerst glückliche Definition der chemischen Affinität zu geben und ihren Zusammenhang mit der Gleichgewichtskonstanten auf thermodynamischem Wege aufzuweisen.

Es ist in der Physik allgemein üblich, die Kraft, die das Eintreten irgendeines Vorganges verursacht, dadurch zu messen, daß man seinen Ablauf durch eine entgegengesetzt gerichtete Kraft gerade verhindert. Ist die Gegenkraft zu klein, so wird die Triebkraft des Systems sie überwinden und hierbei eine gewisse Arbeit leisten, und zwar eine um so größere Arbeit, je größer die überwundene Gegenkraft, je kleiner also die Differenz zwischen dieser und der inneren Triebkraft des Systems ist. Diese Arbeit erreicht den für den betreffenden Vorgang maximalen Grenzwert, wenn Gegenkraft und Triebkraft einander gleich bzw. nur unendlich wenig verschieden sind; dann geht allerdings der Vorgang nicht mehr mit endlicher Geschwindigkeit vor sich, sondern ist durch die entgegengestellte äußere Kraft zum Stillstand gebracht worden. So ist z. B. die Arbeit, die Wasser beim Verdampfen leistet, um so größer, je größer der Druck ist, den der durch den Dampf getriebene Kolben überwindet. Die maximale Arbeit würde die Verdampfung leisten, wenn der Kolben bei seiner Bewegung einen Druck überwinden

---

[1] Zit. nach HABER: Thermodynamik der Gase, S. 123.

[2] Über die historische Entwicklung der Affinitätsforschung und ihren heutigen Stand vgl. SACKUR, O.: Die chemische Affinität und ihre Messung. Sammlung Wissenschaft. Braunschweig 1908.

würde, welcher gerade gleich dem eigenen Sättigungsdruck des Dampfes unterhalb des Stempels ist.

Die Arbeit A, welche bei der Verdampfung geleistet wird, ist gleich dem Produkt der Kraft f, die auf dem Stempel lastet, mit dem Wege s, den er zurücklegt. Die Kraft f ist gleich dem Drucke p (Kraft pro Flächeneinheit) multipliziert mit der Oberfläche des Stempels O, also $A = fs = pOs = pv$, wenn v das Volumen bedeutet, um welches sich das Innere des Verdampfungsgefäßes bei der Verdampfung vermehrt; die Arbeit ist also der Menge des verdampfenden Wassers proportional.

Ganz ebenso ist die Arbeit, die eine unter Überwindung einer äußeren Gegenkraft vor sich gehende chemische Umsetzung leistet, von der sich umsetzenden Stoffmenge abhängig und ihr proportional. Die bei der Umsetzung der Mengeneinheit — je eines Moles — geleistete Arbeit ist jedoch nur von der Größe der überwundenen Gegenkraft abhängig und ein Maximum, wenn diese gleich der chemischen Triebkraft des Systems ist. Deshalb hat van't Hoff die bei der Umsetzung der Mengeneinheit gewinnbare *maximale* Arbeit als Maß für die chemische Verwandtschaft definiert. Durch diese Messung der Affinität als Arbeitsgröße wird ihr quantitativer Vergleich mit den mechanischen, elektrischen und thermischen Größen ermöglicht.

Bei Reaktionen, die unter Volumenveränderung verlaufen, werden innere und äußere Kräfte gleichzeitig wirksam sein. Als chemische Affinitätskraft A_v soll jedoch nur diejenige Arbeit bezeichnet werden, die von den inneren Kräften des Systems geleistet werden kann, wenn aus einem bestimmten Anfangszustand ein Endzustand von gleichem Volumen entsteht. Bei Umsetzungen zwischen festen und flüssigen Stoffen ist diese Bestimmung praktisch stets erfüllt; bei Gasreaktionen muß jedoch an der geleisteten äußeren Arbeit eine entsprechende Korrektur angebracht werden.

Es erscheint auffallend, daß man diese Arbeitsgröße und nicht direkt die das Gleichgewicht herbeiführende und der Affinität gleiche Gegenkraft als Maß für diese benutzt. Doch ist die experimentelle Verwirklichung einer solchen von außen gehemmten Reaktion nur in seltenen Fällen möglich, während es andererseits, wie im folgenden gezeigt werden soll, eine größere Anzahl von Wegen gibt, die maximale Arbeit zu bestimmen, die eine Reaktion zu leisten imstande ist.

Bei Gasreaktionen gestaltet sich die Berechnung der Affinität besonders einfach. Wir wollen die diesbezüglichen Gleichungen wieder an einem Beispiel erläutern und zu diesem Zweck die Affinität zwischen Schwefeldioxyd und Sauerstoff berechnen, die diese beiden Gase zur Bildung von Schwefeltrioxyd treibt. Zu diesem Zwecke genügt es, die Arbeit zu berechnen, die man gewinnt, falls man die Vereinigung von 2 Molen SO_2 und 1 Mol O_2 auf irgendeinem reversiblen Wege vornimmt. Denn nach dem zweiten Hauptsatz wird auf allen umkehrbar geleiteten Wegen die gleiche maximale Arbeit geleistet.

Beide Gase mögen sich auf der gleichen Temperatur T befinden, und zwar die 2 Mole SO_2 in dem Volumen $2V_{SO_2}$, also in der Konzentration $c_{SO_2} = \dfrac{1}{V_{SO_2}}$, der Sauerstoff entsprechend in einem Volumen V_{O_2} und der Konzentration $c_{O_2} = \dfrac{1}{V_{O_2}}$. Bei der Reaktion entstehen 2 Mole Schwefeltrioxyd von der gleichen Temperatur und dem Volumen $2\,V_{SO_3}$, also der Konzentration $c_{SO_3} = \dfrac{1}{V_{SO_3}}$.

Nun denke man sich die Vereinigung bei konstanter Temperatur so vor sich gehend, daß zunächst 2 Mole SO_3 von der Konzentration c'_{SO_3} entstehen. Diese Konzentration ist so definiert, daß Schwefeltrioxyd von der Konzentration c'_{SO_3} mit Schwefeldioxyd von der Anfangskonzentration c_{SO_2} und Sauerstoff von der Anfangskonzentration c_{O_2} im Gleichgewichte stehen. Auf welchem Wege diese Vereinigung experimentell realisiert werden kann, ist völlig gleichgültig, theoretisch ist sie immer möglich[1]. Die hierbei geleistete Arbeit A_1 ist lediglich durch die Volumenänderung hervorgerufen, die bei dem Verschwinden der 3 Mole $(2\,SO_2 + O_2)$ und der Bildung der 2 Mole SO_3 entsteht; sie beträgt also, da 1 Mol Gas bei der Temperatur T verschwindet, $A_1 = -\,RT$; die Umwandlung selbst ist, da die entstehenden und verschwindenden Stoffe miteinander im Gleichgewicht stehen, mit keiner Arbeitsleistung verknüpft. Nun denken wir uns als zweite Stufe des Vorganges die beiden Mole SO_3 von der Konzentration c'_{SO_3} auf die gewünschte Konzentration c_{SO_3} isotherm komprimiert oder dilatiert. Hierbei wird, falls die Gasgesetze gelten, die Arbeit

$$A_2 = 2\,RT \ln \frac{c'_{SO_3}}{c_{SO_3}}$$

nach außen geleistet.

Die insgesamt geleistete Arbeit ist also

$$A_1 + A_2 = 2\,RT \ln \frac{c'_{SO_3}}{c_{SO_3}} - RT\,.$$

Nach der Definition der Affinität A_v ist diese die maximale Arbeit, die geleistet würde, falls die Reaktion ohne Volumenänderung vor sich gehen würde; sie beträgt daher, da bei der Reaktion 1 Mol eines Gases verschwindet

$$A_v = A_1 + A_2 + RT = 2\,RT \ln \frac{c'_{SO_3}}{c_{SO_3}}\,. \tag{1}$$

Diese Gleichung (1) kann nun eine einfache Umformung erhalten. Nach dem Massenwirkungsgesetz ist, da c'_{SO_3} mit c_{SO_2} und c_{O_2} im Gleichgewicht steht, c'_{SO_3} aus diesen letzteren Größen berechenbar, nämlich

$$c'^{\,2}_{SO_3} = K_v \cdot c^2_{SO_2} \cdot c_{O_2}\,.$$

Mithin folgt aus (1)

$$A_v = RT \ln \frac{K_v \cdot c^2_{SO_2} \cdot c_{O_2}}{c^2_{SO_3}} = RT \ln K_v - RT \ln \frac{c^2_{SO_3}}{c^2_{SO_2} \cdot c_{O_2}}\,. \tag{2}$$

---

[1] Vgl. z. B. NERNST, Lehrbuch, 11.—15. Aufl., S. 736 ff.

Gleichung (2) stellt also die Affinität dar, die Schwefeldioxyd von der Konzentration c_{SO_2} und Sauerstoff von der Konzentration c_{O_2} zur Bildung von Schwefeltrioxyd von der Konzentration c_{SO_3} treibt. Sie ist abhängig von den Konzentrationen, der Temperatur und der Gleichgewichtskonstante. Diese selbst erhält eine neue Bedeutung: Sind nämlich die Konzentrationen sämtlicher reagierender Stoffe gleich 1, so wird

$$A_v = RT \ln K_v \qquad (2\,\text{a})$$

und die Gleichgewichtskonstante direkt ein Maß der Affinität. Für den allgemeinen Fall einer Reaktion nach der Gleichung

$$- v_a A - v_b B - \ldots = v_i J + v_k K + \ldots\ldots$$

geht (2a) über in

$$A_v = RT \ln K_v - RT \ln \frac{c_i^{v_i} \cdot c_k^{v_k}}{c_a^{-v_a} \cdot c_b^{-v_b}} \; . \qquad (2\,\text{b})$$

Man sieht sofort, daß der Ausdruck

$$A_v = RT \ln K_p - RT \ln \frac{p_i^{v_i}\; p_k^{v_k} \cdots}{p_a^{-v_a}\; p_b^{-v_b} \cdots} \qquad (2\,\text{c})$$

hiermit identisch ist, und

$$A_v = RT \ln K_p \, , \qquad (2\,\text{d})$$

wenn man alle Partialdrucke gleich 1 setzt. Wir wollen im folgenden A_v durch A ersetzen; da alle diese Ausdrücke immer dasselbe liefern, liegt keine Verwechslungsgefahr vor.

Die Gleichungen (2) bis (2b) liefern uns auch sofort die Veränderung der Affinität A mit der Temperatur, da die Temperaturabhängigkeit von K_v nach den Erörterungen des vorigen Abschnittes bekannt ist. Da das zweite Glied von (2) und (2b) der absoluten Temperatur direkt proportional ist, so genügt es, Gleichung (2a) zu diskutieren. Durch Differentiation nach T bei konstantem Volumen folgt

$$\left(\frac{\partial A}{\partial T} \right)_v = R \ln K_v + RT \left(\frac{\partial \ln K_v}{\partial T} \right)_v$$

und unter Berücksichtigung von (2a) und (5) (S. 223)

$$\left(\frac{\partial A}{\partial T} \right)_v = \frac{A - U_v}{T}$$

oder

$$A - U_v + T \left(\frac{\partial A}{\partial T} \right)_v . \qquad (3)$$

Gleichung (3) ist unter dem Namen der HELMHOLTZschen Gleichung bekannt; sie folgt auch unmittelbar aus Gleichung (14) des Kap. 5 S. 116, wenn man berücksichtigt, daß A die Abnahme der freien Energie F_v und U_v die Abnahme der Gesamtenergie ist, die während der isothermen Umsetzung je eines Moles eintritt. Sie enthält die Beziehung beider Größen zueinander und beweist die Unrichtigkeit des BERTHELOTschen Prinzipes (S. 95), welches die Gleichheit von Affinität und Wärmetönung postuliert. Ferner ergibt sich, daß bei Annäherung an den absoluten Nullpunkt A und U_v einander immer näher kommen, vorausgesetzt, daß $\left(\dfrac{\partial A}{\partial T}\right)_v$ nicht unendlich groß wird.

Auf die gleiche Art erhält man aus (2d)

$$A = U_p + T\left(\frac{\partial A}{\partial T}\right)_p. \tag{3'}$$

Der Vergleich mit Gleichung (14) S. 116 zeigt, daß für isotherm-isobare Vorgänge A durch die Abnahme der freien Energie bei konstantem Druck F_p gegeben ist.

Da Gleichung (3) und (3') bis auf die Indices völlig identisch sind, lassen wir diese fort und bemerken, daß die abgeleiteten Gleichungen sowohl für $p =$ const, wie für $v =$ const gelten, wenn man allen vorkommenden Größen den betreffenden Index gibt.

Man kann die Gleichungen (2) bis (2b) dieses Abschnittes aus den Gleichungen (12) und (15) des Kap. 5 (S. 115 u. 116) auch ableiten, ohne, wie es auf S. 236 geschehen ist, einen vielleicht nicht immer experimentell durchführbaren Vorgang dem Beweis zugrunde zu legen. Bezeichnen wir nämlich die freie Energie, Gesamtenergie und Entropie jedes einzelnen Reaktionsteilnehmers (pro Mol) mit F_1, E_1, S_1 bzw. F_2, E_2, S_2 usw., die bei der Reaktion eintretende Änderung dieser Größen mit $\sum_i v_i F_i = -A$, $\sum_i v_i E_i = -U^1$ und $\sum_i v_i S_i = S$, so folgt aus $F_1 = E_1 - TS_1$ usw.

$$+ A = + U + TS. \tag{3a}$$

$+A$, die Abnahme der freien Energie, ist gleich der maximal zu gewinnenden Arbeit, abzüglich eventuell vorkommender Volumenarbeiten. Nun ist für ideale Gase mit konstanter spezifischer Wärme

$$S_i = C_{pi}\ln T - R\ln p_i + S_{pi}$$

also

$$A = U_p + \sum v_i C_{pi} T\ln T - RT\sum_i v_i \ln p_i + T\sum_i v_i S_{pi}$$

Ferner ist nach S. 222, Gleichung (4c)

$$\frac{U_p}{T} + \sum_i v_i C_{pi}\ln T + \sum_i v_i S_{pi} = R\ln K_p,$$

mithin

$$A = RT\ln K_p - RT\sum_i v_i \ln p_i,$$

oder

$$A = RT\ln K_v - RT\sum_i v_i \ln c_i.$$

---

[1] Es wird Arbeit $(+A)$ geleistet, wenn die entstehenden Stoffe eine kleinere freie Energie haben als die verschwindenden, und es wird Wärme entwickelt, wenn sie eine kleinere Gesamtenergie haben.

Gleichung (3a) gilt streng für alle chemischen Reaktionen, nicht nur für ideale Gase, das gleiche gilt für die HELMHOLTZsche Gleichung (3), da diese unmittelbar aus (3a) folgt. Denn nach S. 115 und 116 in Kap. 5, Gleichung (13) und (13′) ist

$$-S_1 = \frac{\partial F_1}{\partial T}, \quad \text{also} \quad \sum_i v_i F_i = \sum_i v_i E_i + T \sum_i v_i \frac{\partial F_i}{\partial T}$$

oder

$$A = U + T \cdot \frac{\partial A}{\partial T},$$

wo U den Index v oder p erhält, je nachdem, ob A bei konstantem Volumen oder konstantem Druck partiell nach T differenziert wird.

Es verdient hervorgehoben zu werden, daß A sowohl größer wie auch kleiner als U sein kann, je nach dem Vorzeichen, welches $\frac{\partial A}{\partial T} = +S$ besitzt. Die Affinität ist kleiner als die Wärmetönung, wenn die Entropie des reagierenden Systems während der isothermen Reaktion abnimmt, wenn also $S < 0$ ist. Dieser Fall steht durchaus nicht im Widerspruch zum zweiten Hauptsatze, nach welchem die Entropie eines Systems nur zunehmen, aber niemals abnehmen kann. Denn dieser Satz bezieht sich nur auf abgeschlossene Systeme; bei der isothermen Reaktion, für die Gleichung (3) allein gilt, kann aber das reagierende System mit der Umgebung Wärme austauschen, so daß hierbei die Entropie der Umgebung entsprechend zunimmt. Die Größe

$$T \cdot \left(\frac{\partial A}{\partial T}\right) = + TS = Q$$

ist die Wärmemenge, die vom System aufgenommen wird, falls die Reaktion unter Leistung der maximalen Arbeit isotherm vor sich geht; man bezeichnet sie häufig nach HELMHOLTZ als die latente Wärme der Reaktion. Ist sie positiv, so nimmt die Affinität mit wachsender Temperatur zu, im anderen Falle nimmt sie ab.

Geht die Reaktion unter Arbeitsleistung vor sich, ohne daß die Temperatur durch Wärmeaustausch mit der Umgebung konstant gehalten wird, so sind zwei Fälle zu unterscheiden:

1. Die latente Wärme $Q = A - U$ ist positiv, d. h. es wird mehr Arbeit geleistet als der Reaktionswärme äquivalent ist, so wird dem reagierenden System Wärmeenergie entzogen, das System kühlt sich ab und seine Temperatur sinkt, oder

2. $Q = A - U < 0$, es wird nur ein Teil der Reaktionsenergie U zur Arbeitsleistung verbraucht. Dann steigt entsprechend die Temperatur des Systems. Da Q und $\left(\frac{\partial A}{\partial T}\right)$ das gleiche Vorzeichen haben, so ändert sich in beiden Fällen die Temperatur so, daß die freie Energie oder Arbeitsfähigkeit des Systems abnimmt. Dieses Resultat läßt sich auch direkt aus dem Prinzip von LE CHATELIER-BRAUN (Kap. 6, S. 140) ableiten.

Zur Bestimmung des analytischen Ausdruckes für die Temperaturabhängigkeit von A setzen wir die Formel (9b) (S. 226) in (2a) ein und erhalten

$$A = U_0 + \sum_i \nu_i C_{voi} \, T \ln T + T \int \frac{\int \sum_i \nu_i C_{si} \, dT}{T^2} \, dT + I_v R T \qquad (4)$$

oder angenähert, wenn wir die C_{si} vernachlässigen nach (9) S. 225:

$$A = U_0 + \sum_i \nu_i C_{vi} \, T \ln T + I_v R T \, . \qquad (4a)$$

Für konstanten Druck ist entsprechend

$$A = U_0 + \sum_i \nu_i C_{poi} \, T \ln T + T \int \frac{\int \sum_i \nu_i C_{si} \, dT}{T^2} \, dT + I_p R T \qquad (4b)$$

und angenähert

$$A = U_0 + \sum_i \nu_i C_{pi} \, T \ln T + I_p R T \, . \qquad (4c)$$

Hierin ist

$$U = U_0 - \sum_i \nu_i C_{oi} \, T - \int \sum_i \nu_i C_{si} \, dT \qquad (5)$$

oder vereinfacht

$$U = U_0 - \sum_i \nu_i C_i \, T \, , \qquad (5a)$$

wo je nachdem für U und C der Index v oder p zu setzen ist.

Zur Erläuterung der Gleichungen (4a) und (5a) sind in der folgenden Tabelle die Wärmetönung und Affinität der Wasserdampfbildung berechnet worden. Zur Berechnung dienten die S. 230 erhaltenen Werte

$$\sum_i \nu_i C_{vi} = -3 \, , \quad U_v = U_p + \sum_i \nu_i R T = U_p - R T \, ,$$

$$U_0 = 115\,700 - 2 \cdot 298 - 3 \cdot 298 = 114\,200 \text{ cal.,}$$

$$I_v = I_p + 2{,}3 \lg R = 6{,}2 - 2{,}5 = 3{,}7^1 \, ,$$

also

$$A = 114\,200 - 3 \cdot 2{,}3 \, T \lg T + 3{,}7 \cdot 2 \cdot T$$

und

$$U_v = 114\,200 + 3 \cdot T \, .$$

Affinität der Wasserbildung.

T abs.	A	U_v
500	108 600	115 700
1000	100 900	117 200
1500	92 400	118 700
2000	83 500	120 200
2500	74 100	121 700

A bedeutet also die Arbeit, die in maximo gewonnen werden kann (abgesehen von Volumenarbeit), wenn 2 Mole H_2 von der Konzentration 1 sich mit 1 Mol O_2 von der Konzentration 1 zu 2 Molen H_2O von der Konzentration 1 vereinigen, und zwar in kalorischem Maße. Wie

---

[1] Da bei der Berechnung von I_p der Druck in Atmosphären ausgedrückt war, so muß R in Literatmosphären $= 0{,}082$ in Rechnung gesetzt werden.

man sieht, ist A stets kleiner als U und sinkt mit wachsender Temperatur beträchtlich. Nur bei relativ tiefen Temperaturen ist daher die Gleichsetzung von A und U annähernd gestattet.

4. Kinetische Ableitung des Massenwirkungsgesetzes.

Wie viele andere Ergebnisse der thermodynamischen Betrachtung hat man auch das Massenwirkungsgesetz aus kinetischen Hypothesen abzuleiten versucht. In elementarer Form kann diese Ableitung nach dem Vorgang von PFAUNDLER und anderen folgendermaßen gegeben werden:

Das chemische Gleichgewicht ist kein statischer Zustand der Ruhe, in welchem nichts geschieht, sondern ein dynamischer, bei welchem die beiden inversen, zum Gleichgewicht führenden Reaktionen, also z. B. Bildung und Spaltung des Wasserdampfes, in gleichem Betrage vor sich gehen. Bei einer Reaktion nach dem Schema $A + B = C + D$ z. B. wird die Geschwindigkeit der von links nach rechts verlaufenden Reaktion um so größer sein, je häufiger die im Gasraum herumschwirrenden Molekeln A und B aufeinandertreffen. Es liegt nahe, anzunehmen, daß diese Reaktionsgeschwindigkeit u_1 direkt der Zahl der Zusammenstöße und daher dem Produkt der Konzentrationen von A und B proportional ist. Mithin erhalten wir

$$u_1 = k_1 \cdot c_a \cdot c_b \,.$$

Ebenso ist die Geschwindigkeit u_2, mit der die Reaktion von rechts nach links verlaufen kann, der Zahl der Zusammenstöße von C und D proportional, und wir erhalten

$$u_2 = k_2 \cdot c_c \cdot c_d \,.$$

Chemisches Gleichgewicht tritt ein, wenn die Geschwindigkeiten der beiden inversen Reaktionen einander gleich sind, d. h. wenn sich in der Zeiteinheit gleich viele Molekeln B und C bilden und zersetzen. Wir erhalten daher als Gleichgewichtsbedingung

$$u_1 = u_2 = k_1 c_a \cdot c_b = k_2 c_c \cdot c_d$$

oder

$$\frac{c_c \cdot c_d}{c_a \cdot c_b} = \frac{k_1}{k_2} = K_v \,.$$

Nach dieser Ableitung stellt sich die Gleichgewichtskonstante als Quotient der beiden Geschwindigkeitskoeffizienten dar.

Es ist leicht ersichtlich, daß diese kinetische Ableitung zwar als Veranschaulichung, nicht aber als strenger Beweis für das Massenwirkungsgesetz dienen kann. Denn sie setzt voraus, daß alle gleichartigen Molekeln unter sich gleiche Geschwindigkeiten besitzen müssen, da nur unter dieser Voraussetzung die Zahl der Stöße ohne weiteres den Konzentrationen proportional gesetzt werden darf. Nun müssen wir aber annehmen, daß die Molekeln eines Gases alle möglichen Geschwindigkeiten besitzen, die sich nach dem MAXWELLschen Verteilungssatz (nach den Gesetzen der Wahrscheinlichkeit) um einen bestimmten Mittelwert gruppieren. Eine exakte kinetische Ableitung des Massenwirkungsgesetzes muß daher ebenso von den Gesetzen der Wahrscheinlichkeitsrechnung ausgehen, wie dies bei der exakten Ableitung aller anderen Gasgesetze notwendig ist. Allerdings nur durch Einführung gewisser neuer Hypothesen über die Art der Bindung der Atome in Molekeln und den Mechanismus der Molekelbildung ist es auf diesem Wege zuerst BOLTZMANN[1], später JÄGER[2], NATANSON[3] und KRÜGER[4] gelungen, nicht nur das Massenwirkungsgesetz selbst, sondern auch die Beziehung zwischen Gleichgewichtskonstante, Wärmetönung und Temperatur auf kinetisch-statistischem Wege zu gewinnen. Schließlich hat SACKUR zeigen können, daß sich alle diese thermodynamischen Beziehungen ohne weitere Hilfshypothesen aus dem allgemeinen Grundsatze ableiten lassen, daß jede von selbst eintretende chemische Reaktion ebenso wie jeder andere irreversible Prozeß zu einer Vermehrung der molekularen Unordnung führt, daß also das chemische Gleichgewicht durch ein Maximum der „Wahrscheinlichkeit" (vgl. Kap. 13) charakterisiert ist[5]. Auf die Einzelheiten dieser Rechnungen soll an dieser Stelle nicht eingegangen werden.

5. Gleichgewichte in Lösungen.

Die gleichen Gesetze, die im vorigen Abschnitt für gasförmige Systeme abgeleitet wurden, gelten, wie Theorie und Erfahrung übereinstimmend lehren, für Reaktionen in Lösungen, sofern diese so verdünnt sind, daß der osmotische Druck jedes einzelnen Stoffes in der Lösung den einfachen VAN'T HOFFSCHEN Gesetzen mit genügender Genauigkeit folgt. Das chemische Gleichgewicht beliebiger Stoffe in beliebigen Lösungsmitteln ist dann ebenfalls vom Massenwirkungsgesetz beherrscht, und die Gleichgewichtskonstante verändert sich mit der Temperatur nach Maßgabe der Reaktionswärme. Der Zahlenwert der Gleichgewichtskonstante ist nach den Gleichungen (8) und (9b) (S. 225 und 226) durch die Reaktionswärme, die spezifischen Wärmen der Reaktionsteilnehmer und eine thermodynamisch unbestimmte Konstante gegeben. Da alle diese Größen in von der Theorie vorläufig noch nicht zu übersehender Weise von der Natur der als Lösungsmittel dienenden an der Reaktion selbst nicht teilnehmenden Flüssigkeit abhängen können, so wird auch die Lage des chemischen Gleichgewichtes in Lösungen von der Natur des Lösungsmittels bedingt sein. Dies ist auch von der Erfahrung ganz allgemein bestätigt worden, ohne daß allerdings ein eindeutiger Zusammenhang zwischen den physikalischen und chemischen Eigenschaften des Lösungsmittels und seinem Einfluß auf das Gleichgewicht von Reaktionen, die sich in ihm abspielen, festgestellt werden konnte.

---

[1] Gastheorie Bd. 2, S. 177.
[2] Wiener Sitzungsberichte Bd. 100, 1182, 1891; Bd. 104, S. 671, 1895.
[3] Ann. Physik Bd. 38, S. 288, 1889.
[4] Nachr. Göttinger Akademie 1908, S. 318.
[5] SACKUR, O., Ann. Physik (4) Bd. 36, S. 958, 1911.

Theorie der Esterbildung. Die Erkenntnis des Massenwirkungsgesetzes ist historisch an die Untersuchung von Lösungsreaktionen geknüpft, und wie bereits S. 217 hervorgehoben, von GULDBERG und WAAGE u. a. an den Versuchen von BERTHELOT und PÉAN DE ST. GILES über die Esterbildung gewonnen worden. Prüft man jedoch die Konstanz des Ausdruckes

$$\frac{c_E \cdot c_W}{c_S \cdot c_A} = K_v$$

an den Versuchen von BERTHELOT und PÉAN DE ST. GILES, so findet man nur eine recht ungefähre Bestätigung. Dies rührt daher, daß die Voraussetzungen, unter denen allein dem Massenwirkungsgesetz strenge Gültigkeit zuerkannt werden kann, nämlich die Verwendung sehr verdünnter Lösungen, in diesem Falle nicht gewahrt sind. Die folgende Tabelle enthält die Prüfung des Massenwirkungsgesetzes an einer dieser Versuchsreihen. Aus 1 Mol Alkohol und 1 Mol Säure entstehen x Mole Ester. Bedeutet a die im Reaktionsgemisch anfänglich enthaltenen Mole Ester und v das Volumen des Reaktionsgemisches nach Einstellung des Gleichgewichtes, so ist

$$c_E = \frac{a + x}{v}, \quad c_W = \frac{x}{v}, \quad c_A = c_S = \frac{1 - x}{v},$$

also muß im Gleichgewicht bei konstanter Temperatur

$$\frac{(a + x) \cdot x}{(1 - x)^2} = K$$

sein. In diesem Falle ist also, da die Reaktion ohne Vermehrung der Molekelzahl verläuft, die Gleichgewichtskonstante unabhängig vom Volumen.

Wie man sieht, besitzt die „Konstante" K einen Gang, der offenbar auf die mangelhafte Erfüllung der VAN'T HOFFSCHEN Gesetze in diesem konzentrierten Reaktionsgemisch zurückzuführen ist.

Spielt sich die Reaktion in einem Lösungsmittel ab, das selbst

Gleichgewicht der Esterbildung.

a	gef. $x^{[1]}$	K
0,05	0,639	3,4
0,13	0,626	3,4
0,43	0,589	3,6
0,85	0,563	4,1
1,6	0,521	4,8

an der Umsetzung keinen Anteil hat, aber in so großem Überschuß vorhanden ist, daß die Reaktionsteilnehmer sich im Zustande der verdünnten Lösung befinden, so gilt das Massenwirkungsgesetz mit größerer Genauigkeit, wie das folgende Beispiel zeigt.

Nach MENSCHUTKIN zerfallen die Ester tertiärer Alkohole nicht unter Wasseraufnahme in Säure und Alkohol, sondern in Säure und einen ungesättigten Kohlenwasserstoff; z. B. der Amylester der Essigsäure in Essigsäure und Amylen, nach der Gleichung

$$CH_3COO \cdot (C_5H_{11}) = CH_3COOH + C_5H_{10}.$$

---

[1] Zit. nach GULDBERG und WAAGE, Ostwalds Klassiker Nr. 104, S. 95, Tab. 3.

Das Gleichgewicht dieser Reaktion wurde von NERNST und HOH-MANN[1] bei 100^0 untersucht. Bezeichnet a die Anzahl Mole Amylen, die man mit 1 Mol Säure im Volumen v zusammenbringt, und x die Mole Ester, die sich nach Einstellung des Gleichgewichtes gebildet haben, so gelten die Gleichungen

$$c_{\text{Amylen}} = \frac{a-x}{v}, \quad c_{\text{Säure}} = \frac{1-x}{v} \quad \text{und} \quad c_{\text{Ester}} = \frac{x}{v},$$

mithin muß

$$\frac{(a-x)(1-x)}{x \cdot v} = K_v$$

sein.

Die folgende Tabelle zeigt die Richtigkeit dieser Formel.

Zerfall des Essigsäureamylesters.

a	v	x gef.	K_v
2,15	361	0,762	0,00120
4,12	595	0,814	0,00127
4,48	638	0,820	0,00126
6,63	894	0,838	0,00125
6,80	915	0,839	0,00126
7,13	954	0,855	0,00112
7,67	1018	0,855	0,00113
9,12	1190	0,857	0,00111
9,51	1237	0,863	0,00111
14,15	1787	0,873	0,00107

Das Ostwaldsche Verdünnungsgesetz. Von besonderem Interesse ist die Frage nach der Anwendbarkeit des Massenwirkungsgesetzes auf Elektrolytlösungen. Wir haben auf S. 202ff. die klassische, von ARRHENIUS stammende Dissoziationstheorie kurz auseinandergesetzt, nach der in der Lösung ein Gleichgewicht zwischen freien Ionen und ungespaltenen Molekülen vorhanden sein soll. Nach ihr wäre also hier das Massenwirkungsgesetz anwendbar, solange man bei so kleinen Konzentrationen bleibt, daß die Ionen sich nicht gegenseitig beeinflussen.

Für die Spaltung eines binären einwertigen Elektrolyten AB gilt dann die Gleichung $AB = A^{\cdot} + B'$; und für konstante Temperatur müssen die Ionenkonzentrationen c_a und c_b mit der Konzentration c_{ab} der ungespaltenen Molekeln durch die Gleichung

$$\frac{c_a \cdot c_b}{c_{ab}} = K_v$$

verknüpft sein.

Bezeichnet man die analytisch allein feststellbare Gesamtkonzentration (Ionen + ungespaltene Molekeln) mit c und den Dissoziationsgrad mit α, so wird

$$c_a = c_b = \alpha c,$$
$$c_{ab} = c(1-\alpha),$$

und daher

$$\frac{\alpha^2 \cdot c}{1-\alpha} = K_v. \tag{1}$$

<hr>

[1] Z. physikal. Chem. Bd. 11, S. 352, 1893.

Für c setzt man gewöhnlich $1/v$, wenn v das Volumen bezeichnet, in dem ein Mol des Elektrolyten gelöst ist (die „Verdünnung"), also

$$\frac{\alpha^2}{(1-\alpha)\,v} = K_v \,.$$

In dieser Form wird die Gleichung als das OSTWALDsche *Verdünnungsgesetz* bezeichnet.

Zur Bestimmung des Dissoziationsgrades α stehen uns zwei verschiedene Methoden zur Verfügung; erstens die Gleichung $\alpha = \dfrac{\varLambda}{\varLambda_\infty}$, wenn $\varLambda$ das Äquivalentleitvermögen bei der Verdünnung v und $\varLambda_\infty$ das Äquivalentleitvermögen bei unendlicher Verdünnung bezeichnet, und zweitens irgendeine der im Kap. 7 erörterten osmotischen Methoden (Gefrierpunkts-, Siedepunkts- oder Dampfdruckänderung der Lösung), die die Zählung der insgesamt vorhandenen Molekeln und Ionen ermöglicht, also die Größe $c\,(1+\alpha)$ liefert. Bei den sog. schwachen Elektrolyten, wie den meisten organischen Säuren und Basen, die nur zu einem kleinen Bruchteil in die freien Ionen gespalten sind und daher ein kleines α besitzen, liefert die zweite Methode, da α bei ihr aus der Differenz zweier nahezu gleicher Zahlen berechnet werden muß, offenbar keine sehr genauen Werte. Bei ihnen ist man daher auf die Leitfähigkeitsmethode allein angewiesen, und die erhaltenen Werte für α fügen sich tatsächlich bei den verschiedensten Konzentrationen bis zu etwa $^1/_2$ normalen Lösungen hinauf ausgezeichnet dem OSTWALDschen Gesetz ein. Die Massenwirkungskonstante K_v bezeichnet man nach OSTWALD als die „Dissoziationskonstante" der Säure oder Base; sie gibt ein quantitatives Maß für die Stärke oder „Avidität" von Säure und Base, da sie um so größer wird, je stärker das Dissoziationsbestreben ist, und da ferner die chemische Wirksamkeit einer Säure oder Base nur durch die Konzentration der freien $H^{\cdot}$- oder OH'-Ionen bedingt wird.

Starke Elektrolyte. Auf S. 204 haben wir schon angedeutet, daß diese einfache Dissoziationstheorie das Verhalten der schwachen Elektrolyte zwar gut wiedergibt, dagegen bei den starken Elektrolyten vollständig versagt. Denn bildet man hier wiederum den Quotienten $g_l = \dfrac{\varLambda}{\varLambda_\infty}$ und setzt die osmotisch gefundene Teilchenzahl gleich $c\,(1+g_0)$, so kommt man zu Werten g_l und g_0, die nicht miteinander übereinstimmen. Verfolgt man dann die Abhängigkeit dieser Größen g_l und g_0 von der Konzentration, so zeigt sich, daß das OSTWALDsche Verdünnungsgesetz von beiden in keiner Weise erfüllt wird, sondern daß die „Konstante" in beiden Fällen einen Gang zeigt. Insbesondere zeigen sich diese Abweichungen auch bei geringeren Konzentrationen. Das Massenwirkungsgesetz läßt sich also auf die starken Elektrolyte nicht anwenden.

Wir hatten auf S. 219 das Massenwirkungsgesetz für ideale Gase abgeleitet, d. h. für den Fall, daß die Entropie der Gasmischung gleich der Summe der Entropien der einzelnen Komponenten für gleiche Konzentration ist, und die gleiche Voraussetzung konnten wir für die verdünnten Lösungen der Nichtelektrolyte und der schwachen Elektrolyte machen. Bei den konzentrierten Lösungen und den starken Elektrolyten im allgemeinen macht sich dagegen die Wechselwirkung zwischen den einzelnen in Lösung befindlichen Teilchen untereinander und mit dem Lösungsmittel so stark geltend, daß dieser Ansatz hier nicht brauchbar ist. Vielmehr muß man annehmen, daß in Gleichung (2) S. 218 für die Entropie Glieder auftreten, die diese gegenseitige Beeinflussung wiedergeben. Dies drückt sich dann dadurch aus, daß man als Gleichgewichtsbedingung nicht das Massenwirkungsgesetz erhält, sondern eine Gleichung der Form

$$\frac{a_i^{v_i}\, a_k^{v_k} \ldots}{a_a^{-v_a}\, a_b^{-v_b} \ldots} = K_v,$$

wo K_v von den Konzentrationen unabhängig ist. Die nach dem Vorgang von BJERRUM und LEWIS eingeführten „Aktivitäten" a_i sind Funktionen der Temperatur, der Konzentration aller am Gleichgewicht teilnehmenden Komponenten und der Natur des Lösungsmittels. Unabhängig von jeder Theorie der starken Elektrolyte kann man die Erfahrungstatsachen durch eine Gleichung

$$\frac{(f_i\, c_i)^{v_i}\, (f_k\, c_k)^{v_k} \ldots}{(f_a\, c_a)^{-v_a}\, (f_b\, c_b)^{-v_b} \ldots} = K_v$$

darstellen, in der also $f_i c_i = a_i$ ist. Die f_i nennt man Aktivitätskoeffizienten; sie sind ihrerseits im allgemeinen Funktionen der Temperatur, der Konzentrationen aller am Gleichgewicht teilnehmenden Stoffe und der Natur des Lösungsmittels; die Fälle, für die das Massenwirkungsgesetz selbst gilt, sind dann dadurch ausgezeichnet, daß alle f gleich 1 werden.

Bei den starken Elektrolyten liegt das Gleichgewicht so stark auf der Seite der Dissoziationsprodukte und sind die elektrostatischen Kräfte, die die Ionen aufeinander und auf das Lösungsmittel ausüben, so wesentlich, daß man für sehr verdünnte Lösungen mit guter Näherung so rechnen kann, als ob der Elektrolyt in der Lösung vollständig in Ionen zerfallen ist[1]. Diese Ionen üben elektrostatische Kräfte aus, die gegenseitig die Bewegungsfreiheit und somit die Leitfähigkeit verringern; ebenso wird die scheinbare Teilchenzahl, wie sie der osmotische Druck liefert, verringert. In erster Näherung ergeben sich in Übereinstimmung mit dem Experiment verschiedene Ausdrücke für g_l und g_0 und Proportionalität zwischen $1 - g_l$ und $1 - g_0$ mit $\sqrt{c}$, während nach Gleichung (1) S. 244 das Massenwirkungsgesetz $1 - \alpha$ proportional c verlangt. (Für kleinere Konzentrationen kann man in Gleichung (1) α^2 durch 1 ersetzen.) Nur in der Grenze unendlicher Verdünnung liefern beide Theorien dasselbe.

---

[1] Diese elektrostatische Theorie der starken Elektrolyte ist von SUTHERLAND, BJERRUM, HERTZ und MILNER entwickelt worden; eine Arbeit von GHOSH erneuerte das Interesse an dieser Frage und eine möglichst voraussetzungsarme mathematisch strenge Entwicklung verdanken wir DEBYE und HÜCKEL: vgl HÜCKEL, C.: Ergebnisse der exakten Naturwissenschaften Bd. 3, S. 199, 1924.

Die Berücksichtigung dieser Anziehungs- und Abstoßungskräfte entspricht etwa dem Übergang vom idealen Gase zu der VAN DER WAALSschen Theorie bei den Gasen; allerdings sind hier Methoden und Resultate andere, da die elektrostatischen Kräfte zwischen den Ionen mit der Entfernung viel langsamer abnehmen als die VAN DER WAALSschen Kräfte; da es sich ferner um Anziehungs- und Abstoßungskräfte handelt, und weil außerdem noch der Einfluß der Moleküle des Lösungsmittels berücksichtigt werden muß.

Abhängigkeit von der Temperatur. Die Gleichgewichtskonstante ist in Lösungen ebenso wie in Gasen eine Funktion der Temperatur. Solange die VAN'T HOFFschen Gesetze für den osmotischen Druck gültig sind, gilt ebenso wie in Gasen theoretisch eine Formel

$$\ln K_v = \frac{U_{vo}}{RT} + \frac{\sum\limits_i \nu_i \alpha_i}{R} \ln T + \int \frac{\int f(T) dT}{T^2}\, dT + I$$

(vgl. (9) S. 225); doch ist ihre Anwendung für Lösungsreaktionen wertlos. Da nämlich Lösungen im allgemeinen nur in einem relativ kleinen Temperaturintervall beständig sind — zwischen ihrem Erstarrungs- und Siedepunkt —, so ist es nicht möglich, die spezifischen Wärmen in ihrer Temperaturabhängigkeit mit einer Genauigkeit zu bestimmen, die hinreichen würde, um die Berechnung der unbestimmten Integrationskonstante zu rechtfertigen. Man muß sich daher bei Lösungen mit der differenzierten Gleichung (5) S. 223 begnügen, die die Richtung der Gleichgewichtsverschiebung bei Temperaturänderung als Funktion der Reaktionswärme angibt,

$$\frac{\partial \ln K}{\partial T} = - \frac{U}{RT^2}\,,$$

bzw. man kann diese für kleine Temperaturintervalle integrieren und erhält dann

$$\ln \frac{K_2}{K_1} = - \frac{U}{R} \cdot \frac{T_2 - T_1}{T_1 \cdot T_2}\,.$$

Da, wie gesagt, Lösungen überhaupt meist nur in einem kleinen Temperaturintervall vorkommen, so genügt diese Gleichung häufig mit einiger Annäherung für das ganze Existenzgebiet der Lösungen.

Man kann diese Gleichung zur Berechnung von Reaktionswärmen benutzen, die der direkten experimentellen Bestimmung nur schwer zugänglich sind, z. B. zur Berechnung der Dissoziationswärme bei Elektrolyten (nach ARRHENIUS):

$$\lg \frac{K_{v_2}}{K_{v_1}} = - \frac{U_v}{2,3\,R}\, \frac{T_2 - T_1}{T_1 T_2} = \lg \frac{\alpha_2^2}{\alpha_1^2}\, \frac{1 - \alpha_1}{1 - \alpha_2}\,. \tag{2}$$

Wie die Formel lehrt, zerfallen diejenigen Elektrolytmolekeln in Lösungen unter Wärmeentwicklung ($U > 0$) in ihre freien Ionen, bei denen der Dissoziationsgrad mit steigender Temperatur abnimmt und umgekehrt.

So läßt sich aus dem im LANDOLT-BÖRNSTEIN angegebenen Zahlenmaterial die folgende Tabelle zusammenstellen:

Dissoziationswärmen von Elektrolyten.

	U gef.	ber.
o-Aminobenzoesäure (15⁰) .	— 3500	— 3600
Borsäure (20⁰)	— 3500	— 3000
Cyanwasserstoff (20⁰) . .	— 11100	— 10600
Hydrochinon	— 6200	— 5900
p-Nitrophenol (15⁰) . . .	— 5200	— 5100
Phenol (15⁰)	— 5900	— 6300
Phosphorsäure (21⁰) . . .	+ 1·600	+ 1700
Ammoniak (18⁰)	— 1500	— 1400
Pyridin (15⁰)	— 8700	— 8100

$U_{ber.}$ aus dem Dissoziationsgrad nach Gleichung (2) berechnet.

$U_{gef.}$ kalorimetrisch gemessen.

Nimmt die als Lösungsmittel dienende Flüssigkeit selbst an der Umwandlung teil, wie z. B. das Wasser bei Verseifung eines Esters, der in einem großen Überschuß von Wasser gelöst ist, so behalten die obigen für verdünnte Lösungen abgeleiteten Gleichungen ihre Gültigkeit, obwohl der eine der an der Reaktion teilnehmenden Stoffe nicht im Zustande der verdünnten Lösung vorhanden ist. Dann bleibt nämlich die Konzentration des Lösungsmittels während der Reaktion praktisch konstant, behält also, wie auch die Konzentrationen der anderen Reaktionsteilnehmer sein mögen — vorausgesetzt, daß diese hinreichend klein sind —, immer den gleichen Wert und kann daher in die Massenwirkungskonstante mit einbezogen werden. Für die Esterverseifung nach der Gleichung

$$CH_3COO \cdot C_2H_5 + H_2O = CH_3COOH + C_2H_5OH$$

nimmt also das Massenwirkungsgesetz in verdünnter wäßriger Lösung die Form an

$$\frac{c_{Alk.} \cdot c_{Säure}}{c_{Ester}} = P = c_{H_2O} K_v .$$

Ist die Lösung außerordentlich verdünnt, so ist die Konzentration des Lösungsmittels gerade so groß, wie sie im reinen Lösungsmittel ist, also z. B. bei Wasser $\frac{1000}{18} = 55{,}5$ Mol/Liter; bei nicht unendlich verdünnten, aber immer noch verdünnten Lösungen ist sie etwas kleiner und kann dem Dampfdruck des Lösungsmittels über der Lösung proportional gesetzt werden (NERNST bezeichnet diese dem Dampfdruck proportionale Konzentration des Lösungsmittels innerhalb der Lösung als die aktive Masse des Lösungsmittels). Diese Proportionalität zwischen aktiver Masse und Dampfdruck gilt streng nur dann, wenn die Lösung dem RAOULTschen Gesetz der Dampfspannungserniedrigung folgt, was, wie im Kap. 7 gezeigt wurde, in verdünnten Lösungen, die den VAN'T HOFFschen Gesetzen folgen, der Fall ist.

Ein wichtiges Beispiel für diese Erörterungen ist die Dissoziation des Wassers selbst in die freien Ionen H˙ und OH′ nach der Gleichung

$$H_2O = H˙ + OH′ .$$

Für diese gilt das Massenwirkungsgesetz

$$c_{H˙} \cdot c_{OH′} = c_{H_2O} K_v = P ,$$

und zwar muß diese Gleichung in allen wäßrigen Lösungen unabhängig von dem Absolutwerte der H˙- oder OH′-Konzentrationen erfüllt sein, für die das Massenwirkungsgesetz gültig ist. P nennt man nach Nernst das Ionenprodukt des Wassers. Da die H˙-Ionen in sauren Lösungen sehr erhebliche, in alkalischen Lösungen nur ganz minimale Konzentrationen besitzen, so bietet sich hier die Möglichkeit, das Massenwirkungsgesetz in einem so großen Konzentrationsintervall zu prüfen, wie es bisher in keinem anderen Falle möglich war. Auf die verschiedenen, voneinander unabhängigen Methoden, die zur Bestimmung der Dissoziationskonstante des Wassers in sauren, neutralen und alkalischen Lösungen angewendet wurden, braucht an dieser Stelle nicht näher eingegangen zu werden; sie ergaben durchweg eine vorzügliche Bestätigung des Massenwirkungsgesetzes unter den angegebenen Bedingungen.

Auch die Temperaturabhängigkeit der Wasserdissoziation steht in Übereinstimmung mit der Theorie. Das Ionenprodukt des Wassers steigt mit der Temperatur stark an, wie die folgende Tabelle zeigt[1].

Die erste Spalte enthält die Celsiustemperaturen, die zweite die gefundenen Werte von P und die dritte die nach der integrierten van't Hoffschen Gleichung berechneten Werte der Dissoziationswärme. Die vierte Spalte schließlich die kalorimetrisch bestimmten Werte der Neutralisationswärme starker Basen und Säuren, die nach den Erörterungen des Kap. 4, Abschnitt 3 mit der Dissoziationswärme des Wassers identisch sind.

Die Übereinstimmung bei tiefen Temperaturen ist vorzüglich. Die Dissoziationswärme des Wassers nimmt mit steigender Temperatur ab; daraus folgt, daß die freien Ionen H˙ und OH' zusammen eine kleinere spezifische Wärme besitzen als die ungespaltenen Molekeln. Das soeben erörterte Beispiel der Ionisation des Wassers ist einer der schlagendsten Beweise für die Richtigkeit der Theorie der elektrolytischen Dissoziation sowie für die Gültigkeit der van't Hoffschen Gesetze des osmotischen Druckes, auf denen ja diese so glänzend bestätigten Gleichungen beruhen.

Wasserdissoziation.

$t\,^{\circ}\mathrm{C}$	$P \cdot 10^{14}$	$-U$ ber.	beob.
0	0.14	14800	14600
16	0,63		
18		13400	13800
25	1,27		13600
32		13200	13100
50	7,1		
70	21,2	12100	
99	74	11000	
156	223	6200	

6. Reaktionen im heterogenen System.

Reaktionen zwischen Gasen und festen Körpern. Nunmehr wollen wir die im Abschnitt 1, S. 216 angenommene Beschränkung, daß alle an einer chemischen Umsetzung teilnehmenden Stoffe sich in der gleichen Phase befinden, aufgeben und auch Reaktionen zwischen Stoffen betrachten, welche sich in verschiedenen Aggregatzuständen befinden. Als einfachsten Fall beschränken wir uns zunächst auf feste Stoffe und Gase.

---

[1] Landolt-Börnstein, 5. Aufl. (vgl. auch 1. Ergänzungsband).

Reaktionen im System: fest-gasförmig sind sehr häufig; daß sie einer einfachen thermodynamischen Behandlung zugänglich sind, ist relativ früh erkannt worden[1]. Sehr viele feste Verbindungen erleiden nämlich bei erhöhter Temperatur eine Dissoziation, die zur Abspaltung eines oder mehrerer Gase führt, z. B. das Calciumcarbonat nach der Gleichung

$$CaCO_3 = CaO + CO_2 ,$$

die kristallwasserhaltigen Salze z. B.

$$CuSO_4 \cdot 5H_2O = CuSO_4 + 5H_2O ,$$

die Ammoniakate nach der Gleichung

$$AgCl \cdot 2NH_3 = AgCl + 2NH_3 ,$$

die Oxyde der Edelmetalle z. B.

$$Ag_2O = 2Ag + \tfrac{1}{2}O_2$$

und schließlich das klassische Beispiel für derartige Dissoziationen, der Salmiak, nach der Gleichung

$$NH_4Cl = NH_3 + HCl$$

usw.

Aber auch eine große Zahl für die präparative und technische Chemie sehr wichtiger Reaktionen, wie die Reduktion der Metalloxyde durch Kohlenoxyd, die Einwirkung von Wasserdampf auf Kohle oder Metalle, gehören in diese Klasse von Reaktionen. Daher ist es nicht verwunderlich, daß gerade diese Reaktionen zwischen festen Stoffen und Gasen in den letzten Jahrzehnten sowohl experimentell wie theoretisch sehr eingehend behandelt worden sind.

Zur thermodynamischen Ableitung der einschlägigen Gesetzmäßigkeiten schicken wir den unmittelbar einleuchtenden Satz voraus, daß jeder feste Stoff wie jede Flüssigkeit bei jeder Temperatur einen bestimmten, wenn auch mitunter minimal kleinen Dampf- bzw. Sublimationsdruck besitzt. Dieser Druck ist dann, wie unmittelbar aus der Phasenregel folgt, lediglich Funktion der Temperatur und wächst ganz allgemein mit steigender Temperatur. Da man durch starke Temperaturerhöhung tatsächlich alle festen Stoffe, soweit sie sich nicht schon vorher zersetzen, zum Verdampfen bringen kann, so ist es ohne weiteres statthaft, auch bei tiefen Temperaturen die Existenz eines solchen Dampfdruckes zu postulieren, auch wenn dieser zu klein ist, als daß er sich experimentell nachweisen ließe.

Nunmehr können wir jede Reaktion zwischen festen und gasförmigen Stoffen in eine Reihe von Reaktionsstufen zerlegen, nämlich erstens Verdampfung der festen Ausgangsstoffe unter ihrem Dampfdruck, zweitens Umsetzung der gasförmigen Stoffe, drittens Kondensation der Endprodukte zu festen Stoffen, soweit sie nach Beendigung der Reaktion im festen Zustand vorliegen sollen. Die Dissoziation des $CaCO_3$ würde nach diesem Schema folgendermaßen verlaufen:

---

[1] HORSTMANN, Berichte Dt. chem. Gesellsch. 1869, S. 137; Ostwalds Klassiker Nr. 137.

1. Isotherme Verdampfung des $CaCO_3$ zu $CaCO_3$-Dampf vom Partialdrucke p_{CaCO_3}, der dem Sättigungsdruck des $CaCO_3$ bei der in Frage kommenden Temperatur T entspricht.

2. Dissoziation des $CaCO_3$-Dampfes in gasförmiges CO_2 vom Druck p_{CO_2} und CaO-Dampf vom Partialdrucke p_{CaO}, der dem Dampfdrucke des festen CaO bei T entspricht und

3. Kondensation des CaO. Das System befindet sich dann im Gleichgewicht, wenn alle drei Reaktionsstufen sich im Zustande des Gleichgewichtes befinden. Dies ist bei 1 und 3 nach den Voraussetzungen der Fall, bei 2 aber nur dann, wenn die drei Gase $CaCO_3$-Dampf, CO_2 und CaO-Dampf bzw. ihre Konzentrationen oder Partialdrucke in der vom Massenwirkungsgesetz geforderten Beziehung zueinanderstehen, wenn also

$$\frac{p_{CO_2} \cdot p_{CaO}}{p_{CaCO_3}} = K_p$$

ist[1]. Da nun ferner p_{CaO} und p_{CaCO_3} als Dampfdrucke fester Stoffe lediglich Temperaturfunktionen, d. h. bei konstanter Temperatur selbst Konstanten sind, so folgt auch $p_{CO_2} = K_p'$, der Gasdruck an CO_2, mit welchem festes $CaCO_3$ und CaO im Gleichgewicht stehen, hat für jede Temperatur einen bestimmten, unveränderlichen Wert, ist also z. B. unabhängig von den Mengen der beiden festen Stoffe. Die Dissoziation des $CaCO_3$ schreitet bei einer bestimmten Temperatur also nur so lange fort, bis der Druck des entwickelten Kohlendioxyds gleich diesem Gleichgewichtsdruck geworden ist. Man bezeichnet diesen Gleichgewichtsdruck auch als den Dissoziationsdruck und kann daher derartige Dissoziationen, bei denen nur ein gasförmiges Reaktionsprodukt auftritt, ganz ebenso wie die Verdampfung eines einheitlichen festen oder flüssigen Stoffes behandeln.

Auch auf Reaktionen, bei denen mehrere gasförmige Stoffe auftreten, läßt sich das Massenwirkungsgesetz jetzt ohne weiteres übertragen. Bei der Einwirkung von Wasserdampf auf Kohle z. B. nach der Gleichung

$$H_2O + C = CO + H_2$$

gilt bei jeder Temperatur für das Gleichgewicht die Gleichung

$$\frac{p_{CO} \cdot p_{H_2}}{p_{H_2O} \cdot p_C} = K_p$$

oder, da p_C, der Dampfdruck des festen Kohlenstoffes, nur von der Temperatur abhängig ist,

$$\frac{p_{CO} \cdot p_{H_2}}{p_{H_2O}} = K_p' .$$

Wie man sieht, erhält man also bei beliebigen Reaktionen zwischen festen und gasförmigen Stoffen die allgemeine Gleichgewichtsbedingung

---

[1] Es genügt für diese Fälle, die entstehenden Gase als ideale Gase zu betrachten.

dadurch, daß man für die an der Umsetzung teilnehmenden Gase das Massenwirkungsgesetz ansetzt. Die Gegenwart der festen Stoffe beeinflußt nur den *Zahlenwert* der Gleichgewichtskonstanten, aber nicht die *Form* der Gleichgewichtsbedingung.

Die Bedeutung dieses Ergebnisses für die Probleme der präparativen oder technischen Chemie möge an dem Beispiel der Wassergasbildung erläutert werden. Die vollständige Umwandlung einer bestimmten Menge Kohle in die brennbaren Gase Kohlenoxyd und Wasserstoff gelingt nur dann, wenn das Produkt der Partialdrucke der entstehenden Gase CO und H_2, dividiert durch den Partialdruck des unzersetzt bleibenden Wasserdampfes, kleiner oder gleich der Gleichgewichtskonstanten K_p' für die betreffende Temperatur ist; denn nur so lange kann die Reaktion unter Bildung von CO und H_2, d. h. unter Vergrößerung des Ausdruckes $\dfrac{p_{CO} \cdot p_{H_2}}{p_{H_2O}}$ fortschreiten. Nimmt man die Reaktion im geschlossenen Gefäß vor, so geht die Umsetzung erfahrungsgemäß nicht vollständig vor sich, da bei Verwendung größerer Mengen von Kohle die Partialdrucke der entstehenden Gase nach der Umsetzung sehr große Werte annehmen müßten. Setzt man dagegen die Kohle der Einwirkung von *strömendem* Wasserdampf aus, so werden die entstehenden Gase rasch fortgeführt und dadurch ihr Partialdruck an der Oberfläche der Kohle dauernd klein gehalten. Nur dann wird also die vollständige Umsetzung erzielt werden können. Ganz ebenso befördert die Verwendung strömender Gase die Zersetzung des Calciumcarbonats (das Brennen des Kalksteins) und die Reduktion von Erzen durch Kohlenoxyd. Wie bekannt, macht die Technik von diesem Verfahren ausgiebigen Gebrauch.

Abhängigkeit des Gleichgewichtes von der Temperatur. Für das Gleichgewicht zwischen Kohle und Wasserdampf hatten wir die Beziehung

$$\frac{p_{CO} \cdot p_{H_2}}{p_{H_2O}} = K_p' = K_p \cdot p_C$$

abgeleitet. K_p' ist die empirisch bestimmbare Gleichgewichtskonstante, während K_p und p_C nicht experimentell bestimmbar sind. Dagegen läßt sich die Abhängigkeit von K_p und p_C von der Temperatur ohne weiteres angeben. K_p ist ja die Gleichgewichtskonstante einer Reaktion die nur zwischen idealen Gasen stattfindet, p_C der Dampfdruck eines festen Stoffes. Mithin ist, wenn wir die Wärmetönung der im homogenen System verlaufenden Reaktion mit U_p und die Verdampfungswärme des Kohlenstoffes mit L bezeichnen

$$\left(\frac{\partial \ln K_p}{\partial T} \right)_p = \frac{-U_p}{R T^2}$$

und

$$\frac{d \ln p_C}{d T} = \frac{-L}{R T^2}.$$

In diesen beiden Gleichungen sind alle Größen experimentell unzugänglich; addieren wir sie aber, so erhalten wir

$$\left(\frac{\partial \ln K_p \cdot p_C}{\partial T}\right)_p = \left(\frac{\partial \ln K_p'}{\partial T}\right)_p = \frac{-(U_p + L)}{R T^2} = \frac{-U}{R T^2}. \tag{1}$$

$U = L + U_p$ ist die Wärme, welche man gewinnt, wenn man 1 Mol festen Kohlenstoffes verdampft und den Dampf dann mit Wasserdampf reagieren läßt; U ist also die kalorimetrisch bestimmbare Wärmetönung der Reaktion zwischen festem Kohlenstoff und Wasserdampf. Wir erkennen also, daß die Gleichgewichtskonstante der heterogenen Reaktionen dieselbe Temperaturabhängigkeit von der Wärmetönung zeigt, wie die der Reaktionen im homogenen System.

Zur experimentellen Prüfung kann man Gleichung (1) über ein kleines Temperaturintervall integrieren, unter der Annahme, daß sich die Reaktionswärme in diesem nicht ändert, und erhält wieder

$$\ln \frac{K_{p1}'}{K_{p2}'} = \frac{U}{R} \cdot \frac{T_2 - T_1}{T_1 \cdot T_2}.$$

Entsteht bei der Reaktion nur ein einziges Gas, wie z. B. bei allen einfachen Dissoziationsvorgängen, so ist $K_p' = p_g$, wenn p_g den Dissoziationsdruck bezeichnet. Aus den experimentell bestimmten Werten von p_g kann man dann die Reaktionswärme U berechnen und mit den Ergebnissen kalorimetrischer Forschung vergleichen. Für die Dissoziation des Calciumcarbonats, die neuerdings von den verschiedensten Seiten ziemlich genau untersucht worden ist[1], fand JOHNSTON[2] z. B. die nebenstehende Tabelle.

Berücksichtigt man, daß ein Temperaturfehler von 1 bis 2° den berechneten Wert von U um 1—2000 cal beeinflußt, und ferner, daß die Wärmetönung mit steigender Temperatur sinkt, so ist die Übereinstimmung mit dem kalorimetrischen Wert vorzüglich.

Dissoziation des Calciumcarbonats.

t^0	T	p_g (mm Hg)	$-U$ (cal.)	
			ber.	gef.
671	944	13,5	—	—
711	984	32,7	41 200	
748	1021	70	40 700	bei 25°
819	1092	235	37 100	42 600[3]
894	1167	716	37 400	

Bei der Anwendung dieser Gleichungen auf experimentell bearbeitete Beispiele muß man beachten, daß nur dann eine Übereinstimmung zwischen Theorie und Erfahrung zu erwarten ist, wenn die bei der Ableitung der Gleichungen gemachten Voraussetzungen auch tatsächlich realisiert sind. Dies ist bei den Reaktionen zwischen Gasen und festen Stoffen nicht immer der Fall, da bei hohen Temperaturen die verschiedenen festen Stoffe miteinander feste Lösungen bilden oder infolge großer Oberflächenausbildung auf die Gase Adsorptionskräfte ausüben können[4] (vgl. Kap. 11).

[1] Vgl. LANDOLT-BÖRNSTEIN, 5. Aufl. und 1. Ergänzungsband.
[2] JOHNSTON, J. Am. Chem. Soc. Bd. 32, S. 938, 1910.
[3] H. L. I. BÄCHSTRÖM, Am. Soc. Bd. 47, S. 2437, 1925.
[4] LE CHATELIER, Z. physikal. Chem. Bd. 69, S. 90, 1910.

Affinität. Die Affinität zwischen festen Stoffen und Gasen kann man, falls die Anwendung der Gleichungen berechtigt ist, überaus einfach angeben. Wie auf S. 235 erörtert wurde, genügt es, zu diesem Zwecke die Arbeit zu berechnen, die man gewinnen kann, falls man die Reaktion auf irgendeinem umkehrbaren Wege vor sich gehen läßt. Die Berechnung der Affinität zwischen festem Calciumoxyd und gasförmigem Kohlendioxyd vom Partialdrucke P kann man z. B. folgendermaßen ausführen. Man komprimiert oder dilatiert das Kohlendioxyd isotherm und reversibel bei der betreffenden Temperatur T, bei der die Affinität gesucht wird, bis es den Partialdruck p_{CO_2} besitzt, der bei dieser Temperatur mit festem CaO und festem $CaCO_3$ im Gleichgewicht steht. Hierbei gewinnt man die Arbeit $R\,T \ln \dfrac{P}{p_{CO_2}}$ (pro Mol). Nunmehr läßt man die Vereinigung des CO_2 mit dem CaO vor sich gehen, wobei nur die der Volumenänderung entsprechende Arbeitsleistung $R\,T$ aufgewendet wird, da 1 Mol des Gases bei konstantem Druck verschwindet und die Volumendifferenz des entstehenden festen $CaCO_3$ und des verschwindenden CaO gegen das des verschwindenden Gases vernachlässigt werden kann. Die gesamte gewonnene Arbeit ist also

$$R\,T \ln \frac{P}{p_{CO_2}} - R\,T\,,$$

und da das letzte Glied nur der Volumenänderung Rechnung trägt und die Affinität als die Arbeit definiert ist, die gewonnen werden würde, falls die Umsetzung ohne Volumenänderung verläuft, so ist die Affinität zwischen festem CaO und gasförmigem Kohlendioxyd vom Drucke P gegeben durch $A = R\,T \ln \dfrac{P}{p_{CO_2}}\,.$

Betrachtet man den Ausgangsstoff CO_2 unter Atmosphärendruck $(P = 1)$ und zählt man den Dissoziationsdruck p_{CO_2} des entstehenden $CaCO_3$ ebenfalls in Atmosphären, so wird

$$A = -\,R\,T \ln p_{CO_2}\,. \tag{2}$$

Eine Vereinigung von CaO und CO_2 von Atmosphärendruck kann nur bei den Temperaturen eintreten, bei denen A positiv ist, bei denen also der Dissoziationsdruck des $CaCO_3$ kleiner als 1 ist. In ganz ähnlicher Weise ergibt sich für eine Reaktion, an der mehrere gasförmige Stoffe teilnehmen

$$A = -\,R\,T \ln \frac{p_i^{\nu_i}\,p_k^{\nu_k}\cdots}{p_a^{-\nu_a}\,p_b^{-\nu_b}\cdots} + R\,T \ln \frac{P_i^{\nu_i}\,P_k^{\nu_k}\cdots}{P_a^{-\nu_a}\,P_b^{-\nu_b}\cdots}$$

oder, falls die entstehenden und verschwindenden Gase alle unter dem Partialdruck je einer Atmosphäre stehen, kurz

$$A = -\,R\,T \ln K_p'\,. \tag{3}$$

Es gelten also für die Affinitäten zwischen festen Stoffen und Gasen ganz dieselben Gleichungen wie für Gase allein. Da, wie eingangs erwähnt, eine große Zahl von Reaktionen zwischen wichtigen Elementen

und Atomgruppen zu derartigen heterogenen Gleichgewichten führen,
so kommt deren Untersuchung eine besondere Bedeutung für die Affinitätsforschung zu[1].

Macht man den Versuch, K_p' aus thermischen Daten zu berechnen,
wie wir es für K_p der homogenen Gasreaktionen S. 226 getan haben,
so muß man für den Sättigungsdruck der Bodenkörper Formeln nach
der Art der auf S. 152 angeführten einsetzen und sieht dann, daß in K_p'
die Eigenschaften der Bodenkörper mit eingehen; insbesondere wird die
Integrationskonstante i der Dampfdruckformel durch die Entropiekonstanten von Gas und Kondensat gegeben sein.

Reaktionen zwischen festen Stoffen und Lösungen. Auf ganz analoge
Weise lassen sich auch die Reaktionen zwischen festen Stoffen und
Lösungen behandeln. Ebenso wie jeder feste Stoff bei jeder Temperatur
einen bestimmten Dampfdruck besitzt, so kommt ihm auch in jedem
Lösungsmittel eine gewisse Löslichkeit zu, deren Betrag naturgemäß
von der Natur des Lösungsmittels und der Temperatur abhängig, aber
von der gleichzeitigen Anwesenheit anderer gelöster oder ungelöster
Stoffe unabhängig ist. Die sog. unlöslichen Stoffe unterscheiden sich
von den löslichen nur dadurch, daß ihre Löslichkeit außerordentlich
gering ist. Treten nun mehrere feste Stoffe in Gegenwart eines Lösungsmittels miteinander in Reaktion, so läßt sich die diese Umsetzung
beherrschende Gleichgewichtsbedingung folgendermaßen ableiten: Für
die homogene Lösung, die also sämtliche an der Reaktion teilnehmende
Molekeln in wenn auch geringer Konzentration enthält, gilt, falls sie
hinreichend verdünnt ist und es sich nicht um starke Elektrolyte handelt,
das Massenwirkungsgesetz. Die Konzentrationen aller der Stoffe, die
aber gleichzeitig als feste Phasen oder „Bodenkörper" anwesend sind,
sind bei konstanter Temperatur durch die Löslichkeit festgesetzt. Ihre
konstanten Werte können daher ebenso in die Massenwirkungskonstante
einbezogen werden, wie dies bei den Dampfdrucken fester Stoffe im
vorigen Abschnitt geschehen ist. Für beliebige Reaktionen zwischen
festen Stoffen und Lösungen gilt also das Massenwirkungsgesetz geradeso
wie in homogenen Lösungen,

$$\frac{c_i^{\nu_i} c_k^{\nu_k} \cdots}{c_a^{-\nu_a} c_b^{-\nu_b} \cdots} = K_v', \tag{4}$$

mit dem einzigen Unterschiede, daß als variable Konzentrationen c nur
die Konzentrationen derjenigen Molekelgattungen gerechnet werden, an
denen die Lösung *nicht* gesättigt ist.

Dieses Resultat soll an dem Beispiel der Ionenspaltung eines schwer
löslichen Salzes erläutert werden.

Die Ionenspaltung des *Thallochlorids* geht nach der Gleichung

$$TlCl = Tl^\cdot + Cl'$$

vor sich. Da die Konzentration des ungespaltenen TlCl in der gesättigten
Lösung, die mit dem Bodenkörper in Gleichgewicht steht, für jede

---

[1] Vgl. SACKUR: Die chemische Affinität, S. 51 ff.

Temperatur einen eindeutig bestimmten Wert hat, so geht das in der homogenen Lösung gültige Massenwirkungsgesetz

$$c_{Tl^{\cdot}} \cdot c_{Cl'} = K_v c_{TlCl}$$

über in

$$c_{Tl^{\cdot}} \cdot c_{Cl'} = L.$$

Diese neue Konstante L bezeichnet man als das Löslichkeitsprodukt. In einer Lösung, die außer dem gelösten Salze keine anderen Salze enthält, ist, da die Lösung elektroneutral sein muß,

$$c_{Tl^{\cdot}} = c_{Cl'} = \sqrt{L}.$$

Bei schwer löslichen Salzen kann man ferner die Ionenspaltung als nahezu vollständig annehmen und daher die Gesamtkonzentration c, d. h. die Löslichkeit gleich der Ionenkonzentration setzen. Das Löslichkeitsprodukt ergibt sich dann gleich dem Quadrate der Sättigungskonzentration: $c^2 = L$.

Enthält dagegen die Lösung außerdem noch ein Salz, welches mit dem Thalliumchlorid ein Ion gemein hat (z. B. Kaliumchlorid) in der Konzentration c', so gilt zwar wiederum $c_{Tl^{\cdot}} \cdot c_{Cl'} = L$, aber nicht mehr $c_{Tl^{\cdot}} = c_{Cl'} = c$, sondern $c_{Tl^{\cdot}} = c$, $c_{Cl'} = c + c'$, also $c(c + c') = L$.

Die Sättigungskonzentration c ist also in diesem Falle kleiner als bei der Auflösung in reinem Lösungsmittel, und zwar um so mehr, je größer c' ist. Diese Löslichkeitsbeeinflussung durch den Zusatz gleichioniger Salze ist zuerst von NERNST aus dem Massenwirkungsgesetz abgeleitet und für geringe Konzentrationen bestätigt worden[1].

Es hat sich aber auch hier gezeigt, daß das Löslichkeitsprodukt bei zunehmendem Zusatz fremder Elektrolyte, sowohl solcher, die mit dem betrachteten ein Ion gemeinsam haben, wie auch anderer, nicht konstant bleibt, sondern größer wird. Um eine Konstanz des Löslichkeitsproduktes zu erzielen, müßten wir wieder wie auf S. 246 und aus den gleichen Gründen die Konzentrationen durch die Aktivitäten ersetzen, also für unser Beispiel

$$f_{Tl^{\cdot}} c_{Tl^{\cdot}} \cdot f_{Cl'} c_{Cl'} = L,$$

wo die f wiederum Funktionen der Temperatur, der Natur des Lösungsmittels und der Konzentrationen aller Ionenarten (alle zugesetzten Elektrolyte werden als vollständig dissoziiert angesehen) sind. Die elektrostatische Theorie ist imstande, über diese Aktivitätskoeffizienten Aussagen zu machen, die durch das Experiment bestätigt werden[2].

Die Temperaturabhängigkeit der Gleichgewichtskonstante wird wiederum durch die Reaktionswärme gegeben, nach der Gleichung

$$\frac{\partial \ln K_v}{\partial T} = -\frac{U_v}{RT^2}.$$

Die Ableitung lehnt sich früheren Ableitungen so vollständig an, daß auf ihre Wiedergabe an dieser Stelle verzichtet werden kann.

---

[1] Z. physikal. Chem. Bd. 4, S. 372, 1889.
[2] Zum Studium dieser Fragen sei wieder auf den Artikel von HÜCKEL in Ergebnisse der exakten Naturwissenschaft Bd. 3, S. 199, 1924, verwiesen.

Die Gleichung (4) veranschaulicht die Anwendung der Phasenregel auf Gleichgewichte zwischen Lösungen und festen Stoffen. Die Anzahl der in die Gleichgewichtsbedingung eintretenden variablen Konzentrationen ist nämlich geradeso groß wie die Anzahl f der Freiheiten des Systems, nämlich gleich der Gesamtzahl n der an der Umsetzung teilnehmenden Molekeln, vermindert um die Anzahl B der Bodenkörper, also $f = n - B$[1]. n ist gleichzeitig die Zahl der unabhängigen Bestandteile des Systems; denn diese ist gleich der Gesamtzahl der vorhandenen Molekeln (n + Lösungsmittel) vermindert um die Zahl der Reaktionsgleichungen (1). Die Anzahl der Phasen ist $P = B + 2$ (Lösung und Dampf). Mithin wird

$$f = n - B = n - P + 2$$

ein Resultat, zu welchem auch die Phasenregel führte (Kap. 6, S. 132).

Neuntes Kapitel.

Thermodynamik und Elektrochemie.

1. Elektromotorische Kraft und Wärmetönung; HELMHOLTZsche Gleichung.

In den galvanischen Elementen haben wir bekanntlich die Möglichkeit, chemische Energie direkt in elektrische Energie umzuwandeln. Taucht man z. B. einen Zink- und einen Kupferstab in eine Lösung von Zinksulfat und Kupfersulfat und verbindet beide Metallstäbe durch einen Draht, so fließt durch diesen ein elektrischer Strom, während gleichzeitig Zink aufgelöst und die äquivalente Menge Kupfer am Kupferstabe ausgefällt wird. Im Element spielt sich also der Vorgang

$$Zn + CuSO_4 = Cu + ZnSO_4$$

ab; die chemischen Verwandtschaftskräfte, die ihn hervorrufen, erzeugen den elektrischen Strom. Es muß daher die vom Element geleistete elektrische Arbeit quantitativ mit der im Element eintretenden Änderung der chemischen Energie verknüpft sein.

Die elektrische Arbeit, die das Element leistet, ist sehr einfach zu messen. Nach den Versuchen von JOULE (Kap. 1, S. 14) erzeugt ein elektrischer Strom J, wenn er während der Zeit z einen Widerstand w durchfließt, die Wärme $J^2 \cdot w \cdot z$. Nach dem OHMschen Gesetz ist $J \cdot w = e$ (EMK an den Enden des Widerstandes, also an den Polklemmen des Elementes), und ferner ist $J \cdot z = \varepsilon$, d. h. gleich der Elektrizitätsmenge, die während der Zeit z den Widerstand w passiert. Die Elektrizitätsmenge ε vermag also die Arbeit εe zu leisten. Nun ist nach den Gesetzen von FARADAY bei konstantem e unter allen Umständen die Elektrizitätsmenge ε, die einem Element entnommen wird oder in eine elektrolytische Zelle hineingeschickt wird, proportional der

---

[1] Gewöhnlich wird man als willkürlich veränderliche Freiheiten nicht die $n - B$ Konzentrationen, sondern die Temperatur (bzw. Gleichgewichtskonstante) und $n - B - 1$ Konzentrationen wählen.

Anzahl Grammäquivalente, die an den Elektroden in Reaktion treten. Tritt also 1 Mol der reagierenden Stoffe in den stromliefernden Vorgang ein, so muß dieses Mol immer die gleiche Elektrizitätsmenge im Element erzeugen, nämlich $n \cdot 96494$ Coulomb, wenn wir mit n die Anzahl der Äquivalente bezeichnen, die das Mol ausmachen (im obigen Beispiel ist $n = 2$, da Cu und Zn zweiwertig sind). Bezeichnen wir die Elektrizitätsmenge von $\mathfrak{F} = 96494$ Coulomb als elektrochemische Einheit der Elektrizitätsmenge, so liefert also jede stromliefernde Reaktion die Elektrizitätsmenge n pro Mol und daher die elektrische Energie $n \cdot e$ in elektrochemischen Einheiten oder $n \cdot \mathfrak{F} \cdot e$ coul · volt pro Mol, wenn e die Potentialdifferenz an den Klemmen des Elements ist.

Nach den im Kap. 5 entwickelten Gesetzen der Thermodynamik liefert ein Element dann die *maximale* Arbeit, wenn es reversibel arbeitet, d. h. wenn die im Element sowie außerhalb desselben während der Stromlieferung eintretenden Änderungen durch einen entgegengesetzt gerichteten gleichstarken Strom vollständig rückgängig gemacht werden können. Dies letztere ist nur dann der Fall, wenn die Stromlieferung mit unendlich kleiner Stromstärke erfolgt, da nur dann die irreversible Erzeugung von JOULEscher Wärme innerhalb des Elements selbst ausgeschlossen wird. Die Elektrodenspannung im ruhenden *stromlosen* Element, wie sie z. B. nach dem Kompensationsverfahren gemessen wird, ist also ein Maß für die maximale Arbeit, die das galvanische Element zu leisten imstande ist und daher nach S. 235, Kap. 8 ein Maß für die chemische Affinität des stromliefernden Vorganges.

Man hatte früher angenommen, daß man die elektromotorische Kraft eines galvanischen Elementes ebenso wie die chemische Affinität ohne weiteres aus der Wärmetönung des stromliefernden Vorganges berechnen könnte, und W. THOMSON und HELMHOLTZ haben diesen Satz geradezu als eine Folgerung des Energiegesetzes ausgesprochen in der Form $n \mathfrak{F} e = U$. Er wurde auch für das obenerwähnte DANIELLsche Element experimentell bestätigt. Die elektromotorische Kraft dieses Elementes wurde zu 1,09 volt gefunden. Die elektrische Energie, die bei der Umsetzung eines Moles $Zn + CuSO_4$ in Maximo gewonnen werden kann, berechnet sich daraus zu $2 \cdot 1,09 \cdot 96490$ volt-coul $= 2 \cdot 1,09 \cdot 96490$ $0,24$ cal[1] $=$ ca. 50000 cal, und etwa die gleiche Wärmetönung war auch auf kalorimetrischem Wege für die Umsetzung $Zn + CuSO_4$ $= Cu + ZnSO_4$ gefunden worden. Doch ergaben sich später bei anderen Elementen nicht unerhebliche Abweichungen, so daß GIBBS und unabhängig von ihm HELMHOLTZ zu einer Revision der sog. THOMSONschen Gleichung auf Grund des zweiten Hauptsatzes gelangten.

Es ist ja nach den Erörterungen des Kap. 5 durchaus nicht immer möglich, die bei einem irreversiblen Vorgange freiwerdende Wärme dadurch in mechanische oder elektrische Arbeit umzuwandeln, daß man den Vorgang isotherm und reversibel leitet. Hierbei gewinnt man nur die Änderung der freien Energie F, während man durch Bestimmung

---

[1] Ein Strom von 1 amp erzeugt in einem Widerstande 1 ohm in der Sekunde eine Wärmemenge $= 0,24$ cal. Diese Zahl bezeichnet man als das elektrochemische Äquivalent der Wärme.

der Reaktionswärme bei konstantem Volumen die Änderung der Gesamtenergie E erhält. Nach S. 116 sind beide durch die Beziehung

$$F = E + T \cdot \frac{\partial F}{\partial T}$$

(mit dem Index v oder p) die sog. HELMHOLTZsche Gleichung verknüpft.
Die maximale Arbeit $n\mathfrak{F}e$, die das Element zu leisten imstande ist,
ist gleich der Abnahme der freien Energie des Systems, die beim Umsatz je eines Moles im stromliefernden Vorgang eintritt; ebenso ist die
Reaktionswärme U gleich der entsprechenden Abnahme der Gesamtenergie. Mithin erhalten wir

$$n\mathfrak{F}e = U + n\mathfrak{F}T \cdot \frac{\partial e}{\partial T} \, . \tag{1}$$

Je nach dem Vorzeichen, welches der Temperaturkoeffizient der
elektromotorischen Kraft $\frac{\partial e}{\partial T}$ besitzt, kann $n\mathfrak{F}e$ größer oder kleiner
als U sein. Wächst e mit steigender Temperatur, so gewinnt man mehr
Arbeit als der bei dem Strom liefernden Vorgang freiwerdenden Wärme
entspricht; dann muß also, damit die Temperatur des Elementes kon-
stant bleibt, die Wärme $Q = n\mathfrak{F}T \frac{\partial e}{\partial T}$ von außen zugeführt werden; bei
adiabatischer Stromlieferung sinkt dann die Temperatur. Ist anderer-
seits $\frac{\partial e}{\partial T}$ negativ, so *erzeugt* das Element während der Stromlieferung
die Wärme $Q = n\mathfrak{F}T \frac{\partial e}{\partial T}$ und würde sich bei adiabatischer Stromlieferung erwärmen. Man erkennt also, daß das Element bei adiabatischer
Stromlieferung in jedem Falle einem Zustande zustrebt, in welchem
seine elektromotorische Kraft kleiner wird. Dieses Resultat folgt qualitativ auch aus dem Prinzip von LE CHATELIER-BRAUN (vgl. S. 239).

Die Wärmemenge $Q = n\mathfrak{F}T \frac{\partial e}{\partial T}$, die also die Wärmetönung innerhalb des stromliefernden Elementes darstellt, bezeichnet man nach
HELMHOLTZ auch als die latente Wärme.

Die experimentelle Bestätigung der HELMHOLTZschen Gleichung ist
zuerst von JAHN[1] und etwas später von BUGARSKY[2] erbracht worden.
Ihre Resultate sind in nachfolgender Tabelle wiedergegeben. Die Werte
für das DANIELLelement sind nach den sorgfältigen Werten von COHEN,
CHATTAWAY und TOMBROK[3] gegeben. Für verdünnte Lösungen scheint
beim DANIELLelement nach früheren Messungen $\frac{\partial e}{\partial T}$ sehr klein, also $n\mathfrak{F}e$
gleich U zu sein, so daß die ursprüngliche Bestätigung der einfachen,
aber unrichtigen Gleichung $n\mathfrak{F}e = U$ begreiflich wird. Es möge übrigens
ausdrücklich darauf hingewiesen sein, daß die HELMHOLTZsche Gleichung
strenge Gültigkeit besitzt, da sie lediglich auf den beiden Hauptsätzen

---

[1] Wiedem. Annalen Bd. 28, S. 21, 1886; Bd. 50, S. 189, 1893.
[2] Z. anorg. Chem. Bd. 14, S. 145, 1897.
[3] Z. physikal. Chem. Bd. 60, S. 706, 1907.

der Thermodynamik fußt. Allerdings darf sie nur bei solchen Elementen angewendet werden, deren Umkehrbarkeit verbürgt ist.

Bestätigung der HELMHOLTZschen Gleichung.

Bezeichnung des Elementes	e in volt bei $0°$	$n\,\mathfrak{F}e$ in cal	U in cal	$\dfrac{\partial e}{\partial T}$ in volt/grad	$n\,\mathfrak{F}e\,\dfrac{\partial e}{\partial T}$ in cal	$n\,\mathfrak{F}e\text{-}U$ in cal
Zn/ZnSO$_4$ ges. $\cdot$ $\cdot$ $\cdot$ $\cdot$ $\cdot$ Cu/CuSO$_4$ ges. $\cdot$ $\cdot$ $\cdot$ $\cdot$ $\cdot$	1,0934	50400	55200	$-4,3\cdot 10^{-4}$	-5690	-4800
Cu/Cu(C$_2$H$_3$O$_2$)$_2$ aq. $\cdot$ $\cdot$ $\cdot$ Pb/Pb(C$_2$H$_3$O$_2$)$_2$ $\cdot$ 100 H$_2$O	0,4764	21960	16520	$+3,85\cdot 10^{-4}$	$+4840$	$+5440$
Ag/AgCl $\cdot$ $\cdot$ $\cdot$ $\cdot$ $\cdot$ $\cdot$ Zn/ZnCl$_2$ $\cdot$ 5 H$_2$O $\cdot$ $\cdot$ $\cdot$ $\cdot$	1,0171	46900	49080	$-2,1\cdot 10^{-4}$	-2640	-2190
Ag/AgBr $\cdot$ $\cdot$ $\cdot$ $\cdot$ $\cdot$ Zn/ZnBr$_2$ $\cdot$ 25 H$_2$O $\cdot$ $\cdot$ $\cdot$	0,84095	38770	39940	$-1,06\cdot 10^{-4}$	-1330	-1160
Hg/Hg$_2$Cl$_2$ $\cdot$ KCl $\cdot$ $\cdot$ $\cdot$ $\cdot$ Hg/Hg$_2$O $\cdot$ KOH $\cdot$ $\cdot$ $\cdot$ $\cdot$	0,1483	7570	-3280	$+8,37\cdot 10^{-4}$	-11280	-10950

2. Elektromotorische Kraft und chemisches Gleichgewicht.

Die elektromotorische Kraft eines galvanischen Elementes ist ein Maß für die Arbeitsfähigkeit des stromliefernden Vorganges und daher auch für seine Affinität. Diese ist nach den Erörterungen des Kap. 8 für alle in Lösungen verlaufenden Reaktionen zu berechnen, falls das Gleichgewicht, bis zu welchem die Umsetzung vor sich gehen kann, bestimmbar ist, und falls die einfachen Lösungsgesetze ihre Gültigkeit behalten. Mithin ist in allen diesen Fällen die EMK des galvanischen Elementes aus Gleichgewichtsbestimmungen und den Konzentrationen der Reaktionsteilnehmer berechenbar.

Dieser Zusammenhang zwischen der EMK eines galvanischen Elementes und dem chemischen Gleichgewicht ist zuerst von VAN'T HOFF (1886) erkannt, aber erst viel später durch KNÜPFFER auf Anregung von BREDIG zum ersten Male experimentell durchgeführt worden[1], da es einige Schwierigkeiten bereitete, galvanische Elemente zu finden, bei welchen der stromliefernde Vorgang zu einem endlichen Gleichgewichtszustand führt. Bei den meisten Elementen hört die Reaktion und daher die Stromlieferung nämlich erst auf, wenn die Reaktionsteilnehmer sich praktisch vollkommen umgesetzt haben (z. B. die Ausfällung des Kupfers durch Zink im DANIELLelement). Die von KNÜPFFER untersuchte Zelle hatte folgende Form:

Thallium- amalgam	Lösung von KCl gesättigt an TlCl	Lösung von KCNS gesättigt an TlCNS	Thallium- amalgam

Geht durch die Zelle ein positiver Strom von links nach rechts, so geht Thallium an der „Lösungselektrode" unter Bildung von festem

---

[1] Z. physikal. Chem. Bd. 26, S. 255, 1898.

Thallochlorid in Lösung, und es wird an der anderen Elektrode (Fällungs-elektrode) festes Thallorhodanid unter Abscheidung von metallischem Tl zersetzt. Es tritt also die Reaktion $KCl_{gelöst} + TlCNS_{fest} = TlCl_{fest} + KCNS_{gelöst}$ ein.

Sind die Konzentrationen der Lösungen so gewählt, daß diese Reaktion von selbst eintreten kann, so erzeugt das Element einen elektrischen Strom in der angegebenen Richtung. Sind die Konzentrationen dagegen so beschaffen, daß eine Affinität im umgekehrten Sinne besteht, so liefert das Element einen entgegengesetzten Strom.

Die Affinität der Reaktion ist nach den Ergebnissen des Kap. 8, wenn die Lösungen hinreichend verdünnt sind:

$$A = RT \ln K_v' - RT \ln \frac{c_{KCl}}{c_{KCNS}}.$$

(da TlCl und TlCNS als Bodenkörper vorhanden und ihre konstanten Sättigungskonzentrationen in die Gleichgewichtskonstante einbezogen werden können).

K_v' bedeutet die Gleichgewichtskonstante, die von KNÜPFFER auf chemischem Wege durch Schütteln von KCl- und KCNS-Lösungen mit festem TlCl und TlCNS bei verschiedenen Temperaturen bestimmt wurde. Da Thallium ein einwertiges Metall ist, so wird $n = 1$ und daher

$$\mathfrak{F}e = A = RT \ln K_v' - RT \ln \frac{c_{KCl}}{c_{KCNS}}. \tag{2}$$

Die Ergebnisse KNÜPFFERS sind in folgender Tabelle enthalten:

EMK der Reaktion KCl + TlCNS = TlCl + KCNS

t^0	$\dfrac{c_{KCl}}{c_{KCNS}}$	K_v' gef.	e in Volt	
			gef.	ber.
39,9	0,83	0,85	$+ 0,0010$	$+ 0,0006$
—	1,50	—	$- 0,0141$	$- 0,0153$
20,0	0,84	1,24	$+ 0,0105$	$+ 0,0098$
—	1,52	—	$- 0,0048$	$- 0,0052$
0,8	0,84	1,74	$+ 0,0175$	$+ 0,0171$
—	1,55	—	$+ 0,0037$	$+ 0,0027$

Auf ähnliche Weise müßte sich die EMK der sog. Knallgaskette berechnen lassen, nämlich des Elementes

Pt beladen mit H_2 | H_2O | Pt beladen mit O_2.

Das Element liefert einen Strom, der innerhalb der Zelle von links nach rechts geht, wobei die Reaktion $2H_2 + O_2 = 2H_2O$ eintritt. Die EMK ist demnach gegeben durch die Gleichung:

$$\mathfrak{F}e = \frac{RT}{4} \ln K_p - \frac{RT}{4} \ln \frac{p_{H_2O}^2}{p_{H_2}^2 \cdot p_{O_2}},$$

wenn die p-Werte die Partialdrucke über der Lösung bedeuten und die Gleichgewichtskonstante der Wasserdampfdissoziation ebenfalls für den Gasraum gilt. Da die maximale Arbeit der Reaktion unabhängig von dem Wege ist, auf welchem die Umsetzung vor sich geht, so ist es belanglos, ob wir uns zur Berechnung der EMK die Reaktion in der Lösung oder in dem mit der Lösung im Gleichgewicht stehenden Gasraum sich abspielen denken.

Zur Berechnung der EMK der Knallgaskette muß man daher die Gleichgewichtskonstante der Wasserdampfdissoziation bei Zimmertemperatur bestimmen. Dies ist auf direktem analytischem Wege nicht möglich, da die Dissoziation zu geringfügig ist. NERNST und v. WARTENBERG haben aber ihre bei höheren Temperaturen bestimmten Werte mittels der thermodynamischen Gleichung (vgl. S. 230) nach unten extrapoliert[1] und berechnen auf diesem Wege für die Knallgaskette bei 17^0 die EMK $= 1{,}233$ volt, während tatsächlich von verschiedenen Beobachtern nur niedrigere Werte, in maximo 1,15 volt, gefunden wurden. Da die Berechnung wahrscheinlich ziemlich richtig ist, so muß man schließen, daß eine ihrer Voraussetzungen bei der experimentellen Messung nicht erfüllt ist. Tatsächlich sprechen alle Anzeichen dafür, daß die Sauerstoffelektrode der Knallgaskette nicht umkehrbar arbeitet, daß also der stromliefernde Vorgang bei der Elektrolyse des Wassers nicht vollständig rückgängig gemacht wird. Wahrscheinlich bildet sich aus Sauerstoff und Platin intermediär ein Platinoxyd (ohne Arbeitsleistung), welches bei der Stromerzeugung zu Platin und Wasser reduziert wird[2].

HABER und seine Mitarbeiter haben die EMK der Knallgaskette bei höheren Temperaturen gemessen[3] (als Elektrolyt diente Glas und Porzellan). Der Theorie entsprechend nahm die EMK mit wachsender Temperatur bedeutend ab und die Differenzen zwischen Berechnung und Experiment wurden mit steigender Temperatur kleiner, da sich die Sauerstoffelektrode bei hohen Temperaturen offenbar mehr und mehr dem reversiblen Zustande nähert.

Man kann nun umgekehrt die Messung der EMK einer Kette benutzen, um das Gleichgewicht der stromliefernden Reaktion zu berechnen, wenn dieses nicht experimentell zugänglich ist. Dies ist bereits in vielen Fällen geschehen; die thermodynamische Beziehung zwischen EMK und Gleichgewichtskonstante liefert uns also ein meist sehr bequemes Mittel, um Gleichgewichtsbestimmungen vorzunehmen, deren direkte Ausführung wegen der bei tiefen Temperaturen so überaus geringen Reaktionsgeschwindigkeit häufig ganz unmöglich ist. Allerdings ist diese Methode, wie das Beispiel der Knallgaskette zeigt, nur anwendbar, wenn das untersuchte galvanische Element streng umkehrbar arbeitet. Ein absolutes, immer anwendbares Kriterium der Reversibilität besitzen wir jedoch heute noch nicht. In vielen Fällen dürfte die Prüfung der HELMHOLTZschen Gleichung (S. 259) heranzuziehen sein. Wenn die aus der EMK und ihrem Temperaturkoeffizienten berechnete Wärmetönung mit der kalorimetrisch gemessenen übereinstimmt, so

---

[1] Z. physikal. Chem. Bd. 56, S. 534, 1906.
[2] Vgl. auch die Berechnung der EMK der Knallgaskette durch LEWIS, G. N., Z. physikal. Chem. Bd. 55, S. 465, 1906 und BROENSTED, ebenda Bd. 65, S. 744, 1909.
[3] Z. anorgan. Chem. Bd. 51, S. 245, 289, 356, 1906.

liegt immerhin schon einige Wahrscheinlichkeit dafür vor, daß der stromliefernde Vorgang umkehrbar ist. Gerade das Beispiel der Knallgaskette beweist aber, daß auch dieses Kriterium versagen kann; denn für die Knallgaskette ist die HELMHOLTZsche Formel bestätigt worden. Diese Formel wird nämlich auch bei allen nicht streng reversiblen Ketten erfüllt sein, bei denen der irreversible Vorgang (in unserem Beispiel die Oxydation des Pt) von einer relativ kleinen Wärmetönung begleitet ist.

Eine andere Art der elektromotorischen Gleichgewichtsbestimmung eignet sich besonders zur Messung von Umwandlungspunkten allotroper Modifikationen oder verschiedener Salzhydrate. Derartige Untersuchungen sind besonders von COHEN und seinen Mitarbeitern ausgeführt worden. Eine Kette von der Form:

$$\text{Zn} \;\|\; \begin{array}{c}\text{Lösung ges. an}\\ \text{ZnSO}_4 \cdot 7\,\text{H}_2\text{O}\end{array} \;\Big|\; \begin{array}{c}\text{Lösung ges. an}\\ \text{ZnSO}_4 \cdot 6\,\text{H}_2\text{O}\end{array} \;\Big|\; \text{Zn}$$

wird einen Strom von links nach rechts erzeugen, wenn das Hexahydrat eine Tendenz besitzt, unter Wasseraufnahme in das Heptahydrat überzugehen und umgekehrt; denn bei der Auflösung von Zn in der am Heptahydrat gesättigten Lösung scheidet sich festes Heptahydrat aus, und zwar auf Kosten des in der anderen Lösung sich lösenden Hexahydrates. Am Umwandlungspunkte beider Hydrate, an welchem beide gleiche Löslichkeit besitzen (vgl. S. 134), muß das Element die EMK Null zeigen. Durch Variation der Temperatur kann man diesen Punkt meist mit großer Genauigkeit feststellen. Diese Methode ist auch anwendbar für Salze, deren Kationen keine reversiblen Elektroden geben, z. B. für Natriumsulfat, nämlich mit Hilfe sog. Elektroden 2. Art. Auf diese Weise ist der Umwandlungspunkt:

$$\text{Na}_2\text{SO}_4 \cdot 10\,\text{H}_2\text{O} \rightleftharpoons \text{Na}_2\text{SO}_4 + 10\,\text{H}_2\text{O}$$

von COHEN festgestellt worden, mittels des Elementes:

$$\text{HgHg}_2\text{SO}_4 \;\Big|\; \begin{array}{c}\text{Na}_2\text{SO}_4 \cdot 10\,\text{H}_2\text{O}\\ \text{ges.}\end{array} \;\Big|\; \begin{array}{c}\text{Na}_2\text{SO}_4\\ \text{ges.}\end{array} \;\Big|\; \text{Hg}_2\text{SO}_4\text{Hg}$$

COHEN fand z. B. für dieses Element[1]:

t^0	e in Millivolt	t^0	e in Millivolt	
28,3	36,6	32,7	—6,0	Der Umwand-
30,1	22,9	32,6	0	lungspunkt
32,0	6,4	—	—	liegt also
32,1	6,0	—	—	bei 32,6°

Auf die gleiche Weise bestimmte COHEN den Umwandlungspunkt zwischen weißem und grauem Zinn. Er untersuchte ferner die Abhängigkeit der Zinksulfathydrate vom Drucke, indem er die galvanischen Elemente in einen Kompressionsapparat einbaute und durch Variation der Temperatur für jeden Druck bis zu 1500 atm den Umwandlungspunkt feststellte[2]. Auf diese Weise konnte er zeigen, daß die Abhängigkeit des Umwandlungspunktes vom Druck mit großer Genauigkeit der thermodynamischen Formel gehorcht, die wir im

---

[1] Z. physikal. Chem. Bd. 14, S. 83, 1894; vgl. auch COHEN und BREDIG, ibid. S. 535.   [2] Z. physikal. Chem. Bd. 75, S. 1, 219, 1910.

Kap. 6 S. 156 für die Abhängigkeit des Schmelz- und Umwandlungspunktes vom Druck entwickelt hatten; er erhielt nämlich für den Koeffizienten $\left(\dfrac{\partial T}{\partial p}\right)_g$.

a) aus den Kompressionselementen den Wert 0,0036,
b) aus der Umwandlungswärme und der Volumenänderung bei der Umwandlung 0,0032.

Da bei der Ableitung der Gleichung (2) (S. 261) außer den beiden Hauptsätzen der Thermodynamik nur die Gültigkeit der Lösungsgesetze vorausgesetzt wurde, so behält sie auch ihre Bedeutung, falls der stromliefernde Vorgang nicht zu einem meßbaren Gleichgewicht führt, sondern praktisch vollständig verläuft. Dies ist bei den allermeisten galvanischen Elementen, vor allen bei den praktisch benutzten der Fall, da nur in diesem Falle die Gleichgewichtskonstante K und mit ihr die EMK e erhebliche Werte annehmen können. Dann ist allerdings die EMK des Elementes nicht im voraus zu berechnen (da K unbekannt ist), die Gleichung (2) lehrt uns aber. in welchem Maße e von den Konzentrationen der zum Aufbau des Elementes dienenden Stoffe abhängt.

Für das eingangs erwähnte DANIELLsche Element gilt nämlich die Gleichung

$$\mathfrak{F}e = \frac{RT}{2}\ln K_v' + \frac{RT}{2}\ln \frac{c_{\mathrm{Cu}\cdot\cdot}}{c_{\mathrm{Zn}\cdot\cdot}},$$

wenn $c_{\mathrm{Cu}\cdot\cdot}$ und $c_{\mathrm{Zn}\cdot\cdot}$ die Ionenkonzentrationen in der gemeinsamen Lösung und K_v' die Gleichgewichtskonstante der Zn¨- und Cu¨-Ionen in der Reaktion $\mathrm{Zn} + \mathrm{Cu}\cdot\cdot = \mathrm{Cu} + \mathrm{Zn}\cdot\cdot$ bedeuten. Da die Ausfällung der Kupferionen durch metallisches Zink erst haltmacht, wenn sie praktisch vollständig geworden ist, so ist K_v' analytisch nicht bestimmbar. Ihr Zahlenwert ergibt sich dagegen aus der EMK e_0 eines DANIELLelementes, das die Cu¨- und Zn¨-Ionen je in der Konzentration 1 enthält, wie folgt:

$$\mathfrak{F}e_0 = \frac{RT}{2}\ln K_v' = 1,10 \text{ Volt (bei } 300^0 \text{ abs.).}$$

Zur Ausrechnung von K_v', das die Dimension einer reinen Zahl besitzt, muß man $\mathfrak{F}e_0$ und R im gleichen Maßsysteme ausdrücken. Wählt man als Maßsystem das elektrische, d. h. gibt man $\mathfrak{F}e_0$ und R in Volt-Coulomb an, so wird:

$$\mathfrak{F}e_0 = 1,10 \cdot 96490 = 1,061 \cdot 10^5 \text{ volt} \cdot \text{coul}$$

$$R = 1,985 \text{ cal} = \frac{1,985}{0,24} = 8,3 \text{ volt} \cdot \text{coul,}$$

also:

$$\ln K_v' = \frac{2 \cdot 1,06 \cdot 10^5}{8,3 \cdot 300} = 85,3 \,,$$

$$\lg K_v' = \frac{85,3}{2,3} = 37,0$$

und

$$K_v' = 10^{37} \,.$$

Die Ausfällung der Cu''-Ionen durch metallisches Zn macht also erst halt, wenn die Konzentration des Zn'' 10^{37} mal so groß geworden ist wie die der Cu''-Ionen. Die EMK eines beliebigen DANIELLschen Elementes ist dann gegeben durch $\mathfrak{F}e = \mathfrak{F}e_0 + \dfrac{RT}{2} \ln \dfrac{c_{\mathrm{Cu}\cdot\cdot}}{c_{\mathrm{Zn}\cdot\cdot}}$.

Aus dieser Formel folgt, daß Zusätze zur Lösung eines galvanischen Elementes dessen EMK nur dann verändern, wenn sie die Ionenkonzentrationen der am stromliefernden Vorgang teilnehmenden Stoffe beeinflussen. Dies ist in hohem Maße der Fall, wenn sie mit den gelösten Metallsalzen komplexe Salze bilden. Der Zusatz von Cyankalium z. B. zum DANIELLschen Elemente vermindert seine EMK, da das Cyankalium die Cu-Ionen in weit stärkerem Maße unter Komplexbildung wegfängt als die Zn-Ionen. Dieser Einfluß kann unter Umständen sogar so stark werden, daß die EMK des Elementes ihr Vorzeichen ändert, wenn nämlich der zweite Summand stärker negativ wird als der erste positiv ist. Derartige Elemente sind z. B. von HITTORF beschrieben worden.

Der Zusatz von Kochsalz, Schwefelsäure und anderen nicht komplexbildenden Stoffen dagegen ändert die EMK des Elementes wenigstens in verdünnter Lösung nicht.

In ähnlicher Weise lassen sich alle anderen, aus zwei verschiedenen Metallen zusammengesetzten galvanischen Elemente behandeln, ferner die Ketten mit unangreifbaren Elektroden, deren elektromotorische Wirksamkeit auf der Gegenwart reagierender Gase (Knallgaskette z. B.) oder auf der Anwesenheit von Oxydations- und Reduktionsmitteln beruht, und schließlich die Kombinationen dieser verschiedenen Typen. In allen Fällen ist es notwendig, sich über die Reaktionsgleichung des stromliefernden Vorganges Klarheit zu verschaffen und die Konzentrationen der an diesem beteiligten Ionen in das logarithmische Glied einzusetzen.

3. Konzentrationsketten.

Die bisher besprochenen galvanischen Elemente (erster Art) verdanken ihre Fähigkeit, elektrische Energie zu liefern, den chemischen Verwandtschaftskräften. Ein zweiter Typus benutzt als Ursache des Stromes lediglich das Verdünnungsbestreben gelöster Stoffe (den osmotischen Druck). Derartige galvanische Elemente werden als *Konzentrationsketten* bezeichnet; ihre thermodynamische Behandlung ist von HELMHOLTZ in Angriff genommen und dann von NERNST zum Abschluß gebracht worden.

Als erstes Beispiel eines derartigen Konzentrationselementes betrachten wir zwei gegeneinander geschaltete Elemente erster Art, deren Lösungen eine verschiedene Konzentration besitzen. Da beide Elemente eine ungleiche EMK haben, so wird ihre Kombination eine Stromquelle darstellen, deren EMK $\varDelta e = e_1 - e_2$ ist. Die im ersten Element an den Elektroden eintretenden chemischen Vorgänge werden im zweiten Element wieder rückgängig gemacht; die einzige dauernde Veränderung, die während der Stromlieferung hervorgerufen wird, besteht also in einer

Konzentrationsänderung der Elektrolyte. Die thermodynamische Berechnung der auftretenden EMK ist dann möglich, wenn die beiden Elemente nur einen einzigen Elektrolyten veränderlicher Konzentration enthalten, wenn also alle anderen amstromliefernden Vorgange teilnehmenden Stoffe in gesättigter Lösung als Bodenkörper vorliegen.

Als Beispiel betrachten wir zwei CLARKelemente:

$$\text{Hg} \ \left| \ \begin{array}{c} \text{Lösung von ZnSO}_4 \\ \text{gesättigt an Hg}_2\text{SO}_4 \end{array} \ \right| \ \text{Zn}$$

mit verschiedener Zinksulfatkonzentration c_1 und c_2. Wenn das erste Element $(c_1 < c_2)$ Strom liefert, nach der Gleichung $\text{Zn} + \text{Hg}_2\text{SO}_4 = \text{ZnSO}_4 + 2\,\text{Hg}$, so verschwindet metallisches Zink und festes Mercurosulfat und es entsteht dafür gelöstes Zinksulfat und metallisches Quecksilber. Im zweiten Element, durch welches derselbe Strom fließt, der im ersten erzeugt wird, verschwindet entsprechend die gleiche Menge von gelöstem Zinksulfat und metallischem Quecksilber, und es entsteht metallisches Zink und festes Mercurosulfat. Die einzige dauernde Veränderung im System ist also der Transport von gelöstem Zinksulfat von der einen Lösung zur anderen. Da nur ein Transport von größerer zu kleinerer Konzentration von selbst und daher auch unter Arbeitsleistung eintreten kann, so folgt aus diesem thermodynamischen Prinzip, daß das Element mit kleinerer ZnSO_4-Konzentration die größere EMK besitzen muß.

Die EMK $\varDelta e$ der beiden gegeneinander geschalteten Elemente kann man berechnen, falls man die maximale Arbeit kennt, die beim Transport eines Moles ZnSO_4 aus der konzentrierten in die verdünnte Lösung erhalten werden kann. Zu diesem Zwecke genügt es, die Arbeit zu berechnen, die bei umkehrbarem Verlauf gewonnen werden kann. HELMHOLTZ führte diese Berechnung durch mittels der isothermen Destillation des Lösungsmittels von der verdünnten Lösung zur konzentrierten, NERNST durch Berechnung der osmotischen Arbeit, die bei der Verdünnung geleistet werden kann.

Isotherme Destillation. Wir betrachten zunächst zwei Elemente, deren Konzentrationen nur unendlich wenig, also um dc differieren. Der Transport eines Moles ZnSO_4 von der konzentrierten zur verdünnten Lösung, der die Arbeit $2\,\mathfrak{F}\,de$ leistet, wird rückgängig gemacht, wenn wir diejenige Wassermenge n (in Molen), die auf 1 Mol ZnSO_4 in der Lösung von der Konzentration c enthalten ist, von der konzentrierten Lösung zur verdünnten isotherm destillieren. Hierzu benötigen wir, wenn p_g der Dampfdruck der Lösung und V das Molekularvolumen des Wasserdampfes bei der Temperatur T und dem Druck p_g bedeutet, die Arbeit $\delta A = n \cdot V \cdot dp_g = n \cdot R T \dfrac{dp_g}{p_g}$; es ergibt sich also

$$\mathfrak{F}\,de = n \cdot \frac{R T\, dp_g}{2 \cdot p_g}\,.$$

Zur Berechnung der EMK eines Systems aus zwei Elementen, deren Konzentrationen endliche Differenzen aufweisen (c_1 und c_2), müssen wir diesen Ausdruck von n_1 bis n_2 integrieren, wenn n_1 und n_2 die Mole

Lösungsmittel bedeuten, die auf je 1 Mol $ZnSO_4$ in den Lösungen von den Konzentrationen c_1 und c_2 vorhanden sind. Wir erhalten also

$$\mathfrak{F}\varDelta e = \mathfrak{F}(e_1 - e_2) = -\frac{RT}{2}\int_{n_1}^{n_2} n\,\frac{dp_g}{p_g}$$

und durch partielle Integration

$$= -\frac{RT}{2}\left(n_2 \ln p_{g2} - n_1 \ln p_{g1} - \int_{n_1}^{n_2} \ln p_g\, dn\right). \qquad (3)$$

Die Integration ist nur ausführbar, wenn der Dampfdruck p_g als Funktion der Zusammensetzung n bzw. der Konzentration c bekannt ist.

Für verdünnte Lösungen kann man das RAOULTsche Gesetz einführen, nämlich:

$$\frac{p_0 - p_g}{p_0} = \frac{1}{n+1} \quad \text{oder} \quad p_g = p_0 \cdot \frac{n}{n+1}\,,$$

dann ist:

$$n \cdot \frac{dp_g}{p_g} = \frac{dn}{n+1}$$

und

$$\mathfrak{F}\varDelta e = -\frac{RT}{2}\int_{n_1}^{n_2} n\,\frac{dp_g}{p_g} = -\frac{RT}{2}\ln\frac{n_2+1}{n_1+1} = \frac{RT}{2}\ln\frac{c_2}{c_1}\,, \qquad (3\,\text{a})$$

da in erster Annäherung bei verdünnten Lösungen n groß gegen 1 und $\frac{n_2}{n_1} = \frac{c_1}{c_2}$ ist.

Berechnung nach NERNST. Dasselbe Resultat erhält man, wenn man die bei der Verdünnung maximal zu leistende Arbeit auf osmotischem Wege berechnet. Mittels eines halbdurchlässigen Stempels erhält man bei der Verdünnung eines Moles $ZnSO_4$ von der Konzentration c_2 auf die kleinere Konzentration c_1 die Arbeit $A = \int_{\pi_2}^{\pi_1} \pi\,dv$.

Für verdünnte Lösungen ist nach den VAN'T HOFFschen Gesetzen $\pi = RTc$, also da $c = \frac{1}{V}$ ist:

$$A = -RT\int_{c_2}^{c_1} \frac{dc}{c} = RT\ln\frac{c_2}{c_1}$$

und daher:

$$\mathfrak{F}\varDelta e = \frac{A}{2} = \frac{RT}{2}\ln\frac{c_2}{c_1}\,.$$

Nach ähnlichen Prinzipien kann man z. B. den Einfluß der Säurekonzentration auf die EMK des Bleiakkumulators berechnen. In diesem wird der stromliefernde Vorgang dargestellt durch die Gleichung

$$Pb + PbO_2 + 2H_2SO_4 = 2PbSO_4 + 2H_2O\,.$$

Zwei gegeneinander geschaltete Akkumulatoren verschiedenen Säuregehaltes geben einen Strom, dessen Resultat der Transport von 2 Mol H_2SO_4 von der konzentrierten Säure zur verdünnten und von 2 Mol Wasser von der verdünnten zur konzentrierten ist.

Die Arbeit, die die Strommenge $\mathfrak{F}$ leistet, ist daher, da pro Mol des zweiwertigen Pb 2 Mole H_2SO_4 in der einen und 2 Mole H_2O in der entgegengesetzten Richtung transportiert werden:

$$\mathfrak{F}\,\varDelta e = A = RT \int_{n_2}^{n_1} (n-1)\,\frac{dp_g}{p_g}$$

$$= + RT \left(n_1 \ln p_{g1} - n_2 \ln p_{g2} + \ln \frac{p_{g2}}{p_{g1}} - \int_{n_2}^{n_1} \ln p_g\,dn \right).$$

Die experimentelle Bestätigung dieser Gleichung ist von DOLEZALEK erbracht worden[1].

Konzentrationselemente mit Überführung. In den soeben besprochenen Konzentrationselementen verursacht der Strom den Transport eines Elektrolyten von einer konzentrierten Lösung nach der verdünnteren. Bei einer anderen Art von Elementen muß er Konzentrationsänderungen innerhalb ein und derselben Lösung hervorrufen; wir wollen diese als Konzentrationselemente mit Überführung bezeichnen. Ein derartiges Element entsteht, wenn zwei Elektroden desselben Metalles in eine ungleichmäßig konzentrierte Lösung des betreffenden Metallsalzes eintauchen. Fließt innerhalb einer solchen ungleichmäßig konzentrierten Lösung die Strommenge 1, so verteilt sich diese Strommenge auf die Anionen und Kationen nach Maßgabe ihrer Ionenbeweglichkeit. Durch den Querschnitt der Strombahn wandern $\nu = \dfrac{u}{u+v}$ Äquivalente des Kations und $1 - \nu = \dfrac{v}{u+v}$ Äquivalente des Anions, wenn ν die Überführungszahl des Kations und u und v die Ionenbeweglichkeiten von Kation und Anion sind. An den Elektroden wird jedoch die Menge 1 des Kations abgeschieden bzw. aufgelöst, da die an der Kathode z. B. abgeschiedene Menge sich additiv zusammensetzt aus der durch den Strom zugeführten Menge ν und der durch Abwanderung der Anionen frei werdenden Menge $1 - \nu$. Die an den Elektroden eintretenden Konzentrationsänderungen kann man aus folgendem Schema erkennen (Abb. 46): I bedeutet die Lösung vor dem Stromdurchgang. II nach der Abscheidung von 4 Kationen. Während des

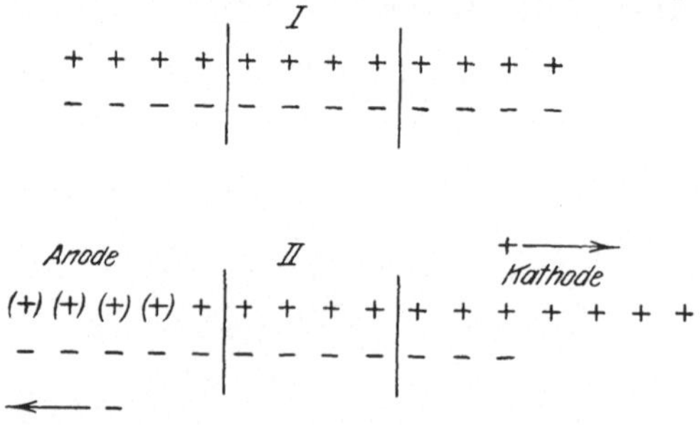

Abb. 46. Ionenwanderung.

---

[1] Theorie des Bleiakkumulators. Halle 1901.

Stromdurchganges wandern 3 Kationen durch den Querschnitt der Strombahn in der Richtung des positiven Stromes, und 1 Anion in der Richtung des negativen. Es ist also in diesem Beispiel die Überführungszahl des Kations v willkürlich zu $^3/_4$, die des Anions zu $^1/_4$ angenommen. An der Anode werden die freien 4 Anionen durch Auflösung von Metall aus der Elektrode neutralisiert (durch die eingeklammerten Kreuze angedeutet).

Wie man aus der Abbildung ersieht, ist die Lösung an der Anode (links) konzentrierter und an der Kathode (rechts von den Mittellinien) elektrolytärmer geworden, während in der Mitte die Konzentration unverändert geblieben ist, und zwar beträgt der Konzentrationszuwachs an der Anode $4 \cdot ^1/_4$ und die Konzentrationsabnahme an der Kathode ebenfalls 1 Äquivalent des Elektrolyten; der Gesamtgehalt der Lösung an Elektrolyt ist der gleiche geblieben.

Der Strom hat also pro Äquivalent des abgeschiedenen Metalles die Menge $1 - v = ^1/_4$ Elektrolytäquivalent von der Kathode zur Anode transportiert.

Falls das Element: Metall/konzentrierte Lösung/verdünnte Lösung/Metall selbst Strom liefert, so kann es dies bloß in der Richtung, daß eine Verdünnung der konzentrierten und eine Anreicherung der verdünnten Lösung eintritt. Der positive Strom muß also innerhalb der Lösung von der verdünnten Lösung zur konzentrierten fließen und diese zur Kathodenflüssigkeit machen. Da hierbei pro Einheit der insgesamt hindurchgehenden Elektrizitätsmenge $1 - v$ Äquivalente des Elektrolyten gleich $2(1 - v)$ Äquivalente der Ionen von der konzentrierteren (Kathoden-) Lösung zur verdünnteren (Anoden-) Lösung transportiert werden, so läßt sich die EMK dieser Konzentrationskette nach denselben beiden Prinzipien berechnen, die auf S. 267 nach HELMHOLTZ und NERNST für Konzentrationselemente ohne Überführung benutzt wurden, und wir erhalten für verdünnte Lösungen eines n-wertigen Metallsalzes die Gleichung:

$$\mathfrak{F}e = \frac{2RT}{n}(1 - v)\ln\frac{c_2}{c_1} = \frac{RT}{n} \cdot \frac{2v}{u + v} \cdot \ln\frac{c_2}{c_1}. \tag{4}$$

Umkehrbare Metallelektroden, die in Lösungen ihrer Salze variabler Konzentration tauchen, bezeichnet man als *Elektroden erster Art*. Als umkehrbare *Elektroden zweiter Art* bezeichnet man Metallelektroden, die in eine gesättigte Lösung eines schwer löslichen Salzes tauchen, dessen Löslichkeit durch die Konzentration eines löslichen Salzes mit gleichem Anion bestimmt ist, z. B. Ag-Lösung von KCl ges. an AgCl. In diesen Lösungen ist die Konzentration der $Ag^\cdot$ Ionen durch die Konzentration der Cl'-Ionen, d. h. des KCl bestimmt. In einem galvanischen Element, das durch zwei derartige Elektroden gebildet wird, wird der Stromtransport lediglich durch die in überwiegender Menge vorhandenen Ionen des löslichen Salzes, also $K^\cdot$ und Cl' übernommen. Es wandern also beim Durchgang der Elektrizitätsmenge $1\,v$ Äquivalente der Kationen $K^\cdot$ in der Richtung des positiven Stromes zur Kathode, und $1 - v$ Äquivalente Cl' zur Anode. Die Elektroneutralität der Lösung wird dadurch aufrechterhalten, daß an der Kathode die $\nu + 1 - \nu$ frei-werdenden positiven K·-Ionen sich mit 1 Äquivalent des Bodenkörpers AgCl umsetzen nach der Gleichung K· + AgCl = KCl + Ag· und daß das hierbei entstehende Äquivalent der Ag·-Ionen metallisch abge-schieden wird. Die Kathodenlösung wird also am Elektrolyten reicher, und zwar um die Menge ν, die den zugewanderten Kationen entspricht, da die fehlenden Anionen aus dem Bodenkörper ergänzt werden. Die Elektrode verhält sich also so, als ob sie bei Stromdurchgang das Anion an den Elektrolyten abgeben könnte; man bezeichnet solche Elektroden zweiter Art daher als umkehrbar für das Anion.

An der Anode eines derartigen Elementes tritt der reziproke Vor-gang ein. Es wandern $1 - \nu$ Äquivalente Anionen zu; die freien Anionen werden nicht als solche abgeschieden, sondern reagieren mit dem Metall der Elektrode unter Bildung eines festen Bodenkörpers, also ohne den Elektrolytgehalt der Lösung zu ändern. Die Anodenlösung hat also ihre Konzentration durch Abwanderung der ν Äquivalente Kationen um ν vermindert; der Effekt des Stromdurchganges besteht in dem Transport von ν Äquivalenten des löslichen Elektrolyten von der Anode zur Kathode.

Tauchen daher zwei gleiche Metallelektroden in zwei verschieden konzentrierte Lösungen eines Salzes, welches mit dem gleichzeitig als Bodenkörper vorhandenen schwer löslichen Metallsalze das gleiche Anion besitzt, so muß ein Strom erzeugt werden, der zu einer Verdünnung der konzentrierten Lösung führt, also innerhalb des Elementes diese zur Anodenflüssigkeit macht. Die in die konzentrierte Salzlösung tauchende Elektrode wird demnach Lösungselektrode, während um-kehrbare Elektroden erster Art einen entgegengesetzten Strom liefern.

Die EMK eines solchen Elementes, das aus zwei umkehrbaren Elek-troden zweiter Art mit verschieden konzentrierten Lösungen besteht, ergibt sich entsprechend wie oben zu

$$e = \frac{RT}{n\,\mathfrak{F}}\,2\nu \ln \frac{c_2}{c_1} = \frac{RT}{n\,\mathfrak{F}}\,\frac{2u}{u+v}\ln \frac{c_2}{c_1}.$$

Es ist zu beachten, daß bei den für das Kation umkehrbaren Ele-menten in die Gleichung der EMK die Überführungszahl des Anions und umgekehrt eintritt.

Bei der experimentellen Prüfung dieser Gleichungen ist darauf zu achten, daß unter den c nicht die Gesamtkonzentrationen, sondern die Ionenkonzentrationen zu verstehen sind. Daher ist eine genaue Be-stätigung nur bei ebensolcher Kenntnis des Dissoziationsgrades zu er-warten. Umgekehrt kann man aus der experimentell bestimmten EMK den Dissoziationsgrad oder die Überführungszahl berechnen. Zahlreiche Messungen haben gezeigt, daß an dieser Gültigkeit der NERNSTschen Gleichungen nicht zu zweifeln ist.

Absolutes Potential. NERNST hat ferner gezeigt, daß die EMK eines solchen Konzentrationselementes mit Überführung, z. B. des Elementes

$$\overset{1}{\mathrm{Ag}} \mid \underset{c_1}{\mathrm{AgNO_3}} \mid \overset{2}{\mathrm{AgNO_3}} \mid \overset{3}{\underset{c_2}{\mathrm{Ag}}}$$

aus drei verschiedenen Potentialsprüngen besteht, deren Sitz durch die drei Ziffern 1—3 bezeichnet wird. Durch Berechnung der osmotischen Arbeit, die die elektrischen Kräfte beim Übergang der Ionen durch die drei Grenzflächen leisten müssen, erhielt NERNST die Gleichungen:

$$\mathfrak{F}e_1 = \frac{RT}{n} \ln \frac{c_1}{C},$$

$$\mathfrak{F}e_2 = \frac{RT}{n} \cdot \frac{v-u}{u+v} \cdot \ln \frac{c_1^{\,1}}{c_2} \qquad (5)$$

$$\mathfrak{F}e_3 = \frac{RT}{n} \ln \frac{C}{c_2}$$

und daher:

$$e = e_1 + e_2 + e_3 = \frac{RT}{\mathfrak{F}n} \cdot \frac{2v}{u+v} \cdot \ln \frac{c_1}{c_2} = \ln \frac{RT}{\mathfrak{F}n} 2\,(1-v) \ln \frac{c_1}{c_2},$$

also bis auf das Vorzeichen völlige Übereinstimmung mit Gleichung (4). C ist eine Konstante, die für das Elektrodenmetall charakteristisch ist; sie wird als elektrolytischer Lösungsdruck bezeichnet. Ihr Zahlenwert ist gegeben durch die Ionenkonzentration einer Lösung, gegen die das Metall keine Potentialdifferenz aufweisen würde. Ihre Bestimmung wäre für die Beurteilung des elektrochemischen Verhaltens eines Metalles von der größten Wichtigkeit. Durch Messung von Konzentrationsketten ist sie jedoch nicht ausführbar, da der Lösungsdruck C sich, wie die Gleichungen (5) zeigen, bei der Summierung der einzelnen Potentialsprünge heraushebt. Nur wenn es gelingt, die Ionenkonzentration in der einen Lösung, z. B. c_2, so zu wählen, daß die Potentialdifferenz e_3 gleich Null wird, dient die Messung der gesamten EMK zur Berechnung von C. Tatsächlich sind auch mehrfache Versuche gemacht worden, solche Elektroden herzustellen, die das „absolute Potential" Null gegen die Lösung besitzen. Da aber ihre Realisierung nicht auf rein thermodynamischen Grundsätzen, sondern auf speziellen elektrochemischen Hypothesen beruht, so soll auf diese an und für sich sehr interessanten und wichtigen Versuche an dieser Stelle nicht eingegangen werden[2].

Wenn es vorläufig auch noch nicht möglich ist, den absoluten Wert einer Potentialdifferenz Metall/Lösung mit völliger Sicherheit zu bestimmen, so kann man doch ihren relativen Wert gegen eine bestimmte, willkürlich als Nullpunkt gewählte Potentialdifferenz angeben, indem man die EMK einer Kette:

Metall/Lösung/Vergleichselektrode

bestimmt. Als solche Vergleichs- oder Normalelektrode wählt man gewöhnlich entweder die sog. Wasserstoffelektrode Pt bel. mit H_2 von Atmosphärendruck/$1\,n\,H_2SO_4$ oder die Kalomelektrode Hg-Lösung ges.

---

[1] Die verdünnte Lösung ($c_1 < c_2$) lädt sich an der Berührungsstelle positiv auf, wenn $u > v$ ist.

[2] OSTWALD, Z. physikal. Chem. Bd. 1, S. 583, 1887. — BILLITER, Z. Elektrochem. Bd. 8, S. 638, 1902; Z. physikal. Chem. Bd. 48, S. 513, 1904. — PALMAER, Z. physikal. Chem. Bd. 59, S. 129, 1907. — BENNEWITZ, Z. physikal. Chem. Bd. 124, S. 115, 1926; Bd. 125, S. 144, 1927.

an HgCl/KCl $1 \cdot n$. Den zwischen den beiden sich berührenden Lösungen auftretenden Potentialsprung kann man entweder durch geeignete Zusätze praktisch eliminieren[1] oder aus den Beweglichkeiten und den Konzentrationen aller vorhandenen Ionen angenähert berechnen[2]. Auf diese Weise gelingt es dann, die Potentialdifferenzen, die verschiedene Metalle gegen die Lösungen ihrer Salze (bei gleicher Ionenkonzentration) besitzen, miteinander zu vergleichen und die Reihe der relativen „Normalpotentiale" (Ionenkonzentration $= 1$) aufzustellen. Die Resultate sind in folgender Tabelle enthalten (das Potential der Wasserstoffelektrode ist gleich Null gesetzt[3]):

Normalpotentiale.

Metall	e in Volt	Metall	e in Volt
$Zn/Zn^{\cdot\cdot}$	$-0{,}76$	$H_2/2H^{\cdot}$	$+0{,}00$
$Fe/Fe^{\cdot\cdot}$	$-0{,}43$	$Cu/Cu^{\cdot\cdot}$	$+0{,}34$
$Cd/Cd^{\cdot\cdot}$	$-0{,}40$	$Ag/Ag^{\cdot}$	$+0{,}80$
$Ni/Ni^{\cdot\cdot}$	$-0{,}22$	$Hg/Hg^{\cdot\cdot}$	$+0{,}86$
$Pb/Pb^{\cdot\cdot}$	$-0{,}12$	$Au/Au^{\cdot}$	$+1{,}5$
$Sn/Sn^{\cdot\cdot}$	$-0{,}10$		

Wie man sieht, entspricht die Reihenfolge der Metalle, nach ihrem Lösungsdruck geordnet, durchaus der VOLTAschen Spannungsreihe, in welcher jedes folgende Metall gegen das vorhergehende sich bei Berührung positiv auflädt. Der innere Grund für diese Übereinstimmung ist darin zu sehen, daß bei Berührung zweier Metalle sich stets eine dünne Flüssigkeitsschicht zwischenschiebt, die als Elektrolytlösung aufzufassen ist und daß daher jedes sich berührende Metallpaar als ein kleines galvanisches Element betrachtet werden muß. Ob diese Spannungsreihe der Metalle auch bestehen bleibt, wenn die Metalle nicht in wäßrige, sondern in beliebige andere Lösungen ihrer Salze tauchen, läßt sich durch thermodynamische Betrachtungen nicht entscheiden. Doch sprechen mehrere Versuche dafür, daß die Reihenfolge auch in anderen Lösungsmitteln wenigstens ungefähr die gleiche ist[4].

Zehntes Kapitel.

Thermoelektrische Erscheinungen.

Gesetz von JOULE und elektrisches Äquivalent der Wärme. Nach dem Gesetz von JOULE erzeugt ein elektrischer Strom in jedem Schließungskreis eine Wärmemenge, die proportional dem Quadrate der Stromstärke, dem Widerstande des Leiters und der Stromdauer ist. Demgemäß ist die erzeugte Wärme:

$$Q = kJ^2wz\,.$$

Mißt man Q in cal., J in Amp., w in Ohm und z in Sek., so bedeutet k das elektrische Wärmeäquivalent. Sein Zahlenwert beträgt dann nach

[1] Vgl. z. B. BJERRUM, Z. physikal. Chem. Bd. 53, S. 428, 1905; Z. Elektrochem. Bd. 17, S. 58, 1911.

[2] PLANCK, Wiedem. Ann. Bd. 40, S. 561, 1890. — NERNST, ibid. Bd. 45, S. 360, 1892. — HENDERSON, Z. physikal. Chem. Bd. 59, S. 118, 1907; Bd. 63, S. 325, 1908.

[3] Potentialsammlung der Deutschen Bunsen-Gesellschaft, Halle 1911.

[4] Vgl. SACKUR, Z. Elektrochem. Bd. 11, S. 385, 1905. — ABEGG und NEUSTADT, Z. physikal. Chem. Bd. 69, S. 486, 1909.

den neuesten genauen Messungen 0,2390[1], also rund 0,24, d. h. ein Strom
von 1 Amp., der einen Widerstand von 1 Ohm während einer Sekunde
durchfließt, erzeugt während dieser Zeit eine Wärmemenge von 0,24 cal.
Diese Wärmeerzeugung ist vollkommen irreversibel; eine Erwärmung
des Leiters durch äußere Hilfsmittel erzeugt keinen elektrischen Strom.

Das Gesetz von JOULE gilt in aller Strenge nur dann, wenn das
Leiterstück, in welchem die Wärmeentwicklung gemessen wird, homogen
ist und sich in seiner ganzen Ausdehnung auf ein und derselben Temperatur befindet. Sind diese Bedingungen nicht erfüllt, so treten Abweichungen auf; gleichzeitig verläuft dann die Wärmeentwicklung nicht
mehr streng irreversibel, sondern es werden durch Zuführung von Wärme
zu bestimmten Stellen des Leiters elektrische Ströme erzeugt. Diese
umkehrbaren Erscheinungen bezeichnet man als die thermoelektrischen
Erscheinungen im engeren Sinne. Wie alle umkehrbaren Vorgänge
müssen sie in einem gesetzmäßigen Zusammenhang stehen, dessen Form
durch die beiden Hauptsätze der Thermodynamik bestimmt wird. Dies
soll im folgenden kurz entwickelt werden:

Der THOMSONeffekt. W. THOMSON (Lord KELVIN) hat beobachtet,
daß ein elektrischer Strom, der durch einen ungleichmäßig erwärmten
geschlossenen Stromkreis fließt, scheinbar einen Wärmetransport hervorruft, indem er je nach der Natur des Leiters an Orten steigender oder
fallender Temperatur Wärme erzeugt oder absorbiert. Diese Wirkung
kehrt sich mit der Richtung des Stromes um; wenn Strömung in der
einen Richtung Abkühlung einer bestimmten Stelle entlang des Temperaturgefälles erzeugt, so ruft der entgegengesetzte Strom daselbst eine
Erwärmung hervor. Diejenigen Stoffe, in denen der scheinbare Wärmetransport in der Richtung des Stromes erfolgt, bezeichnet THOMSON als
positiv (z. B. Kupfer), die anderen als negativ. Ist in Richtung des
Stromes ein Temperaturgefälle von Δt^0 vorhanden, so ist erfahrungsgemäß die vom Strom J in einer Sekunde entwickelte Wärmemenge
$= \sigma \cdot \Delta t \cdot J$. Die Größe σ kann, wie gesagt, sowohl positiv wie negativ
sein; sie hängt von der Natur des Drahtes und von der Temperatur ab.
Die genaue Messung ist wegen der Kleinheit des Effektes außerordentlich schwierig. Die folgende Tabelle soll einen Überblick über die Größe
dieses THOMSONschen Effektes bei verschiedenen Metallen bei 0^0 C
geben[2]:

Konstante σ des THOMSONeffektes:

Hg	— 0,4
Cu	+ 0,4
Pt	— 2,2
Fe	— 1,0
Konstantan	— 5,5

σ wächst mit steigender Temperatur, jedoch nicht immer, wie manche
Autoren angegeben haben, proportional der absoluten Temperatur.

Umgekehrt ist auch anzunehmen, daß zwischen ungleich temperierten
Stellen eines und desselben Leiters eine Potentialdifferenz besteht. Die-

---

[1] Vgl. Handb. Physik Bd. 9, S. 483 ff.
[2] Nach Handb. Physik Bd. 11, S. 38.

selbe ist jedoch nicht nachzuweisen, falls der ganze Schließungskreis
aus einem und demselben Metall besteht, da sich in diesem Falle sämtliche Potentialdifferenzen zu Null addieren. Ist nämlich die Potentialdifferenz zwischen zwei um dT verschieden temperierten Stellen de
$= f(T)\,dT$, so ist die gesamte im Schließungskreis herrschende Potentialdifferenz

$$e = \int\limits_{T}^{T} f(T)\,dT = 0\,.$$

Besteht der Schließungskreis aus verschiedenen Metallen, so wird die
Erscheinung durch die an der Berührungsstelle der einzelnen Leiter auftretenden Vorgänge verwickelt. Wir gehen daher zunächst zu diesen über.

PELTIEReffekt. Fließt ein elektrischer Strom durch die Berührungsstelle (Lötstelle) zweier Metalle, so erzeugt er je nach der Natur der
beiden sich berührenden Metalle eine positive oder negative Wärme, die
nach ihrem Entdecker als die PELTIERwärme bezeichnet wird. Ein entgegengesetzt gerichteter Strom ruft die entgegengesetzten Wärmen hervor. Wiederum ist die entwickelte Wärme proportional der Zeitdauer
und Stromstärke. Die von einem Ampere in der Sekunde entwickelte
Wärme wollen wir als $+ q$ bezeichnen. q ist von der stofflichen Natur
der beiden Metalle sowie von der Temperatur abhängig.

Thermoelektrische Kräfte. Der PELTIEReffekt ist, wie die Erfahrung
zeigt, umkehrbar; er ist daher, wie alle umkehrbaren Erscheinungen,
dem Prinzip von LE CHATELIER-BRAUN unterworfen. Demnach wird
die Berührungsstelle zweier Metalle bei der Erwärmung der Sitz einer
EMK, die man als thermoelektrische Kraft oder kurz als *Thermokraft*
bezeichnet. Die Richtung des entstehenden Stromes muß der Richtung
des Stromes entgegengesetzt sein, der beim Durchgang durch die Lötstelle einen positiven PELTIEReffekt, also eine Erwärmung hervorrufen
würde. Ein geschlossener, aus zwei verschiedenen Metallen bestehender
Stromkreis gibt daher einen Strom, wenn die beiden Berührungsstellen
sich auf verschiedener Temperatur befinden; er gibt ihn nicht, wenn
sich die Berührungsstellen auf gleicher und beliebige andere Stellen auf
verschiedener Temperatur befinden. Im ersteren Falle herrscht im
Stromkreis die Potentialdifferenz $e = e_1 - e_2 + e_1' - e_2'$, wenn e_1 und
e_2 die Potentialsprünge an den beiden Lötstellen von den Temperaturen
T_1 und T_2, e_1' und e_2' die dem THOMSONeffekt entsprechenden Potentialdifferenzen längst der beiden ungleich erwärmten Metalle bedeuten.
Die Größe von e wird nicht verändert, wenn an die Stelle der direkten
Berührung bei e_1 ein Mittelleiter (z. B. ein Galvanometer) eingeschoben
wird, sofern die Berührungsstellen dieses Mittelleiters mit den beiden
thermoelektrisch wirksamen Metallen die gleiche Temperatur T_1 besitzen.

Nach den grundlegenden Versuchen von SEEBECK, der im Jahre 1821
die thermoelektrischen Kräfte entdeckte, lassen sich alle Metalle in eine
Reihe ordnen, in welcher jedes folgende Metall an der wärmeren Lötstelle positiv gegen das vorhergehende ist. Für die Größe der Potentialdifferenz zwischen zwei beliebigen Metallen gilt dasselbe Summations-
gesetz wie für die VOLTAsche Spannungsreihe, daß sie sich nämlich additiv

aus den Potentialdifferenzen sämtlicher Zwischenglieder zusammensetzt. In der Reihe A, B, C, D usw. ist also z. B. die zwischen A und D herrschende Potentialdifferenz AD, gleiche Temperaturen vorausgesetzt, gleich $AB + BC + CD$ usw. Es genügt also, um die Spannungsreihe kennenzulernen, die Thermokräfte aller Metalle gegen ein Vergleichsmetall zu messen; ihre Reihenfolge gibt zugleich die Spannungsreihe:

$+$ Si, Sb, Fe, Mo, Wo, Cd, Au, Ag, Cu, Zn, Rh, Ir, Cs, Th, Sn, Pb, Mg, Al, C, Pt, Hg, Na, Pd, K, Co, Ni, Bi $-$.

Die Reihenfolge wird von verschiedenen Autoren nicht ganz übereinstimmend gegeben, da die Werte der Thermokraft von der Temperatur sowie von der Reinheit der Metalle stark abhängig sind.

Über die Temperaturabhängigkeit der Thermokraft läßt sich zunächst folgendes aussagen. Die an der Berührungsstelle zweier Metalle auftretende Potentialdifferenz e ist eine Funktion der Temperatur $e = f(T)$. Der thermoelektrische Strom wird dann, da die THOMSONeffekte klein gegen die PELTIEReffekte und daher in erster Annäherung zu vernachlässigen sind, bedingt durch die Potentialdifferenz $e_1 - e_2 = f(T_1) - f(T_2)$. Im einfachsten Falle kann man annehmen, daß e linear mit der Temperatur wächst, also $e = e_0 + aT$. Dann ist

$$e_1 - e_2 = a(T_1 - T_2),$$

d. h. die Thermokraft ist proportional der Temperaturdifferenz der Lötstellen. Dieser einfachste Fall findet sich aber bei wenigen Metallpaaren und auch dann nur innerhalb beschränkter Temperaturintervalle bestätigt. Etwas allgemeiner ist der Ansatz

$$e = e_0 + aT + bT^2.$$

Dann ist:

$$e_1 - e_2 = a(T_1 - T_2) + b(T_1^2 - T_2^2)$$

oder:

$$e_1 - e_2 = (T_1 - T_2)(a + b(T_1 + T_2)).$$

Diese Gleichung ist von AVENARIUS 1863 bei einer großen Zahl von Metallpaaren mit Erfolg geprüft worden.

Wie die Erfahrung lehrt, kann b sowohl positiv wie negativ sein. Im letzteren Fall durchläuft $e_1 - e_2$ mit wachsender Temperaturdifferenz der Lötstellen ein Maximum, nämlich wenn bei konstantem $T_2 (< T_1)$

$$T_1 = \frac{-a}{2b} \text{ wird.}$$

Dann gehören zu je einem Werte von $e_1 - e_2$ zwei verschiedene Werte $T_1 - T_2$; der Zusammenhang zwischen beiden Größen ist also nicht eindeutig. Ein Metallpaar mit negativen b-Werten kann daher nicht zur Temperaturmessung verwendet werden (vgl. S. 9). Die Thermokraft wird ferner Null, wenn $T_1 + T_2 = \frac{-a}{b}$ ist.

Über die Größe des PELTIEReffektes sowie der Thermokraft für eine Temperaturdifferenz von 1^0 bei verschiedenen Metallpaaren gibt folgende Tabelle Auskunft.

18*

1. Peltiereffekt[1].

Ein Strom, der 0,330 mg Cu ausscheidet ($=$ 1 Coulomb), erzeugt beim Übergang von Kupfer zum Metall bei der angegebenen Temperatur die in der Tabelle gegebene Kalorienzahl:

Metall	t^0	cal. $\cdot 10^3$
Si	20	—40
Fe	0	—0,66
Ag	0	0,02
Au	0	0.081
Pt	0	0,24
Al	14	0,41
Pd	0	0,59
Ni	14	1,39
Neusilber . .	0	1,65
Konstantan .	0	2,80
Bi	18	3,85

2. Thermokräfte verschiedener Metalle.

a) nach NOLL[2] zwischen 0 und 1° C. (Der positive Strom geht durch die warme Lötstelle vom zweiten zum ersten Metalle.)

Ni—Cu $21{,}9 \cdot 10^{-6}$ Volt	Cu—Hg $6{,}0 \cdot 10^{-6}$ Volt	Sn—Cu $3{,}8 \cdot 10^{-3}$ Volt
Co—Hg $12{,}4 \cdot 10^{-6}$,,	Au—Hg $6{,}0 \cdot 10^{-6}$,,	Pb—Cu $2{,}8 \cdot 10^{-6}$,,
Fe—Cu $10{,}5 \cdot 10^{-6}$,,	Ag—Hg $5{,}5 \cdot 10^{-6}$,,	Mg—Cu $2{,}9 \cdot 10^{-6}$,,

b) Nach HOLBORN und DAY[3] zwischen 0 und t^0 in Millivolt für Platin. Der positive Strom geht an der Lötstelle von 0° zum Platin.

t^0	Au	Ag	Rh	Ir	Pd	90 Pd 10 Ru	90 Pt 10 Pd
1000	16,85	15,99[4]	13,77	12,59	—11,63	10,41	4,30
500	6,17	6,26	5,12	4,78	—3,84	4,65	1,95
—80	—0,32	—0,30	—0,31	—0,32	+0,39	—0,39	—0,09
—185	—0,17	—0,16	—0,24	—0,28	+0,77	—0,53	—0,11

c) Nach BRIDGMAN[5] für Pt gegen eines der folgenden Metalle in Millivolt zwischen 0 und 100°. (Das positive Vorzeichen bedeutet, daß der positive Strom an der wärmeren Lötstelle vom Platin zum anderen Metall geht.)

Metall	$e \cdot 10^3$ Volt	Metall	$e \cdot 10^3$ Volt
Fe	+1,88	Sn	+0,46
Mo	+1,22	Pb	+0,44
Cd	+0,86	Mg	+0,43
Au	+0,78	Al	+0,40
Wo	+0,77	Pd	—0,28
Cu	+0,77	Ni	—1,50
Ag	+0,74	Co	—1,68
Zn	+0,70	Konstantan (60 vH Cu, 40 vH Ni)	—3,43
Manganin (84 vH Cu, 2 vH Ni, 12 vH Mn)	+0,60	Bi	—5,84
Tl	+0,59		

Das bei niedrigen und mittleren Temperaturen gebräuchliche Thermoelement Fe/Konstantan besitzt also zwischen 0 und 100° eine Thermokraft von $+ 1{,}88 + 3{,}43$, d. h. 5,3 Millivolt.

---

[1] Nach L.-B., 5. Aufl., Ergänzungsband.
[2] Wiedem. Ann. Bd. 53, S. 874, 1894.
[3] Verhandl. Deutsch. physikal. Gesellsch. 1899, S. 691.
[4] Bei 900°.   [5] Proc. Am. Acad. Bd. 53, S. 269, 1918.

Thermodynamische Beziehungen zwischen Thermokraft, Thomson-und Peltiereffekt. Ein thermoelektrischer Strom vermag, da elektrische Energie beliebig in mechanische Energie verwandelt werden kann, Arbeit zu leisten, und zwar auf Kosten der Wärme, die in der stromliefernden Lötstelle ($e_1 > e_2$) dem Schließungskreis von außen zugeführt wird. W. Thomson nahm in seiner grundlegenden, rein thermodynamischen Theorie an, daß die thermoelektrischen Erscheinungen streng umkehrbar verlaufen, sofern die Erzeugung Joulescher Wärme ausgeschlossen wird, sofern also die Stromstärke stets unendlich klein ist. Dann ist die an den Lötstellen erzeugte bzw. aufgenommene Wärme gleich dem Peltiereffekt, den ein entgegengesetzt gerichteter Strom in diesen Lötstellen erzeugen würde.

Der Stromkreis besteht (Abb. 47) aus den beiden Metallen 1 und 2, die sich in den Lötstellen A und B berühren. Die Temperatur von A sei um dT höher als die von B. In den

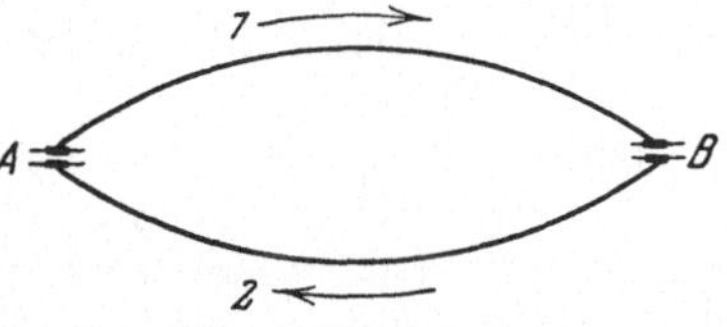

Fig. 47. Thermokreis.

Drähten 1 und 2 herrscht also das Temperaturgefälle dT. Fließt die Strommenge 1 unter dem Einfluß der Potentialdifferenz de durch den Stromkreis, so wird die elektrische Energie de erzeugt. Gleichzeitig wird in A eine Wärmemenge q vom System aufgenommen und in B eine kleinere Wärmemenge $q - dq$ abgegeben. Außerdem wird, entsprechend dem Thomsoneffekt, im Schließungsdraht 1 die Wärme $\sigma_1 dT$ erzeugt und im Draht 2 die Wärme $\sigma_2 dT$ aufgenommen.

Nach dem ersten Hauptsatz ist die erzeugte elektrische Energie gleich der aufgenommenen Wärmemenge, also:

$$de = dq + (\sigma_2 - \sigma_1)dT. \tag{1}$$

Nach dem zweiten Hauptsatz ist für diesen umkehrbaren Kreisprozeß das Verhältnis der in Arbeit umgesetzten Wärme zur aufgenommenen gleich dem Verhältnis der Temperaturdifferenz zur Anfangstemperatur, also:

$$\frac{de}{q + \sigma_2 dT} = \frac{dT}{T}. \tag{2}$$

Durch Vernachlässigung des Differentials in (2) gegen die endliche Wärmemenge q erhalten wir aus (2):

$$q = T \cdot \frac{de}{dT}. \tag{3}$$

Differenzieren wir (3) nach T und setzen es in (1) ein, so erhalten wir:

$$\sigma_2 - \sigma_1 = -T \frac{d^2 e}{dT^2}. \tag{4}$$

Der Peltiereffekt q ist also durch den ersten Differentialquotient der Thermokraft, die Differenz der Thomsoneffekte durch deren zweiten Differentialquotient gegeben.

Vergleicht man die Gleichungen (3) und (4) mit den Konsequenzen der HELMHOLTZschen Gleichung für die EMK eines umkehrbaren galvanischen Elementes, so entspricht die PELTIERwärme der latenten Wärme des Elementes, die σ-Werte (die spezifischen Wärmen der Elektrizität) dagegen den spezifischen Wärmen der am stromliefernden Vorgang beteiligten Stoffe.

Die experimentelle Bestätigung der Gleichung (3) ist zuerst von JAHN[1] erbracht worden. Besonderes Interesse verdient diejenige Temperatur, bei welcher für ein bestimmtes Metallpaar die Thermokraft ein Maximum durchläuft, also $\dfrac{de}{dT}$ und gleichzeitig q gleich Null wird. Man bezeichnet diesen Punkt des Verschwindens des PELTIEReffektes als den neutralen Punkt.

Die experimentelle Bestätigung der Formel (4) ist in manchen Fällen nicht besonders gut. Doch muß man hierbei berücksichtigen, daß sowohl PELTIEReffekt wie besonders THOMSONeffekt recht kleine Wärmemengen sind, die kalorimetrisch lange nicht mit der gleichen Genauigkeit bestimmt werden können wie die Thermokräfte nach dem Kompensationsverfahren, besonders da sie sich als Differenzen der tatsächlich entwickelten Wärmemengen gegenüber der aus elektrischen Daten zu berechnenden JOULEschen Wärme ergeben. Man ist daher wohl noch nicht zu dem Schluß berechtigt, daß die Grundlagen der THOMSONschen Theorie aufzugeben sind. Da die thermodynamischen Gleichungen streng gültig sind, so könnte der Fehler nur in der Annahme der vollkommenen Reversibilität gesucht werden.

Noch auf einem anderen Wege wurde es möglich, die THOMSONschen Gleichungen zu prüfen. Nach Versuchen von BATTELLI[2] ist bei vielen Metallen der THOMSONeffekt proportional der absoluten Temperatur, also:

$$\sigma = a \cdot T .\tag{5}$$

Dann ist:

$$\sigma_2 - \sigma_1 = (a_2 - a_1)\,T = -\,T\,\frac{d^2 e}{dT^2},$$

also die Thermokraft e eine quadratische Funktion der Temperaturdifferenz, die zwischen den beiden Lötstellen herrscht, wie es die Formel von AVENARIUS verlangt (S. 275). Abweichungen von dieser Formel müssen also durch die Unrichtigkeit der Gleichung (5) erklärt werden.

Andere Theorien der Thermoelektrizität. Wie bei fast allen anderen Gebieten der Physik und Chemie, so hat man auch bei den thermoelektrischen Erscheinungen mehrfach versucht, die thermodynamische Betrachtungsweise durch kinetische Theorien zu ergänzen, und es besteht kein Zweifel, daß diese Versuche uns das Verständnis der thermoelektrischen Erscheinungen nähergebracht haben. Auf die Einzelheiten dieser Theorien[3] soll an dieser Stelle nicht eingegangen werden; die

---

[1] Wiedem. Ann. Bd. 34, S. 755, 1888.

[2] Nuovo Cim. (3) Bd. 21, S. 228, 250; Bd. 22, S. 157, 221, 1887.

[3] Literatur vgl. GRAETZ: Handbuch der Elektrizität und des Magnetismus Bd. 1, S. 729 ff.

neueren beruhen ausschließlich auf der Elektronentheorie der Metalle und gehen davon aus, daß die Leitungselektronen in den verschiedenen Metallen nicht gleich fest gebunden sind, und daß ihre Abdissoziation aus dem Metall von der Temperatur in von Stoff zu Stoff variabler Weise begünstigt wird. KRÜGER vergleicht dieses Bestreben der Elektronen, das Metall zu verlassen, geradezu dem Dampfdruck einer Flüssigkeit und wendet auf die Dissoziation die gleichen thermodynamischen Formeln an, die für die Verdampfung gelten. Auf diese Weise wird es ihm möglich, die Potentialsprünge Metall/Vakuum und Metall 1/Metall 2 nach der NERNSTSCHEN Theorie der galvanischen Elemente zu behandeln und nicht nur die THOMSONSCHEN Gleichungen, sondern auch das VOLTA-sche Spannungsgesetz abzuleiten, das man aus der reinen Thermodynamik niemals gewinnen kann.

Ein besonderes thermoelektrisches Verhalten zeigen zahlreiche Legierungen; ihre Thermokraft ist häufig viel größer als die der reinen Metalle, aus denen sie bestehen. Zur Erklärung dieser Tatsache reicht die Thermodynamik nicht aus, da sie ja im allgemeinen nichts über die für die chemische Natur der Stoffe charakteristischen Zahlenwerte ihrer Konstanten aussagt. Hier müssen wieder spezielle Theorien einsetzen, geradeso wie z. B. bei der Berechnung des osmotischen Druckes von Lösungen.

Elftes Kapitel.

Thermodynamik und Kapillarität.

Grundlegende Definitionen. Kleine Flüssigkeitsmengen zeigen ganz allgemein das Bestreben, Kugelgestalt anzunehmen, also in einen Zustand überzugehen, in welchem sie bei gleichem Rauminhalt eine möglichst kleine Oberfläche besitzen. Es sieht also so aus, als ob die Oberfläche der Flüssigkeiten von einer elastischen Haut gebildet wird, die sich möglichst zusammenzuziehen strebt. Zu jeder Vergrößerung der Oberfläche ist die Aufwendung von Arbeit notwendig. Zur Erklärung dieser Tatsachen nimmt man seit LAPLACE an, daß die einander benachbarten Flüssigkeitsteilchen im Gegensatz zu den verdünnten Gasen eine Anziehungskraft aufeinander ausüben. Im Innern der Flüssigkeit heben sich diese allseitig wirkenden Kräfte auf, an der Oberfläche dagegen entsteht ein Zug nach innen, dessen Größe von der Form der Oberfläche abhängig ist, wie man aus den nebenstehenden Abb. 48a

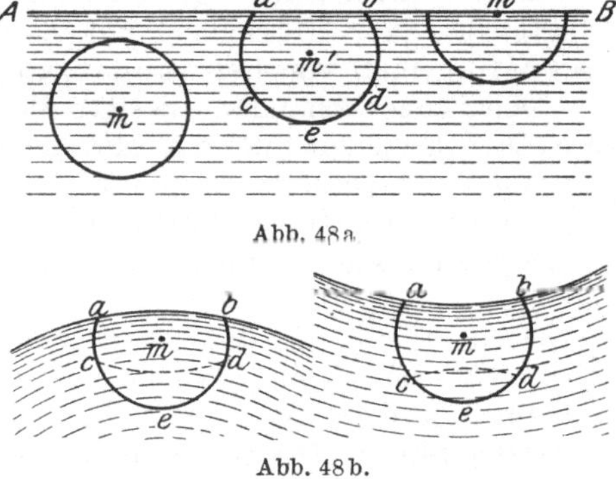

Abb. 48a.

Abb. 48b.

Abb. 48a und b. Oberflächenkräfte.

und b ersehen kann. Die innerhalb einer Flüssigkeitskugel herrschenden

Kräfte heben sich auf, wenn die Kugel sich im Innern der Flüssigkeit befindet. Liegt sie aber an der Oberfläche, so kompensieren sich nur die innerhalb des Raumes $abcd$ befindlichen Kräfte, während die von cde ausgehenden Kräfte einen Zug auf die Oberfläche ausüben; dieser ist, wie die Abbildung zeigt, an einer konkaven Oberfläche kleiner als an einer konvexen. Nach LAPLACE beträgt die die Flächeneinheit nach innen ziehende Kraft $K \pm \dfrac{H}{R}$; K und H sind für jede Flüssigkeit und Temperatur konstant, d. h. unabhängig von der Gestalt der Flüssigkeit, R ist der Krümmungsradius der Oberfläche. Für konvexe Oberflächen gilt das positive, für konkave das negative Vorzeichen. Der auf ebene Oberflächen ($R = \infty$) nach innen wirkende Druck K wird als Binnendruck bezeichnet.

Alle Flüssigkeiten suchen demnach eine Form anzunehmen, in welcher die auf die gesamte Oberfläche nach innen wirkende Kraft ein Minimum ist; dies ist der Fall, wenn die Oberfläche selbst ein Minimum erreicht und die Flüssigkeit die Form einer Kugel annimmt. Jede Abweichung von der Kugelgestalt ist mit einer Vergrößerung der Oberfläche verbunden und kann nur durch Aufwendung äußerer Arbeit erzielt werden, da hierbei Flüssigkeitsteilchen entgegen dem nach innen wirkenden Zug an die Oberfläche gebracht werden müssen. Wie sich leicht zeigen läßt[1], beträgt die zur Vergrößerung der Oberfläche um do bei konstanter Temperatur aufzuwendende Arbeit $\dfrac{H}{2} \cdot do$, sie ist also der Oberflächenvergrößerung proportional. Die Größe $\dfrac{H}{2} = \gamma$ bezeichnet man als die *Oberflächenspannung* der Flüssigkeit. Sie besitzt also die Dimension Energie/Fläche oder Kraft/Strecke (dyn/cm). Da, wie oben bemerkt, die Größe H unabhängig von der Form und Größe der Oberfläche ist, so ist die Oberflächenspannung unabhängig von der scheinbaren Dehnung der Oberfläche und unterscheidet sich dadurch wesentlich von der Spannung einer elastischen Membran, mit der die Oberfläche anfänglich verglichen wurde.

Unter Oberflächenenergie versteht man gewöhnlich das Produkt der Oberfläche einer Flüssigkeit mit ihrer Oberflächenspannung, sie ist also naturgemäß von der Substanzmenge, sowie der Größe und Form der Oberfläche abhängig. Besitzt die Flüssigkeit Kugelgestalt, so ist ihre Oberflächenenergie ein Minimum. Jede durch äußere Arbeitsleistung hervorgerufene Vergrößerung der Oberfläche verursacht daher eine Vergrößerung der Oberflächenenergie.

Isotherme und adiabatische Dehnung der Oberfläche. Diese Definition der Oberflächenenergie ist aber irreführend, denn die bei der isothermen Dehnung der Oberfläche von außen zugeführte Energie tritt nicht vollständig als Oberflächenenergie auf, sondern dient zum Teil zur Kompensierung der Abkühlung, die bei adiabatischer Dehnung auftreten würde. Die gesamte zugeführte Energie setzt sich daher aus

---

[1] Die Ableitung kann in jedem ausführlichen Lehrbuch der Physik eingesehen werden; vgl. ferner FREUNDLICH: Kapillarchemie, Leipzig, 2. Aufl. 1922.

zwei Summanden, $\gamma\,do + q\,do$, zusammen, deren erster der beliebig in Arbeit verwandelbaren Oberflächenenergie entspricht. Nach den Erörterungen des Kap. 5 S. 115 muß man daher die Größe γo als „freie" Oberflächenenergie bezeichnen.

Daß bei der isothermen Oberflächenvergrößerung (um die Flächeneinheit) eine Wärmeabsorption q stattfinden muß, kann man mittels des zweiten Hauptsatzes beweisen. Zu diesem Zwecke denken wir uns folgenden Kreisprozeß ausgeführt: Wir denken uns bei der Temperatur T eine Vergrößerung der Oberfläche um do durch Aufwendung der Arbeit $\gamma \cdot do$ herbeigeführt. Gleichzeitig werde die Wärme $q \cdot do$ zugeführt. Jetzt kühlen wir die Flüssigkeit um dT ab und machen die Oberflächenänderung isotherm rückgängig. Da sowohl γ wie q im allgemeinen Falle als Funktionen der Temperatur angesehen werden müssen, so wird hierbei die Arbeit $(\gamma - d\gamma)\,do$ gewonnen und die Wärme $(q - \delta q)\,do$ entwickelt. Nunmehr erwärmen wir die Flüssigkeit um dT und stellen dadurch den ursprünglichen Zustand wieder her. Bei diesem umkehrbaren Kreisprozeß haben wir die Arbeit $-d\gamma\,do$ gewonnen. Gleichzeitig ist die Wärme $q\,do$ bei der höheren Temperatur T dem System zugeführt und $(q - \delta q)\,do$ bei der tieferen Temperatur entwickelt worden. Mithin ist nach dem zweiten Hauptsatz:

$$\frac{\delta A}{Q} = -\frac{d\gamma\,do}{q\,do} = \frac{dT}{T} \quad \text{oder} \quad q = -T\,\frac{d\gamma}{dT}\,. \tag{1}$$

Nach der Erfahrung ist $\dfrac{d\gamma}{dT}$ bei allen Flüssigkeiten negativ, die Oberflächenspannung nimmt mit steigender Temperatur ab, da sie ja bei der kritischen Temperatur, wenn Flüssigkeit und Dampf identisch werden, Null wird. Mithin ist q unter allen Umständen positiv, bei der isothermen Oberflächendehnung wird Wärme absorbiert und bei der adiabatischen kühlt sich die Flüssigkeit ab.

Bei vielen Flüssigkeiten nimmt, wenigstens in größerem Abstande von der kritischen Temperatur, die Oberflächenspannung linear mit wachsender Temperatur ab. Dann ist $\dfrac{d\gamma}{dT} = -\,\text{const}$ und die gesamte, zur Erzeugung der Oberflächeneinheit notwendige Energie $\Gamma = \gamma + q$, also von der Temperatur unabhängig. Diese Folgerung gilt jedoch nicht mehr in der Nähe des kritischen Punktes, an dem sowohl γ wie q gleichzeitig Null werden.

Die gesamte Energie der Oberfläche pro Flächeneinheit beträgt demnach $\gamma + q$; γ dagegen ist die freie, beliebig in Arbeit verwandelbare Oberflächenenergie. Nach den Bezeichnungen von HELMHOLTZ (S. 115) entspricht also $E = \gamma + q$, $F = \gamma$. Mithin ergibt die HELMHOLTZsche Gleichung:

$$F = E + T\,\frac{\partial F}{\partial T},$$

in unserem Falle:

$$\gamma = \gamma + q + T\,\frac{d\gamma}{dT} \quad \text{oder} \quad q = -T\,\frac{d\gamma}{dT}$$

in Übereinstimmung mit dem Resultat des obigen Kreisprozesses, Gleichung (1).

Dampfdruck kleiner Tröpfchen. Diese thermodynamischen Betrachtungen gehen im wesentlichen auf W. THOMSON zurück. Demselben Forscher verdanken wir die Erkenntnis, daß der Dampfdruck einer Flüssigkeit von der Form und Größe ihrer Oberfläche abhängig ist. Um dies einzusehen, berechnen wir die Arbeit δA, die man maximal gewinnen kann, wenn man die Menge dm einer Flüssigkeit von der Oberflächenspannung γ und dem spezifischen Gewicht s von einer Kugel vom Radius r nach einer ebenen Oberfläche bringt. Die Masse m der Kugel ist $\frac{4}{3}\pi r^3 s$, ihre Oberfläche $o = 4\pi r^2$. Verringern wir die Masse der Kugel umkehrbar um dm, so nimmt ihre Oberfläche um do ab und wir gewinnen die Arbeit $\delta A = \gamma do$. Bringen wir diese Masse dm zu einer großen Menge derselben Flüssigkeit, die infolge ihrer Größe eine ebene Oberfläche besitzt, d. h. eine Kugel von unendlich großem Radius einnimmt, so wird deren Oberfläche praktisch nicht verändert, die Vereinigung mit der ebenen Oberfläche verläuft also arbeitslos. Zur Berechnung der insgesamt gewonnenen Arbeit $\delta A = \gamma do$ berücksichtigen wir:

$$m = \tfrac{4}{3}\pi r^3 s \qquad\qquad o = 4\pi r^2$$
$$dm = 4\pi r^2 s\, dr \qquad\qquad do = 8\pi r\, dr$$
$$= \frac{2}{rs}\, dm.$$

Mithin:

$$\delta A = \frac{2\gamma}{rs}\, dm.$$

Dieselbe Arbeit können wir gewinnen, wenn wir die Menge dm auf einem anderen, ebenfalls umkehrbaren Wege von der kleinen Kugel nach der ebenen Oberfläche bringen, nämlich wenn wir sie isotherm destillieren. Bedeutet p_g den gewöhnlichen Dampfdruck über der ebenen Oberfläche, p_g' den Dampfdruck über der Kugel, so wird hierbei, falls der Dampf den Gasgesetzen folgt, die Arbeit:

$$\delta A = \frac{RT}{M}\, \ln\frac{p_g'}{p_g}\, dm$$

gewonnen, wenn M das Molekulargewicht im Gaszustande bedeutet. Hieraus folgt:

$$\ln\frac{p_g'}{p_g} = \frac{2\gamma M}{rs\,RT} > 0. \tag{2}$$

Der Dampfdruck über der konvexen Oberfläche ist also größer als über einer ebenen Oberfläche. In analoger Weise läßt sich zeigen, daß konkave Oberflächen einen kleineren Dampfdruck besitzen.

In erster Annäherung können wir setzen:

$$\ln\frac{p_g'}{p_g} = \frac{p_g' - p_g}{p_g},$$

also:

$$p_g' = p_g\left(1 + \frac{2\gamma M}{r s R T}\right).\qquad(3)$$

Der Unterschied gegenüber dem gewöhnlichen Dampfdruck ist allerdings recht gering. Für Wasser bei gewöhnlicher Temperatur ($T = 300$) beträgt er erst für $r = 10^{-5}$ cm etwa 1 vH[1]. Für praktische Zwecke kann die Differenz $p_g' - p_g$ daher meist vernachlässigt werden, doch genügt sie, um die Unbeständigkeit kleiner Tröpfchen gegenüber den größeren zu erklären. Gleichzeitig ist die Dampfdruckerhöhung sehr kleiner Tröpfchen die Ursache, daß die Kondensation gesättigter Dämpfe vorzugsweise an Staubteilchen und anderen Kondensationskernen erfolgt.

Schmelzpunkt und Oberflächenspannung. Ähnliche Überlegungen lassen sich auf die Oberflächenspannung fester Stoffe anwenden. Wenn auch eine Oberflächenspannung an der Grenzfläche fest/gasförmig noch niemals exakt gemessen werden konnte, so ist doch nicht zu bezweifeln, daß sie besteht[2]. Auf andere Weise wäre es kaum zu erklären, daß auch kleine feste Partikeln sich von selbst zu größeren zusammenlagern, und daß sehr kleine Kristalle eine größere Löslichkeit besitzen als größere. Es läßt sich sogar vermuten, daß die Oberflächenspannung fest/gasförmig größer ist als die Oberflächenspannung flüssig/gasförmig. Hierfür sprechen Versuche von MEISSNER[3] über die Schmelztemperatur von Kristallamellen verschiedener Substanzen bis herab zu $0{,}8 \cdot 10^{-4}$ cm

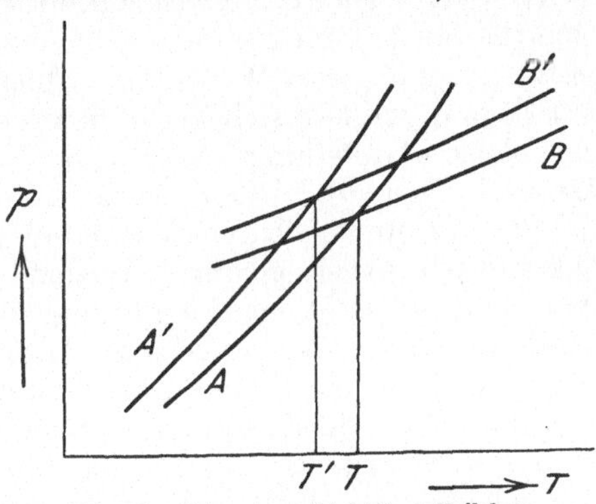

Abb. 49. Schmelzpunkt kleiner Teilchen.

Dicke. Der Schmelzpunkt ist bekanntlich (vgl. S. 163) als diejenige Temperatur definiert, bei welcher feste und flüssige Phase den gleichen Dampfdruck besitzen. In nebenstehender Abb. 49 seien A und B die Dampfdruckkurven des gewöhnlichen festen und flüssigen Stoffes, A' und B' die entsprechenden Kurven für ein sehr kleines Körnchen bzw. Tröpfchen. (Das Volumen beider ist in erster Annäherung gleich gesetzt.) Dann liegt der Schmelzpunkt dieses Körnchens bei T'; T' kann sowohl größer wie kleiner als T sein, je nachdem die Kurve A' von A weiter entfernt ist als B' von B oder nicht. MEISSNER fand, daß die Schmelztemperatur mit abnehmender Schichtdicke sinkt. Also ist A' von A weiter entfernt als B' von B. Da die Differenzen der Dampfdrucke nach der obigen Formel ceteris paribus durch die Größe der

---

[1] $\gamma = 75$ dyn/cm, $\quad r = 10^{-5}$, $\quad M = 18$, $\quad \dfrac{2\gamma \cdot M}{r \cdot s \cdot R T} = 0{,}01.$
$R = 0{,}8 \cdot 10^8$, $\quad s = 1$, $\quad T = 300$,
[2] Vgl. z. B. FREUNDLICH, l. c. S. 140.
[3] MEISSNER, F., Z. anorg. Chem. Bd. 110, S. 169, 1920.

Oberflächenspannung bedingt sind, so scheint die feste Phase die größere Oberflächenspannung zu besitzen als die flüssige.

Oberflächenspannung von Lösungen. Die Auflösung eines Stoffes in einer Flüssigkeit verändert deren Oberflächenspannung. Dies folgt ohne weiteres aus der LAPLACEschen Auffassung der Kapillarität, da die Anziehungskräfte, die die benachbarten Flüssigkeitsteilchen aufeinander ausüben, von der Natur und Zahl der Teilchen abhängen werden. Ebenso läßt sich vermuten, daß die räumliche Verteilung von Lösungsmittel und gelöstem Stoff im Innern der Flüssigkeit und an ihrer Oberfläche nicht die gleiche zu sein braucht, da die in der Oberfläche befindlichen gelösten Molekeln anderen Zugkräften unterworfen sein werden als die Lösungsmittelteilchen. Demnach haben wir zu erwarten, daß die Konzentration der Oberflächenschicht eine andere sein wird als die der übrigen Lösung. Ob eine Oberflächenverdichtung oder -verdünnung des gelösten Stoffes eintritt, läßt sich a priori nicht aussagen, da dies von den stofflichen Eigenschaften der beiden die Lösung bildenden Komponenten abhängen muß. Dagegen läßt sich rein thermodynamisch zeigen, daß zwischen der Oberflächenkonzentration und der Oberflächenspannung selbst ein gesetzmäßiger Zusammenhang bestehen muß, auf den zuerst W. GIBBS aufmerksam gemacht hat. Die folgende Überlegung schließt sich in ihrem zweiten Teil der von FREUNDLICH l. c. gegebenen Darstellung an, scheint aber etwas einfacher zu sein als die Darstellungen der älteren Autoren.

Bei der umkehrbaren Verdünnung einer beliebigen Lösung kann bekanntlich Arbeit geleistet werden. Bedeutet v das Volumen und π den osmotischen Druck der Lösung, so wird maximal bei der isothermen Verdünnung um dv die Arbeit $\pi\,dv$ geleistet. Berücksichtigen wir aber nunmehr, daß bei dieser Verdünnung, wenn sie z. B. durch isotherme Destillation des Lösungsmittels zu einem großen Volumen vorgenommen wird, die Oberfläche der Lösung um do vermehrt wird, so muß von der geleisteten Arbeit der Betrag $\gamma\,do$ in Abzug gebracht werden. Die freie Energie der Lösung ändert sich also bei der isothermen Verdünnung um $dF_v = \gamma\,do - \pi\,dv$.

Nach dem zweiten Hauptsatz ist dF_v ein totales Differential, mithin ist:

$$\left(\frac{\partial \gamma}{\partial v}\right)_o = -\left(\frac{\partial \pi}{\partial o}\right)_v. \tag{4}$$

Diese Gleichung besagt, daß der osmotische Druck einer Lösung abnimmt, wenn ihre Oberfläche bei konstantem Volumen vergrößert wird, sofern die Oberflächenspannung mit wachsender Verdünnung bei konstanter Oberfläche wächst und umgekehrt. Aus Gleichung (4) folgt demnach, daß Oberfläche und Lösung verschiedene Konzentration besitzen; denn nur unter dieser Bedingung können sich Konzentration und osmotischer Druck der Lösung bei variierender Oberfläche ändern.

Die Bedeutung der Gleichung (4) wird noch deutlicher, wenn man an Stelle des Volumens der Lösung ihre Konzentration c einführt. Bezeichnet man mit n die Gesamtmenge der im Volumen v gelösten

Molekeln und mit u den Konzentrationsüberschuß pro Flächeneinheit der Oberfläche, so ist die Größe $u \cdot o$ bei der Berechnung der Konzentration von der Menge n abzuziehen, es wird also $c = \dfrac{n - u \cdot o}{v}$ und

$$\left(\frac{\partial c}{\partial o}\right)_v = -\frac{u}{v}, \quad \left(\frac{\partial c}{\partial v}\right)_o = -\frac{n - u \cdot o}{v^2}.$$

Setzt man diese Größen in (4) ein, so erhält man:

$$-\left(\frac{\partial \gamma}{\partial c}\right)_o \cdot \frac{n - uo}{v^2} = \left(\frac{\partial \pi}{\partial c}\right)_v \frac{u}{v}$$

oder:

$$u = -c\,\frac{\left(\dfrac{\partial \gamma}{\partial c}\right)_o}{\left(\dfrac{\partial \pi}{\partial c}\right)_v}. \tag{5}$$

Da $\left(\frac{\partial \pi}{\partial c}\right)_v$ bei allen Lösungen positiv ist, so haben u und $\left(\frac{\partial \gamma}{\partial c}\right)_o$ stets das entgegengesetzte Vorzeichen. Die Oberflächenspannung einer Lösung nimmt also mit wachsender Konzentration zu, wenn an ihrer Oberfläche eine Verarmung an gelöstem Stoff eintritt und umgekehrt.

In verdünnten Lösungen gilt das VAN'T HOFFsche Gesetz $\pi = R T \cdot c$. Setzt man dies in Gleichung (5) ein, so erhält man

$$u = -\frac{c}{R T}\left(\frac{\partial \gamma}{\partial c}\right)_o. \tag{6}$$

Die qualitative Bestätigung der Gleichungen (5) und (6) ist bereits von mehreren Autoren mit Erfolg erbracht worden. (Literatur bei FREUNDLICH.) Eine quantitative Prüfung hat W. McLEWIS[1] vorgenommen, und zwar für die Oberflächen, die sich bei der Berührung zweier nicht mischbarer Flüssigkeiten ausbilden, z. B. Quecksilber/wäßrige Lösung, und für die dieselben Gesetzmäßigkeiten gelten. In einzelnen Fällen erhielt er die völlige Bestätigung von Gleichung (6), in anderen dagegen, z. B. bei Gegenwart von Elektrolyten, traten Abweichungen ein, die aber theoretisch durch elektrokapillare Erscheinungen erklärt werden konnten.

Die Gleichungen (5) und (6) bilden wahrscheinlich, wie besonders FREUNDLICH betont hat, den Schlüssel für alle Adsorptionserscheinungen.

Eine weitere bemerkenswerte Folgerung der Gleichung (5) hat bereits GIBBS ausgesprochen, nämlich über die Form der Oberflächenspannung-Konzentrationskurve für Mischungen zweier Flüssigkeiten: Eine kleine Menge eines gelösten Stoffes wird die Oberflächenspannung des Lösungsmittels zwar stark erniedrigen, aber niemals stark erhöhen können.

Tritt eine Erniedrigung ein $\left[\left(\frac{\partial \gamma}{\partial c}\right)_o < 0\right]$, so wird der gelöste Stoff

---

[1] Phil. Mag. (6) Bd. 15, S. 499, 1908; Bd. 17, S. 466, 1909; Z. physikal. Chem. Bd. 73, S. 129, 1910.

an der Oberfläche adsorbiert und der relative Konzentrationsüberschuß $\frac{u}{c}$ kann sehr erhebliche Werte annehmen; demzufolge kann die γ-c-Kurve steil abfallen. Tritt dagegen eine Erhöhung der Oberflächenspannung ein, so wird die Oberfläche weniger gelösten Stoff enthalten als die verdünnte Lösung; der Quotient $\frac{u}{c}$ wird dann immer klein bleiben und die γ-c-Kurve muß flach verlaufen. Demnach ist bei solchen Flüssigkeitspaaren ein Kurvenverlauf zu erwarten, wie er durch beifolgende Abb. 50 dargestellt und tatsächlich auch mehrfach in der Literatur beobachtet worden ist, z. B. von DRUCKER[1] bei Mischungen von Wasser und Buttersäure, wie die folgende Tabelle, deren Werte in

c Mole Buttersäure im Liter Wasser	γ_{25^0}
0	74,2
0,01583	72,9
0,08247	62,6
0,2675	49,8
0,4353	43,6
0,9802	34,5
2,834	29,4
9,015	28,3
11,38	27,3
(reine Säure)	

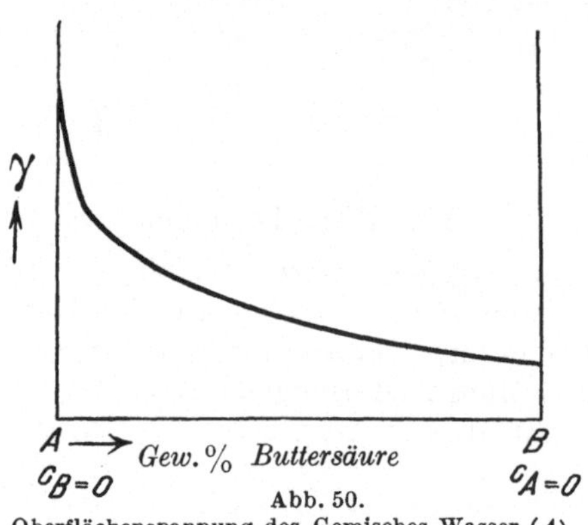

Abb. 50.
Oberflächenspannung des Gemisches Wasser (A) — Buttersäure (B).

Abb. 50 graphisch dargestellt sind, zeigt.

Bei Wasser ruft z. B. der Zusatz von Elektrolyten stets eine kleine Erhöhung, der Zusatz von organischen Stoffen meist eine starke Erniedrigung der Oberflächenspannung hervor.

Die thermodynamischen Grundgesetze haben uns eine Beziehung zwischen der Größe der positiven oder negativen Oberflächenverdichtung und der Änderung der Oberflächenspannung mit wachsender Konzentration gelehrt. Sie vermögen aber nichts über die absoluten Werte dieser Größen auszusagen sowie über ihre Abhängigkeit von anderen physikalischen oder chemischen Eigenschaften der betreffenden Stoffe. Dieses Problem könnte nur gelöst werden durch die Aufstellung geeigneter Hypothesen über die Wirkungsweise der Nahkräfte, die die Erscheinung der Oberflächenspannung hervorrufen. Die diesbezüglichen Versuche von VAN DER WAALS, LANGMUIR u. a. überschreiten den Rahmen dieses Buches, besonders da sie noch keinen allgemein befriedigenden Abschluß gefunden haben. Die weitere Bearbeitung dieses Gebietes ist jedoch von außerordentlicher Wichtigkeit, da die Bedeutung der Kapillarität für zahlreiche physikalisch-chemische sowie biologische Fragen mehr und mehr erkannt wird.

[1] Z. physikal. Chem. Bd. 52, S. 641, 1905.

Zwölftes Kapitel.
Wärmestrahlung.
1. Grundlegende Definitionen.

Wie schon in der Einleitung erwähnt, vermag sich die Wärme außer durch Leitung auch durch Strahlung fortzupflanzen. Unter Strahlung verstehen wir jede sich allseitig im Raume mit sehr großer Geschwindigkeit gradlinig fortpflanzende Wirkung, die zu ihrer Übertragung im Gegensatz zur Leitung keines materiellen Mediums bedarf, sondern beim Durchgang durch Materie stets mehr oder weniger geschwächt wird. Wir unterscheiden materielle Strahlung (Kathoden- und Kanalstrahlen, α- und β-Strahlen der radioaktiven Substanzen) und Energiestrahlung (Licht-, Wärme- und elektrische Strahlen). Im folgenden wollen wir uns nur mit der letzteren beschäftigen, und zwar insoweit sie den Gesetzen der Thermodynamik unterworfen ist.

Da sich die Strahlung im leeren Raum ungehindert bewegt, so können ihre Wirkungen nur bei ihrem Auftreffen auf Materie wahrgenommen werden, und zwar je nach dem Betrag der Veränderungen, die sie in dieser hervorruft. Unter der *Energie* der Strahlung verstehen wir daher nach dem Energiegesetz die Summe aller Energiearten, die beim Auftreffen von Strahlung auf irgendwelche Körper maximal in diesen erzeugt werden können. Als *Intensität* bezeichnen wir die die Einheit der Oberfläche in der Sekunde normal treffende Energiemenge und als *Emissionsvermögen* die von der Einheit der Oberfläche in der Zeiteinheit ausgestrahlte Energie. Ausgangspunkt der Strahlung kann ebenfalls nur ein materieller Körper sein. Wir bezeichnen diesen als den emittierenden.

Die strahlende Energie, die die Oberfläche eines materiellen Körpers trifft, kann in drei Teile zerlegt werden. Ein Teil wird reflektiert (an glatten Oberflächen nach den Gesetzen der Spiegelung, an rauhen diffus), der andere Teil dringt in den Körper ein; von diesem wird ein Teil innerhalb des Körpers absorbiert, d. h. in irgendwelche andere Energieformen umgewandelt (Wärme, chemische oder elektrische Energie), der Rest wird durchgelassen und tritt an der entgegengesetzten Seite aus. Den Bruchteil $\Re$ der auffallenden Energie, der reflektiert wird, bezeichnen wir als das *Reflexionsvermögen*, den Bruchteil $\mathfrak{A}$, der absorbiert wird, als das *Absorptionsvermögen* und den restlichen Bruchteil $\mathfrak{D}$ als die *Durchlässigkeit;* es ist also für alle Körper $\Re + \mathfrak{A} + \mathfrak{D} = 1$.

Die Strahlungsenergie ist, wie Theorie und Erfahrung übereinstimmend lehren, nicht einheitlicher Natur, sondern setzt sich additiv aus einer sehr großen Zahl verschiedener Energien zusammen, die im Vakuum alle gleiche Fortpflanzungsgeschwindigkeit besitzen, sich aber durch ihre Schwingungszahl bzw. Wellenlänge unterscheiden. Die Fortpflanzung erfolgt nämlich in der Art, daß die Strahlungsintensität in jedem Punkt des durchstrahlten Raumes periodischen Schwankungen unterworfen ist. Würde man eine Momentaufnahme des durchstrahlten Raumes machen können und die Intensität der Strahlung für jeden

Punkt der Strahlrichtung als Ordinate auftragen, so würde man das
Bild einer Wellenlinie erhalten (Abb. 51). Den Abstand zweier Punkte
gleichen Zustandes bezeichnet man als die Wellenlänge λ, die Anzahl
der Schwingungen, die jeder Punkt in der Sekunde ausführt, als die
Schwingungszahl ν. Beide sind miteinander durch die Gleichung
$\lambda \cdot \nu = c$ verknüpft. c ist die Fortpflanzungsgeschwindigkeit der Strahlung. Sie beträgt im Vakuum $3 \cdot 10^{10}$ cm pro Sekunde.

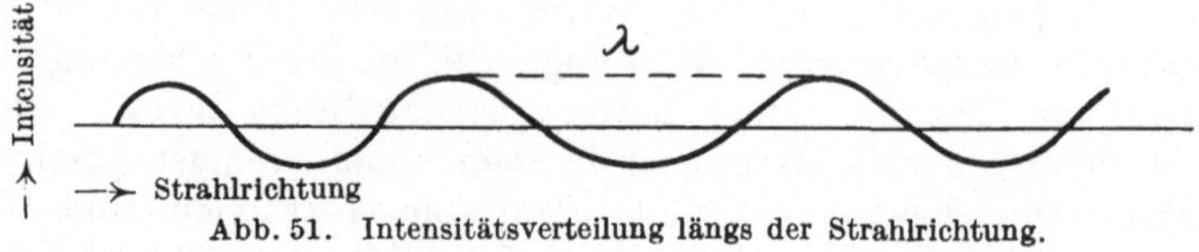

Abb. 51. Intensitätsverteilung längs der Strahlrichtung.

Die Gesamtstrahlung setzt sich nun aus einer Summe einzelner
Strahlungen gleicher Fortpflanzungsgeschwindigkeit aber verschiedener
Wellenlänge und Schwingungszahl zusammen. Den Quotient aus der
Energie, deren Wellenlängen zwischen den Grenzen λ und $\lambda + d\lambda$ liegen,
und dieser Wellenlängendifferenz $d\lambda$ bezeichnen wir mit E_λ.

Demnach ist die Gesamtenergie gleich der Summe aller $E_\lambda \cdot d\lambda$,
also $E = \int\limits_0^\infty E_\lambda \cdot d\lambda$. Da diese Summe endlich ist, muß E_λ an den

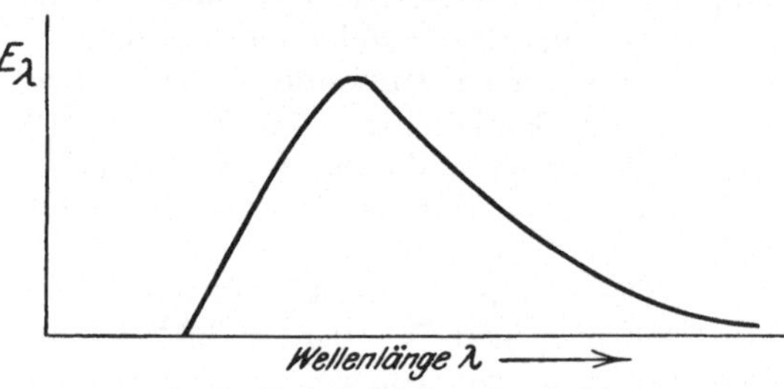

Abb. 52. Energieverteilung im Spektrum.

Grenzen 0 und ∞ verschwinden. Wie später
ausführlicher gezeigt wird,
wird also E für jede
Strahlungsenergie ein
Maximum durchlaufen,
d. h. es wird in jeder
Strahlung ein bevorzugtes
Wellenlängengebiet geben
müssen[1], wie es die nebenstehende Abb. 52 zeigt.

Ebenso wie die Strahlungsenergie selbst, so können wir ihren re-
flektierten, absorbierten und durchgelassenen Anteil je in eine Summe
zerlegen, also z. B.

$$\mathfrak{A} \cdot E = \int\limits_0^\infty (\mathfrak{A}E)_\lambda \, d\lambda = \int\limits_0^\infty \mathfrak{A}_\lambda E_\lambda \, d\lambda \, .$$

Im allgemeinen Falle ist auch das Absorptionsvermögen (ebenso wie
Reflexionsvermögen und Durchlässigkeit) eine Funktion der Wellenlänge. Es wird also jede einzelne auffallende Energieart unabhängig
von den anderen in diese drei Teile zerlegt.

---

[1] Hier wird ein Vergleich mit den Geschwindigkeiten der Gasmolekeln nahe-
gelegt, die ebenfalls alle Werte von $0 - \infty$ annehmen können, aber vornehmlich die sog. wahrscheinlichste Geschwindigkeit besitzen.

2. Die Kirchhoffschen Sätze.

Wir machen nunmehr die einschränkende Voraussetzung, daß alle Strahlungsenergie nur aus Wärmeenergie entsteht und bei ihrer Absorption wiederum nur in Wärme verwandelt wird; wir schließen also die chemischen und elektrischen Erscheinungen sowohl als Ursache wie als Wirkung der Strahlungen aus. Eine derartige Strahlung bezeichnet man als *Temperaturstrahlung* im Gegensatz zu den Luminescenzerscheinungen, wie sie z. B. in Geisslerschen Röhren und bei manchen chemischen Reaktionen auftreten. Es lassen sich für diese Temperaturstrahlung einige wichtige Gesetze ableiten, deren Erkenntnis im wesentlichen auf Kirchhoff zurückgeht.

In einem von einer für Wärme undurchlässigen Hülle allseitig abgeschlossenen leeren Raum befinden sich eine Anzahl Körper beliebiger Form und Zusammensetzung. Dann muß sich nach den Gesetzen der Thermodynamik in diesem Raum nach einiger Zeit ein Gleichgewichtszustand einstellen, in welchem alle diese Körper die gleiche Temperatur besitzen. Das Gleichgewicht ist jedoch, wenn man die gegenseitige Strahlung berücksichtigt, kein statisches, sondern ein dynamisches, indem jeder Körper so viel Wärme nach außen abgibt (emittiert), wie er durch Strahlung von außen empfängt (absorbiert). Bezeichnen wir das Emissionsvermögen eines dieser Körper mit $\mathfrak{E}$, seine Oberfläche mit O, die Intensität der auffallenden Strahlung mit K und das Absorptionsvermögen mit $\mathfrak{A}$, so erhalten wir demnach die Gleichung:

$$\text{emittierte Energie} = \text{absorbierte Energie}$$

oder:

$$\mathfrak{E} \cdot O = \mathfrak{A} \cdot K \cdot O; \qquad \frac{\mathfrak{E}}{\mathfrak{A}} = K \,. \tag{1}$$

Gleichung (1) gilt für alle im Strahlungsgleichgewicht miteinander stehenden Körper. K ist lediglich durch den Strahlungszustand im Raume bedingt, also unabhängig von den spezifischen Eigenschaften der betreffenden Körper. Während also Emissionsvermögen $\mathfrak{E}$ und Absorptionsvermögen $\mathfrak{A}$ von Stoff zu Stoff variieren können, ist ihr Verhältnis für alle Körper konstanter Temperatur das gleiche.

Die physikalische Bedeutung der Konstanten K geht aus folgender Überlegung hervor: Ein Körper, der alle einfallende Strahlung absorbiert, also keinen noch so kleinen Bruchteil durchläßt oder reflektiert, besitzt das Absorptionsvermögen $\mathfrak{A} = 1$, wir nennen ihn einen *absolut schwarzen* Körper (Kohle ist praktisch absolut schwarz). Für einen solchen absolut schwarzen Körper nimmt Gleichung (1) die Form an:

$$\mathfrak{E}_\mathrm{S} = K$$

und mithin für nicht schwarze Körper:

$$\frac{\mathfrak{E}}{\mathfrak{A}} = \mathfrak{E}_s \,. \tag{1a}$$

Diese Gleichung besagt, da $\mathfrak{A}$ stets ein echter Bruch ist: Das Emissionsvermögen eines nicht schwarzen Körpers ist stets kleiner als das eines schwarzen Körpers bei gleicher Temperatur, und zwar um so kleiner, je kleiner sein Absorptionsvermögen ist. In einem allseitig abgeschlossenen Raume herrscht stets diejenige Strahlungsintensität, die durch die Emission eines absolut schwarzen Körpers von gleicher Temperatur erzeugt würde, gleichviel ob ein solcher anwesend ist oder nicht.

Diese Sätze gelten sowohl für die Gesamtstrahlung wie für die einzelnen Spektralbezirke. Wenn $\mathfrak{E}$ sowohl wie $\mathfrak{E}_s$ und $\mathfrak{A}$ sich als Summen von der Form $\mathfrak{E} = \int_0^\infty \mathfrak{E}_\lambda \, d\lambda$ usw. darstellen lassen und die einzelnen Summanden unabhängig voneinander sind, so ergibt sich für jede einzelne Wellenlänge:

$$\frac{\mathfrak{E}_\lambda}{\mathfrak{A}_\lambda} = \mathfrak{E}_{s\lambda} \, .$$

$\mathfrak{E}_\lambda$ und $\mathfrak{A}_\lambda$ sind von der chemischen Natur des Körpers wie von der Wellenlänge abhängig; ihr Verhältnis ist aber bei konstanter Temperatur lediglich Funktion der Wellenlänge und gleich dem Emissionsvermögen des schwarzen Körpers für die gleiche Wellenlänge. Der schwarze Körper besitzt also für alle Wellenlängen das maximale Emissionsvermögen.

Die Anwendungen, die KIRCHHOFF für das Sonnenspektrum gezogen hat, sind bekannt. Da ein Körper, falls er Temperaturstrahler ist, dieselben Wellenlängen absorbiert, die er emittiert, und umgekehrt, so muß z. B. eine Natriumflamme alle Lichtarten, die eine andere Natriumflamme emittiert, absorbieren (Umkehrung der Na-Linie). Auf diese Weise gab KIRCHHOFF die so äußerst fruchtbare Erklärung der FRAUNHOFERschen Linien im Sonnenspektrum. Ist ein Körper für eine bestimmte Farbe durchlässig, so kann er diese Farbe auch nicht emittieren. Besitzt er für eine bestimmte Farbe ein hohes Absorptionsvermögen, so kommt sein Emissionsvermögen dem des schwarzen Körpers für diese Farbe nahe usw.

Diese Sätze gelten jedoch nur für Körper, die sich im leeren Raum oder in dem gleichen homogenen Medium befinden. Die Emission zweier schwarzer Körper, die sich in den beiden verschiedenen Medien A und B mit den Brechungsquotienten n_a und n_b befinden, wird durch die Beziehung gegeben:

$$\mathfrak{E}_{sa} : \mathfrak{E}_{sb} = n_a^2 : n_b^2 \, .$$

3. Das Strahlungsgesetz des schwarzen Körpers.

Da sich die Strahlung mit endlicher Geschwindigkeit fortpflanzt, so muß auch in der Volumeneinheit eines mit Strahlung erfüllten Raumes eine endliche Menge Strahlungsenergie vorhanden sein; wir bezeichnen diese als die Strahlungsdichte u. Dann ist die im Volumen v vorhandene Strahlungsenergie $E = u \cdot v$. In einem allseitig abgeschlossenen Hohlraum herrscht derjenige Strahlungszustand, der der Emission eines schwarzen Körpers von gleicher Temperatur entsprechen würde. Man kann sich also den ganzen Raum beliebig mit schwarzem Körper durchsetzt oder erfüllt denken, ohne daß der Strahlungszustand und die Strahlungsenergie dadurch verändert wird. In diesem Raum ist die Strahlungsdichte vom Volumen unabhängig und lediglich eine Funktion der Temperatur: $u = f(T)$. Die Temperaturfunktion $f(T)$, die also zugleich das Emissionsvermögen $\mathfrak{E}_s$ eines schwarzen Körpers bestimmt, da die Strahlungsdichte u mit der Strahlungsintensität $K = \mathfrak{E}_s$ durch die Gleichung $\int u\, dv = \int K\, do$ verknüpft ist, läßt sich folgendermaßen berechnen:

Wir denken uns einen von einer für Wärme undurchlässigen Hülle umgrenzten Hohlraum vom Volumen v, in welchem eine bestimmte Temperatur T und Strahlungsdichte u herrscht, durch einen ebenfalls undurchlässigen, reibungslos beweglichen Stempel gegen den leeren Raum abgegrenzt.

Jetzt schieben wir diesen Stempel etwas ein und verringern dadurch das Volumen auf $V'(< V)$. Wir nehmen an, daß diese Verschiebung arbeitslos vor sich gehen kann. Dann kann sich auch die Energie des Hohlraumes nicht ändern, aber es muß seine Temperatur und Strahlungsdichte zunehmen, entsprechend der Gleichung:

$$u \cdot v = u' \cdot v'.$$

Es ist also $u' > u$ und $T' > T$. Wir hätten also ohne Arbeitsleistung (Kompensation) die Temperatur erhöht. Diese Möglichkeit widerspricht aber dem zweiten Hauptsatz. Wir müssen daher folgern, daß unsere Annahme falsch und die Verschiebung des Stempels ohne Arbeitsleistung nicht möglich ist. Der Verschiebung muß sich also ein Druck widersetzen, der, ähnlich wie ein Gasdruck, im Innern des mit Strahlungsenergie erfüllten Hohlraumes herrscht. Wir bezeichnen ihn als den *Strahlungsdruck* p. Seine Existenz wurde von BARTOLI 1876 aus den eben dargestellten thermodynamischen Gründen und schon vorher von MAXWELL aus der elektromagnetischen Theorie der Strahlung abgeleitet. Experimentell ist er von LEBEDEW und NICHOLS und HULL bestimmt worden[1].

Die Größe dieses Strahlungsdruckes kann von der Thermodynamik nicht bestimmt werden. BOLTZMANN hat angenommen, daß, ähnlich wie bei idealen Gasen, die Strahlungsenergie gleichmäßig nach allen drei Richtungen des Raumes drückt, und daß demnach der Strahlungsdruck p gegeben ist (als Kraft pro Flächeneinheit) durch

$$p = \tfrac{1}{3} u. \tag{2}$$

Zu demselben Ergebnis führte die elektromagnetische Theorie nach MAXWELL sowie die direkte experimentelle Bestimmung durch LEBEDEW und NICHOLS und HULL.

Nunmehr können wir zunächst die adiabatische Zustandsgleichung für einen mit Strahlung erfüllten Hohlraum ableiten und bestimmen,

---

[1] Literatur über den Strahlungsdruck bei HASENÖHRL, F., Jahrb. Radioaktivität u. Elektronik Bd. 2, S. 267, 1905.

in welchem Maße sich die Strahlungsdichte bei adiabatischer Volumenänderung verändert. Zur umkehrbaren Kompression um dv muß dann
die Arbeit $p\,dv = \dfrac{u}{3}\,dv$ aufgewendet werden. Diese wird vollständig
zur Erhöhung der Strahlungsenergie $u \cdot v$ verwendet. Daraus folgt:

$$-\frac{u}{3}\,dv = d(uv) = u\,dv + v\,du^{1}\;;\quad \frac{4}{3}\,u\,dv + v\,du = 0\;;$$

$$u^{\frac{3}{4}}\,v = \text{const.} \tag{3}$$

Ferner können wir mittels des zweiten Hauptsatzes aus der Größe
des Strahlungsdruckes $p = \dfrac{u}{3}$ die Funktion $u = f(T)$ bestimmen. Die

Arbeitsgröße $-p\,dv = -\dfrac{u}{3}\,dv$ stellt nämlich den Zuwachs der freien

Energie $\left(\dfrac{\partial F_v}{\partial v}\right)_T dv$ dar, welchen der Hohlraum bei der isothermen Volumenänderung erleiden würde.

Die HELMHOLTZsche Gleichung lautete:

$$F_v = E + T\left(\frac{\partial F_v}{\partial T}\right)_v.$$

Differenzieren wir partiell nach v (d. h. unter Konstanthalten der Temperatur), so erhalten wir

$$\left(\frac{\partial F_v}{\partial v}\right)_T = \left(\frac{\partial E}{\partial v}\right)_T + T\,\frac{\partial^2 F_v}{\partial v\,\partial T}. \tag{4}$$

Wir hatten $E = u \cdot v$, und da u vom Volumen nicht abhängt,

$$\left(\frac{\partial E}{\partial v}\right)_T = u.$$

Ferner

$$\frac{\partial^2 F_v}{\partial v\,\partial T} = \left(\frac{\partial\left(\frac{\partial F_v}{\partial v}\right)_T}{\partial T}\right)_v = \left(\frac{\partial\left(-\frac{u}{3}\right)}{\partial T}\right)_v = -\frac{1}{3}\frac{du}{dT}\,;$$

also in (4) eingesetzt:

$$-\frac{u}{3} = u - \frac{T}{3}\frac{du}{dT}\;;\quad \frac{du}{u} = \frac{4\,dT}{T}\,,$$

mithin

$$u = \text{const}\; T^4 \tag{4a}$$

und auch für die Emission eines schwarzen Körpers:

$$\mathfrak{E}_s = \sigma \cdot T^4. \tag{4b}$$

Die Strahlungsdichte im Hohlraum und damit auch das Emissionsvermögen eines absolut schwarzen Körpers ist der vierten Potenz der
absoluten Temperatur proportional. Die Konstante σ besitzt universelle

---

¹ Die linke Seite muß ein negatives Vorzeichen erhalten, da die Energie
zunimmt, wenn v abnimmt.

Bedeutung, sie gilt für alle schwarzen Körper beliebiger Zusammensetzung.

Die Gleichung (4a) wird als das STEFAN-BOLTZMANNsche Gesetz bezeichnet. Ihre Gültigkeit wurde von STEFAN aus dem älteren, in der Literatur vorliegenden Beobachtungsmaterial vermutet; BOLTZMANN hat den soeben gegebenen thermodynamischen Beweis mit Hilfe des MAXWELLschen Strahlungsdruckes erbracht. Ihre genaue experimentelle Bestätigung gelang erst viel später durch LUMMER mit WIEN, PRINGSHEIM und KURLBAUM 1895ff.

Die genannten Forscher benutzten zur Realisierung eines absolut schwarzen Körpers den oben bewiesenen Satz, daß in einem abgeschlossenen Hohlraum konstanter Temperatur schwarze Strahlung besteht. Die durch eine kleine Öffnung der Wandung nach außen abgegebene Strahlung ist demnach gleich der Emission eines schwarzen Körpers. Als Mittelwert ergibt sich aus den neueren Messungen von GERLACH, COBLENTZ, HOFFMANN und KUSSMANN[1] für die Konstante σ $1{,}38 \cdot 10^{-12}$ cal cm^{-2} sec^{-1} grad^{-4}. Sie stellt die Energiemenge dar, die von einem Quadratzentimeter eines bei 1^0 abs. befindlichen Körpers in einen Raum von der Temperatur 0^0 abs. pro Sekunde abgegeben werden würde.

Das STEFAN-BOLTZMANNsche Gesetz gilt für den absolut schwarzen Körper im leeren Raum mit völliger Exaktheit, da seine Grundlagen, die beiden Hauptsätze der Thermodynamik sowie die MAXWELLschen elektromagnetischen Gleichungen für diese Bedingungen absolut richtig sind. Man kann daher das STEFAN-BOLTZMANNsche Gesetz sowohl zur *Messung* von Temperaturen sowie auch zur *Definition* der absoluten Temperaturskala benutzen. Der absolut schwarze Körper besitzt dann dieselbe Bedeutung für die Theorie wie ein ideales Gas. Man kann daher unter Zugrundelegung des STEFAN-BOLTZMANNschen Gesetzes die Arbeit berechnen, die ein umkehrbarer, zwischen zwei verschiedenen Temperaturen verlaufender Kreisprozeß eines schwarzen Körpers liefert und gelangt so zu derselben analytischen Formulierung des zweiten Hauptsatzes, die wir in Kap. 5 mittels der Zustandsgleichung idealer Gase erhalten haben[2]. Tatsächlich gibt es in der Natur wohl ebensowenig einen absolut schwarzen Körper wie ein ideales Gas. Beide Begriffe sind Grenzbegriffe, denen man sich nur mit allerdings großer Annäherung im Experiment nähern kann. Für praktische Temperaturbestimmungen sind Gasthermometer höchstens bis 1600^0 brauchbar, weil oberhalb dieser Temperatur kein Material mehr für Gase undurchlässig ist. Bei höheren Temperaturen bietet uns daher die Strahlung des schwarzen Körpers die einzige Möglichkeit, Temperaturmessungen in der absoluten thermodynamischen Skala auszuführen.

Setzt man die Gleichung (4a) in die adiabatische Beziehung (3) ein, so erhält man:

$$T^3 v = \text{const.} \tag{4c}$$

---

[1] Lit. bei KUSSMANN, A., Z. Phys. Bd. 25, S. 58, 1924.
[2] Vgl. SCHÄFER, CL., Arch. Mathem. Physik (3) Bd. 12, S. 34.

Die Temperatur eines Hohlraumes ändert sich also bei der adiabatischen Volumenänderung umgekehrt proportional der dritten Wurzel aus dem Volumen.

4. Das Wiensche Verschiebungsgesetz.

Das Stefan-Boltzmannsche Gesetz drückt die Abhängigkeit der Gesamtenergie der schwarzen Strahlung von der Temperatur aus. Es besagt aber noch nichts über den Beitrag, den die Energien der einzelnen Strahlungsbezirke (Wellenlängen) zur Gesamtstrahlung liefern, oder mit anderen Worten, in welcher Weise sich die Gesamtstrahlung auf die Energien der einzelnen monochromatischen Strahlungen bei verschiedenen Temperaturen verteilt. Man erkennt allerdings sofort, daß die oben abgeleiteten Sätze auch ihre Gültigkeit behalten, wenn der eingangs beschriebene im Strahlungsgleichgewicht befindliche Hohlraum nur mit Strahlung einer einzigen Wellenlänge erfüllt ist. Auch die monochromatische Strahlungsdichte muß also proportional mit der vierten Potenz der absoluten Temperatur wachsen. Es ist aber nicht möglich, auf rein thermodynamischem Wege zu bestimmen, ob bei der Temperaturänderung, wie sie z. B. durch Volumenänderung des Hohlraumes erzeugt wird, die Wellenlänge konstant bleibt oder sich ändert. Durch Betrachtungen, die dem Gebiet der Wellenlehre entlehnt sind, läßt sich jedoch unter Benutzung der Thermodynamik nach W. Wien zeigen, daß eine solche Änderung eintritt, und zwar, daß die Wellenlänge mit steigender Temperatur abnimmt.

Wir denken uns, ähnlich wie in der Gastheorie, die Gesamtstrahlung zerlegt in drei zueinander senkrechte Strahlungen in der Richtung der Kanten eines von Strahlung erfüllten Parallelepipeds. Diese Strahlen werden dauernd an den Wänden reflektiert und behalten ihre Wellenlänge, solange die Wände unbeweglich sind. Verschieben wir jedoch eine der Wände, wie es oben geschehen ist, so tritt nach dem Dopplerschen Prinzip eine Änderung der Wellenlänge ein, und zwar entsteht bei einmaliger Reflektion an der Wand mit der Geschwindigkeit w aus der Wellenlänge λ_0 die Wellenlänge:

$$\lambda = \lambda_0 \frac{c + 2w}{c}$$

(c ist die Lichtgeschwindigkeit).

Wir berechnen zunächst die Anzahl dieser Reflexionen, die auftreten, während der bewegliche Stempel die Strecke dx in der Zeit dz zurücklegt. Ist der Abstand des Stempels von der gegenüberliegenden Wand gleich x, so braucht der Strahl zwischen je zwei Reflexionen die Zeit $\frac{2x}{c}$, wird also in der Sekunde $\frac{c}{2x}$ mal und in der Zeit dz

$$\frac{c}{2x} dz = \frac{c}{2x} \frac{dx}{w} \text{ mal}$$

reflektiert. Mithin ändert sich die Wellenlänge während der Verschiebung des Stempels um dx von λ auf:

$$\lambda + d\lambda = \lambda\left(1 + \frac{2w}{c}\right)^{\frac{c}{2w}\cdot\frac{dx}{x}}.$$

Die Volumenänderung erfolgt nur umkehrbar, wenn ihre Geschwindigkeit unendlich klein ist; ferner ist:

$$\lim_{w=0}\left(1 + \frac{2w}{c}\right)^{\frac{c}{2w}} = e \quad \text{und} \quad e^{\frac{dx}{x}} = 1 + \frac{dx}{x} + \cdots$$

Mithin wird in erster Näherung:

$$\lambda + d\lambda = \lambda\, e^{\frac{dx}{x}} = \lambda\left(1 + \frac{dx}{x}\right)$$

für kleine dx. Hieraus folgt durch Integration zwischen x_0 (Anfangsstellung) und x:

$$\lambda = \frac{x}{x_0}\cdot\lambda_0 . \tag{5}$$

Damit die ganze den Hohlraum erfüllende Strahlung von der Wellenlänge λ_0 in Strahlung von der Wellenlänge λ übergeht, müssen auch in der y- und z-Richtung entsprechende Verschiebungen stattfinden; demnach können wir:

$$\frac{x}{x_0} = \sqrt[3]{\frac{v}{v_0}}$$

setzen und erhalten:

$$\lambda = \sqrt[3]{\frac{v}{v_0}}\cdot\lambda_0 . \tag{6}$$

Da die Volumenänderung adiabatisch erfolgt, so ergibt sich unter Berücksichtigung von (4c):

$$\lambda T = \lambda_0 T_0 . \tag{7}$$

Wird also irgendeine monochromatische Strahlungsenergie umkehrbar auf eine andere Temperatur gebracht, so ändert sich ihre Wellenlänge so, daß das Produkt von Wellenlänge und Temperatur konstant bleibt.

Wenden wir diese Überlegungen auf die einzelnen momochromatischen Strahlungen an, deren Summe die Strahlung des schwarzen Körpers ausmacht, so verschiebt sich also die Wellenlänge jeder einzelnen mit steigender Temperatur nach der Richtung der kurzen Wellen hin, indem aus $\mathfrak{E}_{\lambda_0 T_0} : \mathfrak{E}_{\lambda T}$ wird.

Auch die Änderung des Emissionsvermögens $\mathfrak{E}_\lambda$ mit wachsender Temperatur läßt sich nun ohne weiteres angeben. Die im Spektralbezirk zwischen λ und $\lambda + d\lambda$ pro Flächeneinheit emittierte Energie ist gleich $\mathfrak{E}_\lambda d\lambda$.

Nun ist nach dem STEFAN-BOLTZMANNschen Gesetz:

$$\mathfrak{E}_{\lambda_0} d\lambda_0 = \frac{T_0^4}{T^4}\, \mathfrak{E}_\lambda d\lambda \,,$$

ferner nach (7):

$$d\lambda = \frac{T_0}{T}\, d\lambda_0 \,,$$

mithin:

$$\mathfrak{E}_\lambda = \frac{T^5}{T_0^5} \cdot \mathfrak{E}_{\lambda_0} \tag{8}$$

oder

$$\mathfrak{E}_\lambda = T^5\, \text{const} \quad \text{oder} \quad \mathfrak{E}_\lambda = \frac{\text{const}}{\lambda^5}\,.$$

Das Emissionsvermögen $\mathfrak{E}_\lambda$ wächst proportional zur fünften Potenz der absoluten Temperatur.

Für einen bestimmten Spektralbezirk wächst also die Intensität der Strahlung $\mathfrak{E}_\lambda$ proportional zur fünften Potenz, seine Breite $d\lambda$ proportional zur ersten Potenz der Temperatur, das Produkt beider, die Energie der Strahlung, daher proportional zur vierten Potenz.

Diese Sätze sind als die WIENschen Verschiebungssätze bekannt. Ihre Bedeutung ergibt sich besonders anschaulich, wenn man sie auf den Spektralbezirk anwendet, welcher in der Strahlung des schwarzen Körpers die maximale Emission gibt. Dann ergibt sich aus (7) für alle Temperaturen des schwarzen Körpers:

$$\lambda_{\max} T = \text{const.} \tag{7a}$$

Die Wellenlänge der maximalen Emission verschiebt sich umgekehrt proportional der absoluten Temperatur. Dies erklärt, daß die Strahlung eines schwarzen Körpers erst bei ziemlich hohen Temperaturen in das Gebiet der relativ kurzen sichtbaren Wellen kommt, und daß seine Farbe bei wachsender Temperatur die Skala rot-gelb-weiß durchläuft. Ferner folgt aus (8):

$$\mathfrak{E}_{\lambda\,\max} = \text{const}\ T^5\,. \tag{8a}$$

Das Emissionsvermögen der Wellenlänge maximaler Emission wächst proportional der fünften Potenz der Temperatur.

Die folgende Tabelle enthält die Prüfung des WIENschen Verschiebungssatzes (7a) nach LUMMER und PRINGSHEIM[1].

Prüfung des WIENschen Verschiebungsgesetzes.

T	$\lambda_{\max}$ in μ	$\lambda_{\max} \cdot T$
836,5	3,5	2928
1087	2,61	2837
1377	2,10	2892
1416	2,02	2860
	Mittel	2879

Das Maximum der Emission liegt also auch bei heller Rotglut noch weit im Gebiete der ultraroten, unsichtbaren Wellen. Es gelangt erst bei ca. 4000° C ins sichtbare Gebiet. Im Sonnenspektrum liegt das Emissionsmaximum bei ca. 0,5 μ. Wäre die Sonne ein absolut schwarzer Körper, so müßte sie demnach eine Temperatur von ca. 5800° C besitzen.

---

[1] Verhandl. Deutsch. physikal. Gesellsch. Bd. 2, S. 163, 1900. Bei größeren Wellenlängen traten allerdings Abweichungen auf.

5. Die Energieverteilung im Spektrum.

Es bleibt schließlich noch das Problem zu lösen, das Emissionsvermögen eines schwarzen Körpers für eine beliebige Wellenlänge als Funktion der Wellenlänge und der Temperatur zu finden, also die Form der Funktion $\mathfrak{E}_{\lambda,\,T} = f(\lambda, T)$ festzustellen. Dies ist auf rein thermodynamischem Wege, auch bei Benutzung der bisher erwähnten Hilfshypothesen, nicht möglich. Hierzu bedarf es der Einführung neuer Annahmen, die den Rahmen der reinen Thermodynamik überschreiten und daher hier übergangen werden mögen. Nur die Resultate der wichtigsten diesbezüglichen Versuche seien erwähnt.

So erhält man auf Grund der Annahme der klassischen Theorie, daß Materie und Strahlung jeden beliebigen Energiebetrag aufnehmen können, das RAYLEIGH-JEANSche Verteilungsgesetz

$$\mathfrak{E}_{\lambda\,T} = \frac{C\,T}{\lambda^4}. \tag{9a}$$

Dies Gesetz gehorcht dem WIENschen Verschiebungsgesetz; integriert man es aber über alle Wellenlängen, so erhält man für die Gesamtintensität der Strahlung den Wert ∞, was unmöglich ist.

PLANCK stellte 1900 ein Energieverteilungsgesetz auf:

$$\mathfrak{E}_{\lambda\,T} = \frac{c^2 h}{\lambda^5}\,\frac{1}{e^{\frac{ch}{k\lambda T}} - 1}{}^{1}, \tag{9}$$

das sich auf Grund der Annahme ableiten läßt, daß der Energieaustausch zwischen Materie und Strahlung nur in gewissen Energiequanten möglich ist. Diese Gleichung geht für große Werte von λT (ultrarotes Gebiet) in die RAYLEIGH-JEANSche Gleichung über. Für kleine λT-Werte nimmt sie die Form

$$\mathfrak{E}_{\lambda T} = \frac{c_1}{\lambda^5}\,e^{-\frac{c_2}{\lambda T}} \tag{9b}$$

an, die von WIEN angegeben worden ist und sich für das sichtbare Gebiet sehr gut bewährt hat.

Außerdem läßt sich zeigen, daß die PLANCKsche Formel die früher abgeleiteten allgemeinen Gesetze erfüllt. Bisher hat die experimentelle Prüfung eine weitgehende Übereinstimmung mit der Erfahrung gezeigt.

6. Temperaturmessung mittels des schwarzen Körpers.

Zur optischen Temperaturmessung stehen uns also vier Wege offen, nämlich:

1. durch Messung der Gesamtstrahlung nach dem STEFAN-BOLTZMANNschen Gesetz:

$$\mathfrak{E}_s = \sigma \cdot T^4,$$

---

[1] Hier bedeuten c die Lichtgeschwindigkeit, h das PLANCKsche Wirkungsquantum und k die BOLTZMANNsche Konstante (vgl. Kap. 13).

2. durch Bestimmung der Wellenlänge maximaler Emission nach dem WIENschen Verschiebungsgesetz:

$$\lambda_{max} \cdot T = A \,,$$

3. desgleichen durch Bestimmung des maximalen Emissionsvermögens:

$$\mathfrak{E}_{s\,max} = B \cdot T^5 \,,$$

4. unter Zugrundelegung der allgemeinen Strahlungsgleichung (9) durch Aufnahme von Isochromaten, d. h. Bestimmung der Emission einer beliebigen Wellenlänge bei verschiedenen Temperaturen.

Die Methoden 1—3 beruhen auf bolometrischen Messungen, die Methode 4 kann spektroskopisch ausgeführt werden. Hierzu eignet sich besonders das von WANNER konstruierte optische Pyrometer. Aus dem Lichte des Körpers, dessen Temperatur bestimmt werden soll, wird ein bestimmter Spektralbezirk ausgeschnitten und seine Helligkeit mit der des gleichen Bezirkes eines nahezu schwarzen Körpers verglichen (z. B. einer durch konstanten Strom gespeisten Glühlampe). Die Einstellung auf gleiche Helligkeit erfolgt durch Drehen eines analysierenden Nichols, das in den Strahlengang des zu untersuchenden Körpers eingeschoben wird. HOLBORN und KURLBAUM lassen die Nichols fort und regulieren den Heizstrom der Glühlampe, bis beide Lichtquellen gleiche Helligkeit besitzen, doch scheint das WANNERsche Verfahren sich praktisch besser zu bewähren. Seine Anwendung in der Technik zur Bestimmung hoher Temperaturen wird dadurch erleichtert, daß die bei metallurgischen und anderen Verfahren häufig gesuchte Temperatur eines Schmelzraumes sehr nahe der Temperatur des schwarzen Körpers gleicher Helligkeit entspricht, da es sich in diesen Fällen um eine Hohlraumstrahlung handelt.

WANNER legte seinen Messungen bei konstanter Wellenlänge die WIENsche Strahlengleichung in der Form:

$$\lg \mathfrak{E} = a - \frac{b}{T}$$

zugrunde; dieselbe wird, wie schon gesagt, bei kleinen Werten von $\lambda \cdot T$, und zwar etwa bis zu $\lambda T = 3000$ mit dem PLANCKschen Strahlungsgesetz praktisch identisch. Für sichtbare Wellenlängen und nicht zu hohe Temperaturen ist also diese Bedingung erfüllt.

LUMMER und PRINGSHEIM[1] haben die Temperatur eines von ihnen hergestellten schwarzen Körpers nach den drei Methoden 1, 3 und 4 bestimmt und erhielten die gut übereinstimmenden Werte

nach 1 im Mittel 2335⁰ abs.

„ 3 „ „ 2325⁰ „

„ 4 „ „ 2320⁰ „

Für nicht schwarze Körper muß man das Emissionsvermögen nach dem KIRCHHOFFschen Gesetz aus dem Absorptionsvermögen berechnen. Solange dies nicht in seiner Abhängigkeit von Wellenlänge und Temperatur bekannt ist, ist eine genaue optische Temperaturmessung hier nicht möglich.

---

[1] Verhandl. Deutsch. physikal. Gesellsch. Bd. 5, S. 3, 1903.

Dreizehntes Kapitel.

Statistische Berechnung der Entropie und Nernstscher Wärmesatz.

1. Die mechanische Bedeutung des zweiten Hauptsatzes und des Entropiebegriffes.

Entropie und Wahrscheinlichkeit. Die Erkenntnis von der Allgemeingültigkeit des Energiegesetzes beruht zum Teil auf der mechanischen Auffassung der Wärme als einer Bewegung der kleinsten materiellen Teilchen, der Molekeln. Wenn Wärmeenergie und kinetische Energie der Molekeln wesensgleich sind und sich nur durch die Maßeinheiten unterscheiden, mit denen sie unserer Beobachtung zugänglich sind, so ist die Gültigkeit des Äquivalentgesetzes dadurch erklärt. Es ist aber zunächst noch nicht einzusehen, warum nicht Wärme und Arbeit beliebig ineinander verwandelbar sind, oder mit anderen Worten, daß die Verwandlung von Arbeit in Wärme ein irreversibler Vorgang ist (zweiter Hauptsatz). In der reinen Mechanik kennen wir nur umkehrbare Vorgänge, nach ihren Prinzipien müßte der Übergang von Wärme in Arbeit genau so leicht möglich sein wie der von Arbeit in Wärme, während uns doch die Erfahrung lehrt, daß es in der Natur keinen einzigen Vorgang gibt, dessen einziges Resultat die Umwandlung von Wärme in Arbeit ist.

Es ist das große Verdienst Ludwig Boltzmanns, diesen Widerspruch aufgeklärt und dadurch die mechanische Theorie der Wärme restlos durchgeführt zu haben; nämlich durch die Theorie, daß die Wärme in einer „molekular ungeordneten" Bewegung der kleinsten Teilchen besteht[1].

Den Unterschied zwischen geordneter und ungeordneter Bewegung erkennt man durch den Vergleich der Bewegung eines Regimentes Soldaten mit der eines Mückenschwarmes (Helmholtz). Genauer definiert wird der Unterschied durch die Bemerkung, daß bei der geordneten Bewegung die Geschwindigkeit jedes einzelnen Teilchens in einer gesetzmäßig stetigen Abhängigkeit von der des benachbarten Teilchens besteht, während dies bei der ungeordneten Bewegung nicht der Fall ist.

Bei der Bewegung eines materiellen Körpers, der aus einer großen Zahl von Molekeln besteht, haben alle Molekeln eine gemeinsame Geschwindigkeitskomponente nach der Richtung der fortschreitenden Bewegung hin. Wird die Bewegung z. B. durch den Aufprall auf eine unelastische Wand zum Stillstand gebracht, so wird die kinetische Energie der fortschreitenden Bewegung in Wärme umgewandelt und die geordnete Bewegung geht in die ungeordnete Bewegung der Molekeln über, während die gesamte kinetische Energie der Molekeln konstant bleibt.

---

[1] Boltzmann, L.: Gastheorie. Vgl. auch Planck, M.: Theorie der Wärmestrahlung, 5. Aufl., S. 111 ff.

Die Irreversibilität dieses Vorganges ist also *dann* auf mechanische Prinzipien zurückgeführt, wenn gezeigt werden kann, daß stets bei der Bewegung materieller Körper geordnete Bewegung von selbst in ungeordnete, niemals aber diese von selbst in jene übergeht oder wenigstens überzugehen strebt.

Wir betrachten beispielsweise einen hohlen Würfel, der zur Hälfte mit schwarzen, zur Hälfte mit weißen Kugeln gefüllt ist, und zwar möge die Anordnung dieser Kugeln eine derartige sein, daß schachbrettartig immer neben einer weißen Kugel eine schwarze liegt. Schütten wir den Inhalt dieses Würfels in einen anderen Hohlwürfel um und von diesem wieder in den ersten zurück, so wird erfahrungsgemäß diese Anordnung gestört, und unter vielen derartigen Versuchen würde es kaum einen geben, bei welchem die Anordnung der Kugeln nach dem Umschütten die gleiche bliebe wie zuvor. Die Wahrscheinlichkeit, daß dieser Zustand wieder erreicht wird, ist um so geringer, je größer die Anzahl der Kugeln ist, und sie wird unendlich gering, wenn die Zahl der Kugeln unendlich groß ist. Um die alte Ordnung wieder herzustellen, muß man alle Kugeln herausnehmen und sie von neuem einlegen, also Arbeit leisten. Das Umschütten der Kugeln ist erfahrungsgemäß, ebenso wie die Umwandlung von Arbeit in Wärme, ein irreversibler Prozeß, der nicht ohne Kompensation, d. h. Leistung äußerer Arbeit, rückgängig gemacht werden kann.

Ein zweites Beispiel wird diese Verhältnisse noch anschaulicher gestalten[1]. Betrachten wir eine einzige Gasmolekel, die sich nach den Prinzipien der kinetischen Gastheorie in einem leeren Raum bewegt. Durch den Anprall an die Wände wird sie stets aus ihrer Bahn gelenkt und sich bald in der Hälfte A, bald in der anderen Hälfte B des Raumes befinden. Die Wahrscheinlichkeit, daß sie sich in einem bestimmten Zeitmoment in A befindet, ist geradeso groß wie die, daß sie sich in B aufhält. Der Zustand, daß sich die Molekel in A befindet, wird sich also oft wiederholen, der Übergang der Molekel von A nach B ist daher umkehrbar. Betrachten wir dagegen eine größere Anzahl von Molekeln, die den Raum durchschwirren, so wird meist die Verteilung der Molekeln in den beiden Hälften A und B so sein, daß sich in A und B gleich viele Molekeln befinden. Doch wird es immer gewisse Zeitmomente geben, in welchen sich zufällig alle Molekeln in A oder alle Molekeln in B befinden. Auch dieser Zustand, der sich also in größeren Zeitabständen wiederholen wird, ist im Prinzip umkehrbar, doch wird die Umkehrung um so seltener eintreten, je größer die Gesamtzahl der Molekeln ist, die sich in dem ganzen Raum befinden. Bei einer endlichen Gasmenge, die aus einer außerordentlich großen Zahl von Molekeln besteht, ist die Wahrscheinlichkeit, daß sich sämtliche Molekeln zufällig einmal gleichzeitig in A aufhalten, und daß B demnach ein Vakuum ist, außerordentlich gering. BOLTZMANN hat nach den Prinzipien der Wahrscheinlichkeitsrechnung die Zahl Sekunden ausgerechnet, die verstreichen würden, bis die in 1 ccm Luft enthaltenen Molekeln wieder einmal alle sich in der einen Hälfte des Raumes A befinden. Er findet eine Zahl, die

---

[1] CHWOLSON, Lehrb. Physik Bd. 3, S. 453.

viele Trillionen Stellen besitzt, also eine ganz ungeheure Zahl von Jahr-
millionen darstellt. Daher können wir mit gutem Recht behaupten,
daß wir die Umkehrung der Ausdehnung eines Gases in ein Vakuum
niemals beobachten werden. Auf diese Weise ist die Irreversibilität
eines der auf S. 97 als typisch nicht umkehrbaren Prozesse bezeichneten Vorgänge erklärt.

Dieses Resultat verdanken wir der Anwendung der Wahrscheinlichkeitsrechnung, der sog. statistischen Methode, auf die Molekularbewegung. Die Berechtigung dieses Verfahrens stützt sich auf die Erfahrungen, die man in dem Gesetz der großen Zahlen auszusprechen
gewohnt ist, nämlich in dem Satze, daß die Folgerungen der Wahrscheinlichkeitsrechnung um so eher durch die Erfahrung erfüllt werden, je
größer die Zahl der untersuchten Fälle ist. Die Wahrscheinlichkeit, daß
man mit einem Würfel eine 6 wirft, wird als $^1/_6$ bezeichnet (Zahl der günstigen Fälle dividiert durch die Zahl der möglichen Fälle). Tatsächlich wird man jedoch unter sechs Würfen nicht immer eine 6 treffen, in
anderen Fällen dagegen auch zwei- oder dreimal. Je größer aber die
Zahl der Würfe ist, um so mehr nähert sich das Verhältnis der erfolgreichen Würfe zur Gesamtzahl aller Würfe dem Bruch $^1/_6$, so daß es bei
unendlicher Zahl von Würfen dieses Verhältnis als Grenzwert erreicht.
Da nun die materiellen Körper aus einer außerordentlich großen Zahl
von Molekeln bestehen, so kann man ohne weiteres schließen, daß
deren Bewegungen den Gesetzen der Wahrscheinlichkeitsrechnung
folgen. Die statistische Erklärung des zweiten Hauptsatzes fußt also
auf der Hypothese vom molekularen Bau der Materie und gibt dieser
einen entscheidenden Vorteil vor der rein energetischen Naturauffassung[1].

Alle in der Natur vorkommenden aus kleinen Teilchen aufgebauten
Systeme haben also die Tendenz, vom Zustande größerer Ordnung
dieser Teilchen bzw. ihrer Bewegungen in den Zustand der molekularen
Unordnung überzugehen. Stabiles Gleichgewicht ist erst erreicht, wenn
die Unordnung eine vollkommene ist, und wenn der Zustand des ganzen
Systems die größte Wahrscheinlichkeit vor allen anderen möglichen,
d. h. mit den äußeren Bedingungen (Energie, Volumen, Druck) verträglichen Zuständen erreicht hat. Bei allen von selbst eintretenden Vorgängen nimmt also die Wahrscheinlichkeit des Zustandes zu und strebt
einem Maximum zu.

Das gleiche Verhalten hatten wir früher für die *Entropie* eines Systems
festgestellt und kommen daher nach BOLTZMANN zu dem bemerkens-
werten Resultat, daß die Entropie S eines Systems durch die Wahrscheinlichkeit W seines molekularen Bewegungszustandes bestimmt ist
und durch sie gemessen werden kann, daß also $S = f(W)$ ist.

Der Begriff der Wahrscheinlichkeit des molekularen Bewegungs-
zustandes bedarf noch einer näheren Erläuterung. Betrachten wir
N Molekeln eines einatomigen idealen Gases bei konstanter Temperatur.
Dann können die einzelnen Molekeln ganz verschieden große und ver-

---

[1] Nach PLANCK (8 Vorträge, Leipzig 1910, S. 40) führt die Irreversibilität
der Naturvorgänge mit Notwendigkeit zur Atomistik.

schieden gerichtete Geschwindigkeiten besitzen, es muß aber für alle Geschwindigkeitsverteilungen die Summe $E = \sum_N \frac{m u^2}{2}$, die Energie des Gases, den gleichen Wert besitzen. Diese Bedingung kann auf die verschiedenste Weise erfüllt sein. Es können z. B. sämtliche Molekeln die gleiche Geschwindigkeit u besitzen, oder es können von den N Molekeln n_1 die Geschwindigkeit u_1, n_2 die Geschwindigkeit u_2, n_3 die Geschwindigkeit u_3 usf. besitzen.

Jeder derartige durch eine bestimmte Anzahl und Größe verschiedener Geschwindigkeiten charakterisierte Zustand kann aber wieder auf verschiedene Weisen aus den einzelnen Molekeln aufgebaut werden. Bezeichnen wir diese nämlich mit $a_1, a_2, a_3 \ldots a_N$, so erhalten wir schon bei Annahme von nur zwei verschiedenen Geschwindigkeiten u_1 und u_2 die folgenden Möglichkeiten (n Molekeln besitzen die Geschwindigkeit u_1 und $N - n$ die Geschwindigkeit u_2):

1. die Molekeln $a_1, a_2, a_3 \ldots a_n$ besitzen die Geschwindigkeit u_1, die übrigen die Geschwindigkeit u_2,

2. die Molekeln $a_2, a_3, \ldots a_{n+1}$ besitzen die Geschwindigkeit u_1, die übrigen die Geschwindigkeit u_2,

3. die Molekeln $a_3, a_4 \ldots a_{n+2}$ besitzen die Geschwindigkeit u_1 usf.

Bezeichnen wir die Anzahl dieser verschiedenen Verteilungsmöglichkeiten der einzelnen Molekeln auf die verschiedenen Geschwindigkeiten als die *günstigen* Fälle, und setzen wir die Anzahl dieser günstigen Fälle gleich der Wahrscheinlichkeit des betreffenden Zustandes[1], so ist in unserem Beispiel bei Annahme von nur zwei Geschwindigkeiten u_1 und u_2, die a priori gleich wahrscheinlich sein sollen, diese thermodynamische Wahrscheinlichkeit W nach den Regeln der Wahrscheinlichkeitsrechnung

$$W = \frac{N!}{n! \, (N - n)!} \, .$$

Die Anzahl der günstigen Fälle und somit die thermodynamische Wahrscheinlichkeit des Systems wird noch bedeutend vermehrt, wenn wir nicht nur zwei verschiedene Geschwindigkeiten, sondern eine große Zahl s verschiedener Geschwindigkeiten $u_1, u_2 \ldots u_s$ annehmen. Dann wird die Wahrscheinlichkeit W gegeben durch

$$W = \frac{N!}{n_1! \, n_2! \, n_3! \ldots n_s!} \, , \tag{1}$$

wobei $n_1 + n_2 + n_3 + \ldots + n_s = N$ ist.

Haben wir es nicht mit einer endlichen Zahl diskreter Geschwindigkeiten, sondern mit einer kontinuierlichen Folge zu tun, so können wir gewisse Geschwindigkeitsgebiete von 0 bis u_1, von u_1 bis u_2 usw. ab-

---

[1] Diese BOLTZMANNsche Definition der Wahrscheinlichkeit weicht von der gewöhnlichen (mathematischen):

$$W = \frac{\text{Zahl der günstigen Fälle}}{\text{Zahl aller möglichen Fälle}}$$

dadurch ab, daß der konstante Nenner fortgelassen wird; wir nennen sie daher mit PLANCK „thermodynamische Wahrscheinlichkeit".

grenzen, von denen wir annehmen, daß sie a priori gleich wahrscheinlich sind und nach der Wahrscheinlichkeit einer Verteilung fragen, in der n_1 Moleküle Geschwindigkeiten zwischen 0 und u_1, n_2 Moleküle Geschwindigkeiten zwischen u_1 und u_2 usw. haben. Wir kommen dann wieder zu einem Ausdruck der Form (1). Nun wird klar, daß der Wert von W jetzt noch davon abhängt, wie wir die Geschwindigkeiten eingeteilt haben. Denn fassen wir z. B. in unserem zweiten Beispiel alle Geschwindigkeiten unter u_v in eine Gruppe zusammen und alle zwischen u_v und u_s zu einer zweiten Gruppe, so daß beide Gruppen gleich wahrscheinlich sind, und fragen nach der Wahrscheinlichkeit des Zustandes, in dem $n_1 + n_2 + \ldots + n_{v-1}$ Moleküle eine Geschwindigkeit unter u_v und $n_v + n_{v+1} + \ldots + n_s$ Moleküle eine Geschwindigkeit zwischen u_v und u_s haben, so wird

$$ W = \frac{N!}{(n_1 + n_2 + \ldots + n_{v-1})! \, (n_v + n_{v+1} + \ldots + n_s)!} \, \mp \, \frac{N!}{n_1! \, n_2! \ldots n_s!} $$

Der Unterschied ist, daß wir uns hier für die Verteilung innerhalb der einzelnen Gruppe nicht mehr interessieren. Das macht sich in W durch einen multiplikativen Faktor bemerkbar.

Es herrscht in dem Gase dann ein Gleichgewicht, wenn für alle mit den Gesetzen der Mechanik verträglichen Geschwindigkeitsverteilungen der Ausdruck W (eine bestimmte Einteilung als fest gegeben angenommen) unter den gegebenen Bedingungen ein Maximum erreicht. Dies ist z. B., wie Boltzmann gezeigt hat, bei konstanter Energie und konstantem Volumen der Fall, wenn die Geschwindigkeiten der einzelnen Molekeln dem Maxwellschen Verteilungssatze folgen.

Anstatt von den Geschwindigkeiten auszugehen, die die Moleküle eines Gases annehmen können, kann man auch die Energien zugrunde legen, die die einzelnen Moleküle besitzen. Haben n_1 Moleküle die Energie ε_1, n_2 die Energie ε_2 usf., die a priori als gleich wahrscheinlich angenommen werden können, so gilt für den Energieinhalt des ganzen Gases

$$ E = n_1 \varepsilon_1 + n_2 \varepsilon_2 + \ldots + n_s \varepsilon_s \, , $$

und die Wahrscheinlichkeit einer bestimmten Energieverteilung ist wieder durch (1) gegeben.

Es ist nun ohne weiteres möglich, die Form der Funktion $S = f(W)$ festzustellen. Sind zwei voneinander unabhängige Systeme mit den Entropien S_1 und S_2 und den Wahrscheinlichkeiten W_1 und W_2 gegeben, so ist

$$ S_1 = f(W_1) $$
$$ S_2 = f(W_2) \, . $$

Die gesamte Entropie ist

$$ S = S_1 + S_2 \, . $$

Die Wahrscheinlichkeit dafür, daß diese beiden Systeme gleichzeitig existieren, ist nach einem bekannten Satze der Wahrscheinlichkeitsrechnung

$$ W = W_1 \cdot W_2 \, . $$

Mithin $S = f(W_1 W_2) = f(W_1) + f(W_2)$.

Dieser Bedingung genügt aber nur eine logarithmische Beziehung:

$$f(W) = k \ln W [1].$$

Wir gelangen also zu der Gleichung

$$S = k \ln W , \tag{2}$$

in der k eine universelle Bedeutung besitzt, unabhängig von der chemischen Natur und den Zustandsvariablen des Systems, dessen Entropie den Wert S hat. Alle diese individuellen Größen müssen in dem Ausdruck W enthalten sein.

W und damit S sind dagegen so lange noch nicht vollständig bestimmt, wie die Abgrenzung der Gebiete, von der wir oben sprachen, nicht irgendwie festgelegt ist. Dem entspricht die Tatsache, daß wir thermodynamisch S nur bis auf eine additive Konstante bestimmen konnten, was einem multiplikativen Faktor in W entspricht.

Geben wir nun eine bestimmte Energie E des betrachteten Systems vor und fordern, daß das System im Gleichgewicht ist, d. h., daß es den Zustand größter Wahrscheinlichkeit oder Entropie erreicht hat, so berechnet sich aus (1) und (2) für S der Ausdruck [2]

$$S = k N \ln \sum_i e^{-\frac{\varepsilon_i}{k T}} + \frac{E}{T}.$$

Die freie Energie ergibt sich dann nach Gleichung (12), S. 115 und (15), S. 116.

$$F = E - TS = - k N T \ln \sum_i e^{-\frac{\varepsilon_i}{k T}}.$$

Je nachdem, ob man für E die innere Energie E_v oder die Wärmefunktion $E_p = E_v + p V$ einsetzt, hat man die freie Energie bei konstantem Volumen F_v oder bei konstantem Druck F_p. Damit ändert sich natürlich gleichzeitig der Wert der Summe auf der rechten Seite.

Man sieht, daß in der statistischen Behandlung der Thermodynamik die Summe

$$\sum_i e^{-\frac{\varepsilon_i}{k T}}$$

eine grundlegende Rolle spielt. Wenn man sie kennt, kennt man das gesamte thermodynamische Verhalten eines Systems. Ihre Berechnung ist aber nur in einzelnen besonders einfachen Fällen durchführbar, in denen allein die ε-Werte angebbar und ihre Summation durchführbar ist.

---

[1] Dies k fanden wir schon in der PLANCKschen Strahlungsformel S. 297.

[2] Das geschieht so, daß man für große Werte von n_1, $n_2 \ldots$ den Ausdruck für W mathematisch vereinfachen kann. Dann bildet man den Ausdruck der Maximumbedingung $\delta S = 0$, was unter Berücksichtigung der Nebenbedingung, daß sich die Zahl der Teilchen nicht ändern soll, also $\sum \delta n_i = 0$, und daß die Energie konstant bleiben soll, also $\sum \varepsilon_i \delta n_i = 0$, den oben gegebenen Ausdruck liefert. Vgl. PLANCK: Wärmestrahlung, 5. Aufl., S. 126.

Berechnung der Entropie idealer Gase. Für einatomige ideale Gase ist es Boltzmann gelungen, dieses Problem zu lösen und demnach die thermodynamischen Funktionen zu berechnen. Man kann nämlich für diesen Fall annehmen, daß die Gasatome a priori alle nur denkbaren Energiebeträge ε zwischen 0 und ∞ aufzunehmen vermögen und kann so die Zustandssumme in ein Integral übergehen lassen. Nach der Integration erhält man

$$F_v = - kNT\,[\ln V + \tfrac{3}{2}\ln T] + c_1\,T + c_2\,. \tag{3}$$

Hier bedeuten T und V Temperatur und Volumen eines einatomigen idealen Gases, das aus N Atomen besteht, die keine Wechselwirkung aufeinander ausüben. c_1 ist eine von Temperatur und Volumen unabhängige Konstante, die nur noch von Zahl und Masse der Atome, sowie von der Gebietseinteilung, mit der die Wahrscheinlichkeit W berechnet wurde, abhängig ist. c_2 bedeutet die Summe der inneren Energien der ruhenden Atome, die unveränderlich ist, und die wir im folgenden daher vernachlässigen können.

Mit Hilfe dieser Gleichung (3) kann man unter Benutzung der auf S. 111 ff. begründeten thermodynamischen Beziehungen die Zustandsgleichung der einatomigen idealen Gase nach Planck berechnen. Nach Gleichung (13), S. 115 ist nämlich

$$\left(\frac{\partial F_v}{\partial V}\right)_T = - p$$

und nach (3)

$$\left(\frac{\partial F_v}{\partial V}\right)_T = - \frac{kNT}{V}\,,$$

mithin

$$p = \frac{kNT}{V}\,. \tag{4}$$

Gleichung (4) stellt die vollständige Zustandsgleichung der einatomigen idealen Gase dar, die hier allein aus der statistisch-kinetischen Theorie abgeleitet werden konnte, was ohne Berücksichtigung des Zusammenhanges zwischen Entropie und Wahrscheinlichkeit nicht möglich war (vgl. S. 42).

Der Vergleich mit dem experimentell gefundenen Gasgesetz

$$pV = RT$$

ergibt für ein Mol des Gases die Gaskonstante

$$R = kN\,, \tag{4a}$$

wenn N die sog. Loschmidtsche Zahl, die Anzahl der Moleküle im Mol bedeutet. Tatsächlich hat Planck mittels Gleichung (4a) diese Zahl N aus R und der aus Strahlungsmessungen bekannten universellen Konstanten k in Übereinstimmung mit den nach völlig anderen Methoden berechneten Werten gefunden.

Nach Gleichung (14) S. 116 ist

$$F_v = E_v + T\left(\frac{\partial F_v}{\partial T}\right)_v\,.$$

Differenziert man also (3) partiell nach T bei konstantem Volumen, multipliziert mit T und subtrahiert von (3), so erhält man die auf S. 42 gesuchte Abhängigkeit der Energie des Gases von seiner Temperatur, die damals aus dem Gay-Lussacschen Gesetz, d. h. aus der Erfahrung entlehnt werden mußte:

$$E = \tfrac{3}{2} k N T \tag{5}$$

mit
$$\left(\frac{\partial E}{\partial V}\right)_T = 0$$

und
$$\left(\frac{\partial E}{\partial T}\right)_v = C_v = \frac{3}{2} k N = \frac{3}{2} R . \tag{5a}$$

Nach Gleichung (13), S. 115 und (3) ist

$$\left(\frac{\partial F_v^1}{\partial T}\right)_v = - S = - k N \left[\ln V + \frac{3}{2} \ln T + \frac{3}{2}\right] + c_1$$

und mit (4a) und (5a) für ein einatomiges ideales Gas

$$S = R \ln V + C_v^1 \ln T + K' ,$$

also vollständige Übereinstimmung mit der auf S. 107 thermodynamisch abgeleiteten Gleichung, falls die Konstante $K' = S_v$ gesetzt wird.

Diese Gleichungen gelten für ein einatomiges ideales Gas. Hätten wir für die innere Energie eines Moleküls außer der Konstanten auf S. 305 noch Glieder eingeführt, die der Rotation und den inneren Schwingungen entsprechen, so hätten wir für F einen Ausdruck gefunden, der ebenso wie auf S. 305 behandelt, für C_v die Werte liefert, die wir S. 43 für mehratomige ideale Gase angegeben haben. Die Werte betragen immer ganze Vielfache von $R/2$, sind also von der Temperatur unabhängig. Wir hatten schon darauf hingewiesen, daß diese Forderung der Erfahrung nicht entspricht, und daß hier wie bei der spezifischen Wärme der festen Körper die Quantentheorie zur Erklärung herangezogen werden muß.

Die Quantentheorie nimmt an, daß ein schwingungsfähiges Gebilde von der Schwingungszahl ν nur Energiebeträge aufzunehmen vermag, die ganze Vielfache eines Elementarquantums, das durch $h\nu$ gegeben ist, betragen. Also

$$\varepsilon = n h \nu + \varepsilon_0 , \tag{6}$$

wo ε_0 die Energie des Gebildes im schwingungslosen Zustand bedeutet.

Freie Energie des festen Körpers. Betrachten wir nun einen Kristall, der aus N (eine sehr große Zahl!) gleichartigen Atomen bestehen soll; dann schwingen diese Atome im Kristallverband gegeneinander, und wir können uns für nicht zu hohe Temperaturen diese Bewegung durch $3 N$ im Raum verschieden gerichtete lineare harmonische Schwingungen mit verschiedenen ν-Werten ersetzt denken, von denen jede eine Energie trägt, die durch (6) gegeben ist. Führt man die Summation $\sum_i e^{-\frac{\varepsilon_i}{kT}}$

durch[1], so erhält man dann für die freie Energie des Kristalls den Ausdruck

$$F = E_0 + kT \sum_{i=1}^{3N} \ln\left(1 - e^{-\frac{h\nu_i}{kT}}\right), \tag{7}$$

wo die Summe noch über die Schwingungszahlen ν_i ausgeführt werden muß.

Durch Gleichsetzen aller ν, wie es EINSTEIN in allererster Näherung getan hat, erhalten wir

$$F = E_0 + 3kNT \ln\left(1 - e^{-\frac{h\nu}{kT}}\right).$$

Bildet man hieraus

$$E_v = F_v - T\left(\frac{\partial F_v}{\partial T}\right)_v$$

und differenziert nach T, so erhält man, wenn man ν als temperaturunabhängig annimmt,

$$\left(\frac{\partial E}{\partial T}\right)_v = C_v = 3Nk\left(\frac{h\nu}{kT}\right)^2 \frac{e^{\frac{h\nu}{kT}}}{\left(e^{\frac{h\nu}{kT}} - 1\right)^2},$$

wie wir die Formel S. 48 angegeben hatten.

Durch die S. 48ff. angegebene, von DEBYE stammende Festlegung der ν-Werte kommt man schließlich zu einem Ausdruck für C_v, der durch (2) S. 49 gegeben ist und für nicht zu hohe Temperaturen mit der Erfahrung gut übereinstimmt. Für tiefste Temperaturen wird C_v proportional T^3.

2. Absolute Entropie.

Wir hatten gefunden, daß in der thermodynamischen Definition der Entropie eine additive Konstante unbestimmt blieb und damit die freie Energie nur bis auf ein mit T proportionales Glied (abgesehen von der unbestimmten Energiekonstanten) bestimmt war. Daraus folgt dann, daß bei der Integration der HELMHOLTZschen Gleichung (Berechnung der Affinität einer chemischen Reaktion oder eines Dampfdruckes aus thermischen Daten) eine unbestimmte Konstante auftrat, die sich aus den Entropiekonstanten aller Reaktionsteilnehmer zusammensetzte und experimentell bestimmt werden mußte.

Ebenso fanden wir, daß bei der klassischen statistischen Begründung des Entropiebegriffes auch eine additive Konstante unbestimmt bleibt, weil die Begrenzung der einzelnen Energiegebiete, die man als gleich wahrscheinlich ansehen kann, nicht eindeutig festgelegt werden kann.

Der Weg zur Bestimmung dieser Konstante, die das chemische Verhalten der Stoffe bestimmt, wird thermodynamisch durch den NERNST-

---

[1] Dabei muß man die einzelnen ε_i als a priori gleich wahrscheinlich ansehen oder sog. Quantengewichte einführen.

schen Wärmesatz, statistisch durch die quantentheoretische Festlegung der Energiegebiete gegeben. Denn durch die Festlegung der möglichen Energieinhalte eines Systems beantwortet sich auch die Frage nach der naturgemäßen Einteilung der Energiegebiete im Ausdruck (1) S. 302. So zeigt die quantentheoretisch abgeleitete Formel (7) S. 307 für die freie Energie des festen Körpers keine willkürlich wählbare Größe mehr, und mit dem Rüstzeug der Quantentheorie läßt sich auch die freie Energie des einatomigen idealen Gases, dessen Translationsbewegung, wie S. 44 ausgeführt wurde, nicht gequantelt zu werden braucht, eindeutig festlegen. Man erhält[1]

$$F_v = -kNT\,[\ln V + \frac{3}{2}\ln T] - kN\left[1 + \ln\frac{(2\pi m k)^{\frac{3}{2}}}{h^3 N}\right]T + N\varepsilon_0;$$

also für die unbestimmte Konstante c_1 in Gleichung (3) S. 305

$$c_1 = -kN\left[1 + \ln\frac{(2\pi m k)^{\frac{3}{2}}}{h^3 N}\right]$$

und

$$S = kN\left[\ln V + \frac{3}{2}\ln T + \frac{5}{2} + \ln\frac{(2\pi m k)^{\frac{3}{2}}}{h^3 N}\right].$$

Für eine Mischung idealer Gase, in der N_1 Atome des ersten Gases, N_2 des zweiten Gases, N_i des $i$ten Gases vorhanden sind, wird

$$S = \sum_i kN_i\left[\ln V + \frac{3}{2}\ln T + \frac{5}{2} + \ln\frac{(2\pi m_i k)^{\frac{3}{2}}}{h^3 N_i}\right].$$

Nähert man sich dem absoluten Nullpunkt der Temperatur, so wird die Entropie des festen einheitlichen Körpers nach DEBYE proportional T^3, verschwindet also am absoluten Nullpunkt, während die Entropie des Gases dort unendlich wird. Die Folgerungen für die Berechnung der Gleichgewichtskonstante chemischer Reaktionen bringen wir im nächsten Abschnitt im Zusammenhang mit dem NERNSTschen Wärmesatz

3. Der NERNSTsche Wärmesatz.

α) Beziehung zwischen Affinität und Wärmetönung nach den beiden ersten Hauptsätzen.

Nach den Erörterungen des Kap. 8 ist es möglich, die Affinität einer chemischen Reaktion für beliebige Temperaturen zu berechnen falls ihr Wert für eine einzige Temperatur experimentell bestimmt ist und außerdem die Wärmetönung und ihre Temperaturabhängigkeit in dem betreffenden Temperaturintervall bekannt sind. Da die Temperatur abhängigkeit der Wärmetönung durch die spezifischen Wärmen der Reaktionsteilnehmer bestimmt wird, so sind diese letzteren Bestimmungsstücke relativ einfach durch kalorimetrische Methoden zu erhalten. Es gelingt dagegen auf Grund der beiden Hauptsätze nicht die Affinität oder das chemische Gleichgewicht aus diesen thermischen

---

[1] Wie schon gesagt, könnten nur noch gewisse Quantengewichte eingeführt werden.

Größen allein zu berechnen; stets ist die Kenntnis *eines* Affinitätswertes für irgendeine Temperatur notwendig. Da nun die experimentelle Ermittelung der Affinität unter Umständen recht schwierig ist, so war die Aufdeckung einer neuen Methode, die auch diese einmalige Ermittelung überflüssig macht und die Berechnung der Affinität aus thermischen Größen allein ermöglicht, dringend wünschenswert. Es ist das große Verdienst Nernsts, durch Aufstellung seines Wärmetheorems dieses Problem im Prinzip gelöst zu haben[1].

Für die Affinität eines chemischen isothermen Vorganges gilt die Helmholtzsche Gleichung

$$A = U + T\frac{\partial A}{\partial T},\tag{1}$$

wo A durch die Differenz der freien Energien vor und nach dem Vorgang, U durch die Abnahme der Energie und $\frac{\partial A}{\partial T}$ durch die Entropieänderung, die mit dem Vorgang verbunden ist, gegeben sind. Je nachdem, ob sich der Vorgang bei konstantem Druck oder konstantem Volumen abspielt, hat man die freie Energie bei konstantem Druck oder konstantem Volumen und die innere Energie oder die Wärmefunktion einzusetzen und die partielle Differentiation im letzten Glied bei konstant gehaltenem Druck oder konstant gehaltenem Volumen durchzuführen. Ebenso gelten alle folgenden indexlos geschriebenen Gleichungen sowohl für konstanten Druck wie für konstantes Volumen, wenn zu allen Größen der Index p bzw. v hinzugefügt wird.

Auf S. 112 und 114 hatten wir die Beziehung

$$\frac{\partial S}{\partial T} = \frac{C}{T}$$

aufgestellt, also nach Summation über alle Reaktionsteilnehmer

$$\frac{\partial \sum v_i S_i}{\partial T} = \frac{\partial^2 A}{\partial T^2} = \frac{\sum v_i C_i}{T}$$

und zwischen den Grenzen 0 und T integriert

$$\left(\frac{\partial A}{\partial T}\right)_{T=T} - \left(\frac{\partial A}{\partial T}\right)_{T=0} = \int_0^T \frac{\sum v_i C_i}{T}\, dT$$

und nach (1)

$$A - U = T \int_0^T \frac{\sum v_i C_i}{T}\, dT + T\left(\frac{\partial A}{\partial T}\right)_{T=0}.\tag{2}$$

Wäre das Thomsen-Berthelotsche Prinzip (vgl. S. 95) erfüllt, d. h. wäre die Affinität durch die Wärmetönung bei konstantem Volumen gegeben, so wäre $A = U$ und die ganze rechte Seite bei allen Tempera-

---

[1] Göttinger Nachrichten 1906. Vgl. auch Grundlagen des neuen Wärmesatzes und Lehrbuch.

turen Null. Wir sehen, daß das nur bei solchen Vorgängen möglich ist, bei denen sich die Wärmekapazität des Systems beim Umsatz nicht ändert und bei denen die Affinität (Summe der freien Energien) temperaturunabhängig ist. Es mußte auffallen, daß dies Prinzip besonders bei Vorgängen zwischen reinen festen und flüssigen Körpern mit großer Annäherung gilt, und daß es um so besser erfüllt wird, je tiefer man mit der Temperatur geht. Man kann also annehmen, daß hier

für $T = 0$ $A_0 = U_0$ wird. Dann müssen also für $T = 0$, $\int\limits_0^0 \frac{\sum \nu_i C_i}{T} \, dT$

und $\left(\frac{\partial A}{\partial T}\right)_{T=0}$ endlich bzw. Null sein, oder jedenfalls von kleinerer Ord-

nung unendlich sein, als $\frac{1}{T}$. Damit das Integral $\int\limits_0^0 \frac{\sum \nu_i C_i}{T} \, dT$ ver-

schwindet, muß $\left(\frac{\sum \nu_i C_i}{T}\right)_{T=0}$ endlich bleiben, also $\sum \nu_i C_i$ mindestens proportional T verschwinden. Daß man dies in der Tat annehmen kann, ergibt sich aus den vielen Messungen NERNSTs und seiner Mitarbeiter sowie aus der DEBYEschen Theorie der spezifischen Wärmen, nach denen nicht nur $\sum \nu_i C_i$, sondern jedes einzelne C proportional T^3 gegen Null geht. Man muß sich an dieser Stelle daran erinnern, daß alle unsere Erfahrungen über den Abfall der spezifischen Wärmen mit sinkender Temperatur erst nach der Aufstellung des NERNSTschen Theorems gewonnen sind, daß daher diese Voraussage einen wesentlichen Bestandteil des Theorems ausmacht und die Untersuchungen über die spezifischen Wärmen erst durch die Aufstellung des Theorems veranlaßt worden sind.

Stellen wir uns nun vor, wir kennten einen U-Wert bei irgendeiner Temperatur und die Summe der spezifischen Wärmen bei allen Temperaturen, so können wir daraus U für alle Temperaturen bestimmen (KIRCHHOFFscher Satz)

$$U = U_0 - \int\limits_0^T \sum_i \nu_i C_i \, dT , \qquad (3)$$

wenn U_0 die Wärmetönung am absoluten Nullpunkt bedeutet. Dann ist dadurch der Wert von A für $T = 0$ auch gegeben, aber A kann von dort aus die verschiedensten Richtungen einschlagen, die jeweils durch den Wert von $\left(\frac{\partial A}{\partial T}\right)_{T=0}$ gegeben sind (vgl. Abb. 53). Die Entscheidung darüber, welcher von diesen unendlich vielen möglichen Werten der

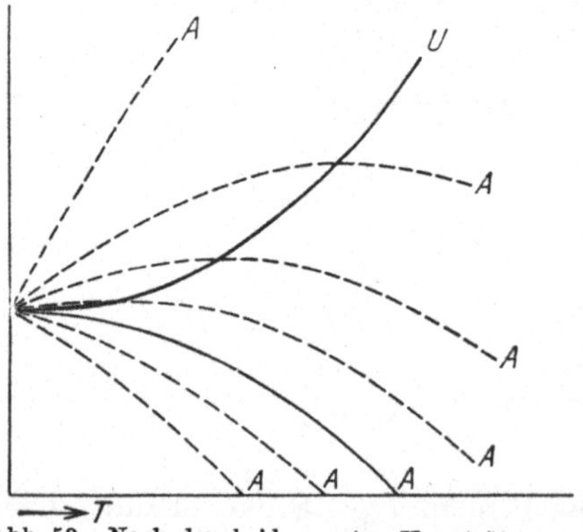

Abb. 53. Nach den beiden ersten Hauptsätzen mögliche A-Kurven.

Wirklichkeit entspricht, wird vom ersten und zweiten Hauptsatz, wie wir schon wiederholt betont haben, nicht gegeben. Dagegen wird durch

Messung eines einzigen A-Wertes bei irgendeiner Temperatur die richtige A-Kurve ausgewählt, so daß die Affinität dann vollständig als Funktion der Temperatur bekannt ist.

β) Das Nernstsche Theorem für kondensierte Systeme.

Formulierung. Der Nernstsche Wärmesatz sagt nun aus, daß für chemisch homogene Stoffe von endlicher Dichte die Entropiedifferenz am absoluten Nullpunkt verschwindet:

$$\left(\frac{\partial A}{\partial T}\right)_{T=0} = 0 . \tag{4}$$

Soll das Thomsen-Berthelotsche Prinzip gelten, so braucht man nur zu verlangen, daß dieser Ausdruck endlich bleibt oder von kleinerer Größenordnung unendlich wird, als $1/T$.

Unter Berücksichtigung von (4) und (3) wird aus (2)

$$A - U = T \int_0^T \frac{\sum_i \nu_i C_i}{T} \, dT \tag{5}$$

$$A = U_0 - \int_0^T \sum_i \nu_i C_i \, dT + T \int_0^T \frac{\sum_i \nu_i C_i}{T} \, dT , \tag{5a}$$

was, ebenso wie auf S. 227 durch partielle Integration umgeformt, liefert

$$A = U_0 + T \int_0^T \frac{\int_0^T \sum_i \nu_i C_i \, dT}{T^2} \, dT . \tag{5b}$$

Aus (1) und (4) folgt

$$A_0 = U_0 ,$$

also auch

$$A = A_0 + T \int_0^T \frac{\int_0^T \sum_i \nu_i C_i \, dT}{T^2} \, dT . \tag{5c}$$

Ferner findet man

$$\left(\frac{\partial U}{\partial T}\right)_{T=0} = 0$$

als Folge von (4). Denn differenziert man (5) nach T unter Berücksichtigung von (4), so erhält man:

$$\int_0^0 \frac{\sum \nu_i C_i}{T} \, dT = 0 .$$

Dies ist nur möglich, wenn der Integrand endlich ist, also $(\sum \nu_i C_i)_{T=0} = 0$. Und dies ist nichts anderes als $-\left(\frac{\partial U}{\partial T}\right)_{T=0}$.

Wir haben also $A_0 = U_0$ und

$$\left(\frac{\partial A}{\partial T}\right)_{T=0} = \left(\frac{\partial U}{\partial T}\right)_{T=0} = 0 \, ;$$

die Kurven für A und U treffen sich nicht nur in der Ordinatenachse, sondern sie tangieren sich (Abb. 53 die ausgezogene A-Kurve) und laufen horizontal ein[1].

Berechnung der Affinität. Da die Summation über die einzelnen Reaktionsteilnehmer in jeder der Gleichungen (5) von der Integration nach T unabhängig ist, kann man das Summenzeichen vor das Integral setzen und erhält

$$A - U = \sum_i \nu_i T \int_0^T \frac{C_i}{T} \, dT \, .$$

(Hier verlangen wir allerdings, daß die einzelnen spezifischen Wärmen, und nicht nur ihre Summe, im absoluten Nullpunkt verschwindet. Das ist aber experimentell gut gestützt.)

Auf S. 238 sahen wir, daß

$$-A = \sum \nu_i F_i \quad \text{und} \quad -U = \sum \nu_i E_i \quad \text{ist.}$$

Also

$$F_i - E_i = -T \int_0^T \frac{C_i}{T} \, dT \, .$$

Ferner ist

$$E_i - E_{oi} = \int_0^T C_i \, dT \tag{6}$$

und damit

$$F_i - E_{oi} = \int_0^T C_i \, dT - T \int_0^T \frac{C_i}{T} \, dT \tag{7}$$

oder

$$F_i - E_{oi} = -T \int_0^T \frac{\int_0^T C_i \, dT}{T^2} \, dT = -T \int_0^T \frac{E_i - E_{oi}}{T^2} \, dT \, . \tag{7a}$$

Kennt man die spezifischen Wärmen der einzelnen Teilnehmer über das ganze Temperaturgebiet von 0 bis T, so kann man nach Formel (6) und (7) oder (7a) $E_i - E_{oi}$ und $F_i - F_{oi}$ (am besten graphisch) auswerten. Für E_i trägt man C_i als Funktion der Temperatur auf Millimeterpapier auf und mißt den Flächeninhalt zwischen C-Kurve und T-Achse zwischen 0 und T aus (planimetrisch oder durch Auszählen). Zur Auswertung von F_i muß man dann noch $\frac{C_i}{T}$ als Funktion von T

---

[1] Über eine graphische Methode zur Konstruktion der A-Kurve aus einer gegebenen U-Kurve vgl. NERNST: Grundlagen S. 69.

(vgl. z. B. für die Differenz zweier spezifischer Wärmen Abb. 54) oder, da $\frac{dT}{T} = d \ln T$ ist, C_i als Funktion von $\ln T$ auftragen und den Flächeninhalt zwischen Kurve und Abszisse ausmessen. Man kann auch nach Gleichung (7a) $\frac{E_i - E_{0i}}{T^2}$ als Funktion von T auftragen; der Flächeninhalt zwischen Kurve und Abszisse zwischen 0 und T liefert dann direkt $F_i - E_{0i}$.

Da man die spezifischen Wärmen nicht bis zu den allertiefsten Temperaturen messen kann, benutzt man das Ergebnis der Debyeschen Theorie, daß die spezifischen Wärmen aller festen Körper proportional T^3 mit Annäherung an den absoluten Nullpunkt verschwinden. Hat man mit seinen Messungen das Gebiet erreicht, in dem die spezifische Wärme proportional T^3 ist, so kann man mit großer Sicherheit auf Null extrapolieren.

Die Berechnung von $E_i - E_{0i}$ und $F_i - F_{0i}$ führt man am besten ein für allemal aus, da diese Größen ja für den betreffenden Stoff charakteristisch und unabhängig von der betrachteten Reaktion sind. Solche Tabellen sind von H. Miething[1] für eine große Reihe von Substanzen veröffentlicht worden. Erleidet ein Körper zwischen 0 und T^0 eine Umwandlung, so muß die Umwandlungswärme zu E_i addiert werden und geht daher auch in den Ausdruck für F_i ein. Als Beispiel bringen wir die Tabelle für Sauerstoff, die nach Messungen von Eucken berechnet wurde:

T	C_p	$E - E_0$	$-\dfrac{F - E_0}{T}$	$-(F - E_0)$
10	(0,35)	(1,00)	(0,039)	(0,388)
20	1,83	10,9	0,222	4,44
23,5	2,55	18,6	0,328	7,70
23,5 nach Umwandlung	2,45	27,3	—	—
30	3,36	46,2	0,612	18,7
40	5,44	89,3	1,158	46,3
42,5	6,14	103,7	1,30	55,2
42,5 nach Umwandlung	5,45	187,4	—	—
54,1	5,43	250,4	2,38	129
54,1 flüssig	6,37	303,1	—	—
60	6,37	378,3	3,00	180
70	6,36	505,7	4,05	283

Bei regulären einatomigen Kristallen, für die die Debyesche Theorie der spezifischen Wärme (vgl. S. 48) gilt, stellt man diese am besten durch die Debyefunktion (S. 49) mit dem passenden ν_{max} dar. In diesem Falle braucht man, um mit gleicher Genauigkeit wie im oben besprochenen allgemeinen Falle extrapolieren zu können, das Absinken der spezifischen Wärme nur bis etwa zur Hälfte des Dulong-Petitschen Wertes zu verfolgen. Hier stellen sich E_i und F_i durch solche Debye-

---

[1] Miething, H.: Tabellen zur Berechnung des gesamten und freien Wärmeinhalts fester Körper. Halle 1920.

schen Funktionen dar[1]. Nur muß man beachten, daß sich für kondensierte Systeme alle gemessenen Größen auf konstanten Druck beziehen, also muß man noch die Korrektion von C_v auf C_p beachten, da ja die Debyesche Theorie für C_v gilt; je tiefer die Temperatur ist, desto weniger kommt diese Korrektur in Betracht. Hat man die Werte für $E_i - E_{oi}$ und $F_i - F_{oi}$ ein für allemal berechnet, so kann man an die Bestimmung der Affinität einer Reaktion gehen: Wir summieren die Ausdrücke $F_i - E_{oi}$ über alle vorhandenen Stoffe:

$$\sum \nu_i (F_i - E_{oi}) = -A + U_0.$$

Um A zu bekommen, müssen wir noch U_0 bestimmen; das geschieht durch Ermittlung eines U- oder A-Wertes bei irgendeiner Temperatur T_1, aus dem man mit Hilfe der $\sum \nu_i (E_i - E_{oi})_{T_1}$ bzw. $\sum \nu_i (F_i - E_{oi})_{T_1}$ U_0 berechnen kann:

$$U_0 = U_{T_1} - \sum \nu_i (E_i - E_{oi})_{T_1}$$

oder

$$U_0 = A_{T_1} - \sum \nu_i (F_i - F_{oi})_{T_1}.$$

Prüfung des Nernstschen Wärmesatzes an kondensierten Systemen: Aus den Gleichungen (5) geht hervor, daß man den Verlauf der spezifischen Wärmen und einen U- oder A-Wert kennen muß, um A und U in ihrer Temperaturabhängigkeit zu erhalten. Will man also den Nernstschen Wärmesatz auf seine Richtigkeit prüfen, so muß man mehr Bestimmungsstücke haben. In dem folgenden Beispiel der *Zinnumwandlung* sind die spezifischen Wärmen und die Umwandlungswärme am Umwandlungspunkt bekannt. Außerdem ist ja definitionsgemäß die Affinität am Umwandlungspunkt gleich Null, also ebenfalls bekannt. Man kann daher diesen Vorgang zur Prüfung des Nernstschen Wärmesatzes heranziehen, indem man aus den spezifischen Wärmen und $A_u = 0$ U_u oder T_u berechnet.

Zinn erleidet bekanntlich in der Nähe der Zimmertemperatur eine Umwandlung, und zwar so, daß unterhalb 19° C graues Zinn, oberhalb dieser Temperatur weißes Zinn stabil ist. Nach Brönsted[2] gilt für den Umwandlungspunkt

$$\mathrm{Sn}_{gr} = \mathrm{Sn}_w - 535\ \mathrm{cal}.$$

Von Lange[3] sind die spezifischen Wärmen beider Modifikationen bis zu den tiefsten Temperaturen gemessen, graues Zinn bis $T = 15{,}5$, wo C nur noch 0,6 cal/grad beträgt und weißes Zinn bis $T = 9{,}6$ mit $C = 0{,}2$ cal/grad. Die Extrapolation auf $T = 0$ läßt sich hier daher sehr sicher durchführen. In Gleichung (5) wird $\sum \nu_i C_i = C_w - C_{gr}$. In Abb. 54 ist $\dfrac{C_w - C_{gr}}{T}$ in Abhängigkeit von der Temperatur dargestellt, um zu zeigen, wie notwendig die Messung bis zu so tiefen Temperaturen

---

[1] Es erübrigt sich, die Ausdrücke explizit anzugeben, da man Tabellen, die C_v, $\dfrac{E_i - E_{io}}{T}$ und $\dfrac{F_i - E_{io}}{T}$ in Abhängigkeit von $\dfrac{\beta \nu_{max}}{T}$ geben, in der Literatur findet. Vgl. Nernst: Grundlagen, im Anhang und Handb. Physik, Bd. 10, S. 367 ff.

[2] Z. physikal. Chem. Bd. 88, S. 479, 1914.

[3] Lange, F., Z. physikal. Chem. Bd. 110, S. 343, 1924.

ist, daß die Extrapolation sicher erscheint. Eine stichhaltige Prüfung des NERNSTschen Wärmesatzes an Hand von Messungen, die nur etwa bis zur Temperatur der flüssigen Luft reichen, ist bei nicht ganz einfach gebauten Substanzen unmöglich.

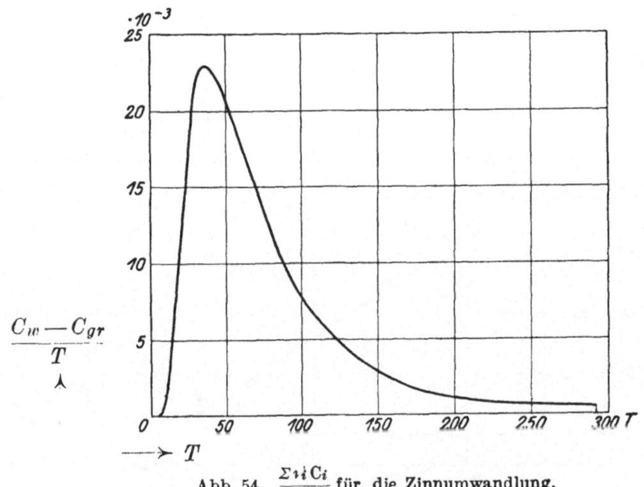

Abb. 54. $\dfrac{\Sigma \nu_i C_i}{T}$ für die Zinnumwandlung.

(Nach SIMON, Handbuch der Physik, Bd. X.)

Der Umwandlungspunkt $T = 292$ ist dadurch ausgezeichnet, daß hier $A = 0$ wird, also nach Gleichung (5)

$$- U_{292} = 292 \int\limits_{0}^{292} \frac{C_w - C_{gr}}{T}\, dT \, .$$

Durch Ausmessen des Flächeninhaltes zwischen Kurve und T-Achse zwischen 0 und T in Abb. 54 und Multiplizieren mit 292 ergibt sich
$$U_{292} = - 517 \pm 30 \text{ cal}$$
gegen den experimentell gefundenen Wert
$$U_{292} = - 535 \pm 8 \text{ cal} \, ,$$
also ausgezeichnete Übereinstimmung.

Abb. 55 gibt das $A - U$-Diagramm der Zinnumwandlung.

Für die chemische Reaktion
$$\mathrm{Pb} + 2\,\mathrm{AgCl} = \mathrm{PbCl_2} + 2\,\mathrm{Ag}$$
ist A und seine Temperaturabhängigkeit durch die elektromotorische Kraft des galvanischen Elementes

| Lösung gesättigt an |
Pb | PbCl$_2$ | AgCl | Ag

gegeben:
$$e = 0{,}4917 - 0{,}000165\, t \text{ Volt.}$$
Durch Multiplizieren mit $2 \cdot 23050$ in Kalorien umgerechnet (es werden $2 \cdot 96490$ Coulomb transportiert):
$$A = 22664 - 7{,}61\, t \text{ cal}$$
für $t = 15^0\,\mathrm{C}$
$$A_{290} = 22534$$

und mit der HELMHOLTZschen Gleichung

$$U_{290} = \left(A - T\,\frac{\partial A}{\partial T}\right)_{290} = 22\,534 + 2214 = 24\,748 \text{ cal.}$$

U_{290} ist kalorimetrisch zu 24 880 cal bestimmt worden.

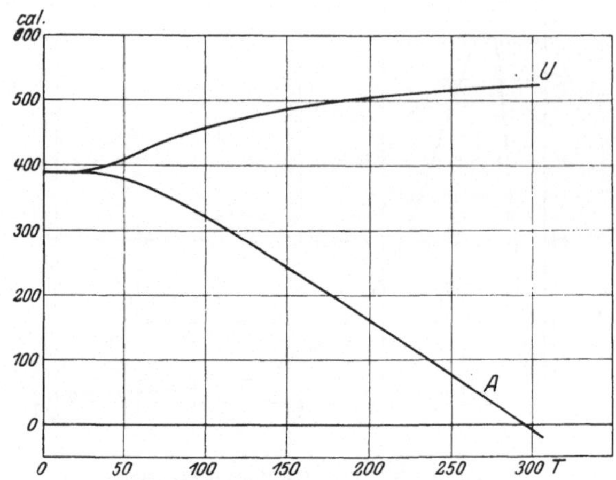

Abb. 55. Umwandlung weißes-graues Zinn.
(Nach SIMON, Handbuch d. Physik Bd. X.)

Geht man von A_{290} aus und berechnet A und U mit Hilfe der MIETHING-schen Tabellen, die C, $E - E_0$ und $F - E_0$ für alle Reaktionsteilnehmer bringen, so findet sich:

$$T = 290$$

	$E - E_0$	$F - E_0$	ν
Pb	1593	—2875	—1
AgCl	2792	—3870	—2
PbCl$_2$. . . .	4068	—5619	+1
Ag	1316	—1547	+2

$$\sum \nu_i (E_i - E_{oi})_{290} = -477 \mid \sum \nu_i (F_i - E_{oi})_{290} = +1902$$

$$-U_{290} + U_0 = -477$$

$$-A_{290} + U_0 = 1902$$

$$U_0 = 22\,534 + 1902 = 24\,436 \text{ cal}$$

$$U_{290} = 24\,436 + 477 = 24\,920 \text{ cal.}$$

Der Unterschied gegen die beiden oben angegebenen Werte liegt innerhalb der Fehlergrenzen.

Wir können aber auch die Temperaturabhängigkeit der Affinität zur Prüfung benutzen[1]: z. B. finden wir in den Tabellen für

---

[1] Da wir von den gleichen Versuchsdaten ausgehen wie oben, stellt diese Prüfung keine neue Bestätgiung dar; sie soll nur eine weitere mögliche Prüfungs-methode zeigen.

$$T = 340$$

	$F - E_0$	ν
Pb	—3669	—1
AgCl	—5068	—2
PbCl$_2$	—7365	+1
Ag	—2064	+2

$$\Sigma \nu_i (F_i - E_{0i})_{340} = + 2312$$
$$\Sigma \nu_i (F_i - E_{0i})_{340} - \Sigma \nu_i (F_i - E_{0i})_{290} = - (A_{340} - A_{290}) = 410 .$$

Also $\dfrac{\varDelta A}{\varDelta T} = - \dfrac{410}{50} = -8{,}2$, was mit $\dfrac{\partial A}{\partial T} = -7{,}6$ sehr gut übereinstimmt.

Die VAN'T HOFFsche Regel. Für den Umwandlungspunkt chemischer Elemente oder Verbindungen, der durch $A = 0$ ausgezeichnet ist, liefert die HELMHOLTZsche Gleichung

$$\frac{U}{T_u} = - \left(\frac{\partial A}{\partial T} \right)_{T = T_u} \tag{8}$$

und aus Gleichung (5) S. 311 wird

$$\frac{U}{T_u} = - \int_0^{T_u} \frac{C_2 - C_1}{T} \, dT . \tag{9}$$

Betrachten wir die Umwandlung in der Richtung, in der Wärme entwickelt wird, so nimmt nach (8) ihre Affinität mit wachsender Temperatur ab, d. h. die erste Modifikation ist oberhalb T_u, die zweite unterhalb T_u stabil. Nach (9) muß dann

$$\int_0^{T_u} \frac{C_2 - C_1}{T} \, dT \quad \text{negativ}$$

sein. VAN'T HOFF hatte die Regel aufgestellt, daß die unter Wärmeentwicklung entstehenden Formen, die also unterhalb T_u stabil sind, stets die kleinere spezifische Wärme besitzen müssen. Wir sehen, daß dies nur dann aus (9) folgt, wenn die Differenz

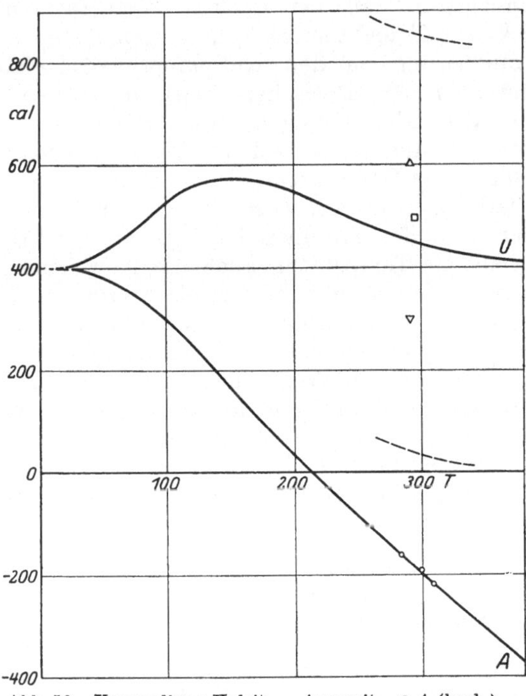

Abb. 56. Umwandlung Kalzit — Aragonit. ○ A (beob.), ▽ △ U (kalorimetrisch), ▭ U (aus Temperaturabhängigkeit der Löslichkeit). (Nach SIMON, Handbuch der Physik, Bd. X.)

$C_2 - C_1$ zwischen 0 und T_u ihr Vorzeichen nicht wechselt, wenn also die U-Kurve zwischen 0 und T kein Maximum hat. So ist z. B. in Abb. 54 für das Zinn $C_w - C_{gr}$ immer > 0, was der VAN'T HOFFschen Regel entspricht. Dagegen geben wir in Abb. 56 ein Beispiel, in dem die Differenz der spezifischen Wärmen unterhalb T_u (durch $A = 0$ gegeben) ihr Vorzeichen wechselt (Maximum für U). Es bezieht sich auf die Umwandlung Kalzit—Aragonit. Da der Aragonit unterhalb T_u stabil ist, müßte nach der VAN'T HOFFschen Regel seine spezifische Wärme bei T_u kleiner als die des Kalzits sein; in Wirklichkeit ist es umgekehrt, und erst

$$\text{unterhalb } 155^0 \text{ ist } C_{ar} - C_k < 0 ; \text{ dagegen gilt } \int\limits_0^{T_u} \frac{C_{ar} - C_k}{T} \, dT < 0 .$$

γ) Freie Energie der Gase.

Gasentartung. Um nun auch die Affinität solcher Reaktionen kennenzulernen, an denen Gase teilnehmen, müssen wir versuchen, ihre freie Energie zu berechnen. Daß auf ideale Gase das NERNSTsche Theorem nicht ohne weiteres anwendbar ist, erhellt daraus, daß für $T = 0$ und endliches Volumen die Entropie nach S. 308 gleich $-\infty$ wird oder daß die spezifische Wärme nicht gegen Null geht, sondern den konstanten klassischen Wert behalten soll. Wenn man also das NERNSTsche Theorem als allgemeingültig postulieren will, so muß man annehmen, daß bei tiefsten Temperaturen das Gas der Gleichung $pV = RT$ nicht mehr gehorcht, und daß die spezifische Wärme bei Annäherung an den Nullpunkt verschwindet. Dies von den Forderungen der klassischen Gastheorie abweichende Verhalten, das nicht mit den Abweichungen, die durch die VAN DER WAALSschen Kräfte bedingt sind, verwechselt werden darf, wird als *Gasentartung* bezeichnet. Über diese Gasentartung ist theoretisch von den verschiedensten Seiten gearbeitet worden; vorläufig erscheint es aber aussichtslos, die Folgerungen der einzelnen Theorien an der Erfahrung zu prüfen, da mit sinkender Temperatur auch die Abweichungen der realen Gase vom idealen Verhalten immer größer werden und es vorläufig noch keinen Weg gibt, den Einfluß der VAN DER WAALSschen Kräfte und der Gasentartung voneinander zu scheiden. Wir wählen daher zur Berechnung einen indirekten Weg, indem wir nämlich das zu untersuchende Gas reversibel und isotherm in den kondensierten Zustand überführen und die dabei auftretende Änderung der freien Energie feststellen.

Dampfdruckformel. Befindet sich ein Gas unter dem Sättigungsdruck p_g seines Kondensats, so ist es mit ihm im Gleichgewicht und $A = 0$ oder

$$F_{\text{Gas}} = F_{\text{kond}} . \tag{10}$$

Andererseits hatten wir S. 225 die Entropie eines idealen Gases mit temperaturabhängiger spezifischer Wärme zu

$$S = \int \frac{C_p}{T} \, dT - R \ln p + S_p$$

mit
$$S_p = S_v + R \ln R \quad \text{berechnet.}$$

Ferner ist

$$E_v = \int\limits_0^T C_v\, dT + E_{0\text{Gas}} = \int\limits_0^T C_p^\bullet\, dT - RT + E_{0\text{Gas}}$$

$$pV = RT.$$

Zerlegen wir nach unsern Ausführungen S. 44 ff. die spezifische Wärme des Gases in einen konstanten Translations- und Rotationsbeitrag C_{p0} und einen temperaturabhängigen Schwingungsbeitrag C_s, der nach Einstein zu berechnen ist und proportional $\ln T$ mit Annäherung an den absoluten Nullpunkt verschwindet, so kann man das unbestimmte Integral

$$\int \frac{C_p}{T}\, dT = C_{p0} \ln T + \int\limits_0^T \frac{C_s}{T}\, dT$$

schreiben.

Beachtet man noch, daß durch partielle Integration

$$\frac{1}{T} \int\limits_0^T C_s'\, dT = \int\limits_0^T \frac{C_s}{T}\, dT - \int\limits_0^T \frac{\int\limits_0^T C_s\, dT}{T^2}\, dT$$

wird (vgl. S. 227), so hat man nach S. 116

$$F_p = E_v - TS + pV = T\left[C_{p0}(1 - \ln T) + R \ln p - S_p - \int\limits_0^T \frac{\int\limits_0^T C_s}{T^2}\, dT \right]$$

$$+ E_{0\text{Gas}}.$$

Kennt man den Verlauf der spezifischen Wärme des Gases, so fehlt zur Kenntnis von $(F_p - E_0)$ nur noch der Wert von S_p.

Nach (10) können wir diesen aber durch zwei Dampfdruckmessungen ermitteln, wenn wir $(F - E_0)_{\text{kond}}$ kennen:

$$F_{p\text{Gas}} = T\left[C_{p0}(1 - \ln T) + R \ln p_g - S_p - \int\limits_0^T \frac{\int\limits_0^T C_s}{T^2}\, dT \right] + E_{0\text{Gas}} \quad (11)$$

$$= (F - E_0)_{\text{kond}} + E_{0\text{kond}}$$

Durch die Messung des Dampfdruckes bei zwei verschiedenen Temperaturen sind S_p und $(E_{\text{Gas}} - E_{\text{kond}})_{T=0}$ bestimmt. Damit haben wir aber alles Notwendige erreicht; denn nach den Ausführungen S. 227 setzt uns die Kenntnis der S_p- bzw. S_v-Werte instand, die Gleichgewichtskonstanten K für alle Gasreaktionen zu berechnen. Allgemein ist

$$F_p = F_{pg} + RT \ln \frac{p}{p_g}.$$

Der Wert von F und damit von S_p ist natürlich unabhängig davon, über welcher Modifikation eines Stoffes man den Dampfdruck mißt.

Chemische Konstante. Man kann mit Hilfe der Clausius-Clapeyronschen Gleichung die eine Dampfdruckmessung durch die Kenntnis der

Sublimations- bzw. Verdampfungswärme folgendermaßen ersetzen: Als allgemeines Integral der CLAUSIUS-CLAPEYRONschen Gleichung hatten wir für den Fall, daß das Flüssigkeitsvolumen gegen das Gasvolumen vernachlässigt wird und für das Gas $pV = RT$ gesetzt werden kann, den folgenden Ausdruck gefunden (S. 149 und 152):

$$\ln p_g = -\frac{1}{R} \int \frac{L}{T^2} \, dT + i$$

oder ausgeführt

$$\ln p_g = \frac{1}{R} \left[\frac{L_0}{T} + C_{p0} \ln T + \int \frac{\int_0^T C_s \, dT}{T^2} \, dT - \int \frac{\int_0^T C_{\text{kond}} \, dT}{T^2} \, dT \right] + i . \tag{11a}$$

Hier ist, wenn man die Verdampfungswärme bei einer Temperatur und die spezifischen Wärmen von Gas und Kondensat kennt, nur i unbekannt und muß durch eine Dampfdruckmessung bestimmt werden. Beachten wir, daß beide unbestimmten Integrale wieder durch die bestimmten zwischen 0 und T ersetzt werden können, und vergleichen diese Gleichung mit (11), so finden wir

$$L_0 = -(E_{\text{Gas}} - E_{\text{kond}})_{T=0}$$

und

$$i = \frac{S_p}{R} - \frac{C_{p0}}{R} = \frac{S_v + R \ln R - C_{p0}}{R} \tag{12}$$

$$S_p = iR + C_{p0}$$
$$S_v = R(i - \ln R) + C_{p0} .$$

Dies gilt nur dann, wenn für das Kondensat $\left(\frac{\partial A}{\partial T}\right)_{T=0} = 0$ gilt. Da durch i S_v und damit nach S. 226 auch I, die Konstante im Massenwirkungsgesetz gegeben ist, und somit das gesamte chemische Verhalten des betreffenden Stoffes durch i gegeben ist, nennt man es seine *chemische Konstante*. Dabei muß man beachten, daß der Wert von i von der gewählten Druckeinheit abhängt. Von der Wahl des Kondensats ist i dagegen völlig unabhängig, solange für dieses das NERNSTsche Theorem gilt.

Zur Bestimmung des chemischen Verhaltens der Gase wird also eine möglichst genaue Bestimmung der i-Werte notwendig. Hierzu benötigt man nach Gleichung (11a) die Kenntnis der spezifischen Wärme des Kondensats bis zu tiefsten Temperaturen, der des Gases bis herunter zu der Temperatur, bei der C_p konstant und gleich dem klassischen Wert C_{p0} wird (Translations- plus Rotationsenergie, vgl. S. 43) und der Dampfdruckkurve. Denn meistens ist die Verdampfungswärme direkt kalorimetrisch nicht genau genug bestimmt, sondern wird aus der Veränderlichkeit des Dampfdruckes mit der Temperatur nach der CLAUSIUS-CHAPEYRONschen Gleichung berechnet.

Als Beispiel führen wir die Berechnung der chemischen Konstante des einatomigen Quecksilberdampfes über festem Quecksilber an[1].

---

[1] LANGE, F., u. SIMON., Z. physikal, erscheint demnächst.

Die Verdampfungswärme des flüssigen Quecksilbers beträgt nach FOGLER und RODEBUSCH für den Schmelzpunkt $T_s = 234,3$:

$$L_{fl,\,T_S} = -\,14780\;\text{cal}\,.$$

Die Schmelzwärme beträgt -555 cal, also die Sublimationswärme

$$L_{\text{fest},\,T_S} = -\,(14780 + 555) = -\,15335\;\text{cal}\,.$$

Da der Quecksilberdampf einatomig ist, und daher C_s fortfällt und $C_{p\,\text{Gas}} = \tfrac{5}{2}\,R$ ist, gilt

$$L_0 = -\,15335 + 4,963 \cdot 234,3 - \int\limits_0^{234,3} C_{\text{kond}}\,dT\,.$$

Die spezifische Wärme des Quecksilbers ist in den MIETHINGschen Tabellen als DEBYEfunktion mit $\beta\nu_{\max} = 96$ angesetzt. Neuere Messungen von K. ONNES und SIMON haben ergeben, daß die experimentellen Werte bei den tiefsten Temperaturen hiervon erheblich abweichen. In Abb. 57 gibt die gestrichelte Kurve den Verlauf dieser DEBYE-funktion, die ausgezogene den tatsächlichen Verlauf (Messungen bis zu $T = 3,45$; $C = 0,105$). Dieser läßt sich durch eine Kombination einer DEBYEschen mit einer EINSTEINschen Funktion unter Berücksichtigung der Korrektion von C_v auf C_p darstellen. Durch Auswerten des Flächeninhaltes zwischen Kurve und Abszissenachse zwischen 0 und 234,3 Grad findet sich

$$\int\limits_0^{234,3} C_{\text{kond}}\,dT = 1260\;\text{cal},$$

also

$$L_0 = -\,15432\;\text{cal}.$$

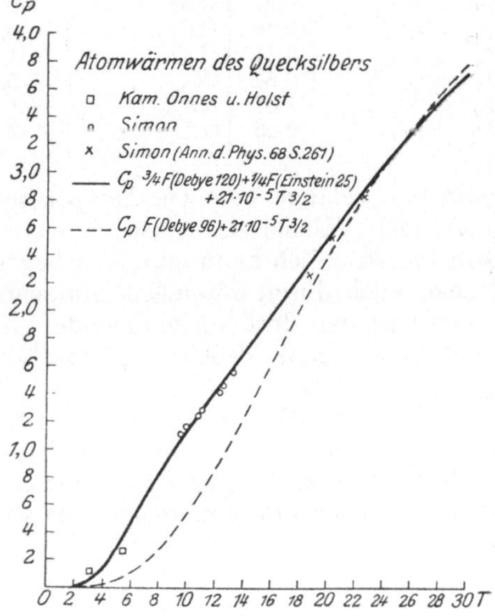

Abb. 57. Atomwärme des Quecksilbers.
(Nach SIMON, Z. physikal. Chem. Bd. 107.)

Entsprechend findet sich durch Auftragen von $\dfrac{\int\limits_0^T C_{\text{kond}}\,dT}{T^2}$ gegen T und Auswerten des Flächeninhaltes für

$$\frac{1}{4,571}\int\limits_0^T \frac{\int\limits_0^T C_{\text{kond}}\,dT}{T^2}\,dT \quad \text{bei} \quad T = 234,3 \text{ der Wert } 1,949.$$

Ferner ist nach KNUDSEN

$$\lg p_g,\;_{T=234,3} = -\,8,581\,.$$

Alle diese Werte in (11a) eingesetzt, ergeben

$$-8{,}581 = \frac{-15432}{4{,}571 \cdot 234{,}3} + 2{,}5\ \lg 234{,}3 - 1{,}949 + \frac{i}{2{,}303}$$

$$-8{,}581 = -14{,}409 + 5{,}924 - 1{,}949 + \frac{i}{2{,}303}$$

$$\frac{i}{2{,}303} = +1{,}85_0 \pm 0{,}10^1 .$$

Chemische Konstanten.

Gas	$i/2{,}303$	Gas	$i/2{,}303$
H_2	$-1{,}11$	J_2	$+3{,}44$
Ar	$+0{,}79$	NO	$+0{,}52$
Hg	$+1{,}85$	CO	$-0{,}05$
K	$+1{,}13$	HCl	$-0{,}26$
Na	$+0{,}97$	HBr	$+0{,}53$
Pb	$+2{,}66$	HJ	$+0{,}90$
N_2	$-0{,}11$	H_2O	$-1{,}935$
O_2	$+0{,}54$	CO_2	$+0{,}91$
Cl_2	$+1{,}51$	NH_3	$-1{,}415$
Br_2	$+2{,}55$	CH_4	$-2{,}30$

Die nebenstehende Tabelle gibt die bisher mittels Gleichung (11a) berechneten chemischen Konstanten.

Vereinfachte Dampfdruckformel. Es sei darauf hingewiesen, daß Gleichung (11a) die theoretisch richtige Dampfdruckformel darstellt, solange man das Gas als ideal betrachten kann und solange man bei Temperaturen bleibt, bei denen nicht die spezifische Wärme des Gases unter den angesetzten Wert C_{p0} sinkt. Selbstverständlich kann man über begrenzte Temperaturgebiete Dampfdrucke auch durch wesentlich einfacher gebaute Interpolationsformeln darstellen; den dort vorkommenden Konstanten läßt sich dann aber nicht eine eigene Bedeutung zuweisen, wie den Größen L_0 und i in Gleichung (11a).

Kennt man die zur Berechnung von i aus (11a) notwendigen Daten nicht, so muß man sich mit einer Näherungsgleichung begnügen.

Nernst setzt die spezifische Wärme des Gases konstant gleich α und die des Kondensats proportional der absoluten Temperatur gleich $2\,\varepsilon\,T$; dann wird

$$L = L_0 - \alpha T + \varepsilon T^2 .$$

Um nun zu erreichen, daß die Gleichung auch für Gase gilt, die nicht mehr dem Gesetze der idealen Gase gehorchen (L muß am kritischen Punkt verschwinden), multipliziert er mit $\left(1 - \dfrac{p_g}{p_k}\right)$.

---

[1] Mit einem falschen Wert für die Verdampfungswärme und unter Benutzung der erwähnten Debyefunktion zur Extrapolation der spezifischen Wärme von $T = 31$ bis $T = 0$ hatte Nernst $\dfrac{i}{2{,}303} = +1{,}83$ gefunden: Z. Elektrochemie Bd. 22, S. 185, 1916. Mit demselben Wert für die Verdampfungswärme, aber unter Benutzung der spezifischen Wärmemessungen von K. Onnes und F. Simon berechnete dieser dann $\dfrac{i}{2{,}303} = 1{,}95$: Z. physikal. Chem. Bd. 107, S. 279, 1923. Man sieht aus diesem Beispiel, wie notwendig bei sonst gut bekannten Daten die genaue Kenntnis der spezifischen Wärmen bei den tiefsten Temperaturen ist.

Als Zustandsgleichung setzt er an

$$p(V_2 - V_1) = RT\left(1 - \frac{p}{p_k}\right),$$ wo V_1 und V_2 sich auf das Kondensat

bzw. das Gas beziehen. Dann gibt die Clausius-Clapeyronsche Beziehung

$$\lg p_g = \frac{L_0}{2,3\,R\,T} + \frac{\alpha}{R}\lg T - \frac{\varepsilon}{2,3\,R}\,T + C. \tag{13}$$

S. 153 hatten wir diese Gleichung mit $\alpha = 3,5$ angegeben. Der klassische Wert für α wäre mindestens $\frac{5}{2}\,R$; aber durch die Wahl des Wertes 3,5 werden die Fehler, die dadurch entstehen, daß die Gleichung unter sehr vereinfachenden Bedingungen abgeleitet ist, erfahrungsgemäß am besten kompensiert. Vernachlässigt man die spezifische Wärme des Kondensats vollständig, so erhält man

$$\lg p_g = \frac{L_0}{2,3\,R\,T} + 1,75\lg T + C. \tag{13a}$$

C nennt man die „*konventionelle chemische Konstante*" des Gases; man kann sie unter Verwendung von Gleichung (13) oder (13a) zur angenäherten Berechnung chemischer Gleichgewichte verwenden. Die folgende Tabelle gibt die C-Werte einiger Gase.

Konventionelle chemische Konstanten.

He . . .	0,6	CO . . .	3,5	NO . . .	3,5	CS$_2$ . . .	3,1
H$_2$ . . .	1,6	Cl$_2$ . . .	3,1	N$_2$O . . .	3,3	NH$_3$ . . .	3,3
CH$_4$ . . .	2,5	J$_2$	3,9	H$_2$S . . .	3,0	H$_2$O . . .	3,6
N$_2$	2,6	HCl . . .	3,0	SO$_2$ . . .	3,3	CCl$_4$ . . .	3,1
O$_2$ . . .	2,8	HJ . . .	3,4	CO$_2$ . . .	3,2	CHCl$_3$ . .	3,2
		HCN . .	3,2			C$_6$H$_6$ . . .	3,0

Man sieht, daß die C-Werte im allgemeinen um 3 herum liegen und nur für die niedrig siedenden Gase kleiner sind. Das gleiche Verhalten hatten wir für die Troutonsche Konstante $\left(\frac{L}{T}\right)_{T_s}$ gefunden, und in der Tat gilt nach Nernst angenähert

$$C = 0,14\left(\frac{L}{T}\right)_{T_s}.$$

δ) Anwendung auf homogene Gasreaktionen.

Affinität der homogenen Gasreaktion. Um die Affinität einer Gasreaktion vollständig aus thermischen Daten und chemischen Konstanten berechnen zu können, brauchen wir nur Gleichung (12)

$$i = \frac{S_v + R\ln R - C_{po}}{R} \tag{12}$$

in die Gleichung für die Integrationskonstante der van't Hoffschen Gleichung ((10) und (10a) (S. 226)

$$I_v = \frac{\sum \nu_i(S_{vi} - C_{poi})}{R}$$

$$I_p = \frac{\sum \nu_i(S_{vi} + R\ln R - C_{poi})}{R}$$

einzusetzen, und erhalten

$$I_v = \sum \nu_i i_i - \sum \nu_i \ln R \qquad (14)$$

$$I_p = \sum \nu_i i_i. \qquad (14\,\mathrm{a})$$

Unsere Gleichungen (4) und (4b) S. 240 lauten damit:

$$A = U_0 + \sum \nu_i C_{voi} T \ln T + T \int_0^T \frac{\int_0^T \sum \nu_i C_{si} dT}{T^2} dT + \sum \nu_i (i_i - \ln R)\, R T$$

und

$$A = U_0 + \sum \nu_i C_{poi} T \ln T + T \int_0^T \frac{\int_0^T \sum \nu_i C_{si} dT}{T^2} dT + \sum \nu_i i_i\, R T.$$

Denn da C_{si} nach EINSTEIN so gegen Null geht, daß der Integrand beim absoluten Nullpunkt endlich bleibt, kann man das unbestimmte Integral durch das bestimmte zwischen den Grenzen 0 und T ersetzen.

Damit ganz klar wird, wie die Beziehungen (14) und (14a) gefunden werden, wollen wir sie hier noch einmal direkt mittels eines Kreisprozesses ableiten.

Wir betrachten die maximale Arbeit, die die betreffende Gasreaktion zu leisten vermag, bei einer beliebigen Temperatur T, die so niedrig gewählt sein möge, daß sich die an der Umsetzung teilnehmenden Stoffe bei ihr so weit unterhalb ihrer kritischen Temperaturen befinden, daß für ihre gesättigten Dämpfe die einfachen Gasgesetze gültig sein mögen. Dann können wir die Reaktion auf zwei Wegen umkehrbar leiten, nämlich erstens auf dem im Kap. 8 S. 236 beschriebenen Wege; zweitens können wir die bei der Umsetzung verschwindenden Gase vor ihrer Umsetzung von den Drucken $p_1, p_2 \ldots$ bis zu den Drucken $p_{g_1}, p_{g_2} \ldots$ komprimieren, die dem mit flüssiger oder fester Phase im Gleichgewicht stehenden gesättigten Dampf bei gleicher Temperatur entsprechen. Nunmehr kondensieren wir sie isotherm, lassen die Umwandlung im kondensierten System reversibel vor sich gehen, so daß auch die Reaktionsprodukte in flüssiger oder fester Form entstehen, verdampfen dieselben isotherm und dilatieren sie schließlich auf die Partialdrucke, die sie ausgeübt hätten, wenn die Reaktion im gasförmigen System bei konstantem Druck vor sich gegangen wäre.

Wenn alle diese Prozesse umkehrbar geleitet werden, so sind die gewonnenen Arbeiten einander gleich. Auf dem ersten Wege erhalten wir, wenn wir die Anfangs- und Enddrucke mit p bezeichnen, in bekannter Weise (vgl. S. 237)

$$A = R T \ln K_p - R T \sum_i \nu_i \ln p_i + \sum_i \nu_i R T^1.$$

---

[1] $R T \ln K_p - R T \sum_i \nu_i \ln p_i$ ist die Arbeit, die gewonnen wird, wenn die Reaktion bei konstantem Volumen verläuft.

Bei dem zweiten Verfahren setzt sich die gewonnene Arbeit aus drei Summanden zusammen, nämlich:

1. bei der Kompression von den Drucken p auf die Sättigungsdrucke p_g und bei der Dilatation der Reaktionsprodukte von p_g auf p wird die Arbeit gewonnen:

$$A_1 = R T \sum_i \nu_i \ln \frac{p_{gi}}{p_i} ;$$

2. bei der Kondensation der Ausgangsstoffe und der Verdampfung der Reaktionsprodukte wird die Arbeit:

$$A_2 = \sum_i \nu_i R T$$

geleistet, da das Volumen der Gasphase sich entsprechend verändert;

3. wird bei umkehrbarem Reaktionsverlauf im kondensierten System eine Arbeit A_3 geleistet, die nach dem Nernstschen Wärmesatz aus thermischen Größen berechnet werden kann nach Gleichung (5b) S. 311

$$A_3 = U_{0\,\text{kond}} - T \int_0^T \frac{(U - U_0)_{\text{kond}}}{T^2}\, d T .$$

Dies ist, da dies Integral für kondensierte Systeme in der unteren Grenze verschwinden soll, gleich dem unbestimmten Integral

$$A_3 = - T \int \frac{U_{\text{kond}}}{T^2}\, d T .$$

Wir erhalten demnach aus $A = A_1 + A_2 + A_3$:

$$R T \ln K_p = R T \sum_i \nu_i \ln p_{gi} - T \int \frac{U_{\text{kond}}}{T^2}\, d T . \tag{15}$$

In diese Gleichung setzen wir für $\ln p_g$ den Wert von (11a) S. 320 ein und erhalten:

$$R T \ln K_p = - T \int \frac{\sum_i \nu_i L_i + U_{\text{kond}}}{T^2}\, d T + R T \sum_i \nu_i i_i .$$

$\sum_i \nu_i L_i + U_{\text{kond}}$, d. h. die Summe aller Sublimations- und Verdampfungswärmen und der Reaktionswärme im kondensierten System ist offenbar gleich der Reaktionswärme der Gasreaktion U_p und wir erhalten demnach:

$$R T \ln K_p = - T \int \frac{U_p}{T^2}\, d T + R T \sum_i \nu_i i_i \tag{16}$$

oder

$$\ln K_p = - \frac{1}{R} \int \frac{U_p}{T^2}\, d T + \sum_i \nu_i i_i \tag{16a}$$

als Integral der van't Hoffschen Differentialgleichung [vgl. S. 223 Gleichung (5)]:

$$\left(\frac{\partial \ln K_p}{\partial T} \right)_p = - \frac{U_p}{R T^2} .$$

Die thermodynamisch unbestimmte Integrationskonstante dieser Gleichung ist also durch die Summe der Dampfdruckkonstanten der Reaktionsteilnehmer bestimmt. Damit ist die Berechnung chemischer Gleichgewichte aus thermischen Größen sowie aus Dampfdruckmessungen an reinen Stoffen für alle Temperaturen im Prinzip ermöglicht.

Prüfung des NERNSTschen Wärmesatzes durch homogene Gasreaktionen. Mit Hilfe der Beziehungen (14), (14a) oder (16a) läßt sich der NERNSTsche Wärmesatz prüfen. Wäre er nämlich nicht für die Kondensate der an der Reaktion beteiligten Gase erfüllt, so würde in (12) und somit auch in (14), (14a) und (16a) noch ein vom Kondensat abhängiges Glied auftreten. Benutzen wir z. B. Gleichung (14a) zur Prüfung: EUCKEN und FRIED[1] haben für eine Reihe von Reaktionen die I_p-Werte sehr sorgfältig aus den vorliegenden Gleichgewichtsmessungen und den spezifischen Wärmen berechnet und ebenso die i-Werte der auftretenden Gase, so wie wir es im vorigen Abschnitt bzw. in Kap. 8 gezeigt haben. Sie finden die folgende Tabelle:

Vergleich von I_p und $\sum_i \nu_i i_i$ für homogene Gasreaktionen.

Reaktion	I_p		$\sum_i \nu_i i_i$	
	von	bis	von	bis
$3H_2 + N_2 = 2NH_3$	— 6,94	— 7,14	— 8,25	— 8,43
$2H_2 + O_2 = 2H_2O$	— 2,35	— 2,55	— 2,90	— 3,02
$H_2 + Cl_2 = 2HCl$	— 0,92	— 1,32	— 1,45	— 1,87
$H_2 + Br_2 = 2HBr$	— 0,8	— 1,7	— 2,00	— 2,30
$H_2 + J_2 = 2HJ$	— 1,38	— 1,62	— 2,04	— 2,68
$N_2 + O_2 = 2NO$	+ 0,65	+ 1,25	+ 0,46	+ 0,76
$2CO + O_2 = 2CO_2$	— 0,55	— 1,05	— 1,18	— 1,58
$H_2O + CO = H_2 + CO_2$	+ 0,70	+ 0,94	+ 0,69	+ 0,89
$4HCl + O_2 = 2H_2O + 2Cl_2$	— 0,06	— 0,34	± 0	+ 0,70
$3H_2 + CO = CH_4 + H_2O$	— 5,95	— 6,55	— 6,75	— 7,00
$4H_2 + CO_2 = CH_4 + 2H_2O$	— 6,75	— 7,25	— 7,52	— 7,80

Die Tabelle gibt nach EUCKEN und FRIED die Grenzen, zwischen denen der wahre Wert liegt.

Ob die Diskrepanzen zwischen beiden Werten reell sind oder ob die eingesetzten Fehlergrenzen zu eng sind, ist nicht entschieden. Sollten sie reell sein, so würde eine Einführung der früher schon erwähnten „Quantengewichte" möglicherweise die Lösung geben. Diese würden sich darin äußern, daß zu den i-Werten noch die Logarithmen kleiner ganzer Zahlen hinzukämen, ebenso wie dann für kondensierte Reaktionen $\left(\dfrac{\partial A}{\partial T}\right)_{T=0}$ nicht mehr Null, sondern gleich diesem Zusatzglied wäre.

Näherungsformel. Will man für Überschlagsrechnungen und Fälle, in denen die zur genaueren Berechnung des Gleichgewichtes notwendigen Daten fehlen, die vereinfachte Dampfdruckformel von NERNST mit den konventionellen chemischen Konstanten in Gleichung (15) benutzen, so

---

[1] Z. Physik Bd. 29, S. 1, 1924.

muß man natürlich auch der Berechnung von $\int \frac{U_{\text{kond}}}{T^2}\, dT$ die gleichen Voraussetzungen, wie sie zur Ableitung von Gleichung (13) benutzt wurden, zugrunde legen.

Dort wurde die Molwärme des Kondensats gleich $2\varepsilon T$ gesetzt.

Damit ist $U_{\text{kond}} = U_{0\,\text{kond}} - \int_0^T \sum_i \nu_i\, 2\varepsilon T\, dT = U_{0\,\text{kond}} - \sum_i \nu_i \varepsilon T^2$,

also $\int \frac{U_{\text{kond}}}{T^2}\, dT = -\frac{U_{0\,\text{kond}}}{T} - \sum_i \nu_i \varepsilon\, T$. Setzt man dies und Gleichung (13) in (15) ein, so wird

$$RT \lg K_p = \frac{\sum \nu_i L_{0i}}{2,3} + T \lg T \sum \nu_i \alpha - \frac{\sum \nu_i \varepsilon T^2}{2,3}$$
$$+ \sum \nu_i C_i R T + \frac{U_{0\,\text{kond}}}{2,3} + \frac{\sum \nu_i \varepsilon T^2}{2,3}.$$

Mit $\sum \nu_i L_{0i} + U_{0\,\text{kond}} = U_{0\,\text{Gas}}$ ergibt das

$$\lg K_p - \frac{U_{0\,\text{Gas}}}{2,3\, R T} + \frac{\sum \nu_i \alpha}{R} \lg T \mid \sum \nu_i C_i$$

und mit $\alpha = 3,5$:

$$\lg K_p = \frac{U_0}{4,571\, T} + \sum \nu_i\, 1,75 \lg T + \sum \nu_i C_i. \qquad (17)$$

Betrachten wir den einfachsten Fall einer Reaktion, bei der sich die Zahl der Mole nicht ändert (vgl. S. 233), also etwa die Stickoxydbildung oder die Wassergasreaktion, so wird wegen $U_p = U_v = U_0$ aus (17)

$$\lg K_p = \frac{U}{4,571\, T} + \sum \nu_i C_i.$$

Wir hatten schon darauf hingewiesen, daß die C-Werte der Gase alle nahe bei 3 liegen; daraus folgt, daß $\sum \nu_i C_i$ hier nur klein sein kann. Bei Reaktionen ohne Änderung der Molzahl, die, wie z. B. die Jodwasserstoffbildung, mit kleiner Wärmetönung verlaufen, müssen also im Gleichgewicht schon bei tiefen Temperaturen alle Reaktionsteilnehmer merkliche Partialdrucke besitzen. In der Tat ist HJ schon bei $T = 500$ zu 16 vH in H_2 und J_2 dissoziiert bei einer Dissoziationswärme von -2800 cal pro 2 Mol HJ.

Zahlreiche Anwendungen dieser Näherungsformel finden sich bei Nernst[1] und Pollitzer[2]; wir greifen die Stickoxydbildung heraus.

Für die Reaktion $N_2 + O_2 = 2NO$ hatten wir S. 233 für K die Gleichung

$$\lg K = -\frac{43\,200}{4,571\, T} + 1,09$$

---

[1] Nernst: Grundlagen des neuen Wärmesatzes.
[2] Pollitzer, F.: Berechnung chemischer Affinitäten nach dem Nernstschen Wärmetheorem, Stuttgart 1912.

angegeben, wo die Integrationskonstante aus den gemessenen K-Werten bestimmt worden war.

Für $\sum \nu_i C_i$ finden wir nach der Tabelle S. 323

$$\sum \nu_i C_i = 2 \cdot 3{,}5 - 2{,}6 - 2{,}8 = 1{,}6 \,,$$

also

$$\lg K = - \frac{43\,200}{4{,}571\,T} + 1{,}6 \,.$$

K ist also hier etwa dreimal zu groß gefunden; das bedeutet bei der Frage nach der Temperatur eines bestimmten Gleichgewichtes bei z. B. $T = 2000$ einen Fehler von ungefähr 150^0; der Fehler steigt mit wachsender Temperatur.

Bedeutet x den Bruchteil Stickoxyd, der sich aus atmosphärischer Luft (80 vH N_2, 20 vH O_2) im Gleichgewicht bilden kann, so ist

$$K = \frac{x^2}{0{,}8 \cdot 0{,}2} \,.$$

Für $T = 2000$ liefern unsere Gleichungen

$$\lg K_{\mathrm{gef}} = - 3{,}6$$
$$\lg K_{\mathrm{ber}} = - 3{,}1 \,,$$

daraus

$$x_{\mathrm{gef}} = 0{,}6 \text{ vH}$$

gegen

$$x_{\mathrm{ber}} = 1{,}1 \text{ vH}.$$

Man sieht aus diesem Beispiel, daß die Näherungsgleichung unter Benutzung der konventionellen chemischen Konstanten die exakte Gleichung nie ersetzen kann; aber für Reaktionen, deren Gleichgewichtslage völlig unbekannt ist, läßt sich K größenordnungsmäßig angeben. Auch muß immer wieder auf die wertvolle Hilfe hingewiesen werden, die diese einfache Überschlagsrechnung für eine erste Orientierung über wissenschaftlich oder technisch wichtige Gleichgewichte bietet.

Als Beispiel für Reaktionen, die mit einer Änderung der Molzahl um eins verknüpft sind, betrachten wir eine Reihe von Dissoziationsgleichgewichten

$$A B = A + B \,.$$

Setzen wir überall $C = 3$, so wird aus Gleichung (17)

$$\lg K_p = \frac{U_0}{4{,}571\,T} + 1{,}75 \lg T + 3 \,. \tag{17a}$$

Mit Hilfe dieser Gleichung hat Pollitzer die Temperaturen berechnet, bei der das Gas zur Hälfte dissoziiert ist. Bezeichnet x den Dissoziationsgrad, so ist, da die Partialdrucke den Molenbrüchen proportional sind,

$$K_p = \frac{p_A p_B}{p_{AB}} = \frac{x^2}{1 - x^2} P \,.$$

(P ist der Gesamtdruck.)

Für $x = \math075{1}/\math075{2}$ ist $K_p = P/3$. Gehen wir mit diesem Wert in die Gleichung (17a) ein, so berechnen sich aus den Dissoziationswärmen die in der folgenden Tabelle[1] angeführten Temperaturen.

Gleichgewichtstemperaturen für $x = \math075{1}/\math075{2}$.

Reaktion	U_p	P	T beob.	T ber.
$2\,NO_2 = N_2O_4$	12450	0,65	323	340
$2\,HCOOH = (HCOOH)_2$ . . .	14780	1	410	410
$2\,CH_3COOH = (CH_3COOH)_2$.	16600	1	425	450
$PCl_3 + Cl_2 = PCl_5$	18500	1	480	500
$HBr + C_5H_{10} = C_5H_{10}HBr$ . .	19400	1	483	525
$HBr + C_5H_{10} = C_5H_{10}HBr$ . .	19400	0,1	462	470
$H_2O + SO_3 = H_2SO_4$	21850	1	623	599

Wir sehen, daß hier gegenüber den Reaktionen ohne Änderung der Molzahl das Gleichgewicht infolge der beiden letzten Summanden in Gleichung (17a) erheblich zugunsten der Seite mit der größeren Molzahl verschoben ist; man vergleiche die Tabelle mit den für die Reaktion $2\,HJ = H_2 + J_2$ S. 327 angegebenen Daten.

Nimmt man an, daß die spezifische Wärme der Gase nicht konstant bleibt, sondern einen der Temperatur proportionalen Gang hat, so hängt das ε in der vereinfachten Dampfdruckformel von den spezifischen Wärmen des Kondensats und des Gases ab. Infolgedessen bleibt bei der Einführung in Gleichung (15) ein der Temperatur proportionales Glied erhalten, und wir haben

$$\lg K_p = \frac{U_0}{4{,}571\,T} + \sum_i \nu_i\,1{,}75\lg T + \frac{\beta}{4{,}571}\,T + \sum \nu_i C_i\,,$$

eine Gleichung, die Nernst als Näherungsformel für chemische Gleichgewichte gibt, während er Gleichung (17) als vereinfachte Näherungsformel bezeichnet.

ε) Anwendung auf heterogene Reaktionen.

Affinität der heterogenen Reaktion. Nach den Erörterungen des Kap. 8, Abschn. 6, läßt sich die Affinität von Reaktionen zwischen kondensierten Stoffen und Gasen ganz ebenso behandeln wie die Affinität zwischen Gasen allein. Nach S. 254 ist die Affinität einer heterogenen Reaktion durch

$$A = RT \ln K_p - RT \sum_i \nu_i \ln p_i$$

gegeben, wobei in K_p und die Summe nur die Drucke der nur gasförmig vorhandenen Teilnehmer eingehen. Führen wir diese Reaktion auf zwei reversiblen Wegen aus, wie die homogene Gasreaktion S. 325, so erhalten wir wie dort

$$RT \ln K_p = -T \int \frac{U_{\mathrm{kond}} + \sum \nu_i L_i}{T^2}\,dT + RT \sum \nu_i i_i\,. \tag{18}$$

---

[1] Pollitzer, l. c.

Summiert wird über alle Teilnehmer, die nur als Gas auftreten, ebenso wie in K_p nur die Partialdrucke dieser Teilnehmer vorkommen.

Dann ist

$$\sum v_i L_i + U_{\text{kond}}$$

offenbar gleich der Wärmetönung der heterogenen Reaktion und

$$\lg K_p = -\frac{1}{4{,}571} \int \frac{U_{\text{het}}}{T^2}\, dT + \frac{\sum v_i i_i}{2{,}3}. \tag{19}$$

Prüfung des Nernstschen Wärmesatzes durch heterogene Reaktionen. Diese Gleichung gestattet wiederum eine Prüfung des Nernstschen Wärmesatzes. Denn beobachtet man einmal aus Verdampfungsgleichgewichten die einzelnen i-Werte und dann die Integrationskonstante der van't Hoffschen Gleichung, so kann diese nur dann gleich $\sum\limits_i v_i i_i$ sein, wenn für die Kondensate $\left(\frac{\partial A}{\partial T}\right)_{T=0} = 0$ gilt.

Eine Reihe solcher Reaktionen sind von Eucken und Fried[1] neu berechnet und zusammengestellt worden; sie finden die folgende Tabelle:

Vergleich von I_p und $\sum\limits_i v_i i_i$ für heterogene Reaktionen.

Reaktion	I_p		$\sum\limits_i v_i i_i$	
	von	bis	von	bis
$2CO = C + CO_2$	$-0{,}68$	$-1{,}03$	$-0{,}83$	$-1{,}19$
$C + 2H_2 = CH_4$	$-4{,}20$	$-4{,}70$	$-4{,}97$	$-5{,}17$
$(2Hg) + O_2 = 2HgO$	$+4{,}14$	$+4{,}50$	$+4{,}35$	$+4{,}53$
$CaO + H_2O = Ca(OH)_2$ . . .	$-1{,}85$	$-2{,}15$	$-1{,}91$	$-1{,}96$
$CuSO_4 + H_2O = CuSO_4 \cdot H_2O$	$-1{,}99$	$-2{,}23$	$-1{,}91$	$-1{,}96$
$CaO + CO_2 = CaCO_3$	$+0{,}75$	$+1{,}05$	$+0{,}85$	$+0{,}97$
$H_2 + HgO = Hg + [H_2O]$ . .	$-3{,}47$	$-3{,}78$	$-3{,}655$	$-3{,}715$
$2Ag + Cl_2 = 2AgCl$	$+1{,}60$	$+2{,}55$	$+1{,}35$	$+1{,}67$
$2Hg + Cl_2 = 2HgCl$	$+1{,}20$	$+2{,}24$	$+1{,}35$	$+1{,}67$
$Pb + Cl_2 = PbCl_2$	$+1{,}20$	$+2{,}38$	$+1{,}35$	$+1{,}67$

Unter diesen Reaktionen sind einige, an denen nur ein Gas teilnimmt; für diese geht Gleichung (19) über in

$$\lg K_p = \lg p_g = -\frac{1}{4{,}571} \int \frac{U_{\text{het}}}{T^2}\, dT + \frac{i}{2{,}3}.$$

Die Dampfdruckformel des betreffenden Gases über seinem Kondensat muß also die gleiche Konstante haben wie über den Teilnehmern der betrachteten Reaktion. Das ist nicht anders zu erwarten; wir hatten schon darauf hingewiesen, daß die Konstante unabhängig von der Natur des Kondensats sein muß, wenn der Nernstsche Wärmesatz gelten soll.

Näherungsgleichung. Ebenso wie für die homogenen Gasreaktionen erhalten wir für die heterogenen Reaktionen aus der vereinfachten Dampfdruckformel die Beziehung

$$\lg K_p = \frac{U_0}{4{,}571\,T} + \sum v_i\, 1{,}75 \lg T + \frac{\beta}{4{,}571}\,T + \sum v_i C_i,$$

---

[1] l. c. Hierzu ist dasselbe wie zu der Tabelle S. 326 zu sagen.

wenn wir die spezifische Wärme des Kondensats $2\,\varepsilon\,T$ setzen und $\beta = \sum 2\,\varepsilon$ (über alle kondensierten Teilnehmer summiert). Es zeigt sich, daß das T proportionale Glied nur als Korrektionsglied aufzufassen ist, so daß man es für Überschlagsrechnungen, für die allein diese Näherungsrechnungen in Frage kommen, vernachlässigen kann:

$$\lg K_p = \frac{U_0}{4{,}571\,T} + \sum_i \nu_i\,1{,}75\,\lg T + \sum \nu_i C_i\,. \tag{20}$$

Für den sehr wichtigen Fall, daß nur ein Gas in die Reaktionsgleichung eingeht, wird hieraus

$$\lg K_p = \lg p_g = \frac{U_0}{4{,}571\,T} + 1{,}75\,\lg T + C\,, \tag{20a}$$

eine Gleichung, die für die Dissoziation der Carbonate, Hydroxyde, Ammoniakate, Kristallhydrate und ferner bei den Reaktionen der Metalle mit Sauerstoff und den Halogenen usw. gilt.

Für die Dissoziation der Carbonate vergleicht die folgende Tabelle[1] die nach dieser Gleichung mit $C = 3{,}2$ berechneten Temperaturen, an denen Atmosphärendruck erreicht wird, mit den experimentell bestimmten.

U ist im allgemeinen, wenn man die Reaktion in Richtung des entstehenden Gases betrachtet, negativ und daher p_g sehr klein. Geht man aber zu sehr hohen Temperaturen über (etwa heißen Gebläseflammen, Lichtbogen oder elektrischen Funken), so wird schließlich das Glied $1{,}75\,\lg T$

Dissoziationstemperaturen der Carbonate.

Stoff	U_p	T	
		beob.	ber.
AgCO$_3$ . .	20060	498	548
CdCO$_3$ . .	21800	617	590
PbCO$_3$ . .	22580	545	610
MnCO$_3$ . .	23500	ca. 600	632
CaCO$_3$ . .	40000	1155	1030
SrCO$_3$ . .	55770	1429	1403

überwiegen, und es werden auch Verbindungen mit sehr großen Absolutwerten von U schließlich merklich dissoziieren, soweit sie nicht schon selbst gasförmig geworden sind.

Die Gleichungen (20) und (20a) können nach Nernst, ebenso wie das Berthelotsche Prinzip für kondensierte Systeme, für den vorliegenden Fall zur Beurteilung der Stabilität einer Verbindung herangezogen werden. Man erkennt aus ihnen, daß eine Verbindung um so stabiler ist, je größer ihre Bildungswärme und je kleiner die Zahl der Gasmoleküle ist, die bei ihrer Dissoziation entsteht. (U und $\sum_i \nu_i$ haben meist entgegengesetztes Vorzeichen.) So zerfällt z. B. Ammoniak trotz seiner relativ großen Bildungswärme schon bei einigen 100°C in seine Elemente, weil bei seinem Zerfall eine beträchtliche Volumvermehrung eintritt. Ebenso ist die leichte Zersetzlichkeit der Ammoniumhalogenide zu erklären, während z. B. die ohne Volumänderung entstehenden Halogenwasserstoffe relativ recht beständig sind. Sehr anschaulich gibt Simon[2] diese Ver-

---

[1] Zitiert nach Handbuch d. Physik Bd. 10, S. 403.
[2] Handb. Physik Bd. 10, S. 402.

hältnisse graphisch wieder. Abb. 58 zeigt die Temperaturen, für die $K_p = 10^{-4}$ wird, in Abhängigkeit von der Bildungswärme für eine Reaktion a) ohne Änderung der Molekelzahl, b) mit $\sum_i \nu_i = +1$; C ist gleich 3 gesetzt, also a) $\sum_i \nu_i C_i = 0$; b) $\sum_i \nu_i C_i = 3$. Die gestrichelten Linien zeigen an, wie sich die Temperaturen ändern, wenn man $\sum_i \nu_i C_i$ um ± 1 ändert. Für organische Verbindungen ergibt sich, daß die hochmolekularen Kohlenwasserstoffe, wie z. B. Benzol, gegen Wasserstoff und Kohlenstoff nicht beständig sind, sondern in die Elemente zerfallen müssen, auch wenn sie unter Wärmeentwicklung entstehen, und daß Methan mit steigender Temperatur immer stärker zerfällt. Acetylen dagegen, das ohne Volumenänderung aus fester Kohle und H_2 entsteht, wird seiner negativen Bildungswärme entsprechend erst bei sehr hohen Temperaturen, z. B. im elektrischen Lichtbogen, aus den Elementen entstehen können, bei mittleren Temperaturen dagegen unter Abscheidung von Kohlenstoff zerfallen müssen, wenigstens falls die Temperatur hoch genug ist, um eine merkliche Reaktionsge-

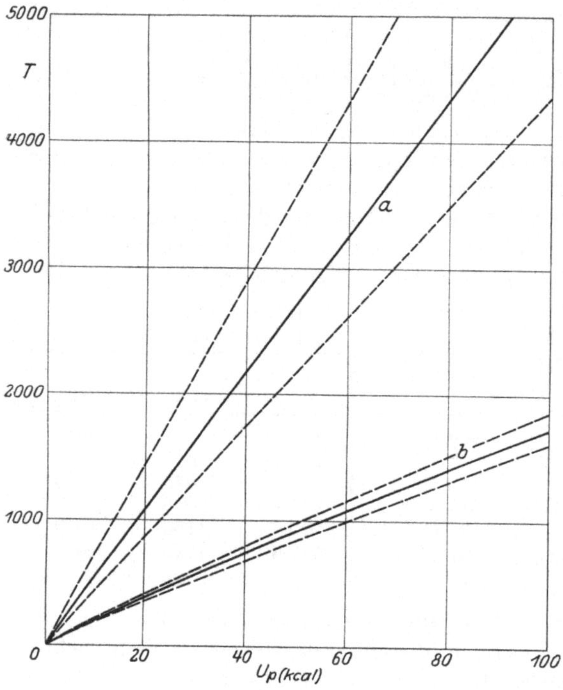

Abb. 58. Abhängigkeit der Gleichgewichtslage von U und $\Sigma_i \nu_i$.
(Nach SIMON, Handbuch der Physik, Bd. X.)

schwindigkeit herbeizuführen. Sehr viele der organischen Verbindungen sind uns deshalb bekannt, weil ihr Zerfall durch Reaktionswiderstände bei gewöhnlicher Temperatur hintangehalten wird. Die weitere Anwendung dieser Prinzipien siehe z. B. in der erwähnten Monographie von POLLITZER.

Für alle Betrachtungen der letzten Abschnitte ist wohl zu beachten, daß sie nur gelten, wenn die Reaktionen über reinen kondensierten Phasen vor sich gehen und die Dampfdrucke über reinen Kondensaten gemessen sind. Über die Anwendbarkeit des NERNSTschen Wärmesatzes auf Lösungen vergleiche die theoretischen Erörterungen bei PLANCK und die Darstellung des experimentellen Befundes bei SIMON.

4. Vergleiche und Erweiterungen.

α) Statistik und Nernstscher Wärmesatz.

Nullpunktsentropie fester Stoffe. Vergleichen wir die Ergebnisse der letzten Abschnitte mit den Formeln, die sich aus der quantenstatistischen Berechnung der Entropie bzw. der freien Energien ergeben.

Nernst verlangt, daß die Entropieunterschiede $S_2 - S_1$ fester Stoffe am absoluten Nullpunkt verschwinden; die einzelnen Nullpunktsentropien können aber noch $-\infty$ sein. Aus der Einsteinschen Formel für F S. 307 ergibt sich die Entropie nach der Beziehung [Gleichung (13) S. 115]

$$- S = \left(\frac{\partial F_v}{\partial T}\right)_v$$

durch partielle Differentiation nach T:

$$- S = 3kN \ln\left(1 - e^{-\frac{h\nu}{kT}}\right) - 3N\,\frac{h\nu}{T}\,\frac{e^{-\frac{h\nu}{kT}}}{1 - e^{-\frac{h\nu}{kT}}}.$$

Für $T = 0$ liefert also die statistische Behandlung $S_v = 0$. Diese Fassung, die weitergeht, als die Nernstsche Forderung, ist von Planck gegeben worden. Nach Gleichung (5) S. 112 ist

$$S - S_0 = \int_0^T \frac{C_v}{T}\,dT.$$

Da für $T = 0$ die rechte Seite nur verschwindet, wenn $\frac{C_v}{T}$ für $T = 0$ endlich bleibt, so fordert die Plancksche Fassung das Verschwinden der spezifischen Wärmen am absoluten Nullpunkt; denn dann allein ist S_0 endlich oder gleich Null. Für endliches C_v bei $T = 0$ würde sich nämlich $S_0 = -\infty$ ergeben. Nernst dagegen fordert nach

$$S_2 - S_1 = \int_0^T \frac{C_2 - C_1}{T}\,dT$$

nur, daß die Differenz der spezifischen Wärmen am absoluten Nullpunkt verschwindet, also exakte Geltung des Neumann-Koppschen Gesetzes. Da alle Messungen der letzten Jahre übereinstimmend eine unbegrenzte Abnahme der spezifischen Wärme fester Körper mit sinkender Temperatur ergeben haben, werden beide Fassungen durch die Erfahrung bestätigt.

Theoretischer Wert der chemischen Konstanten einatomiger Gase. Die Quantenstatistik liefert für die Entropie eines Moles eines idealen einatomigen Gases nach S. 308 mit $kN = R$; $C_v = \frac{3}{2}R$; $C_p = \frac{5}{2}R$

$$S = C_v \ln T + R \ln V + C_p + R \ln \frac{(2\pi m k)^{\frac{3}{2}}}{h^3 N},$$

also S_0 ist unendlich. Für $T = V = 1$ ergibt sich

$$S_v = C_p + R \ln \frac{(2\pi m k)^{\frac{3}{2}}}{h^3 N}, \qquad (21)$$

während die Anwendung des Nernstschen Wärmesatzes auf das Verdampfungsgleichgewicht nach Gleichung (12) S. 320

$$S_v = C_p + R\,(i - \ln R)$$

liefert.

Entsprechen die Voraussetzungen der statistischen Berechnung den realen Verhältnissen, so muß also, unter Einsetzen der Zahlenwerte und Einführung des Molekulargewichtes $M = Nm$

$$i = \ln \frac{(2\pi)^{\frac{3}{2}} k^{\frac{5}{2}}}{h^3 N^{\frac{3}{2}}} + \frac{3}{2} \ln M \quad \text{oder} \quad \frac{i}{2{,}303} = -\,1{,}587 + \frac{3}{2} \lg M \quad (22)$$

sein.

Gleichung (22) ist auf den verschiedensten Wegen abgeleitet worden; sie wird nach den ersten Autoren die Tetrode-Stern-Sackursche Formel genannt.

Eine Zusammenstellung von Simon[1] lehrt, daß zwischen dem nach (22) berechneten Wert von i und dem aus Verdampfungsgleichgewichten experimentell ermittelten die Fehlergrenzen überschreitende Abweichungen bestehen.

Vergleich der berechneten chemischen Konstanten mit den experimentell ermittelten Werten.

Gas	$i/2{,}303$ ber.	$i/2{,}303$ beob.	Diff.
H$_2$	$-\,1{,}13$	$-\,1{,}11$	$+\,0{,}02$
Al	$+\,0{,}81$	$+\,0{,}79$	$-\,0{,}02$
Hg	$+\,1{,}87$	$+\,1{,}85$	$+\,0{,}02$
K	$+\,0{,}80$	$+\,1{,}13$	$-\,0{,}33$
Na	$+\,0{,}46$	$+\,0{,}97$	$+\,0{,}52$
J	$+\,1{,}56$	$+\,2{,}08$	$+\,0{,}52$
Br	$+\,1{,}25$	$+\,1{,}91$	$+\,0{,}65$
Cl	$+\,0{,}73$	$+\,1{,}44$	$+\,0{,}71$
Pb	$+\,1{,}89$	$+\,2{,}66$	$+\,0{,}77$

Die Abweichung der empirischen i-Werte von diesem theoretischen Wert spricht natürlich nicht gegen den Nernstschen Wärmesatz, sondern besagt, daß die statistische Ableitung unter zu einfachen Annahmen gemacht worden ist[2].

β) Der ideale feste Körper.

Für einen Körper, dessen Bausteine harmonisch um feste Ruhelagen schwingen, d. h. von einer Kraft in die Ruhelage zurückgetrieben werden, die proportional der Entfernung aus dieser Ruhelage ist — es ist dies das Bild, das der Einsleinschen und Debyeschen Theorie der spezifischen Wärme mit temperatur- und volumunabhängigem ν zugrunde liegt —, läßt sich zeigen, daß sein Volumen von der Temperatur, also von der Amplitude dieser Schwingungen unabhängig ist, $\dfrac{\partial v}{\partial T} = 0$

---

[1] Zitiert nach Handbuch der Physik Bd. 10, S. 403.

[2] Es hat sich gezeigt, daß diese Abweichungen durch die Existenz von von eins verschiedener Quantengewichte zu erklären sind, deren Werte in Übereinstimmung mit den aus dem Stern-Gerlach-Versuch abgeleiteten sind. Vgl. hierzu Lange, F. und Simon, F., Z. Physik. erscheint demnächst.

für alle Temperaturen. Dann ist auch nach Gleichung (9) S. 113 $C_v = C_p$; ebenso wird die Kompressibilität von der Temperatur unabhängig. Bei der Kompression tritt keine Temperaturerhöhung ein, es wird vielmehr die bei der Kompression geleistete Arbeit nicht zur Vermehrung der kinetischen Energie der Atome, sondern nur zur Steigerung ihrer potentiellen Energie verwendet.

Nun hat sich in der Erfahrung gezeigt, daß sich die realen festen Körper zwar im allgemeinen anders verhalten, daß aber nach den Ergebnissen von GRÜNEISEN und anderen bei Annäherung an den absoluten Nullpunkt der Koeffizient der Wärmeausdehnung und der Temperaturkoeffizient der Kompressibilität gegen Null konvergieren, und daß ferner die Formeln für die spezifische Wärme mit temperatur- und volumunabhängigem ν noch weit oberhalb des absoluten Nullpunktes die Versuchsergebnisse gut wiedergeben. Da ein solcher Körper ebenso wie ein ideales Gas besonders einfache Eigenschaften besitzt und sich seine Zustandsgleichung daher aus kinetischen Vorstellungen ableiten läßt, so wurde er von SACKUR als ein *idealer fester Körper* bezeichnet. Die realen festen Körper scheinen sich also den idealen mit abnehmender Temperatur unbegrenzt zu nähern. Offenbar sind die für den idealen gemachten Voraussetzungen, z. B. Unabhängigkeit der Schwingungszahl von Temperatur und Volumen, bei endlichen Temperaturen und größeren Amplituden nicht mehr streng erfüllt. Ebensowenig folgen die realen Gase den für ideale Gase geltenden Gesetzmäßigkeiten, weil die zu deren Ableitung gemachten Voraussetzungen nur bei unendlich großem Volumen, also bei unendlich hoher Temperatur oder unendlich kleinem Druck streng erfüllt sind. Jedenfalls ist es bemerkenswert, daß wir über den Molekularzustand der Körper bei den höchsten und tiefsten Temperaturen anscheinend besser unterrichtet sind als in dem Gebiet mittlerer Temperaturen, welches allein der experimentellen Bearbeitung zugänglich ist.

Über die Beziehungen, die auftreten, wenn die Schwingungen nicht mehr volumunabhängig sind, vergleiche den Artikel von GRÜNEISEN im Handbuch der Physik Bd. 10, wo auch weitere Literatur angegeben ist.

γ) Erweiterung des NERNSTschen Sätzes auf andere Energieformen.

Wir erinnern daran, daß wir die Affinität durch die Arbeit definiert haben, die man auf isothermem Wege maximal durch den betreffenden Vorgang gewinnen kann. Wir haben im allgemeinen nur Volumenarbeit betrachtet, $A = \int_{v_1}^{v_2} p\,dv$. Nach S. 282 beträgt die maximale in Arbeit umwandelbare Energie einer Oberfläche $A = \int_{O_1}^{O_2} \gamma\,do$, wo γ die Oberflächenspannung bedeutet. Ebenso ist $\int_{\varepsilon_1}^{\varepsilon_2} e\,d\varepsilon$ die maximale Arbeit eines stromliefernden Prozesses, wenn ε die transportierte Elektrizitätsmenge bedeutet.

Wir können also allgemein als maximale Arbeit eines isothermen Prozesses

$$\sum A_i = \sum_i \int_{w_1}^{w_2} K_i \, dw_i$$

schreiben, wo K_i von den Zustandsvariablen T und p oder v und w_i abhängen kann. Für $w_i = v$ ist $K_i = p$, für $w_i = o$ ist $K_i = \gamma$ usf. Dann folgt durch partielle Differentiation nach T für jede denkbare Energieform

$$\left(\frac{\partial A}{\partial T}\right)_w = \int_{w_1}^{w_2} \left(\frac{\partial K}{\partial T}\right)_w dw.$$

Der Nernstsche Wärmesatz, auf diese Fälle erweitert, fordert dann

$$\left(\frac{\partial A}{\partial T}\right)_{w\,T=0} = 0,$$

also, da w_1 und w_2 beliebig wählbar sind, alle

$$\left(\frac{\partial K}{\partial T}\right)_{w\,T=0} = 0.$$

Das bedeutet also für unsere Beispiele für $T = 0$

$$\left(\frac{\partial p}{\partial T}\right) = 0\,; \quad \left(\frac{\partial \gamma}{\partial T}\right) = 0\,; \quad \left(\frac{\partial e}{\partial T}\right) = 0.$$

Am absoluten Nullpunkt wird der Spannungskoeffizient und der Temperaturkoeffizient der Oberflächenspannung Null; ebenso der Temperaturkoeffizient der elektromotorischen Kraft eines galvanischen Elementes. Nach Gleichung (3) S. 277 verschwindet damit auch die Peltierwärme.

Bei der partiellen Differentiation haben wir das Konstanthalten von v oder p nicht besonders vermerkt, denn wir wissen ja, daß alle Gleichungen sowohl für $v = $ const wie $p = $ const gelten.

Auf S. 112 hatten wir aus den beiden ersten Hauptsätzen die Beziehung:

$$\left(\frac{\partial p}{\partial T}\right)_v = -\frac{\left(\frac{\partial V}{\partial T}\right)_p}{\left(\frac{\partial V}{\partial p}\right)_T}$$

abgeleitet. Da $\left(\frac{\partial V}{\partial p}\right)_T$ auch bei $T = 0$ nicht verschwindet, folgt aus dem obenerwähnten, von Grüneisen experimentell gefundenen Verschwinden des Ausdehnungskoeffizienten zwangsläufig das Verschwinden des Spannungskoeffizienten, wie das Theorem es verlangt. Ebenso ist das Absinken der Thermokraft verschiedener Metallpaare mit sinkender Temperatur, z. B. von Wietzel[1]) experimentell nachgewiesen worden

---

[1] Ann. d. Physik, Bd. 43, S. 605, 1913.

δ) **Die Unerreichbarkeit des absoluten Nullpunktes.**

So wie sich der Inhalt des 1. und 2. Hauptsatzes der Thermodynamik durch eine Negation darstellen läßt, nämlich durch die *Unmöglichkeit, Wärme oder Arbeit aus nichts zu schaffen bzw. Wärme ohne Kompensation in Arbeit zu verwandeln*, so läßt sich das NERNSTsche Theorem als der Satz von der *Unerreichbarkeit des absoluten Nullpunktes* bezeichnen. Wir wollen an dem Beispiel der adiabatischen Volumenänderung eines Körpers zeigen, daß dieser Satz im Verein mit dem experimentell bestätigten Absinken der spezifischen Wärmen tatsächlich den Inhalt des NERNSTschen Wärmesatzes wiedergibt.

Durch Kombination der Gleichung (4) mit den folgenden auf S. 111 und 112 erhält man die Beziehung

$$T\,dS = C_v d\,T + T\left(\frac{\partial p}{\partial T}\right)_v d\,V = 0\,.$$

Ein adiabatischer Vorgang ist dadurch gekennzeichnet, daß er mit keiner Entropieänderung verbunden ist (vgl. S. 107); also ist $dS = 0$, und wir erhalten

$$\left(\frac{\partial T}{\partial V}\right)_s^{1} = -\frac{T\left(\dfrac{\partial p}{\partial T}\right)_v}{C_v}\,.$$

Mit Gleichung (13), S. 115, folgt:

$$\left(\frac{\partial T}{\partial V}\right)_s = -\frac{T}{C_v}\,\frac{\partial^2 F}{\partial V \partial T}\,;$$

wendet man hierauf die HELMHOLTZsche Gleichung an, so erhält man:

$$\left(\frac{\partial T}{\partial V}\right)_s = -\frac{1}{C_v}\,\frac{\partial}{\partial V}\,(F_v - E)\,.$$

Der absolute Nullpunkt ist dann durch keinerlei endliche adiabatische Volumenänderung erreichbar, wenn dieser Ausdruck für alle endlichen Volumina bei $T = 0$ den Wert 0 hat. Schon vor der Aufstellung des NERNSTschen Wärmesatzes hat man hierin $(F_v - E)_{T=0} = 0$ gesetzt. Solange man also annahm, daß C_v für $T = 0$ endliche Werte beibehält, war die Unerreichbarkeit des absoluten Nullpunktes nur eine Folge des 2. Hauptsatzes. Für verschwindendes C_v nimmt aber unser Quotient den unbestimmten Wert $^0/_0$ an.

Nach einem bekannten mathematischen Satz ist der Wert des unbestimmten Quotienten zweier Funktionen, die an der Stelle $T = 0$ beide verschwinden, durch das Verhältnis ihrer Ableitungen an der Stelle $T = 0$ gegeben:

$$\left(\frac{\partial T}{\partial V}\right)_{s,\,T=0} = -\frac{\dfrac{\partial}{\partial V}\left(\left(\dfrac{\partial F_v}{\partial T}\right)_{T=0} - \left(\dfrac{\partial E}{\partial T}\right)_{T=0}\right)}{\left(\dfrac{\partial C_v}{\partial T}\right)_{T=0}}\,.$$

---

[1] Der Index s soll andeuten, daß die Differentiation unter Konstanthaltung der Entropie (adiabatischer Vorgang) vorgenommen werden soll.

Damit dieser Ausdruck 0 wird, muß der Zähler für $T = 0$ verschwinden, d. h.

$$\left(\frac{\partial F_v}{\partial T}\right)_{T=0} = \left(\frac{\partial E}{\partial T}\right)_{T=0} \; ; \; \text{und wegen} \; C_{v,\,T=0} = \left(\frac{\partial E}{\partial T}\right)_{T=0} = 0$$

beide gleich Null.

Dies ist aber nichts anderes als der NERNSTsche Wärmesatz. Sind diese erste und evtl. noch weitere Ableitungen der spezifischen Wärme auch gleich Null, wie es z. B. bei der DEBYEschen Funktion, die für tiefste Temperaturen C_v proportional T^3 setzt, der Fall ist, so fordert das Unerreichbarkeitsprinzip noch ein Verschwinden der nächsten Ableitungen von $(F_v - E)$ an der Stelle $T = 0$. Daß dies dann aber keine über den NERNSTschen Wärmesatz hinausgehende Forderung ist, sondern schon durch den 2. Hauptsatz (HELMHOLTZsche Gleichung) erfüllt ist, verifiziert man leicht, indem man F_v durch Integration etwa nach Formel (7a), S. 312, die nur den 2. Hauptsatz und das NERNSTsche Theorem benutzt, aus C_v berechnet.

Sachverzeichnis.